21世纪全国本科院校土木建筑类创新型应用人才培养规划教材

结构力学

主　编　何春保
副主编　张　磊　唐贵和　韦　未　陈方竹
参　编　金仁和　卢锦钟　曾律弦

北京大学出版社
PEKING UNIVERSITY PRESS

内 容 简 介

本书按照应用型人才和卓越工程师培养计划要求，介绍结构力学的基本概念、基本理论和方法，培养学生的分析能力。除绪论外，本书还有11章，包括平面体系的几何组成分析、静定结构受力分析、虚功原理和静定结构位移计算、力法、位移法、渐进法、矩阵位移法、影响线及其应用、结构动力学、结构弹性稳定、结构塑性分析及极限荷载。

本书可作为土木工程专业、水利水电工程等相关专业的本科教材，也可供土建类其他专业及有关工程技术人员参考。

图书在版编目(CIP)数据

结构力学/何春保主编. —北京：北京大学出版社，2016.6
(21世纪全国本科院校土木建筑类创新型应用人才培养规划教材)
ISBN 978-7-301-27053-0

Ⅰ. ①结… Ⅱ. ①何… Ⅲ. ①结构力学—高等学校—教材 Ⅳ. ①O342

中国版本图书馆CIP数据核字(2016)第079094号

书　　名 结构力学
Jiegou Lixue
著作责任者 何春保　主编
责任编辑 刘翯
标准书号 ISBN 978-7-301-27053-0
出版发行 北京大学出版社
地　　址 北京市海淀区成府路205号　100871
网　　址 http://www.pup.cn　新浪微博：@北京大学出版社
电子信箱 pup_6@163.com
电　　话 邮购部62752015　发行部62750672　编辑部62750667
印 刷 者 北京溢漾印刷有限公司
经 销 者 新华书店
787毫米×1092毫米　16开本　21.5印张　516千字
2016年6月第1版　2017年6月第2次印刷
定　　价 45.00元

前　言

本教材是根据2011年颁布的《高等学校土木工程专业指导性专业规范》中有关培养应用型人才的要求，并结合教育部卓越工程师培养计划的要求而编写的，适应于应用型多学时结构力学课程教学的需要，可作为土木工程专业、水利水电工程等相关专业本科生的教材，也可供土建类其他专业及有关工程技术人员参考。

本书的编写反映了参编院校多年积累的教学经验，吸取了其他兄弟院校同类教材的优点，加强了基本概念及理论的阐述，力图保持结构力学在理论上的系统性、内容的先进性，并恰当考虑内容的深度和广度，注意培养学生的解题能力并努力方便于教学。本书在编写时，注重理论联系实际，遵循课程教学规律，由浅入深、循序渐进，每章设定了知识目标，并设置了思考题和练习题，让学生能够对相关概念、计算原理、计算方法和综合应用有一个更深入的理解，让学习成果得到巩固和加强。

本书第1、2章由华南农业大学何春保编写，第3章由华南农业大学何春保、佛山科学技术学院卢锦钟、湖南理工学院曾律弦编写，第4、5章由华南农业大学陈方竹编写，第6、8章由华南农业大学韦未编写，第7、11、12章由华南农业大学唐贵和编写，第9、10章由广东石油化工学院张磊、金仁和编写。全书由何春保统稿。

本书在编写过程中吸取了目前流行的结构力学教材中适合一般院校特点的内容，在此对相关教材的作者表示衷心的感谢。在本书完成之际，衷心感谢北京大学出版社相关编辑，由于他们的支持和不断督促，本书才得以完善和与读者见面。

由于编者水平所限，书中难免存在一些疏漏，请读者批评指正。

编　者

2016年3月

目　录

第1章 绪论

教学目标

主要讲述结构的定义及分类、结构力学的研究任务、结构的计算简图、杆件结构的分类、荷载的分类。通过本章的学习，应达到以下目标：

(1) 掌握结构计算简图的简化要点。

(2) 掌握杆件结构和荷载分类方法。

(3) 理解结构、计算简图、结点、支座、荷载的概念。

(4) 了解结构力学的研究任务。

教学要求

知识要点	能力要求	相关知识
结构及其分类	(1) 理解结构的概念； (2) 了解结构的分类	杆件结构内力，板壳结构，实体结构
结构计算简图	(1) 理解计算简图的概念； (2) 掌握杆件、结点、支座简化要点； (3) 理解材料性质简化要点	(1) 铰结点，刚结点； (2) 铰支座，固定支座，滑动支座，定向支座
杆件结构的分类	(1) 理解各类杆件结构的概念； (2) 掌握杆件结构的分类	梁，刚架，桁架，组合结构，悬索结构
荷载分类	(1) 理解荷载的概念； (2) 掌握荷载的分类	(1) 恒荷载，活荷载； (2) 集中荷载，分布荷载

基本概念

结构、计算简图、结点、支座、荷载。

引言

在人类发展历程中，供人类生产、生活的建筑结构形式多种多样，法国的埃菲尔铁塔，中国的万里长城、三峡大坝、香港的青马大桥，无不体现了结构设计的重要成果和优越性能。结构力学作为一门独立的学科，其研究内容相当广泛和深入，在土木工程专业的学习中发挥着承上启下的重要作用。

1.1 结构力学的研究对象和任务

在土木工程中，由建筑材料按照一定的方式组成并能够承受荷载作用的物体或体系，称为工程结构，简称结构。屋架、梁、板、柱、桥梁、隧道、塔架、挡土墙、水池、水坝等都是结构的典型例子，如图 1.1 所示。

(a) 三峡大坝　(b) 埃菲尔铁塔　(c) 中国国家大剧院　(d) 香港青马大桥

图 1.1　工程结构实例

结构按其几何特征，可以分为以下三类。

1. 杆件结构

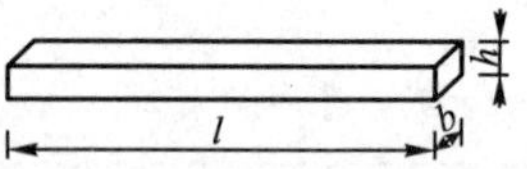

图 1.2　杆件结构

指由杆件或若干杆件相互连接组成的结构，如图 1.2 所示。杆件的几何特征是长度尺寸 l 远大于截面宽度 b 和厚度 h。本书讨论的梁、拱、桁架、刚架都是杆件结构。

2. 板壳结构(薄壁结构)

指由薄板或薄壳组成的结构，如图 1.3、图 1.4 所示。板壳结构的几何特征是厚度 h 远小于长度尺寸 l 和截面宽度 b。

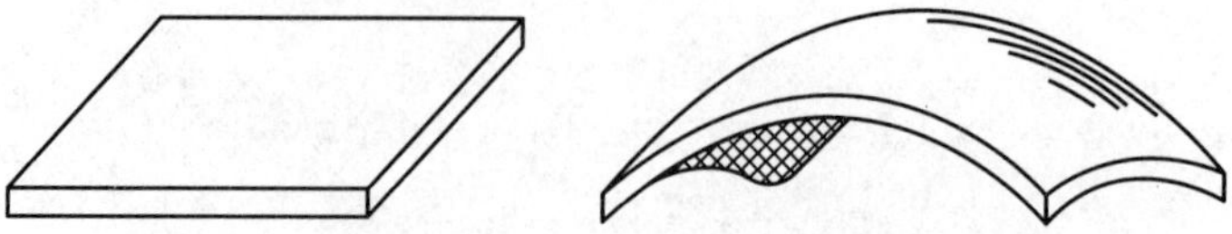

(a) 平板　(b) 壳体结构

图 1.3　板壳结构

3. 实体结构

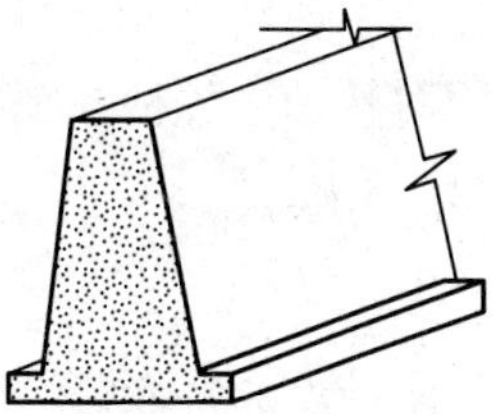
图 1.4 实体结构

如图 1.4 所示，实体结构的几何特征是三个方向的尺寸 l、b、h 大致相当，如墩台基础等。

结构力学的任务包括以下三个方面：

(1) 研究结构的组成规则和合理形式等问题；

(2) 研究结构在外界因素(如荷载、温度变化及支座移动)的影响下，结构的反力、内力和位移的计算原理和方法；

(3) 研究结构的稳定性，以保证其不会失稳破坏，如分析讨论柱子细长状态以及在动力荷载作用下的结构反应。

1.2 结构的计算简图

1.2.1 计算简图

实际研究中，常对结构加以简化，略去一些次要细节，用一个简化的图形来代替实际结构。这种代替实际结构的简化图形，称为结构的计算简图。计算简图的选择原则是：

(1) 能反映实际结构的主要受力和变形性能；

(2) 保留主要因素，略去次要因素，使相关内容便于计算。

1.2.2 杆件及结点的简化与分类

杆件的截面尺寸通常比杆件长度小得多，其截面变形符合平截面假设。截面上的应力可根据截面的内力来确定，截面上的变形也可根据轴线上的应变分量来确定。因此，在计算简图中，杆件用其轴线来表示，杆件之间的连接用结点表示，杆长用结点间的距离表示，荷载的作用点转移到轴线上。

结点通常可简化为以下两种理想情形。

1. 铰结点

铰结点的基本特点是：被连接的杆件在结点处不能相对移动，但可绕该点自由转动；在铰结点处可以承受和传递力，但不能承受和传递力矩。图 1.5(a)所示为木屋架结点，其

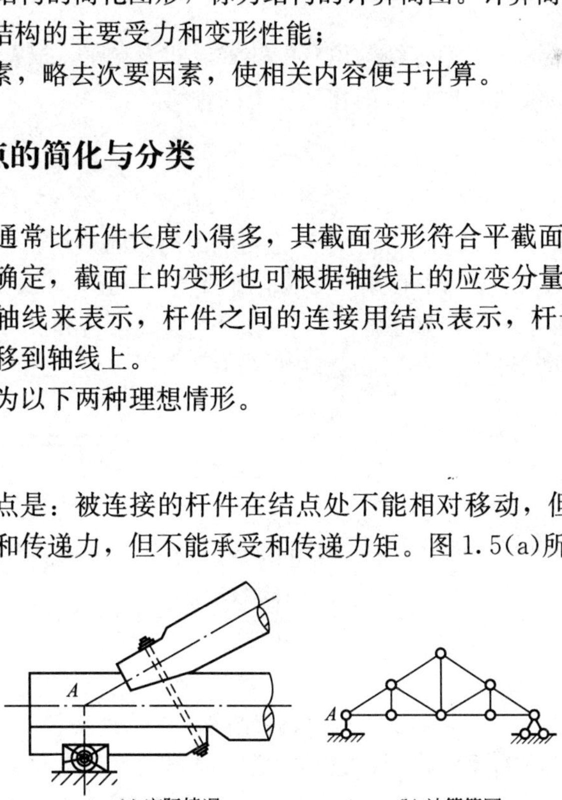

(a) 实际情况　　(b) 计算简图

图 1.5 木屋架结点

计算简图如图 1.5(b)所示。钢桁架的结点是通过结点板把各杆件焊接在一起，各杆端不能相对转动，各杆主要承受轴力，如图 1.6(a)所示，计算时简化为图 1.6(b)所示的铰结点。

2. 刚结点

刚结点的特点是：被连接的杆件在结点处不能相对移动，也不能相对转动；在刚结点处既可以传递力，也可以传递力矩。钢筋混凝土框架梁柱结点，由于梁和柱之间的钢筋布置及混凝土将它们浇筑成为整体，通常可简化为一刚结点，如图 1.7 所示。

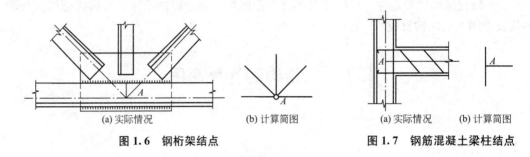

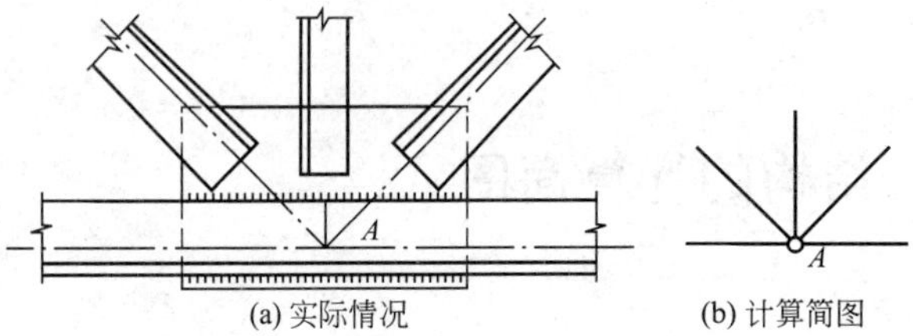

(a) 实际情况　　(b) 计算简图

图 1.6　钢桁架结点

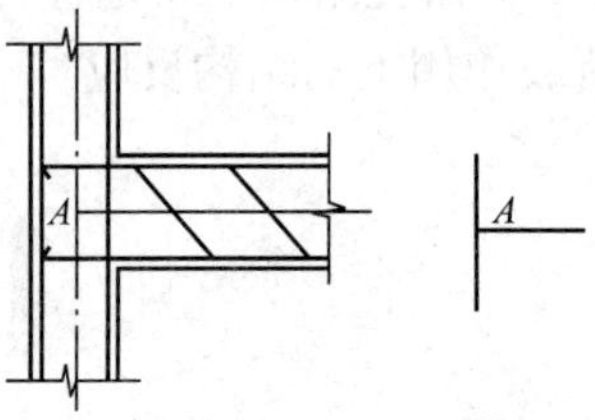

(a) 实际情况　　(b) 计算简图

图 1.7　钢筋混凝土梁柱结点

1.2.3　支座的简化与分类

将结构与基础连接起来以固定结构位置的装置，即为支座。根据支座的构造和所起作用的不同，平面结构的支座一般可以简化为以下四种情况。

1. 活动铰支座

这种支座的构造如图 1.8(a)所示，它容许结构在支承处绕铰 A 转动和沿平行于支承平面 m—m 的方向移动，但 A 点不能沿垂直于支承面的方向移动。当不考虑摩擦力时，这种支座的反力 F_{Ay} 将通过铰 A 的中心并与支承平面 m—m 垂直，即反力的作用点和方向都是确定的，只有它的大小是一个未知量。根据活动铰支座的位移和受力特点，其计算简图如图 1.8(b)所示，此时结构可绕铰 A 转动，链杆又可绕 B 点转动；支座反力如图 1.8(c)所示。

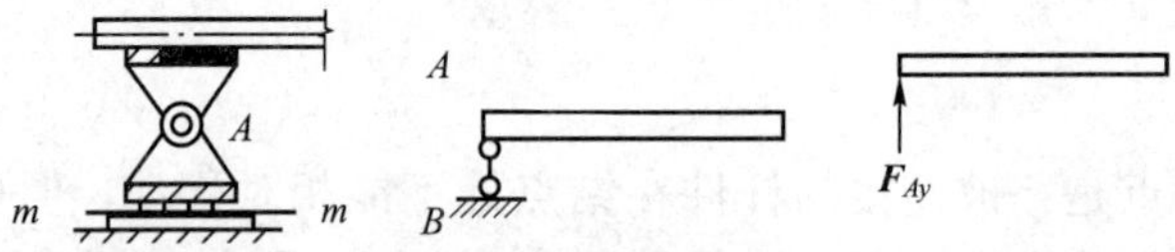

(a) 构造简图　　(b) 计算简图　　(c) 反力图

图 1.8　活动铰支座

2. 固定铰支座

这种支座的构造如图 1.9(a)所示，它容许结构在支承处绕铰 A 转动，但是却不能作水平运动和竖向移动；支座反力将通过铰链中心，但其大小和方向都是未知的。计算简图如图 1.9(b)所示，支座反力可以用图 1.9(c)所示的沿着两个确定方向的反力 F_{Ax} 和 F_{Ay} 来表示。

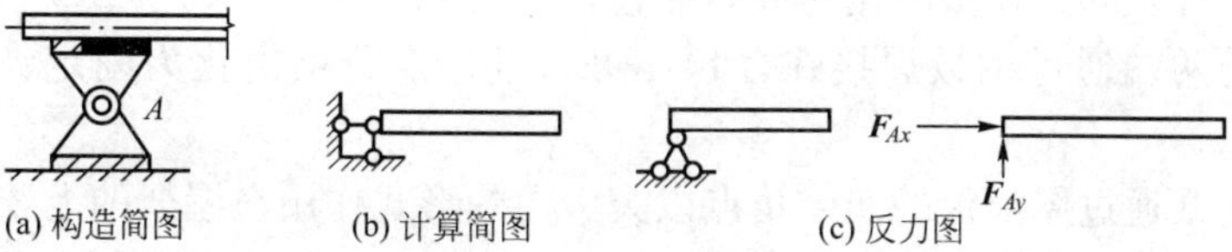

(a) 构造简图　　(b) 计算简图　　(c) 反力图

图 1.9　固定铰支座

3. 固定支座

这种支座的构造如图 1.10(a)所示，不容许结构发生任何转动和位移；它的反力的大小、方向和作用点都是未知的，因此可以用水平反力、竖向反力和力偶矩来表示。其计算简图和反力图如图 1.10 (b)、(c)所示。

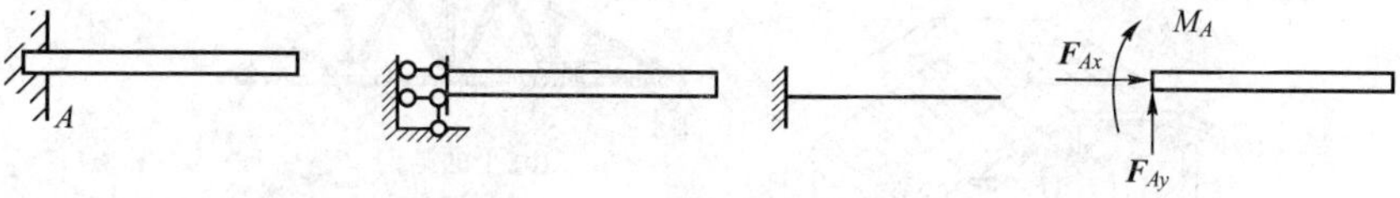

(a) 构造简图　　(b) 计算简图　　(c) 反力图

图 1.10　固定支座

4. 定向支座

这种支座的构造如图 1.11(a)所示，又称滑动支座，结构在支承处不能转动，不能沿垂直于支承面的方向移动，但可以沿支承面方向滑动。其计算简图可以用垂直于支承面的两根平行链杆来表示，其反力为一个垂直于支承面的力和一个力偶，如图 1.11 (b)、(c)所示。

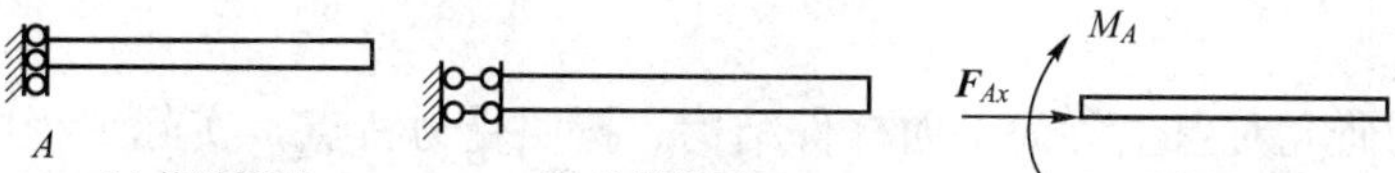

(a) 构造简图　　(b) 计算简图　　(c) 反力图

图 1.11　滑动支座

1.2.4　材料性质的简化

土木工程中常用的材料，主要包括钢、混凝土、砖、石、木材等。为了简化计算，对组成构件的材料一般都假设其为均匀、连续、各向同性、完全弹性或弹塑性。这种假定对钢等金属材料是符合实际情况的，但是对混凝土、砖、石、木材等材料就带有一定程度的近似性，应用这些假设时应有所注意。

1.2.5　结构计算简图示例

以单层厂房屋架为例来讨论计算简图。屋架的计算简图一般做如下的简化：

(1) 屋架的杆件用其轴线表示；

(2) 屋架杆件之间的连接简化为铰结点；

(3) 屋架的两端通过钢板焊接在柱顶，可将其端点分别简化为固定铰支座和活动铰支座；

(4) 屋面荷载通过屋面板的四个角点以集中力的形式作用在屋架的上弦上。

图 1.12(a)所示厂房结构是一系列由屋架、柱、基础及屋面板等纵向构件连接组成的空间结构。作用在厂房上的荷载，通常沿纵向均匀分布。因此，可以从这个空间结构中取出柱间距中线之间的部分作为计算单元；作用在结构上的荷载，则通过纵向构件分配到各计算单元平面内。在计算单元中，荷载和杆件都在同一平面内，这样就把一个空间结构分解成为平面结构了，如图 1.12(b)所示。通过以上简化，就可以得到单层厂房屋架结构在竖向荷载作用下的计算简图，如图 1.12(c)所示。

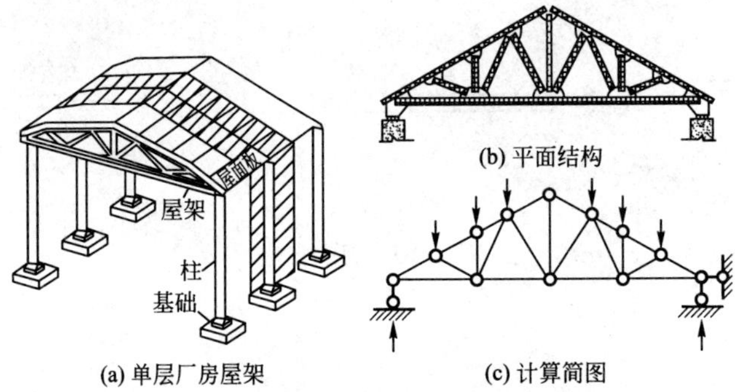

图 1.12　单层厂房屋架结构的计算简图

1.3 杆件结构的分类

结构力学的研究对象主要为平面杆件结构。按照受力特点，实际工程中的杆件结构又分为以下类型：

1. 梁

梁是一种受弯构件，轴线通常为直线，在竖向荷载作用下无水平支座反力，可以是单跨的，如图 1.13(a)、(b)所示，也可以是多跨的，如图 1.13(c)、(d)所示。

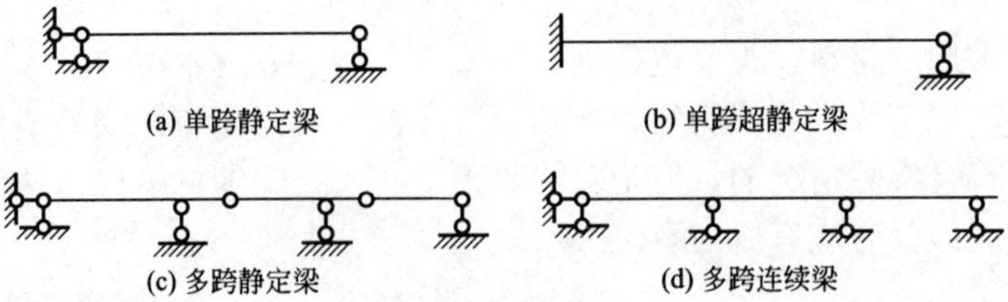

图 1.13　梁

2. 拱

拱的轴线为曲线，在竖向荷载作用下产生水平推力，这种水平推力将使拱内弯矩远小于跨度和支承情况相同的梁的弯矩，如图 1.14 所示。

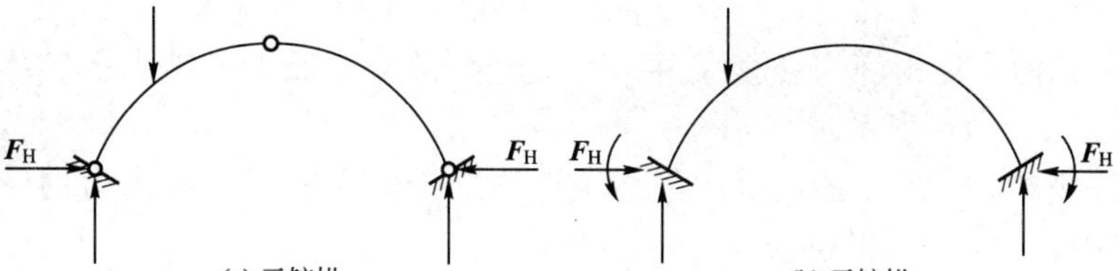

(a) 三铰拱　　(b) 无铰拱

图 1.14　拱

3. 刚架

刚架是由梁和柱组成的结构，具有刚结点，如图 1.15 所示。刚架各杆件承受弯矩、剪力和轴力，其中弯矩是刚架的主要内力。

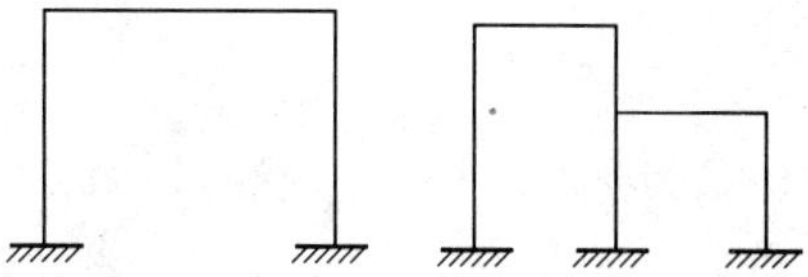

(a) 单跨刚架　　(b) 多跨刚架

图 1.15　刚架

4. 桁架

桁架是由若干直杆在两端经铰链铰接而成的结构，如图 1.16 所示。各杆的轴线都是直线，当只受到作用于结点的荷载时，各杆只产生轴力。

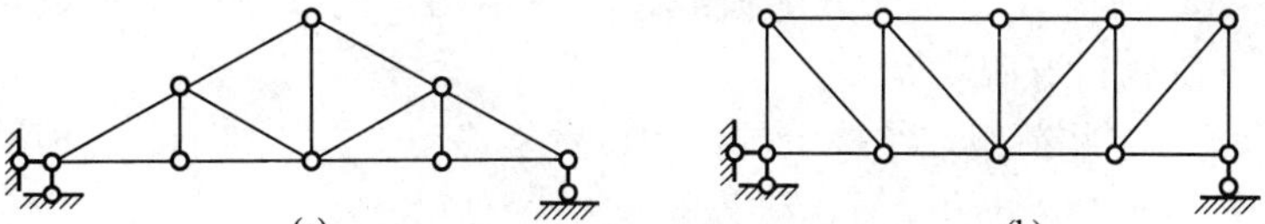

(a)　　(b)

图 1.16　桁架

5. 组合结构

组合结构是由桁架、梁或刚架组合而成的结构，如图 1.17 所示。其中含有组合的特点，即有些构件只承受轴力，有些杆件同时承受弯矩、剪力和轴力。

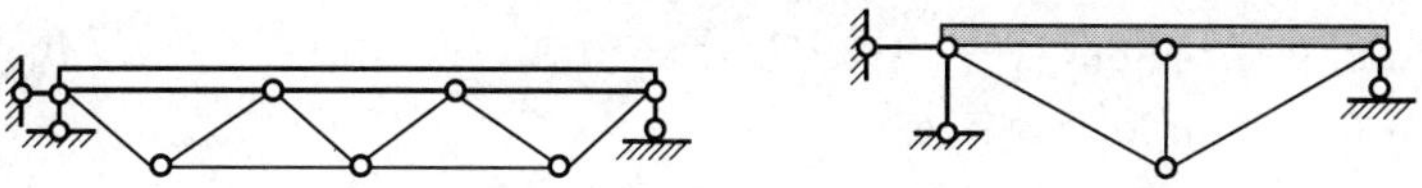

(a)　　(b)

图 1.17　组合结构

6. 悬索结构

主要承重结构为悬挂于塔、柱上的缆索，索只受轴向拉力，可以充分发挥钢材的强度，由于自重轻，因此可以跨越连接很大的跨度，如悬索桥、斜拉桥等，如图 1.18 所示。

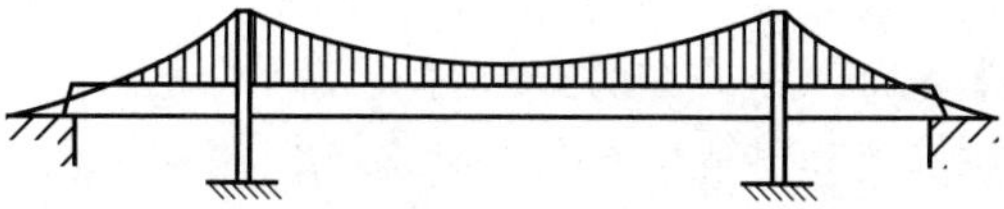

图 1.18　悬索结构

根据杆件结构的计算特点，可分为静定结构和超静定结构两大类。

(1) 静定结构：凡用静力平衡条件可以确定全部支座反力和内力的结构称为静定结构，如图 1.13(a)、(c)所示。

(2) 超静定结构：凡不能用静力平衡条件确定全部支座反力和内力的结构称为超静定结构，如图 1.13(b)、(d)所示。

1.4 荷载的分类

荷载是指结构所承受的外力，如结构的自重、地震荷载、风荷载等。荷载可作以下分类。

(1) 按其作用在建筑物上时间的长短，荷载可分为：

① 恒荷载。长期作用在结构上的不变荷载，如结构的自重，永久设备、土的重力等。

② 活荷载。在建筑物施工和使用期间暂时作用在结构上的可变荷载，如车辆荷载、风荷载、雪荷载等。

(2) 按其作用位置的变化情况，荷载可分为：

① 固定荷载。恒荷载和大部分活荷载，其在结构上的作用位置可以认为是固定的，如结构自重、风荷载和雪荷载等。

② 移动荷载。有些荷载在结构上的作用位置是移动的，如列车荷载和吊车荷载等。

(3) 按其作用在结构上的性质，荷载可分为：

① 静力荷载。静力荷载的大小、方向和位置不随时间变化或变化极为缓慢，不会使结构产生显著的振动与冲击，因而可略去惯性力的影响。结构的自重都是静力荷载。

② 动力荷载。动力荷载是随时间迅速变化的荷载，使结构产生显著的振动，因而惯性力的影响不能忽略。如地震荷载、打桩机产生的冲击荷载等。

(4) 按其作用在结构上的范围，荷载可分为：

① 分布荷载。分布作用在体积、面积和线段上的荷载，又可称为体荷载、面荷载、线荷载。连续分布在结构内部各点的重力属于体荷载，而风荷载、雪荷载属于面荷载，作用于杆件上的分布荷载可视为线荷载。

② 集中荷载。荷载的作用范围与物体的尺寸相比十分微小，可认为集中作用于一点。

除荷载外，还有其他一些因素也可以使结构产生内力或位移，如温度变化、支座沉陷、制造误差、材料收缩以及松弛、徐变等。从广义上来说，这些因素也可视为某种荷载。

本章小结

本章讲述了结构的定义及分类、结构力学的研究任务、结构的计算简图、杆件结构的分类及荷载分类。从基本概念入手，分析如何对实际结构进行简化，要点是突出原结构最基本、最主要的受力特征和变形特点，完成杆件简化、结点简化、支座简化，最后得到结构的计算简图。

本章的重点是合理选取结构的计算简图，掌握实际工程中杆件结构和荷载的分类。

思 考 题

1.1 什么是结构的计算简图？它与实际结构有什么不同？为什么要将实际结构简化为计算简图？

1.2 平面杆件结构的支座有哪几种类型？各种支座类型有什么特点？

1.3 平面杆件结构的结点有哪几种类型？各种结点类型有什么特点？

1.4 常见的结构有哪几种类型？

1.5 作用在结构上的荷载可以分为哪几类？

第2章 平面体系的几何组成分析

教学目标

本章主要从几何构造的角度探讨平面杆件结构体系的组成规律及几何组成分析方法，通过本章的学习，应达到以下目标：

(1) 理解几何不变、几何可变和瞬变体系，理解刚片、约束等概念；

(2) 掌握平面体系的自由度的定义与计算方法；

(3) 掌握运用几何不变体系的组成规律对平面体系进行几何构造的分析方法。

教学要求

知识要点	能力要求	相关知识
基本概念	(1) 掌握平面体系的分类； (2) 掌握几何不变和几何可变体系的特点； (3) 掌握自由度、约束等概念	(1) 几何不变体系、几何可变体系； (2) 瞬变体系与瞬铰； (3) 自由度、约束、刚片
计算自由度	(1) 掌握计算自由度与实际自由度的计算； (2) 掌握自由度与平面体系判定的联系	(1) 平面体系的计算自由度； (2) 计算自由度与几何组成的关系
平面几何不变体系的组成规律	(1) 掌握两刚片的连接方式； (2) 掌握三刚片的连接方式； (3) 掌握结点与刚片的连接方式	(1) 两刚片规则； (2) 三刚片规则； (3) 二元体规则

基本概念

几何可变体系、几何不变体系、瞬变体系、自由度、约束、刚片。

引言

结构要能承受各种可能的荷载，首先要求其几何构造合理，是一个几何形状不变的体系。平面杆系结构是结构的一种最基本的形式，本章主要通过介绍平面构造分析的一些基本概念、基本规则，从几何角度探讨杆系结构的几何组成。

2.1 几何组成分析的基本概念

2.1.1 平面杆件结构体系的分类

1. 平面杆件结构体系的特点

结构从几何角度可以分为一维杆件、二维平面结构(如板壳、薄壁构件)和三维空间实体结构。平面杆件结构体系有两个特点。

(1) 所有杆件的轴线在一个平面内。

(2) 不考虑材料应变时，各个杆件之间以及整个结构与地面之间不发生相对运动。

2. 平面杆件结构体系的类型

平面杆件体系可以分为以下几类。

(1) 几何不变体系：体系受到任意荷载作用下，若不考虑材料的应变，则其几何形状和位置能保持不变，如图2.1(a)所示。

(2) 几何可变体系：体系受到任意荷载作用后，即使不考虑材料的应变，其几何形状、位置也可变。它又包含以下两种形式。

① 几何常变体系：原为几何可变体系，经微小位移后仍能继续发生刚体运动的几何可变体系，如图2.1(b)所示。

② 几何瞬变体系：如图2.1(c)所示，如果连接A点的两根链杆彼此共线，由于圆弧Ⅰ、Ⅱ在A点相切，所以A点可以沿公切线方向做微小的运动，所以体系是可变的；同时，当A点沿公切线发生微小位移后，链杆1、2就不再彼此共线，因而体系就不再是可变的。这种本来是几何可变、经微小位移后又成为几何不变的体系，称为瞬变体系。

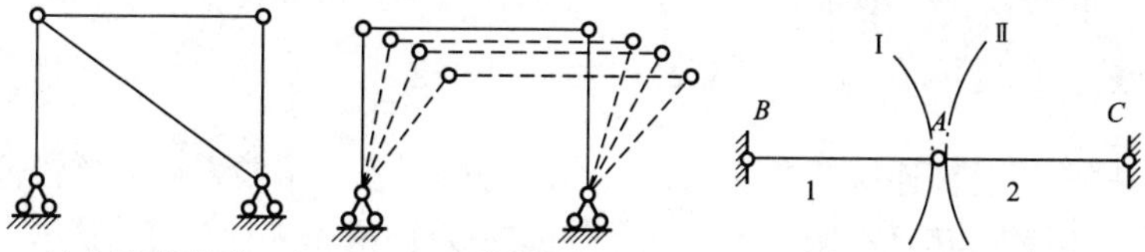

(a) 几何不变体系　(b) 几何常变体系　(c) 几何瞬变体系

图2.1　平面杆件体系

2.1.2 刚片

刚片是在平面体系中不考虑材料本身变形的几何不变部分。如一根梁、一根连杆、一个铰接三角形、大地(零自由度的刚片)等都可以看成刚片。

2.1.3 自由度与约束

1. 平面体系的自由度

用来确定物体或体系在平面中的位置时所需要的独立坐标个数(移动坐标和转动坐标)。

如图 2.2 所示，平面坐标系中一个动点 A 的变化位置由坐标 x 和 y 来确定，所以自由度为 2；一个刚片的变化位置由 x、y 和转动角度 θ 来确定，因此自由度为 3。如果一个平面体系中有 n 个独立的运动方式，这个体系就有 n 个自由度。

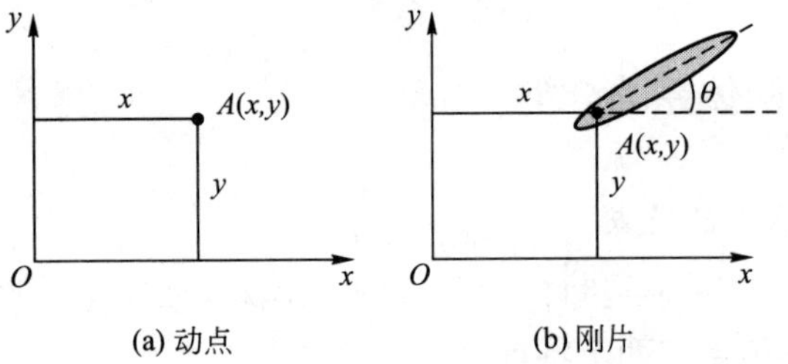

图 2.2　自由度的确定

2. 约束(联系)

指阻止或限制体系运动的装置；凡以之减少了一个自由度的装置，称为一个约束(联系)。约束的类型包含以下几种：

(1) 链杆：一根链杆可以减少体系的一个自由度，相当于一个约束，如图 2.3(a)所示。

(2) 单铰：可以减少体系的两个自由度，相当于两个约束，即相当于 2 根链杆的作用；2 个链杆所起的约束作用，相当于在链杆交点处的 1 个铰所起的约束作用，如图 2.3(b)所示。

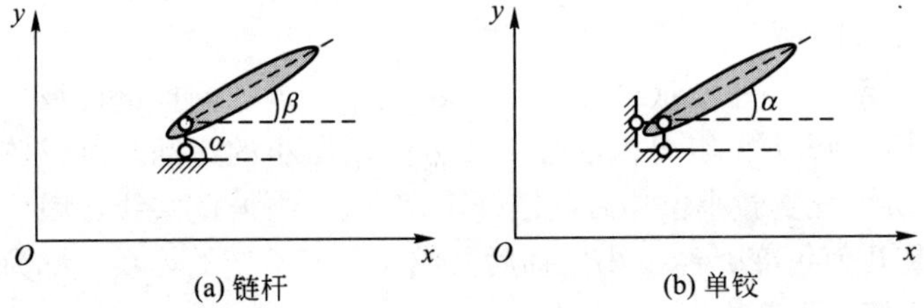

图 2.3　链杆和单铰

(3) 虚铰：用两根链杆连接两个刚片时，其作用相当于一个铰，如果该铰位置在两杆的延伸交点处，即称为虚铰。包括有限远虚铰和无限远虚铰(由两条平行链杆形成)，如图 2.4 所示。

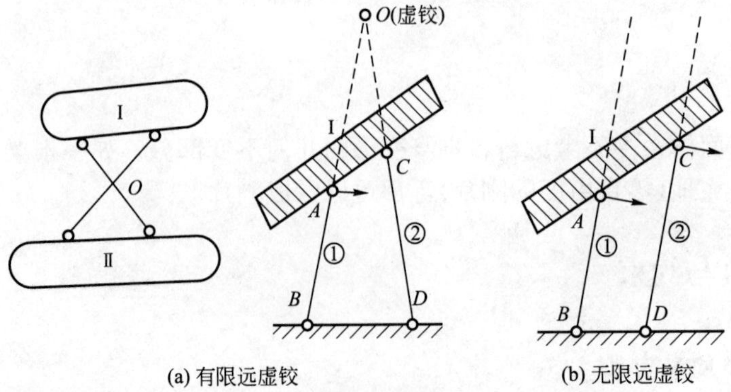

图 2.4　虚铰

从瞬时微小运动来看，两根链杆所起的约束作用相当于在链杆交点处设一个铰所起的约束作用，因此这时的铰可称为瞬铰。显然，在体系运动的过程中，瞬铰的位置随链杆的转动而改变。

(4) 复铰：连接三个或三个以上刚片的普通铰，称为复铰。连接 n 个刚片的复铰相当于$(n-1)$个单铰，相当于 $2(n-1)$个约束。图 2.5 所示复铰相当于两个单铰。

(5) 刚结点：如图 2.6(a)所示，刚片Ⅰ、Ⅱ在 A 处刚性连接成一个整体，原来两个刚片在平面内有六个自由度，经刚性连接成整体后减少了 3 个自由度，所以一个刚结点相当于三个约束。同理，一个固定端支座［图 2.6(b)］相当于一个刚结点，也相当于三个约束。

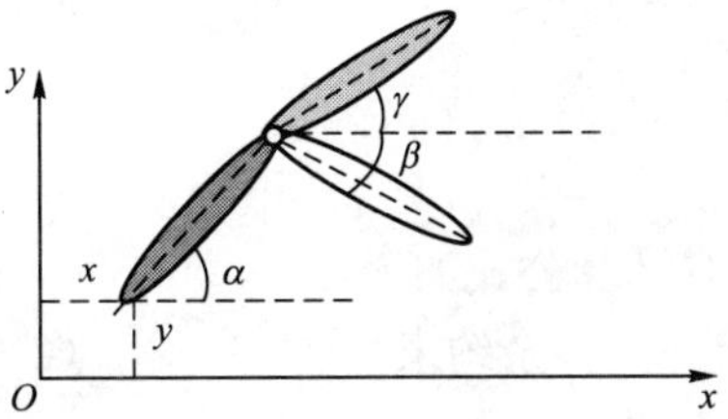

图 2.5 复铰

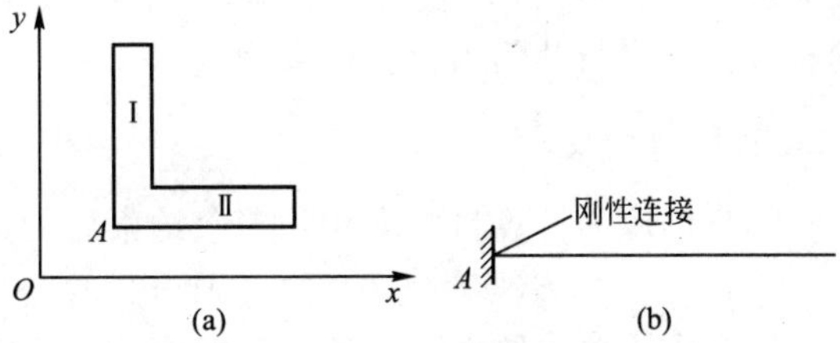

图 2.6 刚结点

(6) 必要约束与多余约束：为保持体系几何不变必须具有的约束，称为必要约束。如图 2.7(a)所示，刚片通过 2 根链杆与大地相连，有 1 个自由度，为几何可变体系。如果像图 2.7(b)所示增加一个约束，则成为几何不变体系，这种能减少结构自由度的约束即为必要约束。但如果在一个体系中增加一个约束后，体系的自由度并不因此而减少，则此约束称为多余约束，如图 2.7(c)所示。

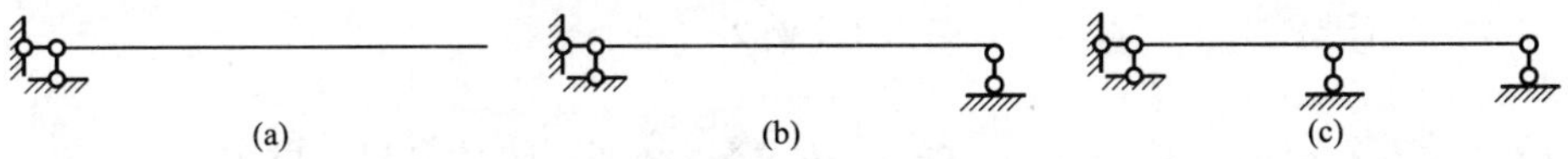

图 2.7 必要约束与多余约束

如结构体系除了必要约束之外并无多余约束，则称为静定结构，可以由静力平衡条件求出其所有反力和内力。如体系除了必要约束之外还有多余约束，则称为超静定结构，其全部反力和内力并不能由静力平衡条件唯一确定。

2.2 平面体系的自由度计算

对于复杂结构，很难直接确定体系的约束数目和自由度情况，因此引入计算自由度和实际自由度的概念和计算方法，以便于分析。

1. 计算自由度

(1) 一个平面体系，通常由若干刚片彼此铰接并用支座链杆与基础相连而成。若刚片数为 m，单刚结点数为 g，单铰数为 h，支座链杆数为 r，则计算自由度 W 满足以下关系：

$$计算自由度=自由度总数-约束总数$$

即

$$W=3m-(3g+2h+r) \tag{2-1}$$

式中，h 只包括刚片与刚片之间相连所用的铰，不包括刚片与支承链杆相连所用的铰。

(2) 若为铰接链杆体系，即其完全由两端铰接的杆件组成，则有

$$W=2j-(b+r) \tag{2-2}$$

式中：j 为结点数；b 为杆件数；r 为支座链杆数。

若由式(2-1)或式(2-2)计算得到的 $W>0$，则表明结构体系约束不够，体系一定属于几何可变。若 $W\leqslant 0$，表明体系具有几何不变的必要条件，但是否几何不变还应根据约束的布置方式进行几何组成分析来确定。

2. 实际自由度

实际自由度为计算自由度扣除多余约束后的数目，其计算公式如下：

$$S(实际自由度)=W(计算自由度)-n(多余约束) \tag{2-3}$$

当体系中无多余约束时，计算自由度就等于实际自由度。

【例 2-1】 求图 2.8 所示平面体系的计算自由度 W。

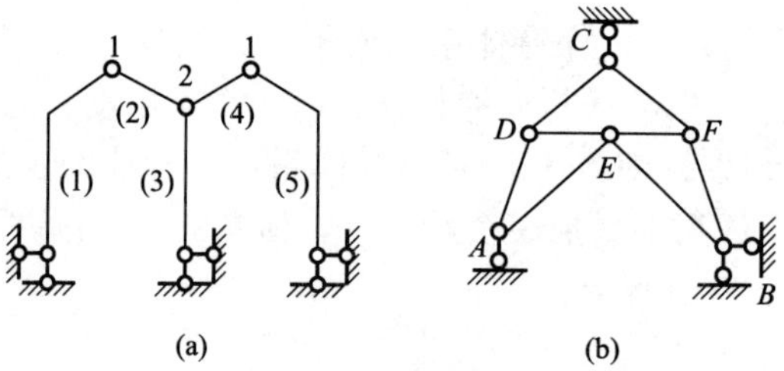

图 2.8　例 2-1 图

【解】 对图 2.8(a)，其 $m=5$，$g=0$，$h=4$，$r=6$，故计算自由度为

$$W=3m-2h-r=3\times5-2\times4-6=1>0$$

表明该体系为几何可变。

对图 2.8(b)，其 $j=6$，$b=8$，$r=4$，故计算自由度为

$$W=2j-b-r=2\times6-8-4=0$$

表明该体系具有几何不变的必要条件。

【例 2-2】 求图 2.9 中平面体系的计算自由度 W。

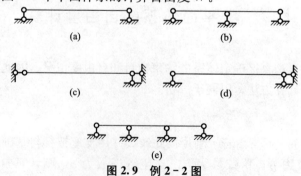

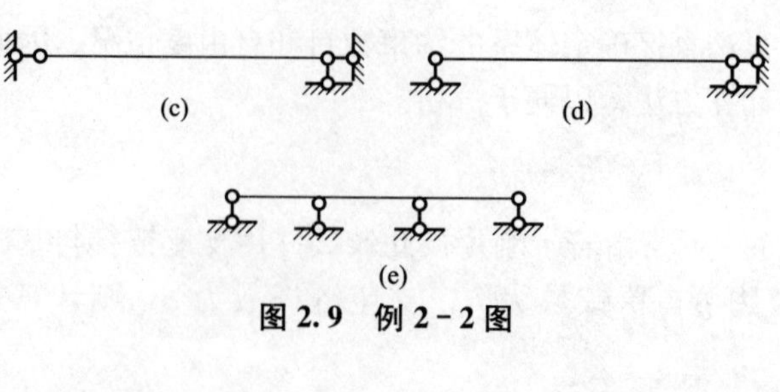

图 2.9　例 2-2 图

【解】 计算结果见表2-1。

表2-1 例2-2计算结果

体系	几何可变性	约束情况	实际自由度	计算自由度
图2.9(a)	几何常变	少一个约束	1	1
图2.9(b)	几何常变	少一个必要约束，多一个竖向约束	1	1
图2.9(c)	几何瞬变	少一个必要约束，多一个水平约束	1	0
图2.9(d)	几何不变	没有多余约束	0	0
图2.9(e)	几何常变	少一个必要约束，多两个竖向约束	1	−1

从计算结果可以看出，体系的计算自由度只能正确反映约束的个数，并不能区分必要约束和多余约束，也不能反映约束的位置。因此，当体系没有多余约束时，计算自由度可以直接用来判断体系的几何组成，有多余约束时则不能。

2.3 平面体系的几何组成分析

自由度 $W\leqslant 0$ 只是体系几何不变的必要条件，为了构造几何不变体系，还需要进一步分析几何不变的充分条件。分析结构体系组成规则的基本原则，包括三刚片规则、二刚片规则和二元体规则。

2.3.1 三刚片规则

三刚片用不在同一直线上的三个单铰两两铰接，则组成几何不变体系，且无多余约束。若这三个铰共线，则为瞬变体系。

如图2.10(a)所示，三个刚片 AC、BC、AB 通过不在同一直线上的三个单铰 A、B、C 两两铰接。假定 BC 固定不动，由于刚片 AC、AB 分别通过铰 C、铰 B 与 BC 连接，因而刚片 AC 只能绕 C 铰转动，刚片 AB 只能绕 B 铰转动；而 AC、AB 又通过铰 A 连接，由于 A 点不可能同时在两个不同的圆弧上运动，从而可知三个刚片之间不可能发生任何相对运动。因此三个刚片 AC、BC、AB 将组成几何不变体系，且无多余约束。

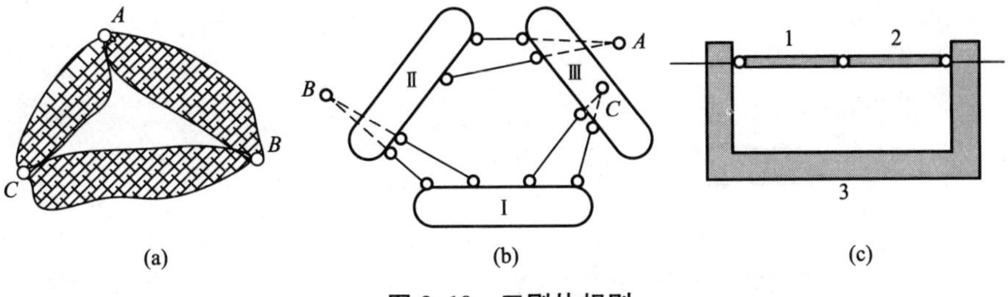

图2.10 三刚片规则

推论1：三刚片用六根链杆两两相连，若三个瞬铰的转动中心不在同一直线上，则组成几何不变体系，且无多余约束。

如图 2.10(b)所示，由于2个链杆的作用相当于一个铰，故只要连接三个刚片Ⅰ、Ⅱ、Ⅲ的三个虚铰 A、B、C 不在同一直线上，所组成的体系也是几何不变且无多余约束的体系。

而如果三刚片 1、2、3 用位于同一直线上的三个单铰(实铰或虚铰)两两相连，则其为瞬变体系，如图 2.10(c)所示。

2.3.2 两刚片规则

两刚片用一个铰和一根不通过此铰的链杆相连，则组成几何不变体系，且无多余约束。

如图 2.11(a)所示，刚片 AC 和 BC 通过铰 C 和一根不通过铰 C 的链杆 AB 连接，因此是几何不变体系，且无多余约束。

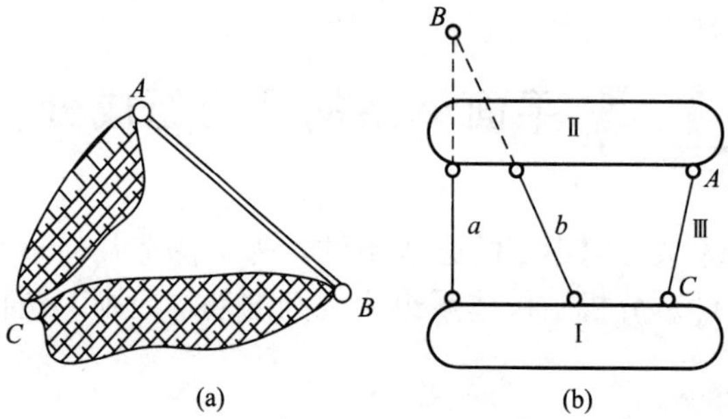

图 2.11　两刚片规则

推论 2：两刚片用三根不全平行也不交于一点的链杆相连，则组成几何不变体系，且无多余约束。

如图 2.11(b)所示，刚片Ⅰ、Ⅱ通过 a、b、AC 这三根不全平行也不交于一点的链杆相连，a、b、AC 三根链杆等效于铰 B 和链杆 AC，由于链杆 AC 不通过铰 B，因此该体系是几何不变且无多余约束的体系。

如果两刚片之间用全交于一实铰的三根链杆相连，则其为几何可变，如图 2.12(a)所示。两刚片之间用全交于一虚铰的三根链杆相连(延长线交于一点)，则其为几何瞬变，即发生微小位移后，第三根链杆不再通过另两根链杆的交点铰，体系将变为几何不变，如图 2.12(b)所示。

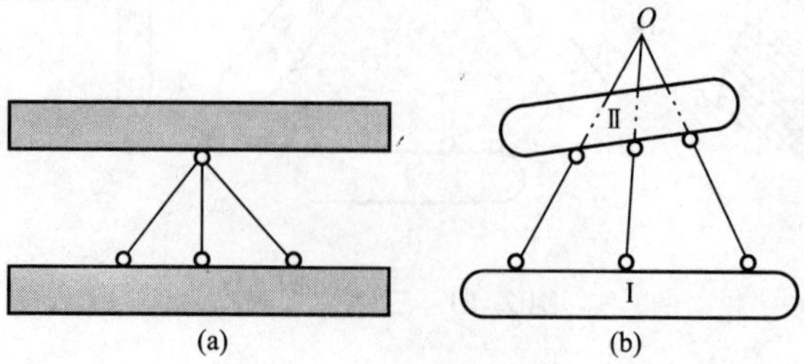

图 2.12　三杆交于一点

2.3.3 二元体规则

一个刚片与一个结点用两根链杆直连，且三个铰不在一直线上，则组成几何不变体系，且无多余约束。

二元体是指两根不共线链杆连接一个结点的装置，如图 2.13(a)、(b)中的 BAC 部分。由于在平面内新增加一个点就会增加两个自由度，而新增加的两根不共线的链杆恰能减去新结点 A 的两个自由度，故对原体系来说自由度数目并没有变化。

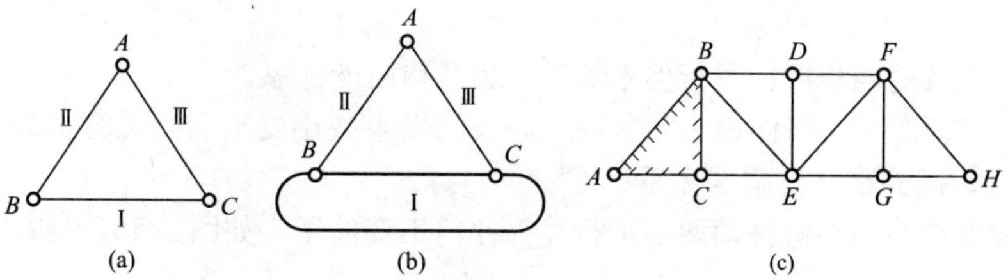

图 2.13 二元体规则

推论 3：在一个体系上增加一个二元体或拆除一个二元体，不会改变原有体系的几何构造性质。

增加一个点即增加了两个自由度，但是不共线的两链杆提供了两个约束，此推论常应用于桁架结构的几何分析中。如图 2.13(c) 所示桁架便是在铰接三角形 ABC 的基础上，依次增加二元体而形成的一个无多余约束的几何不变体系。同样，我们也可以对该桁架从 H 点起依次拆除二元体，而成为铰接三角形 ABC。

以上三个规则，说明了组成无多余联系的几何不变体系所需的最少联系。如在这些必要联系的基础上再增加联系，增加的联系将为多余联系，体系成为超静定结构。如若刚片之间的联系少于三个规则所要求的数目，则肯定为几何可变。

2.3.4 虚铰在无穷远处情况

1. 一个虚铰在无穷远处

(1) 构成虚铰的两链杆与第三杆平行且等长，为几何可变体系。

如图 2.14(a)所示，连接两个刚体的三根链杆平行且等长，无论是否发生微小变形，三根链杆始终在无穷远处相交，为几何可变体系。

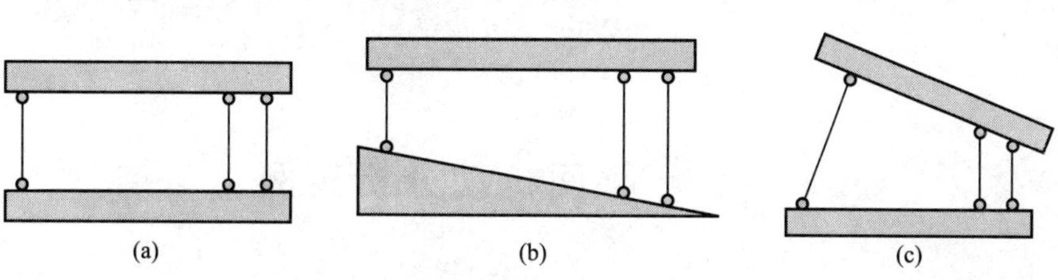

图 2.14 一个虚铰

(2) 构成虚铰的两链杆与第三杆平行但不等长，为几何瞬变体系。

如图 2.14(b)所示，连接两个刚体的三根链杆平行但不等长，发生微小变形后，三根链杆不再全平行，即第三根链杆不再通过另两根链杆的交点铰，体系即变为几何不变。因此是几何瞬变体系。

(3) 构成虚铰的两链杆与第三杆不平行，为几何不变体系，如图 2.14(c)所示。

2. 两个虚铰在无穷远处

(1) 构成虚铰的四根链杆平行且等长，为几何可变体系。

如图 2.15(a)所示，可以认为四根平行链杆在无穷远处形成两个虚铰，两个虚铰和实铰共线，因此是几何可变体系。

(2) 构成虚铰的四根链杆平行但不等长，为几何瞬变体系。

如图 2.15(b)所示，当四根平行链杆不等长，发生微小变形后，无穷远处的两个虚铰和实铰不共线，因此是几何瞬变体系。

(3) 构成虚铰的四根链杆两两不平行，为几何不变体系，如图 2.15(c)所示。

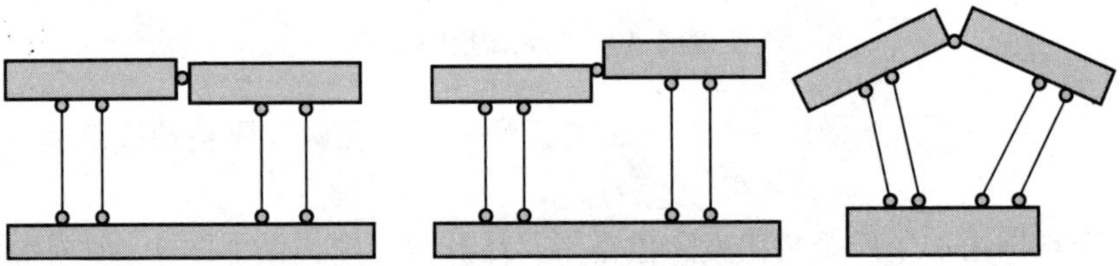

图 2.15　两个虚铰

3. 三个虚铰在无穷远处

三刚片分别用三对任意方向的平行链杆相联，均为几何瞬变体系，如图 2.16(a)所示；若三对平行链杆各自等长，则为几何常变体系，如图 2.16(b)所示。

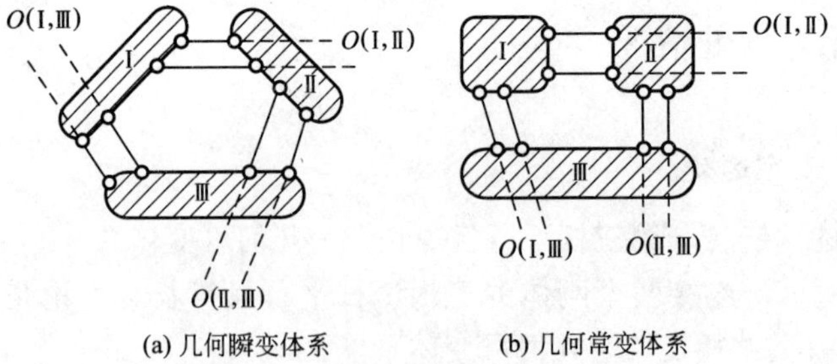

图 2.16　三个虚铰

2.4 平面机动分析实例

【例 2-3】 分析图 2.17 所示链杆体系的几何组成。

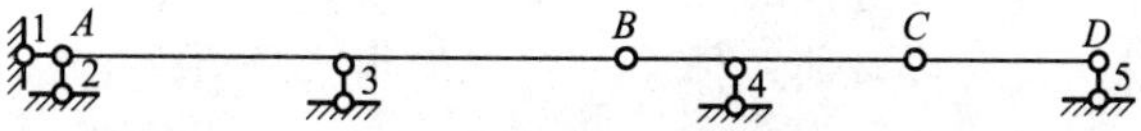

图 2.17 例 2-3 图

【解】 根据二元体规则，把大地看作一个刚片，与 *AB* 之间通过一个铰 *A* 和链杆 3 连接，形成几何不变体系且无多余约束，再通过铰 *B* 和链杆 4 与 *BC* 连接，形成几何不变体系且无多余约束，最后通过铰 *C* 和链杆 5 与 *CD* 连接，因此是几何不变且无多余约束的体系。

【例 2-4】 试对图 2.18(a)所示体系进行几何组成分析。

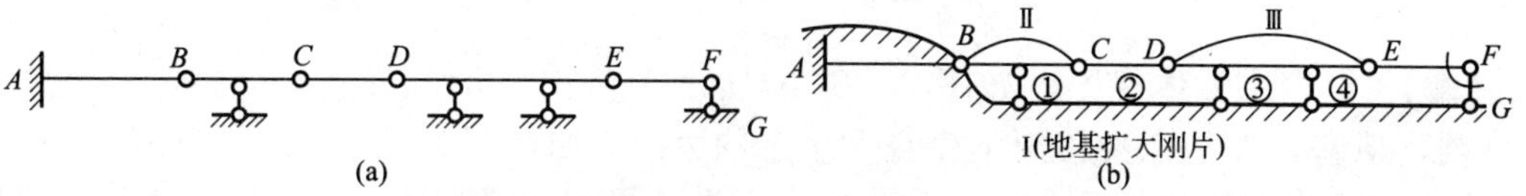

图 2.18 例 2-4 图

【解】 如图 2.18(b)所示，首先，取消二元体 *FEG*；其次，地基扩大刚片Ⅰ与刚片Ⅱ用一铰(铰 *B*)和一链杆(杆①)相连，组成地基扩大新刚片 *ABC*；然后该新刚片与刚片Ⅲ用三杆②、③、④相连，组成几何不变且无多余约束的体系。

【例 2-5】 分析图 2.19 所示体系的几何构造。

【解】 图 2.19 中的体系，刚片Ⅰ与Ⅱ之间由铰 *C* 连接；刚片Ⅰ与基础Ⅲ之间由链杆 1、2 连接，相当于一个在 *A* 点的铰；刚片Ⅱ与基础Ⅲ之间由链杆 3、4 连接，相当于一个在 *B* 点的铰。如 *A*、*B*、*C* 三点不在同一直线上，则体系是几何不变的，且无多余约束；如 *A*、*B*、*C* 三点在同一直线上，则体系是瞬变的。

【例 2-6】 分析图 2.20 所示体系的几何构造。

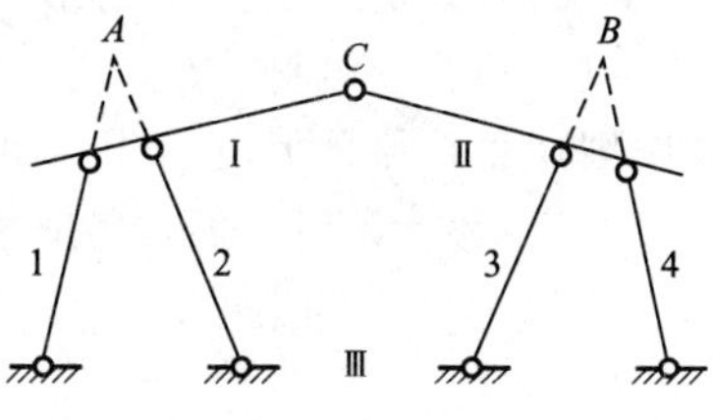

图 2.19 例 2-5 图

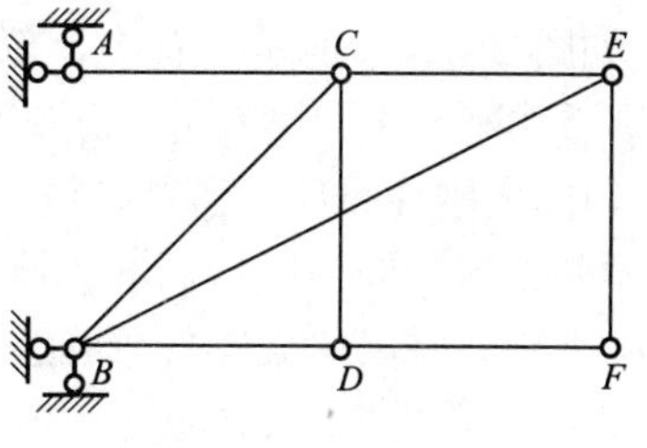

图 2.20 例 2-6 图

【解】 由不动点 *A*、*B* 出发，用不在同一直线的链杆 *AC* 和 *BC* 固定点 *C*：从固定点 *B*、*C* 出发，增加一个二元体固定点 *D*；再增加一个二元体固定点 *E*，最后增加一个二元体固定点 *F*。因此是几何不变且无多余约束的体系。

【例 2-7】 试对图 2.21 所示体系进行几何组成分析。

【解】 在此体系中，刚片 *AC* 只有两个铰与其他部分相连，其作用相当于一根用虚线表示的链杆 1；同理，刚片 *BD* 也相当于一根链杆 2。于是，刚片 *CDE* 与基础之间用

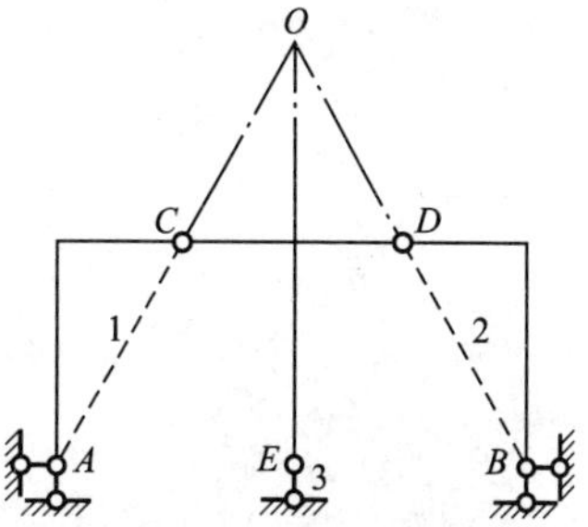

图 2.21 例 2-7 图

三根链杆 1、2、3 联结，这三根链杆的延长线交于一点 O，故此体系为瞬变体系。

【例 2-8】 试对图 2.22 (a) 所示体系进行几何组成分析。

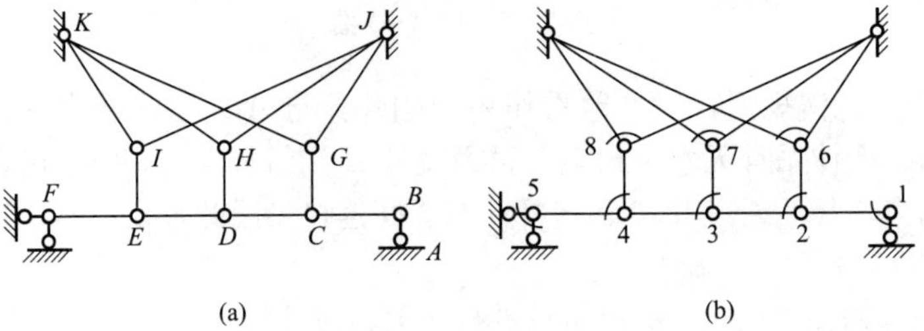

图 2.22 例 2-8 图

【解】 根据二元体规则，如图 2.22(b)所示，依次取消二元体 1，2，…，8，最后只剩下地基，地基本身几何不变且无多余约束。故原体系为几何不变且无多余约束。或者在地基上依次添加二元体 8，7，…，1，由此形成图 2.22(a)所示的原体系，根据二元体规则，增加或减少二元体并不改变原结构的几何可变性，故原体系为几何不变且无多余约束。

【例 2-9】 试对图 2.23(a)所示体系进行几何组成分析。

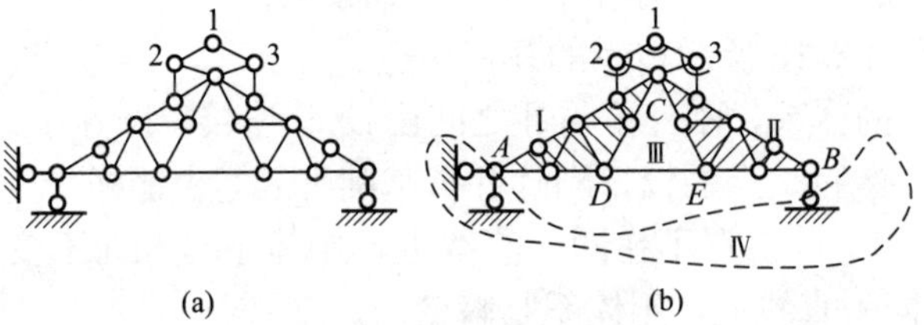

图 2.23 例 2-9 图

【解】 如图 2.23(b)所示，首先，依次取消二元体 1，2，3；其次，将几何部分 ACD 和 BCE 分别看作刚片Ⅰ和刚片Ⅱ，该二刚片用一铰(铰 C)和一杆(杆 DE)相连，组成几何不变的一个新的大刚片 ABC(当然，也可将 DE 看作刚片Ⅲ，则刚片Ⅰ、Ⅱ、Ⅲ用三个铰 C、D、E 两两相连，同样组成新的大刚片 ABC)。最后，该大刚片 ABC 与地基刚片Ⅳ之间用一铰(铰 A)和一杆(B 处支杆)相连，组成几何不变且无多余约束的体系。

【例 2-10】 试对图 2.24(a)所示体系进行几何组成分析。

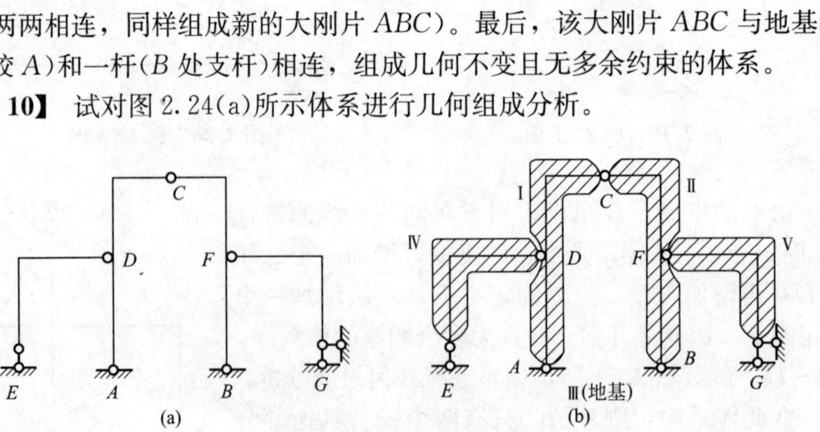

图 2.24 例 2-10 图

【解】 如图 2.24(b)所示，按照三刚片规则，刚片Ⅰ、Ⅱ、Ⅲ(地基)用三铰 A、B、C 两两相连，组成几何不变的新的大刚片 ABC；其次，该大刚片与刚片Ⅳ用一铰 D 和一链杆(E 处链杆)相连，组成更大刚片 $ABCDE$；最后，该更大刚片与刚片Ⅴ用两个铰(铰 F、G)相连，组成几何不变但有一个多余约束的体系。

【例 2-11】 试对图 2.25(a)所示体系进行几何组成分析。

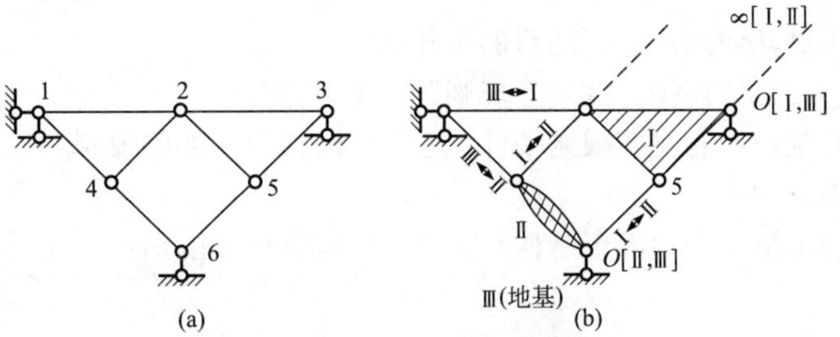

图 2.25 例 2-11 图

【解】 当体系的支杆多于三根时，常运用三刚片规则进行分析，一般将地基当作一个刚片。本例若按常规以铰接三角形 124、235 和地基为刚片，则分析将无法进行下去，因此应重新选择刚片和约束。重选三刚片如图 2.25(b)所示，三刚片之间由三个虚铰两两相连，且 O［Ⅰ，Ⅲ］与 O［Ⅱ，Ⅲ］以及∞点处的［Ⅰ，Ⅱ］共在一直线上，故该体系为瞬变体系。

【例 2-12】 试对图 2.26(a)所示体系进行几何组成分析。

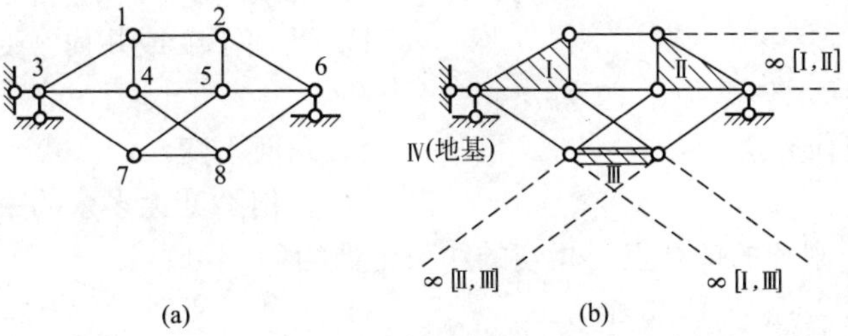

图 2.26 例 2-12 图

【解】 如图 2.26(b)所示，刚片Ⅰ、Ⅱ、Ⅲ用三个在∞点处的虚铰相连。根据无穷远虚铰分析可知，三对任意方向的平行链杆相连，均为瞬变体系；如果三对平行链杆各自等长，则为几何常变体系。

本章小结

本章主要讲述了几何不变体系、几何可变体系、自由度、刚片、约束等概念，以及几何不变体系的基本组成规则，并运用组成规则分析平面杆件的几何组成性质，判定超静定结构的多余约束数目；还讲述了平面体系的计算自由度及其计算方法。重点为几何不变体系的基本组成规律及其在平面体系几何组成分析中的应用。

思　考　题

2.1　何谓几何不变体系、几何可变体系和瞬变体系？几何可变体系和瞬变体系为什么不能作为结构？

2.2　对体系做几何组成分析的目的是什么？

2.3　试叙述二元体规则、两刚片规则和三刚片规则。

2.4　两刚片规则中有哪些限制条件？三刚片规则中有哪些限制条件？

2.5　何谓多余约束？

2.6　何谓静定结构和超静定结构？这两类结构有什么区别？

习　　题

2-1　选择题

(1) 三个刚片用三个铰两两相互连接所组成的体系是(　　)。

A. 几何不变　　B. 几何常变

C. 几何瞬变　　D. 几何不变或几何常变或几何瞬变

(2) 两个刚片用三根链杆连接所组成的体系是(　　)。

A. 几何常变　　B. 几何不变

C. 几何瞬变　　D. 几何不变或几何常变或几何瞬变

(3) 图 2.27 所示体系是(　　)。

A. 几何瞬变有多余约束　　B. 几何不变

C. 几何常变　　D. 几何瞬变无多余约束

(4) 连接三个刚片的铰结点，相当的约束个数为(　　)。

A. 2 个　　B. 3 个　　C. 4 个　　D. 5 个

(5) 图 2.28 所示体系的几何组成为(　　)。

A. 几何不变、无多余约束体系　　B. 几何不变、有多余约束体系

C. 瞬变体系　　D. 几何可变体系

(6) 图 2.29 所示体系的几何组成为(　　)。

A. 几何不变、无多余约束体系　　B. 几何不变、有多余约束体系

C. 瞬变体系　　D. 几何可变体系

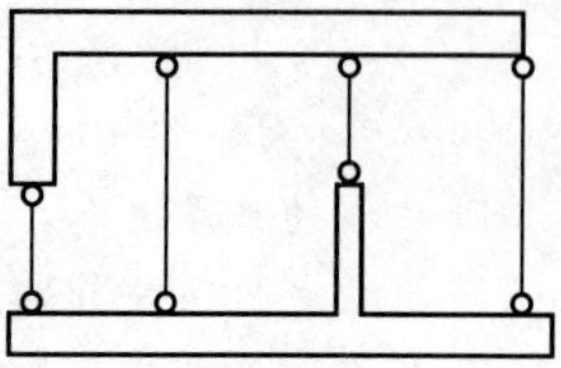

图 2.27　习题 2-1(3)图

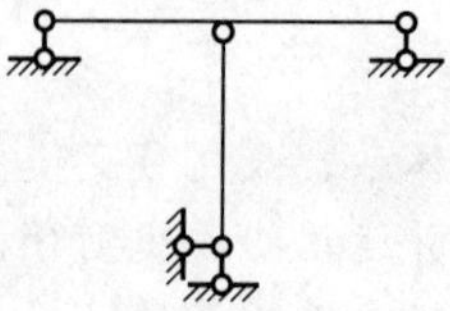

图 2.28　习题 2-1(5)图

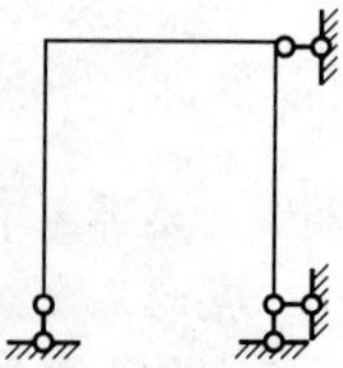

图 2.29　习题 2-1(6)图

2－2 填空题

(1) 在不考虑材料__________的条件下，体系的位置和形状不能改变的体系称为几何__________体系。

(2) 几何组成分析中，在平面内固定一个点，需要__________。

(3) 在分析体系的几何组成时，增加或拆去二元体，原体系的__________性质不变。

2－3 试分析图 2.30 所示各体系的几何组成。

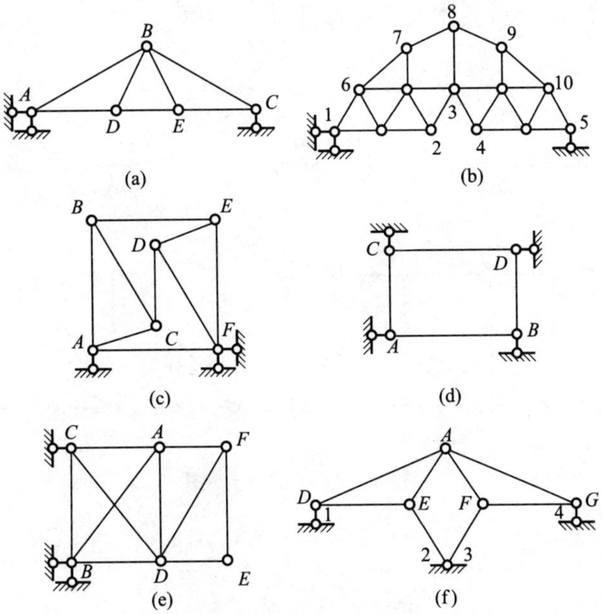

图 2.30 习题 2－3 图

2－4 试分析图 2.31 所示各体系的几何组成。

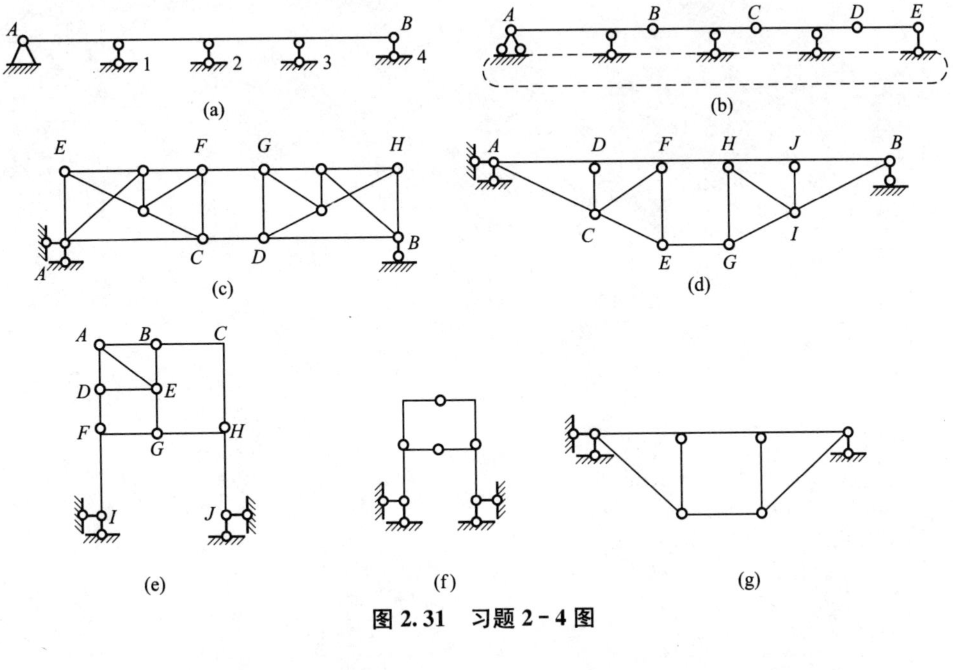

图 2.31 习题 2－4 图

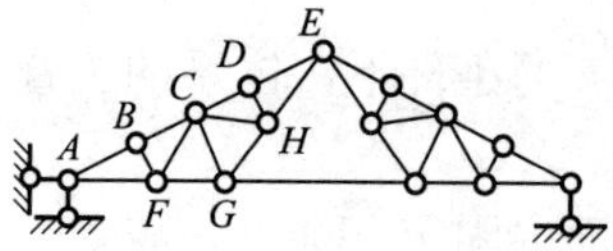

(h)

图 2.31 习题 2-4 图(续)

2-5 试求图 2.32 所示各体系的计算自由度。

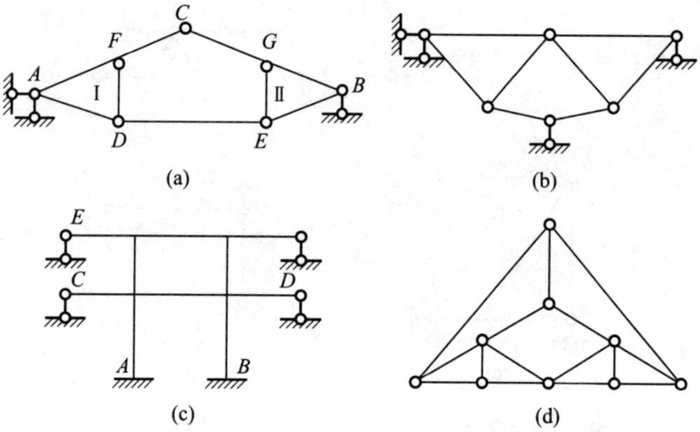

图 2.32 习题 2-5 图

第3章 静定结构受力分析

教学目标

主要探讨静定梁、静定刚架、三铰拱、静定平面桁架等典型静定结构的受力分析，通过本章的学习，应达到以下目标：

(1) 理解静定结构受力分析的特点；熟练地掌握静力分析的基本方法，正确地运用截面法求解各种静定平面结构在荷载作用下的支座反力和内力，了解各类结构的受力特性。熟练地掌握静定梁和静定刚架内力图的绘制。

(2) 理解三铰拱、合理拱轴线等概念，运用截面法分析三铰拱的内力，掌握三铰拱的受力特性和合理拱轴线的分析方法。

(3) 理解静定平面桁架的特点和分类，掌握用结点法、截面法以及联合法分析静定平面桁架的内力，理解不同桁架形式的受力特点和应用范围。

(4) 能运用截面法和结点法联合求解组合结构，理解静定结构的特性。

教学要求

知识要点	能力要求	相关知识
基本概念	(1) 掌握截面法、叠加法的相关知识； (2) 掌握三铰拱的组成和类型，理解三角拱的受力特点，掌握合理拱轴线概念； (3) 理解静定平面桁架的特点和分类，理解结点法、截面法以及联合法及其应用	(1) 结点法、截面法、联合法、叠加法； (2) 拱高、跨度、高跨比，水平推力，合理拱轴线； (3) 结点、链杆、零杆
静定梁的内力分析	(1) 掌握单跨静定梁的内力图绘制方法； (2) 掌握多跨静定梁的内力图绘制方法	(1) 单跨静定梁； (2) 多跨静定梁
静定刚架内力分析	(1) 了解静定平面刚架的特点； (2) 掌握静定平面刚架的内力图绘制方法	(1) 悬臂刚架、简支刚架； (2) 三铰刚架
三铰拱的内力分析	掌握三铰拱的受力特性和合理拱轴线的分析方法	合理拱轴线
静定平面桁架的内力分析	(1) 掌握结点法、截面法或联合法分析静定平面桁架； (2) 理解不同桁架形式的受力特点和应用范围	(1) 受力平衡； (2) 不同桁架内力特点
组合结构的内力分析	掌握用截面法和结点法联合求解组合结构	组合结构，静定结构特性

基本概念

单跨静定梁、多跨静定梁、静定刚架、三铰拱、桁架、组合结构、截面法、结点法、联合法。

引言

静定结构进行分析时，只需要考虑平衡条件，无须考虑变形条件。本章主要介绍截面法、结点法和联合法的基本原理及在常见的典型静定结构(静定梁、静定平面刚架、三铰拱、静定桁架、组合结构)内力分析中的应用。

3.1 静定梁

3.1.1 杆件截面内力及正负号规定

在工程中常见的单跨静定梁有三种：①简支梁［图 3.1(a)］；②悬臂梁［图 3.1(b)］；③伸臂梁［图 3.1(c)］。

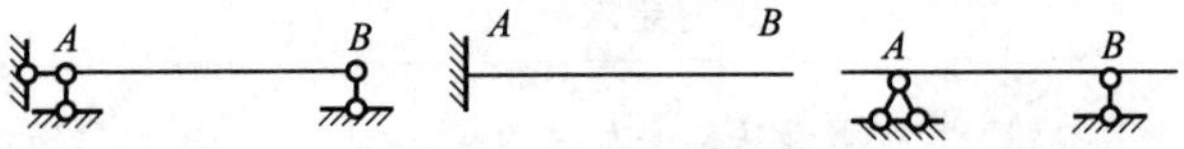

(a) 简支梁　(b) 悬臂梁　(c) 伸臂梁

图 3.1　单跨静定梁

在平面杆件的任一截面上，一般有三个内力分量：沿杆轴切线方向的分力称为轴力，记为 F_N；沿杆轴法线方向的分力称为剪力，记为 F_Q；截面内力对截面形心的力矩称为弯矩，记为 M。内力的符号规定与材料力学一致，轴力以拉力为正，反之为负，如图 3.2(a)所示；剪力以绕隔离体顺时针转动为正，反之为负，如图 3.2(b)所示；弯矩使杆件下部受拉时为正，反之为负，如图 3.2(c)所示。

3.1.2 截面法

计算指定截面内力的计算方法是截面法，即将杆件在指定截面切开，取左边部分(或右边部分)为隔离体，利用隔离体的平衡条件，确定此截面的三个内力分量。

(1) 截面法的计算步骤：

① 沿指定截面截开，取截面的一侧为隔离体进行分析；

② 绘制隔离体受力图；

③ 建立隔离体的受力平衡条件，求解截面的三个内力分量。

(2) 画隔离体受力图时，需要注意：

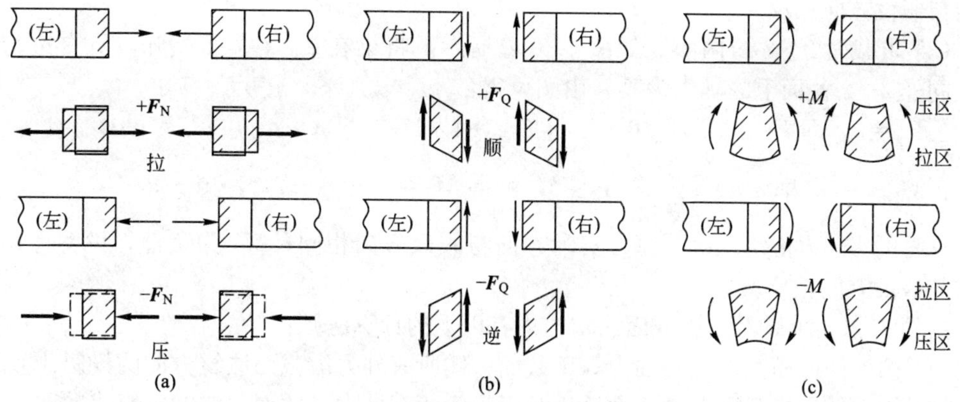

图 3.2 内力正负号规定

① 隔离体与其周围约束要全部截断，而以相应的约束力代替。

② 约束力要符合约束的性质。截断链杆以轴力代替，截断受弯构件时以轴力、剪力及弯矩代替，去掉支座时要以相应的支座反力代替。

③ 隔离体是应用平衡条件进行分析的对象。在受力图中只画隔离体本身所受到的力，不画隔离体施给周围的力。

④ 不要遗漏力，包括荷载及截断约束处的约束力。

⑤ 未知力一般假设为正号方向，已知力按实际方向画。

下面通过实例说明上述方法。

【例 3-1】 一外伸梁如图 3.3(a)所示，$F=10\text{N}$，$q=4\text{N/m}$，求截面 1—1 和截面 2—2 的剪力和弯矩。

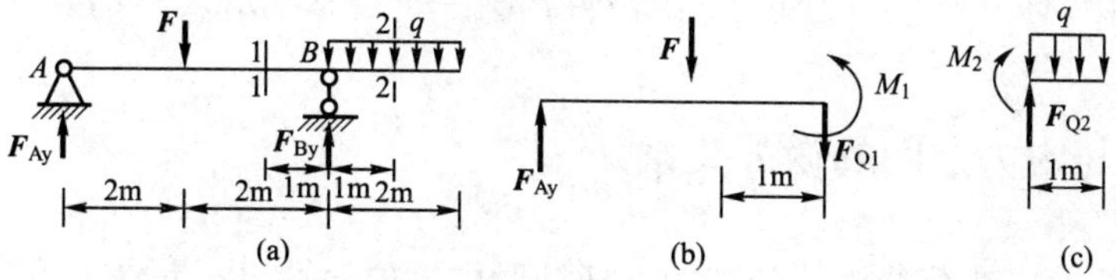

图 3.3 例 3-1 图

【解】 (1) 求梁的支座反力 F_{Ay} 及 F_{By}。以整个梁为隔离体，其受力如图 3.3(a)所示。由图可得：

$\sum M_B=0$，即 $F_{Ay}\times 4-10\times 2+4\times\dfrac{4}{2}=0$，解得 $F_{Ay}=3(\text{N})$；

在竖向 $\sum F_y=0$，即 $F_{Ay}+F_{By}-10-4\times 2=0$，解得 $F_{By}=15(\text{N})$。

因为外荷载在水平面上的投影为零，所以支座 A 的水平反力为零。

(2) 求截面 1—1 的内力。如图 3.3(b)所示，将梁在 1—1 截面截开，取左边为隔离体，由于水平方向没有约束反力和外力，因此 1—1 截面上的轴力为零。由图可得：

$\sum F_y=0$，即 $F_{Ay}-F-F_{Q1}=0$，解得 $F_{Q1}=3-10=-7(\text{N})$；

$\sum M_{1-1}=0$，即 $-F_{Ay}\times 3+F\times 1+M_1=0$，解得 $M_1=3\times 3-10\times 1=-1(\text{N}\cdot\text{m})$。

求得的 F_{Q1} 为负值，说明剪力实际方向与假设方向相反；M_1 为负值，说明弯矩实际方向与假设方向相反。

(3) 求截面 2—2 的内力。如图 3.3(c)所示，将梁在 2—2 截面截开，取右边为隔离体，同样 2—2 截面上的轴力为零。由图可得：

$\sum F_y=0$，即 $F_{Q2}-q\times1=0$，解得 $F_{Q2}=4\times1=4(\mathrm{N})$；

$\sum M_{2-2}=0$，即 $q\times1\times\dfrac{1}{2}+M_2=0$，解得 $M_2=-\dfrac{4}{2}=-2(\mathrm{N\cdot m})$。

求得的 F_{Q2} 为正值，说明剪力实际方向与假设方向相同；M_2 为负值，说明弯矩实际方向与假设方向相反。

由例 3－1，可以看出用截面法求内力有以下的计算法则：

(1) 构件任一横截面上的轴力等于截面一侧所有外力沿截面法线方向的投影代数和；

(2) 构件任一横截面上的剪力等于截面一侧所有外力沿截面方向的投影代数和；

(3) 构件任一横截面上的弯矩等于截面一侧所有外力对截面形心取矩的代数和。

按以上计算法则计算指定截面的内力时，不需要画分离体的受力图，可以直接根据截面内力的计算公式来进行计算。

【例 3－2】 在例 3－1 图 3.3(a)中简支梁的支座反力求出后，试直接用截面内力的算式计算截面 1—1 和截面 2—2 的剪力和弯矩。

【解】 (1) 以整个梁为分离体，由图 3.3(a)可得：

$\sum M_B=0$，即 $F_{Ay}\times4-10\times2+4\times\dfrac{4}{2}=0$，解得 $F_{Ay}=3(\mathrm{N})$。

(2) 求截面 1—1 的内力，由图 3.3(b)可得：

$\sum M_{1-1}=0$，即 $-F_{Ay}\times3+F\times1+M_1=0$，解得 $M_1=3\times3-10\times1=-1(\mathrm{N\cdot m})$。

(3) 求截面 2—2 的内力，由图 3.3(c)可得：

$\sum M_{2-2}=0$，即 $q\times1\times\dfrac{1}{2}+M_2=0$，解得 $M_2=-\dfrac{4}{2}=-2(\mathrm{N\cdot m})$。

3.1.3 荷载与内力之间的微分关系

如图 3.4 所示，在荷载连续分布的直杆杆段内，取微段 $\mathrm{d}x$ 为隔离体，在图示荷载和坐标下，由平衡条件可导出微分关系如下：

$$\frac{\mathrm{d}F_Q}{\mathrm{d}x}=-q(x),\quad \frac{\mathrm{d}M}{\mathrm{d}x}=F_Q,\quad \frac{\mathrm{d}^2M}{\mathrm{d}x^2}=\frac{\mathrm{d}F_Q}{\mathrm{d}x}=-q(x) \tag{3-1}$$

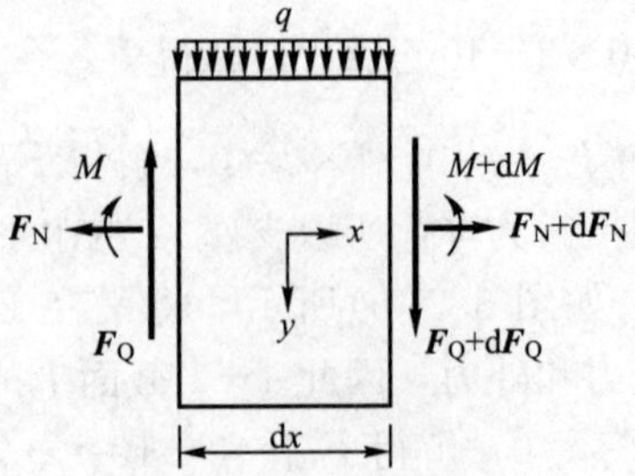

图 3.4 微段隔离体

3.1.4 作梁内力图的简便方法

式(3-1)的几何意义是：轴力图上某点处的切线斜率等于该点处的轴向荷载集度，但符号相反；剪力图上某点处的切线斜率等于该点处的横向荷载集度，但符号相反；弯矩图上某点处的切线斜率等于该点处的剪力；弯矩图上某点处的二阶导数等于该点处的荷载集度，但符号相反。据此可以推知杆段所受荷载情况与内力图形状之间的一些对应关系，见表3-1。

表3-1 荷载与内力之间的关系

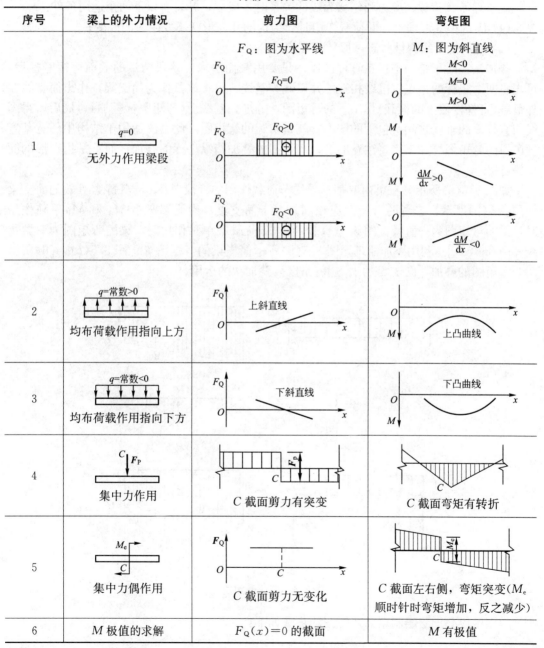

序号	梁上的外力情况	剪力图	弯矩图
1	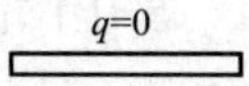 无外力作用梁段	F_Q：图为水平线 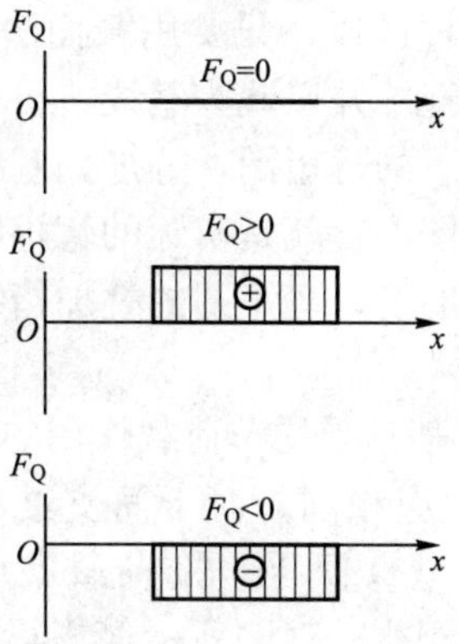	M：图为斜直线 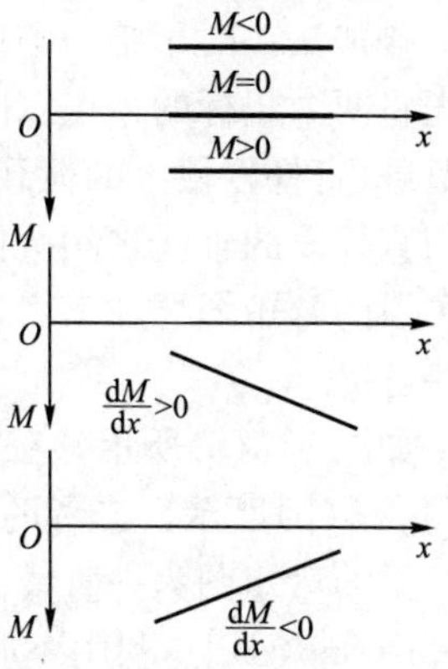
2	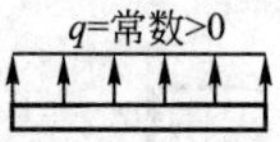 均布荷载作用指向上方	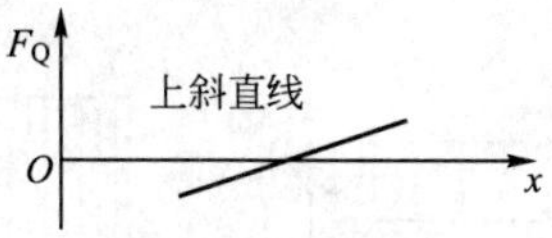	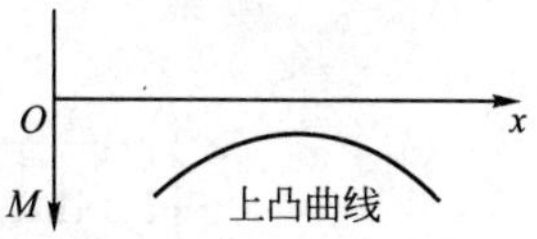
3	 均布荷载作用指向下方	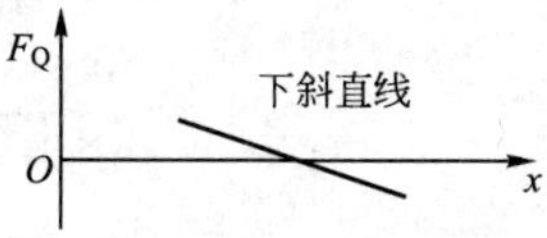	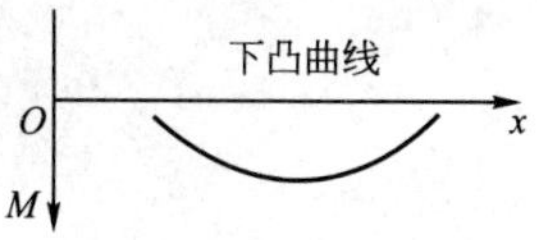
4	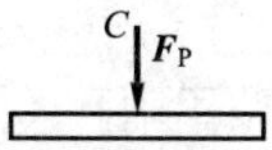 集中力作用	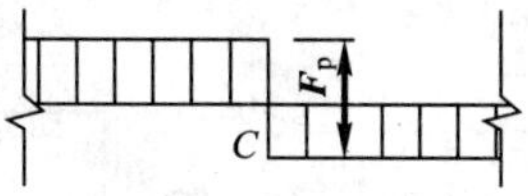 C截面剪力有突变	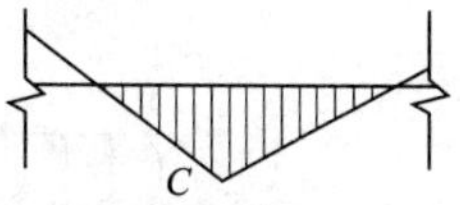 C截面弯矩有转折
5	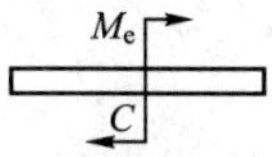 集中力偶作用	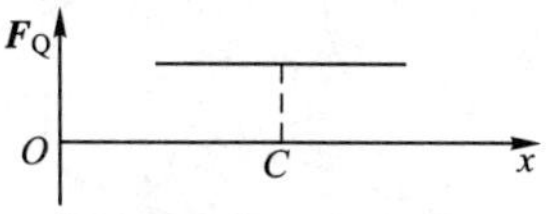 C截面剪力无变化	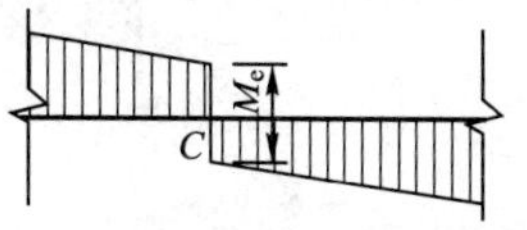 C截面左右侧，弯矩突变(M_e顺时针时弯矩增加，反之减少)
6	M极值的求解	$F_Q(x)=0$的截面	M有极值

绘制梁的内力图时，可根据上述内力图的规律，将梁分割为剪力图和弯矩图形状已知的若干杆段，然后再根据内力平衡关系计算出各段端界面的剪力和弯矩，利用杆段荷载与内力之间的微分关系，即可快速绘制剪力图和弯矩图。

3.1.5 区段叠加法绘制直杆内力图

叠加原理：在一组荷载作用下结构内某点的位移或内力，等于每一荷载独立作用所产生的效应之和。

此原理需在荷载、应力和位移为线性关系时才成立，并且有以下两个适用条件：

(1) 满足小变形理论，即荷载作用时，结构的几何形状不发生大的改变；

(2) 材料处于线弹性状态，服从胡克定律。

叠加法：对于结构中任意直杆区段，只要用截面法求出该段两端的截面弯矩竖标后，可先将两个竖标的顶点以虚线相连，并以此为基线，再将该段作为简支梁，作出简支梁在外荷载(直杆区段上的荷载)作用下的弯矩图，叠加到基线上(弯矩竖标叠加)，最后所得图线与直杆段的轴线之间所包围的图形，就是实际的弯矩图。此方法适用于结构中任意某直杆区段的弯矩图叠加。需要注意的是，弯矩图的叠加指纵坐标的叠加，而不是指图形的简单拼合。

如图 3.5(a)所示，在梁内取某一受均布荷载作用的杆段 AB，与其静力等效的简支梁如图 3.5(b)所示，二者的弯矩图应相同。对于简支梁，当梁端弯矩 M_A 和 M_B 单独作用时，梁的弯矩图为一直线［图 3.5(c)］；当均布荷载 q 单独作用时，梁的弯矩图为一抛物线［图 3.5(d)］。利用叠加原理，图 3.5(b)所示简支梁的弯矩图等于图 3.5(c)、(d)所示两个弯矩图的叠加［图 3.5(e)］。这就是区段叠加法的运用。

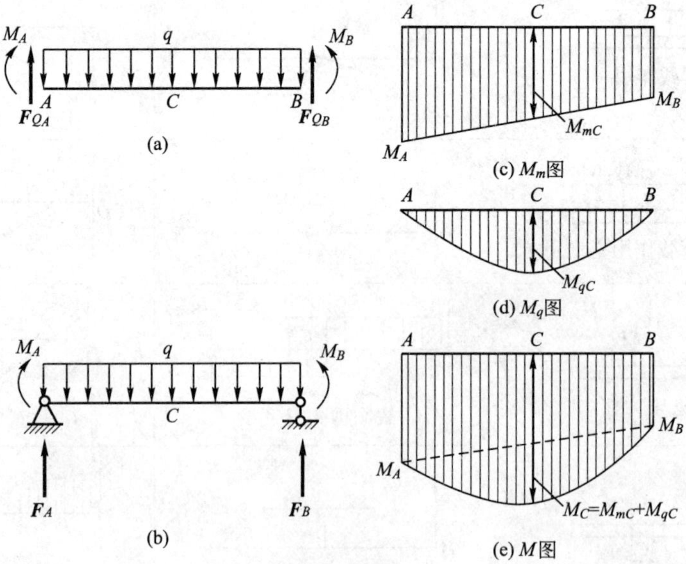

图 3.5 区段叠加法

应用区段叠加法绘制梁的弯矩图的步骤如下：

(1) 选取梁上外力不连续点(如集中力或集中力偶的作用点、分布荷载作用的起点和终点等)作为控制截面，并求出这些截面上的弯矩值。

(2) 如控制截面间无荷载作用，用直线连接两控制截面上的弯矩值，即得该段的弯矩图；如控制截面间有均布荷载作用，先用虚直线连接两控制截面上的弯矩值，然后以它为基线，叠加上该段在均布荷载单独作用下的相应简支梁的弯矩图，即得该段的弯矩图。

应用区段叠加法作弯矩图，需要熟练掌握常规荷载作用下简支梁和悬臂梁的弯矩图和剪力图。

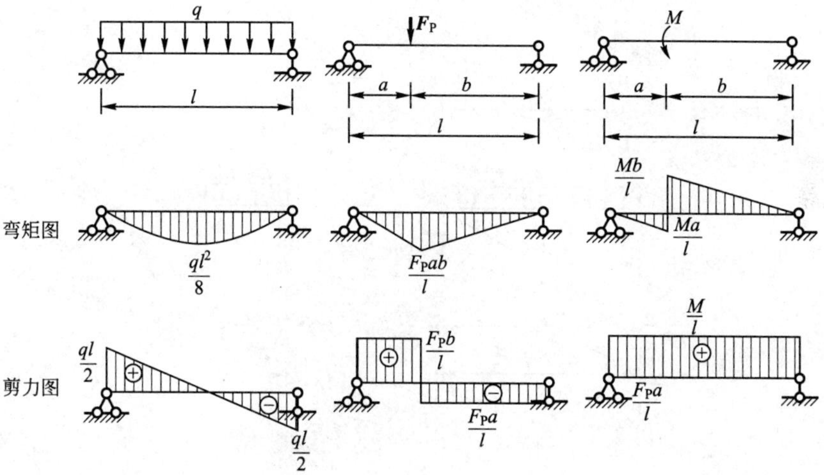

图 3.6 简支梁的弯矩图和剪力图

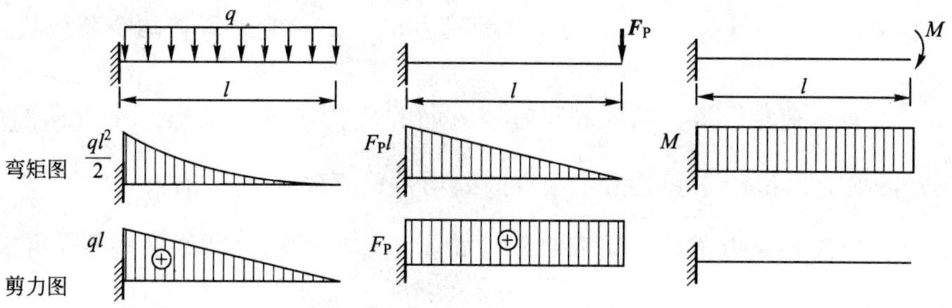

图 3.7 悬臂梁的弯矩图和剪力图

3.1.6 斜简支梁的内力图

在建筑工程中，常会遇到杆轴倾斜的斜梁，其中单跨静定斜梁的结构形式，包括梁式楼梯、板式楼梯、屋面斜梁以及具有斜杆的刚架等。斜梁上主要有两种外荷载的分布情况：①沿杆轴长度方向作用的铅垂均布荷载，如图 3.8(a)所示，荷载分布集度为 q_1'，例如楼梯的自重荷载；②沿水平方向作用的均匀荷载，如图 3.8(b) 所示，荷载分布集度为 q_2，例如楼梯上的人群荷载。为了计算上的方便，在图 3.8(a)中，一般将沿楼梯梁轴线方

向均布的荷载 q_1' 按照合力等效原则换算成沿水平方向均布的荷载 q_1，即

$$q_1'\frac{l}{\cos\alpha}=q_1 l,\quad q_1=\frac{q_1'}{\cos\alpha} \tag{3-2}$$

故对于楼梯斜梁，无论计算楼梯自重荷载作用还是计算人群荷载作用，均可采用水平方向均布的荷载作用［图 3.8(c)］进行内力计算。

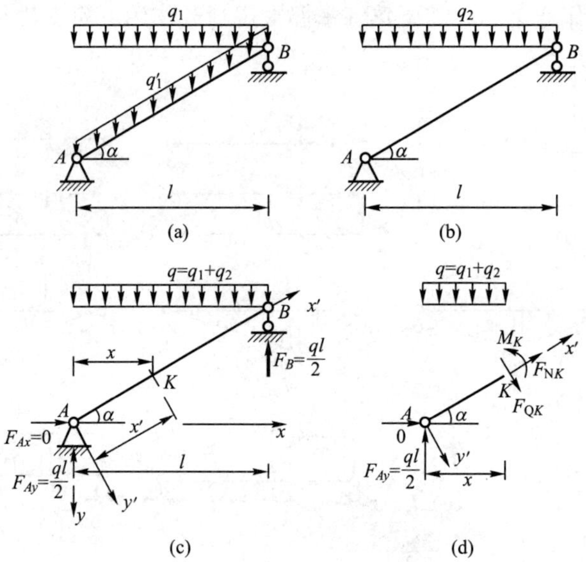

图 3.8　斜简支梁

【例 3-3】 图 3.8(a)、(b)所示楼梯简支斜梁，水平投影长度为 l，斜梁与水平方向夹角为 α，斜梁自重荷载为 q_1'，承受的人群荷载为 q_2，试绘制斜梁在两个荷载共同作用下的内力图。

【解】 (1) 自重荷载换算。将沿斜梁轴线方向的荷载 q_1' 换算成沿水平方向的荷载 q_1，有 $q_1=\dfrac{q_1'}{\cos\alpha}$，则图 3.8(c)中斜梁沿水平方向的均布总荷载 $q=q_1+q_2$。

(2) 计算支座反力。取整体为研究对象，如图 3.8(c)所示，利用平衡条件可求得

$$F_{Ax}=0,\quad F_{Ay}=\frac{ql}{2}(\uparrow),\ F_B=\frac{ql}{2}(\uparrow)$$

(3) 计算任意杆件横截面的内力。用 K 横截面截开斜梁，取 AK 为分离体，如图 3.8(d)所示，求 K 截面的内力如下：

$\sum M_K=0$，解得 $M_K=\dfrac{ql}{2}x-\dfrac{qx^2}{2}=\dfrac{qx}{2}(l-x)$；

$\sum F_{x'}=0$，解得 $F_{NK}=qx\sin\alpha-\dfrac{1}{2}ql\sin\alpha=q\sin\alpha(x-0.5l)$；

$\sum F_{y'}=0$，解得 $F_{QK}=\dfrac{1}{2}ql\cos\alpha-qx\cos\alpha=q\cos\alpha(0.5l-x)$。

(4) 作内力图。由 M_K、F_{QK} 和 F_{NK} 的表达式可以看出，该斜梁的弯矩图为二次抛物

线，剪力图和轴力图是一斜直线，如图 3.9 所示。

考虑具体数值，例如斜梁自重荷载 $q'_1=9\text{kN/m}$，人群荷载 $q_2=5\text{kN/m}$，$l=5.2\text{m}$，$\alpha=30°$，则有

$$q_1=\frac{q'_1}{\cos\alpha}=\frac{9}{\cos30°}=6\sqrt{3}(\text{kN/m}),\quad q=q_1+q_2=6\sqrt{3}+7.5=17.9(\text{kN/m})$$

则斜梁内最大内力如下：

$x=2.6\text{m}$ 处，$M_{K,\max}=\dfrac{17.9\times0.5\times5.2}{2}(5.2-0.5\times5.2)=60.5(\text{kN}\cdot\text{m})$；

$x=0$ 或 5.2m 处，$|F_{\text{N},\max}|=0.5ql\sin\alpha=0.5\times17.9\times5.2\times\sin30°=23.75(\text{kN})$；

$x=0$ 或 5.2m 处，$F_{\text{Q},\max}=0.5ql\cos\alpha=0.5\times17.9\times5.2\times\cos30°=40.31(\text{kN})$。

求解斜梁内力有以下要点：

(1) 内力为斜梁横截面内力。

(2) 由于斜梁的倾角 α，使其在竖向荷载作用下横截面上的内力除了剪力和弯矩外，还有轴力。

(3) 斜梁在竖向荷载作用下的内力，与相同跨度和荷载作用下的水平简支梁(图 3.10)的内力比较，在相同的截面位置处存在如下关系：

$$M(x)=M^{\circ}(x),\quad F_{\text{Q}}(x)=F^{\circ}_{\text{Q}}(x)\cos\alpha,\quad F_{\text{N}}(x)=-F^{\circ}_{\text{Q}}(x)\sin\alpha \tag{3-3}$$

(4) 斜梁的内力图要沿斜梁轴线方向绘制，且叠加原理亦适用。

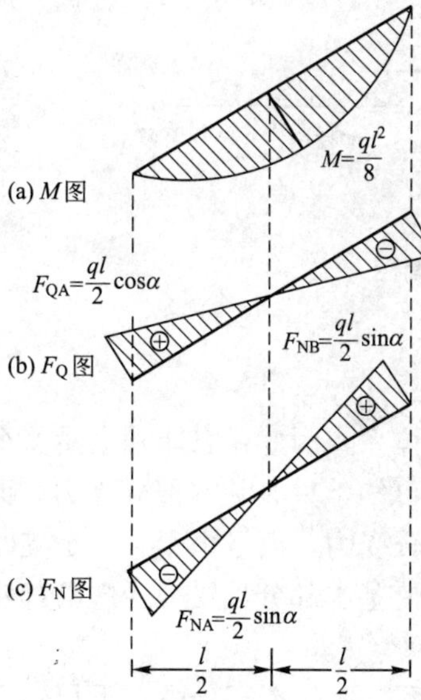

图 3.9　内力图

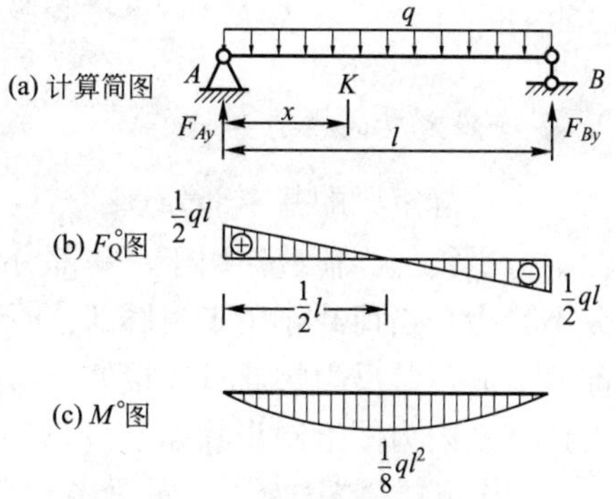

图 3.10　简支梁及其内力图

3.1.7　多跨静定梁

1. 多跨静定梁的几何组成特点

多跨静定梁可以看作是由若干个单跨静定梁首尾铰接构成的静定结构，常见于桥梁、

屋面、檩条等。

图 3.11 所示为木檩条的构造，檩条接头处采用斜搭接的形式，并用螺栓系紧，这种接头可看作铰结点。其计算简图如图 3.12(a)、(b)所示。从几何构造分析可知：梁 AB、EF、IJ 直接由支杆固定于基础上，是几何不变的；短梁 CD 和 GH 两端支于梁 AB、EF、IJ 的伸臂上面，整个结构是几何不变的。梁 AB、EF、IJ 自身能够承受荷载，即为基本部分；梁 CD 和 GH 依靠基本部分的支撑承受荷载，即为附属部分。从受力和变形方面看，基本部分上的荷载通过支座直接传给地基，不向它支持的附属部分传递力，因此仅能在其自身上产生内力和弹性变形；而附属部分上的荷载要先传给支持它的基本部分，通过基本部分的支座传给地基，因此可使其自身和基本部分均产生内力和弹性变形。因此，多跨静定梁的内力计算顺序可根据作用于结构上的荷载的传力路线来决定。

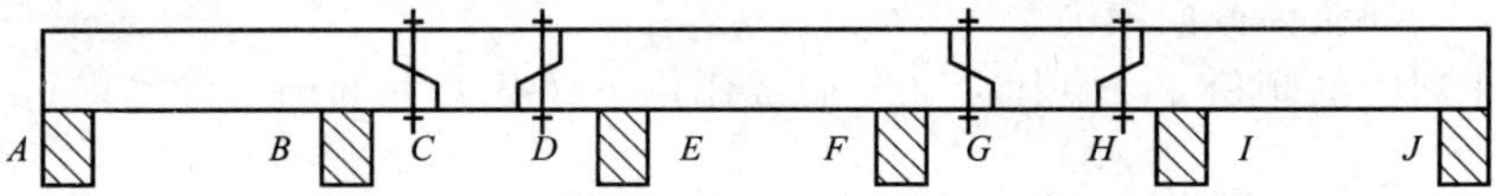

图 3.11　木檩条

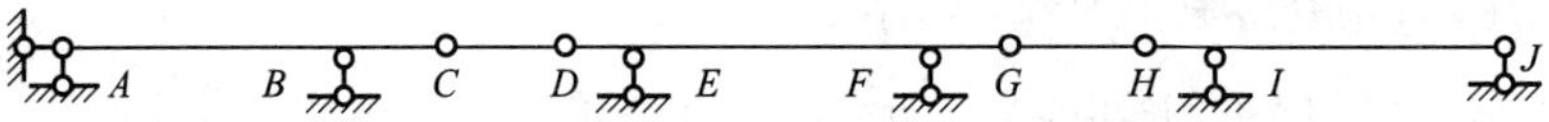

(a)

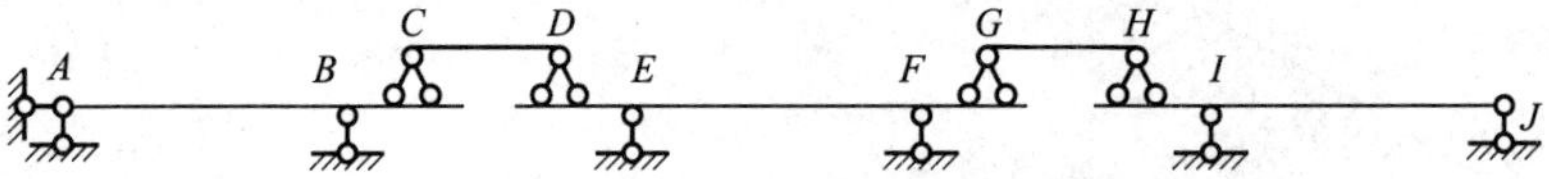

(b)

图 3.12　多跨静定梁木檀条计算简图

2. 多跨静定梁的内力分析

由于多跨静定梁的基本部分直接与地基组成几何不变体系，因此，它能独立承受荷载作用而维持平衡。当荷载作用于基本部分时，由平衡条件可知，只有基本部分受力，而附属部分不受力；当荷载作用于附属部分时，则不仅附属部分受力，而且由于它是被支承在基本部分上的，其反力将通过铰接处传给基本部分，因而使基本部分也受力。多跨静定梁的内力计算及内力图绘制步骤如下：

(1) 先作出层叠图(为了表示梁各部分之间的支撑关系，把基本部分画在下层，而把附属部分画在上层，如图 3.12(b)所示，称为层叠图)；

(2) 根据所绘层叠图，先从最上层的附属部分开始，依次计算各梁的反力(包括支座反力和铰接处的约束力)；

(3) 按照绘制单跨梁内力图的方法，分别作出各梁的内力图，然后再将其连在一起；

(4) 校核，可用梁的平衡条件 $\sum F=0$ 或 $\sum M=0$ 来进行；

(5) 利用内力图校核，可按梁的内力图的一些特征来进行检查。

【例 3-4】 绘制图 3.13(a)所示多跨静定梁的 M 图。

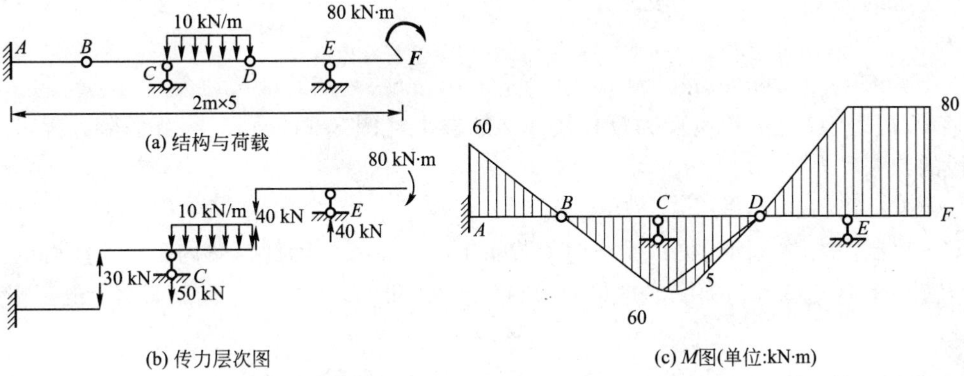

图 3.13　例 3-4 图

【解】 (1) 作出层叠图，如图 3.13(b)所示，先求解附属结构 DEF，再求解 BCD，最后求解 AB。

(2) 对图 3.13(b)中的 DEF 隔离体计算如下：

$\sum M_E=0$，即 $F_{Ey}\times2-80=0$，解得 $F_{Ey}=40(\mathrm{kN})\uparrow$；

$\sum F_y=0$，即 $F_{Ey}-F_{Dy}=0$，解得 $F_{Dy}=40(\mathrm{kN})\downarrow$。

(3) 对分离体 BCD 计算如下：

$\sum M_C=0$，即 $F_{By}\times2+10\times2\times1-40\times2=0$，解得 $F_{By}=30(\mathrm{kN})\uparrow$；

$\sum F_y=0$，即 $30-F_{Cy}+40-10\times2=0$，解得 $F_{Cy}=50(\mathrm{kN})\downarrow$。

(4) 按上述过程，多跨梁的计算就变为 AB、BCD、DEF 3 个单跨梁的计算了。由控制截面的弯矩和微分关系以及区段叠加法，可以得到弯矩图如图 3.13(c)所示。

【例 3-5】 试计算图 3.14(a)所示多跨静定梁的内力，并绘制其 M、F_Q 图。

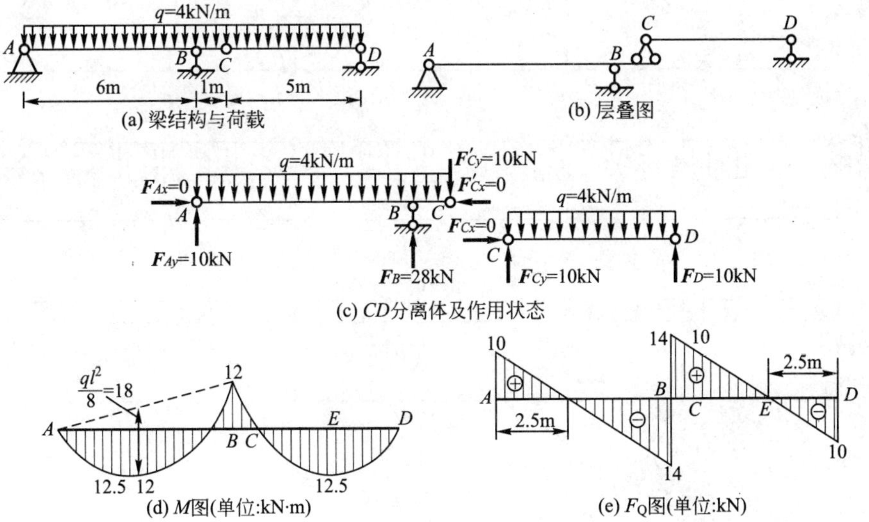

图 3.14　例 3-5 图

【解】 (1) 绘制层叠图。由几何组成分析可知，AC 段为基本部分，CD 段为附属部分，梁的层叠图如图 3.14(b)所示。

(2) 求约束反力。取 CD 段为分离体［图 3.14(c)］，由平衡方程可求得 CD 段的约束反力为

$$F_D=10\text{kN},\quad F_{Cx}=0,\quad F_{Cy}=10\text{kN}$$

将 CD 段铰 C 处的约束反力反作用于 AB 段上［图 3.14(c)］，再由平衡方程可求得 AB 段的约束反力为

$$F_{Ax}=0,\quad F_{Ay}=10\text{kN},\quad F_B=28\text{kN}$$

(3) 绘制内力图。因为梁只受竖向荷载作用，$F_{Ax}=0$，因此，梁内不会产生轴力，梁的内力图只有弯矩图和剪力图。把梁分成 AB、BC 和 CD 三段，各控制截面上的弯矩为

$$M_A=0$$

$$M_B=F_{Ay}\times 6-q\times 6\times 3=-12(\text{kN}\cdot\text{m})$$

$$M_C=0$$

$$M_E=F_{Cy}\times 2.5-q\times 2.5\times 1.25=12.5(\text{kN}\cdot\text{m})$$

$$M_D=0$$

利用区段叠加法，绘出梁的弯矩图如图 3.14(d)所示。仍把梁分成 AB、BC 和 CD 三段，各控制截面上的剪力为

$$F_{QB}^{L}=F_{Ay}-q\times 6=-14\text{kN}\cdot\text{m},\quad F_{QC}=F_{Cy}=10\text{kN}$$

利用微分关系法，绘出梁的剪力图如图 3.14(e)所示。剪力图上 A、B 和 D 处有突变，突变的值分别等于该处所受集中力的大小。

3. 多跨静定梁的受力特征

图 3.15(a)所示的多跨简支梁，在均布荷载 q 作用下，支座处的弯矩为零，跨中弯矩

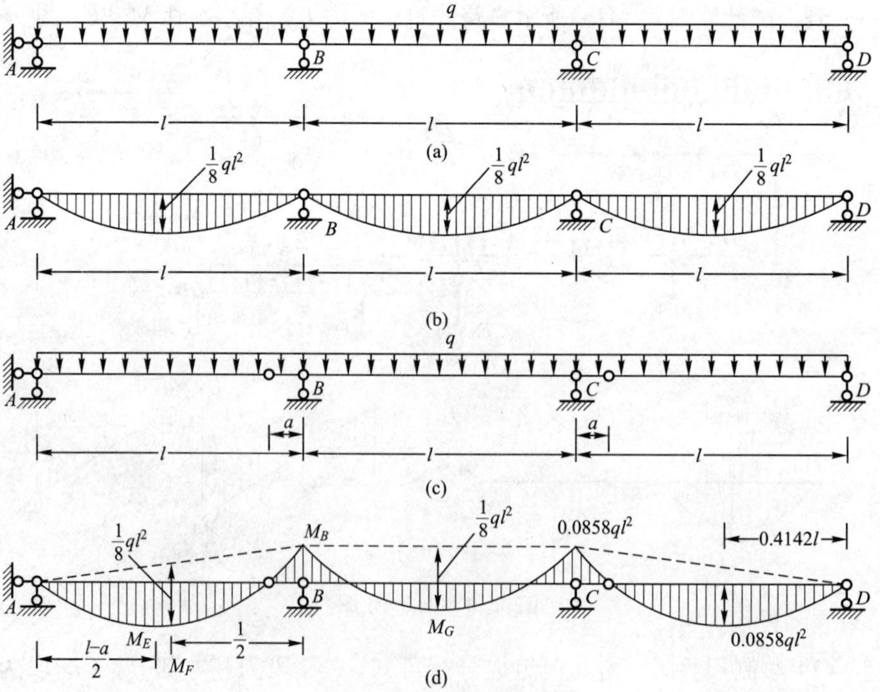

图 3.15　多跨静定梁

最大值为$\frac{1}{8}ql^2$，弯矩图如图 3.15(b)所示。若用图 3.15(c)所示的同样跨度的三跨铰接静定梁代替图 3.15(a)所示的多跨简支梁，在同样的荷载作用下，其弯矩图则如图 3.15(d)所示。随着两个中间铰到支座 B 或 C 的距离 a 的增加，中间支座 B、C 的负弯矩会随之增大；可证明当 $a=0.1716l$ 时，边跨 AB 或 CD 所产生的最大正弯矩等于中间支座 B 或 C 的支座负弯矩，即 $M_E=M_B=0.0858ql^2$。将这一弯矩结果与图 3.15(b)比较，可知三跨铰接静定梁的最大弯矩要比简支梁的最大弯矩小 31.3%，前者的弯矩分布更为均匀。究其原因是因为多跨静定梁中布置了外伸悬臂梁的缘故，它一方面减少了附属部分的跨度，另一方面又使得外伸臂上的荷载对基本部分产生负弯矩，由于支座处负弯矩的存在，阻止了杆件在支座处产生较大的转角，故也减少了杆件跨中的挠曲变形，从而部分抵消了跨中荷载所产生的正弯矩，使跨中截面的正弯矩减少。因此，多跨铰接静定梁较相应的多跨简支静定梁更节省材料，但其构造要复杂些，施工的难度也相应增加。

3.2 静定平面刚架及其受力分析

静定平面刚架一般由直杆组成，刚架中的结点全部或部分是刚结点。常见的静定平面刚架，有悬臂刚架［图 3.16(a)］、简支刚架［图 3.16(b)］、三铰刚架［图 3.16(c)］以及它们的组合。

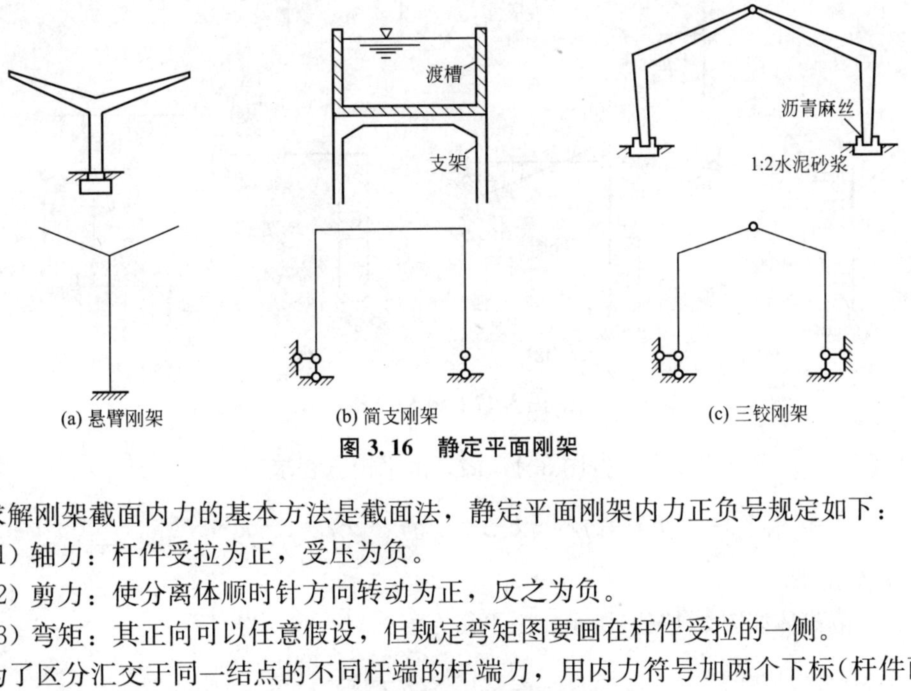

图 3.16 静定平面刚架

求解刚架截面内力的基本方法是截面法，静定平面刚架内力正负号规定如下：

(1) 轴力：杆件受拉为正，受压为负。

(2) 剪力：使分离体顺时针方向转动为正，反之为负。

(3) 弯矩：其正向可以任意假设，但规定弯矩图要画在杆件受拉的一侧。

为了区分汇交于同一结点的不同杆端的杆端力，用内力符号加两个下标(杆件两端结点编号)来表示杆端力，如用 M_{BA} 表示刚架中 AB 杆在 B 端的弯矩。

静定平面刚架分析的步骤，一般是先求出支座反力，再求出各杆控制截面的内力，然后再绘制各杆的弯矩图和刚架的内力图。绘制刚架内力图时，先将刚架拆成若干个杆件，由各杆件的平衡条件求出各杆的杆端内力，再利用杆端内力分别作出各杆件的内力图，最后将各杆件的内力图合在一起就得到刚架的内力图。

【例 3-6】 分析图 3.17(a)所示刚架内力。

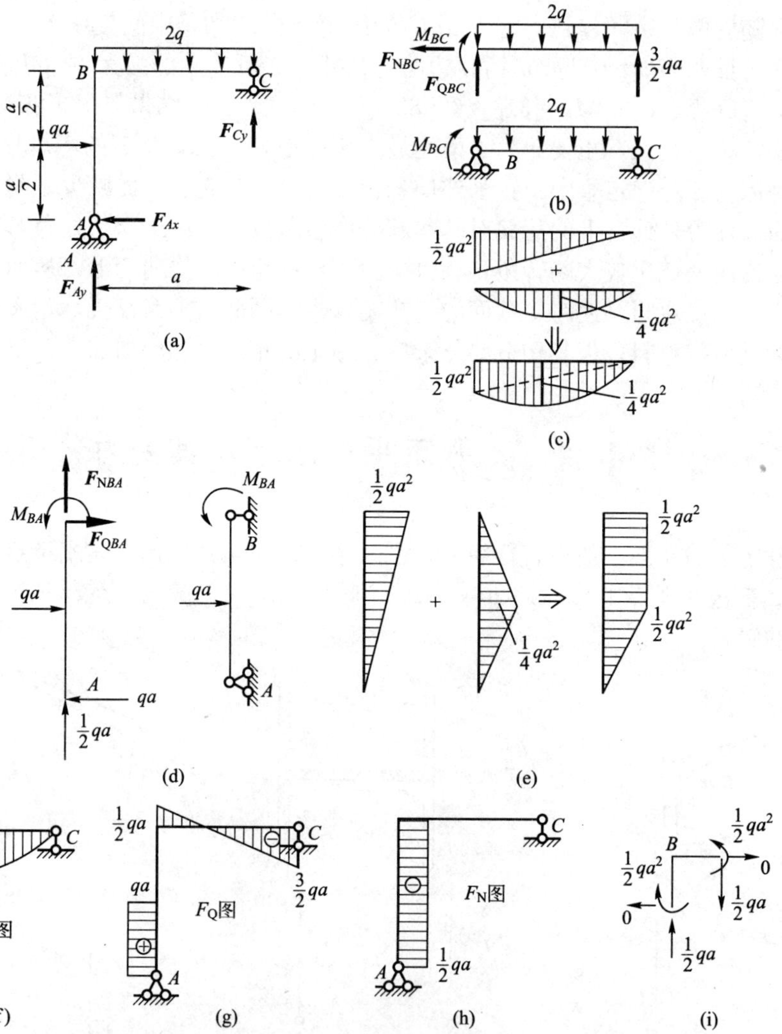

图 3.17 例 3-6 图

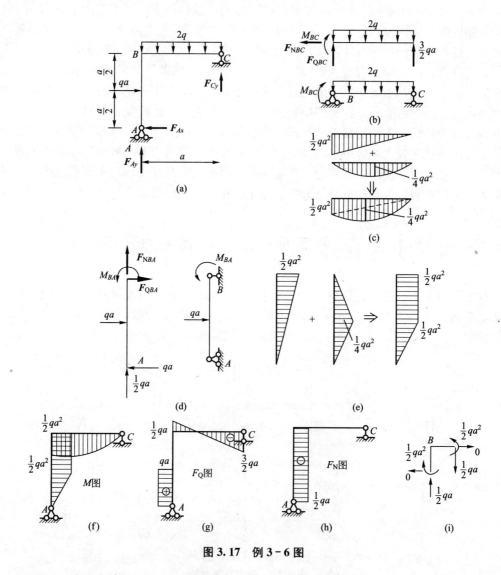

【解】 (1)求支座反力。按图 3.17(a)，由平衡方程求得

$$F_{Ax}=qa,\quad F_{Ay}=\frac{1}{2}qa,\quad F_{Cy}=\frac{3}{2}qa$$

(2) 作 M 图。

BC 杆隔离体如图 3.17(b)所示，由平衡方程 $\sum M_B=0$，得

$$M_{BC}=\frac{1}{2}qa^2\quad（下侧受拉）$$

BC 杆的弯矩图可以借助简支梁 BC 按叠加法作出，如图 3.17(c)所示。

AB 杆隔离体如图 3.17(d)所示，由平衡方程 $\sum M_B=0$，得

$$M_{BA}=\frac{1}{2}qa^2 \quad （右侧受拉）$$

AB 杆的弯矩图可以借助简支梁 AB 按叠加法作出，如图 3.17(e)所示。将二杆的弯矩图合并，可得到刚架的弯矩图，如图 3.17(f)所示。

(3) 作 F_Q 图。由图 3.17(b)、(d)分别对 BC、BA 二杆写出投影方程，并分别求得

$$F_{QBC}=\frac{1}{2}qa，\quad F_{QBA}=0$$

将二杆的剪力图合并，可得刚架的剪力图如图 3.17(g)所示。AB 杆中点有集中力，剪力图有突变。

(4) 作 F_N 图。由图 3.17(b)、(d)分别求得

$$F_{NBC}=0，\quad F_{NBA}=-\frac{1}{2}qa$$

由此绘出刚架的轴力图如图 3.17(h)所示。

(5) 内力图校核。取结点 B 为分离体，其上杆端的三个内力值可以从内力图如图 3.17(f)、(g)、(h)上得到，结点 B 的受力图如图 3.17(i)所示。可知结点 B 满足平衡条件，计算结果无误。

【例 3-7】 试绘制图 3.18(a)所示刚架的内力图。

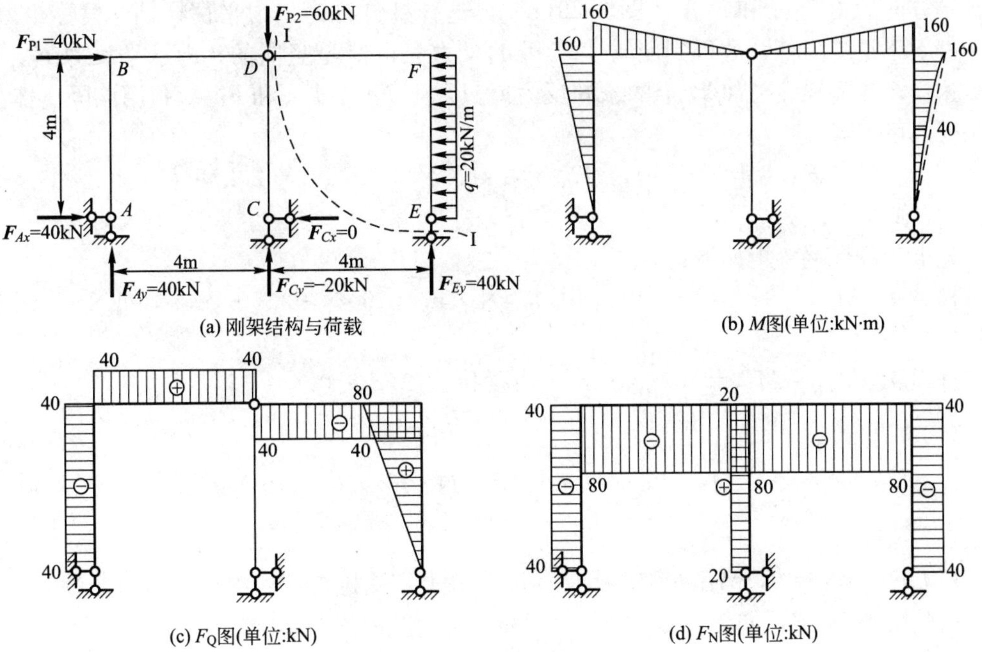

图 3.18 例 3-7 图

【解】 (1) 求支座反力和约束力。

$ABCD$ 是该结构的基本部分，而 DFE 则是附属部分。先从附属部分着手，用截面 Ⅰ—Ⅰ［图 3.18(a)］把 DFE 部分作为隔离体取出，如图 3.19 所示。作用在此附属部分上的外力，除荷载 q 外，还有支座反力 F_{Ey} 和铰 D 处基本部分对它的约束力 F_{Dx}、F_{Dy}，

而荷载 F_{P2} 视为作用于基本部分 $ABCD$ 上。根据该隔离体的平衡条件，可求得

$$F_{Ey}=40\text{kN}(\uparrow),\quad F_{Dx}=80\text{kN}(\rightarrow),\quad F_{Dy}=40\text{kN}(\downarrow)$$

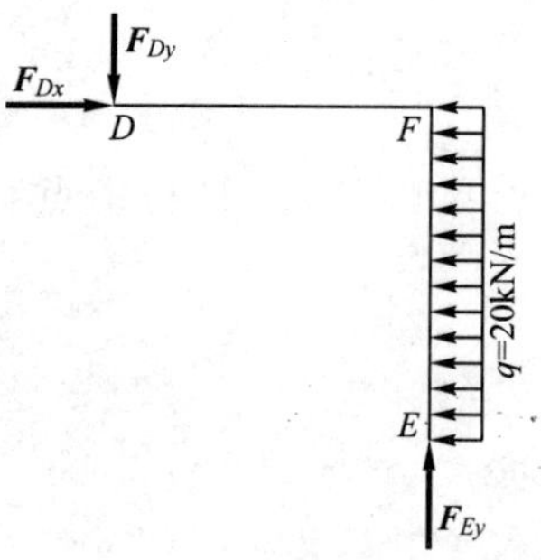

图 3.19　***DEF*** 隔离体

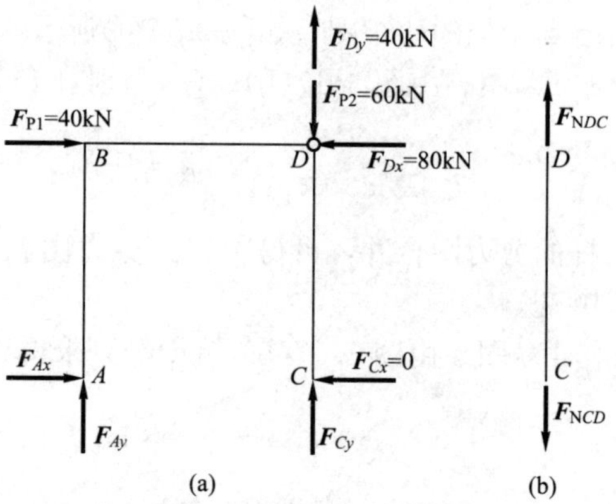

图 3.20　***ABCD*** 隔离体

再取基本部分 $ABCD$ 为隔离体，如图 3.20(a)所示。其上外力除了荷载 F_{P1}、F_{P2} 和支座反力 F_{Ax}、F_{Ay}、F_{Cx}、F_{Cy} 外，还有附属部分传来的约束力 F_{Dy}、F_{Dx}。分析时，为了简化计算，由 $\sum M_C=0$ 和 $\sum M_D=0$ 的平衡条件，可知 C、D 两端的剪力都为零，故只有沿杆轴方向的力 F_{NCD} 和 F_{NDC}［图 3.20(b)］，这种杆件称为二力平衡杆件，简称二力杆。由于杆 CD 是二力杆，故可判明支座 C 处的反力只可能是竖向的，即水平反力 F_{Cx} 等于零。这样，在隔离体 $ABCD$ 上的未知反力就只剩下 F_{Ax}、F_{Ay} 和 F_{Cy}。利用该隔离体的平衡条件，可求得

$$F_{Ax}=40\text{kN}(\rightarrow),\quad F_{Ay}=40\text{kN}(\uparrow),\quad F_{Cy}=-20\text{kN}(\downarrow)$$

(2) 作 M 图。

先求各杆杆端弯矩如下：

杆 AB：$M_{AB}=0$，$M_{BA}=40\times10^3\times4\text{N}\cdot\text{m}=160\times10^3\text{N}\cdot\text{m}=160\text{kN}\cdot\text{m}$(左侧受拉)。

杆 BD：$M_{BD}=M_{BA}=160\text{kN}\cdot\text{m}$(上方受拉)，$M_{DB}=0$。

杆 CD：$M_{CD}=M_{DC}=0$。

杆 EF：$M_{EF}=0$，$M_{FE}=\dfrac{1}{2}\times20\times10^3\times4^2\text{N}\cdot\text{m}=160\times10^3\text{N}\cdot\text{m}=160\text{kN}\cdot\text{m}$(右侧受拉)。

杆 DF：$M_{DF}=0$，$M_{FD}=M_{FE}=160\text{kN}\cdot\text{m}$(上方受拉)。

由此绘出 M 图，如图 3.18(b)所示。

(3) 作 F_Q 图。

先求各杆杆端剪力如下：

$$F_{QAB}=F_{QBA}=-F_{Ax}=-40\text{kN},\quad F_{QBD}=F_{QDB}=F_{Ay}=40\text{kN}$$

$$F_{QCD}=F_{QDC}=0$$

$$F_{QFE}=20\times10^3\times4=80\times10^3=80(\text{kN}),\ F_{QEF}=0$$

$$F_{QDF}=F_{QFD}=-F_{Dy}=-40\text{kN}$$

由此绘出 F_Q 图，如图 3.18(c)所示。

(4) 作 F_N 图。

先求各杆杆端轴力如下：

$$F_{NAB}=F_{NBA}=-F_{Ay}=-40\text{kN}$$
$$F_{NBD}=F_{NDB}=-F_{Ax}-F_{P1}=-80\text{kN}$$
$$F_{NCD}=F_{NDC}=-F_{Cy}=20\text{kN}$$
$$F_{NEF}=F_{NFE}=-F_{Ey}=-40\text{kN}$$
$$F_{NDF}=F_{NFD}=-F_{Dx}=-80\text{kN}$$

由此绘出 F_N 图，如图 3.18(d)所示。

(5) 校核。

取刚结点 B、F 为隔离体，如图 3.21(a)、(b)所示，可知均满足 $\sum M=0$。取刚架横梁为隔离体，如图 3.21(c)所示，由 $\sum F_x=0$ 和 $\sum F_y=0$ 分别可得

$$\sum F_x=40\times10^3+40\times10^3-80\times10^3=0$$
$$\sum F_y=40\times10^3-60\times10^3-20\times10^3+40\times10^3=0$$

可知所得 F_Q 图和 F_N 图均无误。

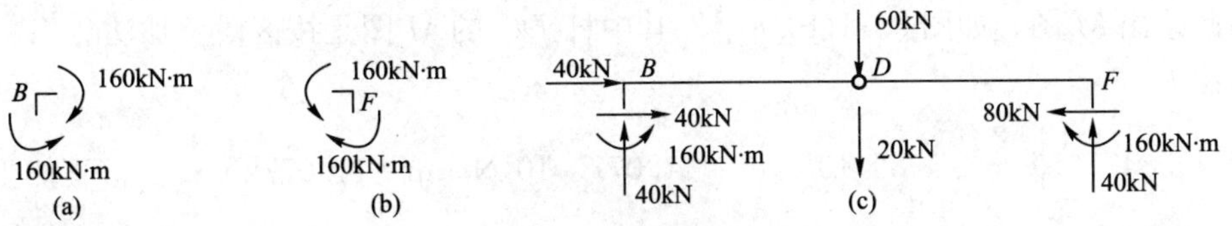

图 3.21 校核图

【例 3-8】 试绘制图 3.22(a)所示三铰刚架的内力图。

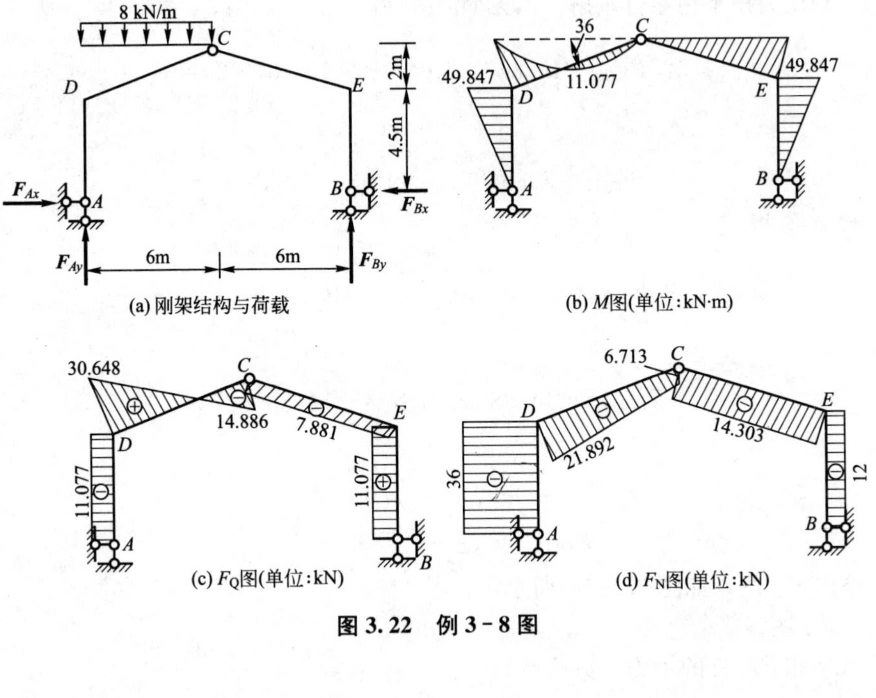

图 3.22 例 3-8 图

【解】 (1) 求支座反力。从整体平衡条件可得

$$\sum M_B=0,\quad F_{Ay}=36\text{kN}(\uparrow)$$

$$\sum M_A=0,\quad F_{By}=12\text{kN}(\uparrow)$$

$$\sum F_x=0,\quad F_{Ax}=F_{Bx}$$

再取刚架右半部分 BEC 为隔离体，由$\sum M_C=0$可得

$$6.5F_{Bx}-12\times10^3\times6=0$$

所以

$$F_{Bx}=11.077\times10^3\text{N}=11.077\text{kN}(\leftarrow),\quad F_{Ax}=11.077\text{kN}(\rightarrow)$$

(2) 作 M 图。各杆端弯矩为

$$M_{AD}=0$$

$$M_{DA}=M_{DC}=11.077\times10^3\times4.5=49.847\times10^3=49.847(\text{kN}\cdot\text{m})\quad\text{(外侧受拉)}$$

$$M_{CD}=0,\quad M_{BE}=0$$

$$M_{EB}=M_{BC}=11.077\times10^3\times4.5=49.847\times10^3=49.847(\text{kN}\cdot\text{m})\quad\text{(外侧受拉)}$$

$$M_{CE}=0$$

由此绘出 M 图，如图 3.21(b)所示。其中杆 DC 的 M 图是按区段叠加法作出，其中点弯矩值为

$$-\frac{1}{2}\times49.847\times10^3+\frac{1}{8}\times8\times10^3\times6^2=11.077\times10^3\text{N}\cdot\text{m}=11.077\text{kN}\cdot\text{m}\quad\text{(下侧受拉)}$$

(3) 作 F_Q 图。

杆 AD 的剪力，显然有 $F_{QAD}=F_{QDA}=-F_{Ax}=-11.077\text{kN}$。至于斜杆 DC，若利用截面一侧外力去求杆端剪力，则投影关系比较复杂，此时可直接截取杆 CD 为隔离体［图 3.23(a)］，利用力矩平衡条件求解。由$\sum M_C=0$得

$$6.325F_{QDC}-49.847\times10^3-\frac{1}{2}\times8\times10^3\times6^3=0$$

故

$$F_{QDC}=30.648\times10^3\text{N}=30.648\text{kN}$$

由$\sum M_D=0$得

$$6.325F_{QCD}+\frac{1}{2}\times8\times10^3\times6^2-49.847\times10^3=0$$

故

$$F_{QCD}=-14.886\times10^3\text{N}=-14.886\text{kN}$$

同理可得

$$F_{QBE}=F_{QEB}=11.077\text{kN}$$

$$F_{QEC}=F_{QCE}=-7.881\text{kN}$$

由此绘出 F_Q 图，如图 3.22(c)所示。

(4) 作 F_N 图。

对于 AD 和 BE 杆的轴力，显然有

$$F_{NAD}=F_{NDA}=-36\text{kN}$$

$$F_{NBE}=F_{NEB}=-12\text{kN}$$

取结点 D 为隔离体，如图 3.23(b)所示，由 $\sum F_x=0$ 得

$$F_{NDC}\cos\alpha+30.648\times10^3\sin\alpha+11.077\times10^3=0$$

注意到 $\sin\alpha=\dfrac{1}{\sqrt{10}}$，$\cos\alpha=\dfrac{3}{\sqrt{10}}$，代入上式可得

$$F_{NDC}=-21.892\text{kN}$$

再由图 3.23(a)所示隔离体，可得

$$F_{NCD}-F_{NDC}-8\times10^3\times6\sin\alpha=0$$

将 F_{NDC} 及 $\sin\alpha$ 值代入上式，得

$$F_{NCD}=-6.713\text{kN}$$

同理，以结点 E 为隔离体，可得 $F_{NEC}=-14.303\text{kN}$，因斜杆 CE 上无荷载作用，故轴力为常数，$F_{NCE}=-14.303\text{kN}$。由此绘出 F_N 图，如图 3.22(d)所示。

(5) 校核。截取结点 C 为隔离体，如图 3.23(c)所示，可以验算 $\sum F_x=0$ 和 $\sum F_y=0$ 均是满足的。

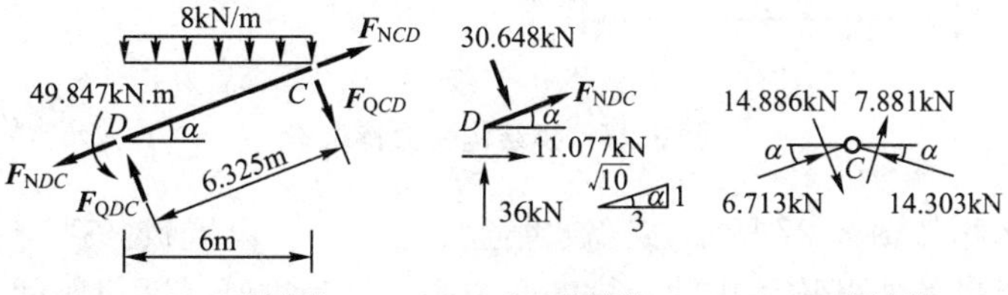

(a) CD隔离体　　(b) D隔离体　　(c) C隔离体

图 3.23 截取的隔离体

3.3 三 铰 拱

拱式结构在房屋建筑、地下建筑、桥梁及水工建筑中都常采用，如坡屋面的屋架、拱桥等都是常见的拱式结构(图 3.24)。从几何构造上看，拱式结构可分为静定、非静定结构，如图 3.25 (a)、(b)分别为无多余约束的有拉杆、无拉杆三铰拱，图 3.25 (c)、(d)分别为有多余约束的两铰拱和无铰拱。

图 3.24 拱式结构

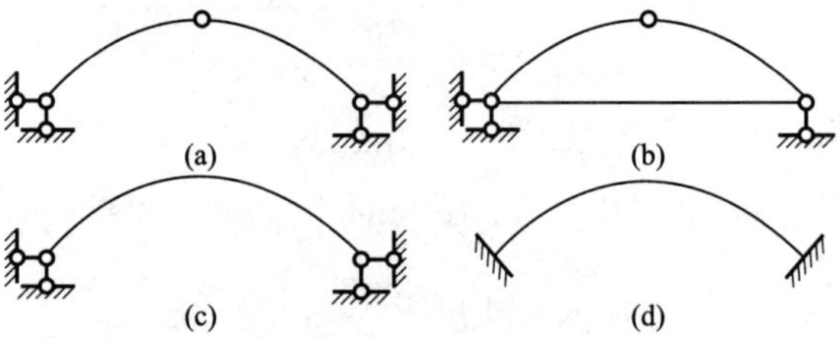

图 3.25　拱结构类型

拱式结构的基本特点是在竖向荷载作用下，在拱支座会产生水平推力。图 3.26(a)所示为三铰拱受竖向荷载作用时的支座反力情况，由拱的 C 点以左部分对铰 C 的力矩平衡方程 $\sum M_C=0$ 可知，A 支座除有竖向反力 F_{VA} 外，还产生向右的推力 F_{HA}；而对于图 3.26(b)所示的有拉杆三铰拱，推力就是拉杆内的拉力。

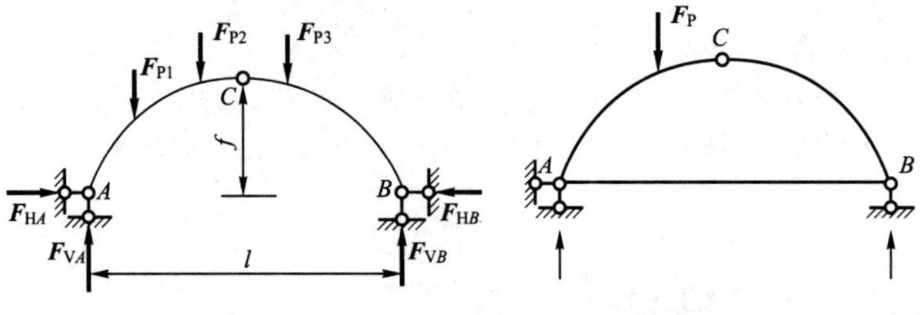

图 3.26　拱结构受力特点

拱的各部分名称如图 3.27 所示。三铰拱通常在拱顶处设置铰。拱身各截面形心连线称为拱轴线，构成拱的曲杆称为拱肋，拱的两个底铰称为拱趾，两拱趾间的水平距离称为拱的跨度，两拱趾的连线称为起拱线，拱顶至起拱线之间的竖直距离称为拱高或矢高，拱高与跨度之比称为高跨比；两拱趾在同一水平线上的拱称为平拱，不在一条水平线上的拱称为斜拱。

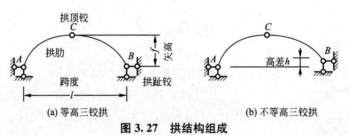

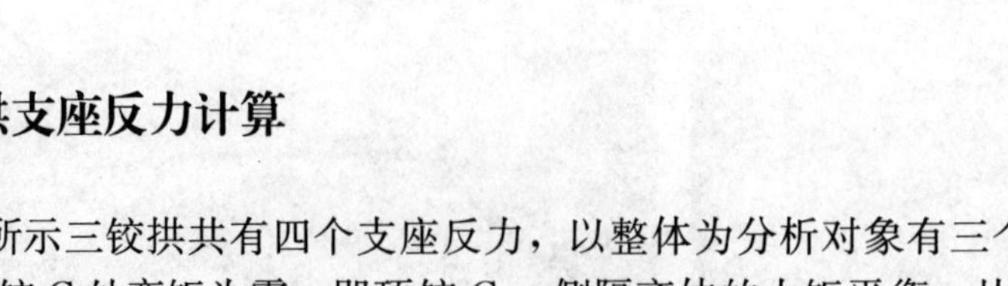

图 3.27　拱结构组成

3.3.1　三铰拱支座反力计算

图 3.28(a)所示三铰拱共有四个支座反力，以整体为分析对象有三个独立平衡方程，同时由图可知顶铰 C 处弯矩为零，即顶铰 C 一侧隔离体的力矩平衡，从而可以建立四个静力平衡方程求解。

取与拱具有相同跨度且承受相同竖向荷载的简支梁(称为等代梁)进行对比，如图 3.28

(b)所示。首先考虑拱的整体平衡，由$\sum M_A=0$和$\sum M_B=0$，可求得拱的支座竖向反力如下：

$$\begin{cases} F_{VA}=\dfrac{1}{l}(F_{P1}b_1+F_{P2}b_2) \\ F_{VB}=\dfrac{1}{l}(F_{P1}a_1+F_{P2}a_2) \end{cases} \tag{3-4}$$

将上述值与图 3.28(b)中的简支梁对比，显然应有

$$\begin{cases} F_{VA}^0=F_{VA} \\ F_{VB}^0=F_{VB} \end{cases} \tag{3-5}$$

即拱的竖向反力与对应简支梁的竖向反力相同。

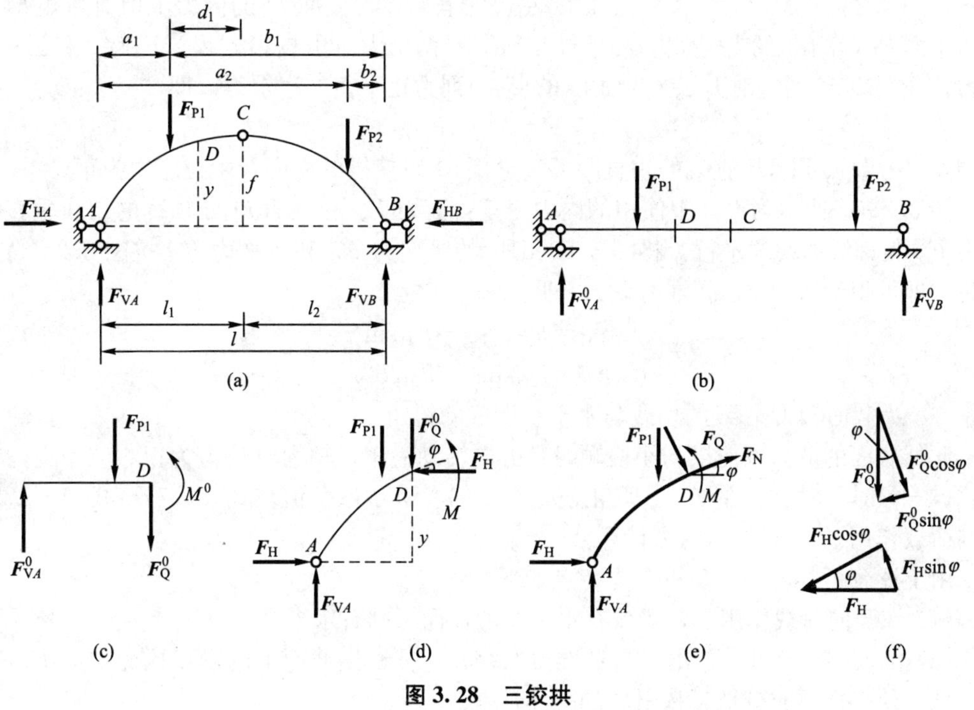

图 3.28　三铰拱

由$\sum F_x=0$可知：

$$F_{HA}=F_{HB}=F_H$$

式中，F_H表示该推力的数值，支座A和B的水平反力大小相等、方向相反。为求出该推力值，可根据三铰拱中铰C弯矩为0的条件，即

$$\sum M_C=0$$

考虑铰C右侧拱上的竖向荷载和支座B的反力，上式可写为

$$F_{VA}l_1-F_{P1}d_1-F_Hf=0$$

即

$$F_H=\frac{F_{VA}l_1-F_{P1}d_1}{f}$$

上式右边项的分子部分为C点左边所有竖向力对C点的力矩代数和，等于简支梁相应截

面 C 的弯矩。以 M_C^0 代表简支梁截面 C 的弯矩，则上式可写为

$$F_H=\frac{M_C^0}{f} \tag{3-6}$$

由式(3－6)可知，在给定的荷载作用下，三铰拱的推力与拱轴的曲线形状无关，而与拱高 f 成反比。拱的高跨比(矢跨比)f/l 越大则推力 F_H 越小，反之则推力 F_H 越大。

3.3.2 三铰拱内力计算

支座反力求出后，即可用截面法求任意截面的内力，如按图 3.28，求拱结构指定截面 D 的内力。在计算中，我们借用简支梁相应截面 D 的弯矩 M^0 和剪力 F_Q^0，如图 3.28(c)所示。图 3.28(d)所示为三铰拱截面 D 左边的隔离体，截面 D 的内力不但有弯矩 M，还有水平力 F_H(等于拱的支座推力)和竖向力 F_Q^0，后两个力可由投影方程 $\sum F_x=0$ 和 $\sum F_y=0$ 求得；而弯矩 M 通过对 D 点(截面 D 的形心)列力矩平衡方程求得，即

$$M=M^0-F_H y \tag{3-7}$$

式中，y 为 D 点到 AB 直线的垂直距离。弯矩 M 以使拱的内面产生拉应力为正。

图 3.28(e)所示为设计中使用的内力分量，剪力 F_Q 与截面 D 处轴线的切线垂直，而轴力 F_N 与轴线的切线平行。将图 3.28(d)中的竖向力 F_Q^0 和水平力 F_H 按图 3.28(f)加以分解，即可得到剪力 F_Q 和轴力 F_N，即

$$F_Q=F_Q^0\cos\varphi-F_H\sin\varphi \tag{3-8}$$

$$F_N=F_Q^0\sin\varphi-F_H\cos\varphi \tag{3-9}$$

式中，φ 为截面 D 处轴线的切线与水平线所成的锐角。

此处截面的剪力以使拱的小段顺时针方向转动为正，轴力以拉力为正。应用式(3－8)和式(3－9)时，对拱的左半，φ 取正值，在拱的右半 φ 取负值。式(3－7)～式(3－9)即为竖向荷载作用下 D 截面的内力计算公式。

由上述分析，可知三角拱受力特点如下：

(1) 在竖向荷载作用下，梁没有水平反力，而拱则有水平推力。

(2) 由式(3－9)可知，由于水平推力的存在，三铰拱截面上的弯矩比简支梁小。弯矩的降低，使拱能更充分地发挥材料的受压性能。

(3) 在竖向荷载作用下，梁的截面内没有轴力，而拱的截面内轴力较大，且一般为压力。

总体来说，拱比梁能更有效地发挥材料的受压性能，因此，适用于较大的跨度和较重的荷载。由于拱主要是受压，因而便于利用抗压性能好而抗拉性能差的材料，如砖、石、混凝土等。但拱既有其优点，同样也存在不利的因素。拱既然受到向内的推力作用，也就给基础施加了向外的推力，所以拱的基础比梁的基础要大。因此，用拱作屋顶时，都使用带拉杆的三铰拱，以减少对墙或柱的推力。

【例 3－9】 试绘制图 3.29(a)所示三铰拱的内力图。已知拱轴为一抛物线，当坐标原点设在支座 A 处时，拱轴线方程为

$$y=\frac{4f}{l^2}x(l-x)$$

【解】 支座的竖向反力和相应简支梁反力相同，容易求得

$$F_{Ay}=F_{Ay}^{0}=\frac{4\times8\times(4+4+4)+16\times4}{16}=28(\mathrm{kN})$$

$$F_{By}=F_{By}^{0}=\frac{16\times(8+4)+4\times8\times4}{16}=20(\mathrm{kN})$$

由式(3-6)可求得支座处的水平推力为

$$F_{\mathrm{H}}=\frac{M_{\mathrm{C}}^{0}}{f}=\frac{20\times8-16\times4}{4}=24(\mathrm{kN})$$

为绘出内力图，可将拱跨分出若干等份，然后列表求出各分点截面上的内力值。现如图 3.29(a)所示将拱沿水平方向分出 8 等份，以分点 2、6 截面为例，说明其内力计算方法。

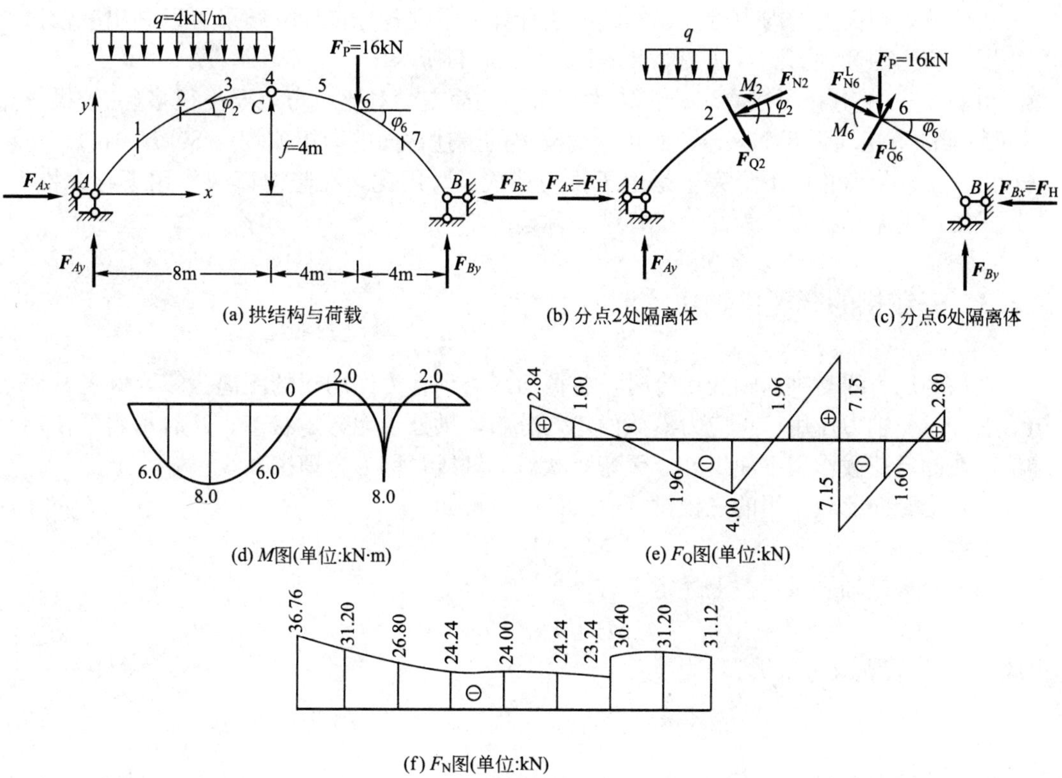

图 3.29 例 3-9 图

分点 2、6 截面的横坐标分别为 $x_2=4\mathrm{m}$，$x_6=12\mathrm{m}$，由拱轴方程可得

$$y_2=\frac{4f}{l^2}x_2(l-x_2)=3\mathrm{m},\quad \tan\varphi_2=\left.\frac{\mathrm{d}y}{\mathrm{d}x}\right|_{x=x_2}=\frac{4f}{l^2}(l-2x_2)=0.5$$

$$y_6=\frac{4f}{l^2}x_6(l-x_6)=3\mathrm{m},\quad \tan\varphi_6=\left.\frac{\mathrm{d}y}{\mathrm{d}x}\right|_{x=x_6}=\frac{4f}{l^2}(l-2x_6)=-0.5$$

由此可得

$$\varphi_2=26°34',\quad \varphi_6=-26°34'$$

分点 2、6 截面上的内力可采用隔离体方法求得，如图 3.29(b)、(c)所示，计算如下：

$$M_2=M_2^0-F_{\mathrm{H}}y_2=80-24\times3=8(\mathrm{kN\cdot m})$$

$$F_{Q2}=(F_{Ay}-qx_2)\cos\varphi_2-F_H\sin\varphi_2=(28-4\times4)\times0.894-24\times0.447=0(\text{kN})$$
$$F_{N2}=(F_{Ay}-qx_2)\sin\varphi_2+F_H\cos\varphi_2=(28-4\times4)\times0.447+24\times0.894=26.8(\text{kN})$$

分点 6 处因有集中荷载的作用，截面上的剪力和轴力均有突变，所以需分别求出分点左侧和右侧截面的剪力 F_{Q6}^L、F_{Q6}^R 和轴力 F_{N6}^L、F_{N6}^R：

$$M_6=M_6^0-F_H y_6=80-24\times3=8(\text{kN}\cdot\text{m})$$
$$F_{Q6}^L=(F_P-F_{By})\cos\varphi_6-F_H\sin\varphi_6=(16-20)\times0.894-24\times(-0.447)=7.15(\text{kN})$$
$$F_{Q6}^R=-F_{By}\cos\varphi_6-F_H\sin\varphi_6=-20\times0.894-24\times(-0.447)=-7.15(\text{kN})$$
$$F_{N6}^L=(F_P-F_{By})\sin\varphi_6+F_H\cos\varphi_6=(16-20)\times(-0.447)+24\times0.894=23.24(\text{kN})$$
$$F_{N6}^R=-F_{By}\sin\varphi_6+F_H\cos\varphi_6=-20\times(-0.447)+24\times0.894=30.4(\text{kN})$$

其余分点截面上的内力可按相同的方法计算。根据各分点计算结果可以画出三铰拱的弯矩图、剪力图和轴力图，如图 3.29(d)、(e)、(f)所示。

由例 3-9 的分析可以看出，三铰拱与对应的简支梁对比，弯矩要小很多(三铰拱分点 2、6 截面的弯矩均为 8kN·m，而相应简支梁的上述截面的弯矩值均为 80kN·m)。还可以看出，三铰拱弯矩的下降完全是由于推力造成的。因此，在竖向荷载作用下存在推力，是拱式结构的基本特点。为此，拱式结构称推力结构。

3.3.3 三铰拱的合理拱轴线

当拱的压力线与拱的轴线重合时，各截面形心到合力作用线的距离为零，则各截面弯矩为零，只受轴力作用，正应力沿截面均匀分布，拱处于无弯矩状态。这时材料的使用最经济。在固定荷载作用下使拱处于无弯矩状态的轴线，称为合理拱轴线。

对于受竖向荷载作用的三铰拱，由式(3-7)可知

$$M=M^0-F_H y$$

当为合理拱轴线时，按上述定义有

$$M=M^0-F_H y=0$$

由此可得到合理拱轴线的方程为

$$y=\frac{M^0}{F_H} \tag{3-10}$$

这说明对于竖向荷载作用下的三铰拱，合理拱轴线的竖向坐标 y 应等于简支梁弯矩 M^0 与支座推力 F_H 的比值。因为当三个拱铰的位置给定后，三铰拱的支座推力 F_H 便确定了，所以只要求出相应简支梁的弯矩，除以 F_H 即可求得三铰拱的合理拱轴线。

【例 3-10】 设三铰拱承受沿水平方向均匀分布的竖向荷载，如图 3.30 所示，求其合理拱轴线。

【解】 由式(3-10)知

$$y=\frac{M^0}{F_H}$$

三铰拱所对应简支梁(图 3.31)的弯矩方程为

$$M^0=\frac{1}{2}qx(l-x)$$

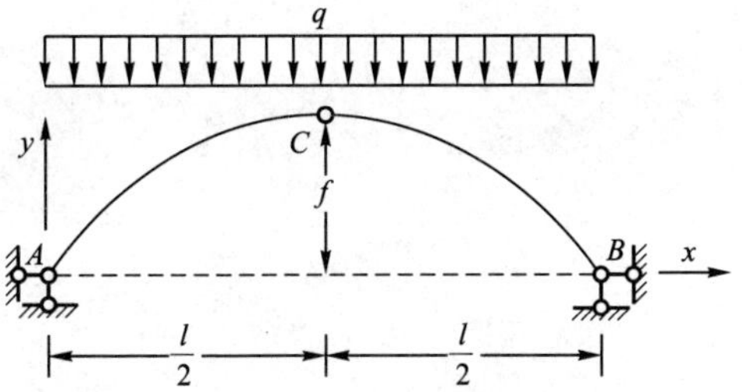

图 3.30 例 3-10 图

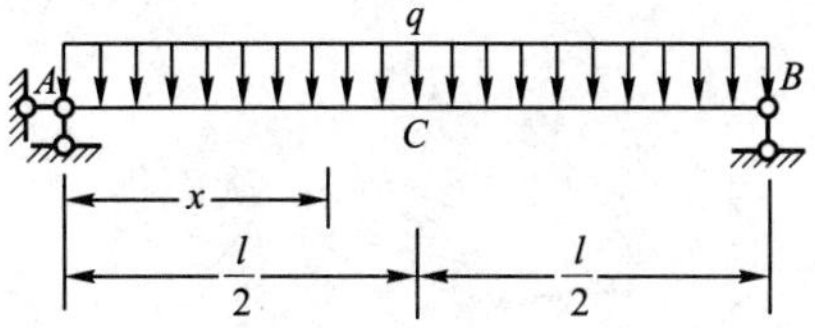

图 3.31 等代梁图

三铰拱的支座推力为

$$F_{\mathrm{H}}=\frac{M_{\mathrm{C}}^{0}}{f}=\frac{ql^{2}}{8f}$$

从而可得拱的合理拱轴线方程为

$$y=\frac{4f}{l^{2}}x(l-x) \tag{3-11}$$

式(3-11)表明，三铰拱在沿水平线均匀分布的竖向荷载作用下，合理拱轴线是二次抛物线。

【例 3-11】 设在三铰拱的上面填土，填土表面为一水平面，如图 3.32 所示。试求在填土重量下三铰拱的合理拱轴线。设填土的容重为 γ，拱所受的竖向分布荷载为 $q(x)=q_{\mathrm{c}}+\gamma\cdot y$。

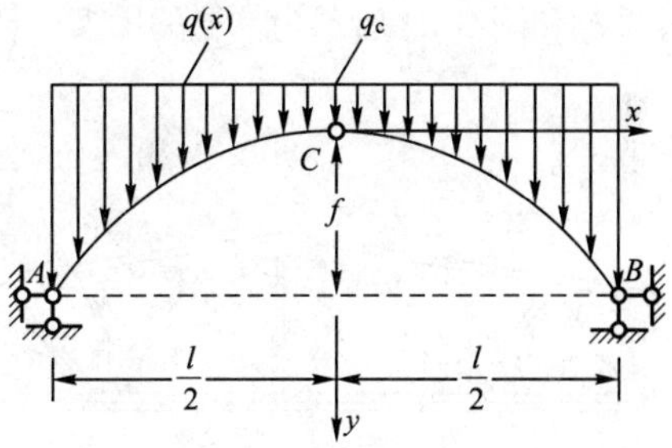

图 3.32 例 3-11 图

【解】 本题的特点是分布荷载的集度与拱轴线形状有关，因而 M^0 无法事先求得，所以不能直接套用式(3-10)求得拱的合理拱轴线。为此将等代梁的弯矩对 x 微分两次，并注意到 q 以向下为正，可得 $\frac{\mathrm{d}^2M^0}{\mathrm{d}x^2}=-q$，从而得到合理拱轴线的微分方程为

$$\frac{\mathrm{d}^2M^0}{\mathrm{d}x^2}=-\frac{q(x)}{F_{\mathrm{H}}}$$

因本例中为计算方便将坐标原点取在拱顶处，并取 y 轴方向向下，故上式右边应该取正号，即

$$\frac{\mathrm{d}^2M^0}{\mathrm{d}x^2}=\frac{q(x)}{F_{\mathrm{H}}}$$

将式(3-10)对 x 微分两次，并将上式及分布荷载集度 $q(x)=q_{\mathrm{c}}+\gamma\cdot y$ 代入上式，可得

$$\frac{\mathrm{d}^2y}{\mathrm{d}x^2}=\frac{\gamma}{F_{\mathrm{H}}}y+\frac{q_{\mathrm{c}}}{F_{\mathrm{H}}}$$

解此微分方程得

$$y=A\cosh\sqrt{\frac{r}{F_{\mathrm{H}}}}x+B\sinh\sqrt{\frac{r}{F_{\mathrm{H}}}}x-\frac{q_{\mathrm{c}}}{\gamma}$$

式中，常数 A 和 B 可由边界条件确定如下：

当 $x=0$ 时，$y=0$，从而得

$$A=\frac{q_{\mathrm{c}}}{\gamma}$$

当 $x=0$ 时，$\frac{\mathrm{d}y}{\mathrm{d}x}=0$，从而得

$$B=0$$

于是可得三铰拱的合理拱轴线方程为

$$y=\frac{q_{\mathrm{c}}}{\gamma}\left(\cosh\sqrt{\frac{r}{F_{\mathrm{H}}}}x-1\right)$$

上述分析表明，在填土重量作用下，三铰拱的合理拱轴线是一条悬链线。

3.4 静定平面桁架

3.4.1 静定平面桁架的特点及组成

桁架结构是指只受结点荷载作用的直杆、铰接体系，在实际工程中有广泛的应用。图 3.33和图 3.34 所示为常见的屋架、桥梁、体育馆等大跨度结构所采用的桁架型式及实例。

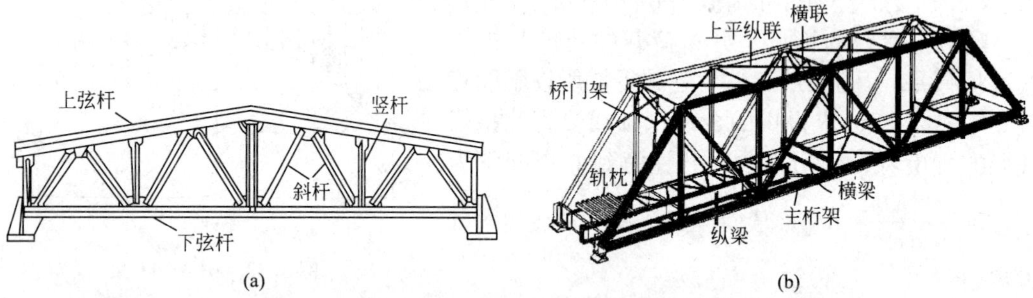

图 3.33　常见桁架型式

图 3.34　桁架结构型式及实例

梁和刚架承受荷载后，主要产生弯曲内力，截面上的应力分布是不均匀的，因而材料的性能不能充分发挥。三铰拱由于有推力，弯矩小而轴力大，截面上的应力分布比较均匀。桁架是由杆件组成的格构体系［图 3.35(a)］，当荷载只作用在结点上时，各杆只有轴力［图 3.35(b)］，由材料力学可知，轴向受拉或受压杆件的任一截面 m—n 上的应力为均匀分布［图 3.35(c)］，并能同时达到极限应力，故材料的效用可得到充分发挥。因而桁架与截面应力不均匀的梁［图 3.35(d)、(e)］相比，材料应用较为经济且自重更轻，所以桁架是大跨度结构常用的一种形式。

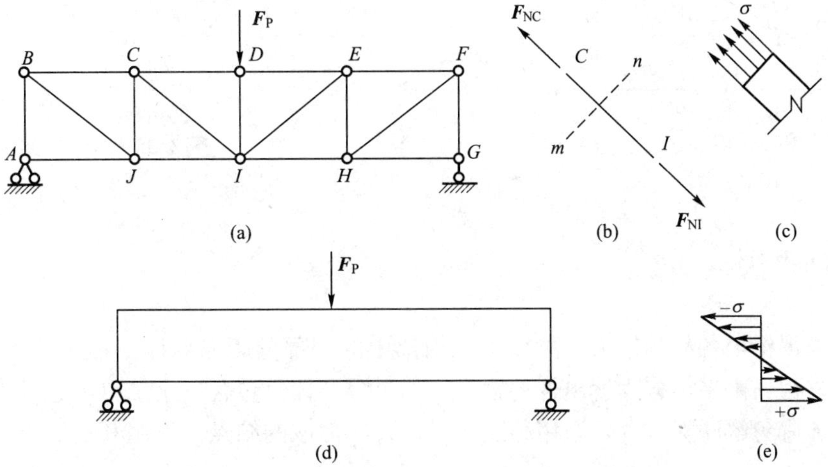

图 3.35 梁和桁架的应力比较

实际桁架的受力情况比较复杂，求桁架杆件的内力时必须对实际桁架做必要的简化。通常在桁架的内力计算中采用下列假定：

(1) 桁架的结点都是光滑的铰结点；

(2) 各杆的轴线都是直线并通过铰的中心；

(3) 荷载和支座反力都作用在结点上。

桁架的杆件布置必须满足几何不变体系的组成规律。根据几何构造的特点，静定平面桁架可分为以下三类：

(1) 简单桁架：由基本铰接三角形或基础开始，依次增加二元体所组成的桁架，如图 3.36所示。

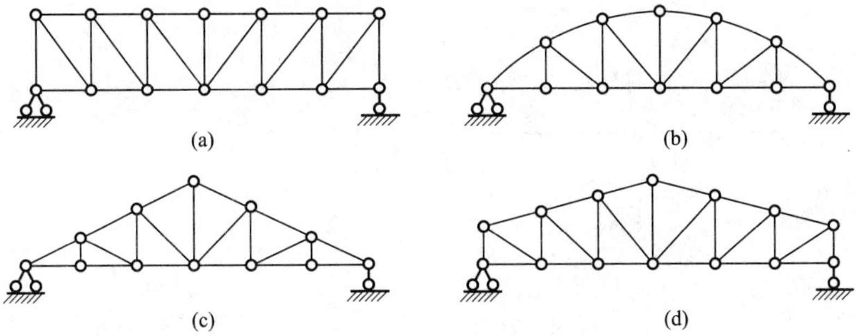

图 3.36 简单桁架

(2) 联合桁架：由几个简单桁架联合组成几何不变的铰接体系。图 3.37 中，Ⅰ、Ⅱ两部分都是简单桁架，用铰 A 和链杆 BC 连接在一起便组成一个联合桁架。因为 BC 不通过铰 A，这个桁架是几何不变且无多余约束的体系。

(3) 复杂桁架：凡不属于前两类的桁架均为复杂桁架，如图 3.38 所示。复杂桁架的几何不变性往往无法用两刚片或三刚片规则来判别分析，需用其他方法予以判别。

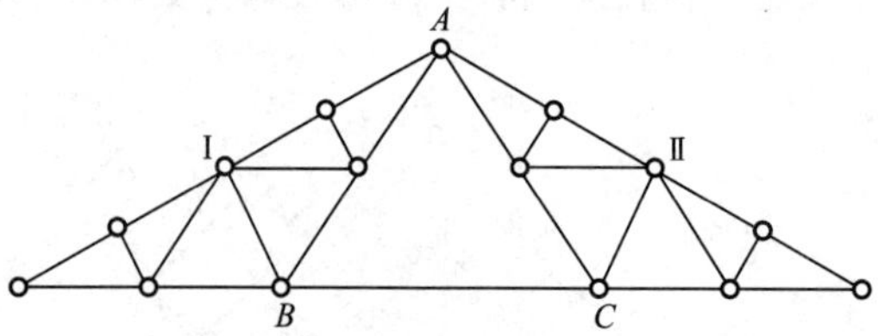

图 3.37 联合桁架

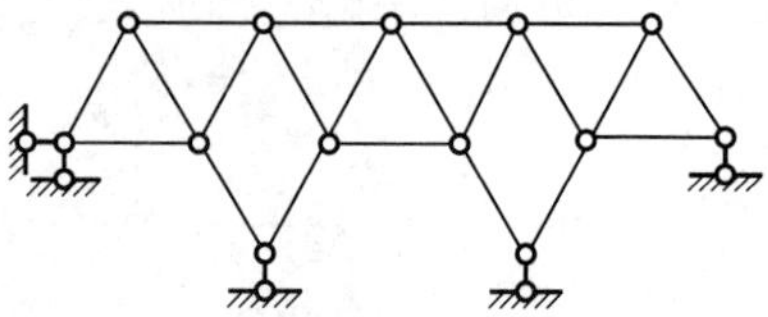

图 3.38 复杂桁架

3.4.2 结点法

为了求得桁架各杆的轴力，可以截取桁架中的一部分为隔离体，考虑隔离体的平衡，建立平衡方程，由平衡方程解出杆的轴力。如果隔离体只包含一个结点，这种方法称为结点法。为了避免解联立方程，采用结点法时，每次截取的结点，作用其上的未知力应不多于两个。

【例 3-12】 图 3.39(a)所示为一个施工用托架的计算简图，求图示荷载下各杆的轴力。

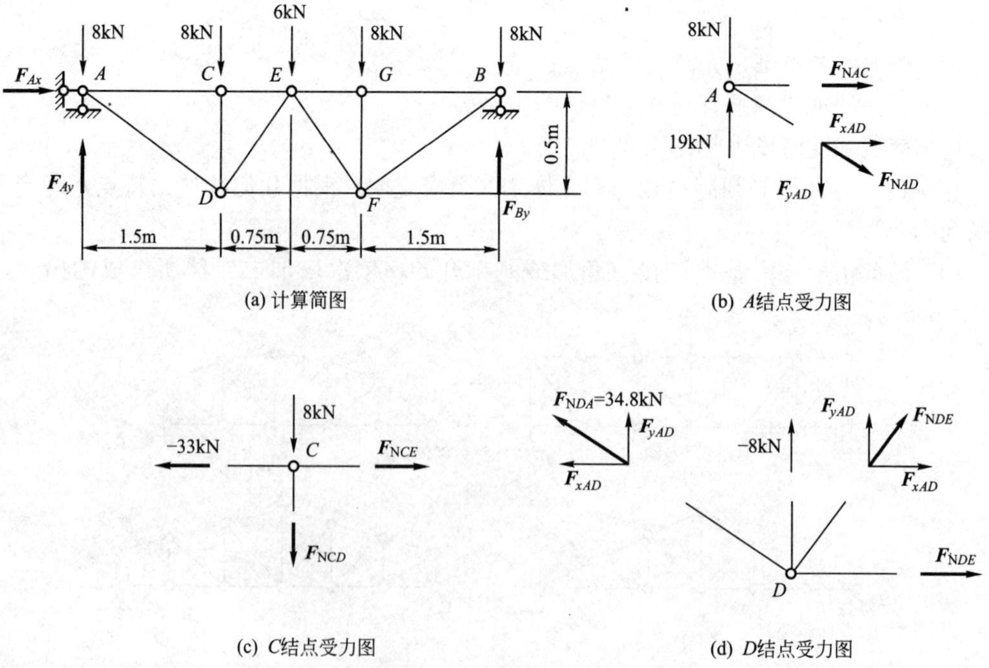

图 3.39 例 3-12 图

【解】 (1) 此桁架属于简单桁架，几何组成分析如下：在刚片 BGF 上依次加入二元体，得 E、D、C、A 结点，因此，结点求解顺序为 A、C、D、…。当然，这并不是唯一的组成和求解顺序。

(2) 该桁架的支座约束只有3个，因此，取整体作为隔离体，利用平衡条件可求出全部支座反力。对支座结点 B 取矩，由 $\sum M_B=0$ 可得

$$F_{Ay}\times 4.5-8\times 4.5-8\times 3-6\times 2.25-8\times 1.5=0$$

解得 $F_{Ay}=19(\mathrm{kN})$。

再列竖向投影平衡方程 $\sum F_y=0$ 得

$$F_{Ay}+F_{By}-8-8-6-8-8=0$$

将 F_{Ay} 代入，可解得 $F_{By}=19\mathrm{kN}$。

最后由水平投影方程 $\sum F_x=0$ 得 $F_x=0$。

(3) 按照求解顺序，取结点 A 作为隔离体，如图3.39(b)所示，由 $\sum F_y=0$ 得

$$F_{NAD}\times\frac{0.5}{\sqrt{0.5^2+1.5^2}}-19+8=0$$

解得 $F_{NAD}=34.8(\mathrm{kN})$。

由平衡条件 $\sum F_x=0$ 可得

$$F_{NAC}=-F_{NAD}\times\frac{1.5}{\sqrt{0.5^2+1.5^2}}=-33(\mathrm{kN})$$

(4) 再取结点 C 作为隔离体，如图3.39(c)所示，由 $\sum F_y=0$ 得

$$F_{NCD}+8=0$$

解得 $F_{NCD}=-8(\mathrm{kN})$。由平衡方程 $\sum F_x=0$ 可得 $F_{NCE}=-33\mathrm{kN}$。

(5) 取结点 D 作为隔离体，如图3.39(d)所示，由 $\sum F_y=0$ 得

$$F_{NDE}\times\frac{0.5}{\sqrt{0.5^2+0.75^2}}+F_{NDA}\times\frac{0.5}{\sqrt{0.5^2+1.5^2}}-8=0$$

将 F_{NDA} 代入，可解得 $F_{NDE}=-5.4(\mathrm{kN})$。

由平衡方程 $\sum F_x=0$ 得

$$F_{NDF}=-F_{NDA}\times\frac{1.5}{\sqrt{0.5^2+1.5^2}}+F_{NDE}\times\frac{0.75}{\sqrt{0.5^2+0.75^2}}=37.5(\mathrm{kN})$$

类似地，可求解其他各杆的内力，此处不再赘述。

在用结点法进行计算时，注意以下三点，可使计算过程得到简化：

(1) 利用对称性。由于桁架和荷载都是对称的，因此，处于对称位置的两根杆具有相同的轴力，也就是说，桁架中的内力也是对称分布的。因此，只需计算半边桁架的轴力，另一边杆件的内力可由对称性直接得到。例3-12中可看出 A 水平反力为0，所以，只需要计算其中一半，另一半利用对称性得到。

(2) 利用结点单杆与零杆。仅切取某结点为隔离体，并且结点连接的全部杆件内力未知，仅用一个平衡方程可求出内力的杆件称为结点单杆。利用这个概念，根据荷载状况可判断此杆内力是否为零，零内力杆简称零杆。图3.40给出了一些零杆情形，说明如下：

① 不共线的两杆组成的结点上无荷载作用时，该两杆均为零杆，如图3.40(a)所示；

② 不共线的两杆组成的结点上有荷载作用时，若有一杆与荷载共线，则另一杆必为零杆，如图3.40(b)所示；

③ 三杆组成的结点上无荷载作用时，若其中有两杆共线，则另一杆必为零杆，如图 3.40(c)所示。

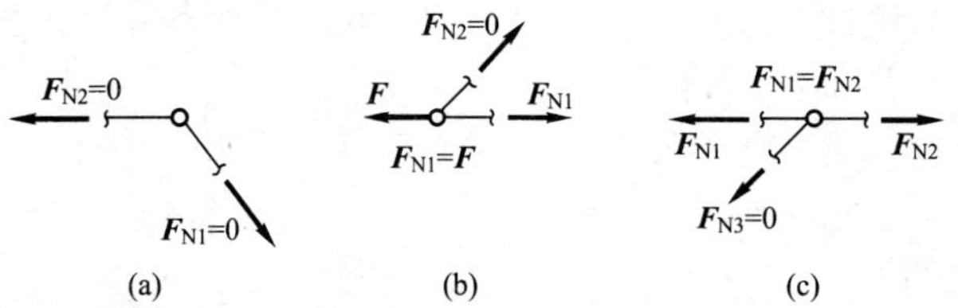

图 3.40　零杆情形图

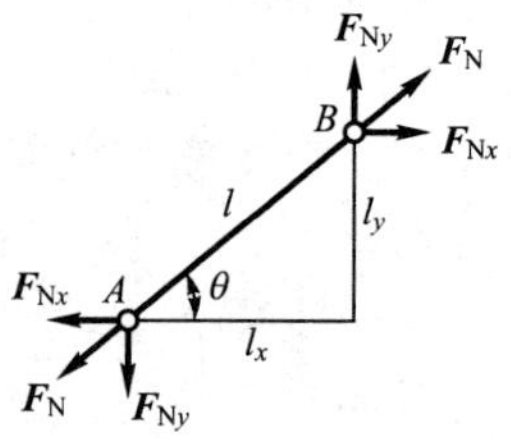

图 3.41　内力与尺寸的比例关系

(3) 利用斜杆内力与尺寸的比例关系。如图 3.41 所示，在列平衡方程时，可以把斜杆的轴力 F_N 分解为水平分力 F_{Nx} 和竖向分力 F_{Ny}。F_N、F_{Nx}、F_{Ny} 与杆长 l 及其在水平轴和竖向轴上的投影 l_x、l_y 有如下比例关系：

$$\frac{F_N}{l}=\frac{F_{Nx}}{l_x}=\frac{F_{Ny}}{l_y}$$

用分力 F_{Nx}、F_{Ny} 代替 F_N，可以避免计算斜杆的倾角 θ 及其三角函数，减少了工作量。

3.4.3　截面法

截面法是用截面切断拟求内力的杆件，从桁架中截出一部分为隔离体(隔离体包含两个以上的结点，所作用的力系为平面一般力系)，利用平面一般力系的三个平衡方程，计算所切各杆中的未知轴力。如果所切各杆中的未知轴力只有三个，它们既不相交于同一点，也不彼此平行，则用截面法即可直接求出这三个未知轴力。因此，截面法最适用于下列情况：

(1) 联合桁架的计算；

(2) 简单桁架中少数杆件的计算。

在计算中，仍先假设未知轴力为拉力。计算结果如为正值，则实际轴力就是拉力；如为负值，则是压力。为了避免解联立方程，应注意对平衡方程加以选择。

【例 3-13】 试求图 3.42(a)所示抛物线桁架在所示荷载作用下的指定杆 1、2、3、4 的轴力。

【解】 此抛物线桁架属于简单桁架。

(1) 取整体作为隔离体，利用平衡条件可求出全部支座反力。对左支座 A 点取矩，由 $\sum M_A=0$ 得

$$F_{Gy}\times 17700-2\times 2850-2\times 5850-1\times 8850=0$$

解得 $F_{Gy}=1.48(\text{kN})$。

再由竖向投影方程 $\sum F_y=0$ 得

$$F_{Ay}+F_{Gy}-1-2-2-1=0$$

代入 F_{Gy} 后可解得 $F_{Ay}=4.52(\text{kN})$。

最后由水平投影 $\sum F_x=0$ 得 $F_{Ax}=0$。

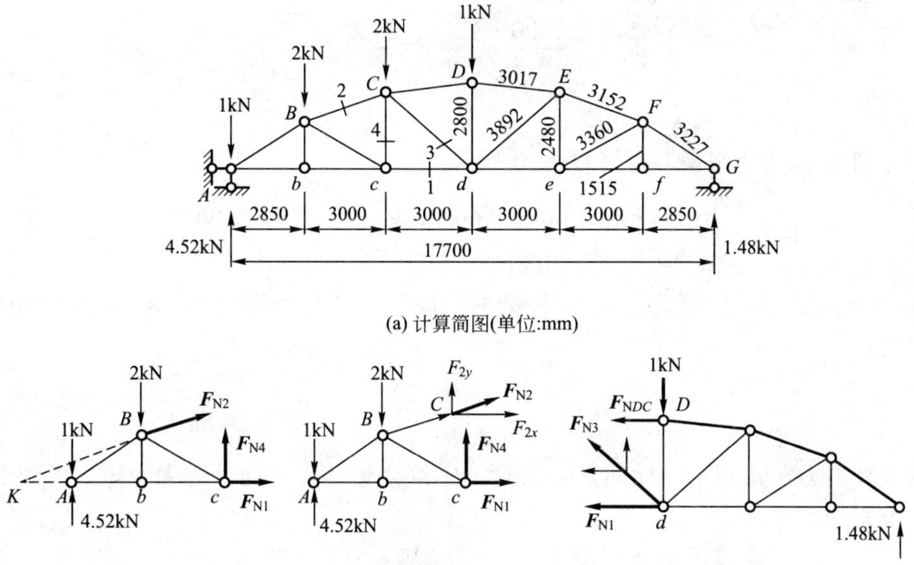

(a) 计算简图(单位:mm)

(b) 隔离体图一　(c) 隔离体图二　(d) 隔离体图三

图 3.42　例 3-13 图

(2) 用截面将桁架从 1、2、4 杆处切断，取隔离体如图 3.42(b)所示。

对 C 点(2、4 杆件交点)取矩，由力矩平衡条件 $\sum M_C=0$ 可求出 1 杆内力：

$$F_{N1}\times 2480-(F_{Ay}-1)\times 5850+2\times 3000=0$$

解得 $F_{N1}=5.87(\text{kN})$。

对下弦 c 点(1、4 杆件交点)取矩，由力矩平衡条件 $\sum M_c=0$ 可求出 2 杆内力。为计算 2 杆轴力对 c 点的力矩，需先求得力臂(c 点到 2 杆距离，用 $\overline{c2}$ 表示)：

$$\overline{c2}=\overline{cC}\times\sin\angle cCB$$

因为

$$\sin\angle cCB=\frac{\overline{bc}}{\overline{BC}}=\frac{3000}{3152}=0.952$$

所以有

$$\overline{c2}=\overline{cC}\times\sin\angle cCB=2480\times 0.952=2360.4(\text{mm})$$

再列 c 点力矩平衡方程 $\sum M_c=0$ 得

$$F_{N2}\times 2360.4+(F_{Ay}-1)\times 5850-2\times 3000=0$$

解得 $F_{N2}=-6.18(\text{kN})$。

上述直接计算力臂的方法较为复杂，也不直观。较为简便的方法是：根据已知的杆长，将 2 杆内力在 C 点沿坐标轴方向分解，如图 3.42(c)所示，可得

$$F_{2x}=F_{N2}\times\frac{3000}{3017},\quad F_{2y}=F_{N2}\times\frac{2480-1515}{3017}$$

对杆 BC 和 cd 延长线交点(设为 K 点)取矩，可求 4 杆内力。交点 K 到 c 点的距离由

所给杆长几何关系(相似三角形)求得如下：

$$\frac{2480-1515}{3000}=\frac{2480}{\overline{Kc}}$$

解得$\overline{Kc}=7709.84$(mm)。

据此列 K 点力矩平衡方程$\sum M_K=0$ 如下：

$$F_{N4}\times\overline{Kc}+(F_{Ay}-1)\times(\overline{Kc}-5850)-2\times(\overline{Kc}-3000)=0$$

代入力臂和反力值，解得 $F_{N4}=0.373$(kN)。

(3) 用截面将桁架从 CD、3、1 杆截断，取右边部分为隔离体，如图 3.42(d)所示。可以看出：

$$\sin\angle CdD=\frac{\overline{cd}}{\overline{Cd}}=\frac{3000}{3892}=0.77$$

将 3 杆内力在 d 点沿坐标轴方向分解，对 D 点取矩，竖向分力无力矩，可列 D 点力矩平衡方程如下：

$$(F_{N3}\sin\angle CdD+F_{N1})\times 2800-F_{Ay}\times 8850=0$$

代入各已知数据后可解得 $F_{N3}=-1.54$(kN)。

3.4.4 联合法

在桁架计算中，有时联合应用结点法和截面法更为方便。凡需同时应用结点法和截面法才能确定杆件内力时，相应方法称为联合法。

【例 3-14】 试求图 3.43(a)所示桁架中杆件 a、b 的内力。

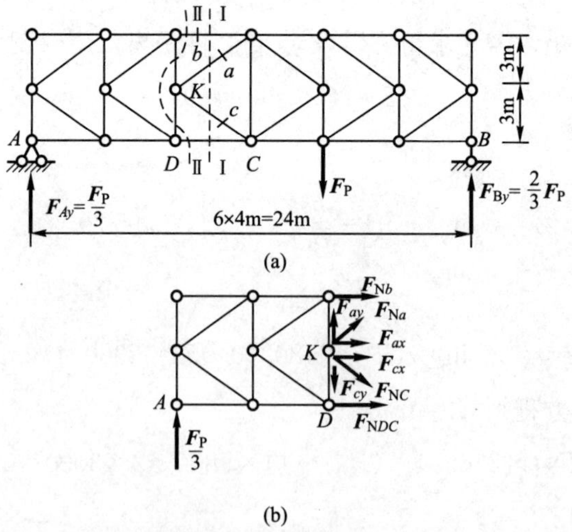

图 3.43 例 3-14 图

【解】 先求出支座反力。求杆 a 的内力时，作截面Ⅰ—Ⅰ并取其以左部分为隔离体，如图 3.43(b)所示。由于此截面截断了四根链杆，仅由该隔离体并不能解出四根杆件的未知内力，故由其他的隔离体算出其中某一个未知力或找出其中某两个未知力的关系，使该截面只含有三个独立的未知量后，才能进一步计算。由结点 K 的平衡条件 $\sum F_x=0$ 可得知 $F_{Nc}=-F_{Na}$，或 $F_{cy}=-F_{ay}$，$F_{cx}=F_{ax}$。再考察图 3.43(b)所示隔离体，由 $\sum F_y=0$ 可得

$$\frac{F_P}{3}+F_{ay}-F_{cy}=0$$

或

$$\frac{F_P}{3}+2F_{ay}=0$$

故可得
$$F_{ay}=-\frac{1}{6}F_P$$

由比例关系可得

$$F_{Na}=-\frac{1}{6}F_P\times\frac{5}{3}=-\frac{5}{18}F_P$$

再由 $\sum M_D=0$ 可得

$$F_{Nb}=-\frac{8}{6}\cdot\frac{F_P}{3}=-\frac{4}{9}F_P$$

值得指出，求 F_{Nb} 时，若利用前述截面法的特殊情况，即取Ⅱ—Ⅱ截面，则计算更为简捷。此外，除杆 b 之外，其余三杆都通过 D 点，由 $\sum M_D=0$ 可得

$$F_{Nb}=-\frac{8}{6}\cdot\frac{F_P}{3}=-\frac{4}{9}F_P$$

所得结果一致。

3.4.5 各类平面梁式桁架比较

不同桁架形式，其内力分布和应用范围也不同，下面就最常用的三角形桁架、平行弦桁架及抛物线形桁架的受力情况进行比较。图 3.44 所示为这三种桁架在下弦承受相同均布荷载(图中已化为结点荷载 $F=1$)时，各杆所产生的内力。由图可见，弦杆的外形对于桁架杆件内力的分布有很大的影响。从这三种桁架的内力分布情况，可以得出如下结论：

(1) 三角形桁架的内力分布不均匀，其弦杆的内力近支座处最大，这使得每一个结点的弦杆要改变截面，因而增加拼接的困难；如采用同样的截面，则造成材料的浪费。此外，端结点构造复杂，制造困难，这是因为弦杆在端点处形成锐角，且其内力很大。但是，因其两面斜坡的外形符合普通黏土瓦屋面对坡度的要求，所以，在跨度较小、坡度较大的屋盖结构中多采用三角形桁架。

(2) 平行弦桁架的内力分布不均匀，弦杆内力向跨中递增，若设计成各节间弦杆截面不一样，每一节间改变截面，就会增加拼接困难；若采用相同的截面，又浪费材料。但由于它在构造上有许多优点，如可使结点构造统一、腹杆标准化等，因而仍得到广泛采用，但多限于轻型桁架，这样便于采用相同截面的弦杆而不致有很大的浪费。厂房中多用于12m 以上的吊车梁，桥梁中多用于 50m 以下的跨度结构。

(3) 抛物线形桁架的内力分布均匀，在材料使用上最为经济，但是其上弦杆在每一节间的倾角都不相同，结点构造较为复杂，施工不便。在大跨度的结构中，例如 100～150m 的桥梁和 18～30m 的屋架，因节约材料的意义较大而常被采用。

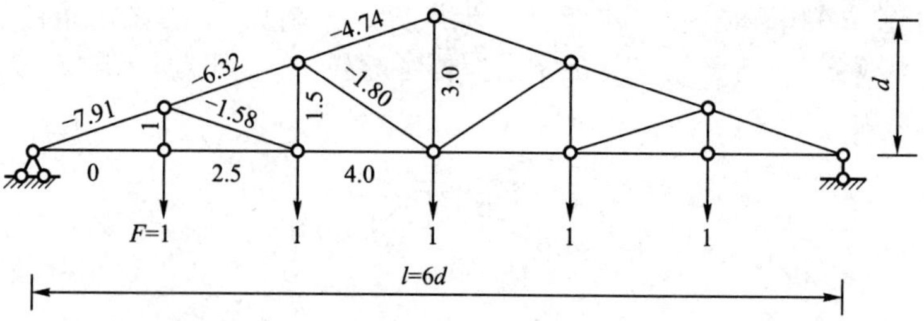

(a) 三角形桁架

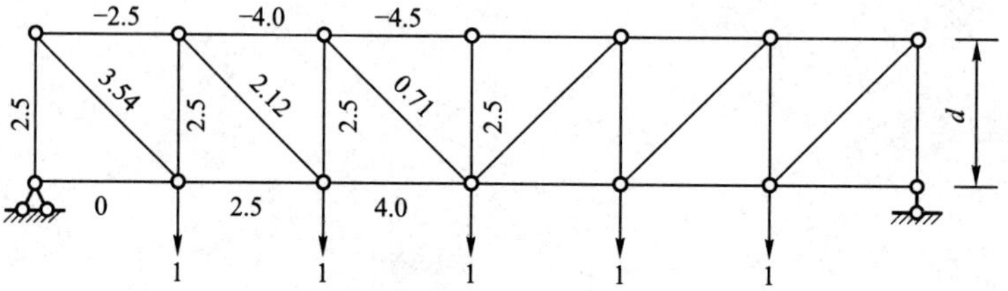

(b) 平行弦桁架

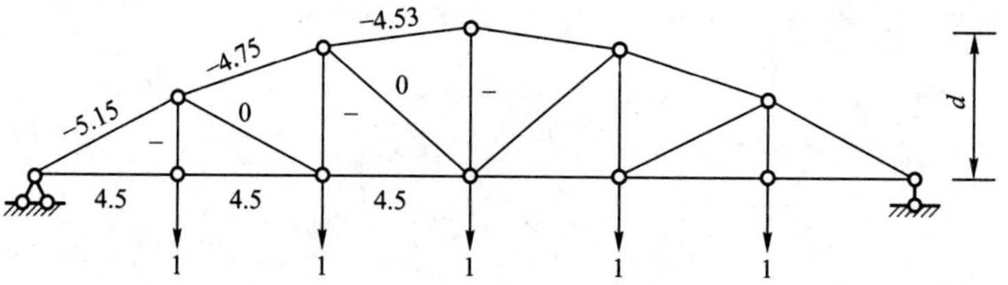

(c) 抛物线形桁架

图 3.44　不同形式桁架的内力状况

3.5 静定组合结构

组合结构是指由若干受弯杆件和链杆混合组成的结构。图 3.45 和图 3.46 所示均为静定组合结构的例子。组合结构常用于房屋建筑中的屋架、吊车梁和桥梁的承重结构上。

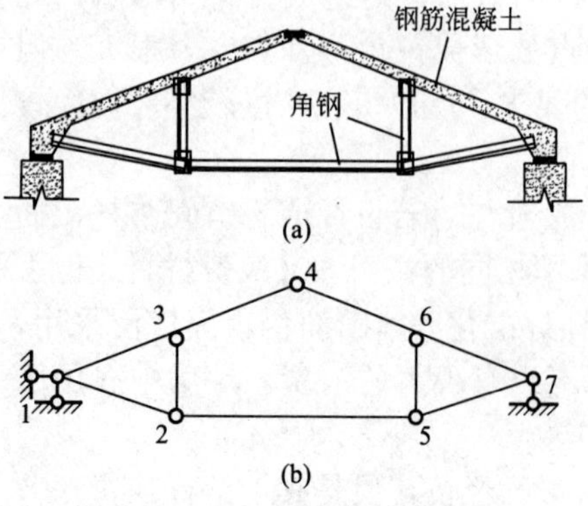

图 3.45　梁十桁架

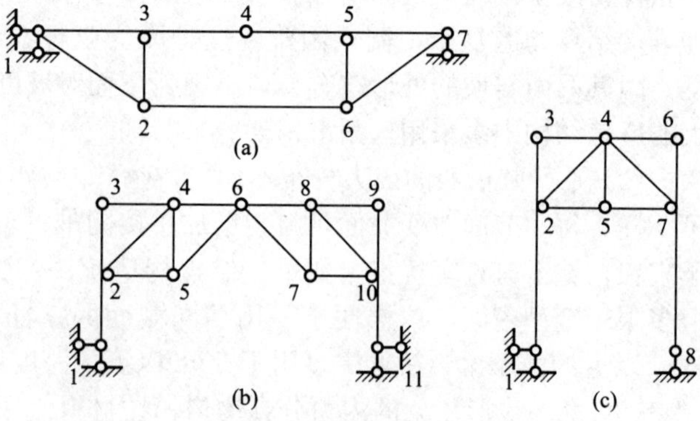

图 3.46　刚架十桁架

组合结构通常由梁+桁架或刚架+桁架所构成。图 3.46(a)为梁+桁架的组合结构形式；图 3.45 和图 3.46(b)、(c)为刚架+桁架的组合结构形式。

组合结构中包含两类杆件：

(1) 链杆：二力直杆，两端完全铰接，杆上无横向荷载作用，横截面内力分量为轴力。

(2) 受弯杆件：①横向荷载作用的直杆(直梁)，横截面内力分量一般有弯矩和剪力，如图 3.46(a)中 1－4 和 4－7 杆；②梁式杆、折杆或带有不完全铰的两端铰接杆件，横截面内力分量一般有弯矩、剪力和轴力，如图 3.45(b)中 1－4、4－7 杆，图 3.46(b)中 1－3、9－11 杆，图 3.46(c)中 1－3、6－8 杆。

分析静定组合结构，一般是用截面法和结点法联合求解。求解组合结构时应注意以下方面：

(1) 尽量避免截开梁式杆，因为 M、F_{Q}、F_{N} 未知量太多，不便求解；

(2) 尽量截开轴力杆，先求轴力杆或截断联结铰，求相互联结力；

(3) 如果截断的全是链杆，则关于桁架的计算方法及结论可以适用。

【例 3－15】 求图 3.47 所示组合结构的内力。

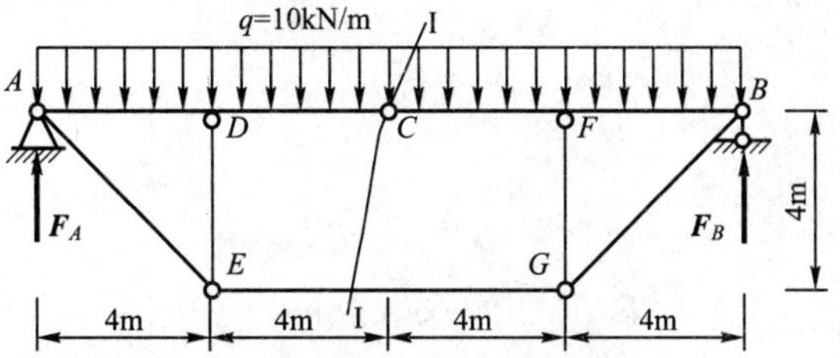

图 3.47 例 3－15 图

【解】 在组合结构中，杆 AC、CB 为梁式杆，其余杆为链杆。由于荷载和结构都是对称的，故可取一半结构计算。

(1) 求支座反力。由对称性有

$$F_A=F_B=\frac{ql}{2}=80\text{kN}$$

式中，$l=16\text{m}$，即水平全长。

(2) 求链杆的轴力。取Ⅰ—Ⅰ截面左边部分为分离体，如图 3.48(a)所示，由平衡方程$\sum M_C=0$ 得

$$F_{EG}\times(4\text{m})-F_A\times(8\text{m})+q\times(8\text{m})\times(4\text{m})=0$$

解得 $F_{EG}=80\text{kN}$。

取结点 E 为分离体，如图 3.48(b)所示，由平衡方程$\sum F_x=0$ 得

$$F_{EG}-F_{EA}\cos45°=0$$

解得 $F_{EA}=113.1\text{kN}$；

由$\sum F_y=0$ 得

$$F_{EA}\sin45°+F_{ED}=0$$

解得 $F_{ED}=-80\text{kN}$。

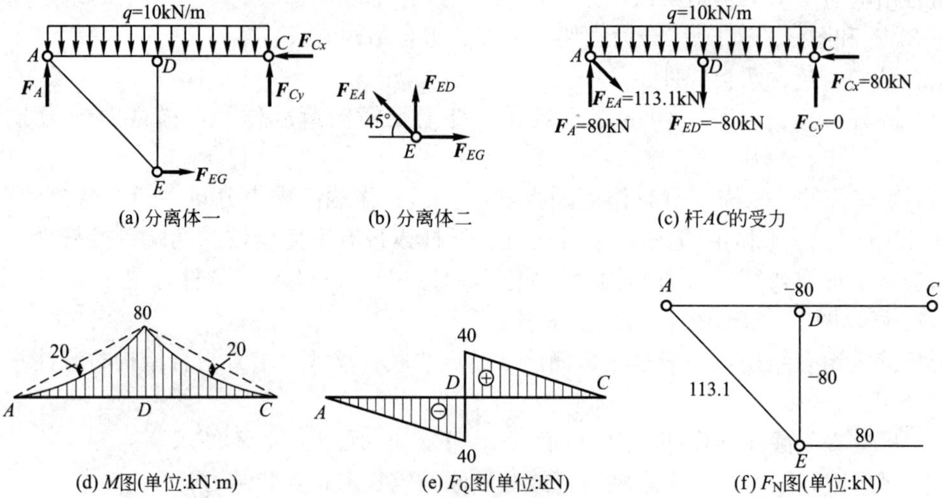

(a) 分离体一　(b) 分离体二　(c) 杆AC的受力

(d) M图(单位:kN·m)　(e) F_Q图(单位:kN)　(f) F_N图(单位:kN)

图 3.48　分离体图

(3) 求梁式杆的内力。仍取Ⅰ—Ⅰ截面左边部分为隔离体，如图 3.48(a)所示，由平衡方程$\sum F_x=0$得

$$-F_{Cx}+F_{EG}=0$$

解得$F_{Cx}=F_{EG}=80\text{kN}$；

由$\sum F_y=0$得

$$F_{Cy}+F_A-q\times(8\text{m})=0$$

解得$F_{Cy}=0$。

根据梁式杆AC的受力，如图 3.48(c)所示，计算各控制截面上的内力如下：

$M_{AD}=0$

$M_{DA}=M_{DC}=-q\times(4\text{m})\times(2\text{m})=-80\text{kN}\cdot\text{m}$　(上侧受拉)

$M_{CD}=0$

$F_{QAD}=F_A-F_{EA}\cos45°=0$

$F_{QDA}=F_A-F_{EA}\cos45°-q\times(4\text{m})=-40\text{kN}$

$F_{QDC}=q\times(4\text{m})=40\text{kN}$

$F_{QCD}=0$

铰C的水平反力F_{Cx}即为杆AC的轴力F_{NAC}，即$F_{NAC}=-80\text{kN}$。

求得各控制截面上的内力后，可绘出内力图，如图 3.48(d)、(e)、(f)所示。该组合结构左、右两部分内力相同。

组合结构中，由于链杆的存在，改善了梁式杆的受力状态。本例若使用同跨度、同荷载的简支梁，其最大弯矩$M_{\max}=\dfrac{1}{8}ql^2=320\text{kN}\cdot\text{m}$，最大剪力$F_{Q\max}=80\text{kN}$。显然，组合结构的最大弯矩和最大剪力要比相应简支梁小得多。

【例 3-16】 绘制图 3.49(a)所示斜拉桥组合结构的内力图。

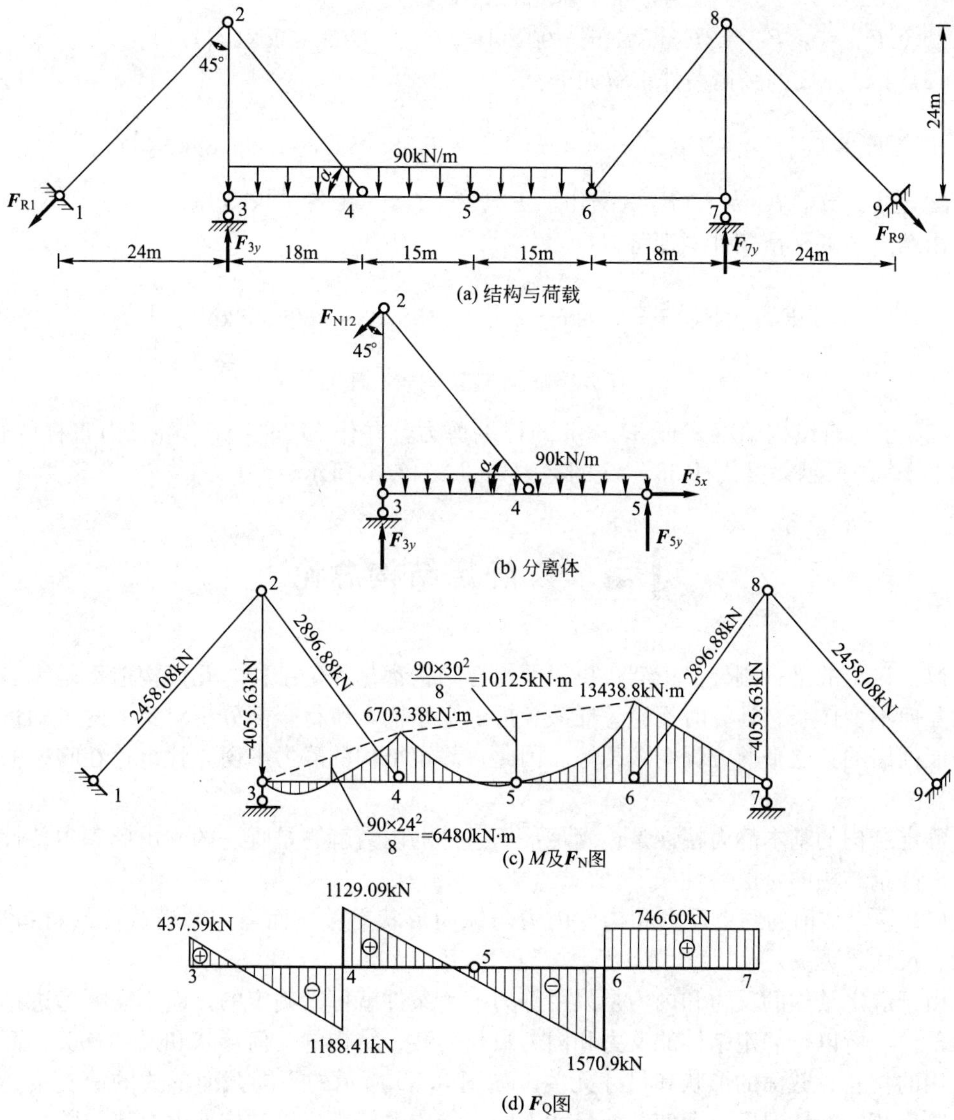

图3.49 例3-16图

【解】 (1) 求支座反力。取整体为分离体，受力分析如图3.49(a)所示，由平衡条件$\sum M_8=0$得

$$F_{R1}\cos45°\times66+90\times48\times42-F_{3y}\times66=0 \tag{a}$$

截取铰5以左为分离体，如图3.49(b)所示，由平衡条件$\sum M_5=0$得

$$F_{N12}\cos45°\times33+F_{N12}\sin45°\times24+90\times33\times16.5-F_{3y}\times33=0 \tag{b}$$

联解式(a)、(b)且利用$F_{R1}=F_{N12}$，可求得$F_{N12}=2458.08\text{kN}$(拉)，$F_{3y}=4487.22\text{kN}$(↑)。

由图3.49(b)的投影平衡方程求解如下：

① $\sum F_x=0$：$F_{5x}=F_{N12}\sin45°=1738.13\text{kN}$(→)。

② $\sum F_y=0$：$F_{5y}=-F_{3y}+F_{N12}\cos45°+90\times33=220.91\text{kN}$(↑)。

由图3.49(a)所示整体的投影平衡方程求解如下：

① $\sum F_x=0$：$F_{89}=F_{R9}=F_{R1}=2458.08\text{kN}$(拉)。

② $\sum F_y=0$：$F_{7y}=2F_{N12}\cos45°+90\times48-F_{3y}=3309.03\text{kN}(\uparrow)$。

(2) 由结点 2 的平衡条件求解如下：

① $\sum F_x=0$：$F_{N24}=F_{N12}\dfrac{\sin45°}{\cos\alpha}=\dfrac{\sqrt{2}}{2}\times\dfrac{5}{3}\times2458.08\text{kN}=2896.88\text{kN}$(拉)。

② $\sum F_y=0$：$F_{23}=-(F_{N12}\cos45°+F_{N24}\sin\alpha)=-4055.63\text{kN}$(压)。

由结点 8 的平衡条件同理可得：

$$F_{N68}=F_{N89}\frac{\sin 45°}{\cos\alpha}=\frac{\sqrt{2}}{2}\times\frac{5}{3}\times2458.08=2896.88\text{kN}(拉)$$

$$F_{N78}=-4055.63\text{kN}(压)$$

(3) 求组合结构中梁式杆 35、57 的杆端剪力，并作 M 图，标出各二力直杆的轴力，如图 3.49(c)所示；梁式杆 35、57 的剪力如图 3.49(d)所示。

3.6 静定结构总论

以上讨论的梁、刚架、桁架、拱以及组合结构都是静定结构，几何构造都是无多余联系的几何不变体系。计算时无论怎样截、拆静定结构，所得全部分析对象上的未知量总数恒与能列出的独立平衡方程个数相等。因此，静定结构的静力平衡方程组存在唯一的一组解答。

静定结构的基本静力特性是：满足平衡条件的内力解答是唯一的。由此基本特性，可以推出静定结构的一般特性如下。

(1) 静定结构的约束反力和构件内力与纵向形状有关，而与构件横截面的材料性质、形状、尺寸等无关。

由于静定结构的反力和内力是只用静力平衡条件就可以确定的，而不需要考虑结构的变形条件，所以，静定结构的反力和内力只与荷载、结构的几何形状和尺寸有关，而与构件所用的材料、截面的形状和尺寸无关。如图 3.50 所示的不同截面形式的简支梁，在荷载和跨度相同的情况下，即使截面尺寸不同，结构的约束反力和构件内力都一样。

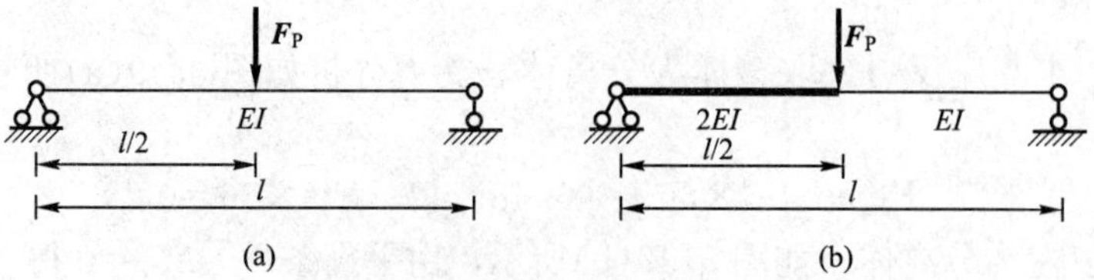

图 3.50　静定结构一般特性(一)

(2) 制造误差、温度改变和支座移动等因素在静定结构中不引起内力。

如图 3.51(a)所示的受制造误差影响的三铰拱，图 3.51(b)、(c)所示的受温度改变和支座位移影响的悬臂梁和简支梁，由于结构没有多余约束，当产生温度改变或支座不均匀沉降时，仅发生虚线所示的变形，而不产生反力和内力。

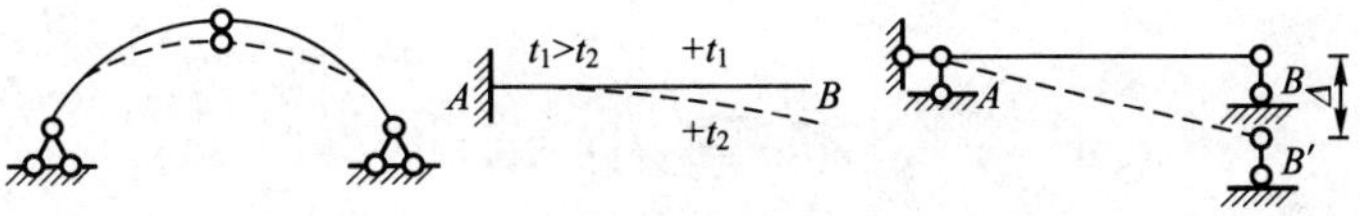

(a) 三铰拱(制造误差)　(b) 悬臂梁(温度改变)　(c) 简支梁(支座移动)

图 3.51　静定结构一般特性(二)

(3) 静定结构的局部平衡特性：在荷载作用下，如果静定结构中的某一局部可以与荷载平衡，则其余部分的内力必为零。

如图 3.52(a)所示，简支梁的 CD 段为一几何不变部分时，作用有平衡力系，则只有该部分产生内力，其余梁段 AC、BD 段没有内力和反力产生；又如图 3.52(b)所示结构，平衡力系作用在三角形 ABC 的内部，而 ABC 属于几何不变部分，则只有该部分杆件产生轴力，其余部分和支座反力均等于零。

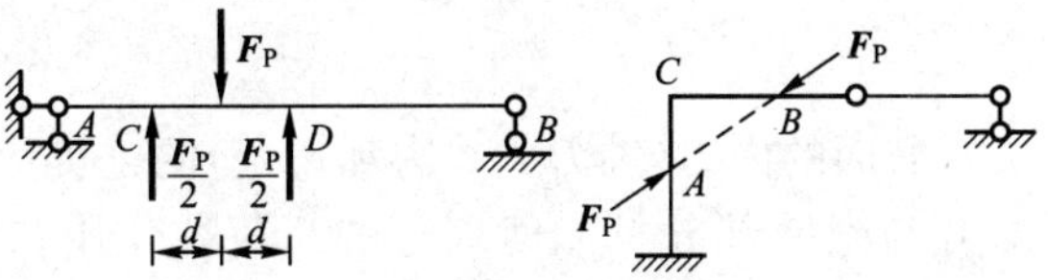

(a)　(b)

图 3.52　静定结构的局部平衡特性

(4) 静定结构的荷载等效特性：当静定结构的一个几何不变部分上的荷载做等效变换时，其余部分的内力不变。

所谓等效变换，是指由一组荷载变换为另一组荷载，且两组荷载的合力保持相同。合力相同的荷载通常称为等效荷载。如图 3.53(a)所示，桁架在荷载 $2F_P$ 作用下，若把 $2F_P$ 进行等效变换，等效力系的结果如图 3.53(b)所示。则除 AB 段的受力状态发生变化外，其余部分的内力和反力保持不变。

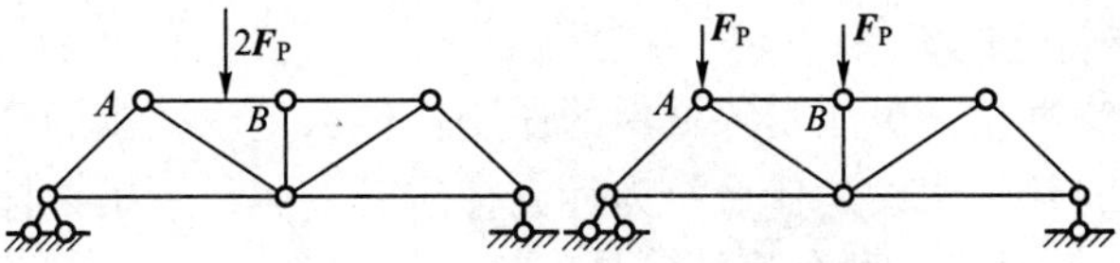

(a)　(b)

图 3.53　静定结构的荷载等效特性

(5) 静定结构的构造变换特性：当静定结构的一个内部几何不变部分做构造变换时，其余部分的内力不变。

例如，图 3.54(a)所示的桁架，若把 AB 杆换成图 3.54(b)所示的小桁架 AB，而作用的荷载和端部 A、B 铰的约束性质保持不变，则在做上述组成的局部改变后，只有 AB 部分的内力发生变化，其余部分的内力和反力保持不变。

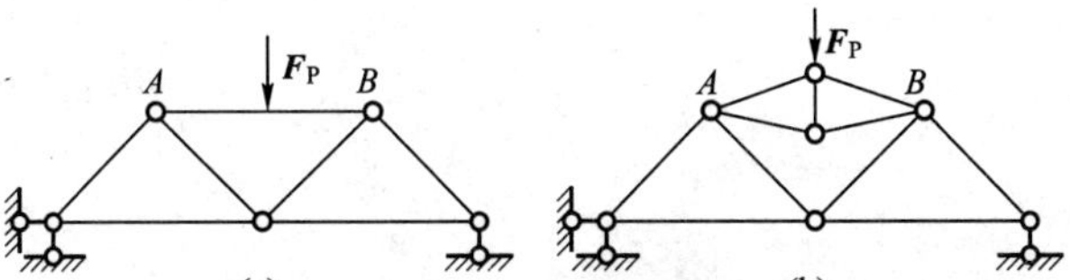

(a)　(b)

图 3.54　静定结构的构造变换特性

本章小结

本章主要讲述静定梁与静定刚架的内力求解和内力图的绘制及三铰拱、静定平面桁架、组合结构的组成和受力特点，重点是掌握绘制弯矩图的叠加法及内力图的形状特征、绘制弯矩图的技巧、多跨静定梁的几何组成特点和受力特点，能恰当选取隔离体和平衡方程计算静定结构的内力。本章还论述了三铰拱的受力特性和合理拱轴线的分析方法，以及如何运用结点法、截面法和联合法分析静定平面桁架与组合结构的内力。

思考题

3.1 什么是截面法？截面的内力(轴力、剪力和弯矩)的正负是如何假定的？

3.2 结构的基本部分与附属部分是如何划分的？荷载作用在结构的基本部分上时，在附属部分是否引起内力？当荷载作用在附属部分时，在所有基本部分是否都会引起内力？

3.3 什么是区段叠加法，静定刚架内力图的绘制有哪些步骤？

3.4 如果刚架的某结点上只有两个杆件，且无外力偶作用，结点上两杆的弯矩有何关系？如有外力偶作用，这种关系存在吗？

3.5 三铰拱的主要受力特点是什么？三铰拱屋架中常加拉杆，为什么？

3.6 在竖向荷载作用下，三铰拱的支座反力和梁的支座反力有什么区别？三铰拱的内力和梁的内力有什么区别？

3.7 在跨度和竖向荷载都相同的条件下，当三铰拱的矢高 f 变化(增大或减小)时，拱的推力 F_H 是怎样变化的？

3.8 为什么三铰拱比梁更能发挥材料的作用？什么是三铰拱的合理拱轴线？

3.9 理想桁架的基本假设是什么？为什么在这三条假设下桁架杆件只有轴力？

3.10 桁架的几何组成类型有几种？是怎样分类的？

3.11 在计算桁架结构内力时，为什么一般先判别零杆和某些杆件的内力？在计算桁架轴力前，如何迅速判断零杆，使计算简化？

3.12 用截面法计算桁架时，怎样建立平衡方程可避免解联立方程？

3.13 零杆既然不受力，为何在实际结构中不能把它去掉？

3.14 怎样识别组合结构中的链杆(二力杆)和受弯杆件？组合结构的计算与桁架的计算有何不同之处？

习　题

3-1 选择题

(1) 图 3.55 所示桁架结构杆 1 的轴力为(　　)。

A. $\sqrt{2}F_P$　　B. $-\sqrt{2}F_P$　　C. $\sqrt{2}F_P/2$　　D. $-\sqrt{2}F_P/2$

(2) 图 3.56 所示结构 M_{DC}(设下侧受拉为正)为(　　)。

A. $-F_Pa$　　B. F_Pa　　C. $-F_Pa/2$　　D. $F_Pa/2$

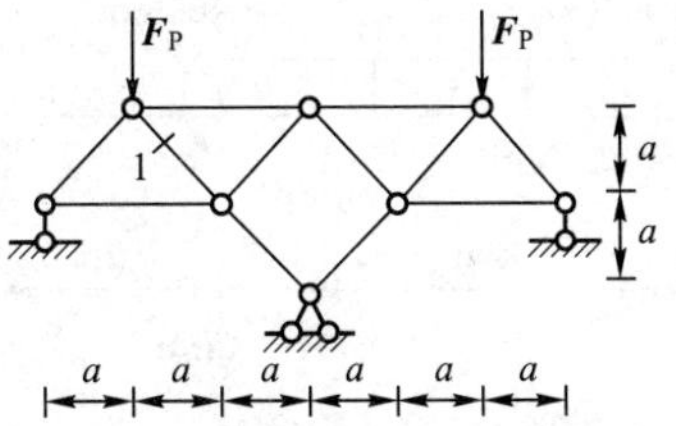

图 3.55　习题 3-1 (1)图

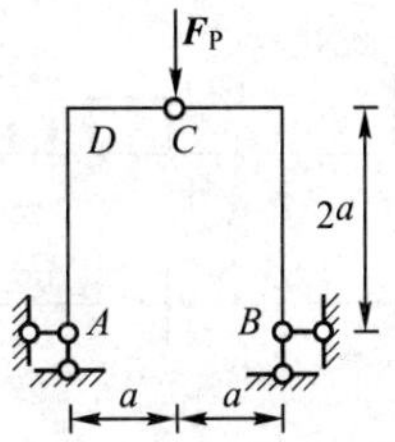

图 3.56　习题 3-1 (2)图

(3) 在径向均布荷载作用下，三铰拱的合理轴线为(　　)。

A. 圆弧线　　B. 抛物线　　C. 悬链线　　D. 正弦曲线

(4) 图 3.57 所示两结构及其受载状态，它们的内力符合(　　)。

A. 弯矩相同，剪力不同　　B. 弯矩相同，轴力不同

C. 弯矩不同，剪力相同　　D. 弯矩不同，轴力不同

(5) 图 3.58 所示结构 F_{NDE}(拉)为(　　)。

A. 70kN　　B. 80kN　　C. 75kN　　D. 64kN

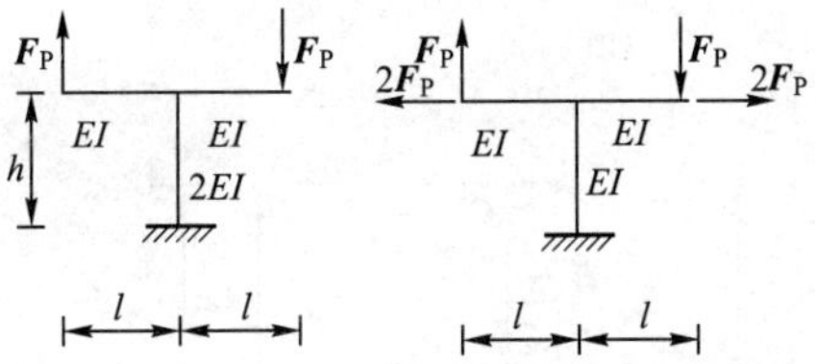

图 3.57　习题 3-1 (4)图

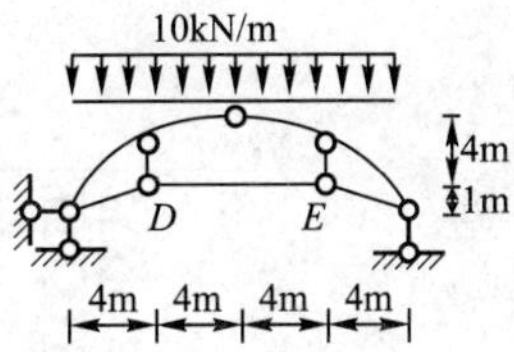

图 3.58　习题 3-1 (5)图

3-2　填空题

(1) 在图 3.59 所示结构中，无论跨度、高度如何变化，M_{CB} 永远等于 M_{BC} 的__________倍，使刚架__________侧受拉。

(2) 对图 3.60 所示结构作内力分析时，应先计算__________部分，再计算__________部分。

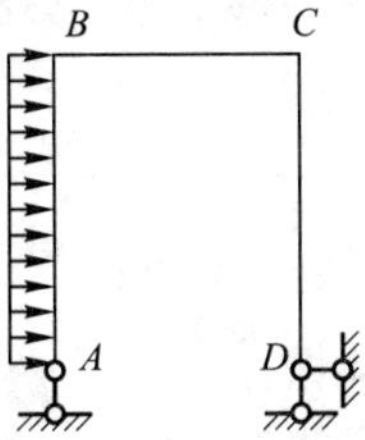

图 3.59　习题 3-2 (1)图

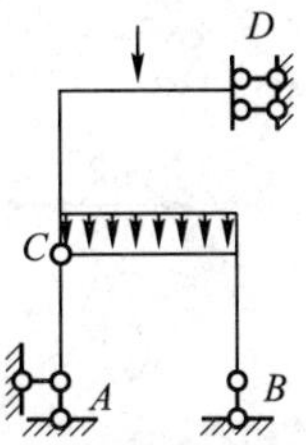

图 3.60　习题 3-2 (2)图

(3) 三铰拱在竖向荷载作用下，其支座反力与三个铰的位置__________关，与拱轴形状__________关。

3-3　绘制图 3.61 所示单跨静定梁的 M 图和 F_Q 图。

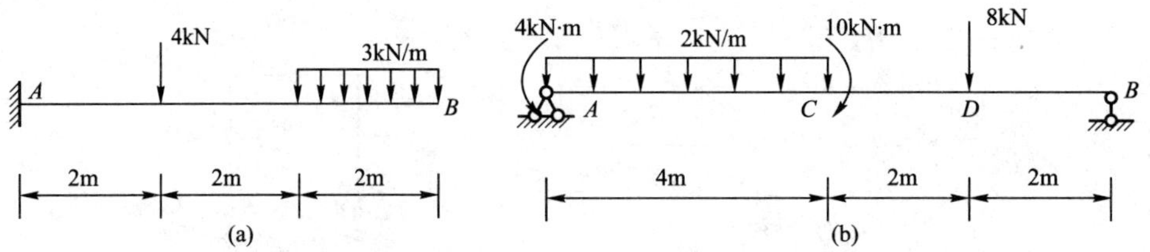

图 3.61　习题 3-3 图

3-4　绘制图 3.62 所示单跨梁的内力图。

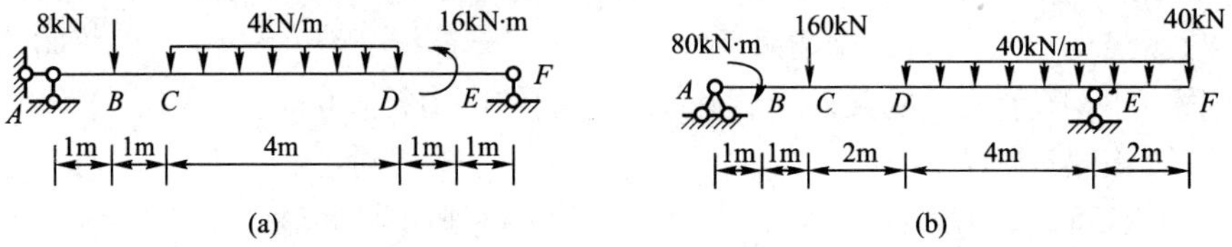

图 3.62　习题 3-4 图

3-5　绘制图 3.63 所示刚架的内力图。

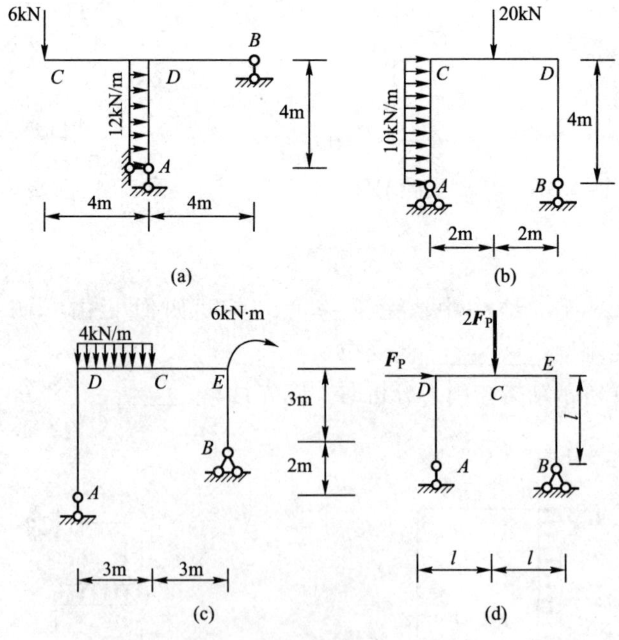

图 3.63　习题 3-5 图

3-6　绘制图 3.64 所示多跨梁的内力图。

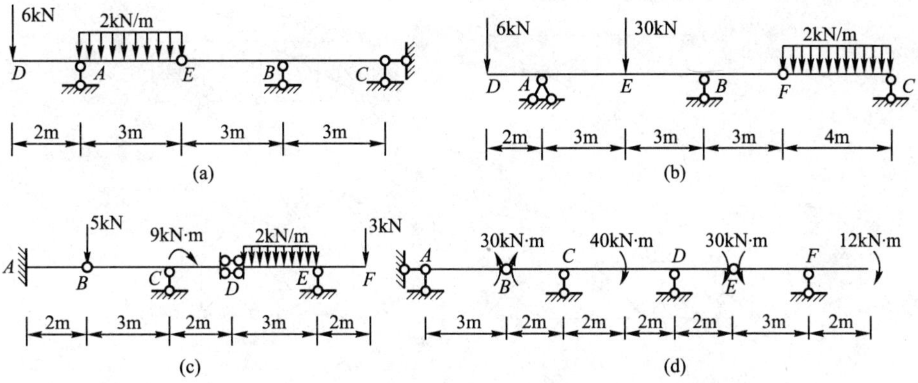

图 3.64 习题 3-6 图

3-7 图 3.65 所示抛物线三铰拱的拱轴线方程为 $y=\frac{4f}{l^2}x(l-x)$，$l=16\text{m}$，$f=4\text{m}$。

(1) 求支座反力；

(2) 求截面 E 的 M、F_Q、F_N。

3-8 试求图 3.66 所示带拉杆的半圆三铰拱截面 K 的内力。

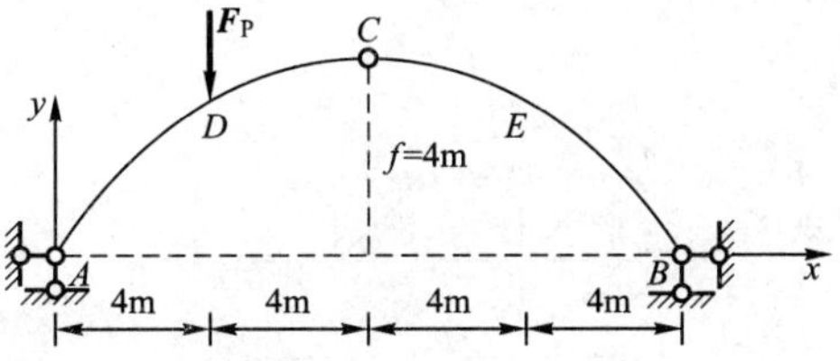

图 3.65 习题 3-7 图

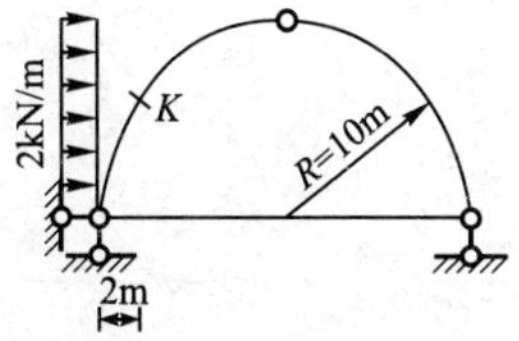

图 3.66 习题 3-8 图

3-9 求图 3.67 所示三铰拱在均布荷载作用下的合理拱轴线方程。

3-10 图 3.68 所示一抛物线三铰拱，铰 C 位于抛物线的顶点和最高点。试求：

(1) 支座反力；

(2) D、E 点处的弯矩。

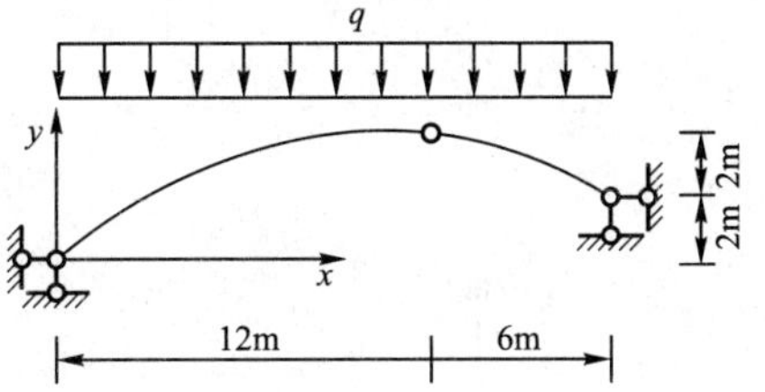

图 3.67 习题 3-9 图

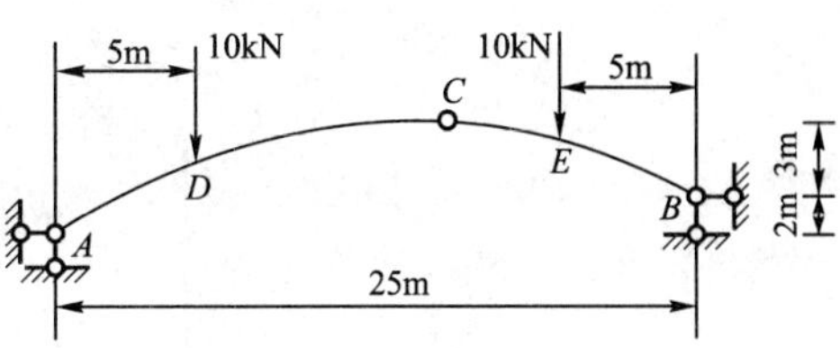

图 3.68 习题 3-10 图

3-11 分析图 3.69 所示桁架的组成规则，判断其类型。

3-12 判断图 3.70 所示桁架的零杆数量。

3-13 用结点法求图 3.71 所示桁架的各杆轴力。

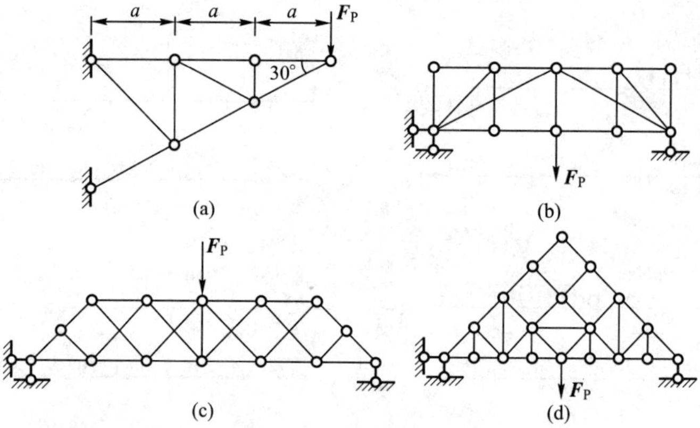

图 3.69　习题 3－11 图

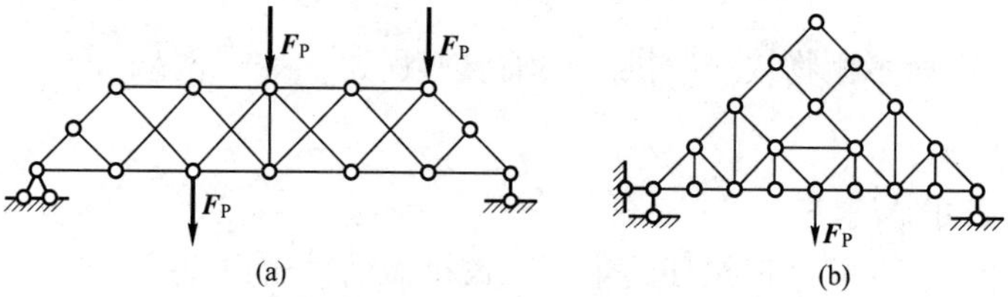

图 3.70　习题 3－12 图

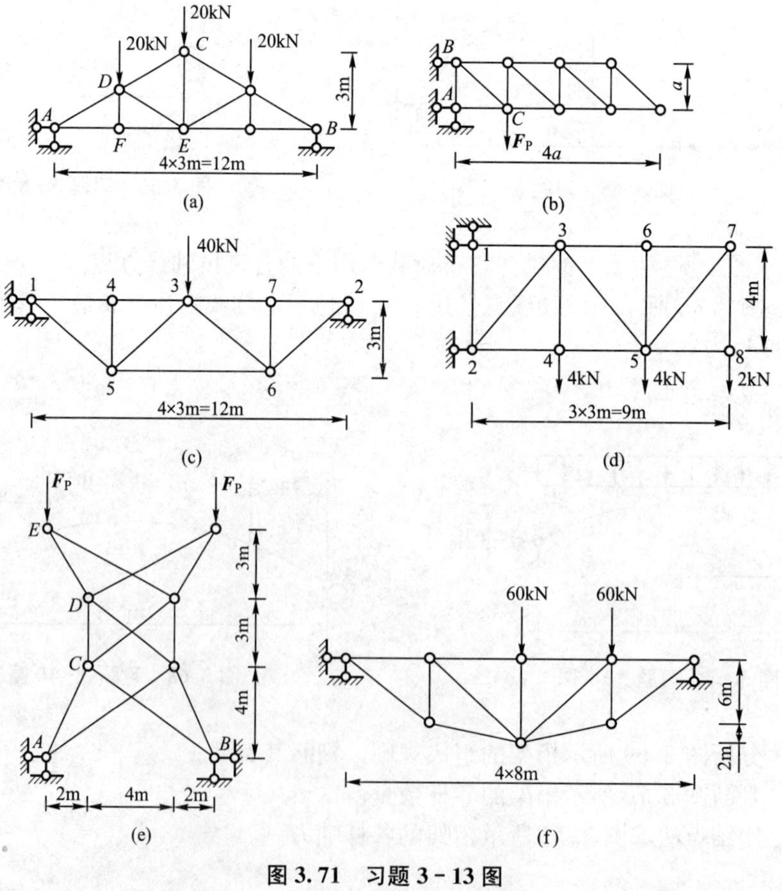

图 3.71　习题 3－13 图

3-14 用截面法求图 3.72 所示桁架中指定杆的轴力。

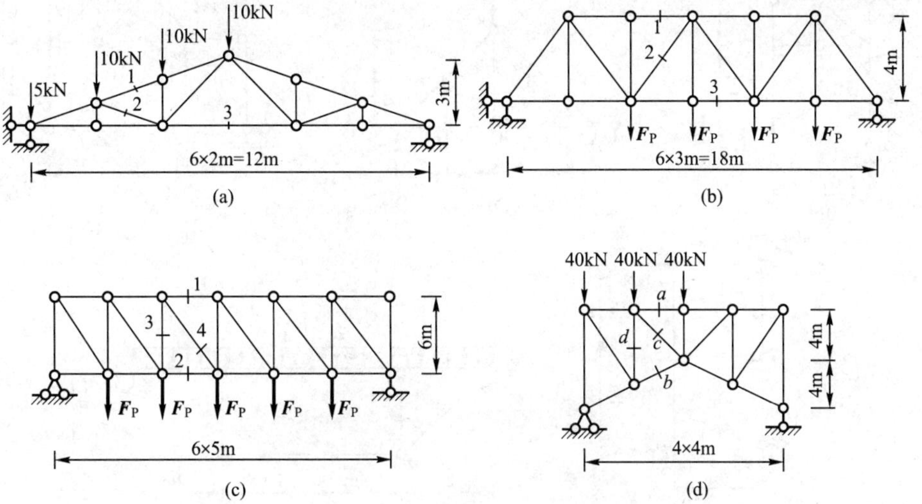

图 3.72 习题 3-14 图

3-15、选用较简捷的方法计算图 3.73 所示桁架中指定杆的轴力。

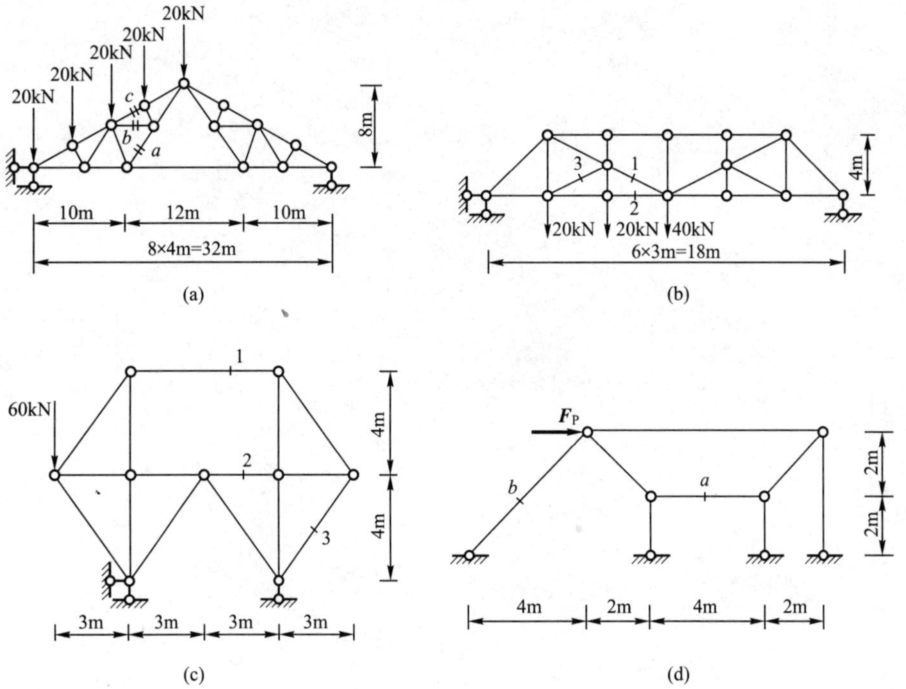

图 3.73 习题 3-15 图

3-16 试求图 3.74 所示组合结构中各链杆的轴力，并绘制受弯杆件的内力图。

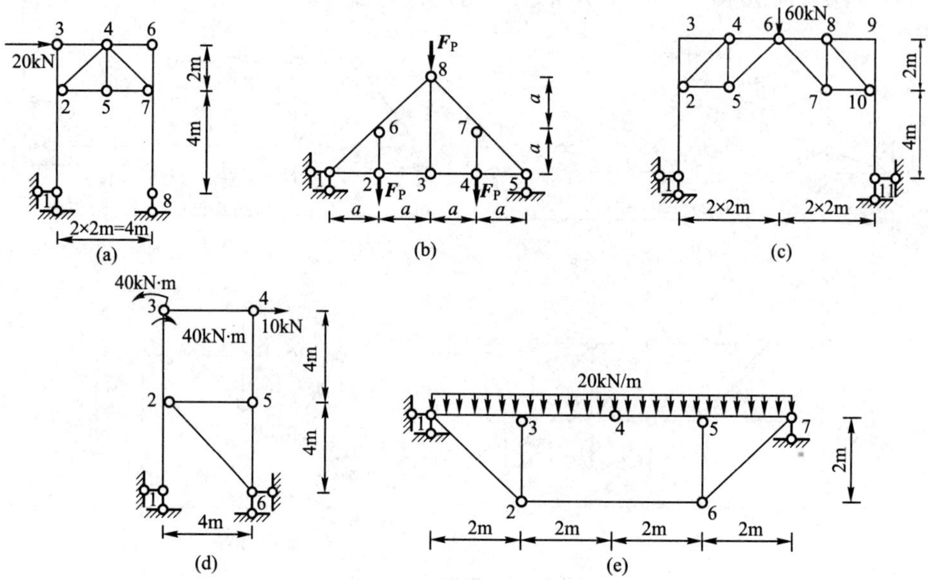
20kN
3
4
6
2
5
7
1
8
2m
4m
2×2m=4m
(a)
F_P
8
6
7
1
2
3
4
5
F_P
F_P
a
a
a
a
a
a
(b)
60kN
3
4
6
8
9
2
5
7
10
1
11
2m
4m
2×2m
2×2m
(c)
40kN·m
3
4
10kN
40kN·m
2
5
1
6
4m
4m
4m
(d)
20kN/m
1
3
4
5
7
2
6
2m
2m
2m
2m
2m
(e)

图 3.74　习题 3-16 图

第4章 虚功原理和静定结构位移计算

教学目标

主要讲述变形体系的虚功原理、位移计算的单位荷载法和图乘法，论述静定结构在荷载作用下、温度变化时和支座移动时的位移计算及线弹性结构的互等定理。通过本章的学习，应达到以下目标：

(1) 掌握变形体系的虚功原理；

(2) 掌握位移计算的一般公式及单位荷载法；

(3) 掌握静定结构在荷载作用下的位移计算方法；

(4) 掌握图乘法；

(5) 掌握静定结构在温度变化和支座移动时的位移计算方法；

(6) 掌握线弹性结构的互等定理。

教学要求

知识要点	能力要求	相关知识
变形体系的虚功原理	(1) 了解质点系的虚功原理； (2) 掌握刚体体系的虚功原理； (3) 掌握变形体系的虚功原理； (4) 了解变形体系的虚功原理推导过程	(1) 质点系的虚功原理； (2) 变形和位移，实功和虚功； (3) 刚体和变形体； (4) 力状态和位移状态
位移计算的一般公式及单位荷载法	(1) 了解单位荷载法的定义； (2) 利用虚功原理构建力状态和位移状态； (3) 掌握平面杆系结构位移计算的一般公式； (4) 掌握广义力和广义位移的定义	(1) 单位荷载法； (2) 实际状态和虚拟状态； (3) 理解单位荷载法计算位移的一般公式； (4) 广义力、广义位移的定义； (5) 构建广义力和广义位移的对应状态
静定结构在荷载作用下的位移计算方法	(1) 掌握线弹性结构的位移计算公式； (2) 利用公式能对梁、刚架、桁架、组合结构等进行位移计算	(1) 胡克定理； (2) 线弹性结构位移计算公式的推导； (3) 梁、刚架、桁架结构位移的计算
图乘法	(1) 理解图乘法的适用条件； (2) 理解图乘法的推导过程； (3) 掌握图乘法的应用	(1) 图乘法的适用条件和推导过程； (2) 常见弯矩图的面积和形心； (3) 内力图的分解与叠加

(续)

知识要点	能力要求	相关知识
静定结构在温度变化和支座移动时的位移计算方法	(1) 了解温度变化和支座移动时位移计算公式的推导； (2) 掌握温度变化和支座移动时位移计算公式的应用	(1) 线膨胀系数； (2) 温度变化和支座移动时位移计算公式的推导； (3) 温度变化和支座移动时的位移计算
线弹性结构的互等定理	(1) 理解功的互等定理和位移互等定理的推导； (2) 了解反力互等定理和反力位移互等定理的推导； (3) 掌握互等定理的应用	(1) 功的互等定理； (2) 位移互等定理，反力互等定理； (3) 反力与位移互等

基本概念

实功、虚功、广义力、广义位移、虚功原理、单位荷载法、图乘法、互等定理。

引言

在土木工程中，所有的结构既要满足强度要求，也要满足一定的刚度要求，结构的刚度是用结构的位移来衡量的，所以，结构的位移计算就显得异常重要。位移计算不止能验算结构的刚度，同时也能为结构的动力分析、稳定分析和超静定结构的分析奠定基础。

4.1 概　　述

任何结构在荷载或其他外部因素作用下，均会发生形状或位置的改变。将结构(或其一部分)形状的改变称为变形，而将结构上各截面位置的变化称为位移，位移分为线位移和角位移。图 4.1(a)所示刚架在荷载作用下发生如虚线所示的变形，使截面 A 的形心从 A 点移到了 A'点，有向线段 AA'称为 A 点的线位移，记为 Δ_A，水平分量称为水平线位移 Δ_{Ax}，竖向分量称为竖向线位移 Δ_{Ay}，如图 4.1(b)所示 。同时截面 A 还转动了一个角度，称为截面 A 的角位移或转角，用 φ_A 表示。

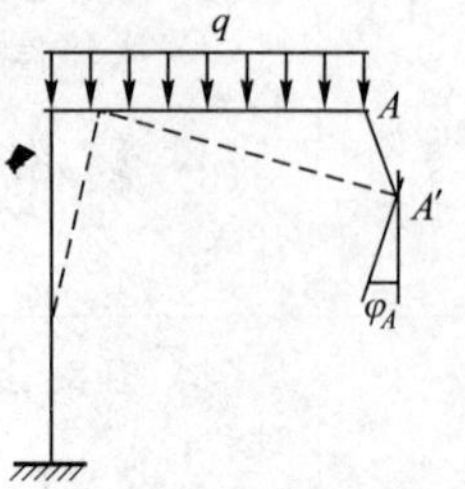

(a) 变形情况

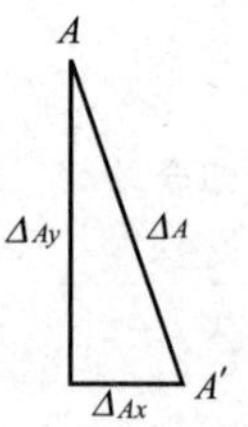

(b) 位移情况

图 4.1　结构的变形与位移

除荷载外，还有其他一些因素如温度改变、支座移动、材料收缩、构件几何尺寸的制造误差等，也会使结构产生位移。

计算结构位移的目的如下：

(1) 验算结构的刚度。结构既要满足强度要求，也要满足一定的刚度要求，结构的刚度是用结构的位移来衡量的，结构在施工和使用时位移不能过大，否则影响正常施工和使用。而要控制结构的位移，必须先计算结构的位移。图 4.2 所示三孔钢桁梁进行悬臂拼装时，在梁的自重、临时轨道、吊机等荷载作用下，悬臂部分将下垂而发生竖向位移 f_A，若 f_A 太大，则吊机容易滚走，同时梁也不能按设计要求就位，因此必须先行计算 f_A(即结构的竖向位移)的数值，以便采取相应措施，确保施工安全和拼装就位。在工程实际中，结构的刚度对结构的安全有至关重要的作用，图 4.3 所示均为由于结构的位移或变形过大而引起结构破坏的例子。

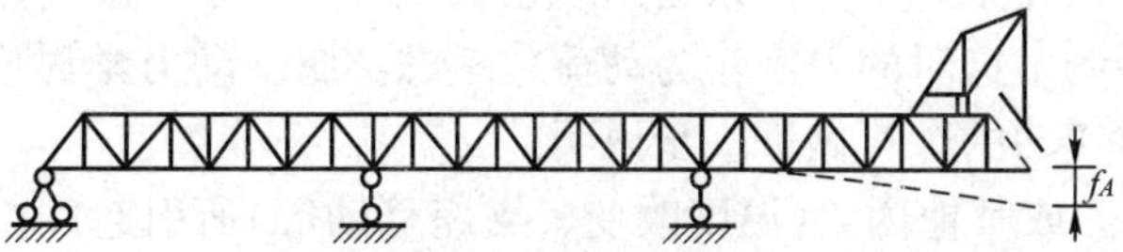

图 4.2　梁吊装变形

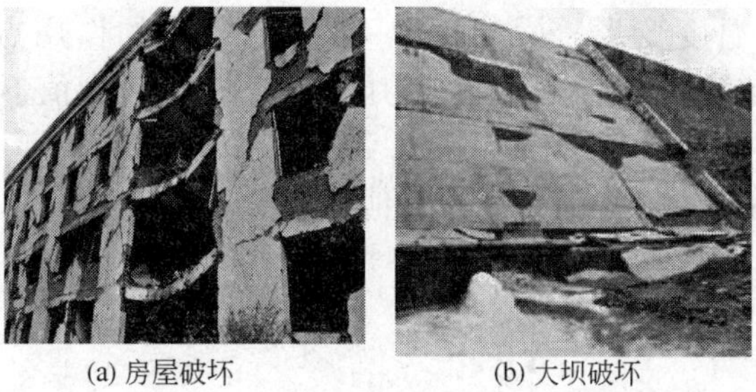

(a) 房屋破坏　　(b) 大坝破坏

图 4.3　工程结构变形破坏实例

(2) 为计算超静定结构做准备。在超静定结构内力计算过程中，单凭静力平衡条件并不能求出全部内力，必须考虑变形条件，而考虑变形条件就需要计算结构的位移。

(3) 为学习结构力学其他内容奠定基础。结构的动力计算和稳定分析等均需要结构位移的计算。

4.2 虚功原理

4.2.1　实功与虚功

功是一个物理量，当集中力 F 的大小、方向不变时，力所做的功，等于力与其作用点沿力的方向上的位移 Δ 的乘积，若功用 W 表示，则有

$$W=F\cdot\Delta \tag{4-1}$$

大小不变的力偶 M 做功的公式为

$$W=M\varphi \tag{4-2}$$

结构上的外力在结构位移上所做的功，分为实功和虚功两种。

(1) 当力作用在弹性物体上时，力在其本身引起的位移上所做的功称为实功。如图 4.4(a)所示悬臂梁，在力 F_{P1} 作用下产生位移 Δ_{11}，F_{P1} 在位移 Δ_{11} 上所做的功即称为实功，其值为

$$W=\frac{1}{2}F_{P1}\Delta_{11} \tag{4-3}$$

这与式(4-1)不同，多出了系数 1/2。原因是：加入荷载时，力的值缓慢地从零增加到 F_{P1}，力作用点的位移也从零增加到 Δ_{11}，加载过程中体系处于平衡状态，属于静力加载问题，静力加载过程中力值和位移均是变化的，在整个加载过程中力所做的功需用积分公式计算，对于线弹性体系，积分结果会出现系数 1/2。若力不是缓慢施加而是突然施加的话，结构会发生振动，这时的力需作为动荷载考虑，属于动力学讨论的问题。因本章主要涉及虚功，故不对实功的计算做进一步说明。

(2) 力沿由别的力或其他因素(温度改变、支座移动等)所引起的位移上所做的功称为虚功，即做虚功的力与位移是彼此独立无关的。图 4.4(a)所示结构在力 F_{P1} 作用下端点 B 产生位移 Δ_{11}，移到 B' 点，在此位置结构处于平衡状态；若在梁的上侧加温，使上侧温度升高 t℃，这时梁发生温度变形，梁端从 B' 移到 B''，力的作用点又产生位移 Δ_{1t}，如图 4.4(b)所示，力 F_{P1} 在 Δ_{1t} 上做的功，称为虚功。做虚功时力值不变，故虚功的值为

$$W=F_{P1}\cdot\Delta_{1t} \tag{4-4}$$

Δ_{1t} 称为虚位移。虚位移是由其他力或其他因素所引起的。

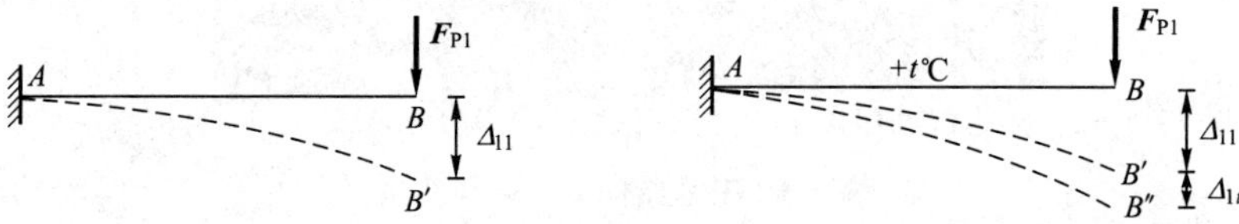

(a) 实功情况　　(b) 虚功情况

图 4.4　实功与虚功

如图 4.5(a)所示，在体系上再加力 F_{P2}，位移 Δ_{12} 是由 F_{P2} 引起的，对于力 F_{P1} 来说 Δ_{12} 便是虚位移。建立虚功的力状态和位移状态，如图 4.5(b)、(c)所示。F_{P1} 在 F_{P2} 引起的虚位移 Δ_{12} 上所做的虚功为

$$W=F_{P1}\Delta_{12} \tag{4-5}$$

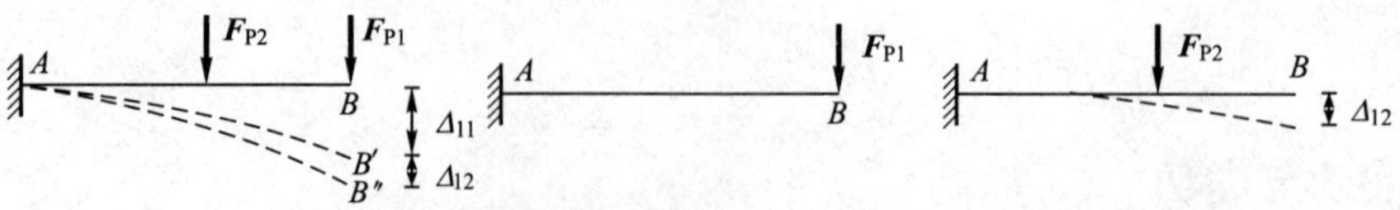

(a) 加载情况　　(b) 力状态　　(c) 虚位移状态

图 4.5　其他力引起虚位移时做虚功的两种状态

功是一个标量，当力的方向与位移方向一致时为正，否则为负。

4.2.2 虚功原理

理论力学中质点系的**虚位移原理(或称虚功原理)**表述为：**具有双面、稳定、理想约束的质点系，在给定位置平衡的必要与充分条件是，所有作用于质点系的主动力在质点的任何虚位移中的虚功之和等于零。**

这里，理想约束是指其约束反力在虚位移上所做的功恒等于零的约束，如光滑铰接、刚性链杆等。虚位移要求是微小位移，即要求在产生虚位移过程中不改变原受力平衡体的力的作用方向与大小，亦即受力平衡体的平衡状态不因产生虚位移而改变。

1. 刚体体系虚功原理

在刚体中，任何两点间距离均保持不变，可以认为任何两点间均由刚性链杆相连，故刚体属于具有理想约束的质点系。由若干个刚体用理想约束联结起来的体系，自然也是具有理想约束的质点系。此外，作用于体系的外力通常包括荷载(主动力)和约束反力，而对于任何约束，当去掉该约束而以相应的反力代替其对体系的作用时，其反力便可当作荷载(主动力)看待。因此，刚体体系的虚功原理可表述为：对于具有理想约束的刚体体系，处于平衡的必要和充分条件是，对于任何虚位移，所有外力所做的虚功总和 W 为零，即

$$W=0 \tag{4-6}$$

静定结构的内力、约束力与结构的变形无关，在求静定结构内力或约束力时，可将静定结构看成刚体体系，用刚体体系的虚功原理代替平衡方程来计算内力和约束力。

【例 4-1】 试用刚体体系虚位移原理计算图 4.6(a)所示体系的支座反力 F_{By}。

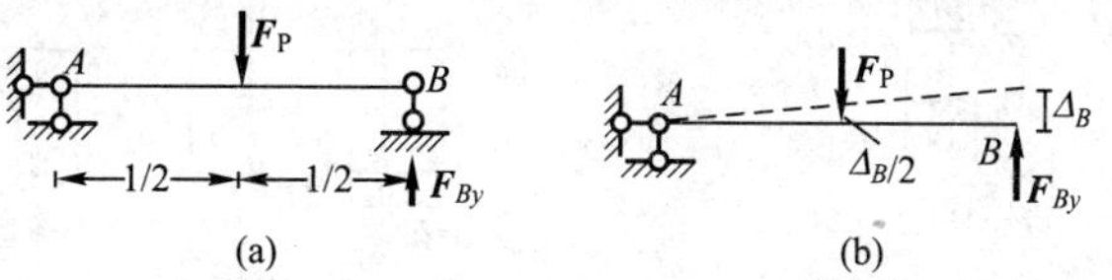

图 4.6 例 4-1 图

【解】 将该结构看成是不能变形的刚体。为求 B 支座反力，将支座 B 去掉用相应反力代替，如图 4.6(b)所示。令去掉约束后的体系发生微小位移 Δ_B，根据几何关系可知荷载作用点的竖向位移是 B 点竖向位移的 1/2 且与荷载作用反向。因为体系是平衡的，根据刚体体系虚功原理可得

$$W=F_{By}\cdot\Delta_B-F_P\cdot\frac{\Delta_B}{2}=0$$

解得

$$F_{By}=\frac{1}{2}F_P(\uparrow)$$

用平衡方程也可解出同样结果，由此可见，用刚体体系的虚功原理求内力或约束力，相当于把平衡时各力之间的关系问题变成了各力作用点位移之间的几何关系问题。

2. 变形体系虚功原理

如果体系是变形体，尽管体系是平衡的，外力虚功总和也并不等于零。对于杆系结

构，变形体系的虚功原理可表述为：变形体系处于平衡的充分必要条件是，对于任何虚位移，所有外力所做的虚功总和 W 等于各微段上的内力在其变形上所做的虚功总和 W_v，即外力虚功等于变形虚功：

$$W=W_v \tag{4-7}$$

为便于说明，用图 4.7(a)所示杆系结构代表一个处于平衡状态的变形体，图 4.7(b)表示该结构由于其他原因产生的虚位移状态。下面分别称这两个状态为结构的力状态和位移状态。

现从图 4.7(a)的力状态中取出一个微段来研究，作用在微段上的力除外力 q 外。还有两侧截面上的内力即轴力、弯矩和剪力(注意，这些力对整个结构而言是内力，对于所取微段而言则是外力，出于习惯，同时也为与整个结构的外力即荷载和支座反力相区别，这里仍称这些力为内力)。在图 4.7(b)的位移状态中，此微段由 $ABCD$ 移到了 $A'B'C'D'$，于是上述作用在微段上的各力将在相应的位移上做虚功；把所有微段的虚功相加，即构成整个结构的虚功。下面按两种方法分别进行计算，一种在计算时反映变形体的平衡条件，另一种在计算时反映虚位移的变形连续条件。

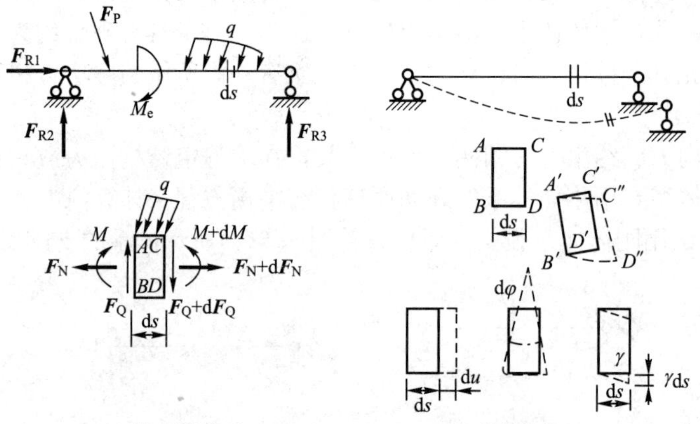

(a) 力状态　　(b) 位移状态

图 4.7　虚功原理的力状态和位移状态

(1) 将微段上的力分为外力和内力，那么相应的虚功也可以分为外力虚功和内力虚功。设作用于微段上所有各力所做虚功总和为 $\mathrm{d}W$，它可以分为两部分：一部分是外力所做的功 $\mathrm{d}W_e$，另一部分是截面上的内力所做的功 $\mathrm{d}W_i$，即

$$\mathrm{d}W=\mathrm{d}W_e+\mathrm{d}W_i \tag{4-8}$$

将其沿杆段积分并将各杆段积分总和起来，得整个结构的虚功为

$$\sum\int \mathrm{d}W=\sum\int \mathrm{d}W_e+\sum\int \mathrm{d}W_i \tag{4-9}$$

或简写为

$$W=W_e+W_i \tag{4-10}$$

式中：W_e 是整个结构的所有外力(包括荷载和支座反力)在其相应的虚位移上所做虚功的总和，即上面简称的外力虚功；W_i 为所有微段截面上的内力所做虚功的总和，即上面简称的内力虚功。因为任何两相邻微段的相邻截面上的内力互为作用力与反作用力，它们大小相等方向相反；又因为虚位移是连续的，两个相邻微段的截面位移相同，因此每一对相

邻截面上的内力所做的功总是大小相等、正负号相反而互相抵消。由此可见，所有微段截面上内力所做功的总和必然为零，即

$$W_i=0 \tag{4-11}$$

于是整个结构的虚功总和等于外力虚功，即

$$W=W_e \tag{4-12}$$

(2) 将微段上的虚位移分解为刚体位移和变形，那么相应的虚功也可以分为刚体虚功与变形虚功。如图 4.7(b)所示，微段的虚位移可以分解为：先发生刚体位移(由 $ABCD$ 移到$A'B'C'D'$)，然后再发生变形位移(截面 $A'B'$不动，$C'D'$移到$C''D''$)。设微段上的所有各力在刚体位移上所做虚功为 dW_s，在变形位移上所做虚功为 dW_v，于是微段总的虚功可写为

$$dW=dW_s+dW_v \tag{4-13}$$

由于微段处于平衡状态，由刚体体系的虚功原理可知

$$dW_s=0 \tag{4-14}$$

于是可得

$$dW=dW_v \tag{4-15}$$

对于整个结构便有

$$\sum\int dW=\sum\int dW_v \tag{4-16}$$

即

$$W=W_v \tag{4-17}$$

比较式(4-12)、式(4-17)可得

$$W_e=W_v \tag{4-18}$$

这就证明了变形体系的虚功原理，即外力虚功等于变形虚功。

现在讨论 W_v 的计算。对于平面杆件体系，微段的变形可以分为轴向变形 du、弯曲变形 $d\varphi$ 和剪切变形 $\gamma\cdot ds$。微段上轴力、弯矩和剪力的增量为 dF_N、dM 和 dF_Q，分布荷载 q 在这些变形上所做虚功为高阶微量可略去不计，因此微段上各力在其变形上所做的虚功可写为

$$dW_v=F_N du+M d\varphi+F_Q\gamma ds \tag{4-19}$$

此外，假若此微段上还有集中荷载或力偶荷载作用时，可以认为它们作用在截面 AB 上，因而当微段变形时它们并不做功。总之，仅考虑微段的变形而不考虑其刚体位移时，外力不做功，只有截面上的内力做功。对于整个结构有

$$W_v=\sum\int dW_v=\sum\int F_N du+\sum\int M d\varphi+\sum\int F_Q\gamma ds \tag{4-20}$$

由此可见，W_v 是所有微段两侧截面上的内力(对微段而言是外力)在微段的变形上所做虚功的总和，称为变形虚功(有的书上也称它为内力虚功或虚应变能)。

为了书写简明，根据式(4-12)将外力虚功 W_e 改用 W 表示，于是式(4-18)可写为式(4-17)，式(4-17)又称为变形体系的虚功方程。对于平面杆件结构，由式(4-20)可得虚功方程为

$$W=W_v \tag{4-21}$$

$$W=\sum\int F_{\mathrm{N}}\mathrm{d}u+\sum\int M\mathrm{d}\varphi+\sum\int F_{\mathrm{Q}}\gamma\mathrm{d}s \tag{4-22}$$

上面的证明过程中并没有涉及材料的物理性质，因此，只要体系是平衡的，无论对于弹性、非弹性、线性、非线性的变形体系，虚功原理都适用。

上述变形体系的虚功原理对刚体体系也适用，由于刚体体系发生虚位移时，各微段不产生任何变形，故变形虚功 $W_{\mathrm{v}}=0$，此时式(4-21)成为

$$W=0 \tag{4-23}$$

即外力虚功为零。可见刚体体系的虚功原理是变形体系虚功原理的一个特例。

虚功原理在具体应用时有两种方式：一种是对于给定的力状态，另虚设一个位移状态，利用虚功方程来求解力状态中的未知力，这时的虚功原理可称为虚位移原理；另一种应用方式是对于给定的位移状态，另虚设一个力状态，利用虚功方程来求解位移状态中的位移，这时的虚功原理又可称为虚力原理，本章即讨论用这种方法来求结构的位移。

4.3 位移计算的一般公式——单位荷载法

4.3.1 单位荷载法

单位荷载法是运用变形体系的虚功原理来求解结构位移的方法。

设图 4.8(a)所示平面杆系结构，在外部作用(荷载、温度变化及支座移动等)之下发生如虚线所示变形，现在要求任一指定点 K 沿任一指定方向 k—k 上的位移 Δ_K。

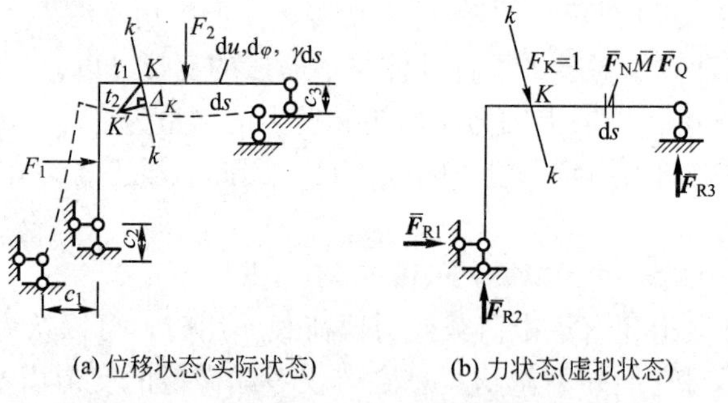

(a) 位移状态(实际状态)　　(b) 力状态(虚拟状态)

图 4.8　单位荷载法的力状态和位移状态

根据虚功原理，建立力状态和位移状态。图 4.8(a)所示的位移是在外部作用下产生的，以此作为结构的实际位移状态，称为实际状态。为了使力状态中的外力能在位移状态中的所求位移 Δ_K 上做虚功，在 K 点沿 k—k 方向加一个集中荷载 F_K，其箭头指向沿着 k—k 方向，而且这力与位移状态必须是独立无关的，为计算方便，可令 $F_K=1$，称为单位力，如图 4.8(b)所示，以此作为结构的力状态。这个力状态并不是实际原有的，而是虚设的，故称为虚拟力状态。

根据变形体系的虚功原理，外力虚功等于变形虚功。为此需要计算虚拟状态的外力和内力在实际状态相应的位移和变形上所做的外力虚功和变形虚功。

外力虚功包括由荷载和支座反力所做的虚功。设在虚拟状态中由单位荷载 $F_K=1$ 引起的支座反力为$\overline{F_{R1}}$、$\overline{F_{R2}}$、$\overline{F_{R3}}$，而在实际状态中相应的支座位移为 c_1、c_2、c_3，则外力虚功为

$$W=F_K\Delta_K+\overline{F_{R1}}c_1+\overline{F_{R2}}c_2+\overline{F_{R3}}c_3=1\cdot\Delta_K+\sum\overline{F_R}c=\Delta_K+\sum\overline{F}_Rc \tag{4-24}$$

由式(4-24)可知，单位荷载 $F_K=1$ 所做的虚功在数值上就等于所要求的位移 Δ_K。

设虚拟状态中由单位荷载 $F_K=1$ 作用而引起的某微段上的内力为$\overline{F_N}$、$\overline{M}$、$\overline{F_Q}$，而实际状态中微段相应的变形为 $\mathrm{d}u$、$\mathrm{d}\varphi$ 和 $\gamma\mathrm{d}s$，则变形虚功为

$$W_v=\sum\int\overline{F_N}\mathrm{d}u+\sum\int\overline{M}\mathrm{d}\varphi+\sum\int\overline{F_Q}\gamma\mathrm{d}s \tag{4-25}$$

由变形体系的虚功原理 $W=W_v$ 可得

$$\Delta_K+\sum\overline{F_R}c=\sum\int\overline{F_N}\mathrm{d}u+\sum\int\overline{M}\mathrm{d}\varphi+\sum\int\overline{F_Q}\gamma\mathrm{d}s \tag{4-26}$$

从而可得

$$\Delta_K=-\sum\overline{F_R}c+\sum\int\overline{F_N}\mathrm{d}u+\sum\int\overline{M}\mathrm{d}\varphi+\sum\int\overline{F_Q}\gamma\mathrm{d}s \tag{4-27}$$

式(4-27)便是单位荷载法计算平面杆件结构位移的一般公式。

该公式适用于：①静定结构和超静定结构；②弹性体系和非弹性体系；③各种因素产生的位移计算。

由式(4-27)可知，只需确定虚拟状态的反力$\overline{F_R}$和内力$\overline{F_N}$、$\overline{M}$、$\overline{F_Q}$，同时已知实际状态的支座位移 c，并求得微段的变形 $\mathrm{d}u$、$\mathrm{d}\varphi$ 和 $\gamma\mathrm{d}s$，便可算出位移 Δ_K。若计算结果为正，表示单位荷载所做虚功为正，所求位移 Δ_K 的实际指向与所假设的单位荷载 $F_K=1$ 的指向相同；为负则相反。

由以上分析可以看出，单位荷载法在利用虚功原理求结构位移时，只需在所求位移地点沿所求位移方向加一个虚拟的单位荷载，以使荷载虚功恰好等于所求位移的数值。

4.3.2 广义力与广义位移

在实际问题中，除了计算线位移外，还需要计算角位移、相对位移等。因此需要引入广义力和广义位移的概念。

在虚功表达式中涉及两方面因素：一个是与力有关的因素，它可以是一个力、一个力偶、一对力、一对力偶甚至是一个力系，这些因素称为广义力；另一个是与广义力相应的位移因素，例如与集中力相应的位移是线位移，与集中力偶相应的位移是角位移等，这些与位移有关的因素称为广义位移。广义力与广义位移必须相对应，这里的相对应是指集中力与线位移对应，力偶与角位移对应。当位移与力的方向一致时，虚功为正，反之为负。

本章涉及的广义力和广义位移主要有以下情况：

(1) 求某点沿某方向的线位移时，应在该点沿所求位移方向加一个单位集中力，如图 4.9(a)所示。这样荷载所做的虚功为 $1\cdot\Delta_A=\Delta_A$，恰好等于所要求的 A 点水平位移。

(2) 求某截面的角位移时，应在该截面处加一个单位力偶，如图 4.9(b)所示。这样荷载所做的虚功为 $1\cdot\varphi_A=\varphi_A$，恰好等于所要求的角位移。

(3) 求两点间距离的变化，也就是求两点沿其连线方向上的相对线位移时，应在两点

沿其连线方向上加一对指向相反的单位力，如图4.9(c)所示。此时设在实际状态中A点沿AB方向的位移为Δ_A，B点沿BA方向的位移为Δ_B，则两点在其连线方向上的相对线位移为$\Delta_{AB}=\Delta_A+\Delta_B$，对于图示虚拟状态，荷载所做的虚功为$1\cdot\Delta_A+1\cdot\Delta_B=1\cdot(\Delta_A+\Delta_B)=\Delta_{AB}$，恰好等于所要求的相对位移。

(4) 同理，若要求两截面的相对角位移，则应在两截面处加一对方向相反的单位力偶，如图4.9(d)所示。

(5) 求桁架某杆的角位移时，由于桁架只承受轴力，故应将单位力偶换为等效的结点集中荷载，即在该杆两端加一对方向与杆件垂直、大小等于杆长倒数而指向相反的集中力，如图4.9(e)所示。因为在位移微小的情况下，桁架杆件的角位移等于其两端在垂直于杆轴方向上的相对线位移除以杆长［图4.9(f)］，即

$$\varphi_{AB}=\frac{\Delta_A+\Delta_B}{d} \tag{4-28}$$

这样，荷载所做的虚功为$\frac{1}{d}\cdot\Delta_A+\frac{1}{d}\cdot\Delta_B=\frac{\Delta_A+\Delta_B}{d}=\varphi_{AB}$，恰好等于所求杆件角位移。

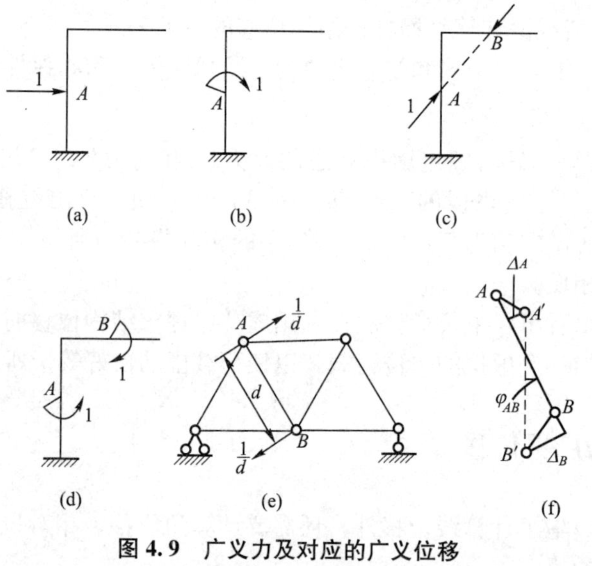

图4.9 广义力及对应的广义位移

4.4 静定结构在荷载作用下的位移计算

4.4.1 单位荷载法计算荷载作用下的位移

根据材料力学的知识，在荷载作用下线弹性结构的位移与荷载是成正比的，由于荷载作用下位移是微小的，应力与应变的关系符合胡克定律。同时在计算位移时，荷载的作用效应可以进行叠加。

由于结构只在荷载作用下，没有支座的移动，因而式(4-27)中的c为零，设荷载引

起的微段变形记为 $d\varphi_P$、du_P、$\gamma_P ds$，则式(4-27)可整理为

$$\Delta_K=\Sigma\int\overline{F}_N du_P+\Sigma\int\overline{M}d\varphi_P+\Sigma\int\overline{F}_Q\gamma_P ds \tag{4-29}$$

式(4-29)即为利用单位荷载法计算弹性结构在荷载作用下结构位移的一般公式。式中 $\overline{M}$、$\overline{F_N}$、$\overline{F_Q}$为虚拟状态中微段上的内力，如图 4.8(b)所示；$d\varphi_P$、du_P、$\gamma_P ds$ 为实际状态中微段的变形。若实际状态中微段上的内力为 M_P、F_{NP}、F_{QP}，根据材料力学所推出的荷载引起的线弹性结构变形计算公式，由实际荷载引起微段的弯曲变形、轴向变形和剪切变形分别为

$$d\varphi_P=\frac{M_P ds}{EI},\quad du_P=\frac{F_{NP}ds}{EA},\quad \gamma_P ds=\frac{kF_{QP}ds}{GA} \tag{4-30}$$

将式(4-30)代入式(4-29)可得

$$\Delta_K=\Sigma\int\frac{\overline{M}M_P ds}{EI}+\Sigma\int\frac{\overline{F}_N F_{NP}ds}{EA}+\Sigma\int\frac{k\,\overline{F_Q}F_{QP}ds}{GA} \tag{4-31}$$

式中：E 为材料的弹性模量；I 和 A 分别为杆件截面的二次矩(也称惯性矩)和面积；G 为剪切弹性模量；k 为剪应力沿截面分布不均匀而引用的修正系数，其值与截面形状有关，矩形截面 $k=\frac{6}{5}$，圆形截面 $k=\frac{10}{9}$，薄壁圆环截面 $k=2$，工字形截面 $k\approx\frac{A}{A'}$，A'为腹板截面面积。

上述微段变形的计算，只对直杆才适用。对于曲杆还需考虑曲率对变形的影响，不过在常用的曲杆结构中，其截面高度与曲率半径相比很小，曲率的影响不大，可以略去不计。

由于位移产生的原因很多，一般用下标来区分位移产生的原因。例如求结构受到广义荷载 F_P(包括 F、M、q)作用下 K 点沿指定方向(比如竖向)的位移，一般用符号 Δ_{KP}表示，这里位移 Δ_{KP}用了两个下标：其中 K 表示该位移的地点和方向，即在 K 点沿指定方向；P 表示引起该位移的原因，即是由于荷载引起的。Δ_{Kt}和 $\Delta_{K\Delta}$分别表示由于温度变化和支座移动所产生的 K 点沿指定方向的位移。

4.4.2 各种杆件结构的位移计算公式

荷载作用下结构产生位移的原因是结构发生了变形，包括弯曲变形、轴向变形和剪切变形。不同类型结构的这些变形对位移的影响是不一样的，为了简化计算可以将对位移影响小的因素略去不计。在式(4-31)中，第一项是弯曲变形对位移的贡献，第二项是轴向变形对位移的贡献，第三项是剪切变形对位移的贡献，略去贡献小的项后可以得到不同类型的结构在荷载作用下的位移计算公式。

(1) 梁和刚架。对于由细长杆件组成的梁和刚架，位移主要是弯曲变形引起的，轴向变形和剪切变形的影响很小而可以略去不计，故式(4-31)可简化为

$$\Delta_{KP}=\Sigma\int\frac{\overline{M}M_P ds}{EI} \tag{4-32}$$

(2) 桁架。因为桁架中无弯矩、剪力，因而无弯曲变形和剪切变形，只有轴向变形，且对同一杆件轴力$\overline{F_N}$、F_{NP}、EA 沿杆长 l 方向均为常数，故式(4-32)可简化为

$$\Delta_{KP}=\sum\int\frac{\overline{F_N}F_{NP}\mathrm{d}s}{EA}=\sum\frac{\overline{F_N}F_{NP}}{EA}\int\mathrm{d}s=\sum\frac{\overline{F_N}F_{NP}l}{EA} \tag{4-33}$$

(3) 组合结构。组合结构的位移计算公式可写为

$$\Delta_{KP}=\sum\int\frac{\overline{M}M_P\mathrm{d}s}{EI}+\sum\frac{\overline{F_N}F_{NP}l}{EA} \tag{4-34}$$

式中前一项对所有受弯杆件进行求和，后一项只对链杆进行求和。

【例 4-2】 试求图 4.10(a)所示刚架 A 点的竖向位移 Δ_{Ay}。各杆件 EI、A 均为常数。

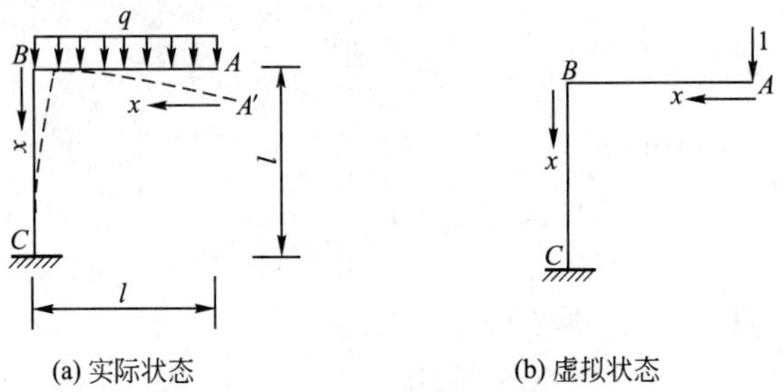

图 4.10 例 4-2 图

【解】 (1) 在 A 点加一竖向单位荷载作为虚拟状态，如图 4.10(b)所示，并分别设各杆的 x 坐标如图所示，则各杆内力方程如下：

AB 段：$\overline{M}=-x$，$\overline{F_N}=0$，$\overline{F_Q}=1$。

BC 段：$\overline{M}=-l$，$\overline{F_N}=-1$，$\overline{F_Q}=0$。

(2) 在实际状态中［图 4.10(a)］，各杆内力方程如下：

AB 段：$M_P=-\dfrac{qx^2}{2}$，$F_{NP}=0$，$F_{QP}=qx$。

BC 段：$M_P=-\dfrac{ql^2}{2}$，$F_{NP}=-ql$，$F_{QP}=0$。

(3) 代入式(4-31)得

$$\begin{aligned}\Delta_{Ay}&=\sum\int\frac{\overline{M}M_P\mathrm{d}s}{EI}+\sum\int\frac{\overline{F}_NF_{NP}\mathrm{d}s}{EA}+\sum\int\frac{k\,\overline{F}_QF_{QP}\mathrm{d}s}{GA}\\&=\int_0^l(-x)\left(-\frac{qx^2}{2}\right)\frac{\mathrm{d}x}{EI}+\int_0^l(-l)\left(-\frac{ql^2}{2}\right)\frac{\mathrm{d}x}{EI}+\int_0^l(-1)(-ql)\frac{\mathrm{d}x}{EA}+\\&\quad\int_0^l k(+1)(qx)\frac{\mathrm{d}x}{GA}\\&=\frac{5}{8}\frac{ql^4}{EI}+\frac{ql^2}{EA}+\frac{kql^2}{2GA}=\frac{5}{8}\frac{ql^4}{EI}\left(1+\frac{8}{5}\frac{I}{Al^2}+\frac{4}{5}\frac{kEI}{GAl^2}\right)\end{aligned}$$

(4) 讨论：在上式中，第一项为弯矩的影响，第二、三项分别为轴力和剪力的影响。若设杆件的截面为矩形，其宽度为 b、高度为 h，则有 $A=bh$，$I=\dfrac{bh^3}{12}$，$k=\dfrac{6}{5}$，代入上式可得

$$\Delta_{Ay}=\frac{5}{8}\frac{ql^4}{EI}\left[1+\frac{2}{15}\left(\frac{h}{l}\right)^2+\frac{2}{25}\frac{E}{G}\left(\frac{h}{l}\right)^2\right]$$

从此式可以看出，杆件截面高度与杆长之比 h/l 越大，则轴力和剪力影响所占的比重越大。例如设$\frac{h}{l}=\frac{1}{10}$，并取 $G=0.4E$，可算得

$$\Delta_{Ay}=\frac{5}{8}\frac{ql^4}{EI}\left(1+\frac{1}{750}+\frac{1}{500}\right)$$

可见此时轴力和剪力的影响是并不大的，通常可以略去。

【例 4-3】 试求图 4.11(a)所示悬臂梁 A 截面转角。

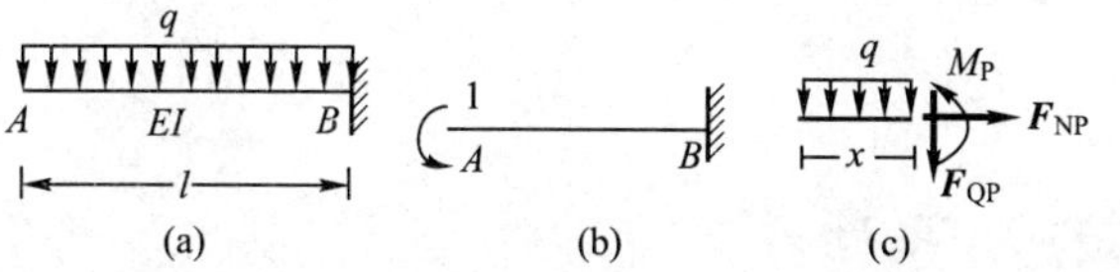

图 4.11 例 4-3 图

【解】 求 A 截面转角，可加单位力偶，单位力状态如图 4.11(b)所示。

取隔离体如图 4.11(c)、(d)所示，由隔离体的平衡求得两种状态的内力为

$$M_P=-\frac{1}{2}qx^2,\quad \overline{M}=-1$$

代入式(4-32)得

$$\varphi_A=\sum\int\frac{\overline{M}M_P\mathrm{d}x}{EI}=\frac{1}{EI}\int_0^l\left(-\frac{1}{2}qx^2\right)\cdot(-1)\mathrm{d}x=\frac{1}{6}\frac{ql^3}{EI}(\circlearrowleft)$$

从例 4-3 可见，求刚架的位移既要求两种状态的弯矩方程，还要作积分运算，当杆件较多时，计算较烦琐。对于等截面杆件组成的梁或刚架，采用 4.5 节介绍的图乘法可以用弯矩图面积和形心的计算代替积分计算，从而使位移计算简化。

【例 4-4】 计算图 4.12(a)所示桁架的 A 点竖向位移和水平位移，已知 EA 为常数。

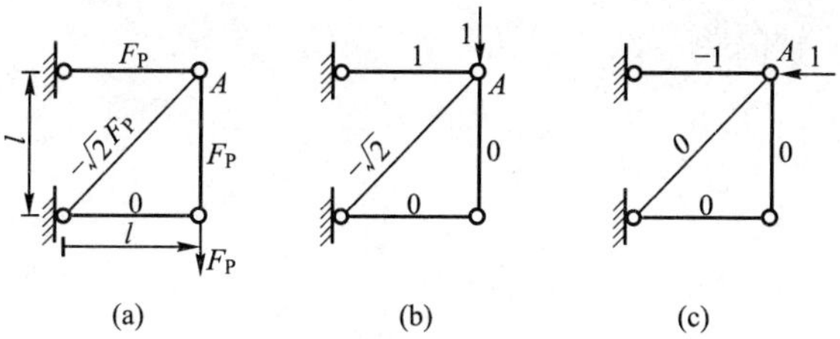

图 4.12 例 4-4 图

【解】 (1) 求 A 点的竖向位移。

确定单位力状态。在 A 点加竖向单位力，方向向下(也可以向上)，如图 4.12(b)所示。用结点法求出两种状态的内力，如图 4.12 (a)、(b)所示。将各杆轴力代入式(4-32)得

$$\Delta_{Ay}=\sum\frac{\overline{F}_N F_{NP}l}{EA}=\frac{1}{EA}\left[1\times F_P\times l+(-\sqrt{2})\times(-\sqrt{2}F_P)\times\sqrt{2}l\right]=(1+2\sqrt{2})\frac{F_Pl}{EA}(\downarrow)$$

(2) 求 A 点的水平位移。

在 A 点加水平单位力，方向向左，如图 4.12 (c)所示。求出各杆轴力，如图 4.12 (a)、(c)所示。将各杆轴力代入式(4－33)得

$$\Delta_{Ax}=\sum\frac{\overline{F}_{N}F_{NP}l}{EA}=\frac{1}{EA}(-1\times F_{P}l)=-\frac{F_{P}l}{EA}(\rightarrow)$$

计算结果为负，说明 A 点水平位移与单位力方向相反，实际方向向右。

4.5 图 乘 法

4.5.1 图乘法公式推导及适用条件

对于梁和刚架在荷载作用下的位移计算，由式(4－32)可知需进行积分运算，很复杂。现在来推导图乘法的计算公式，如图 4.13 所示，一等截面直杆或直杆段 AB 上的两个弯矩图中，其中一个弯矩图 $\overline{M}$ 为一段直线，而 M_P 图为任意形状，由于等截面，则 EI 为常数。现在先看直线弯矩图 $\overline{M}$，假设以杆轴为 x 轴，那么式(4－32)中的 ds 可用 dx 代替，以 $\overline{M}$ 图的延长线与 x 轴的交点 O 为原点，α 为 $\overline{M}$ 图直线的倾角，设置 y 轴，则有 $\overline{M}=x\tan\alpha$，且 $\tan\alpha$ 为常数。则对某一等截面直杆或直杆段，式(4－32)可转换为

$$\Delta_{KP}=\int\frac{\overline{M}M_{P}ds}{EI}=\frac{\tan\alpha}{EI}\int xM_{P}dx=\frac{\tan\alpha}{EI}\int x dA_{\omega} \tag{4-35}$$

式中，$dA_{\omega}=M_{P}dx$ 为 M_P 图中有阴影线的微分面积，故 $x dA_{\omega}$ 为微分面积对 y 轴的静矩。$\int x dA_{\omega}$ 即为整个 M_P 图的面积对 y 轴的静矩，根据合力矩定理，它应等于 M_P 图的面积 A_{ω} 乘以其形心 C 到 y 轴的距离 x_C，即

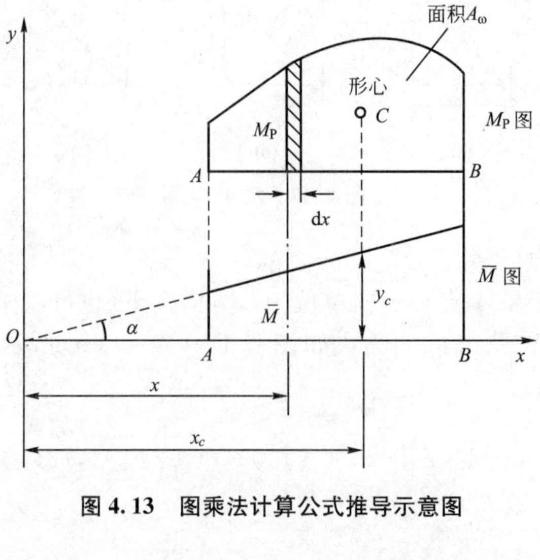

图 4.13 图乘法计算公式推导示意图

$$\int x\mathrm{d}A_{\omega}=A_{\omega}x_C \tag{4-36}$$

代入式(4-35)可得

$$\Delta_{KP}=\frac{\tan\alpha}{EI}\int x\mathrm{d}A_{\omega}=\frac{\tan\alpha}{EI}A_{\omega}x_C=\frac{A_{\omega}y_C}{EI} \tag{4-37}$$

式中，y_C 为 M_P 图的形心 C 处所对应的 $\overline{M}$ 图的竖(坐)标值。可见，上述积分式等于一个弯矩图的面积 A_{ω} 乘以其形心处所对应的另一个直线弯矩图上的竖标 y_C 再除以 EI，这就称为图乘法。

如果结构上所有各杆段均可图乘，则计算位移的式(4-35)可写为

$$\Delta_{KP}=\sum\int\frac{\overline{M}M_P\mathrm{d}s}{EI}=\sum\frac{A_{\omega}y_C}{EI} \tag{4-38}$$

根据上面的推证过程，可知图乘法的应用条件为以下三点：

(1) 杆段应是等截面直杆或直杆段，EI 等于常数；

(2) $\overline{M}$ 和 M_P 两个弯矩图中至少有一个是直线图形，且竖标 y_C 只能取自直线图形；

(3) A_{ω} 与 y_C 若在杆件的同侧则乘积取正号，在异侧则取负号。

4.5.2 几种常见弯矩图的面积和形心位置

在图 4.14 中给出了位移计算中涉及的几种常见弯矩图的面积及形心位置。应当注意，在各抛物线图形中，“顶点”是指其切线平行于底边的点，而顶点在中点或端点者称为“标准抛物线图形”。根据微分关系可知顶点处截面的剪力等于零，那么某截面是否为标准抛物线，可以根据该截面的剪力是否为零来判断。

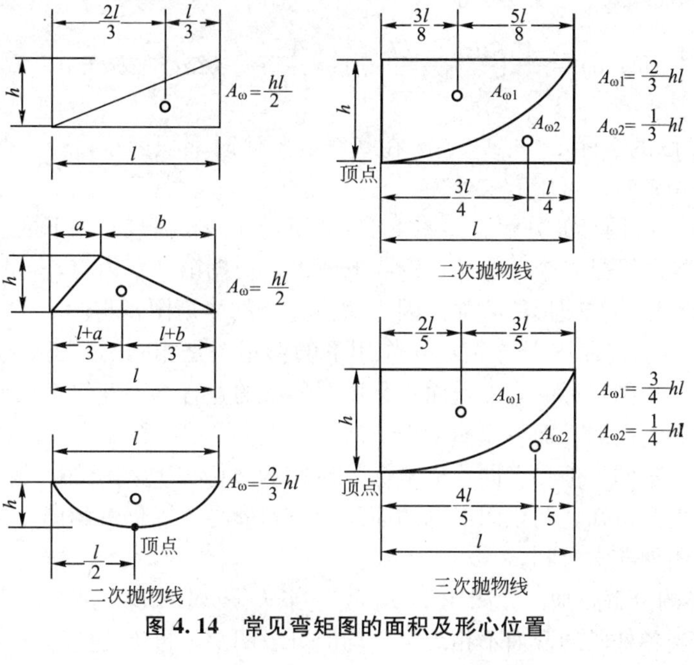

图 4.14 常见弯矩图的面积及形心位置

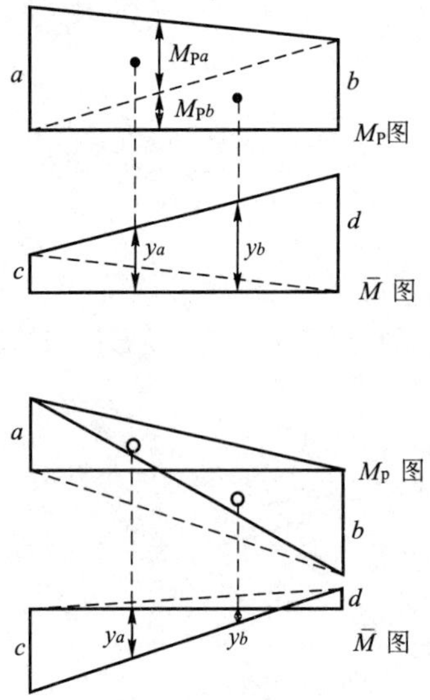

图 4.15　梯形图乘分解

4.5.3　图乘法应用时的几种特殊情况

(1) 如果两个弯矩图都是直线图形时，则竖标 y_C 可取自任一图形。

(2) 如果 y_C 所属图形不是一段直线而是由若干段直线组成的折线，或各杆段的截面不相等时，则应分段图乘，再进行叠加。

(3) 如果图形比较复杂，图形的面积或形心位置不便确定时，可将它分解为几个简单的图形，分项进行计算后再进行叠加。

① 两个梯形图乘的分解。例如图 4.15 所示两个梯形相乘时，可不必定出 M_P 图的梯形形心位置，而把它分解成两个三角形(也可分为一个矩形及一个三角形)。此时 $M_P = M_{Pa} + M_{Pb}$，故有

$$\frac{1}{EI}\int \bar{M}M_P \mathrm{d}x = \frac{1}{EI}\int \bar{M}(M_{Pa}+M_{Pb})\mathrm{d}x$$

$$= \frac{1}{EI}\left(\int \bar{M}M_{Pa}\mathrm{d}x + \bar{M}M_{Pb}\mathrm{d}x\right) = \frac{1}{EI}\left(\frac{al}{2}y_a + \frac{bl}{2}y_b\right) \tag{4-39}$$

式中，y_a 和 y_b 可按下式计算：

$$y_a = \frac{2}{3}c + \frac{1}{3}d,\quad y_b = \frac{1}{3}c + \frac{2}{3}d \tag{4-40}$$

将式(4-40)代入式(4-39)可得

$$\frac{1}{EI}\int \bar{M}M_P\mathrm{d}x = \frac{1}{EI}\left(\frac{al}{2}y_a + \frac{bl}{2}y_b\right) = \frac{1}{EI}\cdot\frac{l}{6}(2ac+2bd+ad+bc) \tag{4-41}$$

当 M_P 或 $\bar{M}$ 图的竖标 a、b 或 c、d 在基线的同侧时乘积为正，在异侧时为负。各种直线形与直线形相乘时，可用上式处理。

② 非标准抛物线图形的分解。如图 4.16(a)所示在均布荷载作用下的任何一段直杆的弯矩图，在一般情况下是一个非标准抛物线的图形，根据第 2 章内容，可将弯矩图看成一个梯形与一个标准抛物线图形的叠加。因为这段直杆的弯矩图，与图 4.16(b)所示相应简支梁在两端弯矩 M_A、M_B 和均布荷载 q 作用下的弯矩图是相同的。还要注意，所谓弯矩图的叠加，是指弯矩图竖标的叠加，而不是原图形状的叠合。因此，叠加后的抛物线图形的所有竖标仍应为竖向的，而不是垂直于 M_A、M_B 连线的。叠加后的抛物线图形虽与原标准抛物线的形状不同，但二者同一横坐标处对应的竖标 y 是相同的，微段 $\mathrm{d}x$ 对应的微小面积也相等。由此可知，两个图形总的面积大小和形心位置仍然相同。这个原理，对于分解复杂的弯矩图形非常有利。

③ 复杂图形的分解叠加。如图 4.17 所示，当 y_C 所属图形不是一段直线而是由若干段直线组成时或当各杆段的截面不相等时，均应分段图乘，再进行叠加。

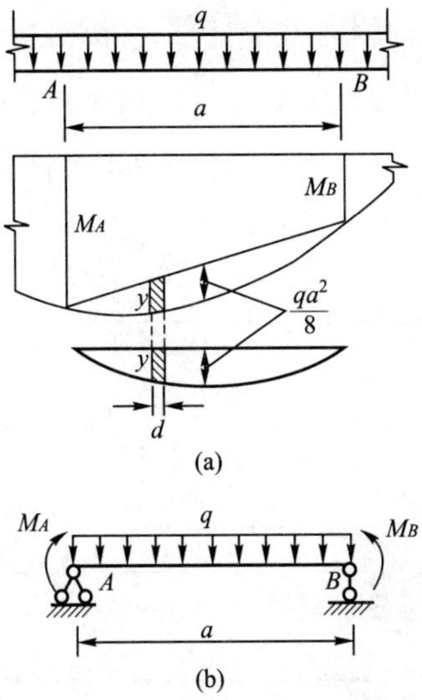

图 4.16 非标准抛物线图乘分解

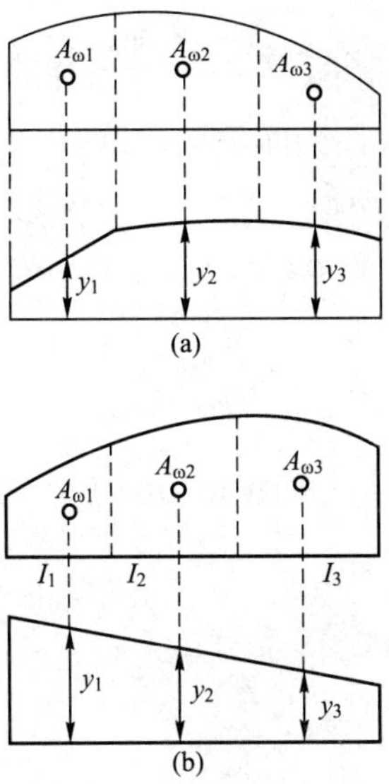

图 4.17 复杂图形分解

对于图 4.17(a)应为

$$\Delta=\frac{1}{EI}(A_{\omega1}y_1+A_{\omega2}y_2+A_{\omega3}y_3) \tag{4-42}$$

对于图 4.17(b)应为

$$\Delta=\frac{A_{\omega1}y_1}{EI_1}+\frac{A_{\omega2}y_2}{EI_2}+\frac{A_{\omega3}y_3}{EI_3} \tag{4-43}$$

【例 4-5】 试求图 4.18(a)所示悬臂梁 A 点的竖向位移。

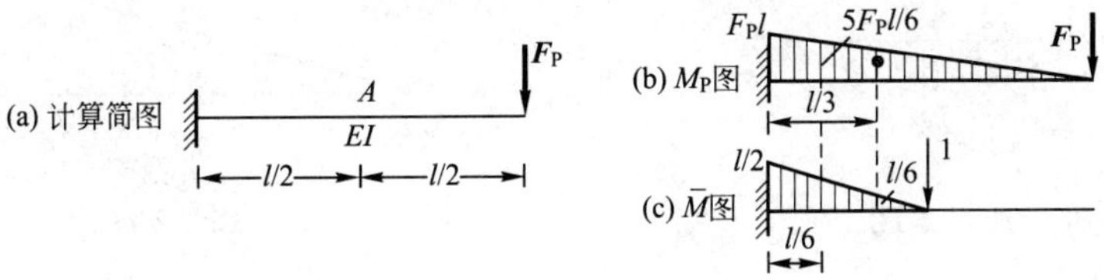

图 4.18 例 4-5 图

【解】 单位力状态如图 4.18(c)所示。如果用 M_P 的面积乘以 $\overline{M}$ 图的竖标，可得

$$\Delta_{Ay}=\sum\frac{Ay_0}{EI}=\frac{1}{EI}\left(\frac{1}{2}\cdot l\cdot F_Pl\right)\times\frac{1}{6}=\frac{1}{12}\frac{F_Pl^3}{EI}(\downarrow)$$

这个结果是错误的，原因是取竖标的图案是折线而不是直线，不符合图乘法的条件。

本例中的 M_P 图是直线，用 $\overline{M}$ 图的面积乘 M_P 图竖标使满足图乘法条件，图乘结果应为

$$\Delta_{Ay}=\sum\frac{Ay_0}{EI}=\frac{1}{EI}\left(\frac{1}{2}\cdot\frac{l}{2}\cdot\frac{l}{2}\right)\times\frac{5}{6}F_Pl=\frac{5}{48}\frac{F_Pl^3}{EI}(\downarrow)$$

【例 4-6】 试求图 4.19(a)所示简支梁 B 点竖向位移，EI 等于常数。

【解】 M_P 图与 $\overline{M}$ 图如图 4.19(b)、(c)所示。因为整个杆件 $\overline{M}$ 图是折线图形，所以不能直接用 M_P 图的面积乘以 $\overline{M}$ 图的竖标。若把梁看成 AB、BC 两个杆件，则每个杆件的 $\overline{M}$ 图为直线图形。AB 杆 M_P 图是二次抛物线，B 端是抛物线顶点，符合图 4.14 的图形特征；BC 杆的图乘结果与 AB 杆相同。据此得 B 点竖向位移为

$$\Delta_B=\Sigma\frac{Ay_0}{EI}=\frac{1}{EI}\left(\frac{2}{3}\cdot\frac{l}{2}\times\frac{ql^2}{8}\right)\left(\frac{5}{8}\cdot\frac{l}{4}\right)\times 2=\frac{5}{384}\frac{ql^4}{EI}(\downarrow)$$

【例 4-7】 试求图 4.20(a)所示外伸梁 C 点的竖向位移 Δ_{Cy}，梁的 EI 为常数。

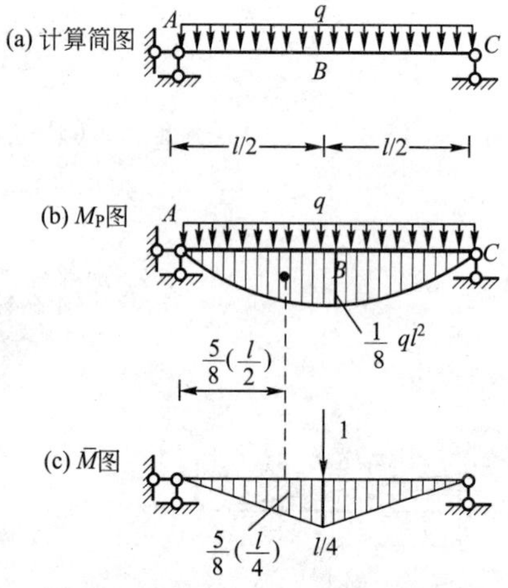

图 4.19 例 4-6 图

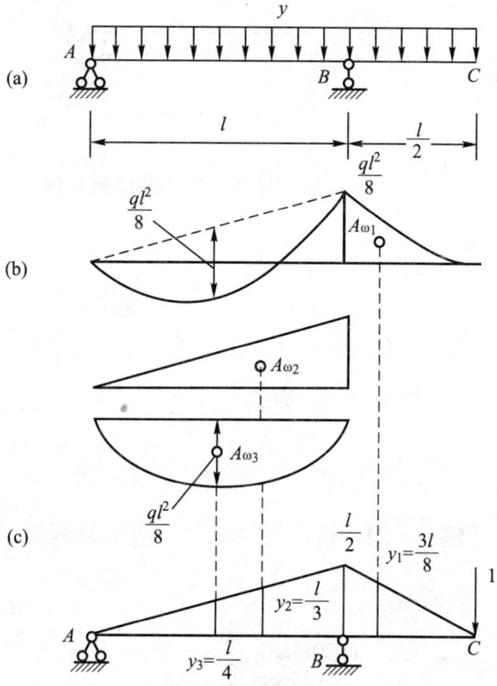

图 4.20 例 4-7 图

【解】 M_P、$\overline{M}$ 图分别如图 4.20(b)、(c)所示。BC 段的 M_P 图是标准二次抛物线；AB 段的 M_P 图较复杂，可将其分解为一个三角形和一个标准二次抛物线图形。由图乘法可得

$$\Delta_{Cy}=\frac{1}{EI}\left[\left(\frac{1}{3}\frac{ql^2}{8}\frac{l}{2}\right)\frac{3l}{8}+\left(\frac{1}{2}\frac{ql^2}{8}l\right)\frac{l}{3}-\left(\frac{2}{3}\frac{ql^2}{8}l\right)\frac{l}{4}\right]=\frac{ql^4}{128EI}(\downarrow)$$

【例 4-8】 图 4.21(a)所示为一组合结构，链杆 CD、BD 的抗拉(压)刚度为 E_1A_1，受弯杆件 AC 的抗弯刚度为 E_2I_2，在结点 D 有集中荷载 F_P 作用，试求 D 点竖向位移 Δ_{Dy}。

【解】 计算组合结构在荷载作用下的位移时，对链杆只有轴力影响，对受弯杆件只计弯矩影响。现分别求出 F_{NP}、M_P 及 $\overline{F}_N$、$\overline{M}$ 如图 4.21(b)、(c)所示，根据式(4-34)可得

$$\Delta_{Dy}=\sum\frac{\overline{F}_{N}F_{NP}l}{E_1A_1}+\sum\frac{A_{\omega}y_C}{E_2I_2}$$

$$=\frac{(1)(F_P)a+(-\sqrt{2})(-\sqrt{2}F_P)\sqrt{2}a}{E_1A_1}+\frac{1}{E_2I_2}\left(\frac{F_Pa^2}{2}\frac{2a}{3}+F_Pa^2a\right)=\frac{(1+2\sqrt{2})F_Pa}{E_1A_1}+\frac{4F_Pa^3}{3E_2I_2}(\downarrow)$$

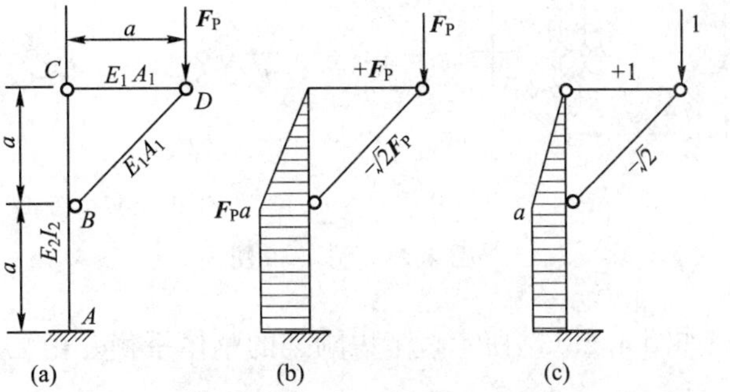

图 4.21 例 4-8 图

4.6 静定结构支座移动引起的位移计算

静定结构在支座移动时不会产生内力，杆件也不会发生变形，结构只发生刚体位移。对于简单结构，支座移动引起的位移可以通过几何方法确定；对于复杂结构，可以用虚功原理将复杂的几何问题转换为受力问题来分析，比较方便。

设图 4.22(a)所示的静定结构支座出现了水平位移 c_1、竖向沉陷 c_2 和转角 c_3，求 K 点的竖向位移 Δ_{Kc}。根据 4.3 节的单位荷载法及式(4-27)，由于杆件未发生变形，所以 du、$d\varphi$、γds 均为零，则静定结构在支座移动时的位移计算公式为

$$\Delta_{Kc}=-\sum\overline{F_R}c \tag{4-44}$$

式中：$\overline{F_R}$为虚拟状态［图 4.22(b)］的支座反力；$\sum\overline{F_R}c$ 为反力虚功，当$\overline{F_R}$与实际支座位移 c 方向一致时其乘积取正，相反时为负。注意式(4-43)右边前面还有一负号，系原来移项时所得，不可漏掉。

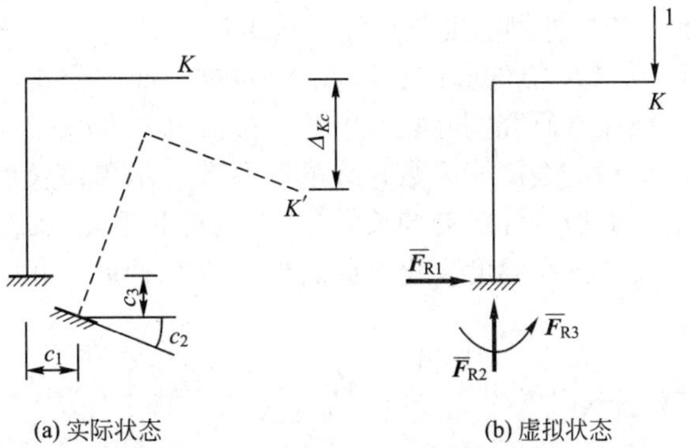

图 4.22 支座位移计算的实际状态和虚拟状态

【例 4-9】 图 4.23(a)所示三铰刚架右边支座的竖向位移为 $\Delta_{By}=0.06\text{m}$(向下)，水平位移为 $\Delta_{Bx}=0.04\text{m}$(向右)，已知 $l=12\text{m}$，$h=8\text{m}$，试求由此引起的 A 端转角 φ_A。

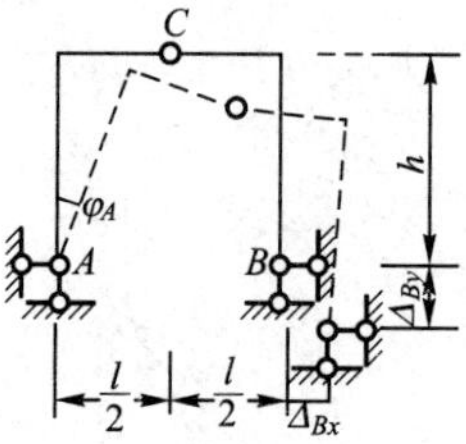

(a) 实际状态

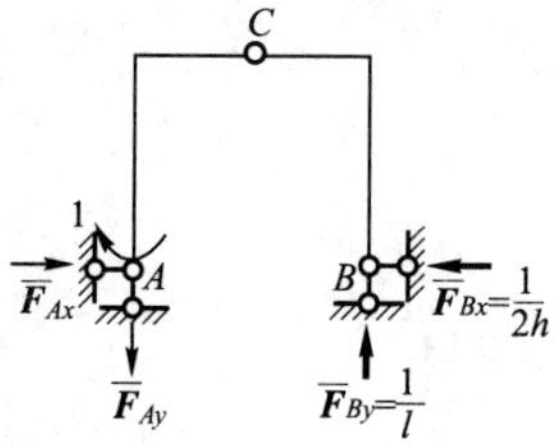

(b) 虚拟状态

图 4.23 例 4-9 图

【解】 虚拟状态如图 4.23(b)所示，考虑刚架的整体平衡，由 $\sum M_A=0$ 可求得 $\overline{F_{By}}=\dfrac{1}{l}(\uparrow)$；再考虑右半刚架的平衡，由 $\sum M_C=0$ 可求得 $\overline{F_{Bx}}=\dfrac{1}{2h}(\leftarrow)$，由式(4-44)可得

$$\varphi_A=-\sum\overline{F_R}c=-\left(-\frac{1}{l}\Delta_{By}-\frac{1}{2h}\Delta_{Bx}\right)=\frac{\Delta_{By}}{l}+\frac{\Delta_{Bx}}{2h}$$

$$=\frac{0.06}{12}+\frac{0.04}{2\times 8}=0.0075(\text{rad})(\text{顺时针方向})$$

4.7 静定结构温度变化、制作误差等引起的位移计算

对于静定结构，当发生温度变化时，不会引起结构内力。但材料的热胀冷缩会引起变形，而使结构产生位移。温度改变产生的位移取决于温度的改变量，而非实际温度。

温度改变引起的位移仍用单位荷载法计算，根据式(4-27)，位移计算的一般公式为

$$\Delta_{Kt}=\sum\int\overline{F_N}\mathrm{d}u_t+\sum\int\overline{M}\mathrm{d}\varphi_t+\sum\int\overline{F_Q}\gamma_t\mathrm{d}s \tag{4-45}$$

式中：$\overline{F_N}$、$\overline{M}$、$\overline{F_Q}$分别为单位力状态中的截面轴力、弯矩和剪力；$\mathrm{d}u$、$\mathrm{d}\varphi$ 和 $\gamma\mathrm{d}s$ 分别为温度改变引起的结构微段的变形，只要求出微段的变形就可以求出由温度变化引起的位移。

如图 4.24(a)所示，结构外侧温度升高 t_1，内侧温度升高 t_2，现要求由此引起的任一点沿任一方向的位移，例如 K 点的竖向位移Δ_{Kt}。根据上面的公式，只要计算出微段的变形即可求出竖向位移。现在来研究实际状态中任一微段 $\mathrm{d}s$ [图 4.23(c)] 由于温度变化所产生的变形。以 α 表示材料的线膨胀系数，线膨胀系数表示单位长度杆件温度升高 1℃时的伸长量，那么微段上、下边缘纤维的伸长量分别为 $\alpha t_1\mathrm{d}s$ 和$\alpha t_2\mathrm{d}s$。为简化计算，假设温度沿截面高度线性变化，这样在温度变化时截面仍保持为平面。由几何关系可求得微段在杆轴线处的伸长量为

$$\mathrm{d}u_t=\alpha t_1\mathrm{d}s+(\alpha t_2\mathrm{d}s-\alpha t_1\mathrm{d}s)\frac{h_1}{h}=\alpha\left(\frac{h_2}{h}t_1+\frac{h_1}{h}t_2\right)\mathrm{d}s=\alpha t\,\mathrm{d}s \tag{4-46}$$

式中，$t=\dfrac{h_2}{h}t_1+\dfrac{h_1}{h}t_2$，为杆轴线处的温度变化。若杆件的截面对称于形心轴，即 $h_1=$

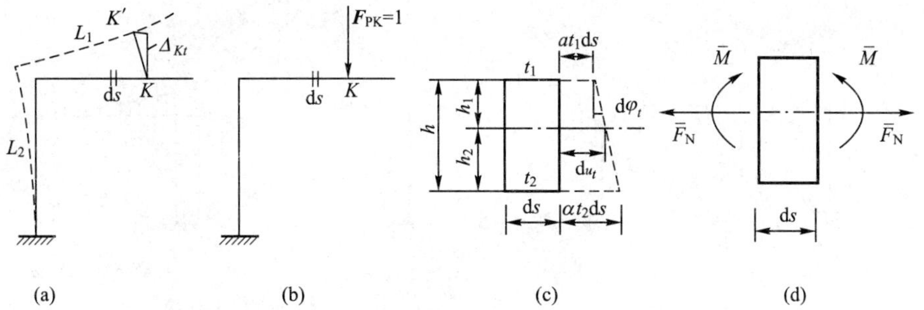

图 4.24 温度改变的位移状态及力状态

$h_2=\dfrac{h}{2}$，则 $t=\dfrac{t_1+t_2}{2}$。

由于温度沿高度线性变化，变形前的平截面变形后还是平面，那么温度变化引起的微段两端截面的相对转角 $d\varphi_t$ 为

$$d\varphi_t=\frac{\alpha t_2 ds-\alpha t_1 ds}{h}=\frac{\alpha(t_2-t_1)ds}{h}=\frac{\alpha\Delta_t ds}{h} \tag{4-47}$$

式中，$\Delta_t=t_2-t_1$ 为两侧温度变化之差。

由图 4.24(c)可见，对于杆件体系，温度变化只引起微段的轴向变形和两个截面的相对转角，并不引起剪切变形，即 $\gamma_t=0$。将以上微段的温度变形量即式(4-46)、式(4-47)代入式(4-45)可得

$$\Delta_{Kt}=\sum\int\overline{F_N}\alpha t ds+\sum\int\overline{M}\frac{\alpha\Delta_t ds}{h}=\sum\alpha t\int\overline{F_N}ds+\sum\alpha\Delta_t\int\frac{\overline{M}ds}{h} \tag{4-48}$$

若各杆均为等截面杆，则有

$$\Delta_{Kt}=\sum\alpha t\int\overline{F_N}ds+\sum\frac{\alpha\Delta_t}{h}\int\overline{M}ds=\sum\alpha tA_{\omega\overline{F_N}}+\sum\frac{\alpha\Delta_t}{h}A_{\omega\overline{M}} \tag{4-49}$$

式中：$A_{\omega\overline{F_N}}=\int\overline{F_N}ds$，为$\overline{F_N}$图的面积；$A_{\omega\overline{M}}=\int\overline{M}ds$，为 $\overline{M}$ 图的面积。

在应用式(4-48)和式(4-49)时，应注意右边各项正负号的确定。由于它们都是内力所做的变形虚功，故当实际温度变形与虚拟内力方向一致时乘积为正，相反时为负。因此，对于温度变化，若规定以升温为正，降温为负，则轴力$\overline{F_N}$以拉力为正，压力为负，弯矩 $\overline{M}$ 则应以使 t_2 边受拉者为正，反之为负。

对于梁和刚架，在计算温度变化所引起的位移时，一般不能略去轴向变形的影响。

对于桁架，各杆长度相同时，在温度变化时，其位移计算公式为

$$\Delta_{Kt}=\sum\overline{F_N}\alpha tl \tag{4-50}$$

当桁架的杆件长度因制造误差而与设计长度不符时，由此所引起的位移计算与温度变化相类以。设各杆长度的误差为 Δl，则位移计算公式为

$$\Delta_{Kl}=\sum\overline{F_N}\Delta l \tag{4-51}$$

【例 4-10】 图 4.25(a)所示刚架施工时温度为 20℃，试求冬季当外侧温度为-10℃、

内侧温度为0℃时 A 点的竖向位移 Δ_{Ay}，已知 $l=4\text{m}$，$\alpha=10^{-5}$，各杆件均为矩形截面，高度 $h=0.4\text{m}$。

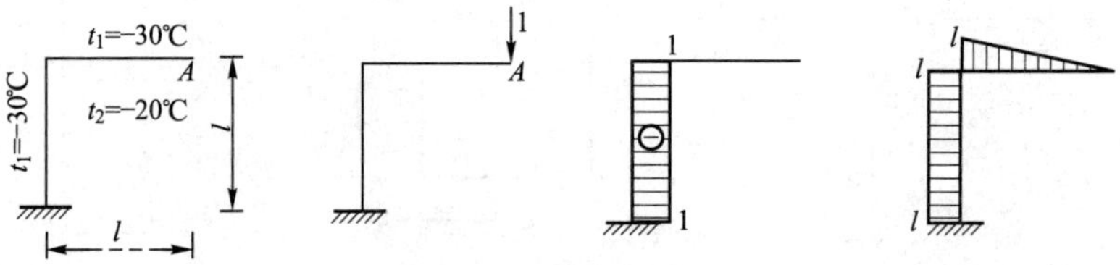

(a) 实际状态　(b) 虚拟状态　(c) $\overline{F}_N$图　(d) $\overline{M}$图

图 4.25　例 4-10 图

【解】 外侧温度变化为 $t_1=-10℃-20℃=-30℃$，内侧温度变化为 $t_2=0℃-20℃=-20℃$，故有

$$t=\frac{t_1+t_2}{2}=\frac{-30-20}{2}=-25(℃),\quad \Delta_t=t_2-t_1=-20-(-30)=10(℃)$$

绘出 $\overline{F}_N$、$\overline{M}$ 图，如图 4.25(c)、(d)所示，将相关数据代入式(4-49)并注意正负号的确定，可得

$$\begin{aligned}\Delta_{Ay}&=\sum\alpha t A_{\omega\overline{F}_N}+\sum\frac{\alpha\Delta_t}{h}A_{\omega\overline{M}}=\alpha(-25)\times(-1)l+\frac{\alpha\times10}{h}\left(-\frac{l^2}{2}-l^2\right)\\&=25\alpha l-\frac{15\alpha l^2}{h}=25\alpha l\left(1-\frac{3l}{5h}\right)=25\times1\times10^{-5}\times4\times\left(1-\frac{3\times4}{5\times0.4}\right)\text{m}\\&=-0.005\text{m}=-5\text{mm}(\uparrow)\end{aligned}$$

4.8 线弹性体系的互等定理

由变形体系虚功原理可以推得线弹性体系的几个普遍定理，它们分别是功的互等定理、位移互等定理、反力互等定理和反力位移互等定理，其中功的互等定理是最基本的，其他三个定理都可由此推导出来。这四个互等定理在以后的章节中要经常引用。

互等定理只适用于线性变形体系，其应用条件如下：

(1) 材料处于弹性阶段，应力与应变成正比；

(2) 结构变形很小，不影响力的作用。

4.8.1 功的互等定理

用简支梁代表任意线弹性结构。如图 4.26(a)、(b)所示，设有两组外力 F_1 和 F_2 分别作用于同一线弹性结构上，分别称为结构的第一状态和第二状态。如果计算第一状态的外力和内力在第二状态相应的位移和变形上所做的虚功分别为 W_{12} 和 W_{i12}，并根据虚功原

理 $W_{12}=W_{i12}$，则有

$$F_1\Delta_{12}=\sum\int\frac{M_1M_2\,ds}{EI}+\sum\int\frac{F_{N1}F_{N2}\,ds}{EA}+\sum\int k\frac{F_{Q1}F_{Q2}\,ds}{GA} \tag{4-52}$$

这里，位移 Δ_{12} 两个下标的含义与前相同：第一个下标 1 表示位移的地点和方向，即该位移是 F_1 作用点沿 F_1 方向上的位移；第二个下标 2 表示产生位移的原因，即该位移是由于 F_2 所引起的。

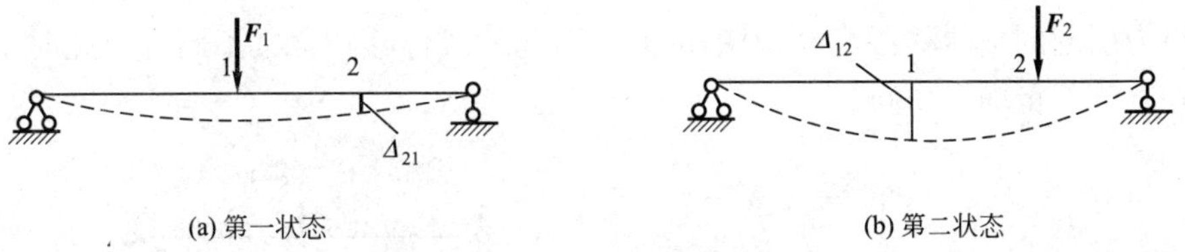

图 4.26 功的互等定理示意图

反过来，如果计算第二状态的外力和内力在第一状态相应的位移和变形上所做的虚功分别为 W_{21} 和 W_{i21}，并根据虚功原理 $W_{21}=W_{i21}$，则有

$$F_2\Delta_{21}=\sum\int\frac{M_2M_1\,ds}{EI}+\sum\int\frac{F_{N2}F_{N1}\,ds}{EA}+\sum\int k\frac{F_{Q2}F_{Q1}\,ds}{GA} \tag{4-53}$$

由式(4-52)、式(4-53)可以看出，两式右边是完全相等的，因此，可以得到

$$F_1\Delta_{12}=F_2\Delta_{21} \tag{4-54}$$

或写为

$$W_{12}=W_{21} \tag{4-55}$$

上式表明：同一线弹性结构处于两种受力状态时，第一状态的外力在第二状态相应位移上所做的虚功，等于第二状态的外力在第一状态相应位移上所做的虚功。这就是功的互等定理。

4.8.2 位移互等定理

下面来介绍功的互等定理的一种特殊情况。如图 4.27 所示，假设两个状态中的荷载都是单位力，即 $F_1=1$、$F_2=1$，则由式(4-54)可得

$$1\cdot\Delta_{12}=1\cdot\Delta_{21} \tag{4-56}$$

即

$$\Delta_{12}=\Delta_{21} \tag{4-57}$$

式中，Δ_{12} 和 Δ_{21} 都是由单位力所引起的位移，为区别起见，特改用小写字母 δ_{12} 和 δ_{21} 表示，于是式(4-57)变为

$$\delta_{12}=\delta_{21} \tag{4-58}$$

上式表明：第二个单位力所引起的第一个单位力作用点沿其方向的位移，等于第一个单位力所引起的第二个单位力作用点沿其方向的位移。这就是位移互等定理。

应当指出，这里的单位力是广义力，包括各种单位荷载；位移也是相应的广义位移，

包括线位移、角位移等。

例如在图 4.28 所示的两个状态中，根据位移互等定理，应有 $\varphi_A = f_C$。实际上，由材料力学可知

$$\varphi_A = \frac{Fl^2}{16EI}, \quad f_C = \frac{Fl^2}{16EI}$$

若 $F=1$、$M=1$(注意 $F=1$、$M=1$ 的量纲为一)，则有 $\varphi_A = f_C = \frac{Fl^2}{16EI}$。可见，虽然 φ_A 代表单位力引起的角位移，f_C 代表单位力偶引起的线位移，含义不同，但此时二者在数值上是相等的，量纲也相同。

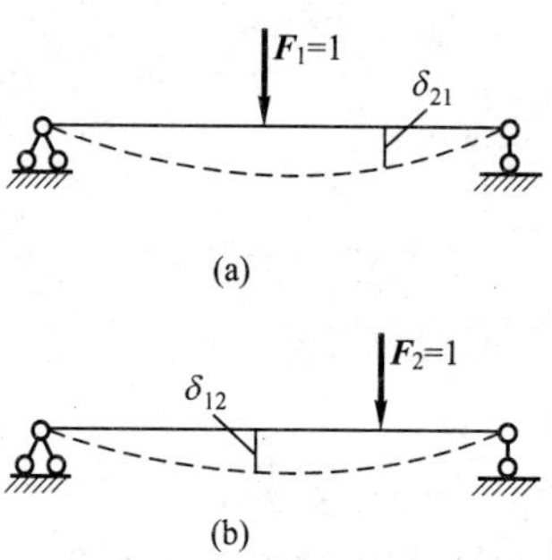

图 4.27　位移互等定理示意图

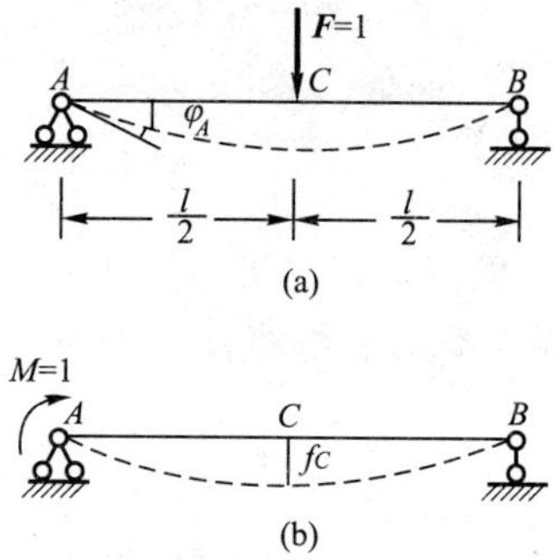

图 4.28　位移互等定理实例图

4.8.3　反力互等定理

反力互等定理也是功的互等定理的一种特殊情况，它用来说明在超静定结构中假设两个支座分别产生单位位移时，两个状态中反力的互等关系。图 4.29(a)、(b)所示分别为同一种超静定结构的两种支座位移状态，图 4.29 (a)表示支座 1 发生单位位移 $\Delta_1=1$ 的状态，此时使支座 2 产生的反力为 r_{21}；图 4.29 (b)表示支座 2 发生单位位移 $\Delta_2=1$ 的状态，此时使支座 1 产生的反力为 r_{12}。根据功的互等定理，有

$$r_{21} \cdot \Delta_2 = r_{12} \cdot \Delta_1 \tag{4-59}$$

根据 $\Delta_1=\Delta_2=1$，可得

$$r_{21} = r_{12} \tag{4-60}$$

上式表明：支座 1 发生单位位移所引起的支座 2 的反力，等于支座 2 发生单位位移所引起的支座 1 的反力。这就是反力互等定理。

这一定理对结构上任何两个支座都适用，但应注意反力与位移在做功的关系上应相对应，即力对应于线位移，力偶对应于角位移。例如在图 4.30(a)、(b)所示的两个状态中，应有 $r_{12}=r_{21}$，它们虽然一为单位位移引起的反力偶、一为单位转角引起的反力，含义并不同，但此时两者在数值上是相等的，量纲也相同。

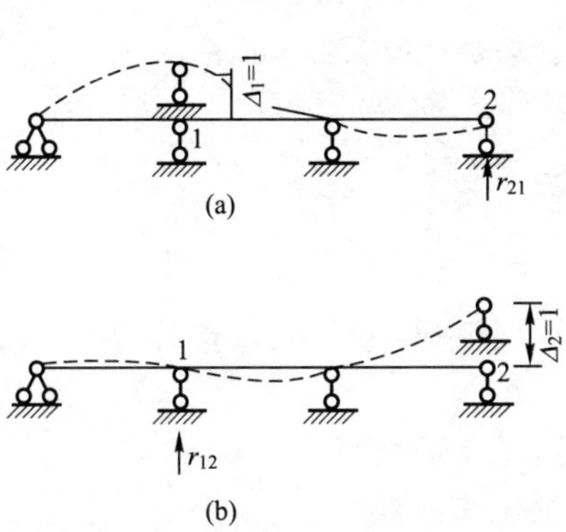

图 4.29 反力互等定理示意图

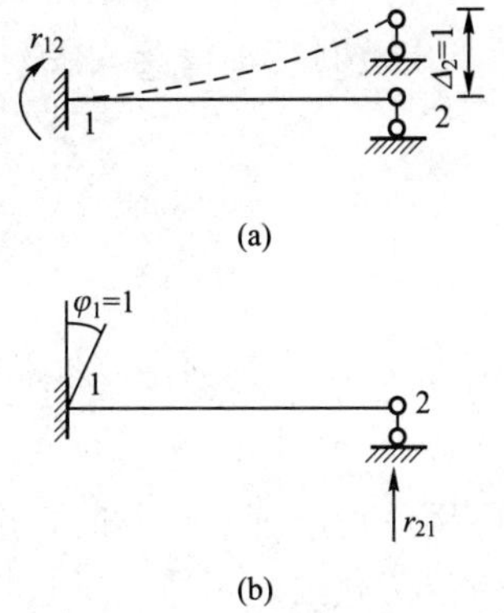

图 4.30 反力互等定理实例

4.8.4 反力位移互等定理

反力位移互等定理又是功的互等定理的一种特殊情况，它说明一个状态中的反力与另一个状态中的位移具有的互等关系。图 4.31(a)表示单位荷载 $F_2=1$ 作用时，支座 1 的反力偶为 r_{12}，其方向设如图所示；图 4.31(b)表示当支座 1 顺 r_{12}的方向发生单位转角$\varphi_1=1$时，F_2 作用点沿其方向的位移为 δ_{21}。对这两个状态应用功的互等定理，就有

$$r_{12}\varphi_1+F_2\delta_{21}=0 \tag{4-61}$$

根据 $\varphi_1=1$、$F_2=1$ 可得

$$r_{12}=-\delta_{21} \tag{4-62}$$

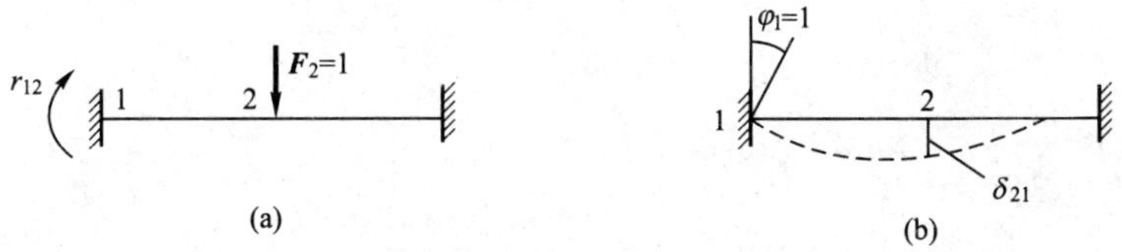

图 4.31 反力位移互等定理示意图

上式表明：单位力所引起的结构某支座反力，等于该支座发生单位位移时所引起的单位力作用点沿其方向的位移，但符号相反。这就是反力位移互等定理。同样，这里的力是广义力，位移是广义位移。

本 章 小 结

本章主要讲述变形体系的虚功原理、位移计算的单位荷载法和图乘法，论述静定结构在荷载作用下、温度变化时和支座移动时的位移计算及线弹性结构的互等定理，从变形体系的虚功原理入手，采用单位荷载法计算结构在荷载作用下、温度变化时和支座移动时的

位移，并利用图乘法对特定弯矩的位移进行求解。最后介绍了结构的四个互等定理。

本章的重点是利用单位荷载法和图乘法对结构的位移进行求解。

思考题

4.1 为什么虚功原理无论对于弹性体、非弹性体、刚体都成立？其适用条件是什么？

4.2 应用虚功原理求位移时，应怎么假设单位荷载？

4.3 单位荷载法是否适用于超静定结构的位移计算？

4.4 图乘法的适用条件是什么？

4.5 在温度变化引起的位移计算公式中，如何确定各项的正负号？

4.6 没有内力就没有变形，此结论对否？

4.7 简述弹性体系的互等定理。互等定理为何只适用于弹性结构？

习题

4-1 图 4.32 所示结构的广义力相对应的广义位移分别为：(a)________；(b)________；(c)________；(d)________；(e)________。

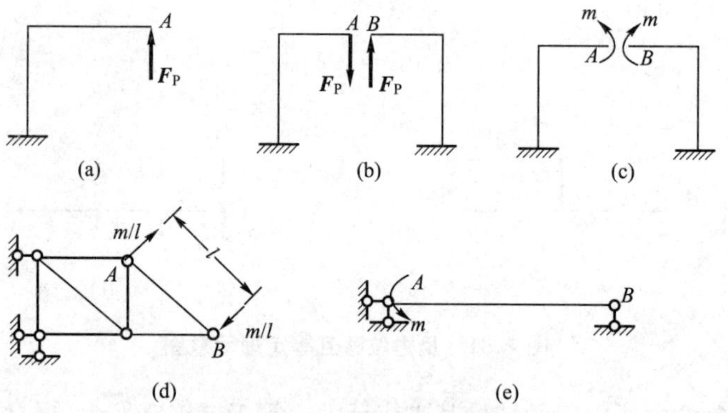

图 4.32 习题 4-1 图

4-2 图 4.33(a)所示结构上的力在图(b)所示由温度变化引起的位移上做的虚功 $W=$________。

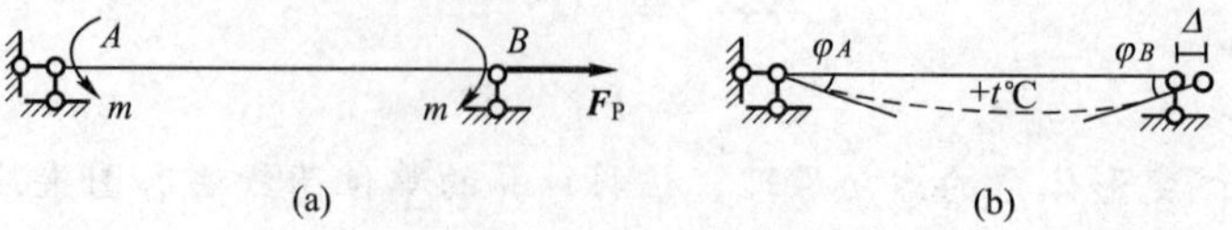

图 4.33 习题 4-2 图

4－3　图 4.34 所示各单位力状态，试求图(a)所示荷载引起的哪些位移的单位力状态。(b)__________；(c)__________；(d)__________；(e)__________。

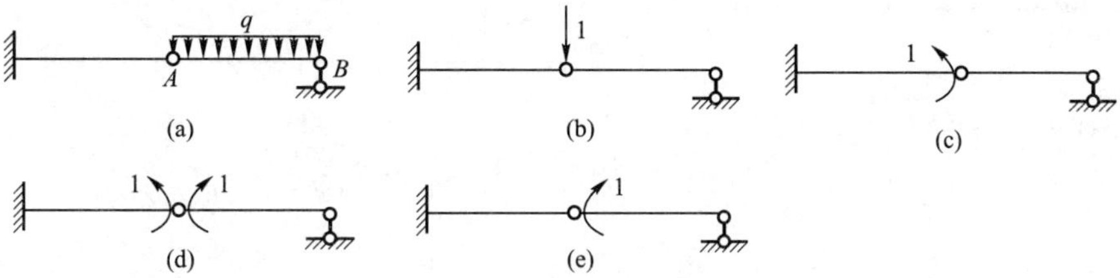

图 4.34　习题 4－3 图

4－4　用积分法求图 4.35 所示结构跨中 K 点的竖向位移。

4－5　用积分法求图 4.36 所示结构 A 点的水平位移。

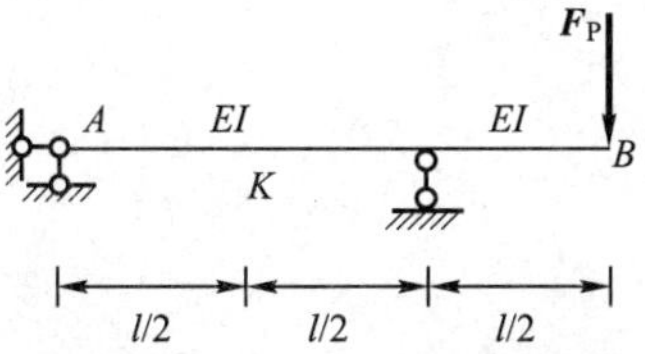

图 4.35　习题 4－4 图

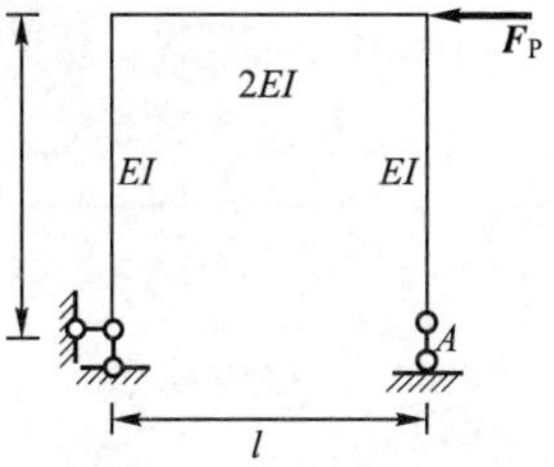

图 4.36　习题 4－5 图

4－6　用积分法求图 4.37 所示刚架 B 点的水平位移。EI 等于常数。

4－7　求图 4.38 所示桁架中 AB、BC 两杆之间的相对转角。各杆 EA 相同。

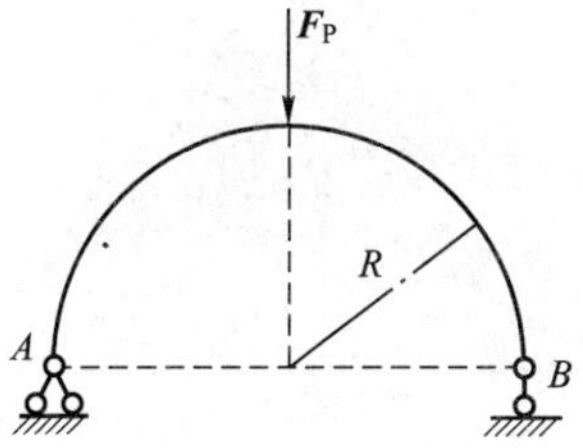

图 4.37　习题 4－6 图

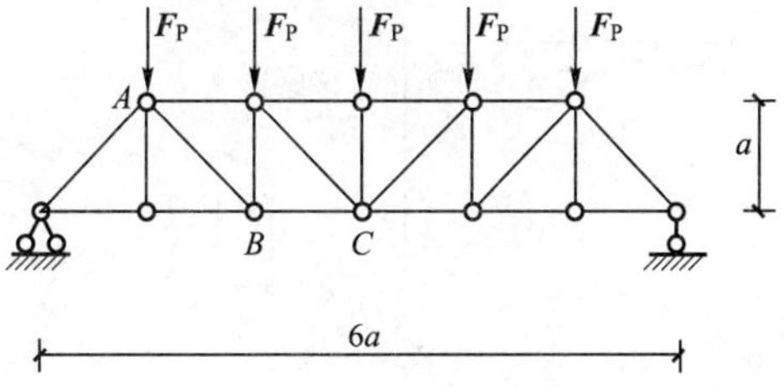

图 4.38　习题 4－7 图

4－8　用图乘法求图 4.39 所示结构的指定位移。

4－9　图 4.40 所示结构内部温度上升 t，外侧温度不变，已知线膨胀系数为 α，试求 C 点的竖向位移。

4－10　图 4.41 所示桁架中，AD 杆的温度上升 t，已知线膨胀系数为 α，试求 C 点的竖向位移。

4－11　试求图 4.42 所示结构由于支座移动产生的 A 点的水平位移。已知 $c_1=1\text{cm}$，$c_2=2\text{cm}$，$c_3=0.001\text{rad}$。

4－12　求图 4.43 所示结构由于支座移动引起的 C 铰两侧截面的相对转角。

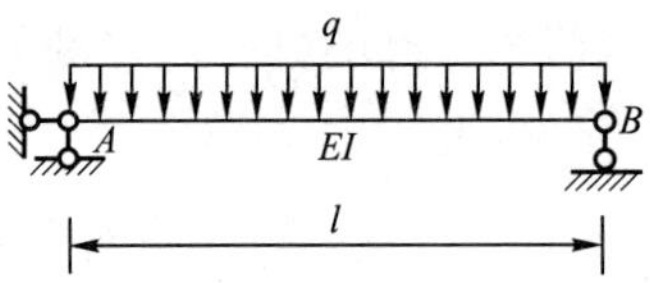

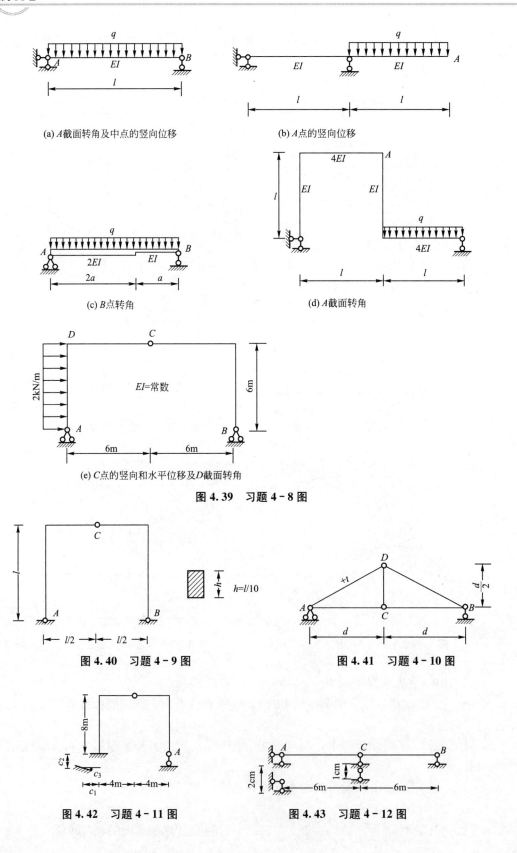

(a) A截面转角及中点的竖向位移

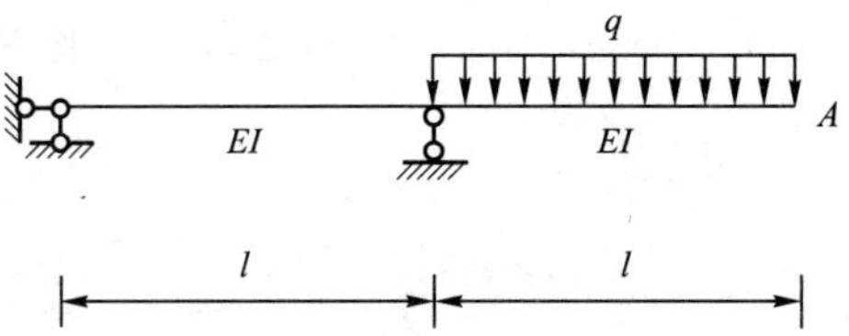

(b) A点的竖向位移

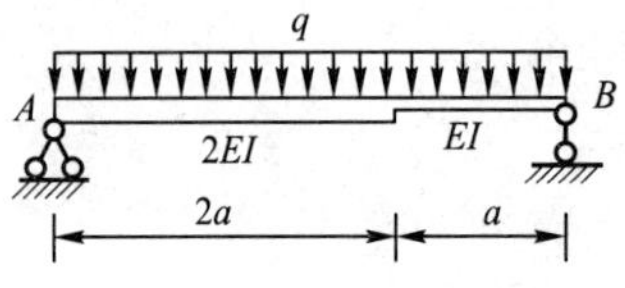

(c) B点转角

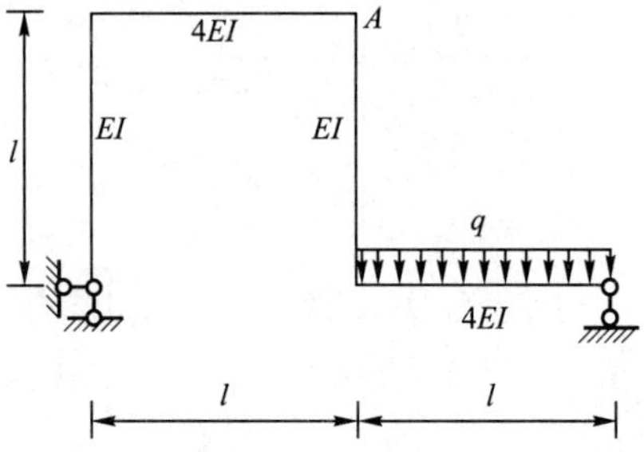

(d) A截面转角

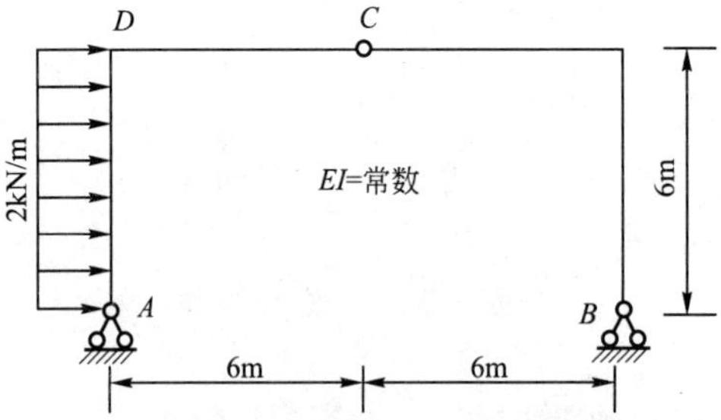

(e) C点的竖向和水平位移及D截面转角

图 4.39　习题 4-8 图

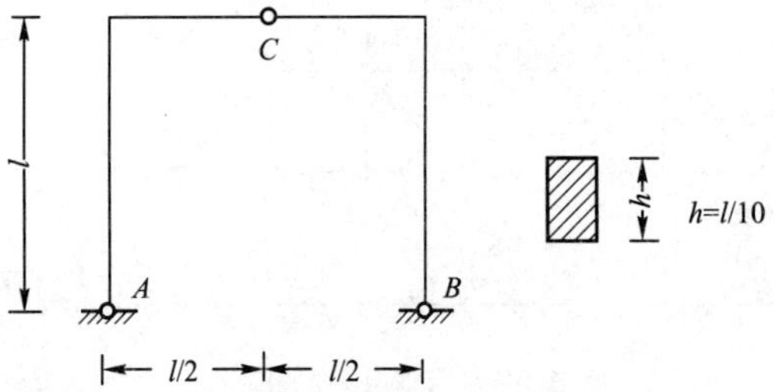

图 4.40　习题 4-9 图

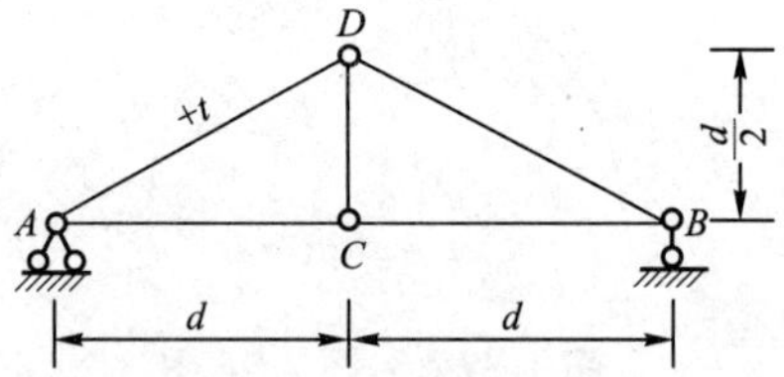

图 4.41　习题 4-10 图

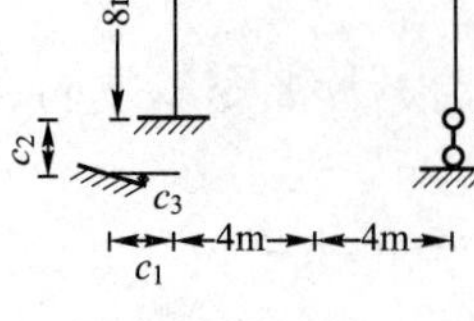

图 4.42　习题 4-11 图

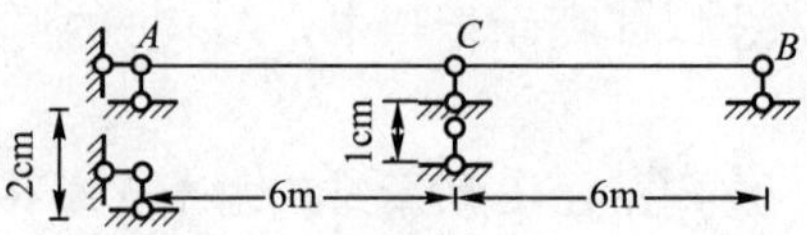

图 4.43　习题 4-12 图

4-13 图4.44所示为48m下承式铁路桁架桥简图，为了设置上拱度，在制造时将上弦杆每16m加长16mm，试求由此引起的节点E_3的竖向位移(注：实际制作时，为了制造安装方便，各上弦杆长度仍保持不变，只是在结点A_1、A_3、A_1'处，将结点板上与上弦杆相联的钉孔位置外溢8mm来达到上述目的)。

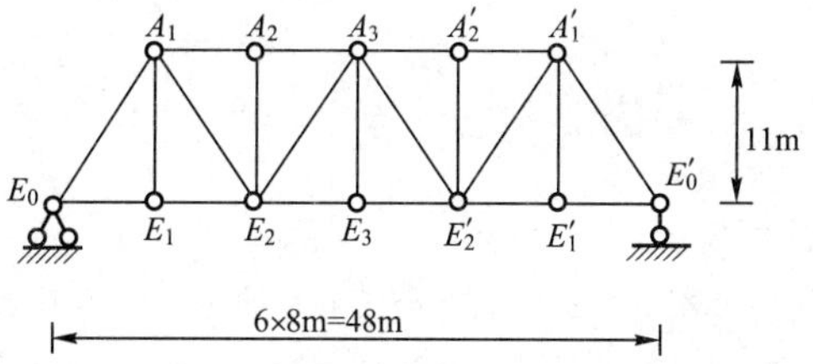

图4.44 习题4-13图

4-14 互等定理包括__________定理、__________定理、__________定理、__________定理，其中__________定理是最基本的。

4-15 功的互等定理适用于__________体系。

第5章 力　法

教学目标

主要讲述力法的基本概念和典型方程，并利用力法对超静定结构在荷载作用、温度变化、支座移动时的内力和位移进行求解，同时利用对称性对结构的内力和位移计算进行简化，并对结构的内力图进行校核，了解超静定结构和静定结构的特性差别。通过本章的学习，应达到以下目标：

(1) 掌握力法的基本概念和超静定次数的确定；

(2) 掌握力法的典型方程和计算步骤；

(3) 掌握用力法求解结构在荷载作用下的内力和位移的实例；

(4) 掌握用力法求解结构在温度变化和支座移动时的内力和位移的实例；

(5) 掌握利用对称性计算结构的内力和位移；

(6) 掌握内力图的校核方法；

(7) 了解超静定结构的特性。

教学要求

知识要点	能力要求	相关知识
力法的基本概念和超静定次数的确定	(1) 理解力法的基本概念； (2) 掌握超静定次数的确定方法	(1) 超静定结构； (2) 多余约束和多余未知力； (3) 超静定次数的确定方法； (4) 基本结构和基本体系
力法的典型方程和计算过程	(1) 掌握力法的典型方程； (2) 运用力法求解荷载作用下结构的内力和位移	(1) 力法的典型方程； (2) 主系数和副系数； (3) 力法的计算步骤
结构在温度变化和支座移动时的内力和位移	(1) 运用力法求解结构在温度变化时的内力和位移； (2) 运用力法求解结构在支座移动时的内力和位移	(1) 推导结构在温度变化时的力法方程； (2) 推导结构在支座移动时的力法方程； (3) 运用力法求解结构在温度变化和支座移动时的内力和位移
对称性的利用	(1) 理解对称的概念； (2) 掌握对称性结构的特点； (3) 掌握取一半结构计算的方法	(1) 对称结构、对称荷载和反对称荷载； (2)对称结构的受力特点； (3)半结构的取法及应用对称性求结构内力

（续）

知识要点	能力要求	相关知识
超静定结构位移的求解	(1) 掌握超静定结构位移的求解方法； (2) 掌握超静定结构位移求解的步骤	(1) 超静定结构位移的求解方法； (2) 超静定结构位移求解的步骤和实例
内力图的校核和超静定结构的特性	(1) 平衡条件校核； (2) 位移条件校核； (3) 理解超静定结构的特性	(1) 平衡条件； (2) 位移协调条件； (3) 超静定结构的内力、位移特性

基本概念

超静定次数、基本结构、基本体系、基本未知量、力法典型方程、对称性、对称荷载、反对称荷载、平衡条件、位移协调条件。

引言

超静定结构是工程实际中常用的一类结构，其内力和位移必须同时满足平衡条件和位移协调条件才能确定。力法是求解超静定结构最基本的方法之一，它是以多余约束力作为未知量，把超静定结构的计算转化为静定结构的一种计算方法。

5.1 概　　述

5.1.1 超静定结构的概念

一个结构，如果它的支座反力和各截面的所有内力不能仅通过平衡条件唯一确定，就称为超静定结构。在工程中实际中，超静定梁、超静定桁架等都是常见的超静定结构，如图5.1所示。

5.1.2 超静定结构的计算方法

超静定结构的求解需要综合考虑以下三个方面的条件：

(1) 平衡条件：结构是平衡的，那么结构的任一部分都应满足受力平衡条件。

(2) 几何条件：又称变形条件或位移条件、协调条件等，指结构各部分的变形和位移应满足约束条件和变形连续条件。

(3) 物理条件：变形或位移与力之间的物理关系。

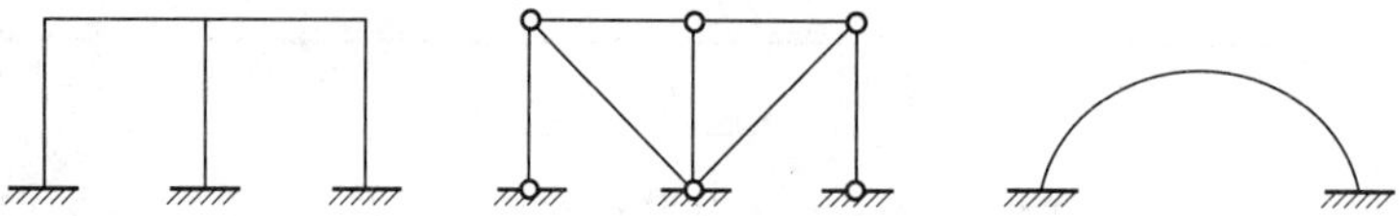

(a) 刚架　　(b) 组合结构　　(c) 拱

(d) 屋架

(e) 刚架

(f) 吊桥

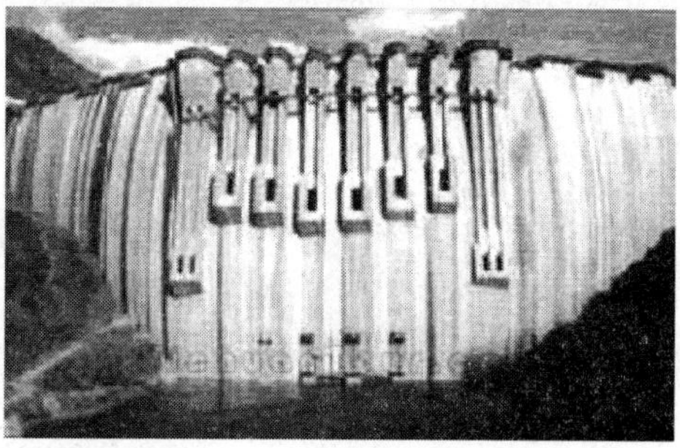

(g) 拱坝

图 5.1　超静定结构实例

根据选择的基本未知量的不同，综合考虑以上三方面条件会得到求解超静定结构的两种基本方法，即力法(又称柔度法)和位移法(又称刚度法)。所谓基本未知量，是指这样的未知量，当首先求出它们之后，即可用它们求出其他的未知量。力法是以多余未知力作为基本未知量，即先求出多余约束力，然后计算内力和位移；位移法是以某些位移作为基本未知量，先求出结构的某些位移，然后计算内力和位移。

5.2 力法的基本概念

图 5.2(a)所示一次超静定梁，与图 5.2(b)所示的悬臂梁相比多了一个支座 B。将支座 B 作为多余联系去掉，以相应的多余未知力 X_1 代替，如果 X_1 已知，那么梁的内力和支座反力都可按静力平衡条件求解。因此图 5.2(a)所示超静定梁的关键是确定多余未知力 X_1。

其中多余未知力 X_1 就是**力法的基本未知量**。将原超静定结构中去掉多余联系后得到的静定结构，称为**力法的基本结构**；基本结构在荷载和多余未知力共同作用下的受力体系，称为**力法的基本体系**。下面来讨论多余未知力 X_1 的求解。

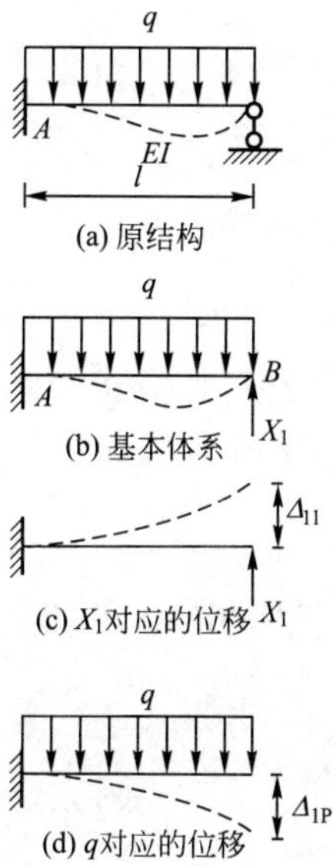

图 5.2　力法基本概念

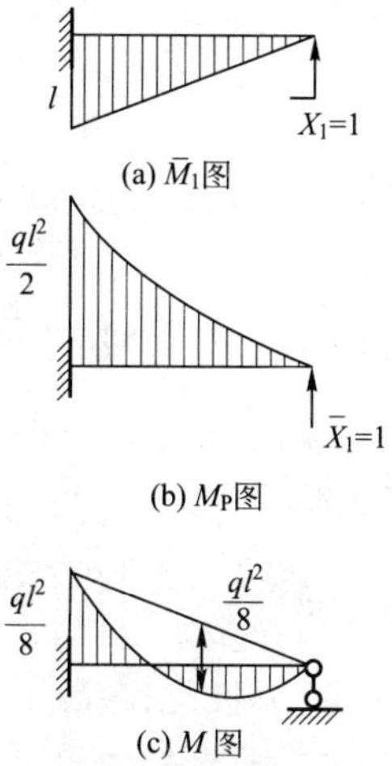

图 5.3　结构弯矩图

从图 5.2(b)可以看出仅靠平衡条件无法求出 X_1，因为在基本体系中截取的任何隔离体，除了 X_1 之外还有三个未知反力或内力，故平衡方程的总数恒少于未知力的总数，其解答是不定的。实际上此时的 X_1 相当于作用在基本结构上的荷载，因此无论 X_1 为多大(只要梁不破坏)，都能够满足平衡条件。为了确定多余未知力 X_1，必须考虑变形条件建立补充方程。为使基本体系和原结构受力和变形一致，基本体系的 B 点在荷载 q 和多余未知力 X_1 共同作用下的竖向位移(即沿力 X_1 方向上的位移)Δ_1 也应等于零，即

$$\Delta_1=0 \tag{5-1}$$

设以 Δ_{11} 和 Δ_{1P} 分别表示多余未知力 X_1 和荷载 q 单独作用在基本结构上时 B 点沿 X_1 方向的位移，如图 5.2(c)、(d)所示，其符号都以沿假定的 X_1 方向为正，两个下标的含义与前面所述相同，即第一个表示位移的地点和方向，第二个表示产生位移的原因。根据叠加原理，式(5-1)可写成：

$$\Delta_1=\Delta_{11}+\Delta_{1P}=0 \tag{5-2}$$

若以 δ_{11} 表示 X_1 为单位力即 $X_1=1$ 作用时 B 点沿 X_1 方向的位移，则有 $\Delta_{11}=\delta_{11}X_1$，于是上述位移条件可写为

$$\delta_{11}X_1+\Delta_{1P}=0 \tag{5-3}$$

由于 δ_{11} 和 Δ_{1P} 都是静定结构在已知力作用下的位移，可用第 4 章所述方法求得，因而多余未知力 X_1 即可由此方程解出。此方程便称为一次超静定结构的**力法基本方程**。

为了计算 δ_{11} 和 Δ_{1P}，可分别绘出基本结构在 $X_1=1$ 和 q 作用下的弯矩图 $\overline{M}_1$ 和 M_P 图，如图 5.3(a)、(b)所示，然后用图乘法进行计算。求 δ_{11} 时为 $\overline{M}_1$ 图乘 $\overline{M}_1$ 图，称为 $\overline{M}_1$ 图“自乘”：

$$\delta_{11}=\sum\int\frac{\overline{M_1^2}\,\mathrm{d}s}{EI}=\frac{1}{EI}\frac{l^2}{2}\frac{2l}{3}=\frac{l^3}{3EI}$$

求 Δ_{1P} 则为 $\overline{M_1}$ 图和 M_P 图进行图乘：

$$\Delta_{1P}=\sum\int\frac{\overline{M}_1M_P\mathrm{d}s}{EI}=-\frac{1}{EI}\left(\frac{1}{3}\frac{ql^2}{2}l\right)\frac{3l}{4}=-\frac{ql^4}{8EI}$$

将 δ_{11} 和 Δ_{1P} 代入式(5-3)可解得

$$X_1=-\frac{\Delta_{1P}}{\delta_{11}}=-\left(-\frac{ql^4}{8EI}\right)\Big/\frac{l^3}{3EI}=\frac{3ql}{8}(\uparrow)$$

计算结果为正值，说明 X_1 的实际方向与假设相同，即向上。若为负值，则与假设方向相反。求出多余未知力 X_1 后，其余所有反力、内力都可按静定问题来进行计算。在绘制最后弯矩图 M 图时，可以用叠加法根据 $\overline{M}_1$ 和 M_P 图绘制，即

$$M=\overline{M}_1X_1+M_P \tag{5-4}$$

也就是将 $\overline{M_1}$ 图的竖标乘以 X_1 倍，再与 M_P 图的对应竖标相加。例如截面 A 的弯矩为

$$M_A=l\times\frac{3ql}{8}+\left(-\frac{ql^2}{2}\right)=-\frac{ql^2}{8}\quad（上侧受拉）$$

根据上述叠加原理，可绘出超静定结构的 M 图如图 5.3(c)所示。此弯矩图既是基本体系的弯矩图，同时也是原结构的弯矩图。

通过上面的求解过程，可知力法求解超静定结构的计算步骤如下：

(1) 确定原结构的超静定次数(见下一节的解释)，去掉多余联系，得出一个静定的基本结构，以多余未知力代替相应多余联系的作用，并确定力法的基本体系；

(2) 根据基本结构在多余未知力和荷载共同作用下，在所去各多余联系处的位移应与原结构位移相等的条件建立力法的典型方程；

(3) 作出基本结构的各单位弯矩图和荷载弯矩图(或内力表达式)，按求位移的方法计算典型方程中的系数和自由项；

(4) 解方程，求出各多余未知力即各基本未知量；

(5) 按静定结构的计算方法，由平衡条件或叠加法求解最后的内力。

【例 5-1】 试用力法计算图 5.4(a)所示结构的内力，绘制弯矩图。

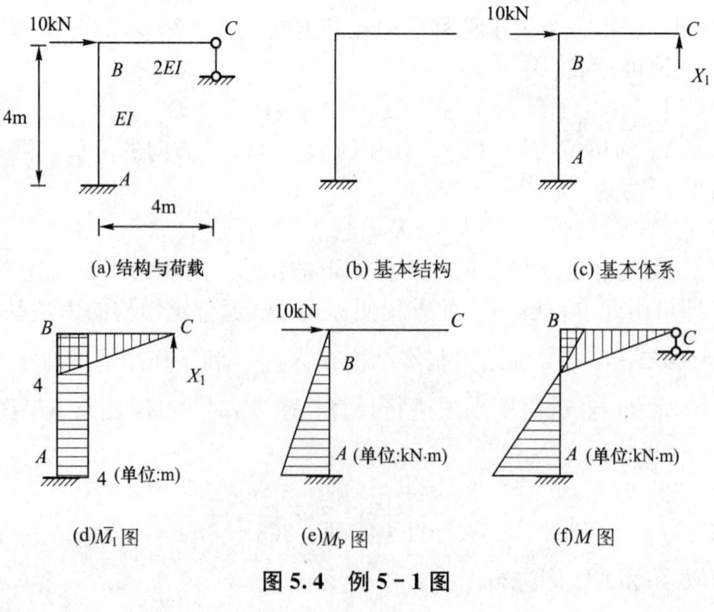

图 5.4 例 5-1 图

【解】 (1) 确定基本体系。去掉 C 支座后基本结构如图 5.4(b)所示，C 支座的支座反力 X_1 为力法基本未知量，设 X_1 的方向向上，力法基本体系如图 5.4(c)所示。

(2) 建立力法方程。根据基本体系 C 点竖向位移应等于原体系 C 点竖向位移，可知变形条件为

$$\Delta_1=0$$

基本体系 C 点竖向位移 Δ_1 等于荷载单独引起的 C 点竖向位移 Δ_{1P} 与多余未知量 X_1 单独引起的 C 点竖向位移 $\delta_{11}X_1$ 之和。根据变形条件，得力法方程为

$$\delta_{11}X_1+\Delta_{1P}=0$$

(3) 作单位弯矩图、荷载弯矩图。力法方程中的系数 δ_{11} 和常数项 Δ_{1P} 均为基本结构 C 点竖向位移，用图乘法求解绘出基本结构在 $X_1=1$ 和荷载单独作用下的弯矩图，如图 5.4(d)、(e)所示。

(4) 求系数、常数项。利用图乘法求系数和常数项。将 $\overline{M_1}$ 图自乘，得

$$\delta_{11}=\frac{1}{2EI}\left(\frac{1}{2}\times 4\text{m}\times 4\text{m}\right)\times\left(\frac{2}{3}\times 4\text{m}\right)+\frac{1}{EI}(4\text{m}\times 4\text{m})(4\text{m})=\frac{224\text{m}^3}{3EI}$$

将 $\overline{M_1}$ 图和 M_P 图互乘，得

$$\Delta_{1P}=\frac{1}{EI}\left(\frac{1}{2}\times 4\text{m}\times 40\text{kN}\cdot\text{m}\right)\times(-4\text{m})=-\frac{320\text{kN}\cdot\text{m}^3}{EI}$$

(5) 解力法方程。该方程为

$$\frac{224\text{m}^3}{3EI}X_1-\frac{320\text{kN}\cdot\text{m}^3}{EI}=0$$

解得

$$X_1=\frac{30}{7}\text{kN}(\uparrow)$$

(6) 绘制弯矩图。根据叠加公式 $M=\overline{M_1}X_1+M_P$，计算杆端弯矩如下：

$$M_{AB}=4\text{m}\times X_1-40\text{kN}\cdot\text{m}=4\text{m}\times\frac{30}{7}\text{kN}-40\text{kN}\cdot\text{m}=-22.86\text{kN}\cdot\text{m}$$

$$M_{BA}=-4\text{m}\times X_1-0=-4\text{m}\times\frac{30}{7}\text{kN}-0=-17.14\text{kN}\cdot\text{m}$$

$$M_{BC}=4\text{m}\times X_1-0=4\text{m}\times\frac{30}{7}\text{kN}-0=17.14\text{kN}\cdot\text{m}$$

据此作出弯矩图，如图 5.4(f)所示。

5.3 力法基本结构和超静定次数的确定

从上节可以看出，力法的第一步是确定基本体系，也就是确定力法的基本结构和基本未知量。而力法的基本结构是将超静定结构中的多余约束去掉后得到的结构。超静定结构中有多少个多余约束，哪些约束可以看作多余约束，是确定力法基本结构的关键。超静定结构中多余约束(联系)的数目，就是超静定结构的超静定次数。

在几何构造上，超静定结构可以看作是在静定结构的基础上增加若干多余联系构成。

因此，确定超静定次数最直接的方法，就是解除多余联系，使原结构变成一个静定结构。拆除的多余联系的数目，就是原结构的超静定次数；拆除的多余约束中的力，即是力法的基本未知量；由此得到的静定结构，就是力法的基本结构。

从超静定结构上解除多余联系的方式通常有如下几种：

(1) 去掉或切断一根链杆，相当于去掉一个联系，如图 5.5(a)所示；

(2) 拆开一个单铰，相当于去掉两个联系，如图 5.5(b)所示。

(3) 在刚结处做一切口或去掉一个固定端，相当于去掉三个联系，如图 5.5(c)所示。

(4) 将刚结改为单铰联结，相当于去掉一个联系，如图 5.5(d)所示。

(5) 将固定端改为滑动支座，相当于去掉一个联系，如图 5.5(e)所示。

(6) 将固定端改为可动铰支座，相当于去掉两个联系，如图 5.5(f)所示。

(7) 将滑动支座改为可动铰支座，相当于去掉一个联系，如图 5.5(g)所示。

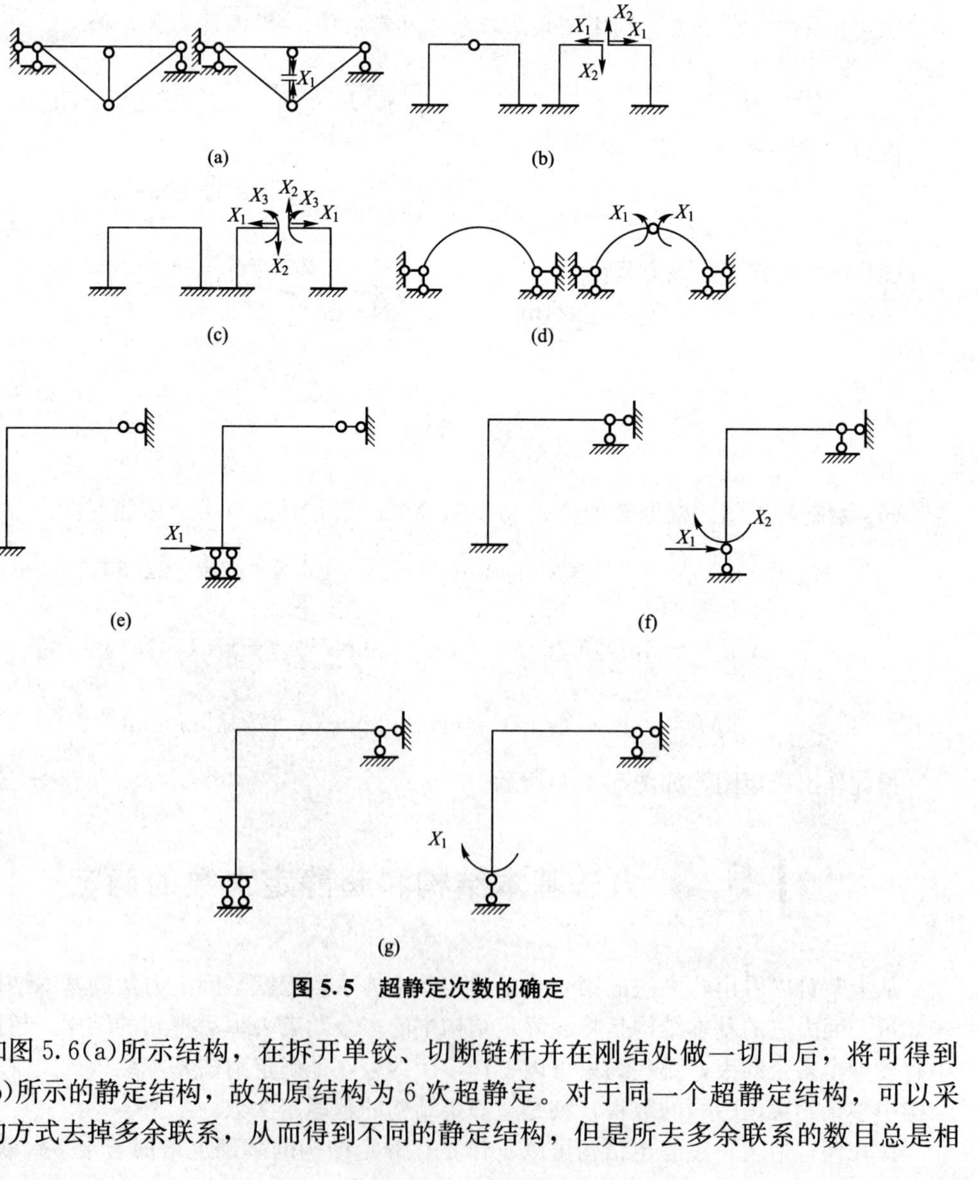

图 5.5　超静定次数的确定

例如图 5.6(a)所示结构，在拆开单铰、切断链杆并在刚结处做一切口后，将可得到图 5.6(b)所示的静定结构，故知原结构为 6 次超静定。对于同一个超静定结构，可以采取不同的方式去掉多余联系，从而得到不同的静定结构，但是所去多余联系的数目总是相同的。例如对于上述结构，还可以按图 5.6(c)、(d)等所示的方式去掉多余联系，都表明原结构是 6 次超静定的。

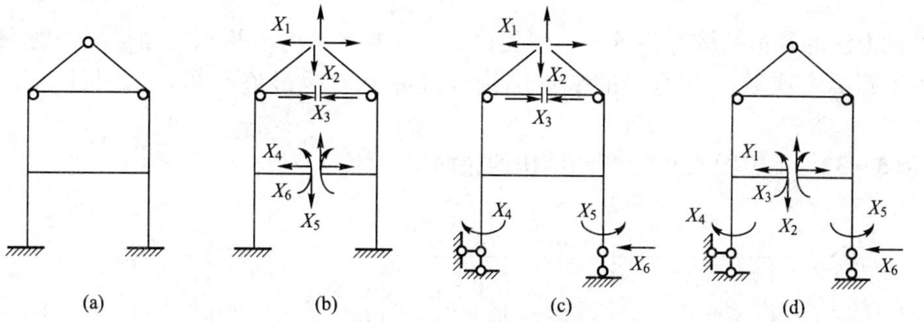

图 5.6　组合结构的超静定次数

对于框格结构，按框格的数目来确定超静定次数较为方便。一个封闭无铰的框格，其超静定次数等于 3，如图 5.6(c)所示。当结构有 f 个封闭无铰框格时，其超静定次数 $n=3f$，例如图 5.7(a)所示结构的超静定次数 $n=3\times7=21$。当结构上还有若干铰接处时，设单铰数目为 h，则超静定次数 $n=3f-h$，例如图 5.7(b)所示结构，其超静定次数 $n=3\times7-5=16$。在确定封闭框格数目时，应注意由地基本身围成的框格不应计算在内，也就是地基应作为一个开口的刚片，例如图 5.7(c)所示结构，其封闭格子数应为 3 而不是 4。

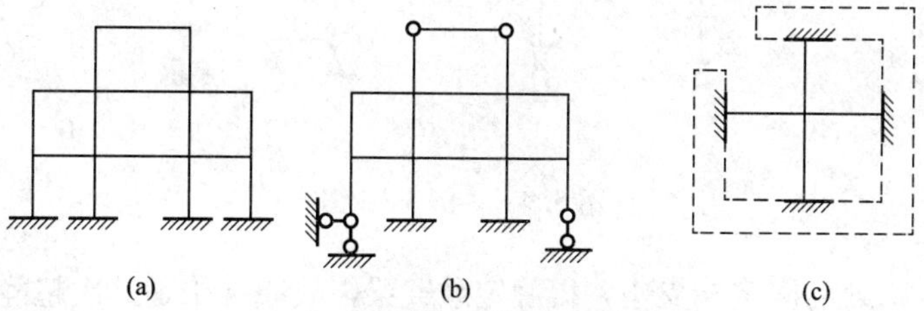

图 5.7　框格结构的超静定次数

也可由结构的计算自由度 W 来确定超静定次数 n。显然，对几何不变体系有 $n=-W$。例如对图 5.5(a)所示结构，可得

$$W=3m-(2h+r)=3\times4-(2\times5+3)=-1$$

故 $n=1$。

【例 5-2】 确定图 5.8(a)所示结构的超静定次数。

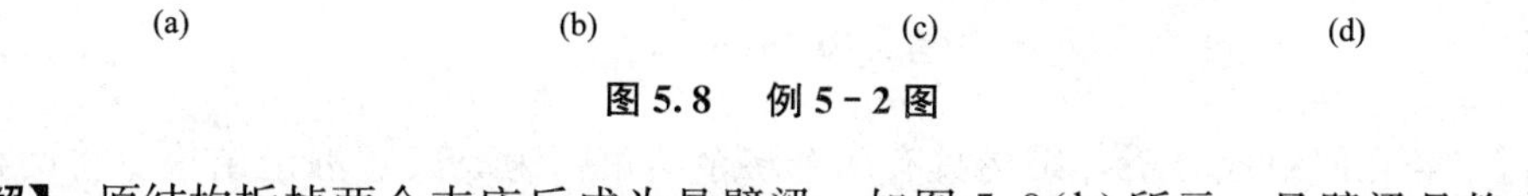

图 5.8　例 5-2 图

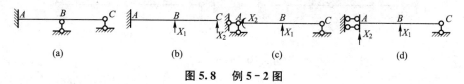

【解】 原结构拆掉两个支座后成为悬臂梁，如图 5.8(b)所示。悬臂梁是静定结构，故原结构是二次超静定结构，力法基本体系如图 5.8(b)所示，X_1、X_2 是力法基本未知量。

也可拆成简支梁，如图 5.8(c)所示。固定端变成固定铰支座，相应的约束力矩为力法基本未知量。若将固定端支座改成滑动支座，相应的竖向反力为基本未知量，如图 5.8(d)所示。

可见力法的基本结构并不唯一。但无论如何取基本结构，基本未知量的个数都是一样的，等于超静定次数。取不同的基本结构计算并不影响最终结果，但对计算工作量有影响。

【例 5-3】 确定图 5.9(a)所示结构的超静定次数。

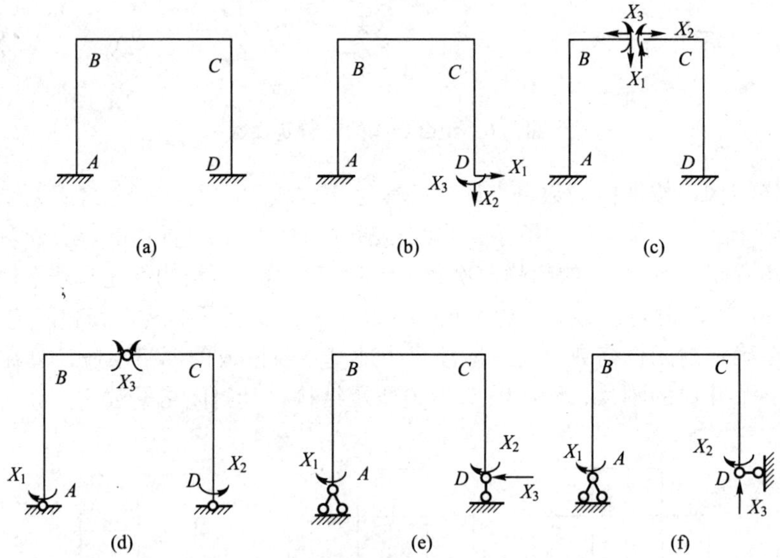

图 5.9　例 5-3 图

【解】 去掉 D 处的固定端支座，得静定悬臂梁，故原结构是三次超静定结构，图 5.9(b)所示悬臂刚架可作为力法基本结构，去掉固定端支座的三个反力作为力法基本未知量。

图 5.9(c)、(d)、(e)也可作为力法基本结构。图 5.9(f)所示为瞬变体系，不能作为基本结构。

【例 5-4】 确定图 5.10(a)所示结构的超静定次数。

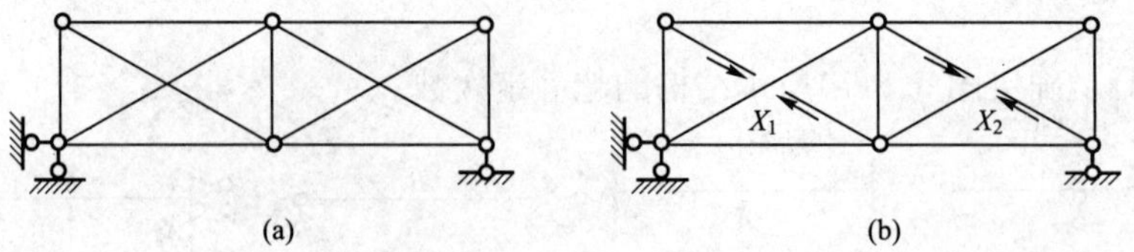

图 5.10　例 5-4 图

【解】 经几何组成分析，结构具有两个多余约束，为二次超静定结构。将两根杆件切断，如图 5.10(b)所示，即为力法基本结构，切断的两根杆件的轴力为力法基本未知量。

【例 5-5】 确定图 5.11(a)所示结构的超静定次数。

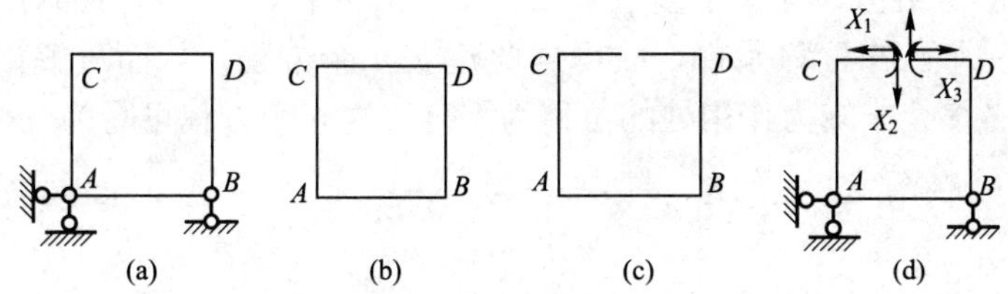

图 5.11 例 5-5 图

【解】 结构上面部分与基础三杆相连，可将三杆去掉后分析上部结构的几何组成，如图 5.11(b)所示。矩形无铰闭合框 $ABCD$ 的超静定次数等于 3，图 5.11(d)所示即为力法基本体系。

5.4 力法的典型方程

图 5.12(a)所示为三次超静定结构，用力法分析时，去掉三个多余联系。设去掉固定支座 A，则得图 5.12(b)所示的基本结构，并以相应的多余未知力 X_1、X_2 和 X_3 代替所去除联系的作用。由于原结构在固定支座 A 处没有水平位移、竖向位移和角位移，因此基本结构在荷载和多余未知力共同作用下，A 点沿 X_1、X_2 和 X_3 方向的相应位移都应该为零，即位移条件为

$$\Delta_1=0,\quad \Delta_2=0,\quad \Delta_3=0 \tag{5-5}$$

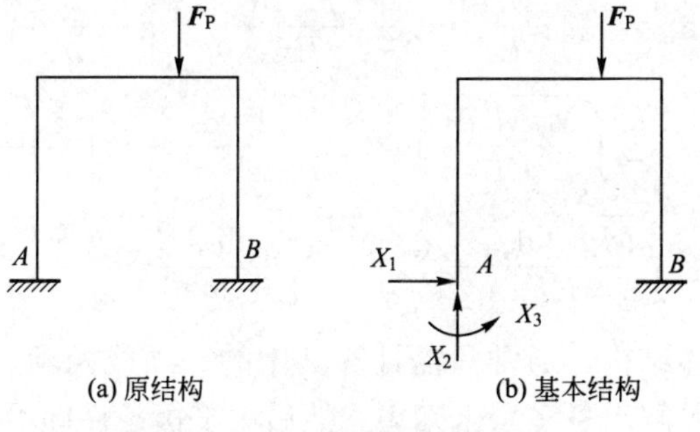

图 5.12 力法原结构和基本结构

设各单位多余未知力 $\overline{X}_1=1$、$\overline{X}_2=1$、$\overline{X}_3=1$ 和荷载 F_P 分别作用于基本结构上时，A 点沿 X_1 方向的位移分别为 δ_{11}、δ_{12}、δ_{13} 和 Δ_{1P}，沿 X_2 方向的位移分别为 δ_{21}、δ_{22}、δ_{23} 和 Δ_{2P}，沿 X_3 方向的位移分别为 δ_{31}、δ_{32}、δ_{33} 和 Δ_{3P}，则根据叠加原理，上述位移条件可写为

$$\begin{cases}\Delta_1=\delta_{11}X_1+\delta_{12}X_2+\delta_{13}X_3+\Delta_{1P}=0\\ \Delta_2=\delta_{21}X_1+\delta_{22}X_2+\delta_{23}X_3+\Delta_{2P}=0\\ \Delta_3=\delta_{31}X_1+\delta_{32}X_2+\delta_{33}X_3+\Delta_{3P}=0\end{cases} \tag{5-6}$$

求解这一方程组，便可求得多余未知力 X_1、X_2 和 X_3。

对于 n 次超静定结构，有 n 个多余未知力，而每一个多余未知力都对应着一个多余联系，相应也就有一个已知位移条件，故可据此建立 n 个方程，从而可解出 n 个多余未知力。当原结构上各多余未知力作用处的位移为零时，这 n 个方程可写为

$$\begin{cases}\delta_{11}X_1+\delta_{12}X_2+\cdots+\delta_{1i}X_i+\cdots+\delta_{1n}X_n+\Delta_{1P}=0\\ \vdots \\ \delta_{i1}X_1+\delta_{i2}X_2+\cdots+\delta_{ii}X_i+\cdots+\delta_{in}X_n+\Delta_{iP}=0\\ \vdots \\ \delta_{n1}X_1+\delta_{n2}X_2+\cdots+\delta_{ni}X_i+\cdots+\delta_{nn}X_n+\Delta_{nP}=0\end{cases} \tag{5-7}$$

这就是 n 次超静定结构的力法基本方程。这一组方程的物理意义为：基本结构在全部多余未知力和荷载共同作用下，在去掉各多余联系处沿各多余未知力方向的位移，应与原超静定结构相应的位移相等。

上述方程组称为力法的典型方程，δ_{ii} 称为主系数，它是单位多余未知力 $\overline{X}_i=1$ 单独作用时所引起的沿其自身方向上的位移，其值恒为正，且不会等于零；其他的系数 δ_{ij} 称为副系数，它是单位多余未知力 $\overline{X}_j=1$ 单独作用时所引起的沿 X_i 方向的位移，根据位移互等定理可知 $\delta_{ij}=\delta_{ji}$；Δ_{iP}称为自由项，它是荷载 F_P 单独作用时所引起的沿 X_i 方向的位移。副系数和自由项的值可能为正、负或零。

典型方程中的各系数和自由项，都是基本结构在已知力作用下的位移，可以用第 4 章所述方法求得。对于平面结构，这些位移的计算式可写为

$$\delta_{ii}=\sum\int\frac{\overline{M_i^2}\,ds}{EI}+\sum\int\frac{\overline{F_{Ni}^2}\,ds}{EA}+\sum\int\frac{k\,\overline{F}_{Qi}^2\,ds}{GA} \tag{5-8}$$

$$\delta_{ij}=\delta_{ji}=\sum\int\frac{\overline{M_i}\,\overline{M_j}\,ds}{EI}+\sum\int\frac{\overline{F_{Ni}}F_{ji}\,ds}{EA}+\sum\int\frac{k\,\overline{F}_{Qi}\overline{F_{Qj}}\,ds}{GA} \tag{5-9}$$

$$\Delta_{KP}=\sum\int\frac{\overline{M_i}M_P\,d\varphi_P}{EI}+\sum\int\frac{\overline{F_{Ni}}F_{NP}\,du_P}{EA}+\sum\int\frac{k\,\overline{F}_{Qi}F_{QP}\,ds}{GA} \tag{5-10}$$

显然，对于各种具体结构，通常只需计算其中的一项或两项。系数和自由项求得后，将它们代入典型方程即可解出各多余未知力，然后由平衡条件即可求出其他反力和内力。

5.5 力法的计算步骤与示例

【例 5-6】 采用不同的力法基本结构计算图 5.13(a)所示结构，并作弯矩图。

【解】 此梁为一次超静定结构，有一个多余约束，去掉一个多余约束即得基本结构。

(1) 采用悬臂梁作为基本结构。去掉支座后基本体系为图 5.13(b)所示悬臂梁，变形条件为基本体系 B 点的竖向位移等于 0，即

$$\Delta_1=0$$

力法典型方程为

$$\delta_{11}X_1+\Delta_{1P}=0$$

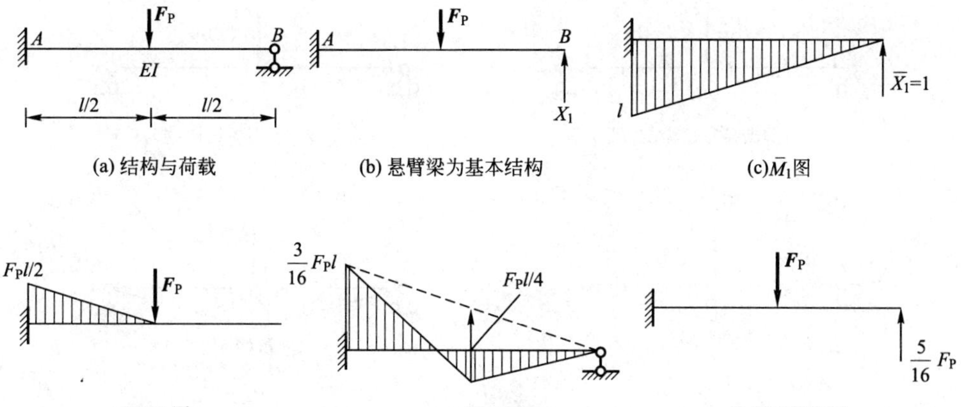

(a) 结构与荷载　(b) 悬臂梁为基本结构　(c)$\overline{M}_1$图

(d)M_P图　(e)M图　(f) 基本结构解

图 5.13　例 5-6 图一

式中，$\delta_{11}X_1$、Δ_{1P}分别为 X_1、F_P 引起的基本结构 B 点的竖向位移。作$\overline{M_1}$和 M_P 图，如图 5.13(c)、(d)所示。利用图乘法求得系数和常数项分别为

$$\delta_{11}=\frac{1}{EI}\left(\frac{1}{2}l\cdot l\right)\left(\frac{2l}{3}\right)=\frac{1}{3}\frac{l^3}{EI},\quad \Delta_{1P}=-\frac{1}{EI}\left(\frac{1}{2}\cdot\frac{l}{2}\cdot\frac{F_Pl}{2}\right)\left(\frac{5}{6}l\right)=-\frac{5}{48}\frac{F_Pl^3}{EI}$$

代入典型方程，解得

$$X_1=-\frac{\Delta_{1P}}{\delta_{11}}=\frac{5}{16}F_P$$

原结构弯矩图按叠加法作出，如图 5.13(e)所示。也可将求出的 $X_1=\frac{5}{16}F_P$ 和荷载加载在基本结构上，如图 5.13(f)所示，按静定结构作弯矩图的方法求出。

(2) 采用简支梁作为基本结构。将固定端改为固定铰支座，相当于减少一个约束，设 X_1 为顺时针方向，基本体系如图 5.14(a)所示。变形条件是基本体系 A 截面的转角Δ_1应等于零，即

$$\Delta_1=0$$

力法典型方程为

$$\delta_{11}X_1+\Delta_{1P}=0$$

式中，$\delta_{11}X_1$、Δ_{1P}分别为 X_1、荷载 F_P 引起的基本体系 A 点截面转角。作 $\overline{M}_1$ 和 M_P 图，如图 5.14(c)、(d)所示。利用图乘法求得系数和常数项分别为

$$\delta_{11}=\frac{1}{EI}\left(\frac{1}{2}\times l\times 1\right)\left(\frac{2}{3}\right)=\frac{1}{3}\frac{l}{EI},\quad \Delta_{1P}=\frac{1}{EI}\left(\frac{1}{2}\cdot l\cdot\frac{F_Pl}{4}\right)\left(\frac{1}{2}\right)=\frac{1}{16}\frac{F_Pl^2}{EI}$$

代入典型方程，解得

$$X_1=-\frac{\Delta_{1P}}{\delta_{11}}=-\frac{3}{16}F_Pl$$

X_1 为负值，说明实际方向与假设方向相反，为逆时针方向。将 $X_1=-\frac{3}{16}F_Pl$ 和荷载加在基本结构上，如图 5.14(b)所示，其弯矩图与用悬臂梁作为基本结构所作出的弯矩图相同。

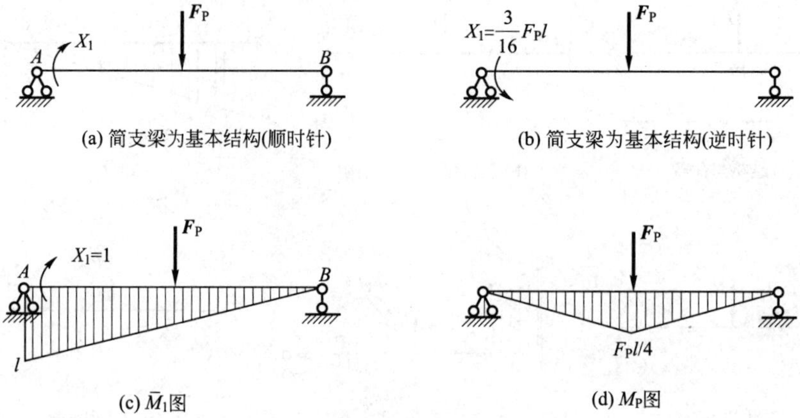

图 5.14　例 5-6 图二

从上面的两种解法看，虽然典型方程在形式上一样，但表达的具体含义并不一样，如 $\Delta_1=0$ 在取悬臂梁为基本结构时表示悬臂梁右端的竖向位移等于零，取简支梁时表示简支梁左端截面转角等于零。还可以选择其他基本结构，如图 5.15(a)、(b)所示。但无论选取怎样的基本结构，最后作出的弯矩图都是相同的。

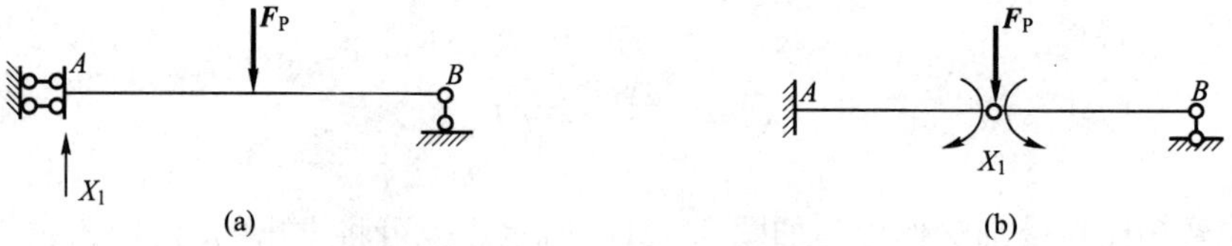

图 5.15　例 5-6 的其他基本体系

【例 5-7】 试分析图 5.16(a)所示两端固定梁，其中 EI 等于常数。

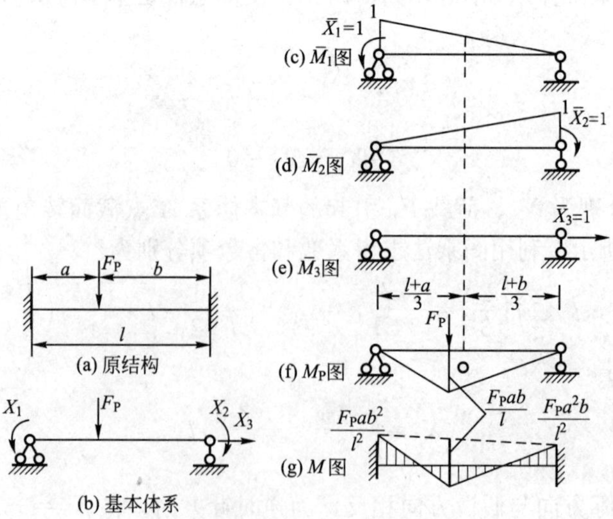

图 5.16　例 5-7 图

【解】 取简支梁为基本结构，基本体系如图 5.16(b)所示，多余的未知力为梁端弯矩 X_1、X_2 和水平反力 X_3，典型方程为

$$\begin{cases}\Delta_1=\delta_{11}X_1+\delta_{12}X_2+\delta_{13}X_3+\Delta_{1P}=0\\\Delta_2=\delta_{21}X_1+\delta_{22}X_2+\delta_{23}X_3+\Delta_{2P}=0\\\Delta_3=\delta_{31}X_1+\delta_{32}X_2+\delta_{33}X_3+\Delta_{3P}=0\end{cases}$$

基本体系的各 $\overline{M}$ 图和 M_P 图分别如图 5.16(c)～(f)所示，由于$\overline{M_3}=0$，$\overline{F_{Q3}}=0$ 以及 $\overline{F_{N1}}=0=\overline{F_{N2}}=F_{NP}=0$，故由位移计算公式或图乘法可知 $\delta_{13}=\delta_{31}=0$，$\delta_{23}=\delta_{32}=0$，$\Delta_{3P}=0$，因此典型方程的第三式成为

$$\delta_{33}X_3=0$$

在计算 δ_{33}时，若同时考虑弯矩和轴力的影响，则有

$$\delta_{33}=\sum\int\frac{\overline{M_3^2}\mathrm{d}s}{EI}+\sum\int\frac{\overline{F_{N3}^2}\mathrm{d}s}{EA}=0+\frac{1^2l}{EA}=\frac{l}{EA}\neq0$$

于是有 $X_3=0$，这表明两端固定的梁在垂直于梁轴线的荷载作用下并不产生水平反力。因此，整体上简化为求解两个多余未知力的问题，典型方程成为

$$\begin{cases}\Delta_1=\delta_{11}X_1+\delta_{12}X_2+\delta_{13}X_3+\Delta_{1P}=0\\\Delta_2=\delta_{21}X_1+\delta_{22}X_2+\delta_{23}X_3+\Delta_{2P}=0\end{cases}$$

由图乘法可求得各系数和自由项(只考虑弯矩影响)为

$$\delta_{11}=\frac{l}{3EI},\quad\delta_{22}=\frac{l}{3EI},\quad\delta_{12}=\delta_{21}=\frac{l}{6EI}$$

$$\Delta_{1P}=-\frac{1}{EI}\left(\frac{1}{2}\frac{F_Pab}{l}l\right)\left(\frac{l+b}{3l}\right)=\frac{F_Pab(l+b)}{6EIl},\quad\Delta_{2P}=-\frac{F_Pab(l+a)}{6EIl}$$

代入典型方程，并以$\frac{l}{6EI}$乘各项，可得

$$\begin{cases}2X_1+X_2-\dfrac{F_Pab(l+b)}{l^2}=0\\[2ex]X_1+2X_2-\dfrac{F_Pab(l+a)}{l^2}=0\end{cases}$$

解得

$$X_1=\frac{F_Pab^2}{l^2},\quad X_2=\frac{F_Pa^2b}{l^2}$$

最后弯矩图如图 5.16(g)所示。

【例 5-8】 试用力法计算图 5.17(a)所示超静定桁架的内力，设各杆 EA 相同。

【解】 这是一次超静定结构。切断弦上杆并以相应的多余未知力 X_1 代替，得到图 5.17(b)所示的基本体系。根据切口两侧截面沿 X_1 方向的位移即相对轴向线位移应为零的条件，建立典型方程如下：

$$\delta_{11}X_1+\Delta_{1P}=0$$

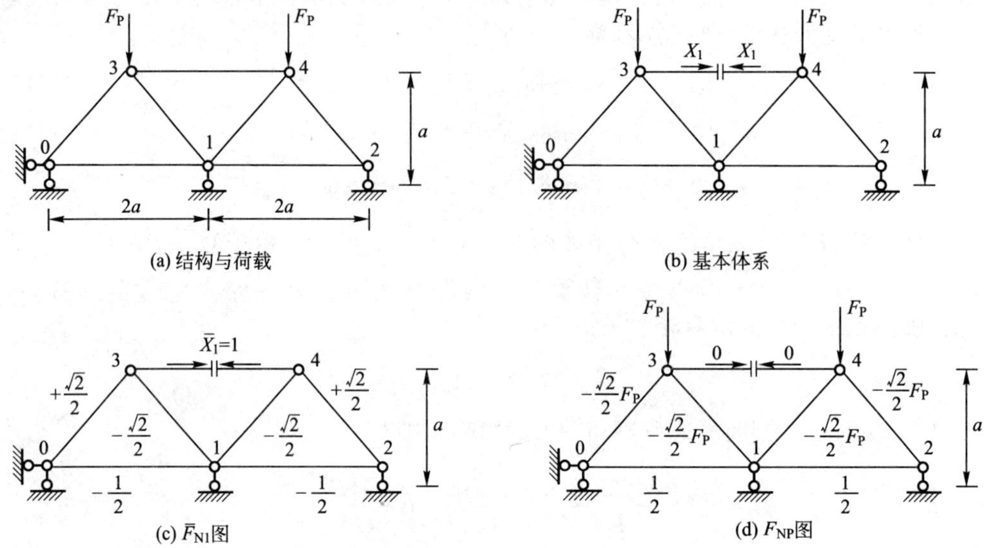

图 5.17　例 5-8 图

系数和自由项，按第 4 章静定桁架位移计算公式可得

$$\delta_{11}=\sum\frac{\overline{F}_{N1}^{2}l}{EA},\quad \Delta_{1P}=\sum\frac{\overline{F}_{N1}F_{NP}l}{EA}$$

为此，应分别求出基本结构在单位多余未知力 $\overline{X}_1=1$ 和荷载作用下各杆的内力$\overline{F}_{N1}$和 F_{NP}，结果如图 5.17(c)、(d)所示，然后进行相关计算，见表 5-1。

表 5-1　系数和自由项的计算

杆件	l	$\overline{F}_{N1}$	F_{NP}	$\overline{F}_{N1}^{2}l/EA$	$\overline{F}_{N1}F_{NP}l$
0-1	$2a$	$-\frac{1}{2}$	$+\frac{F_P}{2}$	$\frac{1}{2}a$	$-\frac{1}{2}F_Pa$
1-2	$\sqrt{2}a$	$-\frac{1}{2}$	$+\frac{F_P}{2}$	$\frac{1}{2}a$	$-\frac{1}{2}F_Pa$
0-3	$\sqrt{2}a$	$+\frac{\sqrt{2}}{2}$	$-\frac{\sqrt{2}}{2}$	$\frac{\sqrt{2}}{2}a$	$-\frac{\sqrt{2}}{2}F_Pa$
2-4	$\sqrt{2}a$	$+\frac{\sqrt{2}}{2}$	$-\frac{\sqrt{2}}{2}$	$\frac{\sqrt{2}}{2}a$	$-\frac{\sqrt{2}}{2}F_Pa$
1-3	$\sqrt{2}a$	$-\frac{\sqrt{2}}{2}$	$-\frac{\sqrt{2}}{2}$	$\frac{\sqrt{2}}{2}a$	$+\frac{\sqrt{2}}{2}F_Pa$
1-4	$\sqrt{2}a$	$-\frac{\sqrt{2}}{2}$	$-\frac{\sqrt{2}}{2}$	$\frac{\sqrt{2}}{2}a$	$+\frac{\sqrt{2}}{2}F_Pa$
3-4	$2a$	$+1$	0	$2a$	0
		$\sum$		$(3+2\sqrt{2})a$	$-F_Pa$

【例 5-9】 图 5.18(a)所示为一加劲横梁，链杆 E 等于常数，$I=1\times10^{-4}\,\mathrm{m}^4$，$A=1\times10^{-3}\,\mathrm{m}^2$。试绘制梁的弯矩图和求各杆轴力，并讨论改变链杆截面积 A 时内力的变化情况。

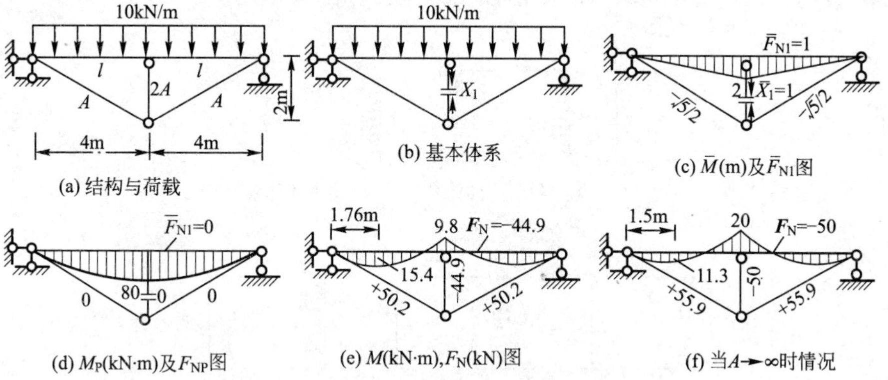

图 5.18 例 5-9 图

【解】 这是一次超静定组合结构，切断竖向链杆并代以多余的未知力，可得图 5.18(b)所示基本体系。根据切口处相对轴向位移为零的条件，建立典型方程：

$$\delta_{11}X_1+\Delta_{1P}=0$$

计算系数和自由项，对于梁可只计弯矩影响，对于链杆则应计轴力影响。绘出基本结构中梁的$\overline{M}_1$ 及 M_P 图并求出各杆的轴力$\overline{F}_{N1}$及 F_{NP}，如图 5.18(c)、(d)所示，由位移计算公式可求得

$$\begin{aligned}\delta_{11}&=\sum\int\frac{\overline{M}_1{}^2\mathrm{d}s}{EI}+\sum\frac{\overline{N}_1{}^2l}{EA}\\&=\frac{1}{E\times1\times10^{-4}}\left(2\times\frac{4\times2}{2}\times\frac{2\times2}{3}\right)+\frac{1}{E\times1\times10^{-3}}\left[\frac{1^2\times2}{2}+2\times\left(-\frac{\sqrt{5}}{2}\right)^2\times2\sqrt{5}\right]\\&=\frac{1.067\times10^5}{E}+\frac{0.122\times10^5}{E}=\frac{1.189\times10^5}{E}\end{aligned}$$

$$\Delta_{1P}=\sum\int\frac{\overline{M}_1M_P\mathrm{d}x}{EI}+\sum\frac{\overline{F}_{N1}F_{NP}l}{EI}=\frac{1}{E\times1\times10^{-4}}\left(2\times\frac{2\times4\times80}{3}\times\frac{5\times2}{8}\right)+0=\frac{5.333\times10^6}{E}$$

故得

$$X_1=-\frac{\Delta_{1P}}{\delta_{11}}=-\frac{5.333\times10^6}{1.189\times10^5}=-44.9(\mathrm{kN})(压力)$$

最后内力为

$$M=\overline{M}_1X_1+M_P,\quad F_N=\overline{F}_{N1}X_1+F_{NP}$$

据此绘出梁的弯矩图并求出各杆轴力，如图 5.18(e)所示。从图可以看出，由于下部链杆的支承作用，梁的最大弯矩值比没有链杆时减小了 80.7%。

如果改变链杆截面积 A 的大小，结构的内力分布将随之改变。由上面的算式不难看出，当 A 减小时 δ_{11} 将增大，X_1 的绝对值将减少，因此梁的正弯矩将增大而负弯矩将减少。当 $A\to0$ 时，梁的弯矩图将成为简支梁的弯矩图［图 5.18(d)］，当 A 增大时，梁的正弯矩将减小而负弯矩将增大。若使 $A=1.7\times10^{-3}\,\mathrm{m}^2$，梁的最大正、负弯矩值将接近相

等(读者可自行验算)，这对梁的受力是比较有利的。当$A\to\infty$时，梁的中点相当于有一刚性支座，其弯矩图将与两跨连续的弯矩图相同，如图 5.18(f)所示。

【例 5-10】 试计算图 5.19(a)所示铰接排架，作出弯矩图。

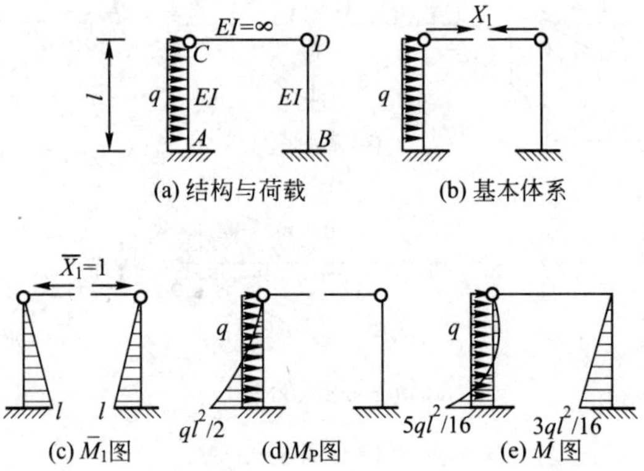

图 5.19 例 5-10 图

【解】 排架为一次超静定结构，切断链杆解除一个多余约束，基本体系如图 5.19(b)所示。变形条件Δ_1是与X_1对应的广义位移，即切口两侧截面相对水平位移，该值应为零，即

$$\Delta_1=0$$

力法方程为

$$\delta_{11}X_1+\Delta_{1P}=0$$

$\overline{M}_1$图和M_P图分别如图 5.19(c)、(d)所示。求系数和常数项可按组合结构的位移计算公式，由于链杆刚度无穷大，无轴向变形，对位移无影响，故可按刚架位移计算，计算结果为

$$\delta_{11}=\frac{1}{EI}\left(\frac{1}{2}\times l\times l\times\frac{2}{3}\times l\right)=\frac{2}{3}\frac{l^3}{EI},\quad \Delta_{1P}=-\frac{1}{EI}\times\frac{1}{3}\times l\times\frac{ql^2}{2}\times\frac{3l}{4}=-\frac{1}{8}\frac{ql^4}{EI}$$

$$X_1=-\frac{\Delta_{1P}}{\delta_{11}}=\frac{5}{16}ql$$

按叠加法作出的弯矩图如图 5.19(e)所示。

【例 5-11】 试用力法计算图 5.20(a)所示对称刚架，作出弯矩图，已知EI等于常数。

【解】 原结构为三次超静定结构，可以选将横梁从中间切开得到的两个悬臂刚架作为基本结构，基本体系如图 5.20(b)所示，截面剪力X_1、轴力X_2和弯矩X_3为力法基本未知量。

变形条件，是切口两侧截面竖向相对位移即X_1方向的位移应等于零，两侧截面水平相对位移即X_2方向的位移等于零，两侧截面相对转角即X_3方向位移等于零，故有

$$\Delta_1=0,\quad \Delta_2=0,\quad \Delta_3=0$$

力法典型方程为

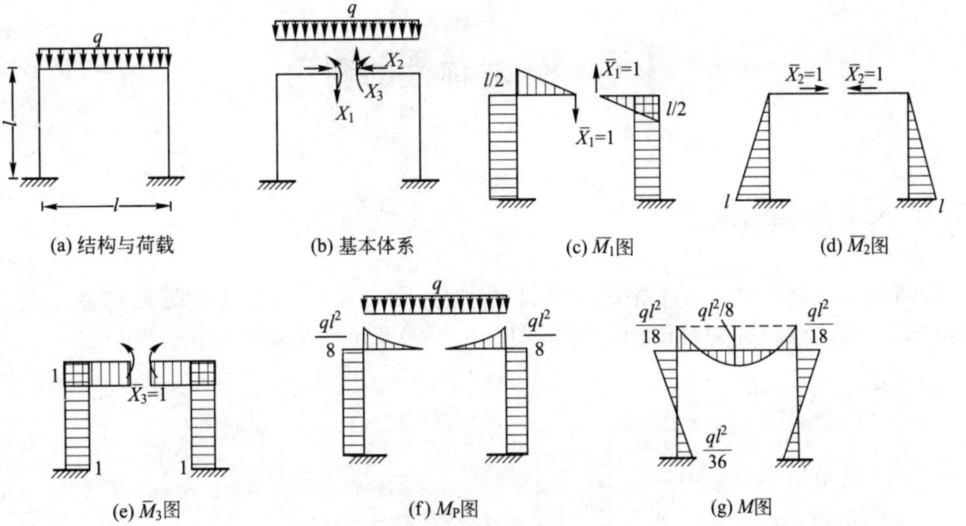

图 5.20 例 5-11 图

$$\begin{cases}\delta_{11}X_1+\delta_{12}X_2+\delta_{13}X_3+\Delta_{1P}=0\\ \delta_{21}X_1+\delta_{22}X_2+\delta_{23}X_3+\Delta_{2P}=0\\ \delta_{31}X_1+\delta_{32}X_2+\delta_{33}X_3+\Delta_{3P}=0\end{cases}$$

作出$\overline{M_1}$图、$\overline{M_2}$图、$\overline{M_3}$图和$\overline{M_P}$图，分别如图 5.20(c)～(f)所示，其中$\overline{M_1}$图是反对称弯矩图，$\overline{M_2}$、$\overline{M_3}$、$\overline{M_P}$图是对称弯矩图。将引起反对称弯矩图的基本未知量称为反对称基本未知量，引起对称弯矩图的基本未知量称为对称基本未知量，X_1 是反对称基本未知量，X_2 和 X_3 是对称未知量。用图乘法求系数和常数项时，会发现对称弯矩图与反对称弯矩图的 $\delta_{21}=0$，$\delta_{31}=0$，代入典型方程后，方程化为以下方程组。

$$\begin{cases}\delta_{11}X_1+\Delta_{1P}=0\\ \delta_{22}X_2+\delta_{23}X_3+\Delta_{2P}=0\\ \delta_{32}X_2+\delta_{33}X_3+\Delta_{3P}=0\end{cases}$$

式中

$$\delta_{11}=\frac{1}{EI}\left(\frac{1}{2}\times\frac{l}{2}\times\frac{l}{2}\right)\left(\frac{2}{3}\times\frac{l}{2}\right)\times2+\frac{1}{EI}\left(\frac{l}{2}\times l\right)\left(\frac{l}{2}\right)\times2=\frac{7}{12}\frac{l^3}{EI},\quad \Delta_{1P}=0$$

$$\delta_{22}=\frac{2}{3}\frac{l^3}{EI},\quad \delta_{23}=-\frac{l^3}{EI},\quad \Delta_{2P}=\frac{1}{8}\frac{ql^2}{EI}$$

$$\delta_{32}=\delta_{23}=-\frac{l^3}{EI},\quad \delta_{33}=\frac{3l}{EI},\quad \Delta_{3P}=-\frac{7}{24}\frac{ql^2}{EI}$$

解方程得

$$X_1=0,\quad X_2=-\frac{1}{12}ql,\quad X_3=\frac{5}{72}ql^2$$

按下式

$$M=\overline{M_1}X_1+\overline{M_2}X_2+\overline{M_3}X_3+M_P$$

可绘得最终弯矩图，如图 5.20(g)所示。

5.6 对称性的利用

5.6.1 对称结构的概念

若结构的几何形状、支承情况、各杆的刚度(EI、EA 等)都关于某轴对称，则该结构称为对称结构，该轴称为对称轴。图 5.21(a)、(b)所示均为对称结构。

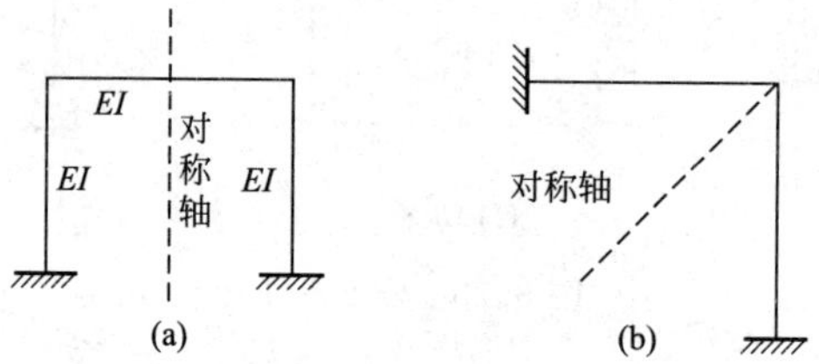

图 5.21 对称超静定结构

5.6.2 对称结构的荷载

对称结构上的荷载有以下几种类型：

(1) 正对称荷载。是指绕对称轴对折后，对称轴两边的荷载大小相等、作用点重合、方向相同的荷载；图 5.22 所示的荷载均为对称荷载。

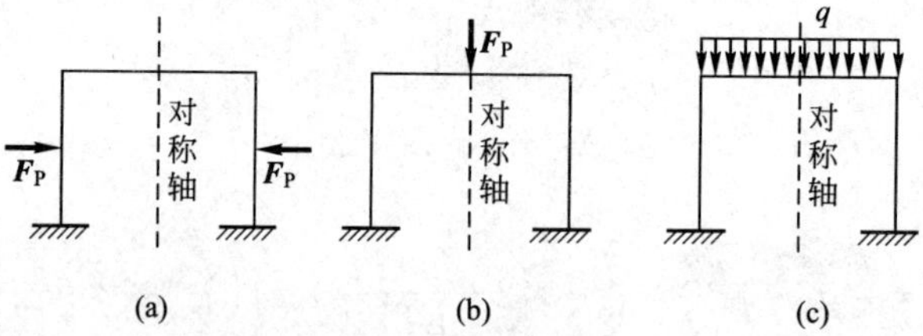

图 5.22 对称荷载

(2) 反对称荷载。是指绕对称轴对折后，对称轴两边的荷载大小相等、作用点重合、方向相反的荷载；图 5.23 所示的荷载均为反对称荷载。

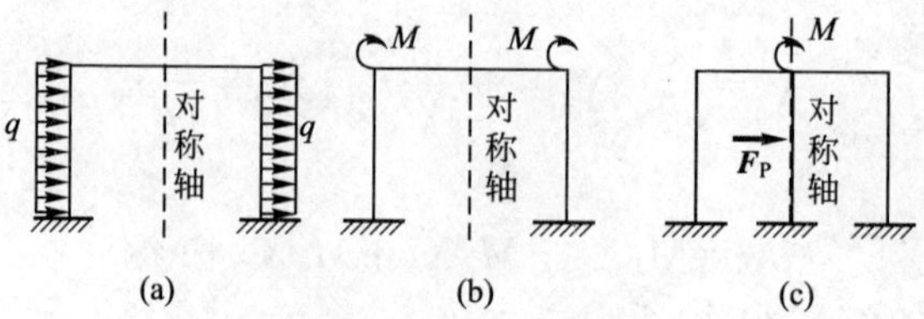

图 5.23 反对称荷载

(3) 一般荷载。是指非正对称、非反对称的荷载；可以把一般荷载分解为正对称荷载和反对称荷载，如图 5.24 所示。

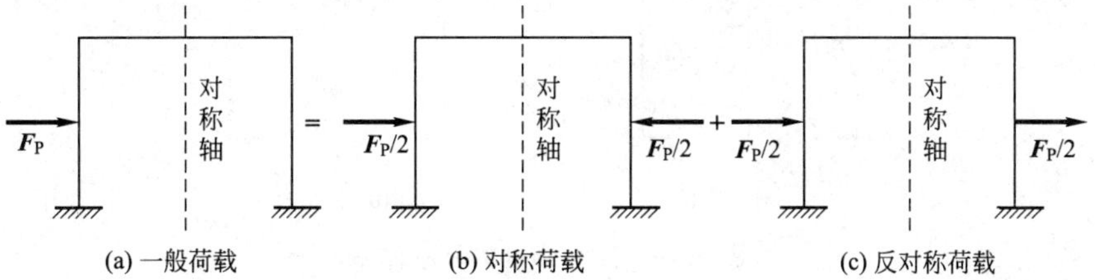

图 5.24 一般荷载

(4) 未知力荷载。对于对称的超静定结构，虽然选取了对称的基本结构，但很多多余未知力对结构的对称轴来说却不是正对称或反对称的。对于这种情况，一般可将多余未知力分解为一组正对称的和一组反对称的未知力。如图 5.25 所示的对称刚架，有两个多余未知力 X_1 和 X_2，可分解为新的两组未知力，一组为成正对称的未知力 Y_1，另一组为成反对称的未知力 Y_2，那么新的未知力与原有未知力之间具有如下关系：

$$X_1=Y_1+Y_2,\quad X_2=Y_1-Y_2 \tag{5-11}$$

或

$$Y_1=\frac{X_1+X_2}{2},\quad Y_2=\frac{X_1-X_2}{2} \tag{5-12}$$

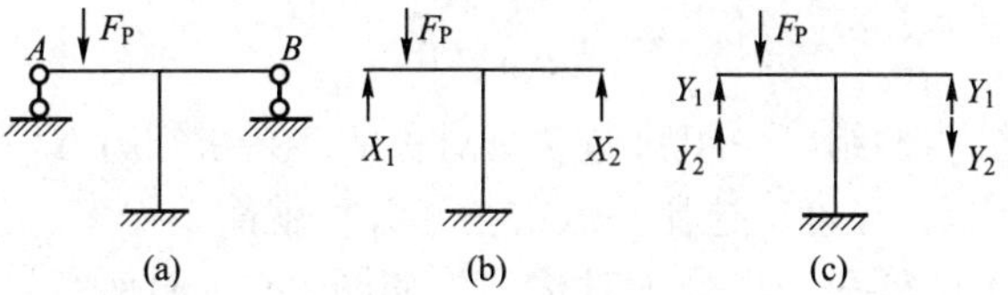

图 5.25 未知力荷载

5.6.3 对称结构的受力特点

对称结构在正对称荷载作用下，反力、内力和变形都成正对称分布，弯矩图和轴力图是正对称的，剪力图是反对称的；在反对称荷载作用下，反力、内力和变形都成反对称分布，弯矩图和轴力图是反对称的，剪力图是正对称的。下面用力法来证明这一结论。

对图 5.26(a)所示的超静定结构进行分析，将此结构沿对称轴的截面切开，得到一个对称的基本结构，如图 5.26(b)中所示。此时，多余未知力包括三对力：一对弯矩 X_1、一对轴力 X_2 和一对剪力 X_3。根据上面的定义可知，在上述多余未知力中，X_1 和 X_2 是正对称的，X_3 是反对称的。

根据力法的求解过程，绘出基本结构的各单位弯矩图，如图 5.27 所示，可以看出，$\overline{M_1}$图和$\overline{M_2}$图是正对称的，而$\overline{M_3}$图是反对称的。正、反对称的两图相乘时恰好正负抵消使结果为零，因而可知副系数

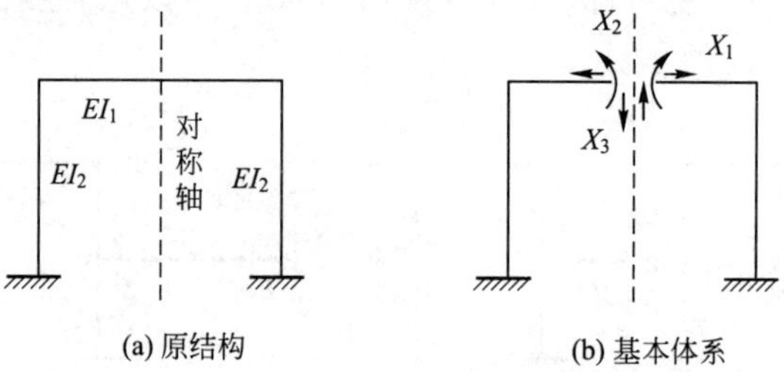

图 5.26 对称结构的基本体系

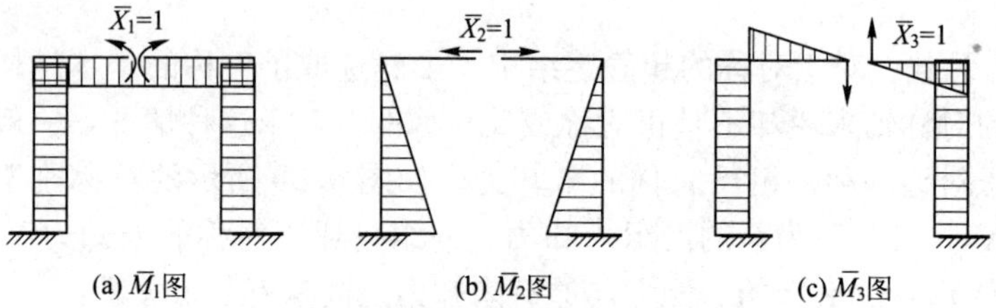

图 5.27 对称结构弯矩图

$$\delta_{13}=\delta_{31}=0, \quad \delta_{23}=\delta_{32}=0 \tag{5-13}$$

于是典型方程便简化为

$$\begin{cases}\delta_{11}X_1+\delta_{12}X_2+\Delta_{1P}=0\\ \delta_{21}X_1+\delta_{22}X_2+\Delta_{2P}=0\\ \delta_{33}X_3+\Delta_{3P}=0\end{cases} \tag{5-14}$$

可见典型方程已分为两组，一组只包含正对称的多余未知力 X_1 和 X_2，另一组只包含反对称的多余未知力 X_3。显然，这比一般的情形计算就简单得多。

如果作用在结构上的外荷载也是正对称的，如图 5.28(a)所示，则 M_P 图也是正对称的，如图 5.28(b)所示，于是自由项 $\Delta_{3P}=0$。由典型方程的第三式可知反对称的多余未知力 $X_3=0$，因此只有正对称的多余未知力 X_1 和 X_2。最后弯矩图为 $M=\overline{M_1}X_1+\overline{M_2}X_2+M_P$，它也将是正对称的，其形状如图 5.28(c)所示。由此可推知，此时结构的所有反力、内力及位移(见图 5.28(a)中虚线)都将是正对称的。但须注意，此时剪力图是反对称的，这是由于剪力的正负号规定所致，而剪力的实际方向则是正对称的。

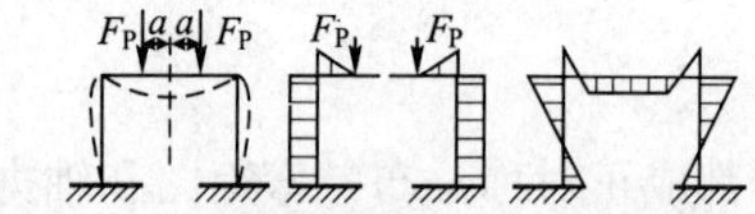

图 5.28 对称荷载作用下内力和变形图

如果作用在结构上的荷载是反对称的，如图 5.29(a)所示，作出 M_P 图如图 5.29(b)所示，则同理可证，此时正对称的多余未知力 $X_1=X_2=0$，只有反对称的多余未知力 X_3，最后弯矩图为 $M=\overline{M_3}X_3+M_P$，它也是反对称的，如图 5.29(c)所示，且此时结构的所有反力、内力和位移(见图 5.29(a)中虚线)都将是反对称的。但须注意，剪力图是正对称的，剪力的实际方向则是反对称的。

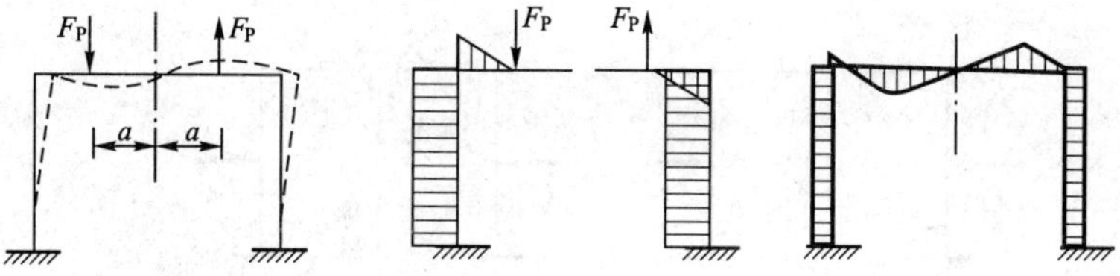

(a) 反对称外荷载　　(b) M_P图　　(c) M图

图 5.29　反对称荷载作用内力和变形图

5.6.4　对称性的利用

对称性的利用要点如下：

(1) 对称结构受正对称荷载或反对称荷载作用时，利用对称性，可以只计算对称轴一侧的内力，另一侧利用对称性的受力特点来求解。

(2) 根据对称性的受力特点，当结构受正对称荷载或反对称荷载作用时，可判定对称轴处的某些内力为零：

① 正对称荷载情况。对图 5.30(a)所示结构，由对称性和平衡条件可知 K 截面的剪力为零；对图 5.31(a)所示结构，由对称性和平衡条件可知 K 点的两侧的剪力大小为 $F_P/2$，方向向上。

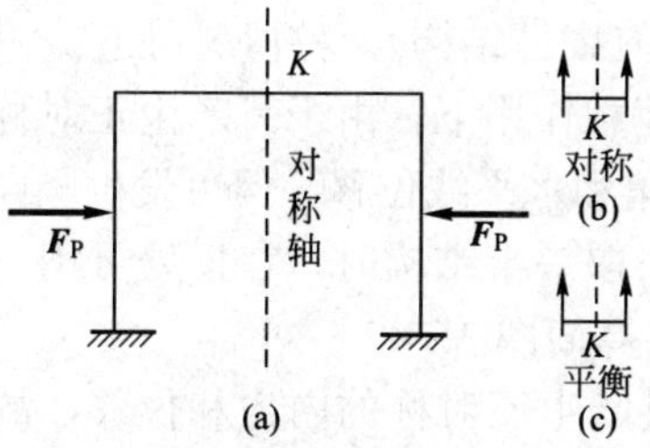

图 5.30　对称荷载作用时对称轴处的内力

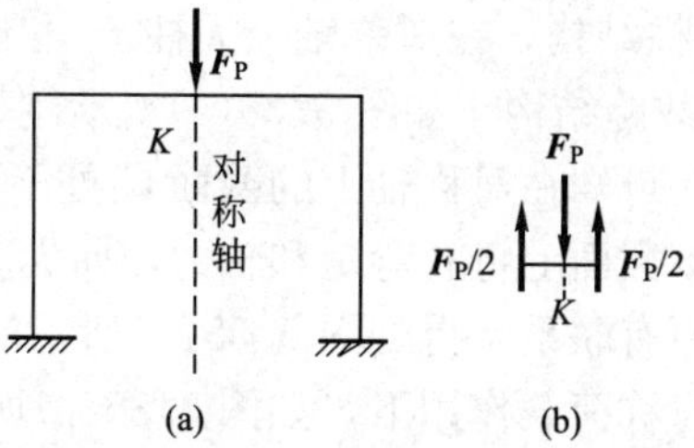

图 5.31　对称轴处有集中力作用时的内力

② 反对称荷载情况。对图 5.32(a)所示结构，由对称性和平衡条件可知 K 截面的弯矩和轴力为零。

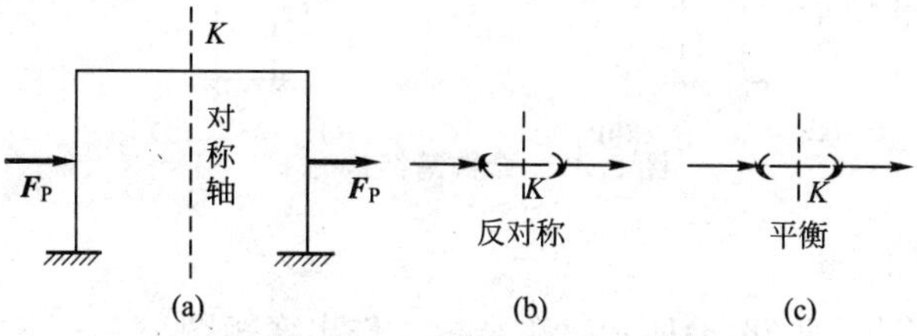

图 5.32　反对称荷载作用时对称轴处的内力

利用上述结论，用力法求解时，若取对称的基本体系，可以减少计算工作量。如图 5.33所示的对称结构在对称荷载作用下，若取对称的基本体系，则反对称基本未知量 X_3 等于零，故可按二次超静定结构计算。

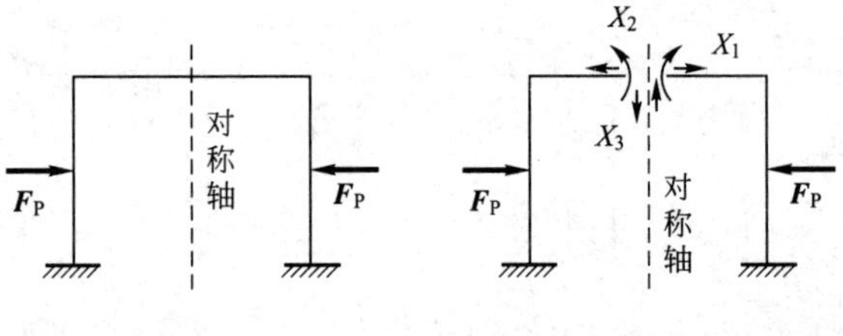

(a) (b)

图 5.33 对称基本未知量为零的情况

如图 5.34 所示的对称结构在反对称荷载作用下，若取对称的基本体系，则正对称基本未知量 X_1、X_2 等于零，故可按一次超静定结构计算。

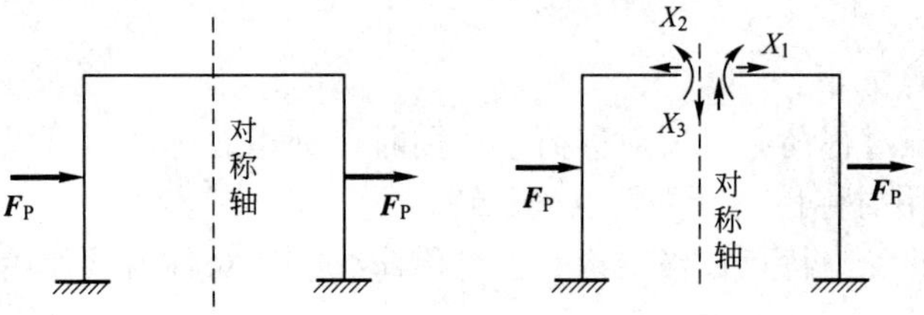

(a) (b)

图 5.34 反对称基本未知量为零的情况

(3) 取一半结构计算。

当对称结构承受正对称或反对称荷载时，可以取一半结构来进行计算。下面分奇数跨(又称无中柱结构，在对称轴上无柱子)和偶数跨(又称有中柱结构)两种情况讨论：

① 奇数跨结构。如图 5.35(a)所示刚架在正对称荷载作用下，由于只产生正对称的内力和位移，可知在对称轴上的截面 C 处不可能发生转角和水平线位移，但可发生竖向线位移，同时该截面上将有弯矩和轴力，而无剪力。因此，取一半结构时，在该处可用一滑动支座代替原有联系，得到图 5.35(b)所示的半边结构计算简图。

在反对称荷载作用下，如图 5.35(c)所示，由于只产生反对称的内力和位移，故可知在对称轴上的截面 C 处不可能发生竖向线位移，但可有水平线位移及转角，同时该截面上弯矩、轴力均为零而只有剪力。因此，取一半结构时，在该处可用一竖向支承链杆来代替原有联系，得到图 5.36(d)所示的半边结构计算简图。

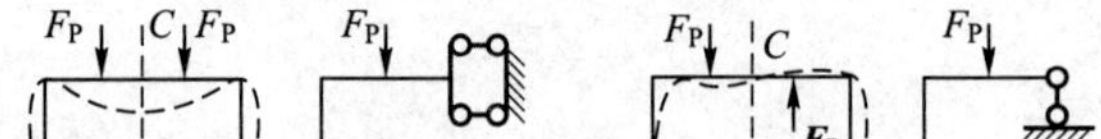

(a) (b) (c) (d)

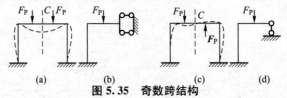

图 5.35 奇数跨结构

下面用算例进行说明。

【例 5-12】 试计算图 5.36(a)所示对称结构，作出弯矩图。

【解】 该梁为奇数跨结构，对称荷载作用，一半结构如图 5.36(b)所示。半边结构的力法基本体系如图 5.36(c)所示。力法典型方程为

$$\delta_{11}X_1+\Delta_{1P}=0$$

$\overline{M_1}$图、M_P 图分别如图 5.36(d)、(e)所示，可求得系数、常数项为

$$\delta_{11}=\frac{1}{2}\frac{l}{EI},\quad \Delta_{1P}=-\frac{1}{48}\frac{ql^3}{EI}$$

解得

$$X_1=-\frac{\Delta_{1P}}{\delta_{11}}=\frac{1}{24}ql^2$$

半结构的弯矩图如图 5.36(f)所示，根据对称性求得原结构的弯矩图如图 5.36(g)所示。

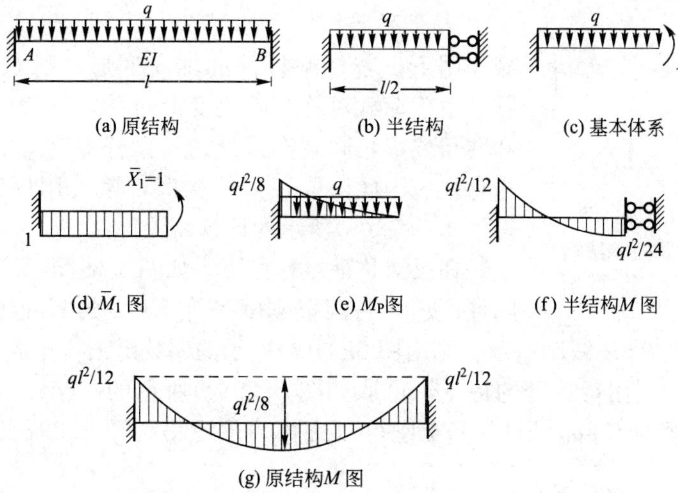

图 5.36　例 5-12 图

【例 5-13】　试计算图 5.37(a)所示对称结构，作出弯矩图。

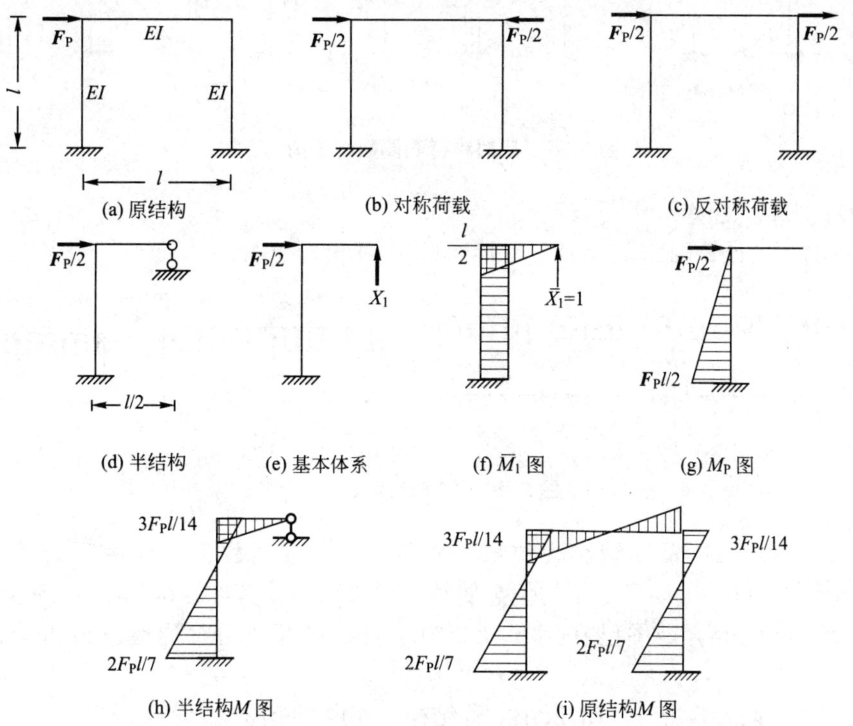

图 5.37　例 5-13 图

【解】 原结构属于对称结构，一般荷载。将荷载分解成对称荷载和反对称荷载，分别如图 5.37(b)、(c)所示，叠加这两种荷载引起的弯矩图即为原结构弯矩图。图 5.37(b)所示为对称荷载情况，荷载是等值反向沿一根杆的杆轴作用的一对集中力，只引起轴力而不引起弯矩，因此，图 5.37(c)所示反对称荷载作用产生的弯矩与原结构相同。图 5.37(c)所示体系的半结构如图 5.37(d)所示，力法基本体系及$\overline{M_1}$、M_P 图分别如图 5.37(e)、(f)、(g)所示，作出的半结构弯矩图如图 5.37(h)所示，原结构弯矩图如图 5.37(i)所示。

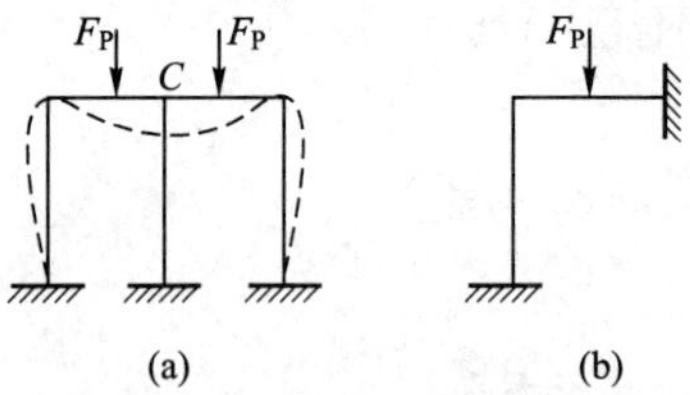

图 5.38 对称荷载偶数跨结构

② 偶数跨结构。如图 5.38(a)所示刚架在正对称荷载作用下，若忽略杆件的轴向变形，则 C 点无竖向位移，由于荷载对称，因此变形对称，C 截面无水平位移和转角位移，同时在该处的横梁杆端有弯矩、轴力和剪力存在。因此，取一半结构时，该处用固定支座代替，得到图 5.38(b)所示的计算简图。

在反对称荷载作用下，如图 5.39(a)所示，可将其中间柱设想为由两根刚度各为 $EI/2$ 的竖柱组成，对称轴在柱子中间穿过，如图 5.39(b)所示。则由图 5.39(a)所示的偶数跨结构化成了图 5.39(b)所示的奇数跨结构，利用奇数跨的特点，可取如图 5.39(c)所示的一半结构，由于柱子约束 A 点不能发生竖向位移，所以 A 支座可以去掉。最终得到图 5.39(d)所示的一半结构。

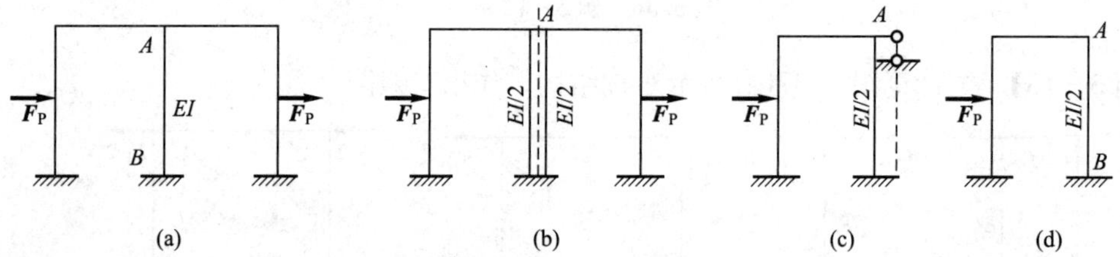

图 5.39 反对称荷载偶数跨结构

下面用算例进行说明。

【例 5-14】 试计算图 5.40(a)所示对称结构，作出弯矩图。

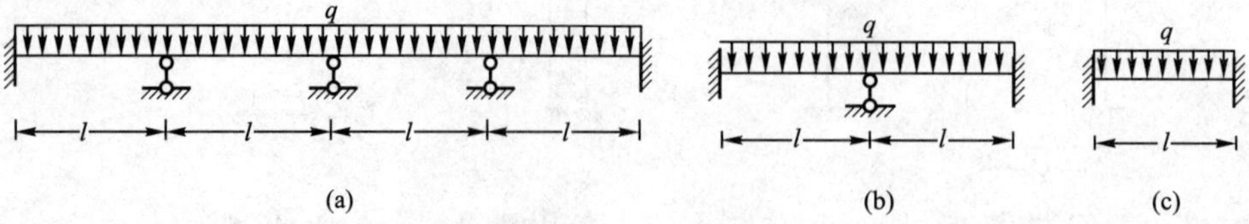

图 5.40 例 5-14 图

【解】 图 5.40(a)所示连续梁为偶数跨对称结构，在对称荷载作用下的半结构如图 5.40(b)所示。图 5.40(b)所示结构仍为偶数跨对称结构，其半结构如图 5.40(c)所示。图 5.40(c)所示结构的弯矩图已在例 5-12 中求出，即可利用对称性作出原结构的弯矩图。

【例 5-15】 试计算图 5.41(a)所示对称结构，作出弯矩图。

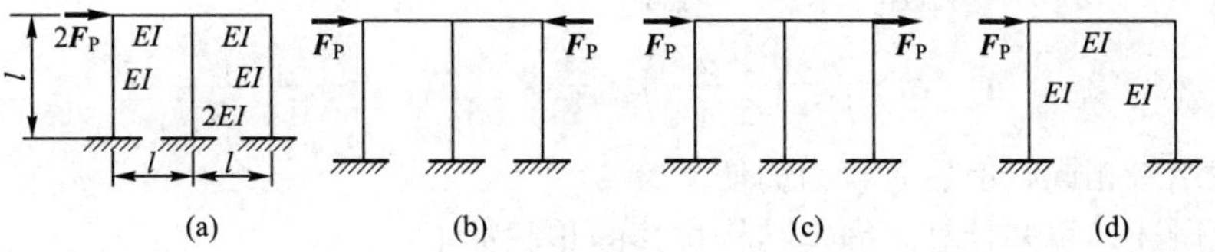

图 5.41 例 5-15 图

【解】 对称结构上作用的荷载为一般荷载，将其分解成对称荷载与反对称荷载，如图 5.40(b)、(c)所示。图 5.40(b)所示对称荷载情况，结构无弯矩；反对称荷载作用下可取半边结构计算，如图 5.40(d)所示。图 5.40(d)所示半结构的弯矩图已在例 5-13 中求出，利用对称性即可作出原结构的弯矩图。

5.7 超静定结构的位移计算

第 4 章中所述位移计算的原理和公式，对超静定结构也是适用的。以图 5.42(a)所示超静定刚架为例，其最后弯矩 M 图已作出，如图 5.42(a)所示。现在要求 CB 杆中点 K 的竖向位移 Δ_{Ky}。为此，应在 K 点加上单位力作为虚拟状态并作出 $\overline{M}_K$ 图，如图 5.42(b)所示，然后将 $\overline{M}_K$ 图与 M 图相乘即可求得 Δ_{Ky}。但为了作出 $\overline{M}_K$ 图，又需解超静定问题，这是比较麻烦的。

由力法计算超静定结构的过程可知，在荷载及多余未知力共同作用下，基本体系的位移和原结构是完全一致的。因此，求超静定结构的位移可以用求基本体系的位移来代替，单位力可以加在基本结构上，由于基本结构是静定的，因而内力图很容易求解。此外，由于超静定结构的最后内力图并不因所取基本结构的不同而有异，因此在求位移时，可以选取任一种基本结构来求虚拟状态的内力。恰当的基本结构，可使计算简化。

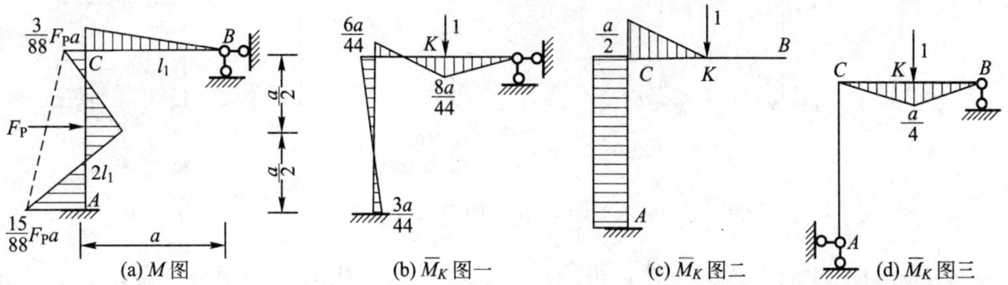

图 5.42 超静定结构位移计算

例如求上述刚架的位移 Δ_{Ky} 时，若取图 5.42(c)所示的基本结构，加上单位力并绘出虚拟状态的 $\overline{M}_K$ 图，将其与 M 图相乘可得

$$\Delta_{Ky}=\frac{1}{EI_1}\left(\frac{1}{2}\frac{a}{2}\frac{a}{2}\right)\times\frac{5}{6}\times\frac{3}{88}F_Pa+\frac{1}{2EI_1}\left[\frac{1}{2}\times\left(\frac{3}{88}F_Pa+\frac{15}{88}F_Pa\right)a\ \frac{a}{2}-\left(\frac{1}{2}\frac{F_Pa}{4}a\right)\frac{a}{2}\right]$$

$$=-\frac{3F_Pa^3}{1408EI_1}\uparrow$$

若取图 5.42(d)中的基本结构，则有

$$\Delta_{Ky}=-\frac{1}{EI_1}\left(\frac{1}{2}\frac{a}{4}a\right)\times\frac{1}{2}\times\frac{3}{88}F_{P}a=-\frac{3F_{P}a^3}{1408EI_1}\uparrow$$

二者结果相同，但后者较为简便。

综上所述，可知计算超静定结构位移的步骤如下：

(1) 解算超静定结构，求出最后内力，此为实际状态；

(2) 任选一种基本结构，加上单位力求出虚拟状态的内力；

(3) 按位移计算公式或图乘法计算所求位移。

5.8 超静定结构计算结果的校核

由于超静定结构的计算过程复杂，因此对计算过程和结果进行检查校核非常重要。

(1) 计算过程的检查：应检查基本结构的选取、基本未知量个数、典型方程、单位弯矩图和荷载弯矩图、系数和常数项的计算、副系数是否满足互等定理、方程的解和最终弯矩图等各个环节是否正确，同时还应对各杆抗弯刚度、杆长不相等等情况予以特别注意。

(2) 计算结果的校核：正确的内力图必须同时满足平衡条件和位移条件，因而校核亦应从这两方面进行。

① 平衡条件校核。取结构的整体或任何部分为隔离体，其受力均应满足平衡条件，如不满足，则表明内力图有错误。

对于刚架的弯矩图，通常应检查刚结点处所受力矩是否满足$\sum M=0$的平衡条件。例如对图 5.43(a)所示刚架，取结点 E 为隔离体，如图 5.43(b)所示，则应有$\sum M_E=M_{ED}+M_{EB}+M_{EF}=0$。

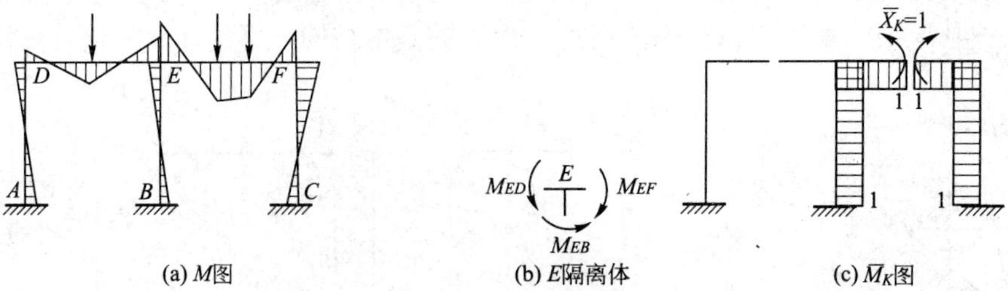

图 5.43　内力图校核

对于剪力图和轴力图的校核，可取结点、杆件或结构的某一部分为隔离体，考虑是否满足$\sum F_x=0$和$\sum F_y=0$的平衡条件。但是仅满足平衡条件，不能说明最后的内力图就是正确的。

② 位移条件校核。利用解出的内力结果，计算原结构上的某些点如支座、约束等处的位移，看是否满足原结构的变形连续条件和支座处的位移边界条件。

下面用算例进行说明。

【例 5-16】 图 5.44(a)所示结构的弯矩图如图 5.44(b)所示，试校核 C 点竖向位移是否为零。

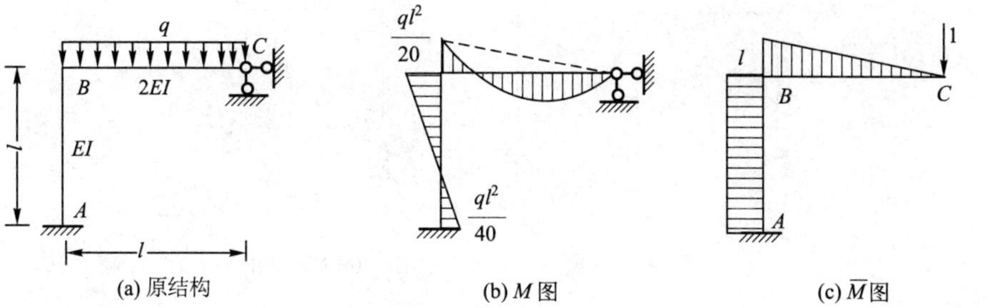

图 5.44　例 5-16 图

【解】 在力法基本结构上构造单位力状态，如图 5.44(c)所示。将图 5.44(b)和图 5.44(c)的弯矩图进行图乘，可得

$$\Delta_{Cx}=\frac{1}{2EI}\left[\left(\frac{1}{2}l\times\frac{ql^2}{20}\right)\left(\frac{2}{3}l\right)+\left(\frac{2}{3}l\times\frac{ql^2}{8}\right)\left(-\frac{1}{2}l\right)\right]+\frac{1}{EI}\left[\left(\frac{1}{2}l\times\frac{ql^2}{20}\right)(l)+\left(\frac{1}{2}l\times\frac{ql^2}{40}\right)(-l)\right]=0$$

满足 C 点竖向位移为零的边界位移条件。

从理论上讲，一个 n 次超静定结构需要 n 个位移条件才能求出全部多余未知力，故位移条件的校核也应进行 n 次。不过，通常只需抽查少数的位移条件即可。

对于具有封闭无铰框格的刚架，利用框格上任一截面处的相对角位移为零的条件来校核弯矩图比较方便。例如，校核图 5.43(a)的 M 图时，可取图 5.43(c)所示基本结构的单位弯矩图$\overline{M_K}$与 M 图相乘，以检查相对转角 Δ_K 是否为零。由于$\overline{M_K}$只在这一封闭框格上不为零，且其竖标处为 1，故对于该封闭框格应有

$$\Delta_K=\Sigma\int\frac{\overline{M}_K M\mathrm{d}s}{EI}=\Sigma\int\frac{M\mathrm{d}s}{EI}=0 \tag{5-15}$$

这表明在任一封闭无铰的框格上，弯矩图的面积除以相应刚度的代数和应等于零。

5.9 支座位移作用下超静定结构的计算

对于静定结构，支座移动将使其产生刚体位移，不产生内力。而对于超静定结构，发生支座位移一般会产生内力，该内力也可以用力法来求解，计算过程与计算荷载内力引起的过程类似，唯一的区别仅在于典型方程中的自由项不同。

例如图 5.45(a)所示刚架，设其支座 B 由于某种原因产生了水平位移 a、竖向位移 b 及转角 φ，现取基本体系如图 5.45(b)所示。根据基本结构在多余未知力和支座位移共同影响下，沿各多余未知力方向的位移应与原结构的相应位移相同的条件，可建立典型方程如下：

$$\begin{cases}\delta_{11}X_1+\delta_{12}X_2+\delta_{13}X_3+\Delta_{1\Delta}=0\\ \delta_{21}X_1+\delta_{22}X_2+\delta_{23}X_3+\Delta_{2\Delta}=-\varphi\\ \delta_{31}X_1+\delta_{32}X_2+\delta_{33}X_3+\Delta_{3\Delta}=-a\end{cases} \tag{5-16}$$

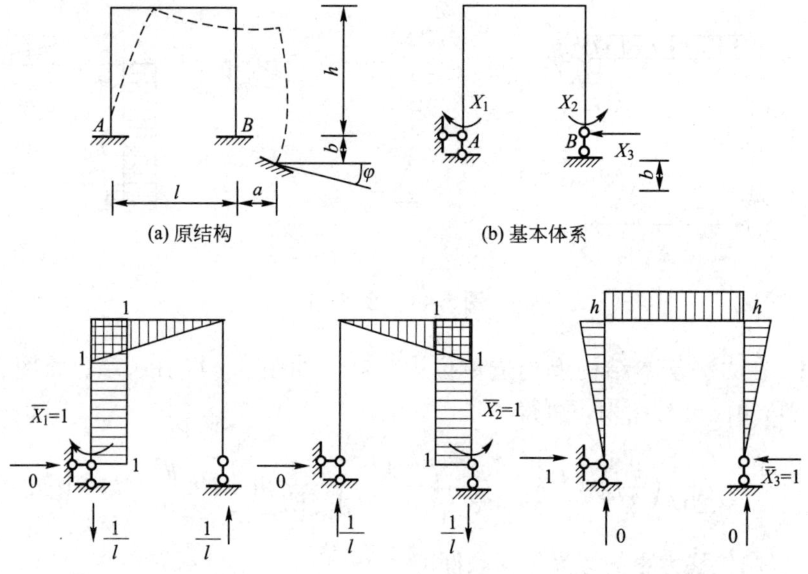

(a) 原结构　(b) 基本体系

(c) $\overline{M}_1$ 及$\overline{F}_{R1}$图　(d) $\overline{M}_2$ 及$\overline{F}_{R2}$图　(e) $\overline{M}_3$ 及$\overline{F}_{R3}$图

图 5.45　支座发生位移时结构计算图

式中的系数计算同前。自由项 $\Delta_{1\Delta}$、$\Delta_{2\Delta}$、$\Delta_{3\Delta}$ 分别代表基本结构由于支座移动所引起的沿 X_1、X_2、X_3 方向的位移，可按第 4 章支座移动引起位移的方法计算，公式为

$$\Delta_{i\Delta}=-\sum\overline{F_{Ri}}c_i \tag{5-17}$$

由图 5.45(c)、(d)和(e)所示的虚拟反力，按上式可求得

$$\begin{cases}\Delta_{1\Delta}=-\left(-\dfrac{1}{l}b\right)=\dfrac{b}{l}\\ \Delta_{2\Delta}=-\left(\dfrac{1}{l}b\right)=-\dfrac{b}{l}\\ \Delta_{3\Delta}=0\end{cases} \tag{5-18}$$

自由项求出后，其余条件按照计算荷载内力引起的情况来计算。因为基本结构是静定结构，支座位移不产生内力，因而最后内力图只是由多余未知力所引起的，即

$$M=\overline{M_1}X_1+\overline{M_2}X_2+\overline{M_3}X_3 \tag{5-19}$$

但在求位移时，应加上支座移动的影响：

$$\Delta_K=\sum\int\frac{\overline{M_K}M\mathrm{d}s}{EI}+\Delta_{K\Delta}=\sum\int\frac{\overline{M_K}M\mathrm{d}s}{EI}-\sum\overline{F_{Ri}}c_i \tag{5-20}$$

沿 X_i 方向的位移条件校核式为

$$\Delta_i=\sum\int\frac{\overline{M_K}M\mathrm{d}s}{EI}-\sum\overline{F_{Ri}}c_i=0(\text{或已知值}) \tag{5-21}$$

【例 5-17】 图 5.46(a)所示超静定梁，A 支座转动 φ，求其结构内力，作出弯矩图。

【解】 图示梁为三次超静定结构，取简支梁为基本结构，两端截面的弯矩和 B 端截面的轴力为基本未知量，由于轴力等于零，按二次超静定结构求解，力法基本体系如图 5.46(b)所示。

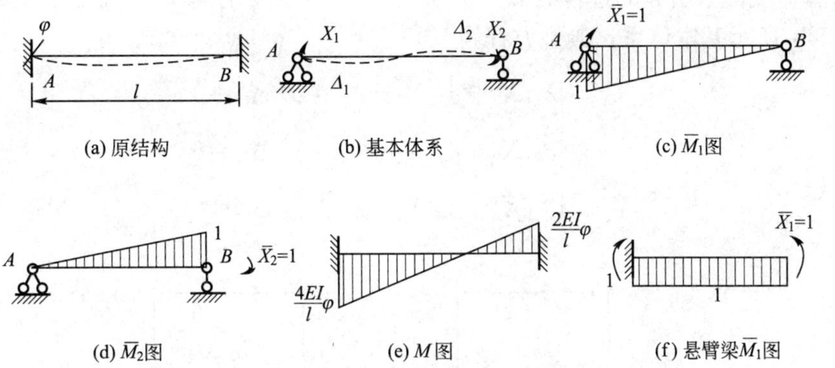

图 5.46 例 5-17 图

基本体系上只有 X_1、X_2 作用，它们共同引起的与 X_1、X_2 对应的位移 Δ_1、Δ_2 应该等于原结构的位移，即

$$\begin{cases}\Delta_1=\delta_{11}X_1+\delta_{12}X_2+\Delta_{1\Delta}=\varphi\\ \Delta_2=\delta_{21}X_1+\delta_{22}X_2+\Delta_{2\Delta}=0\end{cases}$$

作出$\overline{M_1}$图和$\overline{M_2}$图，分别如图 5.46(c)、(d)所示。由图乘法求出系数为

$$\delta_{11}=\frac{l}{3EI},\quad \delta_{12}=-\frac{l}{6EI}=\delta_{21},\quad \delta_{22}=\frac{l}{3EI}$$

自由项 $\Delta_{1\Delta}$、$\Delta_{2\Delta}$代表基本结构上由于位移引起的沿 X_1、X_2 方向的位移。由于取基本结构时已把发生转角的固定支座 A 改为铰支，故支座 A 的转动已不再对基本结构产生任何影响，故有

$$\Delta_{1\Delta}=\Delta_{2\Delta}=0$$

如按公式 $\Delta_{i\Delta}=-\sum\overline{R}_i c_i$，计算亦得出同样结果。

解力法方程，得

$$X_1=\frac{4EI}{l}\varphi,\quad X_2=\frac{2EI}{l}\varphi$$

最终弯矩图可用叠加法按下式作出，如图 5.46(e)所示：

$$M=\overline{M_1}X_1+\overline{M_2}X_2$$

现对最后内力图进行位移条件校核，检查固定支座 B 处转角是否为零。为此，可取图 5.46(f)所示悬臂梁为基本结构，作出其弯矩图并求出虚拟反力，由位移计算公式可得

$$\varphi_B=\Delta_1=\sum\int\frac{\overline{M}_3M\mathrm{d}s}{EI}-\sum\overline{F_{\mathrm{R1}}}c_1=\frac{1}{EI}(1l)\frac{1}{2}\left(\frac{4EI}{l}\varphi-\frac{2EI}{l}\varphi\right)-(1\varphi)=0$$

可见这一位移条件是满足的。

5.10 温度变化作用下超静定结构的计算

对于静定结构，温度变化将使其产生变形和位移，不产生内力。而对于超静定结构，温度变化时，由于受到支座的限制一般会产生内力，该内力也可以用力法来求解，计算过

程与计算荷载内力引起的过程类似。例如图 5.47(a)所示刚架，其温度变化如图所示，取图 5.47(b)所示基本体系，典型方程为

$$\begin{cases}\delta_{11}X_1+\delta_{12}X_2+\delta_{13}X_3+\Delta_{1t}=0\\ \delta_{21}X_1+\delta_{22}X_2+\delta_{23}X_3+\Delta_{2t}=0\\ \delta_{31}X_1+\delta_{32}X_2+\delta_{33}X_3+\Delta_{3t}=0\end{cases} \tag{5-22}$$

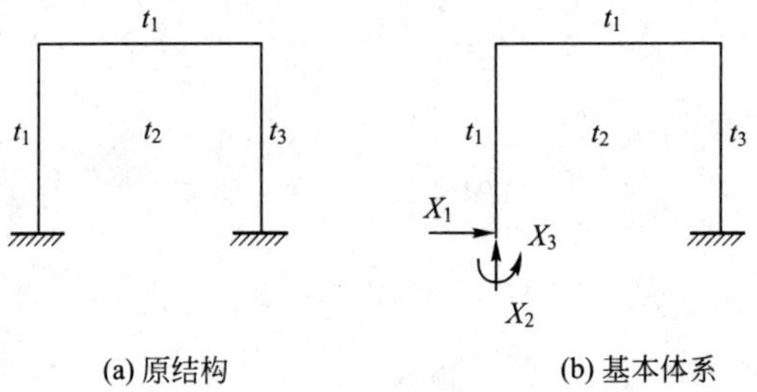

图 5.47　温度变化超静定结构的基本体系

式中的系数计算同前。自由项 Δ_{1t}、Δ_{2t}、Δ_{3t} 分别为基本结构由于温度变化引起的沿 X_1、X_2、X_3 方向的位移，它们可按第 4 章温度变化引起位移的方法来计算，公式为

$$\Delta_{it}=\sum\overline{F_{Ni}}\alpha tl+\sum\frac{\alpha\Delta_t}{h}\int\overline{M_i}\,ds \tag{5-23}$$

将系数和自由项求得后，代入典型方程即可解出多余未知力。

因为基本结构是静定的，温度变化并不使其产生内力，故最后内力只是由多余未知力所引起的，即

$$M=\overline{M_1}X_1+\overline{M_2}X_2+\overline{M_3}X_3 \tag{5-24}$$

但温度变化却会使基本结构产生位移，因此在求位移时，除了考虑由于内力产生的位移外，还要加上由于温度变化所引起的位移。对于刚架，位移计算公式一般可写为

$$\Delta_K=\sum\int\frac{\overline{M_K}M\,ds}{EI}+\Delta_{Kt}=\sum\int\frac{\overline{M_K}M\,ds}{EI}+\sum\overline{F_{NK}}\alpha tl+\sum\frac{\alpha\Delta_t}{h}\int\overline{M_K}\,ds \tag{5-25}$$

同理，在对最后内力图进行位移条件校核时，亦应把温度变化所引起的基本结构的位移考虑进去，对多余未知力 X_i 方向上的位移校核式一般为

$$\Delta_i=\sum\int\frac{\overline{M_i}M\,ds}{EI}+\Delta_{it}=0 \tag{5-26}$$

【例 5-18】 图 5.48(a)所示刚架外侧温度升高 25℃，内侧温度升高 35℃，试绘制其弯矩图并计算横梁中点的竖向位移。已知 EI 等于常数，截面对称于形心轴，高度 $h=l/10$，材料的线膨胀系数为 α。

【解】 这是一次超静定刚架，取图 5.48(b)所示基本体系，典型方程为

$$\delta_{11}X_1+\Delta_{1t}=0$$

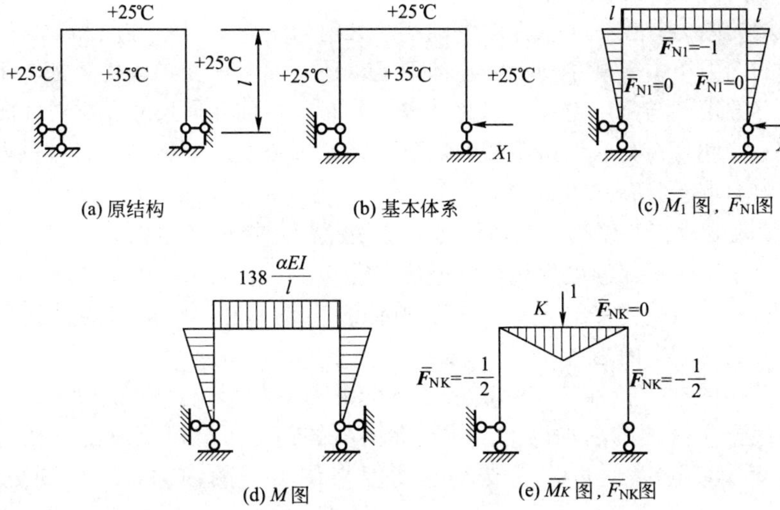

图 5.48 例 5-18 图

计算并绘出弯矩图和轴力图，如图 5.48(c)所示，求得系数及自由项为

$$\delta_{11}=\sum\int\frac{\overline{M}_1^2\mathrm{d}s}{EI}=\frac{1}{EI}\left(2\,\frac{l^2}{2}\times\frac{2l}{3}+l^3\right)=\frac{5l^3}{3EI}$$

$$\Delta_{1t}=\sum\overline{F}_{N1}\alpha tl+\sum\frac{\alpha\Delta_t}{h}\int\overline{M}_1\mathrm{d}s$$

$$=(-1)\alpha\times\frac{25+35}{2}l-\alpha\,\frac{35-25}{h}\times\left(2\,\frac{l^2}{2}+l^2\right)=-30\alpha l\left(1+\frac{2l}{3h}\right)=-230\alpha l$$

解得

$$X_1=-\frac{\Delta_{1t}}{\delta_{11}}=138\,\frac{\alpha EI}{l^2}$$

最后弯矩图 $M=\overline{M}_1X_1$，如图 5.48(d)所示。由计算结果可知，在温度变化影响下，超静定结构的内力与各杆刚度的绝对值有关，这是与荷载作用下不同的。

求横梁中点的竖向位移 Δ_K，作出基本结构在虚拟状态的 M_K 图并求出轴力图，如图 5.48(e)所示，由位移计算公式可得

$$\Delta_K=\sum\int\frac{\overline{M}_KM\mathrm{d}s}{EI}+\sum F_{NK}\alpha tl+\sum\int\overline{M}_K\mathrm{d}s$$

$$=-\frac{1}{EI}\left(\frac{1}{2}\,\frac{l}{4}\,l\times138\,\frac{\alpha EI}{l}\right)+2\times\left(-\frac{1}{2}\right)\alpha\times\frac{25+35}{2}l+\frac{\alpha(35-25)}{h}\times\left(\frac{1}{2}\,\frac{l}{4}\,l\right)$$

$$=-\frac{69}{4}\alpha l-30\alpha l+\frac{50}{4}\alpha l=-34.75\alpha l(\uparrow)$$

5.11 超静定结构的特性

与静定结构对比，超静定结构具有以下一些重要特性。

(1) 内力分布与结构各杆件的刚度有关，即与截面的几何尺寸和材料性质有关。

静定结构的内力只按平衡条件即可确定，其值与结构的材料性质和截面尺寸无关。而超静定结构的内力单由平衡条件无法全部确定，还必须考虑变形条件才能求解，而变形条件中结构位移的求解与刚度有关，因此其内力分布与截面几何尺寸和材料性质有关。

由于这一特性，在荷载保持不变的情况下，通过改变超静定结构各杆的刚度大小，可以使结构的内力重新分布。

(2) 温度改变、支座位移、制造误差等会使超静定结构产生内力。对于静定结构，除荷载外，其他任何因素如温度变化、支座位移等均不引起内力。但对于超静定结构，由于存在着多余联系，当结构受到这些因素影响而发生位移时，一般将要受到多余联系的约束，因而相应地要产生内力。

超静定结构的这一特性，在一定条件下会带来不利影响，例如连续梁可能由于地基不均匀沉陷而产生过大的附加内力。但是在另外的情况下又可能成为有利的方面，例如同样对于连续梁，可以通过改变支座的高度来调整梁的内力，以得到更合理的内力分布。

(3) 超静定结构抵抗破坏的能力强。当超静定结构的一些多余约束被破坏后，结构仍为几何不变体系，仍具有一定的承载能力，与静定结构相比其抵抗破坏的能力较强。而静定结构在任何一个联系被破坏后，立即成为几何可变体系而丧失承载力。因此，工程中的大多数结构为超静定结构，另从抗震角度而言，超静定结构也具有较强的防御能力。

(4) 超静定结构整体性强，内力分布较均匀。超静定结构由于具有多余联系，一般地说，要比相应的静定结构刚度大，内力分布也较均匀。例如图 5.49(a)、(b)所示的两跨简支梁和两跨连续梁，在荷载、跨度及截面相同的情况下，显然超静定结构的最大挠度(图中虚线为挠度曲线)及最大弯矩值(图中实线为弯矩图)都较静定结构要小。而且连续梁具有较平滑的变形曲线。

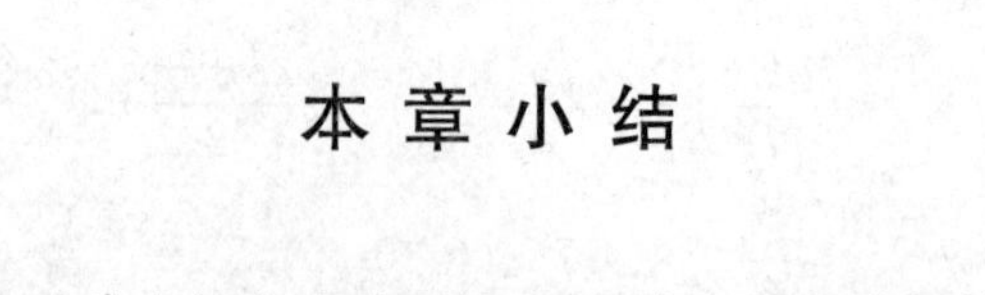

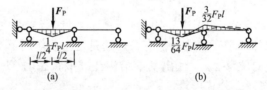

图 5.49 静定梁和超静定梁的内力比较

本章小结

本章主要讲述了力法的基本概念和典型方程，利用力法对超静定结构在荷载作用、温度变化、支座移动时的内力和位移进行求解，利用对称性对结构的内力和位移计算进行简化，并对结构的内力图进行校核，指出了超静定结构和静定结构的特性差别。

本章的重点是用力法和结构的对称性对超静定结构在荷载作用、温度变化、支座移动时的内力和位移进行求解。

思 考 题

5.1 用力法求解超静定结构的思路是什么？

5.2 什么是力法的基本体系、基本结构和基本未知量？为什么首先要计算基本未知量？基本体系与原结构有什么不同？基本体系与基本结构有什么不同？

5.3 力法方程的物理意义是什么？方程中的每一系数和自由项的含义是什么？

5.4 试从物理意义上说明，为什么力法方程中的主系数必为大于零的正值，而副系数可为任意数。

5.5 典型方程的右端是否一定为零？在什么情况下不为零？

5.6 为什么静定结构的内力状态与 EI 无关，而超静定结构的则有关？

5.7 什么是对称结构、对称荷载和反对称荷载？怎么利用对称性使计算简化？

5.8 为什么超静定结构的最后内力图校核包含平衡条件和位移条件两方面？

5.9 怎么求解超静定结构的位移？为什么可以把虚拟单位荷载加在任何基本结构上？

习 题

5-1 求解超静定结构需同时考虑__________、__________和物理条件。

5-2 求解超静定结构的基本方法有__________、__________。

5-3 图5.50(a)所示结构温度发生变化，会产生内力的结构为(　　)。

A. (a)、(b)　　B. (b)、(c)　　C. (c)、(a)　　D. (a)、(b)、(c)

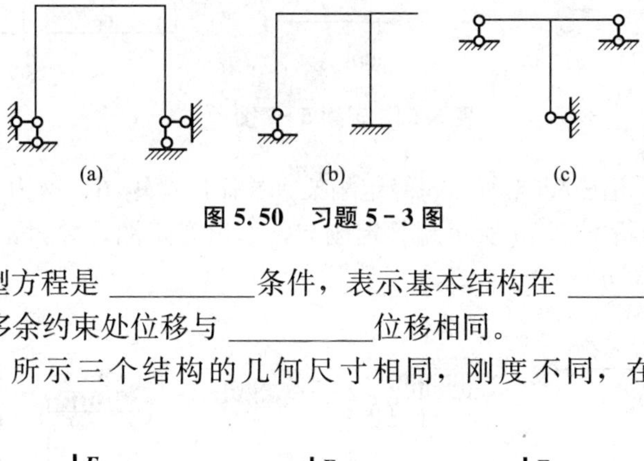

图5.50 习题5-3图

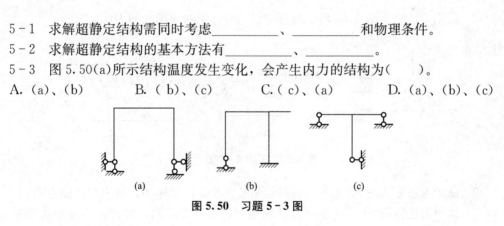

5-4 力法典型方程是__________条件，表示基本结构在__________和__________共同作用下产生的多余约束处位移与__________位移相同。

5-5 图5.51所示三个结构的几何尺寸相同，刚度不同，在相同荷载作用下，(　　)内力相同。

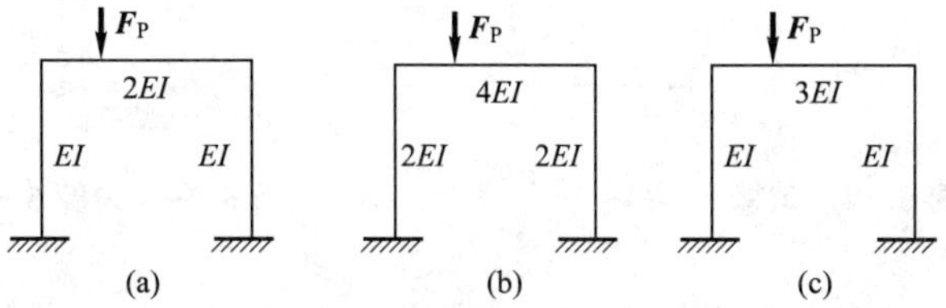

图5.51 习题5-5图

A.（a）、（b）　　B.（b）、（c）　　C.（c）、（a）　　D.（a）、（b）、（c）

5－6　试分析图 5.52 所示结构的超静定次数。

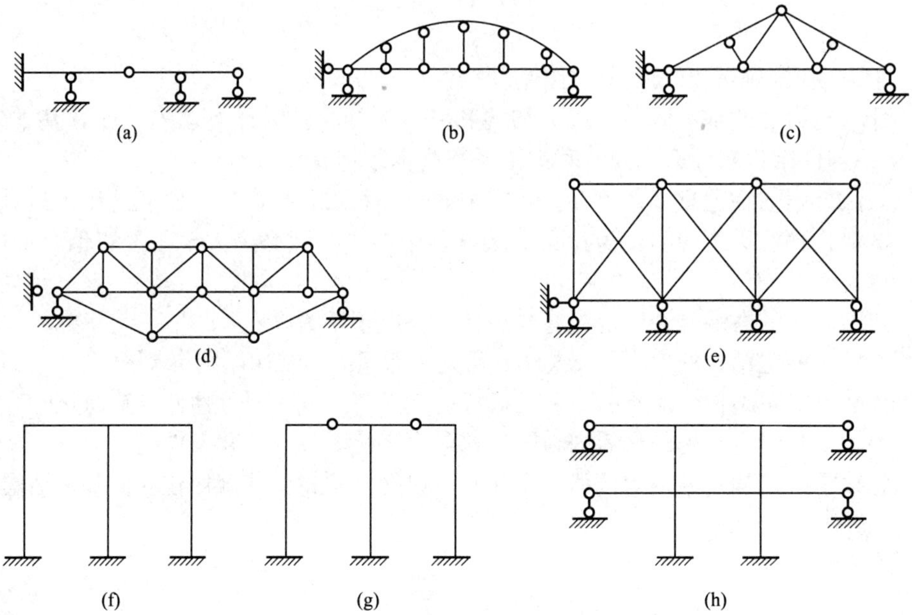

图 5.52　习题 5－6 图

5－7　试用力法分析图 5.53 所示超静定梁，并作出弯矩图、剪力图。

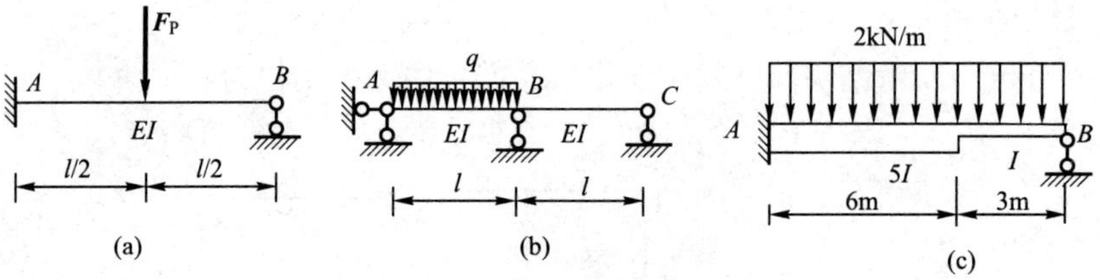

图 5.53　习题 5－7 图

5－8　试用力法分析图 5.54 所示超静定刚架，并作出弯矩图、剪力图、轴力图。

5－9　试用力法分析图 5.55 所示超静定刚架，作出弯矩图，并讨论当 n 增大和减小时 M 图如何变化。已知 $n=5/2$。

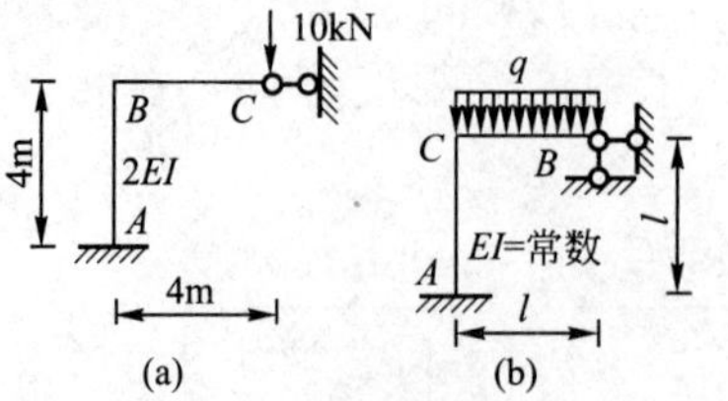

图 5.54　习题 5－8 图

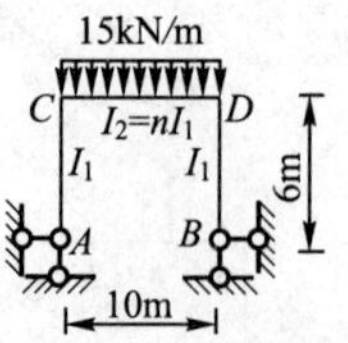

图 5.55　习题 5－9 图

5－10　试用力法分析图 5.56 所示刚架，并作出弯矩图。

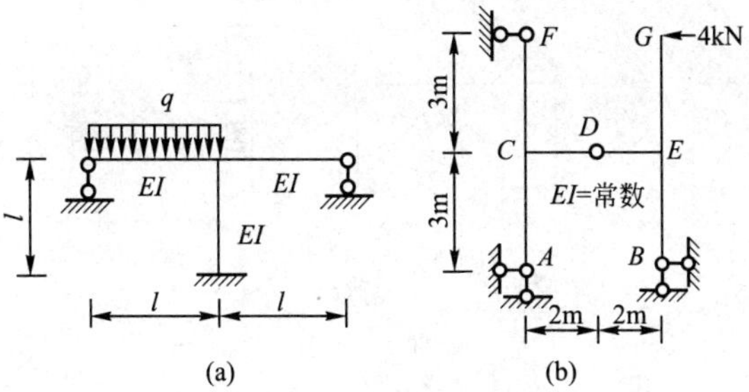

图 5.56 习题 5-10 图

5-11 试用力法分析图 5.57 所示桁架，求各杆内力，已知 EA 为常数。

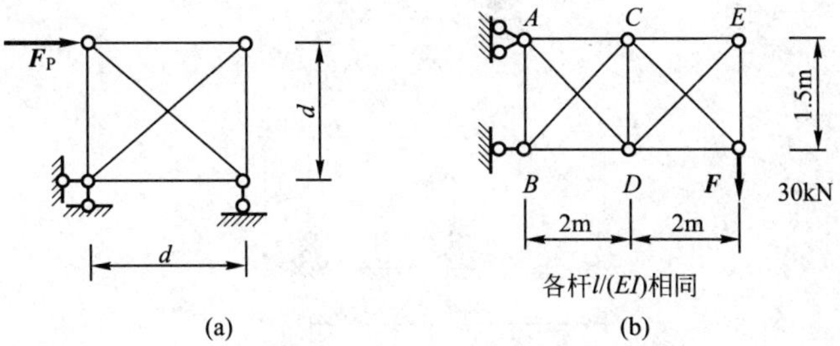

图 5.57 习题 5-11 图

5-12 试用力法分析图 5.58 所示排架，作出弯矩图，横梁 $EA=\infty$。

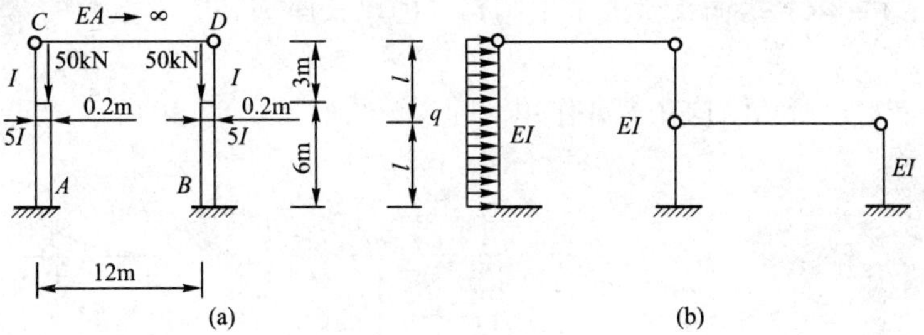

图 5.58 习题 5-12 图

5-13 图 5.59 所示组合结构 $A=10I/l^2$，试按去掉 CD 杆和切断 CD 杆两种不同的基本体系来建立典型方程进行计算，并讨论当 $A\to0$ 和 $A\to\infty$ 时的情况。

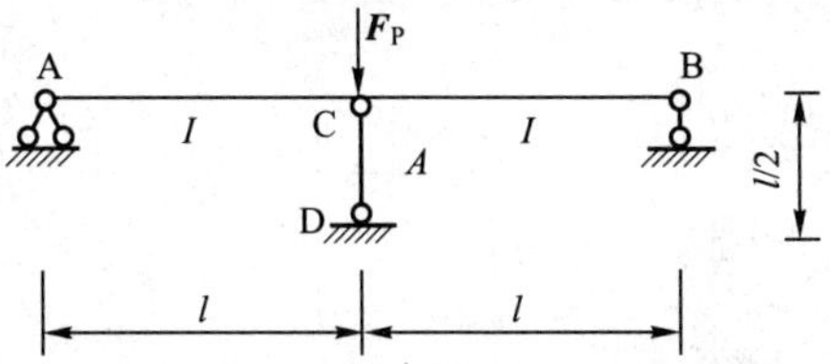

图 5.59 习题 5-14 图

5－14　试分析图 5.60 所示对称结构，并作出弯矩图。已知 EI 为常数。

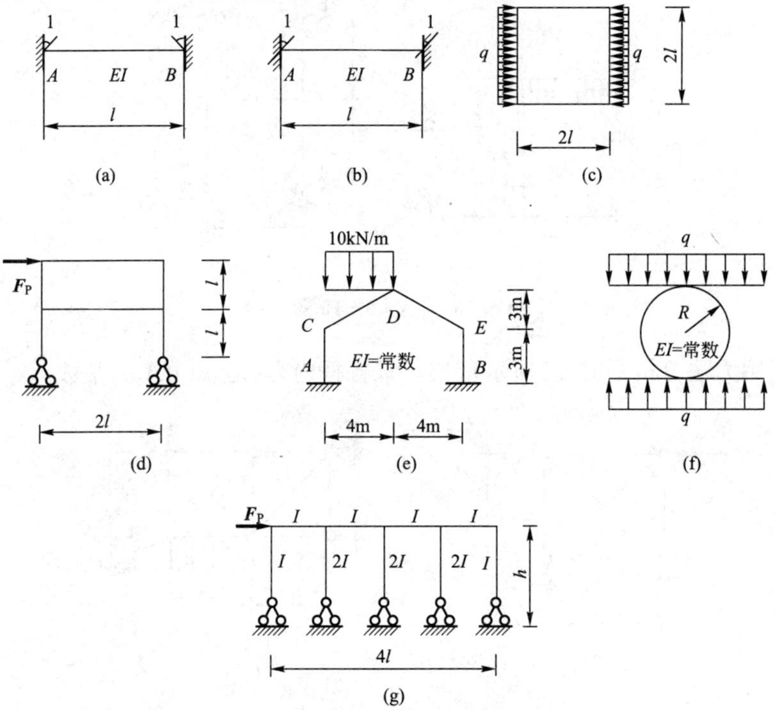

图 5.60　习题 5－14 图

5－15　试计算图 5.61 所示连续梁，作出弯矩图、剪力图，并计算 K 点的竖向位移和截面 C 的转角(提示：取三跨简支梁为基本结构，即以支座 B、C 处截面的弯矩为多余未知力求解较方便)。

5－16　图 5.62(a)所示结构在荷载作用下的弯矩图如图 5.62(b)所示，试求 A 截面转角和 C 点竖向位移。

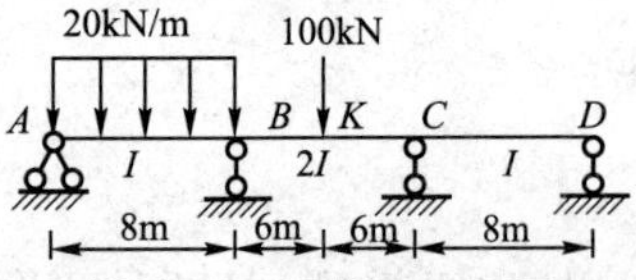

图 5.61　习题 5－15 图

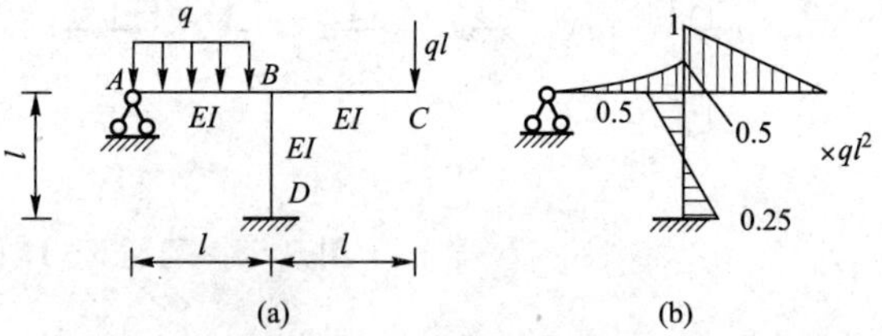

图 5.62　习题 5－16 图

5－17　试问图 5.63 所示结构的弯矩图是否正确？

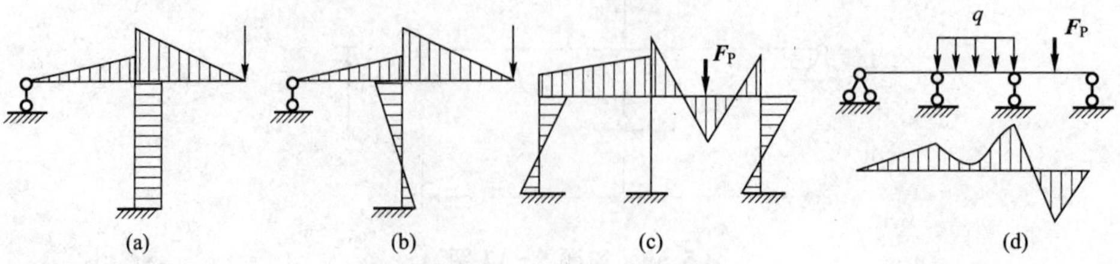

图 5.63　习题 5－17 图

5-18　结构的温度改变如图5.64所示，已知 EI 为常数，截面对称于形心轴，其高度 $h=l/10$，材料的线膨胀系数为 α。(1)作 M 图；(2)求杆端 A 的角位移。

5-19　图5.65所示桁架各杆 l 和 EA 均相同，其中 AB 杆制作时较设计长度 l 短了 Δ，现将其拉伸(设受力在弹性范围内)拼装于桁架上，试求拼装后该杆的长度 l。

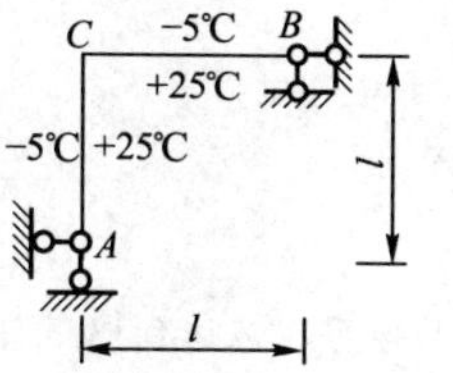

图5.64　习题5-18图

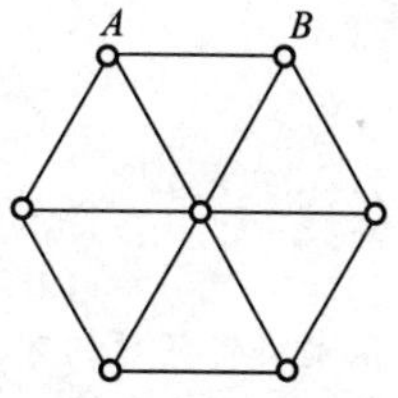

图5.65　习题5-19图

5-20　图5.66所示结构的支座 B 发生的水平位移 $a=30\text{mm}$(向右)，$b=40\text{mm}$(向下)，$\varphi=0.1\text{rad}$，已知各杆的 $I=600\text{cm}^4$，$E=210\text{GPa}$。(1)作 M 图；(2)求 D 点竖向位移及 F 点水平位移。

5-21　试作图5.67所示梁的 M 图并求 C 点竖向位移，已知 EI 为常数，弹性支座的刚度 $k=EI/a^3$。

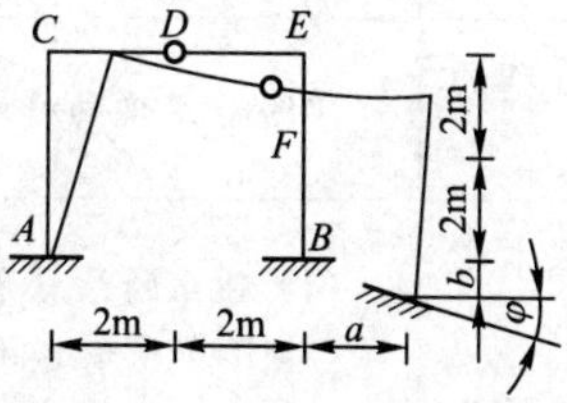

图5.66　习题5-20图

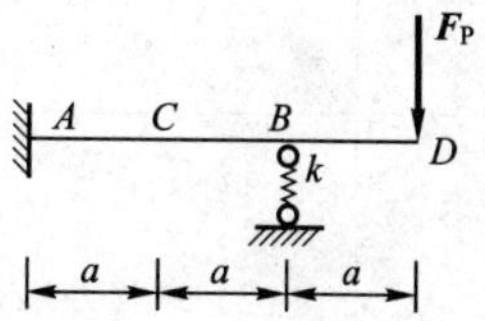

图5.67　习题5-21图

第6章
位　移　法

教学目标

主要讲述按位移法求解超静定问题的方法。通过本章的学习，应达到以下目标：

(1) 理解等截面直杆的转角位移方程；

(2) 掌握位移法基本未知量、基本结构的确定；

(3) 掌握位移法的典型方程及计算步骤；

(4) 掌握直接由平衡条件建立位移法基本方程；

(5) 掌握对称性在位移法中的利用。

教学要求

知识要点	能力要求	相关知识
等截面直杆的转角位移方程	了解等截面直杆的转角位移方程的建立	单跨静定梁的杆端力和剪力
位移法的基本未知量和基本结构	(1) 掌握如何确定位移法的基本未知量； (2) 掌握基本结构的定义	(1) 独立的结点角位移、线位移； (2) 附加刚臂、附加支座链杆
位移法典型方程及计算步骤	(1) 掌握位移法典型方程的建立； (2) 掌握位移法的计算步骤	(1) 单跨静定梁的杆端力和剪力； (2) 主系数、副系数、自由项的确定
直接由平衡条件建立位移法基本方程	掌握直接由平衡条件建立位移法基本方程	单跨静定梁的杆端力和剪力

基本概念

位移法、基本未知量、基本结构、典型方程。

引言

几何不变的结构在给定外力作用下，其内力和位移是唯一确定的，内力和位移之间的关系也是唯一确定的，因此既可以按力法的思路先求结构的约束力和内力然后再求位移，同样也可以按相反的思路，先求出结构中的某些位移，然后再以此推求结构的内力和约束力。这种先求结构某些位移再据此求解结构内力的方法，称为位移法。如图6.1(a)所示刚架，在荷载F_P作用下将发生虚线所示的变形，在刚结点1处两杆的杆端均产生相同的转角φ_1，若略去轴向变形，则可认为两杆长度不变，因而结点1没有线位移。如何据此来确定各杆内力呢？对于1－2杆，可以把它看作是一根两端固定的梁，除了受到荷载

F_P 作用外，固定支座1处还产生了转角 φ_1，如图6.1(b)所示，而这两种情况下的内力都可以由力法算出；同理，1-3杆可以看作是一端固定另一端铰支的梁，在固定端1处产生了转角 φ_1，如图6.1(c)所示，其内力同样可用力法算出。可见，在计算该刚架时，如果以结点1的角位移 φ_1 为基本未知量，设法首先求出 φ_1，则各杆的内力均可随之确定。这就是位移法的基本思路。

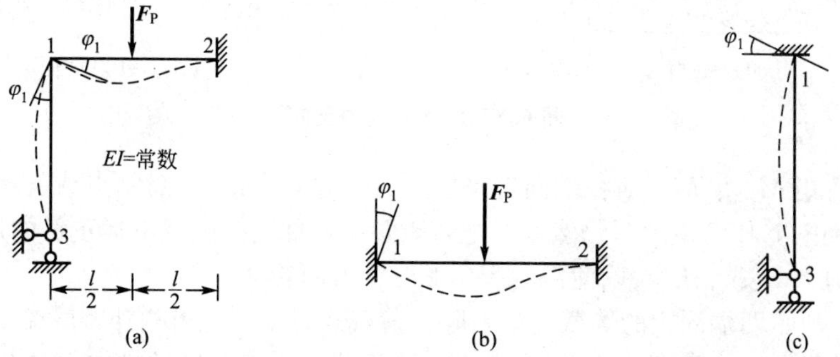

图6.1　刚架结构

由以上讨论可知，在位移法中需要解决以下问题：

(1) 怎样用力法求出单跨超静定梁在杆端发生各种位移以及荷载等因素作用下的内力；

(2) 确定以结构上的哪些位移作为基本未知量；

(3) 如何求出这些位移。

6.1 等截面直杆的转角位移方程

用位移法计算超静定刚架时，每根杆件均可看作单跨超静定梁。在计算过程中，要用到这种梁在杆端发生转动或移动时以及在荷载等外因作用下的杆端弯矩和剪力，若事先通过力法导出该梁杆端弯矩的计算公式，以后应用就非常方便。而结构力学中常把表示杆端内力与杆端位移及外荷载之间关系的表达式，称为转角位移方程。为推导转角位移方程，先需明确两方面内容：

(1) 常见单跨超静定等截面直杆梁的三种主要形式：

① 两端固定梁，如图6.2(a)所示；

② 一端固定，另一端为链杆支座(或铰支座)，如图6.2(b)所示；

③ 一端固定，另一端为滑动支座，如图6.2(c)所示。

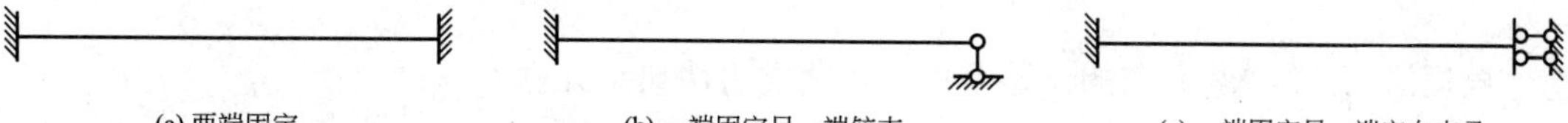

图6.2　单跨超静定等截面直杆梁

(2) 位移及内力符号规定(图6.3)：

① 结点角位移(或支座转角位移) φ_A 和 φ_B 以顺时针方向为正；

② 杆件两端垂直于杆轴线的相对线位移(简称侧移) Δ_{AB}，以使杆件产生顺时针方向转动为正；

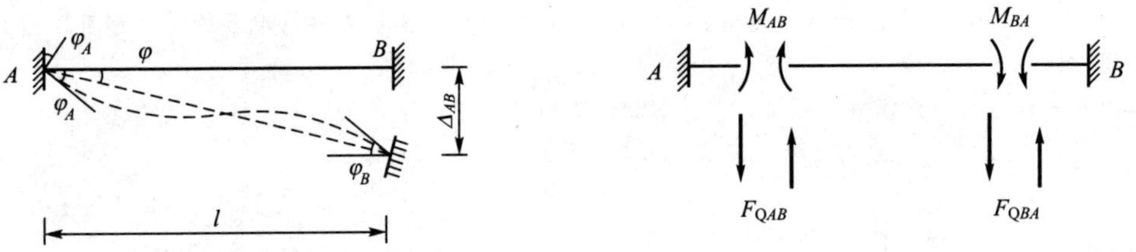

(a) 位移正向　　(b) 杆端内力正向

图 6.3　位移及内力正向

③ 杆端弯矩 M_{AB}、M_{BA} 对杆端而言是以顺时针方向为正(而对结点或支座而言则是以反时针方向为正)，作弯矩图时仍然遵循把弯矩画在杆件受拉侧且不标正负的规则；

④ 杆端剪力 F_{QAB}、F_{QBA} 以使截面产生顺时针方向转动为正。

图 6.4(a)所示两端固定的等截面梁，除受荷载及温度变化影响外，两端支座还发生了位移。A 端转角为 φ_A，B 端转角为 φ_B，A、B 两端在垂直于杆轴方向上的相对线位移为 Δ_{AB}(这里，AB 杆沿杆轴方向的线位移以及在垂直杆轴方向的平移均不引起弯矩，故不予考虑)。用力法求解这一问题时，可取简支梁为基本结构，多余未知力为杆端弯矩 X_1、X_2 和轴力 X_3，如图 6.4(b)所示。由于 X_3 对梁的弯矩没有影响，可不考虑，故仅需求解 X_1 和 X_2。

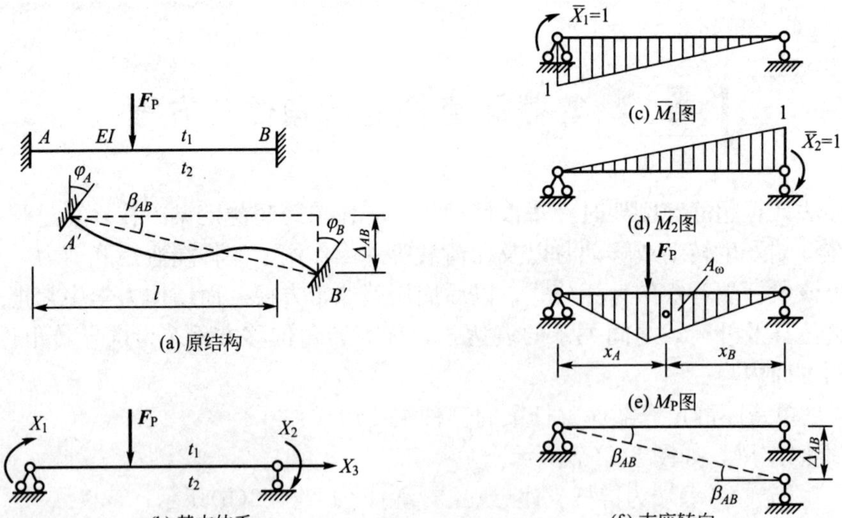

(a) 原结构　(b) 基本体系　(c) $\overline{M}_1$图　(d) $\overline{M}_2$图　(e) M_P图　(f) 支座转向

图 6.4　两端固定等截面梁

根据沿 X_1 和 X_2 方向的位移条件，可建立力法典型方程如下：

$$\begin{cases}\delta_{11}X_1+\delta_{12}X_2+\Delta_{1P}+\Delta_{1t}+\Delta_{1\Delta}=\varphi_A\\ \delta_{21}X_1+\delta_{22}X_2+\Delta_{2P}+\Delta_{2t}+\Delta_{2\Delta}=\varphi_B\end{cases}$$

式中的系数和自由项均可按以前的方法求得。作出$\overline{M_1}$、$\overline{M_2}$和 M_P 图［图 6.4(c)～(e)］后，由图乘法可算出

$$\delta_{11}=\frac{l}{3EI},\quad \delta_{22}=\frac{l}{3EI},\quad \delta_{12}=\delta_{21}=-\frac{l}{6EI}$$

$$\Delta_{1P}=\frac{A_{\omega}}{EI}\frac{x_B}{l},\quad \Delta_{2P}=-\frac{A_{\omega}}{EI}\frac{x_A}{l}$$

至于自由项$\Delta_{1\Delta}$和$\Delta_{2\Delta}$，是表示由于支座位移引起的基本结构两端的转角，由图 6.4(f)可以看出，支座转动将不使基本结构产生任何转角；而支座相对侧移所引起的两端转角为

$$\Delta_{1\Delta}=\Delta_{2\Delta}=\beta_{AB}=\frac{\Delta_{AB}}{l}$$

式中，β_{AB}称为弦转角，亦以顺时针方向为正。此外，由第 5 章关于温度变化引起的位移计算公式可得出

$$\Delta_{1t}=\frac{\alpha\Delta_t}{h}\times\frac{l}{2}=\frac{\alpha l\Delta_t}{2h},\quad \Delta_{2t}=-\frac{\alpha l\Delta_t}{2h}$$

式中：$\Delta_t=t_2-t_1$；α 为材料的线膨胀系数；h 为杆件截面高度。

将以上系数和自由项代入典型方程，可解得

$$X_1=\frac{4EI}{l}\varphi_A+\frac{2EI}{l}\varphi_B-\frac{6EI}{l^2}\Delta_{AB}-\frac{2A_{\omega}}{l^2}(2x_B-x_A)-\frac{EI\alpha\Delta_t}{h}$$

$$X_2=\frac{2EI}{l}\varphi_A+\frac{4EI}{l}\varphi_B-\frac{6EI}{l^2}\Delta_{AB}+\frac{2A_{\omega}}{l^2}(2x_A-x_B)+\frac{EI\alpha\Delta_t}{h}$$

令

$$i=\frac{EI}{l}$$

为杆件的线刚度。此外，用M_{AB}代替X_1，用M_{BA}代替X_2，则上述公式便可写成

$$\begin{cases}X_1=M_{AB}=4i\varphi_A+2i\varphi_B-\frac{6i}{l}\Delta_{AB}+M_{AB}^{F}\\[2mm] X_2=M_{BA}=4i\varphi_B+2i\varphi_A-\frac{6i}{l}\Delta_{AB}+M_{BA}^{F}\end{cases}\tag{6-1}$$

式中

$$\begin{cases}M_{AB}^{F}=-\frac{2A_{\omega}}{l^2}(2x_B-x_A)-\frac{EI\alpha\Delta_t}{h}\\[2mm] M_{BA}^{F}=\frac{2A_{\omega}}{l^2}(2x_A-x_B)+\frac{EI\alpha\Delta_t}{h}\end{cases}\tag{6-2}$$

M_{AB}^{F}、M_{BA}^{F}为此两端固定的梁在荷载及温度变化等外因作用下的杆端弯矩，称为固端弯矩。式(6-1)为两端固定的等截面梁的杆端弯矩的一般计算公式，通常称为转角位移方程。

对于一端固定另一端铰支的等截面梁，其转角位移方程可由式(6-1)导出。如图 6.5 所示，设 B 端为铰支，则有

$$M_{BA}=4i\varphi_B+2i\varphi_A-\frac{6i}{l}\Delta_{AB}+M_{BA}^{F}=0$$

解得

$$\varphi_B=-\frac{1}{2}\left(\varphi_A-\frac{3}{l}\Delta_{AB}+\frac{1}{2i}M_{BA}^{F}\right)$$

可见，φ_B 可表示为 φ_A、Δ_{AB} 的函数，它不是独立的。将其代入式(6－1)的第一式中，可得

$$M_{AB}=3i\varphi_A-\frac{3i}{l}\Delta_{AB}+M_{AB}^{F'} \tag{6-3}$$

即为这种梁的固端弯矩。式中

$$M_{AB}^{F'}=M_{AB}^{F}-\frac{1}{2}M_{BA}^{F}$$

对于图 6.6 所示的一端固定另一端定向支座的等截面梁，同理可以得到：

$$\begin{cases}M_{AB}=i\varphi_A-i\varphi_B+M_{AB}^{F}\\M_{BA}=i\varphi_B-i\varphi_A+M_{BA}^{F}\end{cases} \tag{6-4}$$

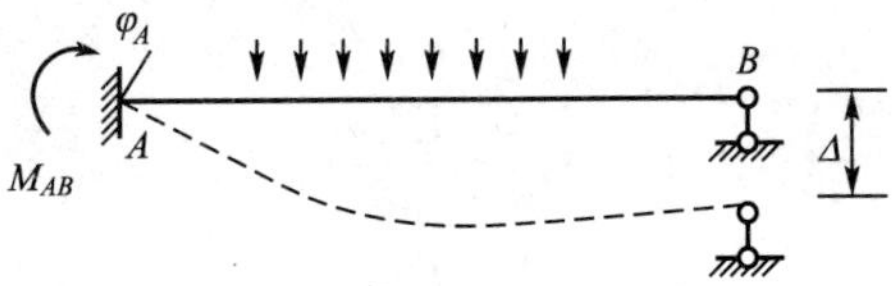

图 6.5　一端固定另一端铰支等截面梁

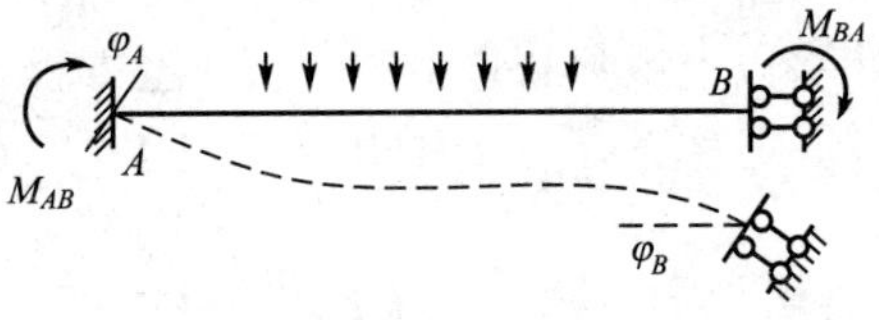

图 6.6　一端固定另一端定向支座的等截面梁

杆端弯矩求出后，杆端剪力便不难由平衡条件求出，以上由支座位移引起的杆端弯矩和杆端剪力称为**形常数**，由跨中荷载引起的杆端弯矩和杆端剪力称为**载常数**。为了应用方便，我们把等截面单跨超静定梁在各种不同情况下的杆端弯矩和杆端剪力列于表 6－1 中。

表 6－1　等截面直杆的形常数和载常数

编号	梁的简图	弯矩		剪力	
		M_{AB}	M_{BA}	F_{QAB}	F_{QBA}
1	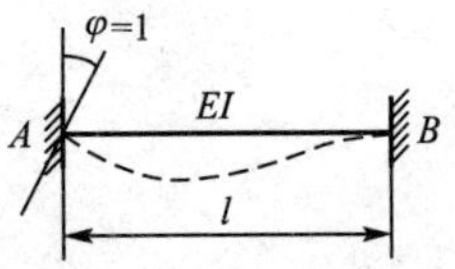	$4i$ $\left(i=\frac{EI}{l}\text{，下同}\right)$	$2i$	$-\frac{6i}{l}$	$-\frac{6i}{l}$
2	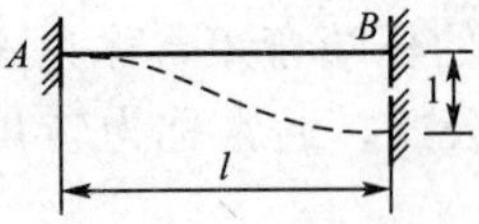	$-\frac{6i}{l}$	$-\frac{6i}{l}$	$\frac{12i}{l^2}$	$\frac{12i}{l^2}$
3	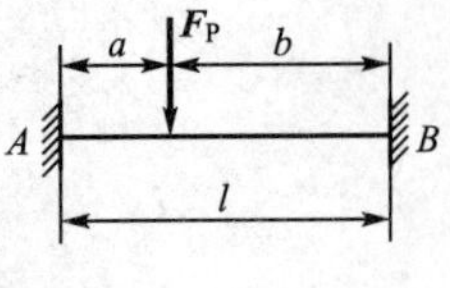	$-\frac{F_Pab^2}{l^2}$	$\frac{F_Pa^2b}{l^2}$	$\frac{F_Pb^2(l+2a)}{l^3}$	$-\frac{F_Pa^2(l+2b)}{l^3}$
		当 $a=b=l/2$ 时，$-\frac{F_Pl}{8}$	$\frac{F_Pl}{8}$	$\frac{F_P}{2}$	$-\frac{F_P}{2}$

（续）

编号	梁的简图	弯矩		剪力	
		M_{AB}	M_{BA}	F_{QAB}	F_{QBA}
4	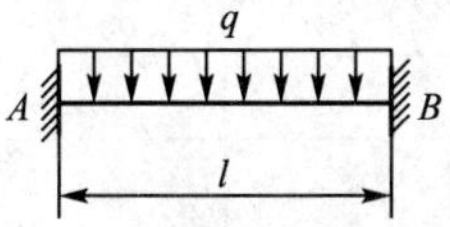	$-\frac{ql^2}{12}$	$\frac{ql^2}{12}$	$\frac{ql}{2}$	$-\frac{ql}{2}$
5	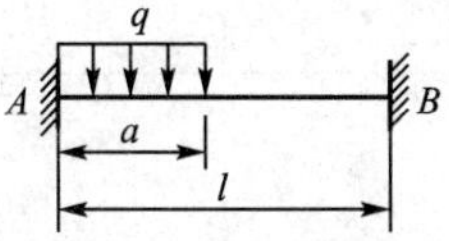	$-\frac{qa^2}{12l^2}(6l^2-8la+3a^2)$	$\frac{qa^2}{12l^2}(4l-3a)$	$\frac{qa}{2l^2}(2l^3-2la^2+a^3)$	$-\frac{qa^3}{2l^3}(2l-a)$
6	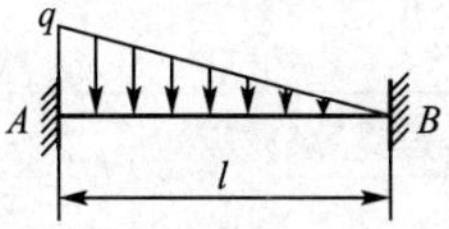	$-\frac{ql^2}{20}$	$\frac{ql^2}{30}$	$\frac{7ql}{20}$	$-\frac{3ql}{20}$
7	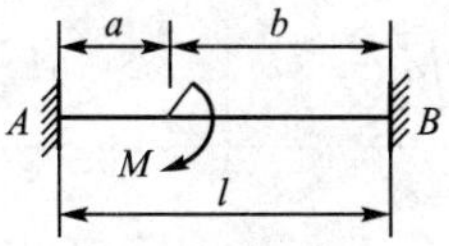	$M\frac{b(3a-l)}{l^2}$	$M\frac{a(3b-l)}{l^2}$	$-M\frac{6ab}{l^3}$	$-M\frac{6ab}{l^3}$
8	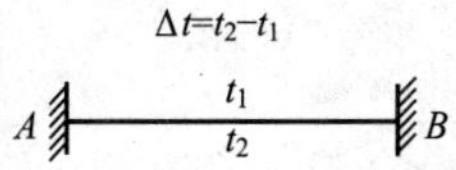	$-\frac{EI\alpha\Delta_t}{h}$	$\frac{EI\alpha\Delta_t}{h}$	0	0
9	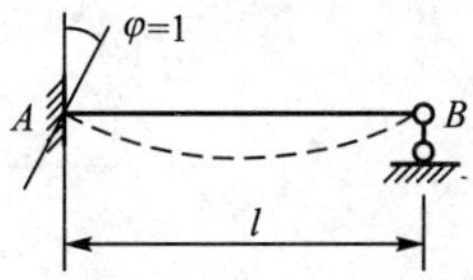	$3i$	0	$-\frac{3i}{l}$	$-\frac{3i}{l}$
10	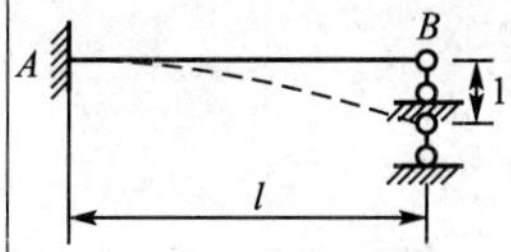	$-\frac{3i}{l}$	0	$\frac{3i}{l^2}$	$\frac{3i}{l^2}$
11	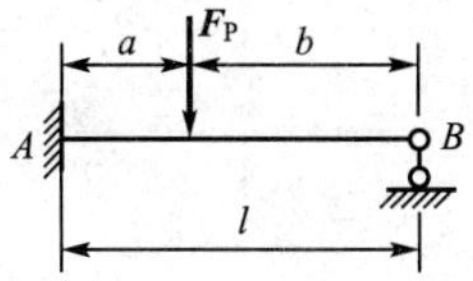	$-\frac{F_Pab(l+b)}{2l^2}$	0	$\frac{F_Pb(3l^2-b^2)}{2l^3}$	$\frac{F_Pa^2(2l+b)}{2l^3}$
		当$a=b=l/2$时，$-\frac{3F_Pl}{16}$	0	$\frac{11F_P}{16}$	$-\frac{5F_P}{16}$
12	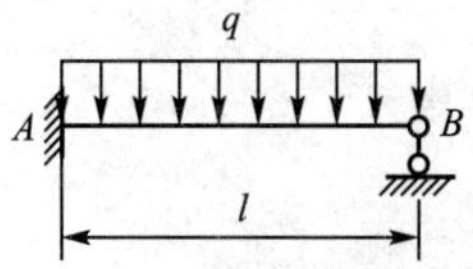	$-\frac{ql^2}{8}$	0	$\frac{5ql}{8}$	$-\frac{3ql}{8}$

（续）

编号	梁的简图	弯矩		剪力	
		M_{AB}	M_{BA}	F_{QAB}	F_{QBA}
13	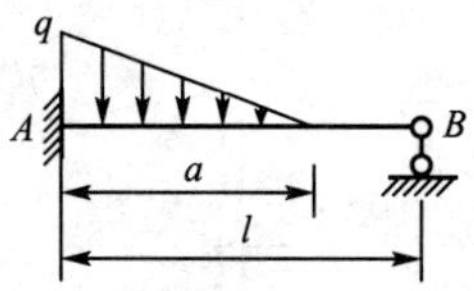	$-\frac{qa^2}{24}\left(4-\frac{3a}{l}+\frac{3a^2}{5l^2}\right)$	0	$\frac{qa}{8}\left(4-\frac{a^2}{l^2}+\frac{a^3}{5l^3}\right)$	$-\frac{qa^3}{8l^2}\left(1-\frac{a}{5l}\right)$
		当 $a=l$ 时，$-\frac{ql^2}{15}$	0	$\frac{4ql}{10}$	$-\frac{ql}{10}$
14	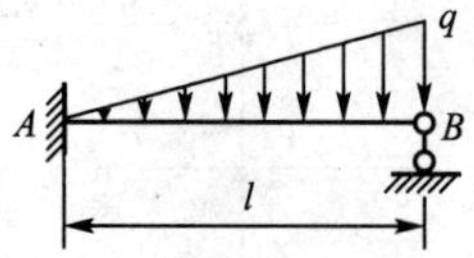	$-\frac{7ql^2}{120}$	0	$\frac{9ql}{40}$	$-\frac{11ql}{40}$
15	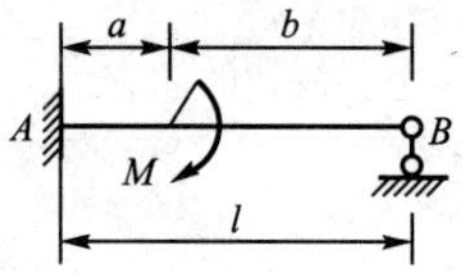	$M\frac{l^2-3b^2}{2l^2}$	0	$-M\frac{3(l^2-b^2)}{2l^3}$	$-M\frac{3(l^2-b^2)}{2l^3}$
		当 $a=l$ 时，$\frac{M}{2}$	$M_{B左A}=M$	$-M\frac{3}{2l}$	$-M\frac{3}{2l}$
16	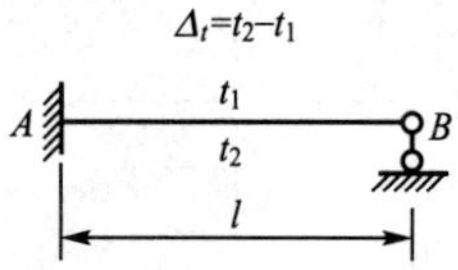	$-\frac{3EI\alpha\Delta_t}{2h}$	0	$\frac{3EI\alpha\Delta_t}{2hl}$	$\frac{3EI\alpha\Delta_t}{2hl}$
17	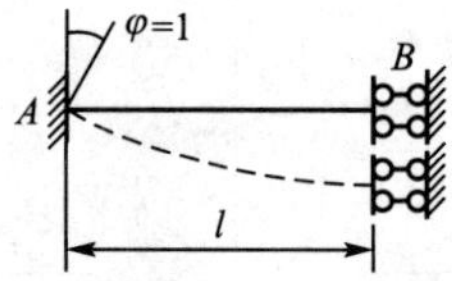	i	$-i$	0	0
18	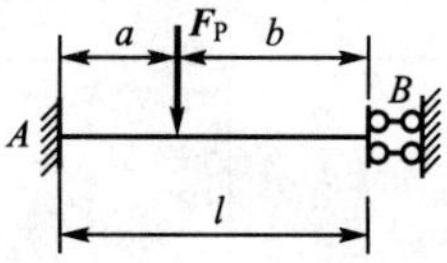	$-\frac{F_Pa}{2l}(2l-a)$	$-\frac{F_Pa^2}{2l}$	F_P	0
		当 $a=\frac{l}{2}$ 时， $-\frac{3F_Pl}{8}$	$-\frac{F_Pl}{8}$	F_P	0
19	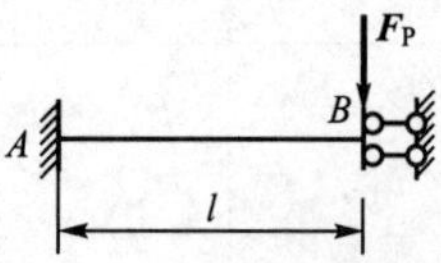	$-\frac{F_Pl}{2}$	$-\frac{F_Pl}{2}$	F_P	$Q_{B左A}=F_P$ $Q_{B右A}=0$
20	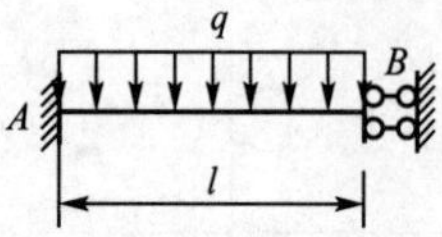	$-\frac{ql^2}{3}$	$-\frac{ql^2}{6}$	ql	0
21	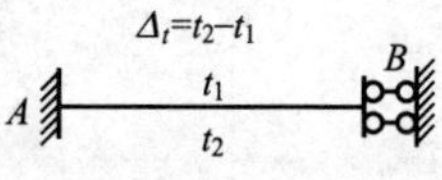	$-\frac{EI\alpha\Delta_t}{h}$	$\frac{EI\alpha\Delta_t}{h}$	0	0

6.2 位移法的基本未知量和基本结构

在位移法中，基本未知量是各结点的角位移和线位移。在计算时，应首先确定独立的结点角位移和线位移的数目。

1. 确定独立的结点角位移数目

(1) 刚结点：由于与刚结点相连的所有杆件之间的相对夹角变形前后保持不变，因此，交汇于同一刚结点处的各杆杆端转角完全相同，即每个刚结点只有一个角位移，该角位移即为位移法基本未知量中独立的结点角位移，它不会随汇交于刚结点的杆件数目的多少而变化。

(2) 铰结点(包括铰支座)：由于铰结点处的弯矩等于零，所以铰结点杆端转角不选作基本未知量。

(3) 组合站点：由于其部分刚结部分铰接，而其刚结处特性与刚结点完全相同，因此其刚结处的转角应作为基本未知量。

(4) 固定支座和定向支座：由于支座处的角位移等于零，所以不选作基本未知量。

因此，作为位移法基本未知量的独立的结点角位移数目，就等于刚结点的数目。例如图 6.7(a)所示刚架，其独立的结点角位移数目为 2。

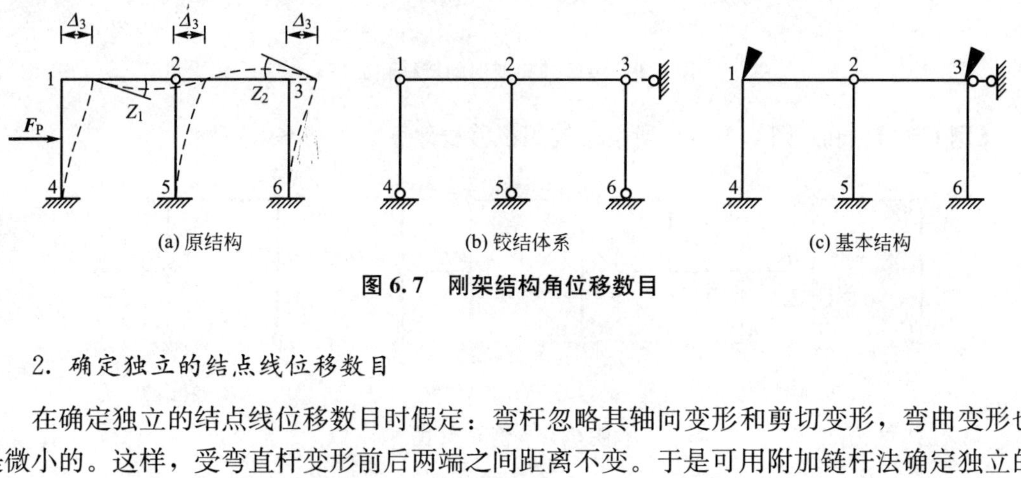

(a) 原结构 (b) 铰结体系 (c) 基本结构

图 6.7 刚架结构角位移数目

2. 确定独立的结点线位移数目

在确定独立的结点线位移数目时假定：弯杆忽略其轴向变形和剪切变形，弯曲变形也是微小的。这样，受弯直杆变形前后两端之间距离不变。于是可用附加链杆法确定独立的结点线位移数目：把原结构的所有刚结点和固定支座均改为铰接，从而得到一个相应的铰接体系。若此铰接体系为几何不变，则可推知原结构所有结点均无线位移。若相应的铰接体系是几何可变或瞬变的，那么，看最少需要添加几根支座链杆才能保证其几何不变，则所需添加的最少支座铤杆数目就是原结构独立的结点线位移数目。

如图 6.7(a)所示刚架，其相应铰结体系如图 6.7(b)所示，它是几何可变的，必须在某结点处增添 1 根非竖向的支座链杆(如虚线所示)才能成为几何不变的，故知原结构独立的结点线位移数目为 1。

又如图 6.8(a)所示刚架，其结点角位移数目为 4(注意其中结点 2 也是刚结点，即杆件 6－2 与 3－2 在该处刚结)，结点线位移数目为 2，一共有 6 个基本未知量。加上 4 个刚臂和 2 根支座链杆后，可得到基本结构如图 6.8(b)所示。

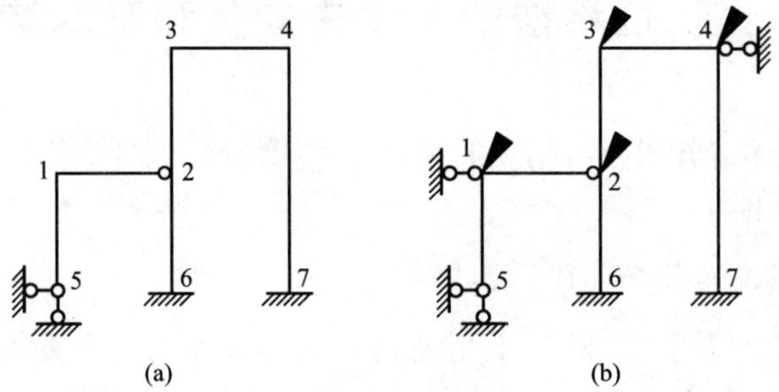

图 6.8　刚架

需要注意的是，上述确定独立的结点线位移数目的方法，是以受弯直杆变形后两端距离不变的假设为依据的。对于需要考虑轴向变形的链杆或对于受弯曲杆，则其两端距离不能看作不变。因此图 6.9(a)、(b)所示结构，其独立的结点线位移数目应为 2 而不是 1。

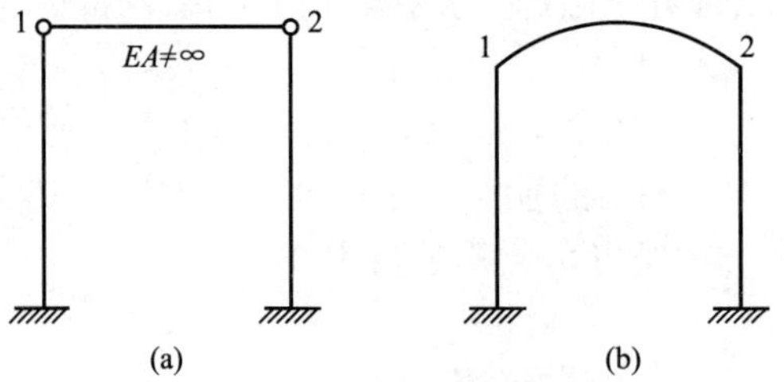

图 6.9　考虑轴向变形的链杆和曲杆

【例 6-1】 确定图 6.10 (a)所示结构用位移法计算时的基本未知量。

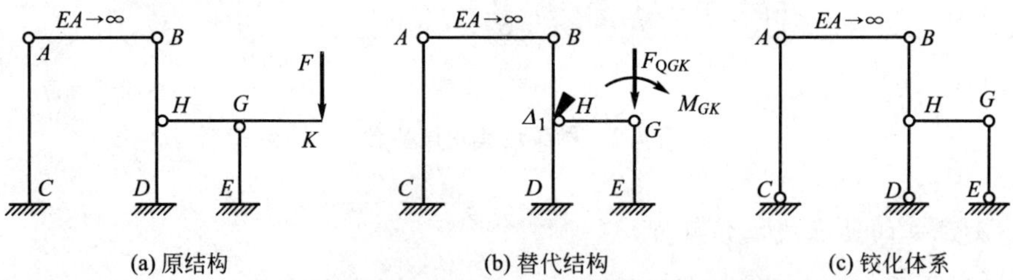

图 6.10　例 6-1 图

【解】 (1) 确定独立的结点角位移：由于 GK 部分的剪力和弯矩可以通过静力平衡条件求出，可以将 GK 从原结构中拿掉，即用图 6.10(b)代替原结构，这样，G 点的转角位移就不用作为位移法的基本未知量了。对图 6.10(b)所示结构来说，刚结点和组合刚结点只有 H，故独立结点角位移有 1 个，即结点 H 角位移 Δ_1。

(2) 确定独立的结点线位移：将图 6.10(b)结构中所有刚结点(包括组合结点)改为铰结点，所有固定支座改为固定铰支座，可得铰化后的体系如图 6.10(c)所示。经几何组成分析，可知需在结点 B、G 增加水平链杆方能变为几何不变体系，因此，本结构中作为位移法基本未知量的独立的结点线位移有 2 个。用位移法计算时，基本未知量只有 1 个结点角位移和 2 个线位移。

6.3 位移法的典型方程及计算步骤

图 6.11(a)所示刚架有一个独立的结点角位移 Δ_1 和一个独立的结点线位移 Δ_2(以下将 φ、S 等量统一用广义坐标 Δ 标示)，共两个基本未知量。在结点 1 处加一刚臂，在结点 2 (也可以在结点 1 处)加一水平支承链杆，便得到基本结构。基本结构在结点位移 Δ_1、Δ_2 和荷载 F_P 的共同作用下，刚臂上的附加反力矩 R_1 和链杆上的附加反力 R_2 都应等于零(以下将 M、F 等量统一用广义力 R 标示)。设由 Δ_1、Δ_2 和荷载 F_P 所引起的刚臂上的反力矩分别为 R_{11}、R_{12} 和 R_{1P}，所引起的链杆上的反力分别为 R_{21}、R_{22} 和 R_{2P}，如图 6.11 (c)～(e)所示，则根据叠加原理，上述条件可写为

$$\begin{cases} R_1 = R_{11} + R_{12} + R_{1P} \\ R_2 = R_{21} + R_{22} + R_{2P} \end{cases} \tag{6-5}$$

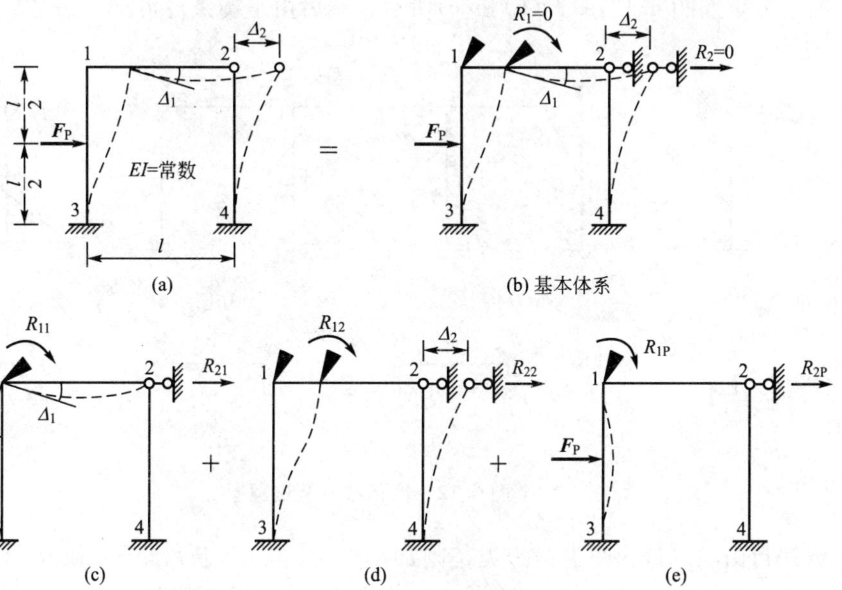

图 6.11 位移法计算步骤

式中 R_{ij} 的两个下标的含义与以前相似，即第一个表示该反力所属的附加联系，第二个表示引起该反力的原因。再以 r_{11}、r_{12} 分别表示由单位位移 $\Delta_1=1$ 和 $\Delta_2=1$ 所引起的刚臂上的反力矩，以 r_{22}、r_{21} 分别表示由单位位移 $\Delta_1=1$ 和 $\Delta_2=1$ 所引起的链杆上的反力，则上式可写为

$$\begin{cases} r_{11}\Delta_1 + r_{12}\Delta_2 + R_{1P} = 0 \\ r_{21}\Delta_1 + r_{22}\Delta_2 + R_{2P} = 0 \end{cases} \tag{6-6}$$

这就是求解 Δ_1、Δ_2 的方程，称为位移法基本方程，又称位移法典型方程。它的物理意义是：基本结构在荷载等外因和各结点位移的共同作用下，每一个附加联系中的附加反力矩或附加反力都应等于零。因此，它实质上是反映原结构的静力平衡条件。

对于具有 n 个独立结点位移的刚架，相应地在基本结构中需加入 n 个附加联系，根

据每个附加联系的附加反力矩或附加反力均应为零的平衡条件，同样可建立 n 个方程如下：

$$\begin{cases} r_{11}\Delta_1+r_{12}\Delta_2+\cdots+r_{1n}\Delta_n+R_{1P}=0 \\ r_{21}\Delta_1+r_{22}\Delta_2+\cdots+r_{2n}\Delta_n+R_{2P}=0 \\ \vdots \\ r_{n1}\Delta_1+r_{n2}\Delta_2+\cdots+r_{nn}\Delta_n+R_{nP}=0 \end{cases} \tag{6-7}$$

在上述典型方程中，主斜线上的系数 r_{ii} 称为主系数或主反力，其他系数 r_{ij} 称为副系数或副反力，R_{iP}称为自由项。系数和自由项的符号规定是：以与该附加联系所设位移方向一致者为正。主反力 r_{ii} 的方向总与所设位移 Δ_i 的方向一致，故恒为正，且不会为零；副系数和自由项则可能为正、负或零。此外，根据反力互等定理可知，主斜线两边处于对称位置的两个副系数 r_{ij} 与 r_{ji} 的数值是相等的，即 $r_{ij}=r_{ji}$。

借助于表 6-1，可绘出基本结构在$\Delta_1=1$、$\Delta_2=1$ 以及荷载作用下的弯矩图$\overline{M_1}$、$\overline{M_2}$和 M_P 图，分别如图 6.12(a)、(b)和(c)所示。然后由平衡条件可求出各系数和自由项。

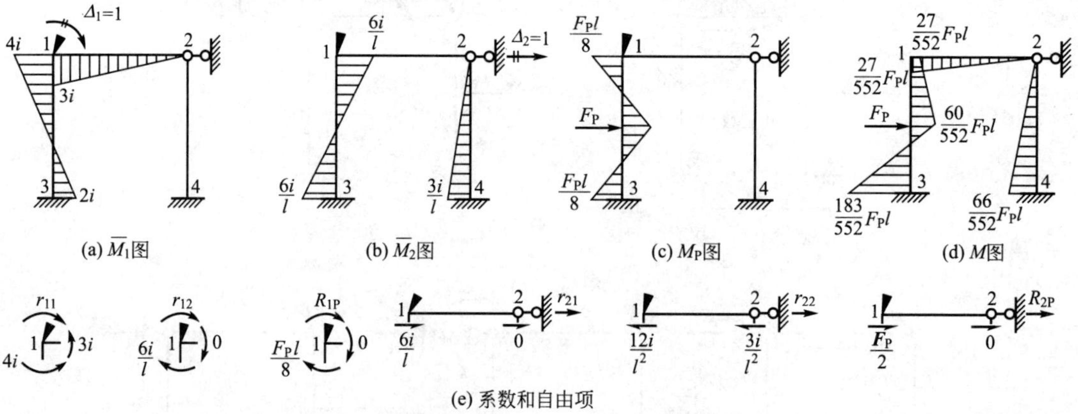

图 6.12 位移法分析过程

系数和自由项可分为两类：一类是附加刚臂上的反力矩 r_{11}、r_{12} 和 R_{1P}，另一类是附加链杆上的反力 r_{21}、r_{22} 和 R_{2P}，如图 6.12(e)所示。对于刚臂上的反力矩，可分别在图 6.13(a)、(b)、(c)中取结点 1 为隔离体，由力矩平衡方程$\sum M_1=0$ 求出

$$r_{11}=7i,\quad r_{12}=-\frac{6i}{l},\quad R_{1P}=\frac{F_Pl}{8}$$

对于附加链杆上的反力，可以分别在图 6.12(a)、(b)、(c)中用截面割断两柱顶端，取柱顶端以上横梁部分为隔离体，并由表 6-1 查出竖柱 1-3、2-4 的杆端剪力，然后由投影方程$\sum F_x=0$ 求得

$$r_{21}=-\frac{6i}{l},\quad r_{22}=\frac{15i}{l^2},\quad R_{2P}=-\frac{F_P}{2}$$

将系数和自由项代入典型方程式(6-5)，可得

$$\begin{cases} 7i\Delta_1-\dfrac{6i}{l}\Delta_2+\dfrac{F_Pl}{8}=0 \\ -\dfrac{6i}{l}\Delta_1+\dfrac{15i}{l^2}\Delta_2-\dfrac{F_P}{2}=0 \end{cases} \tag{6-8}$$

解得 $\Delta_1=\dfrac{9}{552}\dfrac{F_Pl}{i}$，$\Delta_2=\dfrac{22}{552}\dfrac{F_Pl^2}{i}$。

所得均为正值，说明 Δ_1、Δ_2 与所设方向相同。由叠加法可得

$$M=\overline{M}_1\Delta_1+\overline{M}_2\Delta_2+M_P$$

例如杆端弯矩 M_{31} 之值为

$$M_{31}=2i\times\frac{9}{552}\frac{F_Pl}{i}-\frac{6i}{l}\times\frac{22}{552}\frac{F_Pl^2}{i}-\frac{F_Pl}{8}=-\frac{183}{552}F_Pl$$

其他各杆端弯矩可同样算得，结构最终的 M 图如图 6.12(d)所示。求出 M 图后，F_Q 图、F_N 图即可由平衡条件绘出。对于最后内力图的校核，与力法中所述一样。

由上所述，可将位移法的计算步骤归纳如下：

(1) 确定原结构的基本未知量数目，加入附加联系而得到基本结构；

(2) 令各附加联系发生与原结构相同的结点位移，根据基本结构在荷载等外因和各结点位移共同作用下，各附加联系上的反力矩或反力均应等于零的条件，建立位移法的典型方程；

(3) 绘出基本结构在各单位结点位移作用下的弯矩图和荷载作用下(或支座位移、温度变化等其他外因作用下)的弯矩图，由平衡条件求出各系数和自由项；

(4) 解算典型方程，求出作为基本未知量的各结点位移；

(5) 按叠加法绘制弯矩图。

【例 6-2】 用位移法计算图 6.13(a)所示刚架，并绘制弯矩图。

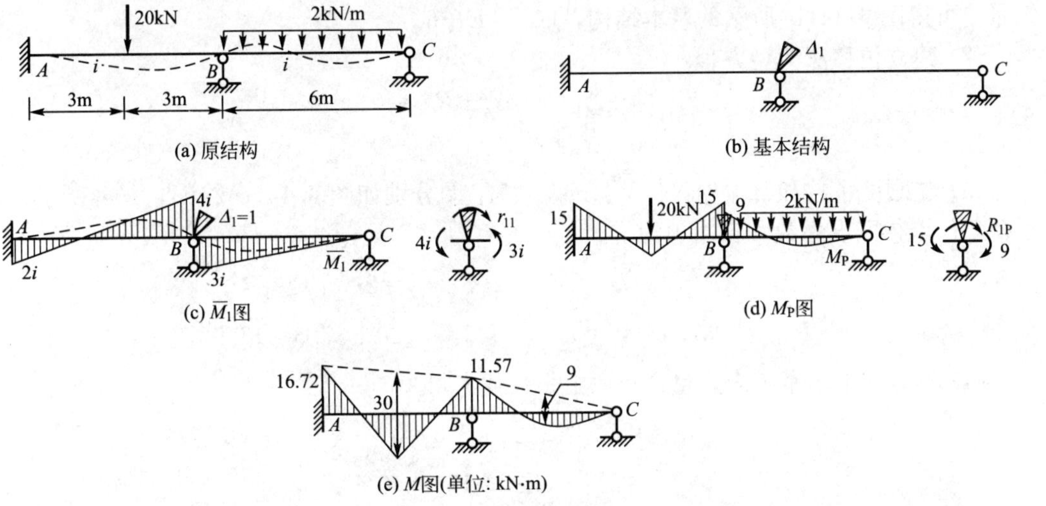

图 6.13 例 6-2 图

【解】 (1) 确定基本未知量 [illegible]一个结点角位移 Δ_1 作为基本未知量。可得图 6.13(b)所示的基本结构。

(2) 建立位移法典型方程：

$$r_{11}\Delta_1+R_{1P}=0$$

(3) 求刚度系数和自由项：作 $\overline{M}_1$、M_P 图分别如图 6.13(c)、(d)所示，由平衡条件求得刚度系数和自由项为

$$R_{1P}=15-9=6,\quad r_{11}=4i+3i=7i$$

(4) 解方程求出基本未知量：

$$\Delta_1=-\frac{R_{1P}}{r_{11}}=-\frac{6}{7i}$$

(5) 绘制 M 图：由 $M=\overline{M}_1\Delta_1+M_P$，利用区段叠加法可得到图 6.13(e)所示的弯矩图。

【例 6-3】 用位移法作图 6.14(a)所示连续梁的 M 图，已知 EI 为常数。

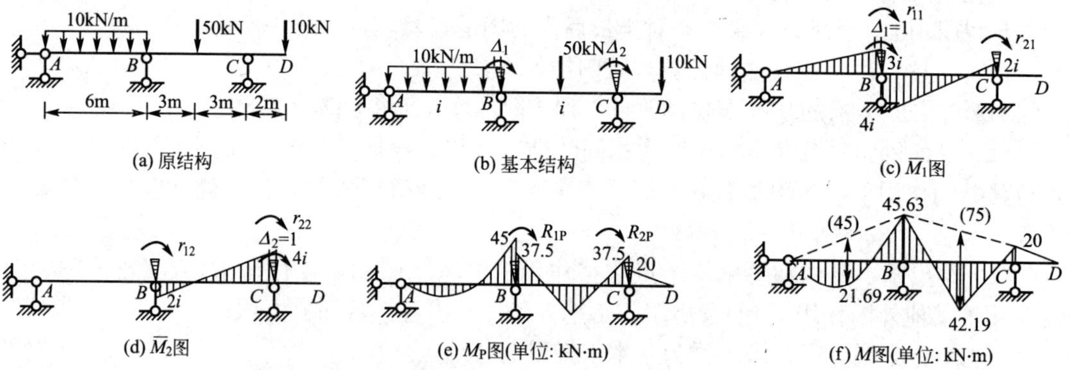

图 6.14 例 6-3 图

【解】 (1) 确定基本未知量：本题有 2 个刚结点，因此有角位移 Δ_1、Δ_2 作为基本未知量。可得图 6.14(b)所示的基本结构，取 $i=EI/6$。

(2) 建立位移法典型方程：

$$\begin{cases}r_{11}\Delta_1+r_{12}\Delta_2+R_{1P}=0\\ r_{21}\Delta_1+r_{22}\Delta_2+R_{2P}=0\end{cases}$$

(3) 求刚度系数和自由项：作 $\overline{M_1}$、$\overline{M_2}$、M_P 图分别如图 6.14(c)、(d)、(e)所示，由平衡条件求得刚度系数和自由项为

$$r_{11}=4i+3i=7i,\quad r_{21}=2i,\quad r_{12}=2i,\quad r_{22}=4i$$

$$R_{1P}=-37.5+45=7.5,\quad R_{2P}=-20+37.5=17.5$$

(4) 解方程求出基本未知量：将以上系数代入得

$$\begin{cases}7i\Delta_1+2i\Delta_2+7.5=0\\ 2i\Delta_1+4i\Delta_2+17.5=0\end{cases}$$

解得 $\Delta_1=5/24i$，$\Delta_2=-215/48i$。

(5) 作 M 图：由 $M=\overline{M_1}\Delta_1+\overline{M_2}\Delta_2+M_P$，利用区段叠加法可得图 6.14(f)所示的弯矩图。

【例 6-4】 用位移法作图 6.15(a)所示无侧移刚架的弯矩图。

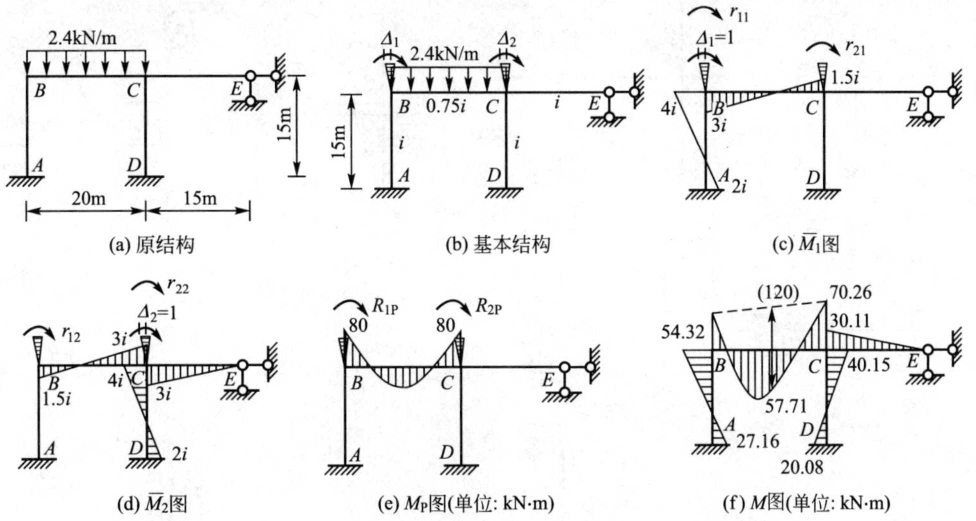

图 6.15 例 6-4 图

【解】 (1) 确定基本未知量：本题有两个刚结点，因此有角位移 Δ_1、Δ_2 作为基本未知量。可得图 6.15(b)所示的基本结构，令 $i=EI/15$。

(2) 建立位移法典型方程：

$$\begin{cases}r_{11}\Delta_1+r_{12}\Delta_2+R_{1P}=0\\r_{21}\Delta_1+r_{22}\Delta_2+R_{2P}=0\end{cases}$$

(3) 求刚度系数和自由项：作$\overline{M_1}$、$\overline{M_2}$、M_P 图分别如图 6.15(c)、(d)、(e)所示，由平衡条件求得刚度系数和自由项为

$$r_{11}=3i+4i=7i,\quad r_{21}=1.5i,\ r_{12}=1.5i,\quad r_{22}=3i+4i+3i=10i$$

$$R_{1P}=-80,\quad R_{2P}=80$$

(4) 解方程求出基本未知量：将以上系数代入得

$$\begin{cases}7i\Delta_1+1.5i\Delta_2-80=0\\1.5i\Delta_1+10i\Delta_2+80=0\end{cases}$$

解得 $\Delta_1=13.579/i$，$\Delta_2=-10.037/i$。

(5) 作 M 图：由 $M=\overline{M_1}\Delta_1+\overline{M_2}\Delta_2+M_P$，可得图 6.15(f)所示的弯矩图。

【例 6-5】 用位移法作图 6.16(a)所示的刚架的 M 图。

【解】 (1) 确定基本未知量：本题有一个刚结点，有一个转角位移 Δ_1，铰化后可知有一个独立线位移 Δ_2，因此选取 Δ_1、Δ_2 作为基本未知量。可得图 6.16(b)所示的基本结构，令 $i=EI/4$。

(2) 建立位移法典型方程：

$$\begin{cases}r_{11}\Delta_1+r_{12}\Delta_2+R_{1P}=0\\r_{21}\Delta_1+r_{22}\Delta_2+R_{2P}=0\end{cases}$$

(3) 求刚度系数和自由项：作$\overline{M_1}$、$\overline{M_2}$、M_P 图分别如图 6.16(c)、(d)、(e)所示，由平衡条件求得刚度系数和自由项为

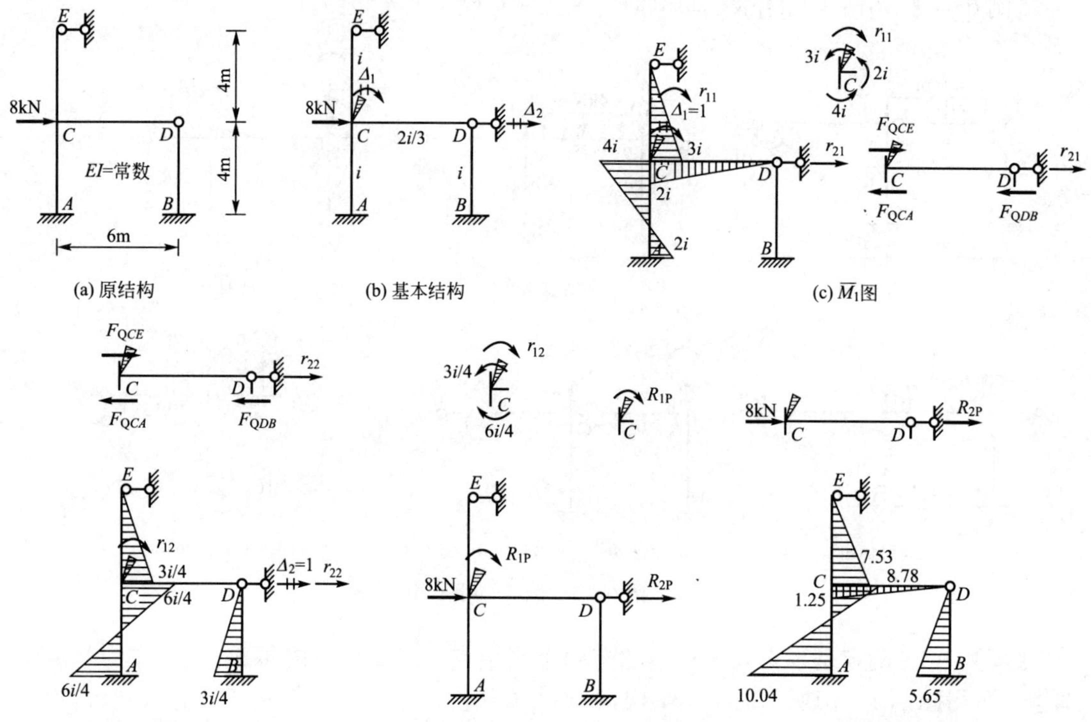

(a) 原结构　(b) 基本结构　(c) $\overline{M}_1$图　(d) $\overline{M}_2$图　(e) M_P图(单位: kN·m)　(f) M图(单位: kN·m)

图 6.16　例 6-5 图

$$r_{11}=2i+4i+3i=9i$$

$$r_{21}=-F_{QCE}+F_{QCA}+F_{QDB}=\frac{3i}{4}-\frac{4i+2i}{4}+0=-\frac{3i}{4}$$

$$r_{12}=-\frac{6i}{4}+\frac{3i}{4}=-\frac{3i}{4}$$

$$r_{22}=-F_{QCE}+F_{QCA}+F_{QDB}=\frac{3i/4}{4}-\frac{-6i/4-6i/4}{4}-\frac{-3i/4}{4}=\frac{9i}{8}$$

$$R_{1P}=0,\quad R_{2P}=-8$$

(4) 解方程求出基本未知量：将以上系数代入得

$$\begin{cases} 9i\Delta_1-\dfrac{3i}{4}\Delta_2=0 \\ -\dfrac{3i}{4}\Delta_1+\dfrac{9i}{8}\Delta_2-8=0 \end{cases}$$

解得 $\Delta_1=32/51i=0.627/i$，$\Delta_2=128/17i=7.529/i$。

(5) 作 M 图：由 $M=\overline{M_1}\Delta_1+\overline{M_2}\Delta_2+M_P$，可得如图 6.16(f)所示的弯矩图。

【例 6-6】 用位移法计算图 6.17(a)所示的排架，作 M、F_Q 和 F_N 图。

【解】 (1) 确定基本未知量：本题有一个线位移 Δ_1 作为基本未知量。可得图 6.17(b)所示的基本结构，令 $i=EI/6$。

(2) 建立位移法典型方程：$r_{11}\Delta_1+R_{1P}=0$

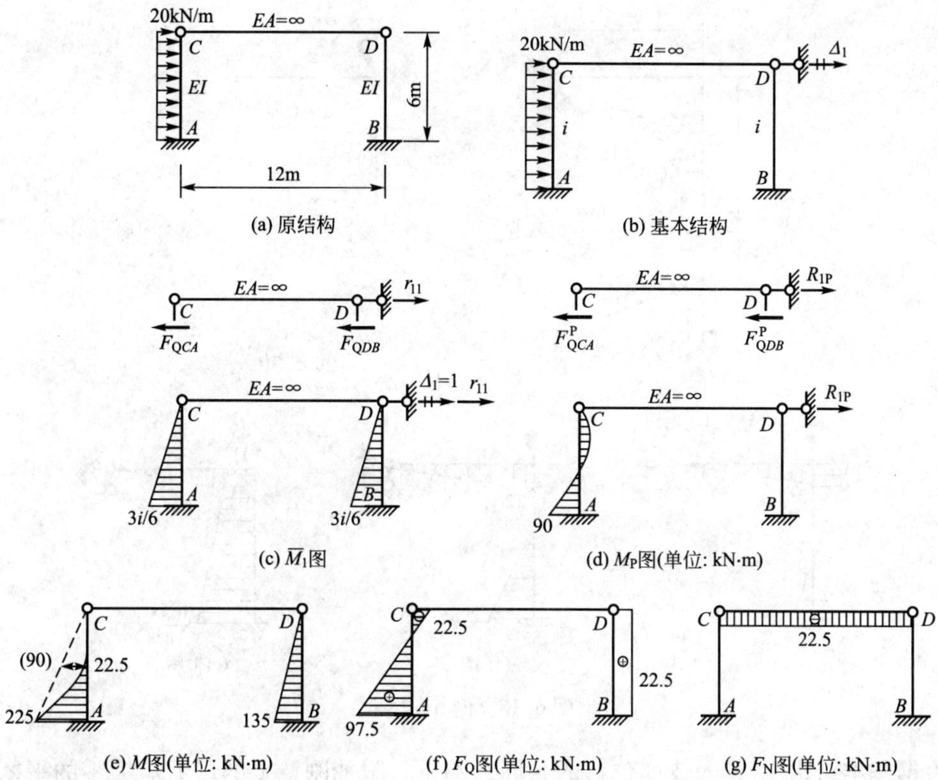

图 6.17　例 6－6 图

(3) 求刚度系数和自由项：作 $\overline{M}_1$、M_P 图分别如图 6.17(c)、(d)所示，由平衡条件求得刚度系数和自由项为

$$r_{11}=F_{QCA}+F_{QDB}=-\frac{-3i/6}{6}-\frac{-3i/6}{6}=\frac{i}{6}$$

$$F_{1P}=F_{QCA}^{P}+F_{QDB}^{P}=-\frac{-90}{6}-\frac{20\times 6}{2}=-45$$

(4) 解方程求出基本未知量

$$\frac{i}{6}\Delta_1-45=0$$

解到 $\Delta_1=270/i$。

(5) 作 M 图：由 $M=\overline{M}_1\Delta_1+M_P$，利用区段叠加法可得图 6.17(e)所示的弯矩图。根据弯矩与剪力之间的关系以及杆件平衡条件，可得图 6.17(f)、(g)所示的 F_Q 和 F_N 图。

【例 6－7】 图 6.18 (a)所示刚架的支座 A 产生水平位移 a、竖向位移 $b=4a$ 及转角 $\varphi=\dfrac{a}{l}$，试绘制弯矩图。

【解】 此刚架的基本未知量只有结点 C 的角位移 Δ_1，在结点 C 加一刚臂即得到基本结构，如图 6.18(b)所示。

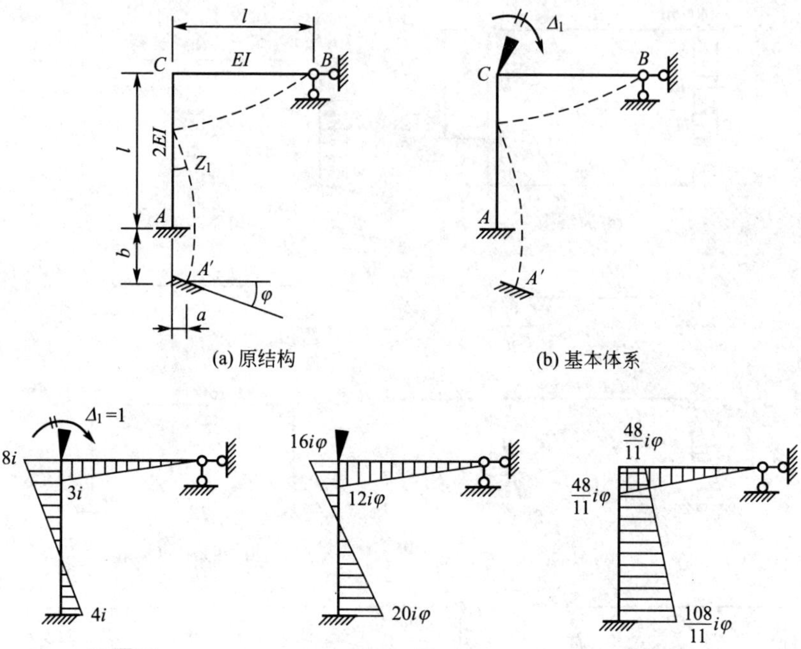

(a) 原结构　(b) 基本体系

(c) $\overline{M}_1$图　(d) M_Δ图　(e) M图

图 6.18　例 6-7 图

根据基本结构在 Δ_1 及支座位移的共同影响下，附加刚臂上的反力矩为零的平衡条件［图 6.18(b)］，可建立典型方程为

$$r_{11}\Delta_1+R_{1\Delta}=0$$

设 $i=\dfrac{EI}{l}$，则 AC 杆的线刚度为 $2i$。绘出 $\overline{M}_1$ 图［图 6.18(c)］后可求得

$$r_{11}=8i+3i=11i$$

由表 6-1 可算得基本结构由于支座 A 产生位移时各杆的固端弯矩为

$$M_{AC}=4\times(2i)\varphi-\frac{6\times(2i)}{l}(-a)=20i\varphi$$

$$M_{CA}=2\times(2i)\varphi-\frac{6\times(2i)}{l}(-a)=16i\varphi$$

$$M_{CB}=-\frac{3i}{l}(-b)=12i\varphi$$

据此可绘出 M_Δ 图，如图 6.18(d)所示，并可求得

$$R_{1\Delta}=16i\varphi+12i\varphi=28i\varphi$$

将上述系数和自由项代入典型方程得

$$11i\Delta_1+28i\varphi=0$$

解得 $\Delta_1=-\dfrac{28i\varphi}{11i}=-\dfrac{28}{11}\varphi$。

刚架的最后弯矩为 $M=\overline{M_1}\Delta_1+M_\Delta$，绘制得到的弯矩图如图 6.18 (e)所示。

6.4 直接由平衡条件建立位移法基本方程

用位移法计算超静定刚架时，需加入附加刚臂和链杆以取得基本结构，又由附加刚臂和链杆上的总反力或反力矩等于零(这相当于又取消刚臂和链杆)的条件建立位移法的基本方程(即**典型方程法**)。而基本方程的实质就是反映原结构的平衡条件，因此也可以不通过基本结构，而直接由原结构的平衡条件来建立位移法的基本方程，称为**直接平衡法**。现仍以图 6.19(a)的刚架为例来说明这一方法。

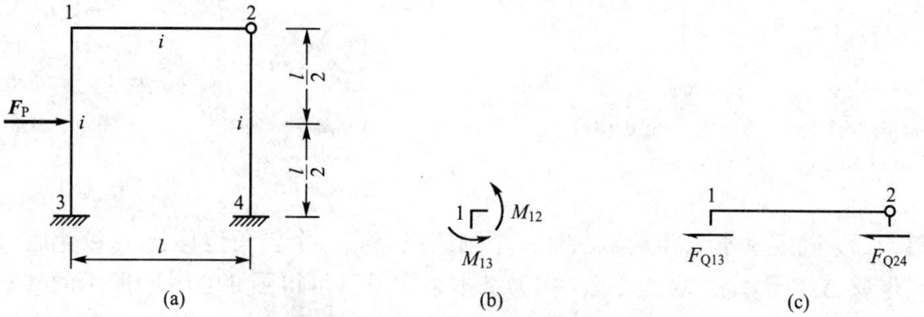

图 6.19 直接平衡法示例

此刚架用位移法求解时有两个基本未知量：刚结点 1 的转角 Δ_1 和结点 1、2 的水平位移 Δ_2。根据结点 1 的力矩平衡条件 $\sum M_1=0$ ［图 6.19(b)］及截取两柱顶端以上横梁部分为隔离体的投影平衡条件 $\sum F_x=0$ ［图 6.19(c)］，可写出如下两个方程：

$$\sum M_1=M_{13}+M_{12}=0 \tag{6-9}$$

$$\sum F_x=F_{Q13}+F_{Q24}=0 \tag{6-10}$$

利用转角位移方程式(6-1)、式(6-3)及表 6-1，并假设 Δ_1 为顺时针方向，Δ_2 向右，可得

$$M_{13}=4i\Delta_1-\frac{6i}{l}\Delta_2+\frac{F_P l}{8},\quad M_{12}=3i\Delta_1$$

又由表 6-1，可得

$$F_{Q13}=-\frac{6i}{l}\Delta_1+\frac{12i}{l^2}\Delta_2-\frac{F_P}{2},\quad F_{Q24}=\frac{3i}{l^2}\Delta_2$$

将以上四式代入式(6-8)及式(6-9)得

$$\begin{cases}7i\Delta_1-\dfrac{6i}{l}\Delta_2+\dfrac{F_P l}{8}=0\\ -\dfrac{6i}{l}\Delta_1+\dfrac{15i}{l^2}\Delta_2-\dfrac{F_P}{2}=0\end{cases} \tag{6-11}$$

这与典型方程式(6-7)完全一样。可见两种方法本质相同，只是在处理手法上稍有差别。

综上所述，运用直接平衡法解题的基本步骤如下：

(1) 确定基本未知量。

(2) 写出各杆杆端弯矩表达式。依据转角位移方程写出各杆杆端弯矩表达式，其中杆

端弯矩查表 6-1 得到。

(3) 建立位移法方程。利用结点或截面平衡条件建立位移法方程，有一个转角未知量就有一个力矩平衡方程，有一个线位移就需要一个投影方程。

(4) 求基本未知量。解位移法方程(或方程组)求出基本未知量。

(5) 绘制弯矩图。

【例 6-8】 试用直接平衡法计算图 6.20 所示刚架，并作弯矩图。已知 EI 为常量。

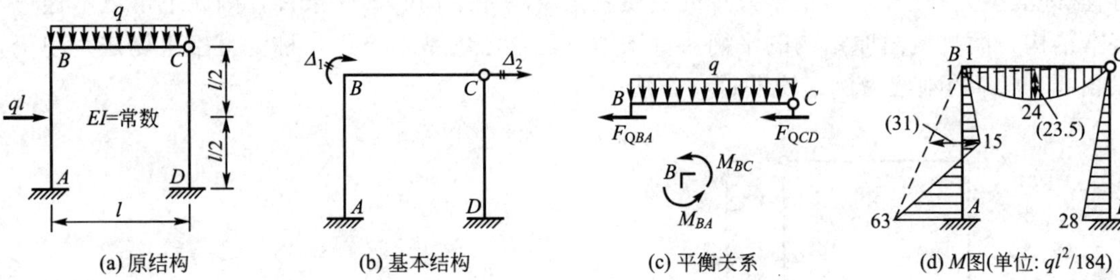

图 6.20 例 6-8 图

【解】 (1) 确定基本未知量本题有一个刚结点，有一个转角位移 Δ_1，铰化后可知有一个独立线位移 Δ_2，因此选取 Δ_1、Δ_2 作为基本未知量。可得图 6.20 (b)所示的基本结构。

(2) 写出杆端弯矩表达式。先将原结构"拆散"，进行单元分析，即根据转角位移方程逐杆写出杆端内力如下：

① 左柱 BA(视为两端固定梁)为

$$M_{AB}=2i\Delta_1-6i\frac{\Delta_2}{l}-\frac{ql^2}{8},\quad M_{BA}=4i\Delta_1-6i\frac{\Delta_2}{l}+\frac{ql^2}{8},\quad F_{QBA}=-\frac{6i\Delta_2}{l}+\frac{12i\Delta_2}{l^2}-\frac{ql}{2}$$

② 横梁 BC(视为 B 端固定，C 端铰支)为

$$M_{BC}=3i\Delta_1-\frac{ql^2}{8},\quad M_{CB}=0$$

③ 右柱 CD(视为 D 端固定，C 端铰支)为

$$M_{CD}=0,\quad M_{DC}=-3i\frac{\Delta_2}{l},\quad F_{QCD}=3i\frac{\Delta_2}{l^2}$$

(3) 建立位移法方程。对拆散的结构进行"组装"，根据结点平衡条件和截面平衡条件建立位移法方程如下：

① 由平衡条件$\sum M_B=0$ 得

$$M_{BC}+M_{BA}=0$$

即

$$7i\Delta_1-\frac{6i}{l}\Delta_2=0 \tag{a}$$

② 取横梁 BC 为隔离体，由截面平衡条件得

$$F_{QBA}+F_{QCD}=0$$

即

$$-\frac{6i}{l}\Delta_1+\frac{15i}{l^2}\Delta_2-\frac{ql}{2}=0 \tag{b}$$

(4) 联立求解方程(a)和(b)，得基本未知量为

$$\Delta_1=\frac{6}{138i}ql^2,\quad \Delta_2=\frac{7}{138i}ql^3$$

(5) 计算杆端内力。将Δ_1和Δ_2代回第(2)步所列出的各杆的杆端弯矩表达式，即可求得

$$M_{AB}=-\frac{63}{184}ql^2,\quad M_{BA}=-\frac{1}{184}ql^2,\quad M_{BC}=\frac{1}{184}ql^2,\quad M_{DC}=-\frac{28}{184}ql^2$$

(6) 作最后弯矩图。根据杆端弯矩及受力情况，可得图 6.20(d)所示的弯矩图。

6.5 对称性的利用

按照力法计算超静定结构时利用对称性的相关结论，在位移法中，当对称结构承受一般非对称荷载作用时，可将荷载分解为正、反对称的两组，分别加于结构上求解，然后再将结果叠加。

例如图 6.21(a)所示的对称刚架，在正对称荷载作用下只有正对称的基本未知量，即两结点的一对正对称的转角Δ_1［图 6.21(b)］；同理，在反对称荷载作用下，将只有反对称的基本未知量Δ_2和Δ_3［图 6.21(c)］。在正、反对称的情况下，均可只取结构的一半来进行计算［图 6.21(d)、(e)］。

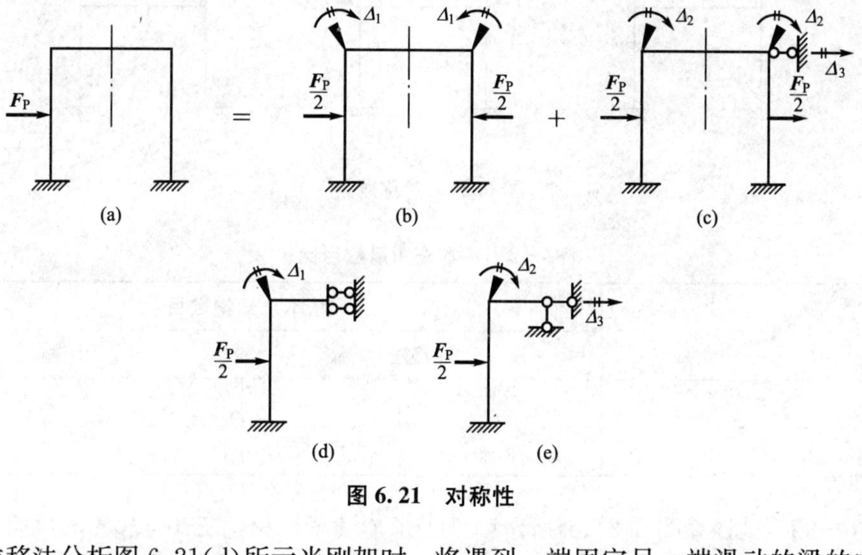

图 6.21 对称性

用位移法分析图 6.21(d)所示半刚架时，将遇到一端固定另一端滑动的梁的内力如何确定的问题。显然，这不难用力法求解；但也可以将原两端固定的梁在正对称情况下的内力图作出，然后截取其一半即可。例如要作图 6.22(a)所示等截面梁 A 端发生单位转角的弯矩图时，可将图 6.22(b)所示刚度相同但长为其两倍的两端固定梁，在两端发生正对称的单位转角时的弯矩图作出，这可以用叠加法得到，如图 6.22(c)所示。然后取其左半，即为所求一端固定另一端滑动的梁的弯矩图。此时只需注意，此梁由于比原两端固定梁短了一半，故其相应的线刚度大了 1 倍，即 $i_1=2i$。至于在荷载作用下这种梁的内力也可仿

此求出，不需细述。其有关数据已列入表 6-1 的第 17～第 21 栏中，可直接查用。

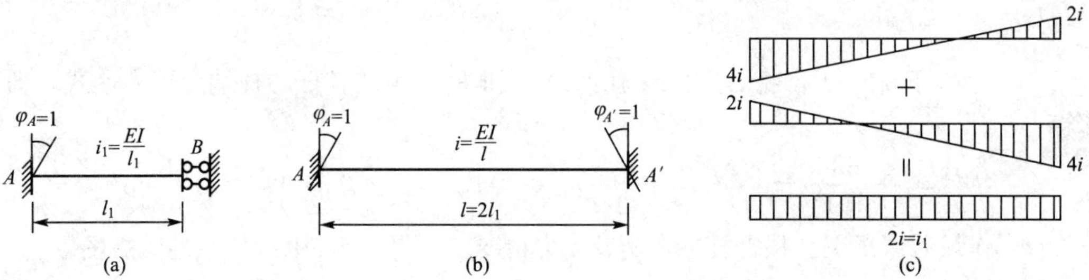

图 6.22　一端固定另一端滑动梁

对于图 6.23(a)所示对称刚架，在正、反对称荷载下，用不同的方法计算时，基本未知量数目见表 6-2 所列。可以看出，正对称时采用位移法［图 6.23 (b)］较为方便，反对称时采用力法［图 6.23(c)］较为方便。

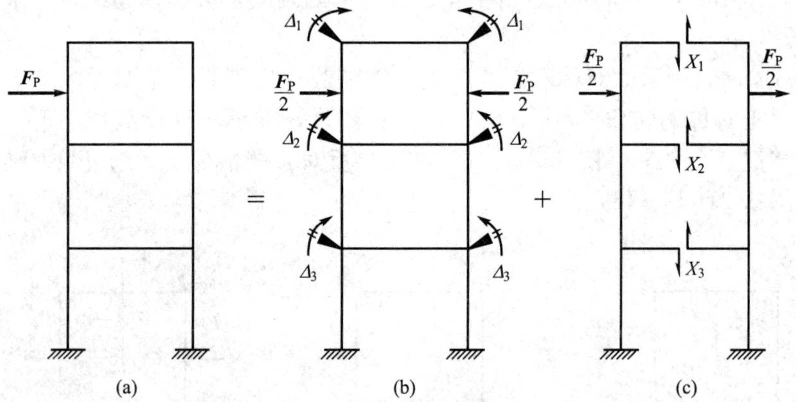

图 6.23　对称刚架

表 6-2　基本未知量数目比较

荷载	基本未知量数目	
	位移法	力法
正对称	3	6
反对称	6	3

【例 6-9】 试计算图 6.24(a)所示弹性支承连续梁，梁的 EI 为常数，弹性支座刚度 $k=\frac{EI}{10}$。

【解】 这是一个对称结构，承受正对称荷载，取一半结构如图 6.24(b)所示，C 处为滑动支座。用位移法求解时，基本未知量为结点 B 的转角 Δ_1 和竖向位移 Δ_2，基本体系如图 6.24(c) 所示，典型方程为

$$\begin{cases} r_{11}\Delta_1+r_{12}\Delta_2+R_{1P}=0 \\ r_{21}\Delta_1+r_{22}\Delta_2+R_{2P}=0 \end{cases}$$

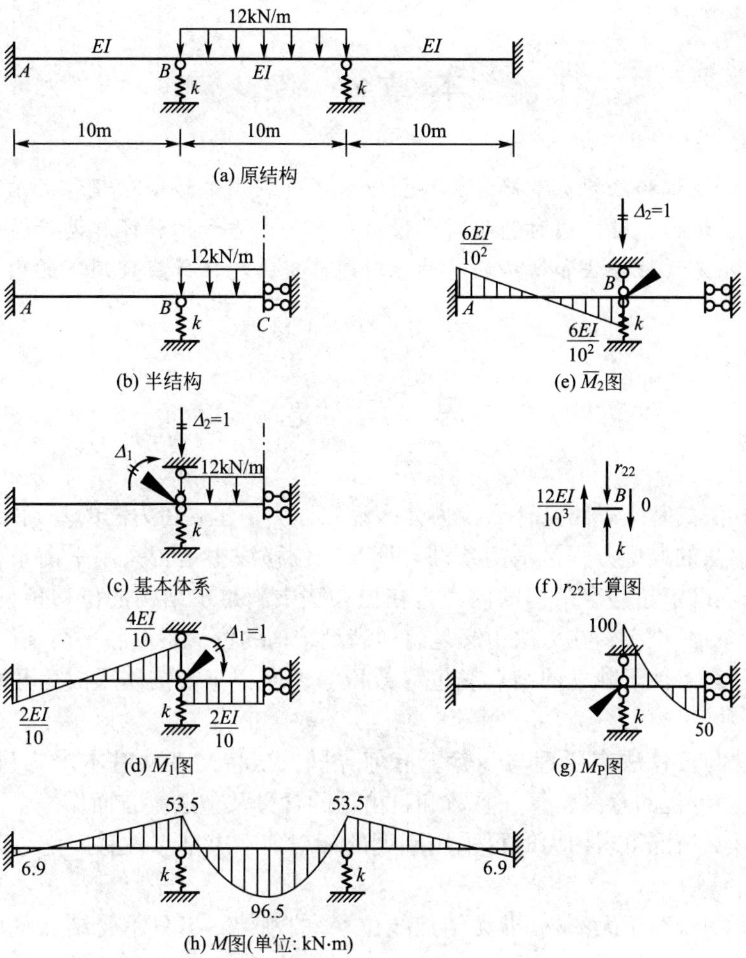

图 6.24　例 6-9 图

绘出基本结构的 $\overline{M}_1$、$\overline{M}_2$、M_P 图，分别如图 6.24(d)、(e)、(g)所示，可求得

$$r_{11}=\frac{6EI}{10},\quad r_{12}=r_{21}=-\frac{6EI}{100}$$

$$r_{22}=\frac{12EI}{10^3}+k=\frac{12EI}{1000}+\frac{EI}{10}=\frac{112EI}{1000}$$

$$R_{1P}=-100,\quad R_{2P}=-60$$

以上各系数、自由项读者可自行校核，其中 r_{22} 的计算可参见图 6.24(f)。代入典型方程得

$$\begin{cases}\dfrac{6EI}{10}\Delta_1-\dfrac{6EI}{100}\Delta_2-100=0\\[2ex]-\dfrac{6EI}{100}\Delta_1+\dfrac{112EI}{1000}\Delta_2-60=0\end{cases}$$

解得 $\Delta_1=\dfrac{232.7}{EI}$，$\Delta_2=\dfrac{660.4}{EI}$。

由叠加法 $M=\overline{M_1}\Delta_1+\overline{M_2}\Delta_2+M_P$ 可绘出最后弯矩图，如图 6.24(h)所示。读者可自行完成剪力图及支座反力的计算。

本章小结

本章主要讲述位移法的基本概念和典型方程，并利用位移法对超静定结构在荷载作用下的内力和位移进行求解，同时利用对称性对结构的内力和位移计算进行简化。

本章的重点是用位移法和结构的对称性对超静定结构在荷载作用下的内力和位移进行求解。

思考题

6.1　位移法的基本思路是什么，为什么说位移法是建立在力法的基础之上的？

6.2　位移法的典型方程是平衡条件，那么在位移法中是否只用平衡条件就可以确定基本未知量从而确定超静定结构的内力，在位移法中满足了结构的位移条件(包括支承条件和变形连续条件)没有？在力法中又是怎样满足结构的位移条件和平衡条件的？

6.3　在什么条件下独立的结点线位移数目等于使相应铰接体系成为几何不变所需添加的最少链杆数？

6.4　力法与位移法在原理与步骤上有何异同？试将二者从基本未知量、基本结构、基本体系、典型方程的意义、每一系数和自由项的含义及求法等方面作一全面比较。

6.5　在什么情况下求内力时可采用刚度的相对值？求结点位移时能否采用刚度的相对值？

6.6　试证明：对于无侧移(即无结点线位移)的刚架，当只承受结点集中荷载时其弯矩为零。

6.7　结构对称但荷载不对称时，可否取一半结构计算？

习　题

6-1　单项选择题

(1) 位移法的基本未知量是(　　)。

A. 支座反力　　B. 杆端弯矩

C. 独立的结点位移　　D. 多余未知力

(2) 用位移法计算图 6.25 所示结构，最少未知量数目为(　　)。

A. 1　　B. 2　　C. 3　　D. 5

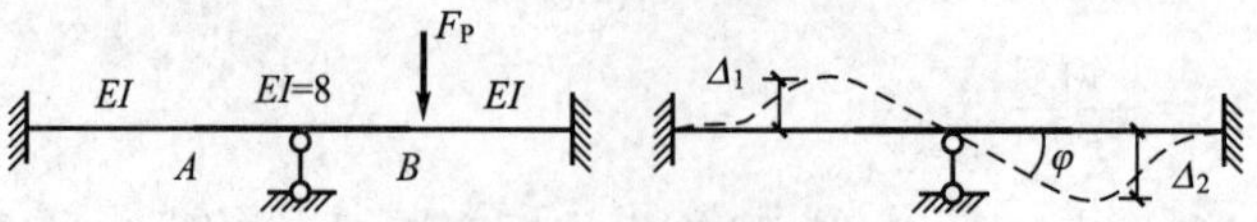

图 6.25　习题 6-1(2)图

(3) 图 6.26 所示结构用位移法计算时，若取结点 A 的转角为 Δ_1，则 r_{11} 为(　　)。

A. $\dfrac{9EI}{l}$　　B. $\dfrac{10EI}{l}$　　C. $\dfrac{11EI}{l}$　　D. $\dfrac{7EI}{l}$

6-2　填空题

(1) 图 6.27 所示单跨超静定梁的固端弯矩 $M_{BA}=$__________。

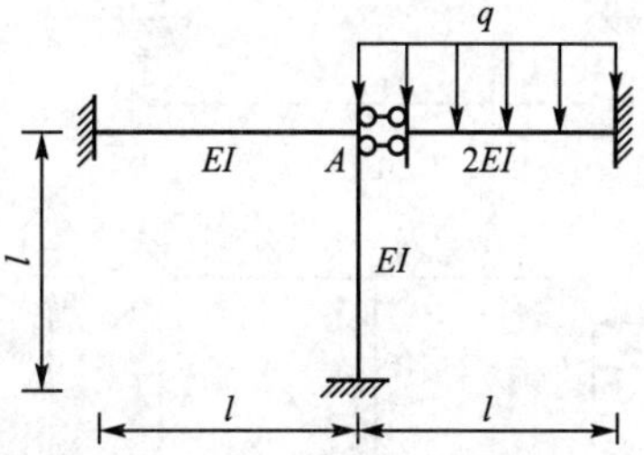

图 6.26　习题 6-1(3)图

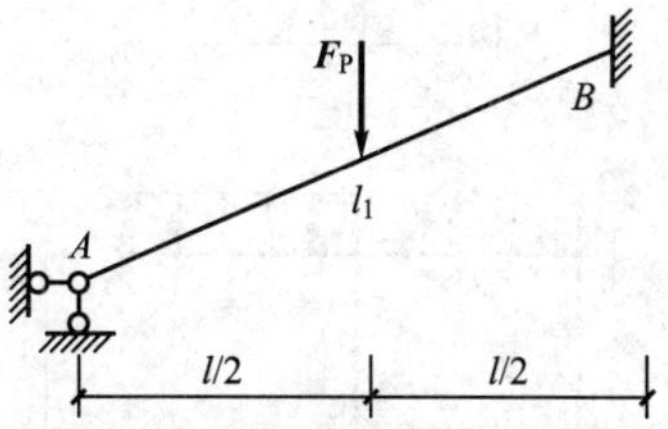

图 6.27　习题 6-2(1)图

(2) 图 6.28 所示结构在位移法方程中的自由项 $R_{1P}=$__________。

(3) 图 6.29 所示结构在位移法方程中的系数 $r_{11}=$__________。

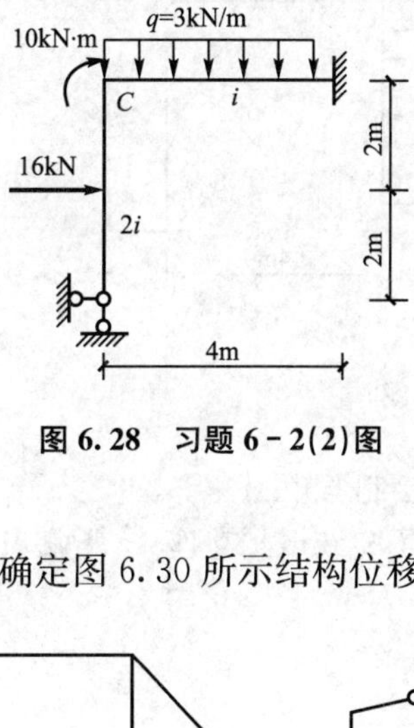

图 6.28　习题 6-2(2)图

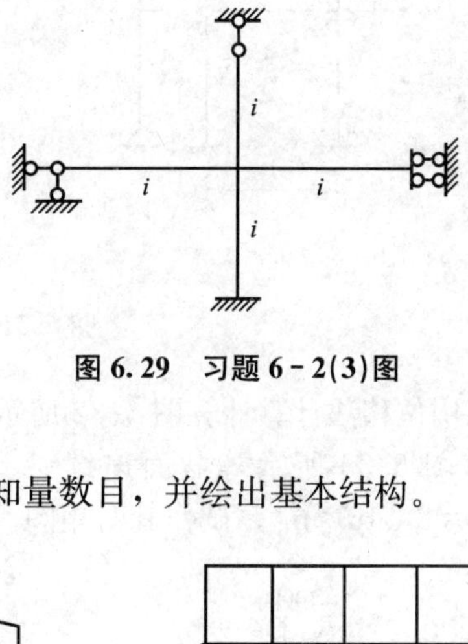

图 6.29　习题 6-2(3)图

6-3　确定图 6.30 所示结构位移法基本未知量数目，并绘出基本结构。

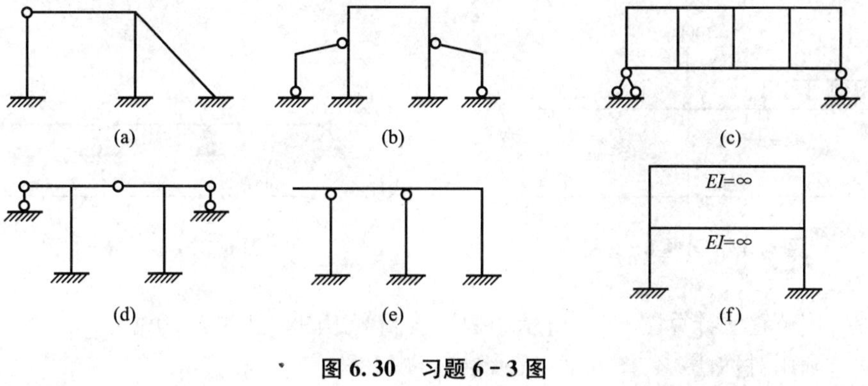

图 6.30　习题 6-3 图

6 - 4　用位移法计算图 6.31 所示刚架，绘制弯矩图。已知 E 为常数。

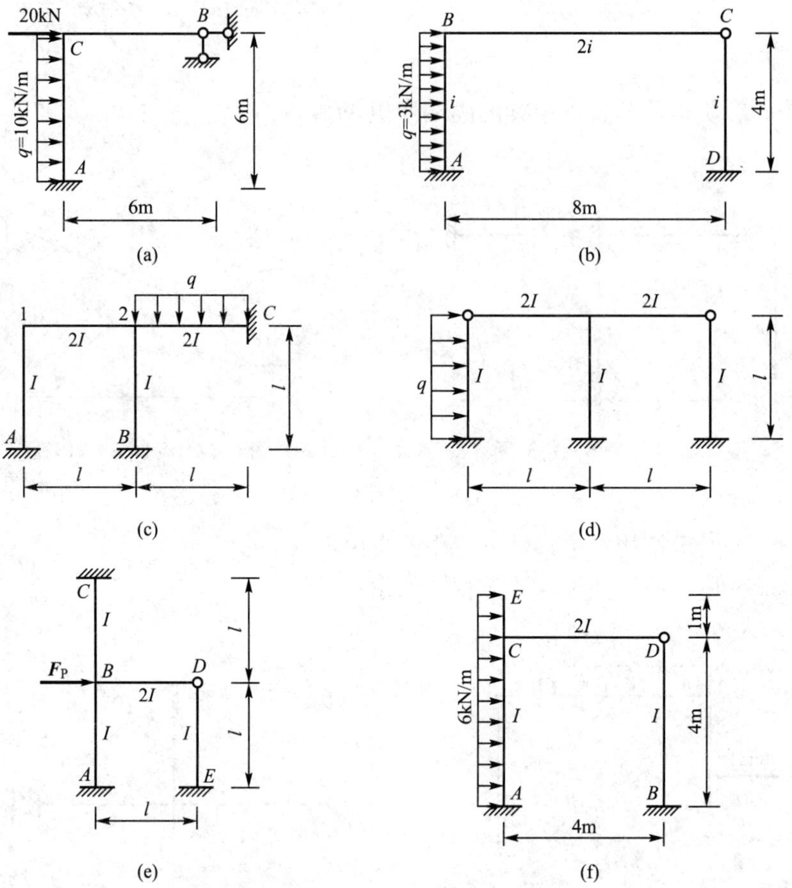

图 6.31　习题 6 - 4 图

6 - 5　用位移法计算计算图 6.32 所示连续梁，绘制弯矩图。

6 - 6　图 6.33 所示等截面连续梁支座 B 下沉 20mm，支座 C 下沉 12mm，E = 210GPa，$I = 2\times10^{-4}\,m^4$，试作其弯矩图。

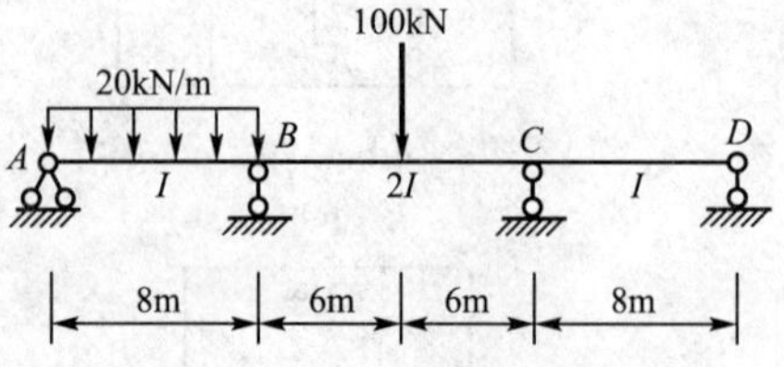

图 6.32　习题 6 - 5 图

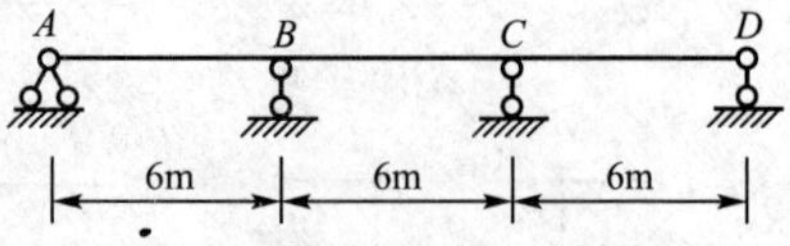

图 6.33　习题 6 - 6 图

6 - 7　用位移法计算图 6.34 所示结构，绘制弯矩图。已知 E 为常数。

6 - 8　利用对称性，作图 6.35 所示结构的 M 图。

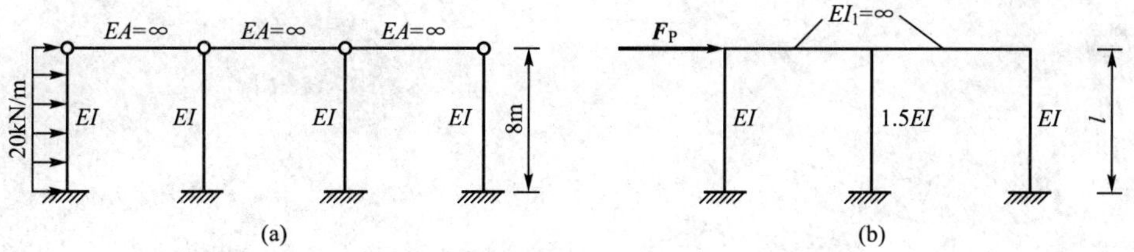

图 6.34 习题 6-7 图

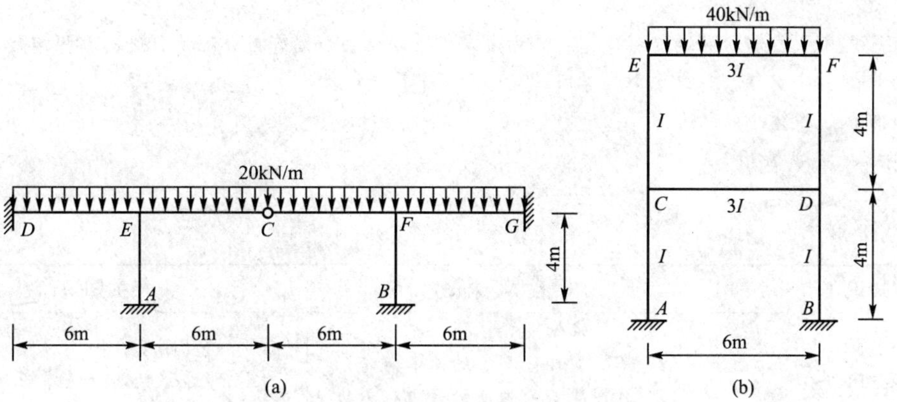

图 6.35 习题 6-8 图

第7章 渐进法

教学目标

主要讲述结构定性分析的两种实用计算方法，弯矩分配法和无剪力分配法，进而掌握超静定结构受力状态的概念分析方法。通过本章的学习，应达到以下目标：

(1) 掌握运用弯矩分配法；

(2) 掌握无剪力分配法。

教学要求

知识要点	能力要求	相关知识
弯矩分配法	(1) 掌握弯矩分配法的基本概念； (2) 运用弯矩分配法进行力学分析	(1) 转动刚度； (2) 传递系数，传递弯矩； (3) 不平衡力矩，弯矩分配系数
无剪力分配法	(1) 掌握无剪力分配法的适用范围； (2) 运用剪力分配法进行力学分析	(1) 剪力静定杆； (2) 传递系数

基本概念

转动刚度、传递系数、不平衡力矩、弯矩分配系数、剪切刚度。

引言

力法和位移法都需要联立求方程组，在大型结构计算时很烦琐。弯矩分配法和无剪力分配法就是避开烦琐计算的两种常用渐进法。

7.1 概　述

采用力法和位移法进行结构计算时，一般都需要建立和求解联立方程组。倘若基本未知量较多，计算工作量就十分烦琐，特别是在电子计算机应用普及之前，许多较复杂的结构分析工作几乎是难以完成的。为了避免联立求解方程组，曾提出许多适用超静定刚架分析的实用计算方法，这些方法大致可以分为两类：一类是利用相关物理量之间的内在数学关系，运用逐次计算逼近的方法求解，称为**渐进法**，其中代表性的有弯矩分配法和迭代法等。另一类是通过忽略影响结构内力的某些次要因素，对计算模型采用物理近似，从而通过简单但需反复的算术运算使解答达到任意要求的精度，其产生的仅是截断误差；而近似的误差是由计算模型的近似性决定的，因而无法通过运算过程来弥补，但它却避免了反复的数字运算过程，称为**近似法**。在上述渐进法和近似法的基础上还衍生出许多改进的计算方法，例如由弯矩分配法衍生的集体弯矩分配法，由剪力分配法衍生的 D 值法等。所有这些方法可以统称为**实用计算方法**，而随着计算机在结构分析中的广泛应用，实用计算方法的应用机会已大大减少了。所以本章只介绍**弯矩分配法**和**无剪力分配法**这两种主要方法，因为它们在结构受力的定量分析中仍具有使用价值，而且其基本概念在结构受力的定性分析方面也具有重要作用。

弯矩分配法主要适用于仅有结点角位移而无结点线位移的超静定梁和刚架的计算。图7.1(a)所示的连续梁用位移法求解时有两个基本未知量，即 B、C 支座处截面的角位移。为了避免建立和求解联立方程，可按如下方法进行求解：先在 B、C 两个结点上附设刚臂，如图 7.1 (b)所示，此时梁的弯矩图即位移法中的 M_P 图，两附加刚臂中的约束力矩可分别记为 R_{1P} 和 R_{2P}；然后依次单个释放刚臂约束，此时，附加刚臂中的约束力矩将逐步减少，直至这种约束力矩趋近于零时，梁中的内力也就趋近于原连续梁的内力。由于是单个释放刚臂约束，而且无结点线位移存在，由此引起的杆端弯矩(包括远端弯矩)均易求得。将固端弯矩与上述每次释放刚臂约束引起的杆端弯矩叠加，即可求得梁的最终弯矩。

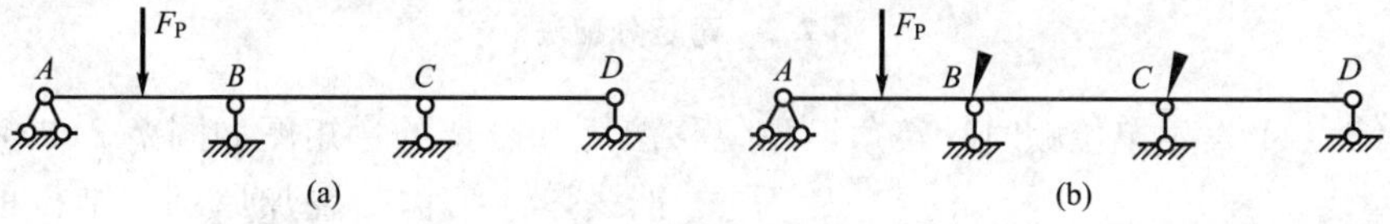

图 7.1 连续梁

7.2 弯矩分配法

对于结点无线位移而仅有角位移的超静定梁和刚架，采用弯矩分配法求解一般比力法、位移法简便易行，而且其解答可以达到任意要求的精度。当结构具有一个结点角位移未知量时，经一次弯矩分配即可获得精确解；当有多个角位移未知量时，一般经过不多的若干轮渐进运算，便可以达到满足工程应用的精度要求。

7.2.1 基本概念

设有图 7.2 所示由等截面杆组成的刚架，当用位移法计算时，只有刚接点 A 的角位移一个基本未知量。假设先用附加刚臂约束刚结点的角位移，则可得到固端弯矩如图 7.2 (b)所示。此时，刚结点处的各杆端弯矩之间通常是不平衡的，其差值称为**不平衡力矩**，并由此形成了附加刚臂中的约束力矩。若将该约束力矩如图 7.2(c)所示反向(改号)施加于结点 A，则(b)、(c)两图叠加后即为原结构的受力状态。图 7.2(b)即为位移法中的 M_P 图，图 7.2(c)中的弯矩图也已在位移法中熟知。因此，求解的关键问题是：刚结点处作用有集中力矩时，各杆端弯矩该如何分配。

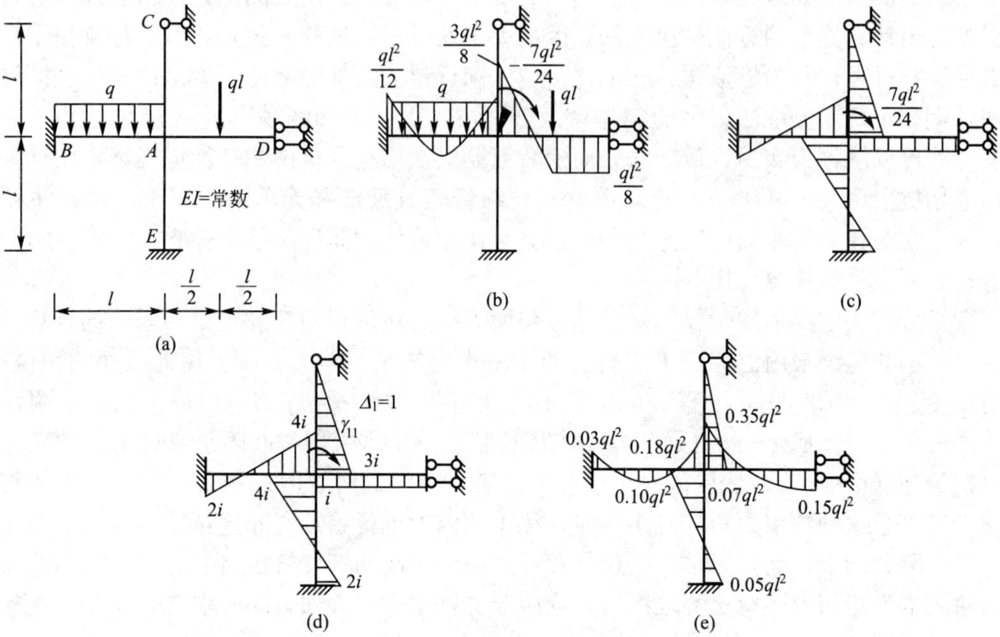

图 7.2　弯矩分配法

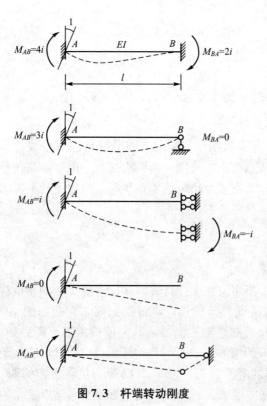

假设结点 A 发生单位顺时针转角，由位移法可知刚架的弯矩图如图 7.2(d)所示。根据线弹性结构的叠加原理，结构的内力与荷载之间存在线性关系，因此无论作用于刚结点处的集中力矩数值如何，各杆弯矩之间的比值将保持不变。于是就可以借助于图 7.2(d)的杆端弯矩分配比值，求得图 7.2(c)中 A 结点处的各杆端弯矩，并可进而确定各杆件的远端弯矩。然后将图 7.2(b)、(c)的弯矩图叠加，就可以得到图 7.2(e)所示的刚架最终弯矩图。

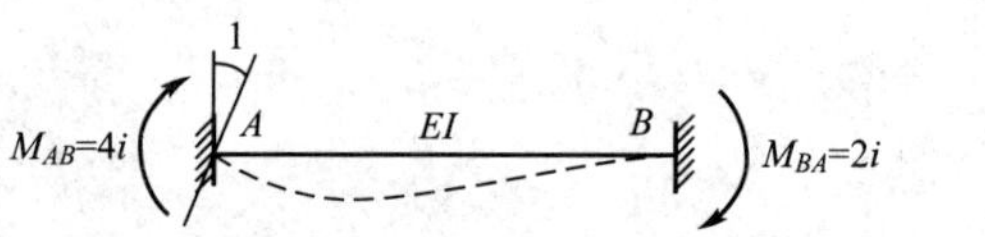

图 7.3　杆端转动刚度

在弯矩分配法中，把使杆端产生单位转角所需要施加的力矩，称为杆件的杆端**转动刚度**，以 S 表示；将在杆端施加力矩后，远端弯矩与近端弯矩的比值称为杆件的弯矩**传递系数**，以 C 表示。应用位移法可以得到上述杆端转动刚度和弯矩传递系数，分别如图 7.3 所示和表 7-1 所列，其中 $i=\dfrac{EI}{l}$为杆件的**弯曲线刚度**。杆端弯矩的正向规定与位移法相同，即以顺时针方向为正，反之为负。

表 7-1 等截面直杆的转动刚度和传递系数

远端支承情况	转动刚度 S	传递系数 C
固定	$4i$	$2i$
铰支	$3i$	0
滑动	i	-1
自由或轴向支杆	0	—

若如图 7.2(a)所示有数个杆件与同一结点 A 刚性连接，当刚结点上有外力矩 M 作用时［图 7.2(c)］，各近端弯矩 M_{Aj} 可以表达为一个固定的系数 μ_{Aj} 与 M 的乘积，即有

$$M_{Aj}=\mu_{Aj}M \tag{7-1}$$

式中：M_{Aj} 称为分配弯矩；j 为杆件远端的代号；μ_{Aj} 为弯矩**分配系数**，表示了某一分配弯矩所占的比重，其数值与外力矩 M 的大小无关。由图 7.2(d)，根据结点的力矩平衡条件可知

$$\mu_{Aj}=\frac{S_{Aj}}{\sum\limits_{A}S} \tag{7-2}$$

式中：S_{Aj} 表示某一杆件 Aj 在 A 端的转动刚度；$\sum\limits_{A}S$ 表示各杆件在 A 端转动刚度的总和。由式(7-2)可以看出，同一结点处各杆端弯矩的分配系数之和等于 1，即有

$$\sum\mu_{Aj}=1$$

对于任一杆件 Aj，在 A 端施加力矩时的弯矩传递系数可以表示为

$$C_{Aj}=\frac{M_{jA}}{M_{Aj}} \tag{7-3}$$

于是有

$$M_{jA}=C_{Aj}M_{Aj} \tag{7-4}$$

式中，M_{jA} 称为传递弯矩，表示由近端弯矩所引起的远端弯矩。

【例 7-1】 试作图 7.4(a)所示刚架的弯矩图。

【解】 (1) 计算各杆端分配系数。令 $i_{AB}=i_{AC}=\dfrac{EI}{4}=1$，则 $i_{AD}=2$。由式(7-2)得

$$\mu_{AB}=\frac{4\times1}{4\times1+4\times1+2}=0.445$$

$$\mu_{AC}=0.333$$

$$\mu_{AD}=0.222$$

(2) 计算固端弯矩。据表 7-1 可得

$$M_{BA}^{\mathrm{F}}=-\frac{30\times4^2}{12}=-40(\mathrm{kN\cdot m})$$

$$M_{AB}^{\mathrm{F}}=\frac{30\times4^2}{12}=40(\mathrm{kN\cdot m})$$

$$M_{AD}^{\mathrm{F}}=-\frac{3\times50\times4}{8}=-75(\mathrm{kN\cdot m})$$

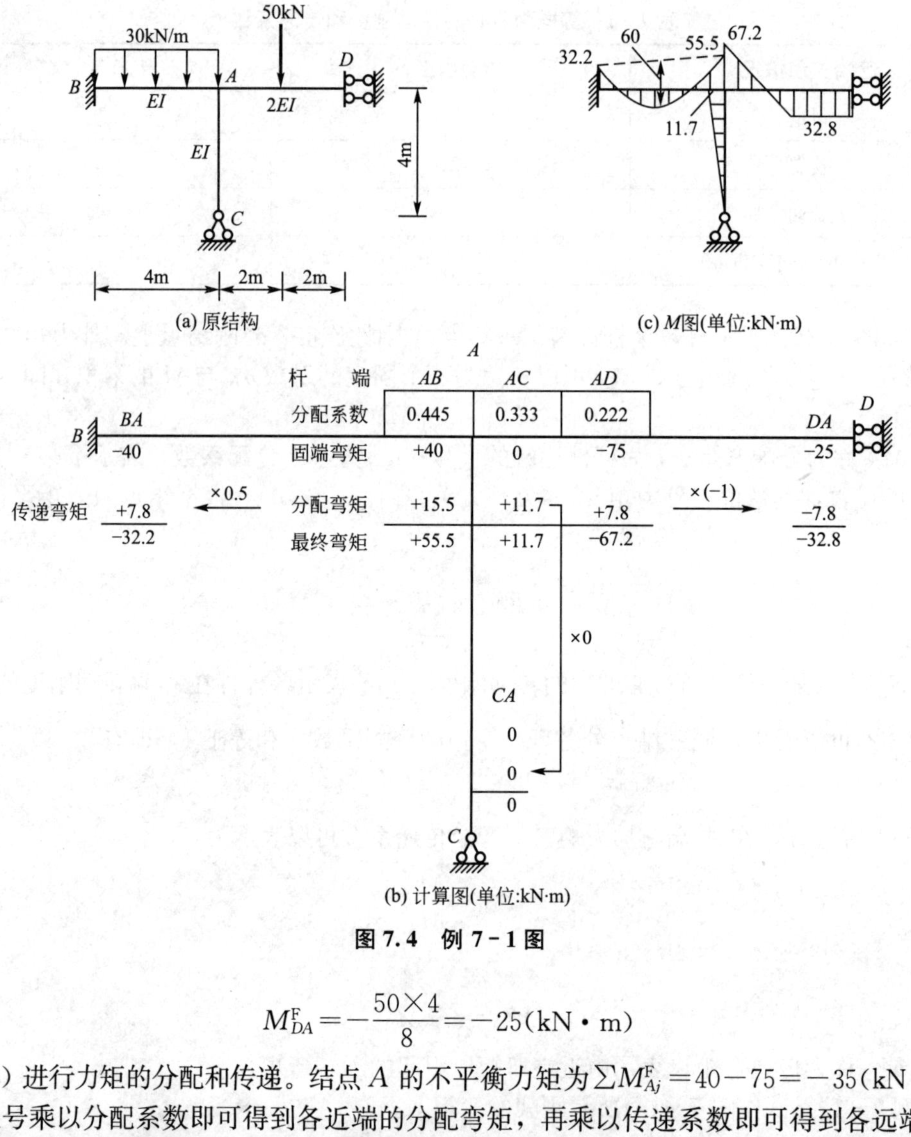

(a) 原结构　(c) *M*图(单位:kN·m)

(b) 计算图(单位:kN·m)

图 7.4　例 7-1 图

$$M_{DA}^{\mathrm{F}}=-\frac{50\times4}{8}=-25(\mathrm{kN\cdot m})$$

(3) 进行力矩的分配和传递。结点 A 的不平衡力矩为 $\sum M_{Aj}^{\mathrm{F}}=40-75=-35(\mathrm{kN\cdot m})$，将其反号乘以分配系数即可得到各近端的分配弯矩，再乘以传递系数即可得到各远端的传递弯矩。在力矩分配法中，为了使计算过程的表达更加紧凑、直观，避免罗列大量算式，整个计算可直接在图上书写(或列表计算)，如图 7.4(b)所示。

(4) 计算杆端最终弯矩。将固端弯矩和分配弯矩、传递弯矩叠加，便得到各杆端的最终弯矩，据此即可绘出刚架的弯矩图，如图 7.4(c)所示。

7.2.2　弯矩分配法基本原理和应用

一般的连续梁或刚架结点角位移未知量的数目有多个。现结合图 7.5(a)所示刚架，说明弯矩分配法的基本原理。此刚架可以是由三跨对称刚架在利用对称性后得到的计算简图，它有两个结点角位移未知量而无结点线位移未知量。

按照弯矩分配法的基本思路，先用附加刚臂约束 C、D 结点的角位移，可得到固端弯矩图如图 7.5(b)所示，此时不平衡弯矩是由附加刚臂承受；然后依次单个释放刚臂约束，使当前结点的杆端弯矩达到短暂的平衡，同时计算出各杆端弯矩的修正值。如此反复循环，使结点上的不平衡弯矩充分减少，则杆端弯矩也就趋近于精确值。前已述及，在弯矩分配法中杆端弯矩的正号方向与在位移法中相同，即以顺时针方向为正，反之为负。

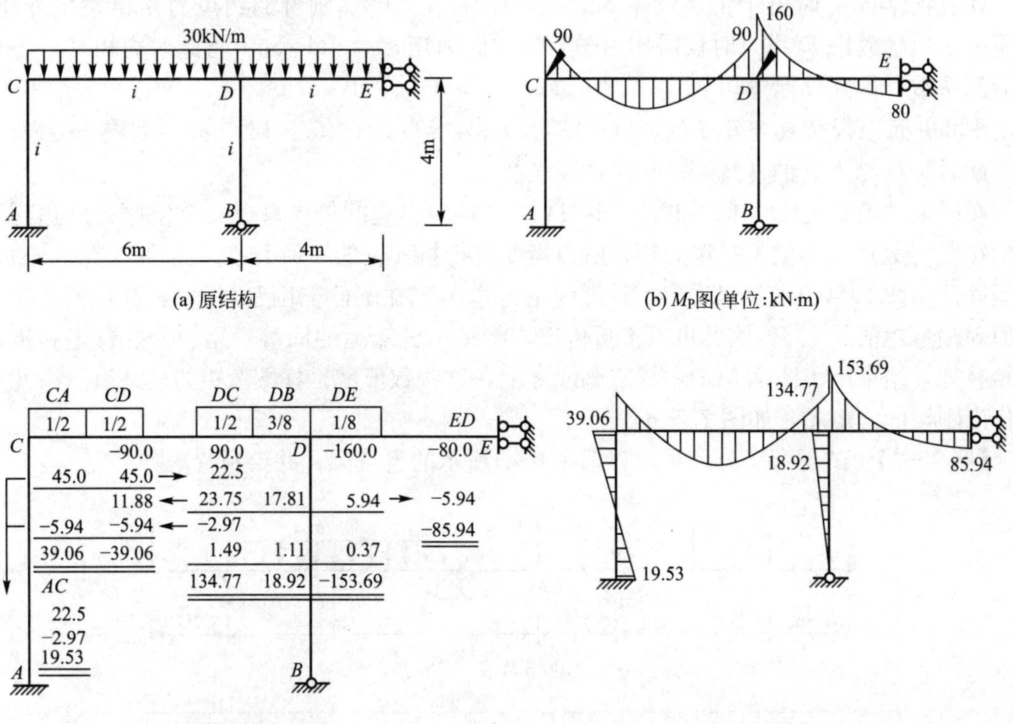

(a) 原结构 (b) M_P图(单位:kN·m)

(c) 计算图(单位:kN·m) (d) M图(单位:kN·m)

图 7.5 弯矩分配法基本思路

为了计算单个释放刚臂约束时引起的分配弯矩和传递弯矩，先需计算杆端弯矩的分配系数。对于结点 C 有

$$S_{CA}=4i,\ S_{CD}=4i$$

按式(7-2)得

$$\mu_{CA}=\frac{4i}{4i+4i}=0.5,\quad \mu_{CD}=\frac{4i}{4i+4i}=0.5$$

对于结点 D 有

$$S_{DB}=3i,\quad S_{DC}=4i,\quad S_{DE}=i$$

则可得

$$\sum_{D}S=3i+4i+i=8i$$

于是可得

$$\mu_{DB}=\frac{3i}{8i}=0.375,\quad \mu_{DC}=\frac{4i}{8i}=0.5,\quad \mu_{DE}=\frac{i}{8i}=0.125$$

弯矩分配法的求解过程采用图 7.5(c)所示的图表形式，先将以上固端弯矩和分配系数填写在图中的相应位置。单个放松刚臂约束可以从不平衡力矩相对较大的 C 结点开始。所谓放松刚臂约束，实际上就是将约束力矩反向施加于同一结点，即在 C 结点上作 90kN·m

的顺时针方向力矩，将该力矩乘以各弯矩分配系数，即得到分配弯矩 $M_{CA}=M_{CD}=0.5\times 90=45(\text{kN}\cdot\text{m})$，并按照 0.5 的传递系数得到远端弯矩为 $M_{DC}=M_{AC}=22.5\text{kN}\cdot\text{m}$，如图 7.5(c)所示。数字下加一短画线，表示此时结点 C 的杆端弯矩暂时达到平衡。

在放松结点 C 时由于传递弯矩的影响，D 结点上附加刚臂的约束力矩将发生变化，使下一步单独放松 D 结点时仅需作用顺时针方向力矩 $47.5\text{kN}\cdot\text{m}$。将此时力矩乘以各弯矩分配系数，得到分配弯矩 $M_{DC}=23.75\text{kN}\cdot\text{m}$，$M_{DB}=17.81\text{kN}\cdot\text{m}$，$M_{DE}=5.94\text{kN}\cdot\text{m}$，并可进而求得传递弯矩 $M_{CD}=11.88\text{kN}\cdot\text{m}$，$M_{ED}=-5.94\text{kN}\cdot\text{m}$，如图 7.5(c)所示。此时，$D$ 结点处的杆端弯矩暂时达到平衡。

在以上“锁 C 松 D”的过程中，因 D 结点转动引起的传递弯矩又会使原先已达到平衡的 C 结点处产生新的不平衡力矩，所以需要进行新一轮的“锁 D 松 C”和“锁 C 松 D”的运算。由图 7.5(c)中可以看出，经过两轮运算，新的分配弯矩已经很小，其传递弯矩不足原固端弯矩值的 1%，因此可以不再传递。将每一杆端上的固端弯矩、分配弯矩和传递弯矩叠加，结果示于图 7.5(c)中的双画线之上，这些数值就是杆端弯矩的最终值。由此可以作出刚架的弯矩图，如图 7.5(d)所示。

【例 7－2】 试用弯矩分配法计算图 7.6(a)所示的连续梁，并绘制弯矩图。

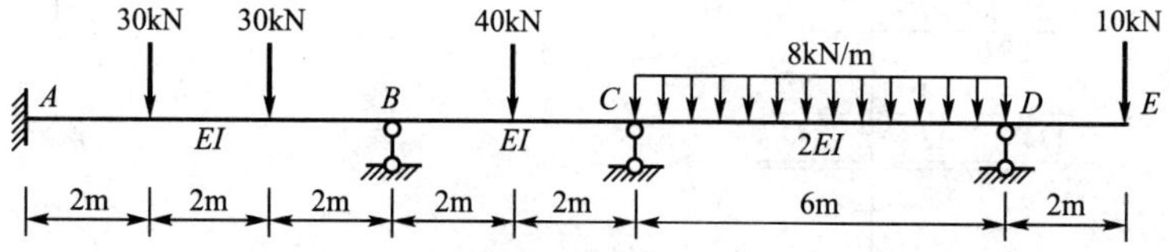

(a) 原结构

截面	AB	BA	BC	CB	CD	DC	DE	ED
分配系数 μ		0.4	0.6	0.5	0.5			
固端弯矩 M^F	−40	40	−20	20	−26	20	−20	0
分配与传递	−4 ←	−8	−12	−6				
			3 ←	6	6 →	0		
	−0.6 ←	−1.2	−1.8 ←	−0.9				
			0.22 ←	0.45	0.45 →	0		
	−0.05 →	−0.09	−0.13 →	0.06				
				0.03	0.03			
最终弯矩	−44.65	30.71	−30.71	19.52	−19.52	20	−20	0

(b) 计算图表(单位:kN·m)

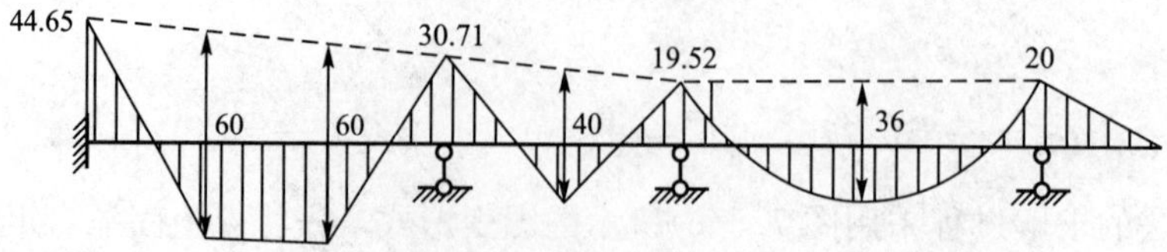

(c) M图(单位:kN·m)

图 7.6 例 7－2 图

【解】 此连续梁用位移法求解时有两个基本未知量，即 B、C 两结点的角位移。这样，在用弯矩分配法计算时，也只需要相应设置两个刚臂约束。

各杆转动刚度易求得，B、C 结点处的弯矩分配系数可按式(7－2)计算如下：

$$\mu_{BA}=\frac{S_{BA}}{\sum\limits_{B} S}=0.4,\quad \mu_{BC}=\frac{S_{BC}}{\sum\limits_{B} S}=0.6$$

$$\mu_{CB}=\frac{S_{CB}}{\sum\limits_{C} S}=0.5,\quad \mu_{CD}=\frac{S_{CD}}{\sum\limits_{C} S}=0.5$$

以上结果列于图 7.6(b)中数据第一栏。

各固端弯矩的计算与位移法中相同，列于图 7.6(b)中数据第二栏。注意固端弯矩 M_{CD}^{F} 是由 CD 跨上的均布荷载和悬臂段上集中荷载产生的固端弯矩叠加得到的，即

$$M_{CD}^{F}=\left(-\frac{1}{8}\times8\times6^2+\frac{1}{2}\times10\times2\right)\text{kN}\cdot\text{m}=-26\text{kN}\cdot\text{m}$$

以下可由不平衡力矩较大的 B 结点开始轮流单个放松结点，弯矩的分配与传递过程详见图 7.6(b)中所示。将各列杆端弯矩叠加后得到梁的最终弯矩，据此可作出图 7.6(c)所示的弯矩图。

7.3 无剪力分配法

无剪力分配法是计算符合某些特定条件的有侧移刚架的一种方法。本节以单跨对称刚架在反对称荷载作用下的半刚架为例来说明这种方法。

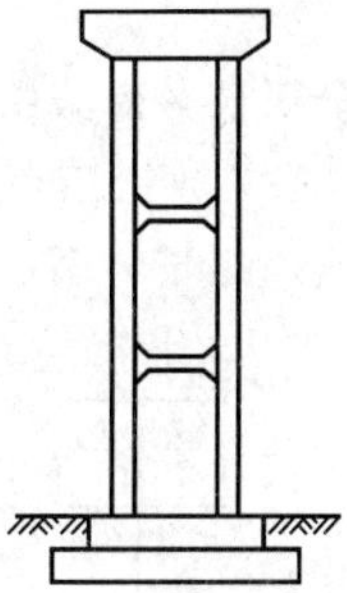

图 7.7 刚架式桥墩

单跨对称刚架是工程中所常见的，例如刚架式桥墩(图 7.7)、渡槽或管道的支架，以及单跨厂房等；对于图 7.8 所示单跨对称刚架，可将其荷载分为正、反对称两组。正对称时［图 7.8(b)］结点只有转角，没有侧移，故可用前述一般力矩分配法计算，不需再讲；反对称时［图 7.8(c)］则结点除转角外，还有侧移，此时可采用下面的无剪力分配法来计算。

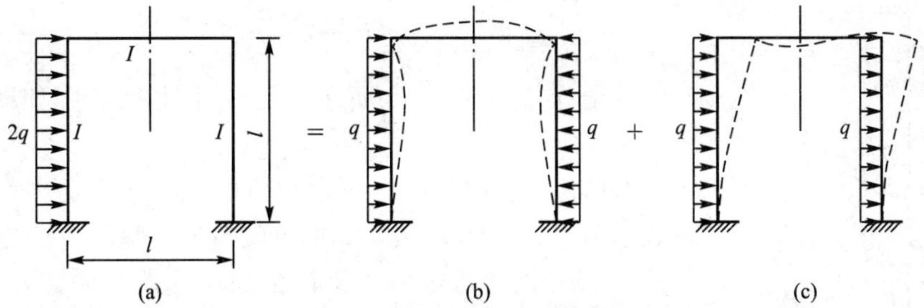

图 7.8 单跨对称刚架

取反对称时的半刚架如图 7.9(a)所示，C 处为一竖向链杆支座。此半刚架的变形和受力有如下特点：横梁 BC 虽有水平位移但两端并无相对线位移，这称为无侧移杆件；竖柱 AB 两端虽有相对侧移，但由于支座 C 处无水平反力，故 AB 柱的剪力是静定的，这称为剪力静定杆件。计算此半刚架时，仍与力矩分配法一样分为两步骤考虑：

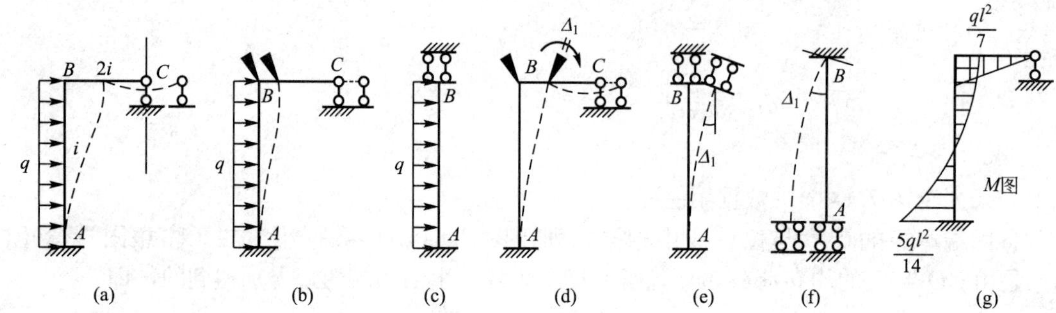

图 7.9 固定结点

(1) 固定结点。只加刚臂阻止结点 B 的转动，而不加链杆阻止其线位移，如图 7.9(b)所示。这样，柱 AB 的上端虽不能转动但仍可自由地水平滑行，故相当于下端固定上端滑动的梁［图 7.9(c)］；横梁 BC 则因其水平移动并不影响本身内力，仍相当于一端固定另一端铰支的梁。由表 6-1 可查得柱的固端弯矩为

$$M_{AB}^{F}=-\frac{ql^2}{3},\quad M_{BA}^{F}=-\frac{ql^2}{6} \tag{7-5}$$

结点 B 的不平衡力矩暂时由刚臂承受。注意此时柱 AB 的剪力仍然是静定的，其两端剪力为

$$F_{QBA}=0,\quad F_{QAB}=ql \tag{7-6}$$

即全部水平荷载由柱的下端剪力所平衡。

(2) 放松结点。为了消除刚臂上的不平衡力矩，现在来放松结点，进行力矩的分配和传递。此时，结点 B 不仅转动 Δ_1 角，同时也发生水平位移，如图 7.9(d)所示。由于柱 AB 为下端固定上端滑动，当上端转动时柱的剪力为零，因而处于纯弯曲受力状态，如图 7.9(e)所示，这实际上与上端固定下端滑动而上端转动同样角度时的受力和变形状态［图 7.9(f)］完全相同，故可推知其转动刚度应为 i，而传递系数为 -1。于是，结点 B 的分配系数为

$$\mu_{BA}=\frac{i}{i+3\times 2i}=\frac{1}{7},\quad \mu_{BC}=\frac{3\times 2i}{i+3\times 2i}=\frac{6}{7} \tag{7-7}$$

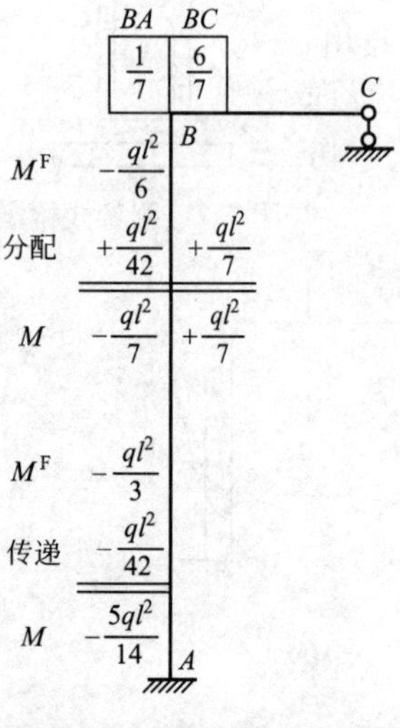

图 7.10 无剪力分配法

其余计算如图 7.10 所示，无须详述。M 图如图 7.9(g)所示。

由以上分析可见，在固定结点时柱 AB 的剪力是静定的；在放松结点时，柱 B 端得到的分配弯矩将乘以 -1 的传递系数传到 A 端，因此弯矩沿 AB 杆全长均为常数而剪力为零。这样，在力矩的分配和传递过程中，柱中原有剪力将保持不变而不增加新的剪力，故这种方法称为无剪力力矩分配法，简称无

剪力分配法。

以上方法可以推广到多层的情况。如图 7.11(a)所示刚架，各横梁均为无侧移杆，各竖柱则均为剪力静定杆。固定结点时我们仍只加刚臂阻止各结点的转动，而并不阻止其线位移，如图 7.11(b)所示。此时，各层柱子两端均无转角，但有侧移。考察其中任一层柱子例如 BC 两端的相对侧移时，可将其下端看作是不动的、上端看作是滑动的，但由平衡条件可知，其上端的剪力值为 $F_{QCB}=2ql$ ［图 7.11(c)］。由此可知，不论刚架有多少层，每一层的柱子均可视为上端滑动下端固定的梁，而除了柱身承受本层荷载外，柱顶处还承受剪力，其值等于柱顶以上各层所有水平荷载的代数和。这样，便可根据表 6－1 算出各层竖柱的固端弯矩，然后将各结点轮流地放松，进行力矩的分配、传递。图 7.11(d)所示为放松某一结点 C 的情形，这相当于将该结点上的不平衡力矩反号作为力偶荷载施加于该结点。此时结点 C 不仅转动某一角度 φ_C，同时 BC、CD 两柱还将产生相对侧移，但由平衡条件知两柱剪力均为零，处于纯弯曲受力状态［与图 7.9(f)相同］，因而计算时各柱的转动刚度应取各自的线刚度 i，而传递系数为－1(指等截面杆)。值得指出，此时只有汇交于结点 C 的各杆才产生变形加受力；B 以下各层无任何位移，故不受力；D 以上各层则随着 D 点一起发生水平位移，但其各杆两端并无相对侧移，故仍不受力；因此，放松结点 C 时，力矩的分配、传递将只在 CB、CF、CD 三杆范围内进行。放松其他结点时情况相似。力矩分配、传递的具体计算步骤与一般力矩分配法相同，无须赘述。

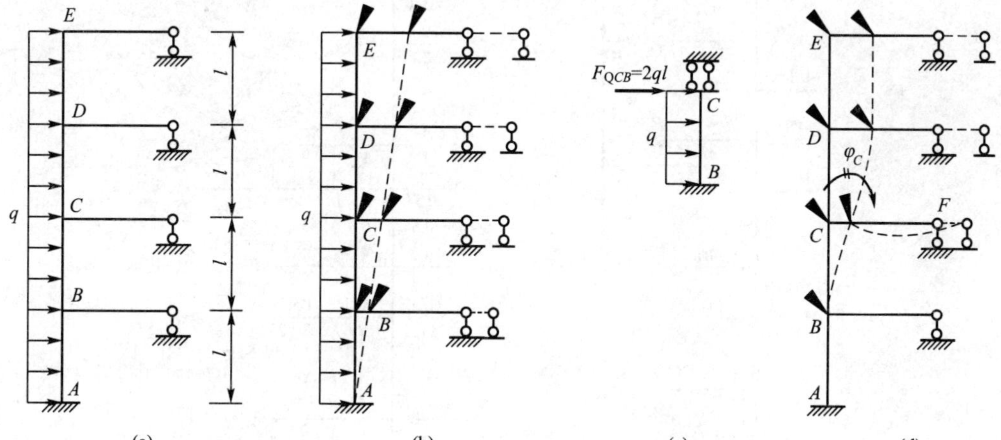

图 7.11 多层刚架

用无剪力分配法计算有侧移刚架，由于采取了只控制结点转动而任其侧移的特殊措施，使得其计算过程和普通力矩分配法一样简便。但须注意，无剪力分配法只适用于一些特殊的有侧移刚架，这就是：刚架的一部分杆件是无侧移杆，其余杆件都是剪力静定杆。例如立柱只有一根而各横梁外端的支杆均与立柱平行(图 7.11)就属于这种情况。

【例 7－3】 试用无剪力分配法计算图 7.12(a)所示刚架。

【解】 计算分配系数时，注意各柱端的转动刚度应等于其柱的线刚度。按表 6－1 计算固端弯矩，对于 AC 柱可得

$$M_{AC}^{\mathrm{F}}=-\frac{10\times4}{8}=-5(\mathrm{kN\cdot m})$$

$$M_{CA}^{\mathrm{F}}=-\frac{3\times10\times4}{8}=-15(\mathrm{kN\cdot m})$$

CE 柱除受本层荷载外还受柱顶剪力 10kN，故有

$$M_{CE}^{\mathrm{F}}=-\frac{10\times4}{8}-\frac{10\times4}{2}=-25(\mathrm{kN\cdot m})$$

$$M_{EC}^{\mathrm{F}}=-\frac{3\times10\times4}{8}-\frac{10\times4}{2}=-35(\mathrm{kN\cdot m})$$

EG 柱则除受本层荷载外尚有柱顶剪力 20kN，故有

$$M_{EG}^{\mathrm{F}}=-\frac{10\times4}{8}-\frac{20\times4}{2}=-45(\mathrm{kN\cdot m})$$

$$M_{GE}^{\mathrm{F}}=-\frac{3\times10\times4}{8}-\frac{20\times4}{2}=-55(\mathrm{kN\cdot m})$$

其余计算如图 7.12(b)所示，M 图如图 7.12(c)所示。

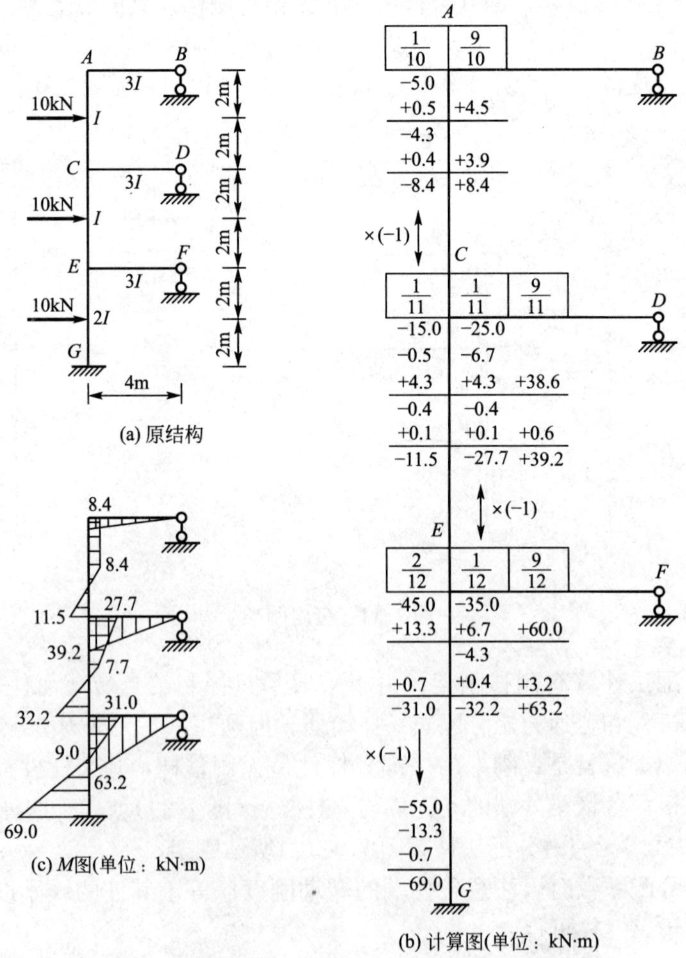

图 7.12　例 7－3 图

【例 7-4】 试作图 7.13(a)所示空腹梁(又称交腹桁架)的弯矩图，并求结点 F 的竖向位移。

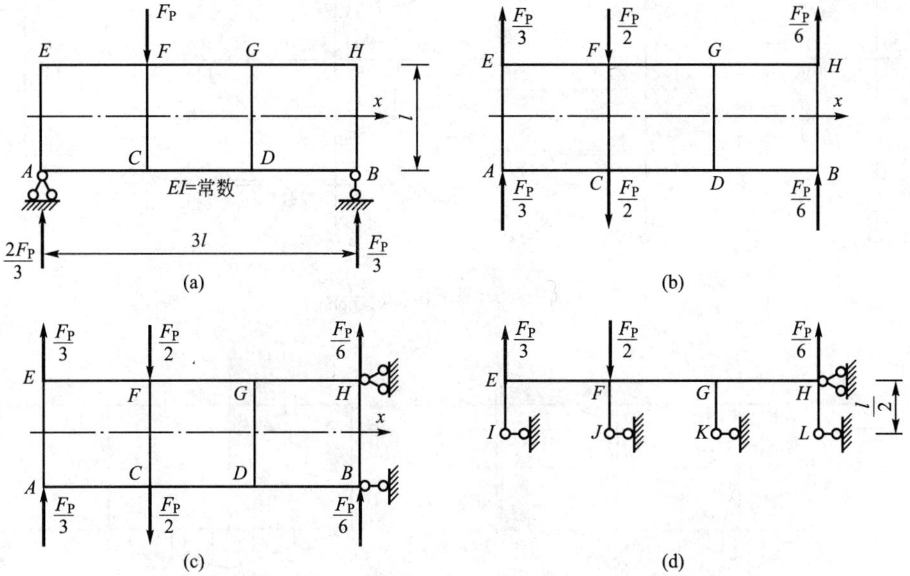

图 7.13 例 7-4 图

【解】 此结构本身对称于水平轴 x，但支座并不对称于 x 轴。为此，可设想将支座去掉而以反力代替其作用，并将荷载和反力均对 x 轴分解为正、反对称的两组，这样若略去轴间变形影响，则正对称时各杆弯矩皆为零(只有 EA、FC、HB 三杆受轴力)，反对称情况［图 7.13(b)］则可用无剪力分配法求解。对此说明如下：

图 7.13(b)所示结构虽无支座，但本身几何不变且外力为平衡力系，故在外力作用下可以维持平衡，因而有确定的内力和变形。但是其位移却不确定，因为还可以有任意刚体位移。确定刚体位移需要有足够的支承条件，且不论给定什么样的刚体位移，只要保证结构所受外力不变，则内力解答都相同。为此可假设 H 点不动，B 点无水平位移，如图 7.13(c)所示。此时，由平衡条件可知所加两根支承链杆的反力均为零，可见结构的受力情况仍与图 7.13(b)相同。对图 7.13(c)所示情况，取一半结构如图 7.13(d)所示，由于假设 H 点无水平位移，因而此时所有竖杆均为无侧移杆，所有横梁又都是剪力静定杆，故可用无剪力分配法求解。具体计算及最终 M 图分别如图 7.14(a)、(b)所示，不再详述。

图 7.13(a)、(c)所示两种情况，虽然弯曲内力和变形相同，但支承方式不同，因而刚体位移不同，由此可见其位移的解答是不同的，在求结构的实际位移时不应再用后者，而应按前者来计算。求 F 点的竖向位移时，可取图 7.14(c)所示静定的基本体系来作出虚拟状态的 $\overline{M}_{\mathrm{P}}$ 弯矩图，然后由图乘法可求得结点 F 的竖向位移为

$$\Delta_{Fy}=\frac{1}{EI}\frac{F_{\mathrm{P}}l}{10000}\times\left[-\frac{1523l}{2}\times\frac{1}{3}\times\frac{2l}{3}+\frac{1811l}{2}\times\frac{2}{3}\frac{2l}{3}+\frac{1155l}{2}\times\frac{5}{6}\frac{2l}{3}-\frac{511l}{2}\times\frac{4}{6}\times\frac{2l}{3}+\frac{770l}{2}\times\frac{2}{6}\times\frac{2l}{3}-\frac{896l}{2}\times\frac{1}{6}\times\frac{2l}{3}\right]=0.0476\frac{F_{\mathrm{P}}l^{3}}{EI}(\downarrow)$$

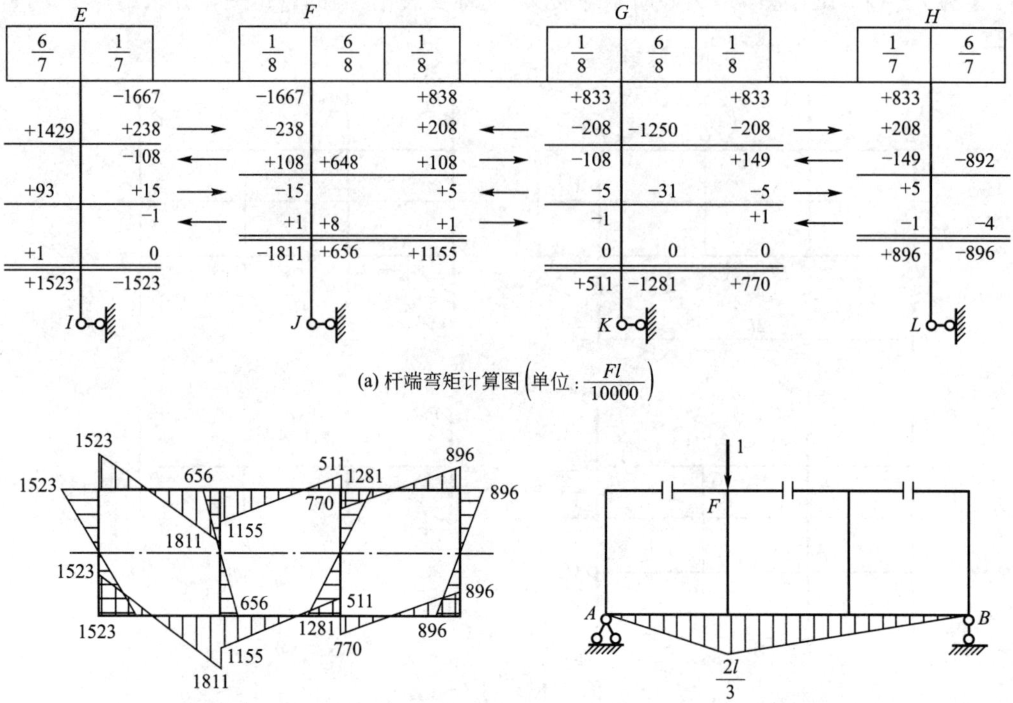

(a) 杆端弯矩计算图 $\left(\text{单位}: \frac{Fl}{10000}\right)$

(b) M图 $\left(\text{单位}: \frac{F_P l}{10000}\right)$　　(c) $\overline{M}_P$图

图 7.14　无剪力分配法应用

本章小结

本章主要讲述了力矩分配法和无剪力分配法的基本概念、适用范围和计算过程。

本章的重点是对无结点线位移的刚架和连续梁运用力矩分配法进行的计算。

思考题

7.1　什么是劲度系数(转动刚度)？什么是分配系数？为什么一刚结点处各开端的分配系数之和等于 1？

7.2　什么是不平衡力矩？如何计算不平衡力矩？为什么要将它反号才能进行分配？

7.3　什么是传递弯矩和传递系数？

7.4　说明力矩分配法每一步骤的物理意义。

7.5　为什么力矩分配法的计算过程是收敛的？

7.6　力矩分配法只适合于无结点线位移的结构，当这类结构发生已知支座移动时结点是有线位移的，为什么还可以用力矩分配法计算？

7.7 无剪力分配法的基本结构是什么型式？无剪力分配法的适用条件是什么？为什么称为无剪力分配？

习 题

7-1 用力矩分配法计算图 7.15 所示刚架，并绘制 M 图。

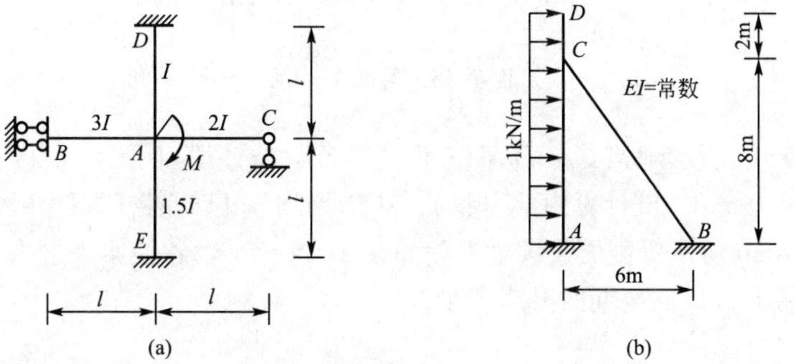

图 7.15 习题 7-1 图

7-2 图 7.16 所示连续梁 EI 为常数，试用力矩分配法计算其杆端弯矩并绘制 M 图。

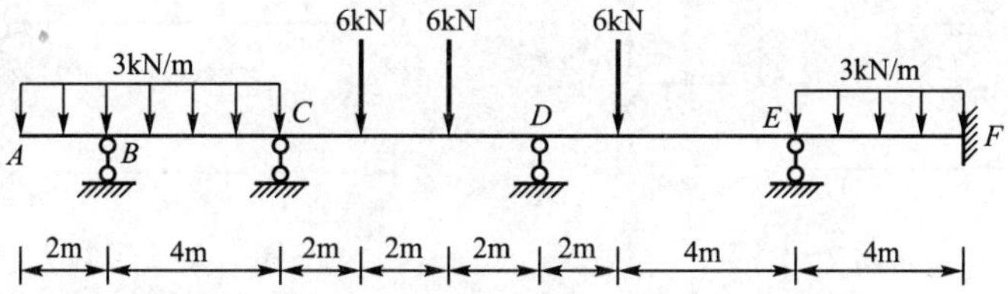

图 7.16 习题 7-2 图

7-3 开挖基坑时，用以支撑坑壁的板桩立柱及其荷载计算如图 7.17 所示，试作其弯矩图。

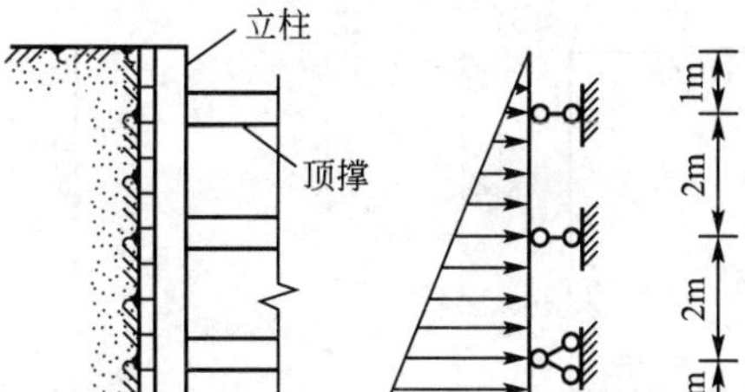

图 7.17 习题 7-3 图

7-4 用力矩分配法计算图 7.18 所示刚架并绘制 M 图。已知 EI 为常数。

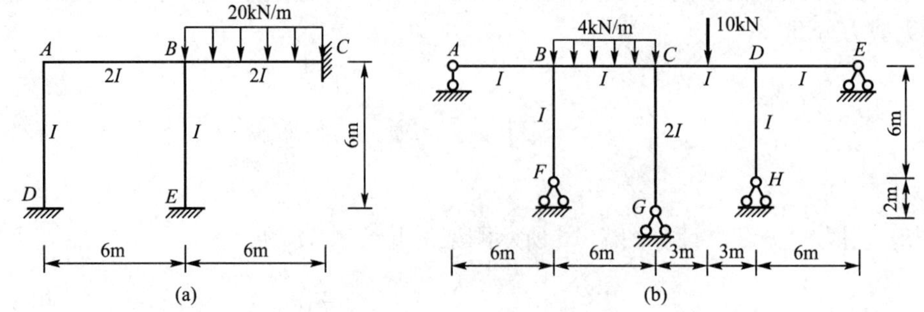

图 7.18　习题 7-4 图

7-5　图 7.19 所示刚架支座 D 下沉了 0.08 m，支座 E 下沉了 0.05 m 并产生了顺时针方向的转角 0.01rad。试计算由此引起的各杆端弯矩，已知各杆 $EI=6\times10^4\text{kN}\cdot\text{m}^2$。

7-6　图 7.20 所示等截面连续梁 $EI=36000\text{kN}\cdot\text{m}^2$，若使梁中最大正、负弯矩的绝对值相等，应将 D、C 支座同时升降若干?

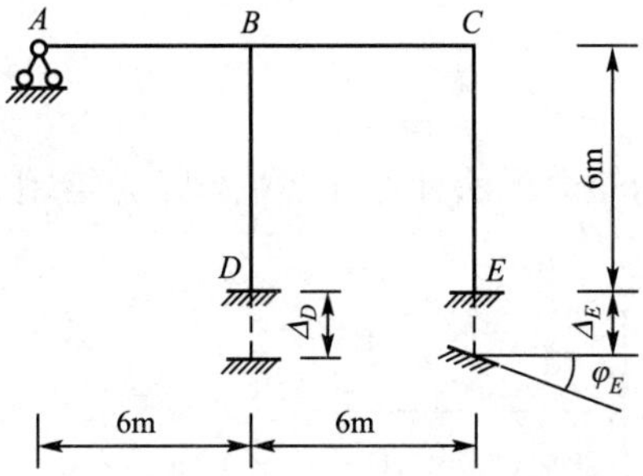

图 7.19　习题 7-5 图

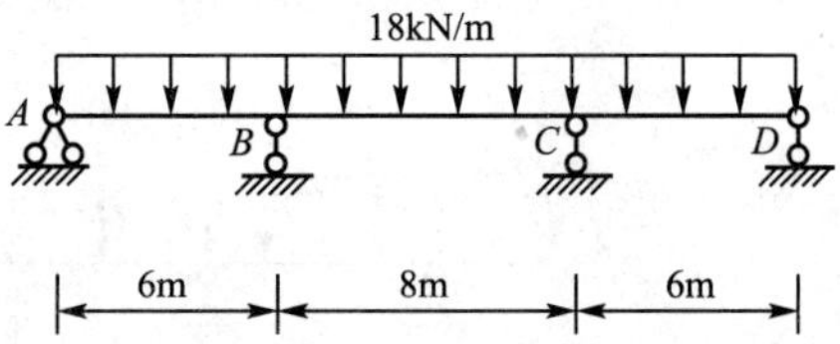

图 7.20　习题 7-6 图

7-7　试计算图 7.21 所示有侧移刚架并作 M 图。

7-8　试用无剪力分配法计算图 7.22 所示刚架并作 M 图。

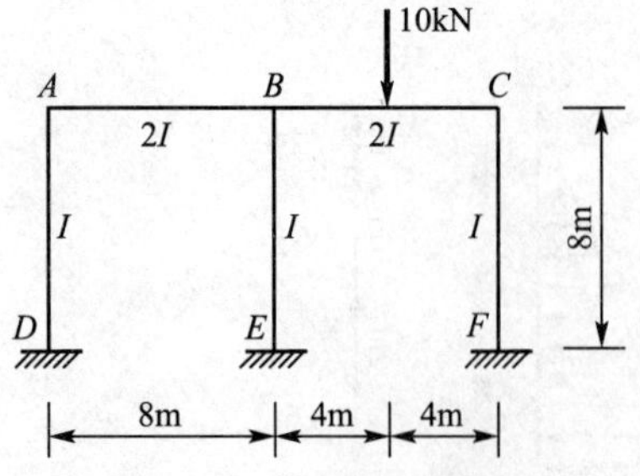

图 7.21　习题 7-7 图

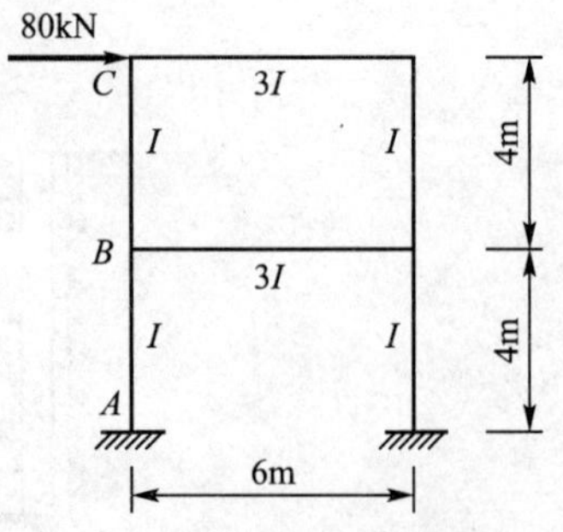

图 7.22　习题 7-8 图

7-9　图 7.23 所示各结构哪些可以用无剪力分配法计算?图(f)的结构若可用无剪力分配法计算，劲度系数 S_{AB} 应等于多少?

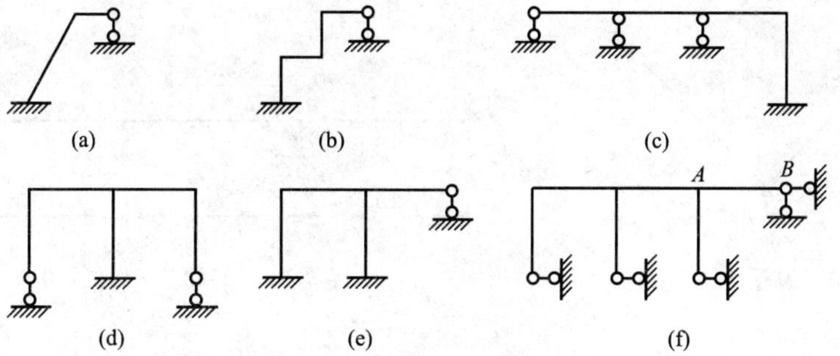

图 7.23 习题 7-9 图

7-10 试计算图 7.24 所示空腹梁并作 M 图，已知 EI 为常数(提示：除利用水平轴的对称性外，还可利用对竖直轴的对称性以进一步简化计算)。

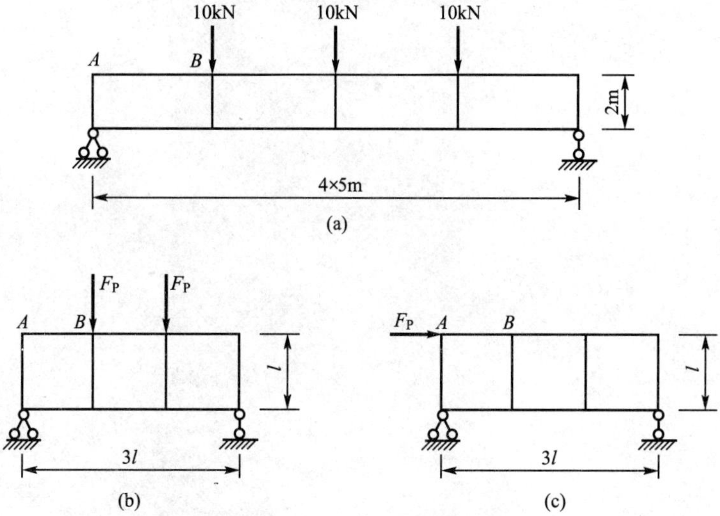

图 7.24 习题 7-10 图

7-11 填空题

(1) 对单结点结构，力矩分配法得到的是__________。

(2) 交于一结点的各杆端的力矩分配系数之和等于__________。

(3) 力矩分配法的计算对象是__________。

7-12 单项选择题

(1)图 7.25 所示结构，要使 B 点产生单位转角，需要施加的外力偶为(　　)。

A. $13i$　　B. $5i$　　C. $10i$　　D. $8i$

(2) 图 7.26 所示结构用力矩分配法计算时，B 结点的不平衡力矩为(　　)。已知 EI 为常数。

A. 24　　B. −24　　C. 72　　D. −72

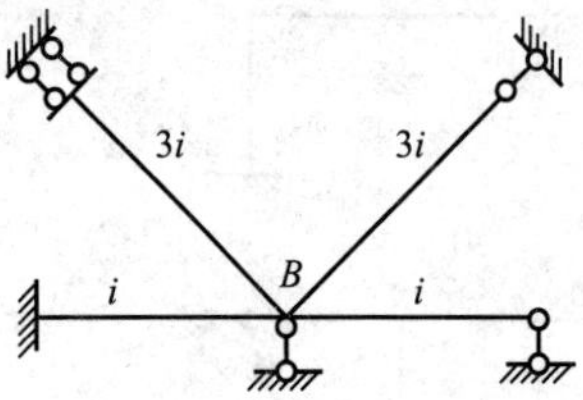

图 7.25　习题 7-12(1)图

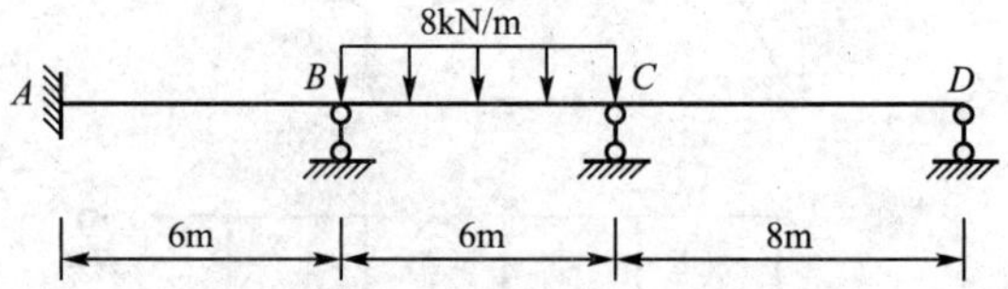

图 7.26　习题 7-12(2)图

(3) 等截面直杆的弯矩传递系数 C 与下列(　　)因素无关。

A. 荷载　　B. 远端支承　　C. 材料性质　　D. 线刚度 i

第8章 矩阵位移法

教学目标

主要讲述矩阵位移法求解超静定问题的方法。通过本章的学习，应达到以下目标：

(1) 理解矩阵位移法的基本思路；

(2) 掌握单元刚度矩阵的确定；

(3) 掌握单元刚度矩阵的坐标转换；

(4) 掌握整体刚度矩阵的建立；

(5) 掌握约束条件的处理；

(6) 掌握结点荷载列阵的建立；

(7) 掌握矩阵位移法的计算步骤。

教学要求

知识要点	能力要求	相关知识
单元分析	(1) 掌握单元刚度矩阵和单元等效结点荷载的概念和形成； (2) 掌握已知结点位移后求单元杆端力的计算方法	(1) 单元刚度矩阵； (2) 单元等效结点荷载； (3) 单元杆端力
整体分析	(1) 掌握结构整体刚度矩阵中元素的物理意义和集成过程； (2) 掌握结构综合结点荷载的集成过程； (3) 掌握单元定位向量的建立、支撑条件的处理	(1) 结构整体刚度矩阵中元素集成过程； (2) 结构综合结点荷载的集成过程； (3) 支撑条件的处理

基本概念

矩阵位移法、单元刚度矩阵、结构原始刚度矩阵、固端力、等效结点荷载、综合结点荷载。

引言

矩阵位移法基本思路如下：

(1) 把结构先分解为有限个较小的单元，各单元彼此在结点处相连接。以结点位移为基本未知量，即进行所谓离散化。对于杆件结构，一般以一根杆件或杆件的一段作为一个单元。结构离散化的目的是在较小的范围内分析单元的内力与位移之间的关系，建立所谓单元刚度矩阵，这称为单元分析。

(2) 把各单元又集合成原来的结构，这就要求各单元满足原结构的几何条件(包括支承条件和结点处的变形连续条件)及平衡条件，从而建立整个结构的刚度方程，以求解原结构的位移和内力。这称为整体分析。

8.1 单元刚度矩阵

图 8.1 所示为一等截面直杆，设其在整个结构中的编号为 e，它连接着两个结点 i、j。现以 i 为原点，以从 i 向 j 的方向为 $\bar{x}$ 轴的正向，以 $\bar{x}$ 轴的正向逆时针转 90°为 $\bar{y}$ 轴的正向，这样的坐标系称为单元的局部坐标系。i、j 分别称为单元的始端和末端。

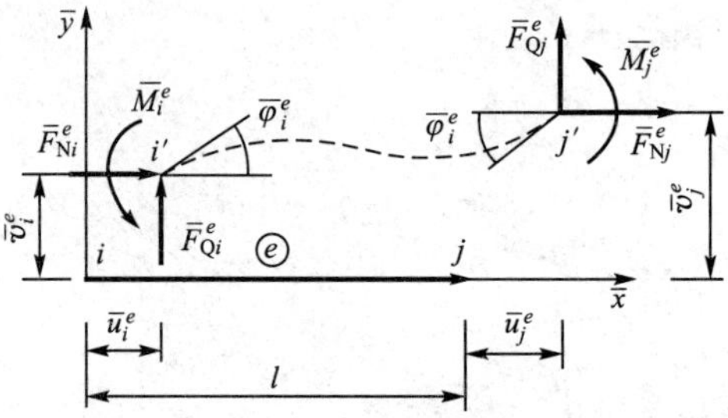

图 8.1　等截面直杆

对于平面杆件，在一般情况下两端各有三个杆端力分量，即 i 端的轴力 $\overline{F}^e_{Ni}$、剪力 $\overline{F}^e_{Qi}$ 和弯矩 $\overline{M}^e_i$，以及 j 端的 $\overline{F}^e_{Nj}$、$\overline{F}^e_{Qj}$ 和 $\overline{M}^e_j$(这些符号上面冠以一横线，表示它们是局部坐标系中的量值，上标 e 表示它们属于单元 e，下同)；与此相应有六个杆端位移分量，即 $\overline{u}^e_i$、$\overline{v}^e_i$、$\overline{\varphi}^e_i$ 和 $\overline{u}^e_j$、$\overline{v}^e_j$、$\overline{\varphi}^e_j$。这样的单元称为一般单元或自由单元。杆端力和杆端位移的正负号规定为：杆端轴力 $\overline{F}^e_N$ 以同 $\overline{x}$ 轴正向为正，杆端剪力 $\overline{F}^e_Q$ 以同 $\overline{y}$ 轴正向为正，杆端弯矩 $\overline{M}^e_i$ 以逆时针方向为正；杆端位移的正负号规定与杆端力相同。

现设六个杆端位移分量已给出，同时杆上无荷载作用，要确定相应的六个杆端力分量。根据胡克定律和表 6-1(注意现在的正负号规定与该表有所不同)，不难确定仅当某一杆端位移分量等于 1(其余各杆端位移分量皆等于 0)时的各杆端力分量，这就相当于两端固定的梁仅发生某一单位支座位移时的情况一样，分别如图 8.2(a)～(f)所示。

根据图 8.2 及叠加原理可写出：

$$\overline{F}^e_{Ni}=\frac{EA}{l}\overline{u}^e_i-\frac{EA}{l}\overline{u}^e_j$$

$$\overline{F}^e_{Qi}=\frac{12EI}{l^3}\overline{v}^e_i+\frac{6EI}{l^2}\overline{\varphi}^e_i-\frac{12EI}{l^3}\overline{v}^e_j+\frac{6EI}{l^2}\overline{\varphi}^e_j$$

$$\overline{M}^e_i=\frac{6EI}{l^2}\overline{v}^e_i+\frac{4EI}{l}\overline{\varphi}^e_i-\frac{6EI}{l^2}\overline{v}^e_j+\frac{2EI}{l}\overline{\varphi}^e_j$$

$$\overline{F}^e_{Nj}=-\frac{EA}{l}\overline{u}^e_i+\frac{EA}{l}\overline{u}^e_j$$

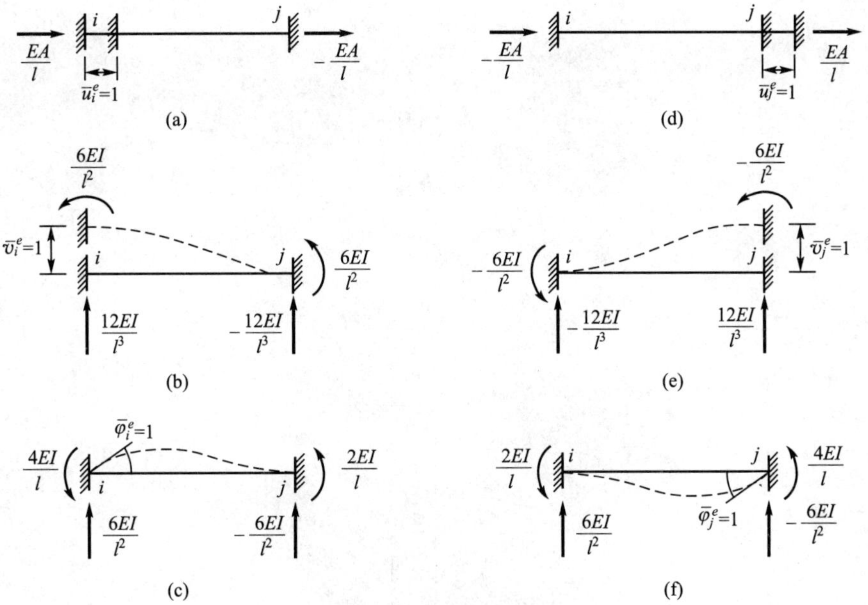

图 8.2 两端固定的梁

$$\overline{F}_{Qj}^{e}=-\frac{12EI}{l^{3}}\overline{v}_{i}^{e}-\frac{6EI}{l^{2}}\overline{\varphi}_{i}^{e}+\frac{12EI}{l^{3}}\overline{v}_{j}^{e}+\frac{6EI}{l^{2}}\overline{\varphi}_{j}^{e}$$

$$\overline{M}_{i}^{e}=\frac{6EI}{l^{2}}\overline{v}_{i}^{e}+\frac{2EI}{l}\overline{\varphi}_{i}^{e}-\frac{6EI}{l^{2}}\overline{v}_{j}^{e}+\frac{4EI}{l}\overline{\varphi}_{j}^{e}$$

写成矩阵形式则有

$$\begin{Bmatrix}\overline{F}_{Ni}^{e}\\ \overline{F}_{Qi}^{e}\\ \overline{M}_{i}^{e}\\ \overline{F}_{Nj}^{e}\\ \overline{F}_{Qj}^{e}\\ \overline{M}_{j}^{e}\end{Bmatrix}=\begin{bmatrix}\frac{EA}{l} & 0 & 0 & -\frac{EA}{l} & 0 & 0\\ 0 & \frac{12EI}{l^{3}} & \frac{6EI}{l^{2}} & 0 & -\frac{12EI}{l^{3}} & \frac{6EI}{l^{2}}\\ 0 & \frac{6EI}{l^{2}} & \frac{4EI}{l} & 0 & -\frac{6EI}{l^{2}} & \frac{2EI}{l}\\ -\frac{EA}{l} & 0 & 0 & \frac{EA}{l} & 0 & 0\\ 0 & -\frac{12EI}{l^{3}} & -\frac{6EI}{l^{2}} & 0 & \frac{12EI}{l^{3}} & -\frac{6EI}{l^{2}}\\ 0 & \frac{6EI}{l^{2}} & \frac{2EI}{l} & 0 & -\frac{6EI}{l^{2}} & \frac{4EI}{l}\end{bmatrix}\begin{Bmatrix}\overline{u}_{i}^{e}\\ \overline{v}_{i}^{e}\\ \overline{\varphi}_{i}^{e}\\ \overline{u}_{j}^{e}\\ \overline{v}_{j}^{e}\\ \overline{\varphi}_{j}^{e}\end{Bmatrix} \tag{8-1}$$

这称为单元的刚度矩阵，它可简写为

$$\overline{F}^{e}=\overline{k}^{e}\cdot\overline{\delta}^{e} \tag{8-2}$$

式中

$$\overline{F}^e=\begin{Bmatrix}\overline{F}^e_{\mathrm{N}i}\\ \overline{F}^e_{\mathrm{Q}i}\\ \overline{M}^e_i\\ \overline{F}^e_{\mathrm{N}j}\\ \overline{F}^e_{\mathrm{Q}j}\\ \overline{M}^e_j\end{Bmatrix} \tag{8-3}$$

$$\overline{\delta}^e=\begin{Bmatrix}\overline{u}^e_i\\ \overline{v}^e_i\\ \overline{\varphi}^e_i\\ \overline{u}^e_j\\ \overline{v}^e_j\\ \overline{\varphi}^e_j\end{Bmatrix} \tag{8-4}$$

分别称为单元的杆端力列向量和杆端位移列向量；而

$$\overline{k}^e=\begin{bmatrix}\frac{EA}{l} & 0 & 0 & -\frac{EA}{l} & 0 & 0\\ 0 & \frac{12EI}{l^3} & \frac{6EI}{l^2} & 0 & -\frac{12EI}{l^3} & \frac{6EI}{l^2}\\ 0 & \frac{6EI}{l^2} & \frac{4EI}{l} & 0 & -\frac{6EI}{l^2} & \frac{2EI}{l}\\ -\frac{EA}{l} & 0 & 0 & \frac{EA}{l} & 0 & 0\\ 0 & -\frac{12EI}{l^3} & -\frac{6EI}{l^2} & 0 & \frac{12EI}{l^3} & -\frac{6EI}{l^2}\\ 0 & \frac{6EI}{l^2} & \frac{2EI}{l} & 0 & -\frac{6EI}{l^2} & \frac{4EI}{l}\end{bmatrix} \tag{8-5}$$

称为单元刚度矩阵（也简称单刚），它的行数等于杆端力列向量的分量数，而列数等于杆端位移列向量的分量数，由于杆端力和相应的杆端位移的数目总是相等的，所以 $\overline{k}^e$ 是方阵。这里须注意，杆端力列向量和杆端位移列向量的各个分量，必须是按式(8－3)和式(8－4)那样，从 i 到 j 按顺序一一对应排列，否则随着排列顺序的改变，刚度矩阵 $\overline{k}^e$ 中各元素的排列亦将随之改变。为了避免混淆，可在 $\overline{k}^e$ 的上方注明杆端位移分量，而在右方注明与之一一对应的杆端力分量。显然，单元刚度矩阵中每一元素的物理意义就是当其所在列对应的杆端位移分量等于 1(其余杆端位移分量均为 0)时，所引起的其所在行对应的杆端力分量的数值。

不难看出，单元刚度矩阵具有如下重要性质：

(1) 对称性。单元刚度矩阵 $\overline{k}^e$ 是一个对称矩阵，即位于主对角线两边对称位置的两个元素是相等的，这由反力互等定理亦可得出此结论。

(2) 奇异性。单元刚度矩阵 $\overline{k}^e$ 是奇异矩阵。若将其第 1 行(或列)元素与第 4 行(列)元素相加，则所得的一行(列)元素全等于 0；或将第 2 行(列)与第 5 行(列)相加，也得 0。这表明矩阵 $\overline{k}^e$ 相应的行列式等于 0，故 $\overline{k}^e$ 是奇异的，其逆矩阵不存在。因此若给定了杆端位移 $\overline{\delta}^e$，可以由式(8-2)确定杆端力 $\overline{F}^e$；但给定了杆端力 $\overline{F}^e$，却并不能由式(8-2)反求杆端位移 $\overline{\delta}^e$。从物理概念上来说，由于所讨论的是一个自由单元，两端没有任何支承约束，因此杆件除了由杆端力引起的轴向变形和弯曲变形外，还可以有任意的刚体位移，故由给定的 $\overline{F}^e$ 并不能求得 $\overline{\delta}^e$ 的唯一解，除非增加足够的约束条件。

对于平面桁架中的杆件，其两端仅有轴力作用，如图 8.3 所示，剪力和弯矩均为零，由式(8-1)可知，其单元刚度方程为

$$\begin{Bmatrix} \overline{F}^e_{Ni} \\ \overline{F}^e_{Nj} \end{Bmatrix} = \begin{bmatrix} \dfrac{EA}{l} & -\dfrac{EA}{l} \\ -\dfrac{EA}{l} & \dfrac{EA}{l} \end{bmatrix} \begin{Bmatrix} \overline{u}^e_i \\ \overline{u}^e_j \end{Bmatrix} \tag{8-6}$$

相应的单元刚度矩阵为

$$\overline{k}^e = \begin{bmatrix} \dfrac{EA}{l} & -\dfrac{EA}{l} \\ -\dfrac{EA}{l} & \dfrac{EA}{l} \end{bmatrix} \tag{8-7}$$

显然它可以从式(8-5)的刚度矩阵中删去与杆端剪力和弯矩对应的行及与杆端横向位移和转角对应的列而得到。此外，为了以后便于进行坐标转换，可以添上零元素的行和列，把它写成 4×4 阶的矩阵：

$$\overline{k}^e = \begin{bmatrix} \dfrac{EA}{l} & 0 & -\dfrac{EA}{l} & 0 \\ 0 & 0 & 0 & 0 \\ -\dfrac{EA}{l} & 0 & \dfrac{EA}{l} & 0 \\ 0 & 0 & 0 & 0 \end{bmatrix} \tag{8-8}$$

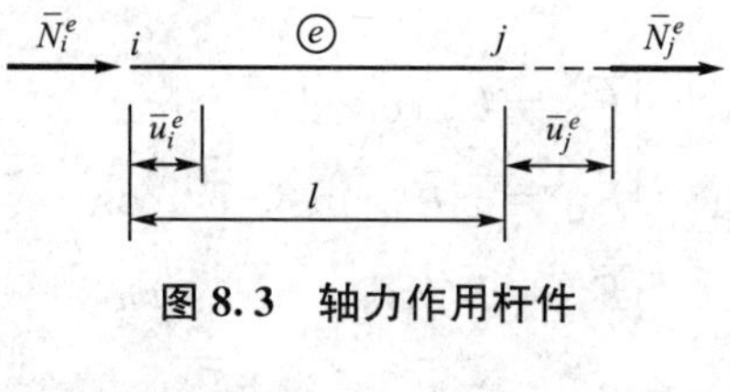

图 8.3 轴力作用杆件

对于其他特殊的杆件单元，同样可由式(8-1)经过修改得到相应的单元刚度矩阵。

8.2 单元刚度矩阵的坐标转换

上一节的单元刚度矩阵，是建立在杆件的局部坐标系上的。对于整个结构，各单元的局部坐标系可能各不相同，而在研究结构的几何条件和平衡条件时，必须选定一个统一的坐标系，这称为整体坐标系或结构坐标系。因此，在进行结构的整体分析之前，应先讨论如何把按局部坐标系建立的单元刚度矩阵 $\overline{k}^e$ 转换到整体坐标系上来，以建立整体坐标系中的单元刚度矩阵 k^e。

图 8.4 所示杆件 ij，在局部坐标系 $\overline{x}i\overline{y}$ 中，仍按式(8-3)、式(8-4)那样，以 $\overline{F}^e$、$\overline{\delta}^e$ 分别表示杆端力列向量和杆端位移列向量。而在整体坐标系 xOy 中，则以 F^e 和 δ^e 来表示杆端力列向量和杆端位移列向量，即

$$F^e=(F^e_{xi} \quad F^e_{yi} \quad M^e_i \quad F^e_{xj} \quad F^e_{yj} \quad M^e_j)^{\mathrm{T}} \tag{8-9}$$

$$\delta^e=(u^e_i \quad v^e_i \quad \varphi^e_i \quad u^e_j \quad v^e_j \quad \varphi^e_j)^{\mathrm{T}} \tag{8-10}$$

其中力和线位移以与结构坐标系指向一致者为正，力偶和角位移以逆时针方向为正。

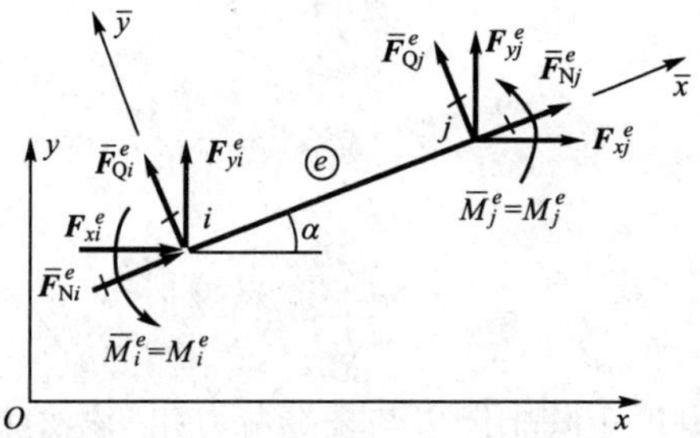

图 8.4　坐标转换

先讨论两种坐标系中杆端力之间的转换关系。在两种坐标系中，弯矩都作用在同一平面上，是垂直于坐标平面的力偶矢量，故不受平面内坐标变换的影响，即

$$\begin{cases} M^e_i=\overline{M}^e_i \\ M^e_j=\overline{M}^e_j \end{cases} \tag{a}$$

轴力 $\overline{F}^e_{\mathrm{N}}$ 和剪力 $\overline{F}^e_{\mathrm{Q}}$ 则将随坐标转换而重新组合为沿整体坐标系方向(通常是水平和竖直方向)的分力 F^e_{N} 和 F^e_{Q}。设两种坐标系之间的夹角为 α。它是从 x 轴沿逆时针方向转至 $\overline{x}$ 轴来度量的，由投影关系可得

$$\begin{cases} \overline{F}^e_{\mathrm{N}i}=\overline{F}^e_{xi}\cos\alpha+\overline{F}^e_{yi}\sin\alpha \\ \overline{F}^e_{\mathrm{Q}i}=-\overline{F}^e_{xi}\sin\alpha+\overline{F}^e_{yi}\cos\alpha \\ \overline{F}^e_{\mathrm{N}j}=\overline{F}^e_{xj}\cos\alpha+\overline{F}^e_{yj}\sin\alpha \\ \overline{F}^e_{\mathrm{Q}j}=-\overline{F}^e_{xj}\sin\alpha+\overline{F}^e_{yj}\cos\alpha \end{cases} \tag{b}$$

将(a)、(b)两式写成矩阵形式，则有

$$\begin{Bmatrix}\overline{F}_{Ni}^{e}\\\overline{F}_{Qi}^{e}\\\overline{M}_{i}^{e}\\\overline{F}_{Nj}^{e}\\\overline{F}_{Qj}^{e}\\\overline{M}_{j}^{e}\end{Bmatrix}=\begin{bmatrix}\cos\alpha & \sin\alpha & 0 & 0 & 0 & 0\\-\sin\alpha & \cos\alpha & 0 & 0 & 0 & 0\\0 & 0 & 1 & 0 & 0 & 0\\0 & 0 & 0 & \cos\alpha & \sin\alpha & 0\\0 & 0 & 0 & -\sin\alpha & \cos\alpha & 0\\0 & 0 & 0 & 0 & 0 & 1\end{bmatrix}\begin{Bmatrix}\overline{F}_{xi}^{e}\\\overline{F}_{yi}^{e}\\\overline{M}_{i}^{e}\\\overline{F}_{xj}^{e}\\\overline{F}_{yj}^{e}\\\overline{M}_{j}^{e}\end{Bmatrix} \tag{8-11}$$

或简写为

$$\overline{F}^{e}=T\cdot F^{e} \tag{8-12}$$

式中

$$T=\begin{bmatrix}\cos\alpha & \sin\alpha & 0 & & & \\-\sin\alpha & \cos\alpha & 0 & & 0 & \\0 & 0 & 1 & & & \\ & & & \cos\alpha & \sin\alpha & 0\\ & 0 & & -\sin\alpha & \cos\alpha & 0\\ & & & 0 & 0 & 1\end{bmatrix} \tag{8-13}$$

称为坐标转换矩阵，它是一个正交矩阵，因而有

$$T^{-1}=T^{\mathrm{T}} \tag{8-14}$$

显然，杆端力之间的这种转换关系，同样适用于杆端位移之间的转换，即

$$\overline{\delta}^{e}=T\cdot\delta^{e} \tag{8-15}$$

由式(8-2)有

$$\overline{F}^{e}=\overline{k}^{e}\cdot\overline{\delta}^{e}$$

将式(8-12)和式(8-15)代入可得

$$T\cdot F^{e}=\overline{k}^{e}\cdot T\cdot\delta^{e}$$

两边同时左乘 T^{-1} 得

$$F^{e}=T^{-1}\cdot\overline{k}^{e}\cdot T\cdot\delta^{e}$$

注意到式(8-14)，则有

$$F^{e}=T^{\mathrm{T}}\cdot\overline{k}^{e}\cdot \mathrm{T}\cdot\delta^{e} \tag{8-16}$$

或写为

$$F^{e}=k^{e}\cdot\delta^{e} \tag{8-17}$$

式中

$$k^{e}=T^{\mathrm{T}}\cdot\overline{k}^{e}\cdot T \tag{8-18}$$

这里 k^e 就是整体坐标系中的单元刚度矩阵，式(8-17)即为单元刚度矩阵由局部坐标系向整体坐标系转换的公式。

由于以后在整体分析中，是对结构的每个结点分别建立平衡方程，因此为了以后讨论方便，可把式(8-17)由单元的始末端结点 i、j 进行分块，而写成如下形式：

$$\begin{Bmatrix}F_{i}^{e}\\F_{j}^{e}\end{Bmatrix}=\begin{bmatrix}k_{ii}^{e} & k_{ij}^{e}\\k_{ji}^{e} & k_{jj}^{e}\end{bmatrix}\begin{Bmatrix}\delta_{i}^{e}\\\delta_{j}^{e}\end{Bmatrix} \tag{8-19}$$

式中

$$\begin{cases} F_i^e=(F_{xi}^e \quad F_{yi}^e \quad M_i^e)^{\mathrm{T}} \\ F_j^e=(F_{xj}^e \quad F_{yj}^e \quad M_j^e)^{\mathrm{T}} \\ \delta_i^e=(u_i^e \quad v_i^e \quad \varphi_i^e)^{\mathrm{T}} \\ \delta_j^e=(u_j^e \quad v_j^e \quad \varphi_j^e)^{\mathrm{T}} \end{cases} \tag{8-20}$$

分别为始端 i 和末端 j 的杆端力和杆端位移列向量；k_{ii}^e、k_{ij}^e、k_{ji}^e、k_{jj}^e 为单元刚度矩阵 k^e 的四个子块，即

$$k^e=\begin{Bmatrix} k_{ii}^e & k_{ij}^e \\ k_{ji}^e & k_{jj}^e \end{Bmatrix} \tag{8-21}$$

每个子块都是 3×3 矩阵。由式(8-19)又可知

$$\begin{cases} F_i^e=k_{ii}^e\delta_i^e+k_{ij}^e\delta_j^e \\ F_j^e=k_{ji}^e\delta_i^e+k_{jj}^e\delta_j^e \end{cases} \tag{8-22}$$

将式(8-5)和式(8-13)代入式(8-18)并进行矩阵乘法运算，可得整体坐标系中的单元刚度矩阵 k^e 的计算公式如下：

$$k^e=\begin{Bmatrix} k_{ii}^e & k_{ij}^e \\ k_{ji}^e & k_{jj}^e \end{Bmatrix}$$

$$=\begin{Bmatrix} \left(\frac{EA}{l}\cos^2\alpha+\frac{12EI}{l^3}\sin^2\alpha\right) & \left(\frac{EA}{l}-\frac{12EI}{l^3}\right)\cos\alpha\sin\alpha & -\frac{6EI}{l^2}\sin\alpha & \left(-\frac{EA}{l}\cos^2\alpha-\frac{12EI}{l^3}\sin^2\alpha\right) & \left(-\frac{EA}{l}+\frac{12EI}{l^3}\right)\cos\alpha\sin\alpha & -\frac{6EI}{l^2}\sin\alpha \\ \left(\frac{EA}{l}-\frac{12EI}{l^3}\right)\cos\alpha\sin\alpha & \left(\frac{EA}{l}\sin^2\alpha+\frac{12EI}{l^3}\cos^2\alpha\right) & \frac{6EI}{l^2}\cos\alpha & \left(-\frac{EA}{l}+\frac{12EI}{l^3}\right)\cos\alpha\sin\alpha & \left(-\frac{EA}{l}\sin^2\alpha-\frac{12EI}{l^3}\cos^2\alpha\right) & \frac{6EI}{l^2}\cos\alpha \\ -\frac{6EI}{l^2}\sin\alpha & \frac{6EI}{l^2}\cos\alpha & \frac{4EI}{l} & \frac{6EI}{l^2}\sin\alpha & -\frac{6EI}{l^2}\cos\alpha & \frac{2EI}{l} \\ \left(-\frac{EA}{l}\cos^2\alpha-\frac{12EI}{l^3}\sin^2\alpha\right) & \left(-\frac{EA}{l}+\frac{12EI}{l^3}\right)\cos\alpha\sin\alpha & \frac{6EI}{l^2}\sin\alpha & \left(\frac{EA}{l}\cos^2\alpha+\frac{12EI}{l^3}\sin^2\alpha\right) & \left(\frac{EA}{l}-\frac{12EI}{l^3}\right)\cos\alpha\sin\alpha & \frac{6EI}{l^2}\sin\alpha \\ \left(-\frac{EA}{l}+\frac{12EI}{l^3}\right)\cos\alpha\sin\alpha & \left(-\frac{EA}{l}\sin^2\alpha-\frac{12EI}{l^3}\cos^2\alpha\right) & -\frac{6EI}{l^2}\cos\alpha & \left(\frac{EA}{l}-\frac{12EI}{l^3}\right)\cos\alpha\sin\alpha & \left(\frac{EA}{l}\sin^2\alpha+\frac{12EI}{l^3}\cos^2\alpha\right) & -\frac{6EI}{l^2}\cos\alpha \\ -\frac{6EI}{l^2}\sin\alpha & \frac{6EI}{l^2}\cos\alpha & \frac{2EI}{l} & \frac{6EI}{l^2}\sin\alpha & -\frac{6EI}{l^2}\cos\alpha & \frac{4EI}{l} \end{Bmatrix} \tag{8-23}$$

不难看出，上述整体坐标系中的单元刚度矩阵 k^e 仍然是对称矩阵(仍然符合反力互等定理)和奇异矩阵(仍为自由单元，未考虑杆端约束条件)。

对于平面桁架杆件，两端只承受轴力(图 8.5)，在整体坐标系中的杆端力和相应的杆端位移列向量分别为

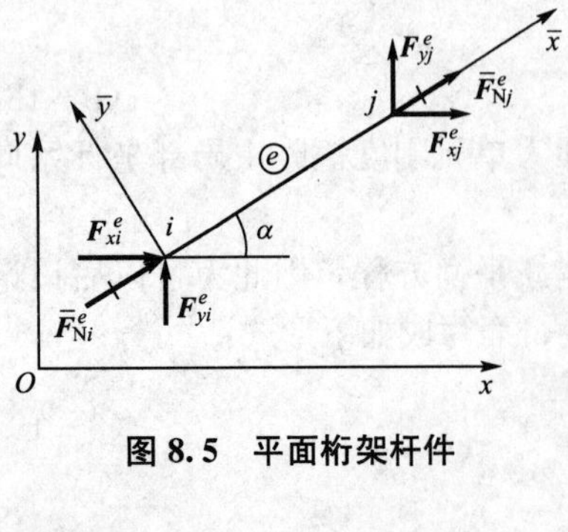

图 8.5 平面桁架杆件

$$F^e=\begin{Bmatrix} F_i^e \\ F_j^e \end{Bmatrix}=\begin{Bmatrix} F_{xi}^e \\ F_{yi}^e \\ F_{xj}^e \\ F_{yj}^e \end{Bmatrix} \tag{8-24}$$

杆件在局部坐标系中的单元刚度矩阵 $\bar{k}^e$ 见式(8-8)，而坐标转换矩阵 T 为

$$T=\begin{bmatrix} \cos\alpha & \sin\alpha & & \\ -\sin\alpha & \cos\alpha & & 0 \\ & & \cos\alpha & \sin\alpha \\ & 0 & -\sin\alpha & \cos\alpha \end{bmatrix} \tag{8-25}$$

将式(8-8)和式(8-25)代入式(8-18)并进行矩阵运算，可得平面桁架杆件的单元刚度矩阵为

$$k^e=\begin{bmatrix} k_{ii}^e & k_{ij}^e \\ k_{ji}^e & k_{jj}^e \end{bmatrix}$$
$$=\frac{EA}{l}\begin{bmatrix} \cos^2\alpha & \cos\alpha\sin\alpha & -\cos^2\alpha & -\cos\alpha\sin\alpha \\ \cos\alpha\sin\alpha & \sin^2\alpha & -\cos\alpha\sin\alpha & -\sin^2\alpha \\ -\cos^2\alpha & -\cos\alpha\sin\alpha & \cos^2\alpha & \cos\alpha\sin\alpha \\ -\cos\alpha\sin\alpha & -\sin^2\alpha & \cos\alpha\sin\alpha & \sin^2\alpha \end{bmatrix} \tag{8-26}$$

有了单元分析的基础，我们就可以进一步讨论结构的整体分析。

8.3 结构的整体刚度矩阵

矩阵位移法是以结点位移为基本未知量的。整体分析的任务，就是在单元分析的基础上，考虑各结点的几何条件和平衡条件，以建立求解基本未知量的位移法典型方程，即结构的刚度方程。下面以图 8.6(a)所示刚架为例来说明。

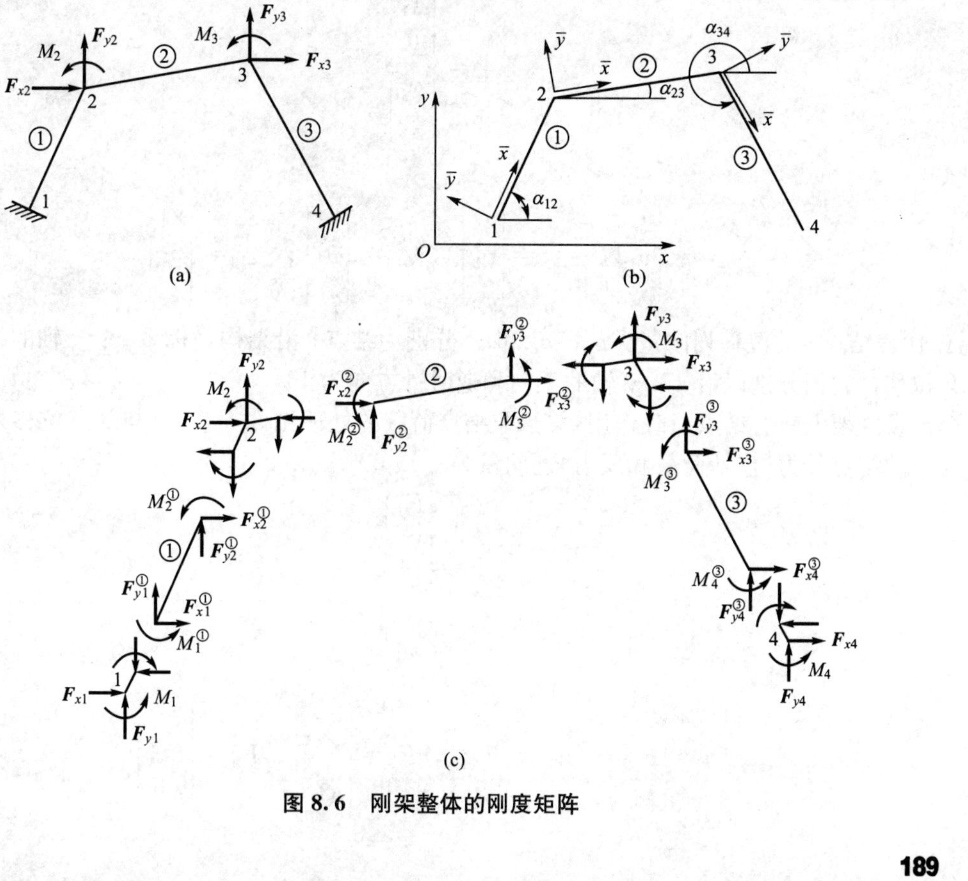

图 8.6 刚架整体的刚度矩阵

由于在整体分析中将涉及许多单元及联结它们的结点，为了避免混淆，必须对各单元和结点进行编号，现用①、②、…表示单元号，用1、2、…表示结点号，这里支座也视为结点。同时，选取整体坐标系和各单元的局部坐标系如图8.6(b)所示。这样，各单元的始、末两端 i、j 的结点号码将如表8-1所列，从而按式(8-21)表示的各单元刚度矩阵的四个子块应该为

$$k^{①}=\begin{bmatrix} k_{11}^{①} & k_{12}^{①} \\ k_{21}^{①} & k_{22}^{①} \end{bmatrix}\begin{matrix}1\\2\end{matrix},\quad k^{②}=\begin{bmatrix} k_{11}^{②} & k_{12}^{②} \\ k_{21}^{②} & k_{22}^{②} \end{bmatrix}\begin{matrix}2\\3\end{matrix},\quad k^{③}=\begin{bmatrix} k_{11}^{③} & k_{12}^{③} \\ k_{21}^{③} & k_{22}^{③} \end{bmatrix}\begin{matrix}3\\4\end{matrix} \tag{a}$$

(列号依次为：$k^{①}$：1 2；$k^{②}$：2 3；$k^{③}$：3 4)

表8-1　各单元始末端的结点号码

单元	始末端结点号	
	i	***j***
①	1	2
②	2	3
③	3	4

在平面刚架中，每个刚结点可能有两个线位移和一个角位移。此刚架有四个刚结点，共有12个结点位移分量，我们按一定顺序将它们排成一列阵，称为结构的结点位移列向量，即

$$\Delta=\begin{Bmatrix}\Delta_1\\ \Delta_2\\ \Delta_3\\ \Delta_4\end{Bmatrix}$$

式中

$$\Delta_1=\begin{Bmatrix}u_1\\ v_1\\ \varphi_1\end{Bmatrix},\quad \Delta_2=\begin{Bmatrix}u_2\\ v_2\\ \varphi_2\end{Bmatrix},\quad \Delta_3=\begin{Bmatrix}u_3\\ v_3\\ \varphi_3\end{Bmatrix},\quad \Delta_4=\begin{Bmatrix}u_4\\ v_4\\ \varphi_4\end{Bmatrix}$$

Δ_i 代表结点 i 的位移列向量，u_i、v_i 和 φ_i 分别为结点 i 沿结构坐标系 x、y 轴的线位移和角位移，它们分别以沿 x、y 轴的正向和逆时针方向为正。

设刚架上只有结点荷载作用(关于非结点荷载的处理见8.6节)，与结点位移列向量相对应的结点外力(包括荷载和反力)列向量为

$$F=\begin{Bmatrix}F_1\\ F_2\\ F_3\\ F_4\end{Bmatrix}$$

式中

$$F_1=\begin{Bmatrix}F_{x1}\\ F_{y1}\\ M_1\end{Bmatrix},\ F_2=\begin{Bmatrix}F_{x2}\\ F_{y2}\\ M_2\end{Bmatrix},\ F_3=\begin{Bmatrix}F_{x3}\\ F_{y3}\\ M_3\end{Bmatrix},\ F_4=\begin{Bmatrix}F_{x4}\\ F_{y4}\\ M_4\end{Bmatrix}$$

F_i 代表结点 i 的外力列向量，F_{xi}、F_{yi} 和 M_i 分别为作用于结点 i 的沿 x、y 方向的外力和外力偶，它们的正负号规定与相应的结点位移相同。在结点 2、3 处，结点外力 F_2、F_3 就是结点荷载，它们通常是给定的。在支座 1、4 处，当无给定结点荷载作用时，结点外力 F_1、F_4 就是支座反力，图 8.6 所示即为这种情况；当支座处还有给定结点荷载作用时，则 F_1、F_4 应为结点荷载与支座反力的代数和。

现在考虑结构的平衡条件和变形连续条件。各单元和各结点的隔离体如图 8.6(c)所示，图中各单元上的杆端力都是沿整体坐标系的正向作用的。显然，在前面的单元分析中，已经保证了各单元本身的平衡和变形连续，因此现在只需考察各单元联结处即结点处的平衡和变形连续条件。以结点 3 为例，由平衡条件 $\sum F_x=0$、$\sum F_y=0$ 和 $\sum M=0$ 可得

$$F_{x2}=F_{x2}^{\textcircled{1}}+F_{x2}^{\textcircled{2}}$$

$$F_{y2}=F_{y2}^{\textcircled{1}}+F_{y2}^{\textcircled{2}}$$

$$M_2=M_2^{\textcircled{1}}+M_2^{\textcircled{2}}$$

写成矩阵形式有

$$\begin{Bmatrix} F_{x2} \\ F_{y2} \\ M_2 \end{Bmatrix}=\begin{Bmatrix} F_{x2}^{\textcircled{1}} \\ F_{y2}^{\textcircled{1}} \\ M_2^{\textcircled{1}} \end{Bmatrix}+\begin{Bmatrix} F_{x2}^{\textcircled{2}} \\ F_{y2}^{\textcircled{2}} \\ M_2^{\textcircled{2}} \end{Bmatrix}$$

上式左边即为结点 2 的荷载列向量 F_2，右边二列阵则分别为单元①和单元②在端的杆端力列向量 $F_2^{\textcircled{1}}$ 和 $F_2^{\textcircled{2}}$，故上式可简写为

$$F_2=F_2^{\textcircled{1}}+F_2^{\textcircled{2}} \tag{b}$$

根据式(8-22)，上述杆端力列向量可用杆端位移列向量来表示为

$$\begin{aligned} F_2^{\textcircled{1}}&=k_{21}^{\textcircled{1}}\delta_1^{\textcircled{1}}+k_{22}^{\textcircled{1}}\delta_2^{\textcircled{1}} \\ F_2^{\textcircled{2}}&=k_{22}^{\textcircled{2}}\delta_2^{\textcircled{2}}+k_{23}^{\textcircled{2}}\delta_3^{\textcircled{2}} \end{aligned} \tag{c}$$

再根据结点处的变形连续条件，应该有

$$\begin{cases} \delta_2^{\textcircled{1}}=\delta_2^{\textcircled{2}}=\Delta_2 \\ \delta_1^{\textcircled{1}}=\Delta_1 \\ \delta_3^{\textcircled{2}}=\Delta_3 \end{cases} \tag{d}$$

将式(c)和式(d)代入式(b)，则得到以结点位移表示的结点的平衡方程如下：

$$F_2=k_{21}^{\textcircled{1}}\Delta_1+(k_{22}^{\textcircled{1}}+k_{22}^{\textcircled{2}})\Delta_2+k_{23}^{\textcircled{2}}\Delta_3 \tag{e}$$

同理，对于结点 1、3、4 可以列出类似的方程。把四个结点的方程汇集在一起，就有

$$\begin{cases} F_1=k_{11}^{\textcircled{1}}\Delta_1+k_{12}^{\textcircled{1}}\Delta_2 \\ F_2=k_{21}^{\textcircled{1}}\Delta_1+(k_{22}^{\textcircled{1}}+k_{22}^{\textcircled{2}})\Delta_2+k_{23}^{\textcircled{2}}\Delta_3 \\ F_3=k_{32}^{\textcircled{2}}\Delta_2+(k_{33}^{\textcircled{2}}+k_{33}^{\textcircled{3}})\Delta_3+k_{34}^{\textcircled{3}}\Delta_4 \\ F_4=k_{43}^{\textcircled{3}}\Delta_3+k_{44}^{\textcircled{3}}\Delta_4 \end{cases} \tag{8-27}$$

写成矩阵形式则为

$$\begin{Bmatrix} \boldsymbol{F}_1=\begin{Bmatrix} F_{x1}\\ F_{y1}\\ M_1 \end{Bmatrix} \\ \boldsymbol{F}_2=\begin{Bmatrix} F_{x2}\\ F_{y2}\\ M_2 \end{Bmatrix} \\ \boldsymbol{F}_3=\begin{Bmatrix} F_{x3}\\ F_{y3}\\ M_3 \end{Bmatrix} \\ \boldsymbol{F}_4=\begin{Bmatrix} F_{x4}\\ F_{y4}\\ M_4 \end{Bmatrix} \end{Bmatrix}=\begin{bmatrix} k_{11}^{①} & k_{12}^{①} & 0 & 0\\ k_{21}^{①} & k_{22}^{①}+k_{22}^{②} & k_{23}^{②} & 0\\ 0 & k_{32}^{②} & k_{33}^{②}+k_{33}^{③} & k_{34}^{③}\\ 0 & 0 & k_{43}^{③} & k_{44}^{③} \end{bmatrix}\begin{Bmatrix} \boldsymbol{\Delta}_1=\begin{Bmatrix} u_1\\ v_1\\ \varphi_1 \end{Bmatrix} \\ \boldsymbol{\Delta}_2=\begin{Bmatrix} u_2\\ v_2\\ \varphi_2 \end{Bmatrix} \\ \boldsymbol{\Delta}_3=\begin{Bmatrix} u_3\\ v_3\\ \varphi_3 \end{Bmatrix} \\ \boldsymbol{\Delta}_4=\begin{Bmatrix} u_4\\ v_4\\ \varphi_4 \end{Bmatrix} \end{Bmatrix} \tag{8-28}$$

这就是用结点位移表示的所有结点的平衡方程，它表明了结点外力与结点位移之间的关系，通常称为结构的原始刚度方程。所谓“原始”是表示尚未进行支承条件处理。上式可简写为

$$\boldsymbol{F}=\boldsymbol{K\Delta} \tag{8-29}$$

式中

$$\boldsymbol{K}=\begin{bmatrix} K_{11} & K_{12} & K_{13} & K_{14}\\ K_{21} & K_{22} & K_{23} & K_{24}\\ K_{31} & K_{32} & K_{33} & K_{34}\\ K_{41} & K_{42} & K_{43} & K_{44} \end{bmatrix}=\begin{bmatrix} k_{11}^{①} & k_{12}^{①} & 0 & 0\\ k_{21}^{②} & k_{22}^{①}+k_{22}^{②} & k_{23}^{②} & 0\\ 0 & k_{32}^{②} & k_{33}^{②}+k_{33}^{③} & k_{34}^{③}\\ 0 & 0 & k_{43}^{③} & k_{44}^{③} \end{bmatrix} \tag{8-30}$$

称为结构的原始刚度矩阵，又称结构的总刚度矩阵（简称总刚）。它的每个子块都是 3×3 阶方阵，故 $\boldsymbol{K}$ 为 12×12 阶方阵，其中每一元素的物理意义就是当其所在列对应的结点位移分量等于 1(其余结点位移分量均为 0)时，其所在行对应的结点外力分量所应有的数值。

结构的原始刚度矩阵 $\boldsymbol{K}$ 具有如下性质：

(1) 对称性。这从反力互等定理不难理解。

(2) 奇异性。这是由于在建立方程式(8-28)时，还没有考虑结构的支承约束条件，结构还可以有任意刚体位移，故其结点位移的解答不是唯一的。这就表明结构原始刚度矩阵是奇异的，其逆矩阵不存在。因此，只有在引入了支承条件，对结构的原始刚度方程进行修改之后，才能求解未知的结点位移，这将在下一节讨论。

现在来分析结构原始刚度矩阵的组成规律。

对照式(a)和式(8-30)，不难看出，只要把每个单元刚度矩阵的四个子块按其两个下标号码逐一送到结构原始刚度矩阵中相应的行和列的位置上去，就可得到结构原始刚度矩阵。简单地说就是：各单刚子块“对号入座”就形成总刚。以单元②的四个子块为例，其入座位置如图 8.7 所示。一般来说，某单刚子块 k_{ij}^{e} 就应被送到总刚(以子块形式表示的)中第 i 行第 j 列的位置上去。这种利用坐标转换后的单刚子块对号入座而直接形成总刚的方法，又称为直接刚度法。

在对号入座时，具有相同下标的各单刚子块，即在总刚中被送到同一位置上的各单刚

子块就要叠加；而在没有单刚子块入座的位置上则为零子块。在总刚中，要叠加的子块和零子块的分布也有一定的规律。

为了讨论方便，将主对角线上的子块称为主子块，其余子块称为副子块；同交于一个结点的各杆件称为该结点的相关单元；而两个结点之间有杆件直接相联者称为相关结点。于是可以看出：

(1) 总刚中的主子块 K_{ii} 是由结点 i 的各相关单元的主子块叠加求得的，即 $K_{ii}=\sum k_{ii}^{e}$。

(2) 总刚中的副子块 K_{im}，当 i、m 为相关结点时即为联结它们的单元的相应副子块，即 $K_{im}=k_{im}^{e}$；当 i、m 为非相关结点时即为零子块。

【例 8-1】 试求图 8.7 所示刚架的原始总刚度矩阵。已知各杆材料及截面均相同，$E=200\text{GPa}$，$I=32\times10^{-5}\text{m}^4$，$A=1\times10^{-2}\text{m}^2$。

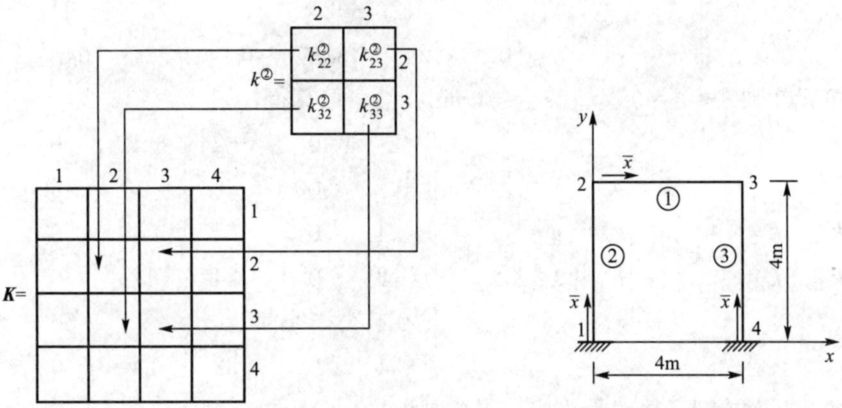

图 8.7 例 8-1 图

【解】 (1) 将各单元、结点编号，并选取整体坐标系和各单元的局部坐标系如图 8.7 所示，各单元始末端的结点编号见表 8-2 所列。

表 8-2 各单元始末端结点号

单元	始末端结点号	
	i	j
①	3	2
②	1	2
③	4	3

(2) 各单元在整体坐标系中的单元刚度矩阵按式(8-23)计算。先将所需有关数据计算如下：

$$\frac{EA}{l}=\frac{200\times10^{9}\times1\times10^{-2}}{4}=500\times10^{3}(\text{kN/m})$$

$$\frac{12EI}{l^{3}}=\frac{12\times200\times10^{9}\times10^{-3}\times32\times10^{-5}}{4^{3}}=12\times10^{3}(\text{kN/m})$$

$$\frac{6EI}{l^2}=24\times10^3(\text{kN})$$

$$\frac{4EI}{l}=64\times10^3(\text{kN}\cdot\text{m})$$

$$\frac{2EI}{l}=32\times10^3(\text{kN}\cdot\text{m})$$

对于单元①，$\alpha=0°$，$\cos\alpha=1$，$\sin\alpha=0$，可算得

$$\boldsymbol{k}^{①}=\left[\begin{array}{c|c}\boldsymbol{k}_{22}^{①} & \boldsymbol{k}_{23}^{①}\\ \hline \boldsymbol{k}_{32}^{①} & \boldsymbol{k}_{33}^{①}\end{array}\right]=10^3\left[\begin{array}{ccc|ccc}500 & 0 & 0 & -500 & 0 & 0\\ 0 & 12 & 24 & 0 & -12 & 24\\ 0 & 24 & 64 & 0 & -24 & 32\\ \hline -500 & 0 & 0 & 500 & 0 & 0\\ 0 & -12 & -24 & 0 & 12 & -24\\ 0 & 24 & 32 & 0 & -24 & 64\end{array}\right]$$

对于单元②和③，$\alpha=90°$，$\cos\alpha=0$，$\sin\alpha=1$，可算得

$$\boldsymbol{k}^{②}=\left[\begin{array}{c|c}\boldsymbol{k}_{11}^{②} & \boldsymbol{k}_{12}^{②}\\ \hline \boldsymbol{k}_{21}^{②} & \boldsymbol{k}_{22}^{②}\end{array}\right]=\boldsymbol{k}^{③}=\left[\begin{array}{c|c}\boldsymbol{k}_{44}^{③} & \boldsymbol{k}_{43}^{③}\\ \hline \boldsymbol{k}_{34}^{③} & \boldsymbol{k}_{33}^{③}\end{array}\right]=10^3\left[\begin{array}{ccc|ccc}12 & 0 & -24 & -12 & 0 & -24\\ 0 & 500 & 0 & 0 & -500 & 0\\ -24 & 0 & 64 & 24 & 0 & 32\\ \hline -12 & 0 & 24 & 12 & 0 & 24\\ 0 & -500 & 0 & 0 & 500 & 0\\ -24 & 0 & 32 & 24 & 0 & 64\end{array}\right]$$

(3) 将以上各单刚子块对号入座，得总刚为

$$\boldsymbol{K}=\begin{array}{c}\begin{array}{cccc}\quad 1 & \quad 2 & \quad 3 & \quad 4\end{array}\\ \left[\begin{array}{c|c|c|c}\boldsymbol{k}_{11}^{②} & \boldsymbol{k}_{12}^{②} & \mathbf{0} & \mathbf{0}\\ \hline \boldsymbol{k}_{21}^{②} & \boldsymbol{k}_{22}^{①}+\boldsymbol{k}_{22}^{②} & \boldsymbol{k}_{23}^{①} & \mathbf{0}\\ \hline \mathbf{0} & \boldsymbol{k}_{32}^{①} & \boldsymbol{k}_{33}^{①}+\boldsymbol{k}_{33}^{③} & \boldsymbol{k}_{34}^{③}\\ \hline \mathbf{0} & \mathbf{0} & \boldsymbol{k}_{43}^{③} & \boldsymbol{k}_{44}^{③}\end{array}\right]\begin{array}{c}1\\2\\3\\4\end{array}\end{array}$$

$$=10^3\left[\begin{array}{ccc|ccc|ccc|ccc}12 & 0 & -24 & -12 & 0 & -24 & & & & & & \\ 0 & 500 & 0 & 0 & -500 & 0 & & \mathbf{0} & & & \mathbf{0} & \\ -24 & 0 & 64 & 24 & 0 & 32 & & & & & & \\ \hline -12 & 0 & 24 & 512 & 0 & 24 & -500 & 0 & 0 & & & \\ 0 & -500 & 0 & 0 & 512 & 24 & 0 & -12 & 24 & & \mathbf{0} & \\ -24 & 0 & 32 & 24 & 24 & 128 & 0 & -24 & 32 & & & \\ \hline & & & -500 & 0 & 0 & 512 & 0 & 24 & -12 & 0 & 24\\ & \mathbf{0} & & 0 & -12 & -24 & 0 & 512 & -24 & 0 & -500 & 0\\ & & & 0 & 24 & 32 & 24 & -24 & 128 & -24 & 0 & 32\\ \hline & & & & & & -12 & 0 & -24 & 12 & 0 & -24\\ & \mathbf{0} & & & \mathbf{0} & & 0 & -500 & 0 & 0 & 500 & 0\\ & & & & & & 24 & 0 & 32 & -24 & 0 & 64\end{array}\right]$$

8.4 约束条件的处理

上节已经建立了图 8.6 所示刚架的整体刚度方程，即式(8-28)：

$$\begin{matrix}未知\\已知\\已知\\未知\end{matrix}\begin{Bmatrix}F_1\\F_2\\F_3\\F_4\end{Bmatrix}=\begin{bmatrix}k_{11}^{①} & k_{12}^{①} & 0 & 0\\ k_{21}^{①} & k_{22}^{①}+k_{22}^{②} & k_{23}^{②} & 0\\ 0 & k_{32}^{②} & k_{33}^{②}+k_{33}^{③} & k_{34}^{③}\\ 0 & 0 & k_{43}^{③} & k_{44}^{③}\end{bmatrix}\begin{Bmatrix}\Delta_1\\\Delta_2\\\Delta_3\\\Delta_4\end{Bmatrix}\begin{matrix}已知\\未知\\未知\\已知\end{matrix}$$

并指出由于尚未考虑约束条件，结构还可以有任意的刚体位移，因而原始刚度矩阵是奇异的，其逆矩阵不存在，故尚不能由上式求解结点位移。

在上式中，F_2、F_3 是已知的结点荷载，与之相应的 Δ_2、Δ_3 是待求的未知结点位移，F_1、F_4 是未知的支座反力，与之相应的 Δ_1、Δ_4 则是已知的结点位移。由于结点 1、4 为固定端，故约束条件为

$$\begin{Bmatrix}\Delta_1\\\Delta_4\end{Bmatrix}=\begin{Bmatrix}0\\0\end{Bmatrix} \tag{8-31}$$

代入式(8-28)，由矩阵的乘法运算可得

$$\begin{Bmatrix}F_2\\F_3\end{Bmatrix}=\begin{bmatrix}k_{22}^{①}+k_{22}^{②} & k_{23}^{②}\\ k_{32}^{②} & k_{33}^{②}+k_{33}^{③}\end{bmatrix}\begin{Bmatrix}\Delta_2\\\Delta_3\end{Bmatrix} \tag{8-32}$$

和

$$\begin{Bmatrix}F_1\\F_4\end{Bmatrix}=\begin{bmatrix}k_{12}^{①} & 0\\ 0 & k_{43}^{③}\end{bmatrix}\begin{Bmatrix}\Delta_2\\\Delta_3\end{Bmatrix} \tag{8-33}$$

式(8-32)就是引入约束条件后的结构刚度方程，亦即位移法的典型方程，它也常简写为式(8-29)的形式，即

$$\boldsymbol{F}=\boldsymbol{K\Delta} \tag{8-34}$$

但此时的 F 只包括已知结点荷载，Δ 只包括未知结点位移，此时的矩阵 K 即为从结构的原始刚度矩阵中删去与已知为零的结点位移而得到，称为结构的刚度矩阵，或称缩减的总刚。

当原结构为几何不变体系时，引入支承条件后即消除了任意刚体位移，因而结构刚度矩阵为非奇异矩阵［反之，若此时结构刚度矩阵仍奇异，则表明原结构是几何可变(常变)或瞬变的］，于是可由式(8-34)解出未知的结点位移 Δ。

结点位移一旦求出，便可由单元刚度方程计算各单元的内力。将式(8-17)中的杆端位移 δ 改用单元两端的结点位移 Δ^e 表示，则整体坐标系中的杆端力计算式为

$$\boldsymbol{F}^e=\boldsymbol{K}^e\boldsymbol{\Delta}^e \tag{8-35}$$

再由式(8-12)可求得局部坐标系中的杆端力为

$$\overline{F}^e=T\cdot F^e=T\cdot k^e\cdot\Delta^e \tag{8-36}$$

或者由式(8-15)求得局部坐标系中的杆端结点位移为

$$\overline{\Delta}^e=T\cdot\Delta^e \tag{8-37}$$

再由式(8-2)求得局部坐标系中的杆端力为

$$\overline{F}^e=\overline{k}^e\cdot\overline{\Delta}^e=\overline{k}^e\cdot T\cdot\Delta^e \tag{8-38}$$

至于上面的式(8-33)，在求出未知的结点位移后，可以利用它来计算支座反力。但是在全部杆件的内力都求出后，一般无必要再求反力，即使欲求反力，由结点平衡亦极易求得；而按式(8-33)来计算反力对电算来说并不方便，故通常不由该式求反力。

8.5 结点荷载列阵

到现在为止，我们所讨论的只是荷载作用在结点上的情况，但在实际问题中，不可避免地会遇到非结点荷载。对于这种情况，可以分两步按叠加法来处理。如对图8.8(a)所示刚架，第一步，与位移法一样，加上附加链杆和刚臂阻止所有结点的线位移和角位移，此时各单元有固端杆端力(以下简称固端力)，附加链杆和刚臂上有附加反力和反力矩；由结点平衡可知，这些附加反力和反力矩的数值等于汇交于该结点的各固端力的代数和[图8.8(b)]。第二步，取消附加链杆和刚臂，亦即将上述附加反力和反力矩反号后作为荷载加于结点上［图8.8(c)]，这些荷载称为原非结点荷载的等效结点荷载［这里所谓"等效"，是指图8.8(c)与图8.8(d)两种情况的结点位移是相等的，因为图8.8(b)情况的结点位移为零]，此时便可照前面讨论的方法求解。最后，将以上两步内力叠加，即为原结构在非结点荷载作用下的内力解答。下面给出有关计算公式。

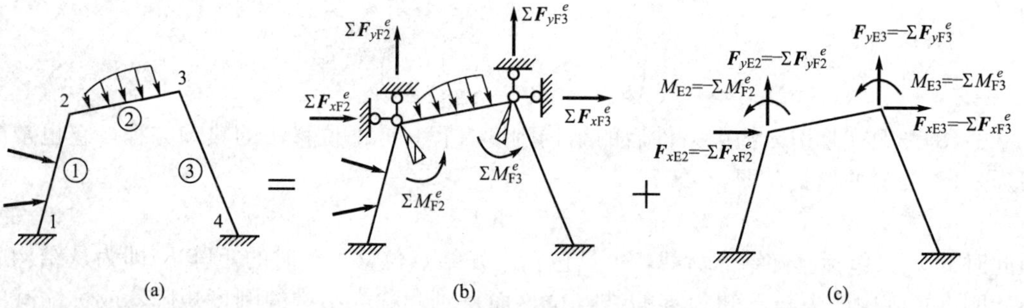

图8.8　非结点荷载刚架

设单元e在非结点荷载作用下，在其局部坐标系中的固端力为

$$\overline{F}^{F_e}=\begin{Bmatrix}\overline{F}_i^{F_e}\\ \overline{F}_j^{F_e}\end{Bmatrix}=\begin{Bmatrix}\overline{F}_{Ni}^{F_e}\\ \overline{F}_{Qi}^{F_e}\\ \overline{M}_i^{F_e}\\ \overline{F}_{Nj}^{F_e}\\ \overline{F}_{Qj}^{F_e}\\ \overline{M}_j^{F_e}\end{Bmatrix} \tag{8-39}$$

式中，上标"F"是表示固端情况。这些固端力很容易由现成的公式或表格(见表8-3)查得。由式(8-12)和式(8-14)可知，在整体坐标系中的固端力应为

$$F^{F_e}=T^{T}\overline{F}^{F_e}=\begin{Bmatrix}F_i^{F_e}\\ F_j^{F_e}\end{Bmatrix}=\begin{Bmatrix}F_{xi}^{F_e}\\ F_{yi}^{F_e}\\ \overline{M}_i^{F_e}\\ F_{xj}^{F_e}\\ F_{yj}^{F_e}\\ M_j^{F_e}\end{Bmatrix} \tag{8-40}$$

将它们反号并按对号入座送到结点荷载列阵中去，则成为等效结点荷载。各单元上的非结点荷载均做如上处理之后，任一结点 i 上的等效结点荷载 F_{Ei}(这里下标“E”表示等效)将为

$$F_{Ei}=\begin{Bmatrix}F_{Exi}\\ F_{Eyi}\\ M_{Ei}\end{Bmatrix}=\begin{Bmatrix}-\sum F_{xi}^{F_e}\\ -\sum F_{yi}^{F_e}\\ -\sum M_i^{F_e}\end{Bmatrix}=-\sum F_i^{F_e} \tag{8-41}$$

如果除了上述非结点荷载的等效结点荷载 F_{Ei} 外，还有原来直接作用在结点 j 上的荷载 F_{Di}(下标“D”表示直接)，则在 i 点总的结点荷载为

$$F_i=F_{Di}+F_{Ei} \tag{8-42}$$

F_i 称为结点 i 的综合结点荷载。整个结构的综合结点荷载列阵为

$$\boldsymbol{F}=\boldsymbol{F}_D+\boldsymbol{F}_E \tag{8-43}$$

式中：$\boldsymbol{F}_D$ 为直接结点荷载列阵；$\boldsymbol{F}_E$ 为等效结点荷载列阵。

表 8-3 等直杆单元的固端力

序号	荷载	固端力	始端 i	末端 j
1	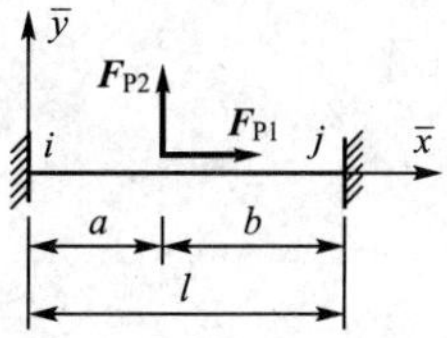	$\overline{F}_{NF}$	$-\dfrac{F_{P1}b}{l}$	$-\dfrac{F_{P1}a}{l}$
		$\overline{F}_{QF}$	$-\dfrac{F_{P2}b^2(l+2a)}{l^3}$	$-\dfrac{F_{P2}a^2(l+2b)}{l^3}$
		$\overline{M}_F$	$-\dfrac{F_{P2}ab^2}{l^2}$	$\dfrac{F_{P2}a^2b}{l^2}$
2	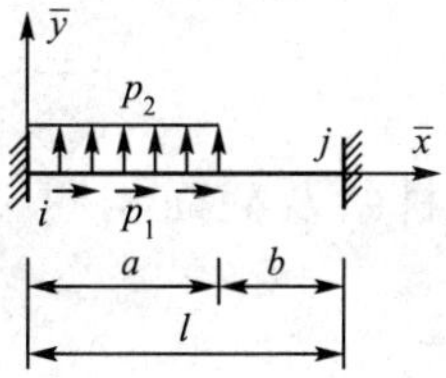	$\overline{F}_{NF}$	$-\dfrac{p_1a(l+b)}{2l}$	$-\dfrac{p_1a^2}{2l}$
		$\overline{F}_{QF}$	$-\dfrac{p_2a(2l^3-2la^2+a^3)}{2l^3}$	$-\dfrac{p_2a^3(2l-a)}{2l^3}$
		$\overline{M}_F$	$-\dfrac{p_2a^2(6l^2-8la+3a^2)}{12l^2}$	$\dfrac{p_2a^3(4l-3a)}{12l^2}$
3	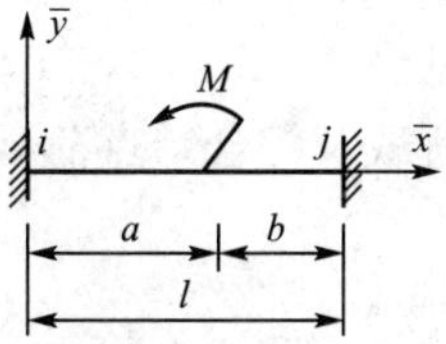	$\overline{F}_{NF}$	0	0
		$\overline{F}_{QF}$	$\dfrac{6Mab}{l^3}$	$-\dfrac{6Mab}{l^3}$
		$\overline{M}_F$	$\dfrac{Mb(3a-l)}{l^2}$	$\dfrac{Ma(3b-l)}{l^2}$

(续)

序号	荷载	固端力	始端 i	末端 j
4	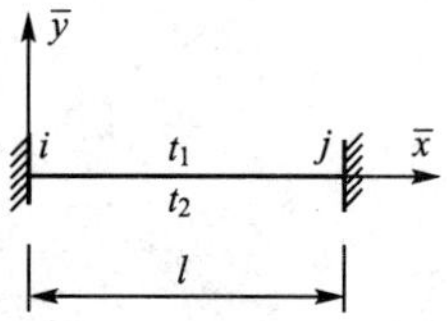	$\overline{F}_{NF}$ $\overline{F}_{QF}$ $\overline{M}_F$	$\frac{EA\alpha(t_1+t_2)}{2}$ 0 $\frac{EI\alpha(t_2-t_1)}{h}$	$-\frac{EA\alpha(t_1+t_2)}{2}$ 0 $-\frac{EI\alpha(t_2-t_1)}{h}$

各单元的最后杆端力将是固端力与综合结点荷载作用下产生的杆端力之和，即

$$F^e = F^{F_e} + k^e\Delta^e \tag{8-44}$$

及

$$\overline{F}^e = \overline{F}^{F_e} + Tk^e\Delta^e \tag{8-45}$$

或

$$\overline{F}^e = \overline{F}^{F_e} + \overline{k}^e T\Delta^e \tag{8-46}$$

顺便指出，结构在温度变化或支座位移影响下的计算，同样可按上述方法处理。只要确定了各杆在温度变化或支座位移下的固端力，即可由式(8-40)及式(8-41)计算相应的等效结点荷载。

8.6 矩阵位移法的计算步骤及示例

通过上面的讨论，可将矩阵位移法的计算步骤归纳如下：

(1) 对结点和单元进行编号，选定整体坐标系和局部坐标系；

(2) 计算各杆的单元刚度矩阵；

(3) 形成结构原始刚度矩阵；

(4) 计算固端力、等效结点荷载及综合结点荷载；

(5) 引入支承条件，修改结构原始刚度方程；

(6) 解算结构刚度方程，求出结点位移；

(7) 计算各单元杆端力。

【例 8-2】 试求图 8.9 所示刚架的内力。已知各杆材料及截面相同，具体数据见例 8-1。

【解】 (1) 将单元、结点编号，确定坐标系，如图 8.9 所示。

(2) 求出各单元在整体坐标系中的单元刚度矩阵，见例 8-1。

(3) 将各单刚子块对号入座，形成结构原始刚度矩阵，见例 8-1。

(4) 计算非结点荷载作用下的各单元固端力、等效结点荷载及综合结点荷载。

根据表 8-3 可知，各单元在其局部坐标系中的固端力为

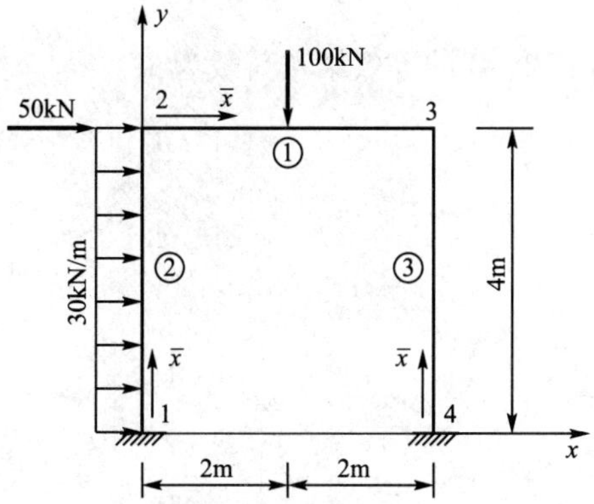

图 8.9 例 8-2 图

$$\overline{\boldsymbol{F}}_{\mathrm{F}}^{\textcircled{1}}=\left\{\begin{array}{c}\overline{\boldsymbol{F}}_{\mathrm{F2}}^{\textcircled{1}}\\ \hdashline \overline{\boldsymbol{F}}_{\mathrm{F3}}^{\textcircled{1}}\end{array}\right\}=\left\{\begin{array}{c}\overline{F}_{\mathrm{NF2}}^{\textcircled{1}}\\ \overline{F}_{\mathrm{QF2}}^{\textcircled{1}}\\ \overline{M}_{\mathrm{F2}}^{\textcircled{1}}\\ \hdashline \overline{F}_{\mathrm{NF3}}^{\textcircled{1}}\\ \overline{F}_{\mathrm{QF3}}^{\textcircled{1}}\\ \overline{M}_{\mathrm{F3}}^{\textcircled{1}}\end{array}\right\}=\left\{\begin{array}{c}0\\50\\50\\ \hdashline 0\\50\\-50\end{array}\right\},\quad \overline{\boldsymbol{F}}_{\mathrm{F}}^{\textcircled{2}}=\left\{\begin{array}{c}\overline{\boldsymbol{F}}_{\mathrm{F1}}^{\textcircled{2}}\\ \hdashline \overline{\boldsymbol{F}}_{\mathrm{F2}}^{\textcircled{2}}\end{array}\right\}=\left\{\begin{array}{c}\overline{F}_{\mathrm{NF1}}^{\textcircled{2}}\\ \overline{F}_{\mathrm{QF1}}^{\textcircled{2}}\\ \overline{M}_{\mathrm{F1}}^{\textcircled{1}}\\ \hdashline \overline{F}_{\mathrm{NF2}}^{\textcircled{2}}\\ \overline{F}_{\mathrm{QF2}}^{\textcircled{2}}\\ \overline{M}_{\mathrm{F2}}^{\textcircled{2}}\end{array}\right\}=\left\{\begin{array}{c}0\\60\\40\\ \hdashline 0\\60\\-40\end{array}\right\}$$

$$\overline{\boldsymbol{F}}_{\mathrm{F}}^{\textcircled{3}}=\boldsymbol{0}$$

由式(8-40)，并将单元①的 $\alpha=0°$，单元②、③的 $\alpha=90°$ 代入计算，可得各单元在整体坐标系中的固端力为

$$\boldsymbol{F}_{\mathrm{F}}^{\textcircled{1}}=\left\{\begin{array}{c}\boldsymbol{F}_{\mathrm{F2}}^{\textcircled{1}}\\ \hdashline \boldsymbol{F}_{\mathrm{F3}}^{\textcircled{1}}\end{array}\right\}=\left[\begin{array}{ccc:ccc}1&0&0&&&\\0&1&0&&0&\\0&0&1&&&\\ \hdashline &&&1&0&0\\&0&&0&1&0\\&&&0&0&1\end{array}\right]\left\{\begin{array}{c}0\\50\\50\\ \hdashline 0\\50\\-50\end{array}\right\}=\left\{\begin{array}{c}0\\50\\50\\ \hdashline 0\\50\\-50\end{array}\right\}$$

$$\boldsymbol{F}_{\mathrm{F}}^{\textcircled{2}}=\left\{\begin{array}{c}\boldsymbol{F}_{\mathrm{F1}}^{\textcircled{2}}\\ \hdashline \boldsymbol{F}_{\mathrm{F2}}^{\textcircled{2}}\end{array}\right\}=\left[\begin{array}{ccc:ccc}0&-1&0&&&\\1&0&0&&0&\\0&0&1&&&\\ \hdashline &&&0&-1&0\\&0&&1&0&0\\&&&0&0&1\end{array}\right]\left\{\begin{array}{c}0\\60\\40\\ \hdashline 0\\60\\-40\end{array}\right\}=\left\{\begin{array}{c}-60\\0\\40\\ \hdashline -60\\0\\-40\end{array}\right\}$$

$$\boldsymbol{F}_{\mathrm{F}}^{②}=\mathbf{0}$$

由式(8－40)可求出结点 2、3 的等效结点荷载为

$$\boldsymbol{F}_{\mathrm{PE2}}=-(\boldsymbol{F}_{\mathrm{F2}}^{①}+\boldsymbol{F}_{\mathrm{F2}}^{②})=-\begin{Bmatrix}0\\50\\50\end{Bmatrix}-\begin{Bmatrix}-60\\0\\-40\end{Bmatrix}=\begin{Bmatrix}60\\-50\\-10\end{Bmatrix}$$

$$\boldsymbol{F}_{\mathrm{PE3}}=-(\boldsymbol{F}_{\mathrm{F3}}^{①}+\boldsymbol{F}_{\mathrm{F3}}^{③})=-\begin{Bmatrix}0\\50\\-50\end{Bmatrix}-\begin{Bmatrix}0\\0\\0\end{Bmatrix}=\begin{Bmatrix}0\\-50\\50\end{Bmatrix}$$

再由式(8－41)求得综合结点荷载为

$$\boldsymbol{F}_{\mathrm{P2}}=\begin{Bmatrix}50\\0\\0\end{Bmatrix}+\begin{Bmatrix}60\\-50\\-10\end{Bmatrix}=\begin{Bmatrix}110\\-50\\-10\end{Bmatrix}$$

$$\boldsymbol{F}_{\mathrm{P3}}=\begin{Bmatrix}0\\0\\0\end{Bmatrix}+\begin{Bmatrix}0\\-50\\50\end{Bmatrix}=\begin{Bmatrix}0\\-50\\50\end{Bmatrix}$$

于是结构的结点外力列向量为

$$\boldsymbol{F}_{\mathrm{P}}=\begin{Bmatrix}\boldsymbol{F}_{\mathrm{P1}}\\ \cdots\\ \boldsymbol{F}_{\mathrm{P2}}\\ \cdots\\ \boldsymbol{F}_{\mathrm{P3}}\\ \cdots\\ \boldsymbol{F}_{\mathrm{P4}}\end{Bmatrix}=\begin{Bmatrix}F_{x1}\\F_{y1}\\M_1\\ \cdots\\ F_{x2}\\F_{y2}\\M_2\\ \cdots\\ F_{x3}\\F_{y3}\\M_3\\ \cdots\\ F_{x4}\\F_{y4}\\M_4\end{Bmatrix}=\begin{Bmatrix}X_1\\Y_1\\M_1\\ \cdots\\ 110\\-50\\-10\\ \cdots\\ 0\\-50\\50\\ \cdots\\ X_4\\Y_4\\M_4\end{Bmatrix}$$

这里要说明的是，对支座结点 1、4，同样可按式(8－40)和式(8－41)算出其等效结点

荷载和综合结点荷载。但注意上式中的 $\boldsymbol{F}_{P1}$、$\boldsymbol{F}_{P4}$ 应是综合结点荷载与支座反力的代数和，而其中支座反力仍为未知量；又由于在引入支承条件时，$\boldsymbol{F}_{P1}$、$\boldsymbol{F}_{P4}$ 将被删去或被修改(见12.8 节)，故在此可不必计算支座结点 1、4 的等效结点荷载及综合结点荷载。

(5) 引入支承条件，修改原始刚度方程。结构的原始刚度方程为

$$
\begin{Bmatrix} F_{x1} \\ F_{y1} \\ M_1 \\ 110 \\ -50 \\ -10 \\ 0 \\ -50 \\ 50 \\ F_{x4} \\ F_{y4} \\ M_4 \end{Bmatrix}
=10^3
\left[\begin{array}{ccc:ccc:ccc:ccc}
12 & 0 & -24 & -12 & 0 & -24 & & & & & & \\
0 & 500 & 0 & 0 & -500 & 0 & & \mathbf{0} & & & \mathbf{0} & \\
-24 & 0 & 64 & 24 & 0 & 32 & & & & & & \\
\hdashline
-12 & 0 & 24 & 512 & 0 & 24 & -500 & 0 & 0 & & & \\
0 & -500 & 0 & 0 & 512 & 24 & 0 & -12 & 24 & & \mathbf{0} & \\
-24 & 0 & 32 & 24 & 24 & 128 & 0 & -24 & 32 & & & \\
\hdashline
 & & & -500 & 0 & 0 & 512 & 0 & 24 & -12 & 0 & 24 \\
 & \mathbf{0} & & 0 & -12 & -24 & 0 & 512 & -24 & 0 & -500 & 0 \\
 & & & 0 & 24 & 32 & 24 & -24 & 128 & -24 & 0 & 32 \\
\hdashline
 & & & & & & -12 & 0 & -24 & 12 & 0 & -24 \\
 & \mathbf{0} & & & \mathbf{0} & & 0 & -500 & 0 & 0 & 500 & 0 \\
 & & & & & & 24 & 0 & 32 & -24 & 0 & 64
\end{array}\right]
\begin{Bmatrix} u_1 \\ v_1 \\ \varphi_1 \\ u_2 \\ v_2 \\ \varphi_2 \\ u_3 \\ v_3 \\ \varphi_3 \\ u_4 \\ v_4 \\ \varphi_4 \end{Bmatrix}
$$

结点 1 和 4 为固定端，故已知

$$
\Delta_1=\begin{Bmatrix} u_1 \\ v_1 \\ \varphi_1 \end{Bmatrix}=\begin{Bmatrix} 0 \\ 0 \\ 0 \end{Bmatrix},\quad \Delta_4=\begin{Bmatrix} u_4 \\ v_4 \\ \varphi_4 \end{Bmatrix}=\begin{Bmatrix} 0 \\ 0 \\ 0 \end{Bmatrix}
$$

在原始刚度矩阵中删去与上述零位移对应的行和列，同时在结点位移列向量和结点外力列向量中删去相应的行，便得到修改后的结构的刚度方程为

$$
\begin{Bmatrix} 110 \\ -50 \\ -10 \\ 0 \\ -50 \\ 50 \end{Bmatrix}
=10^3
\left[\begin{array}{ccc:ccc}
512 & 0 & 24 & -500 & 0 & 0 \\
0 & 512 & 24 & 0 & -12 & 24 \\
24 & 24 & 128 & 0 & -24 & 32 \\
\hdashline
-500 & 0 & 0 & 512 & 0 & 24 \\
0 & -12 & -24 & 0 & 512 & -24 \\
0 & 24 & 32 & 24 & -24 & 128
\end{array}\right]
\begin{Bmatrix} u_2 \\ v_2 \\ \varphi_2 \\ u_3 \\ v_3 \\ \varphi_3 \end{Bmatrix}
$$

(6) 解方程，求得未知结点位移为

$$
\begin{Bmatrix} u_2 \\ v_2 \\ \varphi_2 \\ u_3 \\ v_3 \\ \varphi_3 \end{Bmatrix}
=10^{-6}
\begin{Bmatrix} 6318\text{m} \\ -23.38\text{m} \\ -1164\text{rad} \\ 6194\text{m} \\ -176.6\text{m} \\ -508.4\text{rad} \end{Bmatrix}
$$

(7) 计算各单元杆端力。按式(8－44)计算如下：

单元①为

$$\overline{\boldsymbol{F}}^{①}=\overline{\boldsymbol{F}}_{\mathrm{F}}^{①}+\boldsymbol{T}\boldsymbol{k}^{①}\boldsymbol{\Delta}^{①}=\overline{\boldsymbol{F}}_{\mathrm{F}}^{①}+\boldsymbol{T}\boldsymbol{k}^{①}\left\{\begin{array}{c}\boldsymbol{\Delta}_2\\ \hdashline \boldsymbol{\Delta}_3\end{array}\right\}$$

$$=\left\{\begin{array}{c}0\\50\\50\\ \hdashline 0\\50\\-50\end{array}\right\}+\boldsymbol{T}\times10^{3}\left[\begin{array}{ccc:ccc}500&0&0&-500&0&0\\0&12&24&0&-12&24\\0&24&64&0&-24&32\\ \hdashline -500&0&0&500&0&0\\0&-12&-24&0&12&-24\\0&24&32&0&-24&64\end{array}\right]10^{-6}\left\{\begin{array}{c}6318\\-23.38\\-1164\\ \hdashline 6194\\-176.6\\-508.4\end{array}\right\}$$

$$=\left\{\begin{array}{c}0\\50\\50\\ \hdashline 0\\50\\-50\end{array}\right\}+\left[\begin{array}{ccc:ccc}1&0&0&&&\\0&1&0&&\boldsymbol{0}&\\0&0&1&&&\\ \hdashline &&&1&0&0\\&\boldsymbol{0}&&0&1&0\\&&&0&0&1\end{array}\right]\left\{\begin{array}{c}62.0\\-38.3\\-87.1\\ \hdashline -62.0\\38.3\\-66.1\end{array}\right\}=\left\{\begin{array}{c}62.0\mathrm{kN}\\11.7\mathrm{kN}\\-37.1\mathrm{kN\cdot m}\\ \hdashline -62.0\mathrm{kN}\\88.3\mathrm{kN}\\-116.1\mathrm{kN\cdot m}\end{array}\right\}$$

单元②为

$$\overline{\boldsymbol{F}}^{②}=\overline{\boldsymbol{F}}_{\mathrm{F}}^{②}+\boldsymbol{T}\boldsymbol{k}^{②}\boldsymbol{\Delta}^{②}=\overline{\boldsymbol{F}}_{\mathrm{F}}^{②}+\boldsymbol{T}\boldsymbol{k}^{②}\left\{\begin{array}{c}\boldsymbol{\Delta}_1\\ \hdashline \boldsymbol{\Delta}_2\end{array}\right\}$$

$$=\left\{\begin{array}{c}0\\60\\40\\ \hdashline 0\\60\\-40\end{array}\right\}+\boldsymbol{T}\times10^{3}\left[\begin{array}{ccc:ccc}12&0&-24&-12&0&-24\\0&500&0&0&-500&0\\-24&0&64&24&0&32\\ \hdashline -12&0&24&12&0&24\\0&-500&0&0&500&0\\-24&0&32&24&0&64\end{array}\right]10^{-6}\left\{\begin{array}{c}0\\0\\0\\ \hdashline 6318\\-23.38\\-1164\end{array}\right\}$$

$$=\left\{\begin{array}{c}0\\60\\40\\ \hdashline 0\\60\\-40\end{array}\right\}+\left[\begin{array}{ccc:ccc}0&1&0&&&\\-1&0&0&&\boldsymbol{0}&\\0&0&1&&&\\ \hdashline &&&0&1&0\\&\boldsymbol{0}&&-1&0&0\\&&&0&0&1\end{array}\right]\left\{\begin{array}{c}-47.9\\11.7\\114.4\\ \hdashline 47.9\\-11.7\\77.1\end{array}\right\}=\left\{\begin{array}{c}11.7\mathrm{kN}\\107.9\mathrm{kN}\\154.4\mathrm{kN\cdot m}\\ \hdashline -11.7\mathrm{kN}\\12.1\mathrm{kN}\\37.1\mathrm{kN\cdot m}\end{array}\right\}$$

单元③为

$$\overline{\boldsymbol{F}}^{③}=\overline{\boldsymbol{F}}_{\mathrm{F}}^{③}+\boldsymbol{T}\boldsymbol{k}^{③}\boldsymbol{\Delta}^{③}=\overline{\boldsymbol{F}}_{\mathrm{F}}^{③}+\boldsymbol{T}\boldsymbol{k}^{③}\left\{\begin{array}{c}\boldsymbol{\Delta}_4\\ \hdashline \boldsymbol{\Delta}_3\end{array}\right\}$$

$$
=\begin{Bmatrix}0\\0\\0\\0\\0\\0\end{Bmatrix}+\boldsymbol{T}\times10^{3}\left[\begin{array}{ccc:ccc}12 & 0 & -24 & -12 & 0 & -24\\0 & 500 & 0 & 0 & -500 & 0\\-24 & 0 & 64 & 24 & 0 & 32\\ \hdashline -12 & 0 & 24 & 12 & 0 & 24\\0 & -500 & 0 & 0 & 500 & 0\\-24 & 0 & 32 & 24 & 0 & 64\end{array}\right]10^{-6}\left\{\begin{array}{c}0\\0\\0\\ \hdashline 6194\\-176.6\\-508.4\end{array}\right\}
$$

$$
=\left[\begin{array}{ccc:ccc}0 & 1 & 0 & & & \\-1 & 0 & 0 & & \boldsymbol{0} & \\0 & 0 & 1 & & & \\ \hdashline & & & 0 & 1 & 0\\ & \boldsymbol{0} & & -1 & 0 & 0\\ & & & 0 & 0 & 1\end{array}\right]\left\{\begin{array}{c}-62.1\\88.3\\132.4\\ \hdashline 62.1\\-88.3\\116.1\end{array}\right\}=\left\{\begin{array}{c}88.3\text{kN}\\62.1\text{kN}\\132.4\text{kN}\cdot\text{m}\\ \hdashline -88.3\text{kN}\\-62.1\text{kN}\\116.1\text{kN}\cdot\text{m}\end{array}\right\}
$$

刚架的弯矩图如图 8.10 所示。

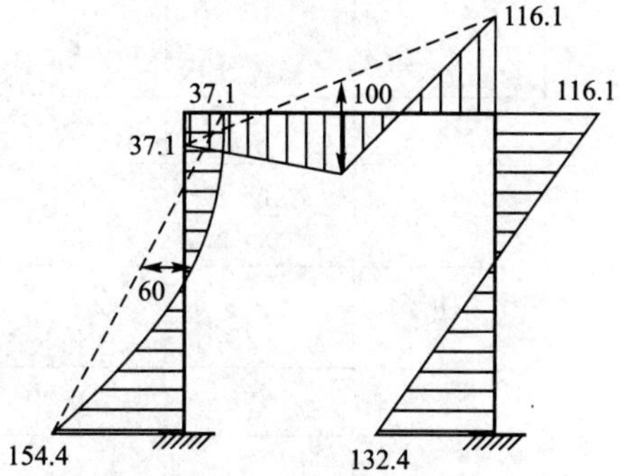

图 8.10　*M* 图（单位：kN·m）

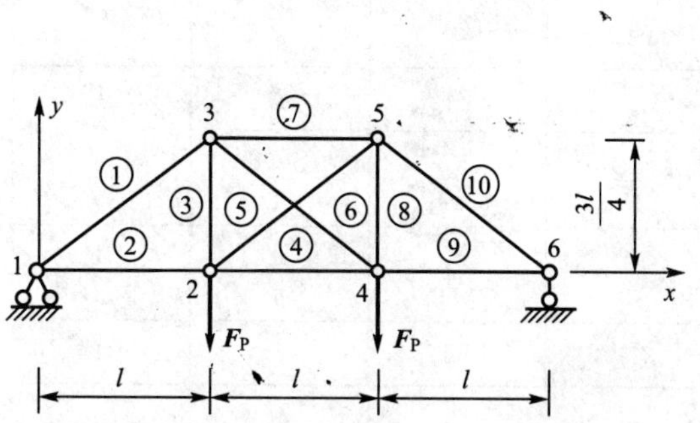

图 8.11　例 8-3 图

【例 8-3】 试用矩阵位移法计算图 8.11 所示桁架的内力。各杆 EA 相同。

【解】 对各结点和单元进行编号并选定整体坐标系，如图 8.11 所示。在确定各单元始、末端结点 i、j 的号码时，我们约定 $i<j$，这样就确定了各单元局部坐标系。

用矩阵位移法计算桁架的步骤与刚架完全一样。在桁架中，任一结点 i 只有两个位移分量 u_i、v_i 和两个结点外力分量 F_{xi}、F_{yj}。单元刚度矩阵按式(8-26)计算，根据表 8-4 中的数据，可求得单元②、④、⑦、⑨的刚度矩阵的各子块为

$$
\boldsymbol{k}_{11}^{②}=\boldsymbol{k}_{22}^{②}=\boldsymbol{k}_{22}^{④}=\boldsymbol{k}_{44}^{④}=\boldsymbol{k}_{33}^{⑦}=\boldsymbol{k}_{55}^{⑦}=\boldsymbol{k}_{44}^{⑨}=\boldsymbol{k}_{66}^{⑨}=\frac{EA}{l}\begin{bmatrix}1 & 0\\0 & 0\end{bmatrix}
$$

$$
\boldsymbol{k}_{12}^{②}=\boldsymbol{k}_{21}^{②}=\boldsymbol{k}_{24}^{④}=\boldsymbol{k}_{42}^{④}=\boldsymbol{k}_{35}^{⑦}=\boldsymbol{k}_{53}^{⑦}=\boldsymbol{k}_{46}^{⑨}=\boldsymbol{k}_{64}^{⑨}=\frac{EA}{l}\begin{bmatrix}-1 & 0\\0 & 0\end{bmatrix}
$$

单元③、⑧的刚度矩阵各子块为

$$
\boldsymbol{k}_{22}^{③}=\boldsymbol{k}_{33}^{③}=\boldsymbol{k}_{44}^{⑧}=\boldsymbol{k}_{55}^{⑧}=\frac{4EA}{3l}\begin{bmatrix}0 & 0\\0 & 1\end{bmatrix}
$$

$$
\boldsymbol{k}_{23}^{③}=\boldsymbol{k}_{32}^{③}=\boldsymbol{k}_{45}^{⑧}=\boldsymbol{k}_{54}^{⑧}=\frac{4EA}{3l}\begin{bmatrix}0 & 0\\0 & -1\end{bmatrix}
$$

单元①、⑤的刚度矩阵的各子块为

$$\boldsymbol{k}_{11}^{①}=\boldsymbol{k}_{33}^{①}=\boldsymbol{k}_{22}^{⑤}=\boldsymbol{k}_{55}^{⑤}=\frac{4EA}{5l}\begin{bmatrix}\frac{16}{25} & \frac{12}{25}\\ \frac{12}{25} & \frac{9}{25}\end{bmatrix}$$

$$\boldsymbol{k}_{13}^{①}=\boldsymbol{k}_{31}^{①}=\boldsymbol{k}_{25}^{⑤}=\boldsymbol{k}_{52}^{⑤}=\frac{4EA}{5l}\begin{bmatrix}\frac{-16}{25} & \frac{-12}{25}\\ \frac{-12}{25} & \frac{-9}{25}\end{bmatrix}$$

表 8-4　各单元始末端结点号码及几何数据

单元	ij	l_{ij}	$\cos\alpha$	$\sin\alpha$	$\cos^2\alpha$	$\cos\alpha\sin\alpha$	$\sin^2\alpha$
①	13	$\frac{5l}{4}$	$\frac{4}{5}$	$\frac{3}{5}$	$\frac{16}{25}$	$\frac{12}{25}$	$\frac{9}{25}$
②	12	l	1	0	1	0	0
③	23	$\frac{3l}{4}$	0	1	0	0	1
④	24	l	1	0	1	0	0
⑤	25	$\frac{5l}{4}$	$\frac{4}{5}$	$\frac{3}{5}$	$\frac{16}{25}$	$\frac{12}{25}$	$\frac{9}{25}$
⑥	34	$\frac{5l}{4}$	$\frac{4}{5}$	$-\frac{3}{5}$	$\frac{16}{25}$	$-\frac{12}{25}$	$\frac{9}{25}$
⑦	35	l	1	0	1	0	0
⑧	45	$\frac{3l}{4}$	0	1	0	0	1
⑨	46	l	1	0	1	0	0
⑩	56	$\frac{5l}{4}$	$\frac{4}{5}$	$-\frac{3}{5}$	$\frac{16}{25}$	$-\frac{12}{25}$	$\frac{9}{25}$

单元⑥、⑩的刚度矩阵的各子块为

$$\boldsymbol{k}_{33}^{⑥}=\boldsymbol{k}_{44}^{⑥}=\boldsymbol{k}_{55}^{⑩}=\boldsymbol{k}_{66}^{⑩}=\frac{4EA}{5l}\begin{bmatrix}\frac{16}{25} & \frac{-12}{25}\\ \frac{-12}{25} & \frac{9}{25}\end{bmatrix}$$

$$\boldsymbol{k}_{34}^{⑥}=\boldsymbol{k}_{43}^{⑥}=\boldsymbol{k}_{56}^{⑩}=\boldsymbol{k}_{65}^{⑩}=\frac{4EA}{5l}\begin{bmatrix}\frac{-16}{25} & \frac{12}{25}\\ \frac{12}{25} & \frac{-9}{25}\end{bmatrix}$$

将各单刚子块对号入座即形成总刚，结构原始刚度方程为

$$
\begin{Bmatrix} F_{x1} \\ F_{y1} \\ F_{x2} \\ F_{y2} \\ F_{x3} \\ F_{y3} \\ F_{x4} \\ F_{y4} \\ F_{x5} \\ F_{y5} \\ F_{x6} \\ F_{y6} \end{Bmatrix}
=\frac{EA}{l}
\left[\begin{array}{cc:cc:cc:cc:cc:cc}
\frac{189}{125} & \frac{48}{125} & -1 & 0 & \frac{-64}{125} & \frac{-48}{125} & 0 & 0 & 0 & 0 & 0 & 0 \\
\frac{48}{125} & \frac{36}{125} & 0 & 0 & \frac{-48}{125} & \frac{-36}{125} & 0 & 0 & 0 & 0 & 0 & 0 \\
\hdashline
-1 & 0 & \frac{314}{125} & \frac{48}{125} & 0 & 0 & -1 & 0 & \frac{-64}{125} & \frac{-48}{125} & 0 & 0 \\
0 & 0 & \frac{48}{125} & \frac{608}{375} & 0 & \frac{-4}{3} & 0 & 0 & \frac{-48}{125} & \frac{-36}{125} & 0 & 0 \\
\hdashline
\frac{-64}{125} & \frac{-48}{125} & 0 & 0 & \frac{253}{125} & 0 & \frac{-64}{125} & \frac{48}{125} & -1 & 0 & 0 & 0 \\
\frac{-48}{125} & \frac{-36}{125} & 0 & \frac{-4}{3} & 0 & \frac{716}{375} & \frac{48}{125} & \frac{-36}{125} & 0 & 0 & 0 & 0 \\
\hdashline
0 & 0 & -1 & 0 & \frac{-64}{125} & \frac{48}{125} & \frac{314}{125} & \frac{-48}{125} & 0 & 0 & -1 & 0 \\
0 & 0 & 0 & 0 & \frac{48}{125} & \frac{-36}{125} & \frac{-48}{125} & \frac{608}{375} & 0 & \frac{-4}{3} & 0 & 0 \\
\hdashline
0 & 0 & \frac{-64}{125} & \frac{-48}{125} & -1 & 0 & 0 & 0 & \frac{253}{125} & 0 & \frac{-64}{125} & \frac{48}{125} \\
0 & 0 & \frac{-48}{125} & \frac{-36}{125} & 0 & 0 & 0 & \frac{-4}{3} & 0 & \frac{716}{375} & \frac{48}{125} & \frac{-36}{125} \\
\hdashline
0 & 0 & 0 & 0 & 0 & 0 & -1 & 0 & \frac{-64}{125} & \frac{48}{125} & \frac{189}{125} & \frac{-48}{125} \\
0 & 0 & 0 & 0 & 0 & 0 & 0 & 0 & \frac{48}{125} & \frac{-36}{125} & \frac{-48}{125} & \frac{36}{125}
\end{array}\right]
\begin{Bmatrix} u_1 \\ v_1 \\ u_2 \\ v_2 \\ u_3 \\ v_3 \\ u_4 \\ v_4 \\ u_5 \\ v_5 \\ u_6 \\ v_6 \end{Bmatrix}
$$

支承条件为 $u_1=v_1=v_6=0$，在原始刚度方程中去掉与这些零位移对应的行和列，并将已知的结点荷载代入，则得到结构的刚度方程为

$$
\begin{Bmatrix} F_{x2}=0 \\ F_{y2}=-F_P \\ F_{x3}=0 \\ F_{y3}=0 \\ F_{x4}=0 \\ F_{y4}=-F_P \\ F_{x5}=0 \\ F_{y5}=0 \\ F_{x6}=0 \end{Bmatrix}
=\frac{EA}{l}
\begin{bmatrix}
\frac{314}{125} & \frac{48}{125} & 0 & 0 & -1 & 0 & \frac{-64}{125} & \frac{-48}{125} & 0 \\
\frac{48}{125} & \frac{608}{375} & 0 & \frac{-4}{3} & 0 & 0 & \frac{-48}{125} & \frac{-36}{125} & 0 \\
0 & 0 & \frac{253}{125} & 0 & \frac{-64}{125} & \frac{48}{125} & -1 & 0 & 0 \\
0 & \frac{-4}{3} & 0 & \frac{716}{375} & \frac{48}{125} & \frac{-36}{125} & 0 & 0 & 0 \\
-1 & 0 & \frac{-64}{125} & \frac{48}{125} & \frac{314}{125} & \frac{-48}{125} & 0 & 0 & -1 \\
0 & 0 & \frac{48}{125} & \frac{-36}{125} & \frac{-48}{125} & \frac{608}{375} & 0 & \frac{-4}{3} & 0 \\
\frac{-64}{125} & \frac{-48}{125} & -1 & 0 & 0 & 0 & \frac{253}{125} & 0 & \frac{-64}{125} \\
\frac{-48}{125} & \frac{-36}{125} & 0 & 0 & 0 & \frac{-4}{3} & 0 & \frac{716}{375} & \frac{48}{125} \\
0 & 0 & 0 & 0 & -1 & 0 & \frac{-64}{125} & \frac{48}{125} & \frac{189}{125}
\end{bmatrix}
\begin{Bmatrix} u_2 \\ v_2 \\ u_3 \\ v_3 \\ u_4 \\ v_4 \\ u_5 \\ v_5 \\ u_6 \end{Bmatrix}
$$

解方程得

$$\begin{Bmatrix} u_2 \\ v_2 \\ u_3 \\ v_3 \\ u_4 \\ v_4 \\ u_5 \\ v_5 \\ u_6 \end{Bmatrix} = \frac{F_P l}{EA} \begin{Bmatrix} 1.333 \\ -7.684 \\ 2.667 \\ -7.028 \\ 2.500 \\ -7.684 \\ 1.167 \\ -7.028 \\ 3.833 \end{Bmatrix}$$

然后即可按式(8－35)及式(8－36)计算各杆内力。例如对单元⑨可得

$$\boldsymbol{F}^{⑨} = \begin{Bmatrix} F_{x4}^{⑨} \\ F_{y4}^{⑨} \\ \hdashline F_{x6}^{⑨} \\ F_{y6}^{⑨} \end{Bmatrix} \left[\begin{array}{c:c} \boldsymbol{k}_{44}^{⑨} & \boldsymbol{k}_{46}^{⑨} \\ \hdashline \boldsymbol{k}_{64}^{⑨} & \boldsymbol{k}_{66}^{⑨} \end{array}\right] \begin{Bmatrix} u_4 \\ v_4 \\ \hdashline u_6 \\ v_6 \end{Bmatrix} \left[\begin{array}{cc:cc} 1 & 0 & -1 & 0 \\ 0 & 0 & 0 & 0 \\ \hdashline -1 & 0 & 1 & 0 \\ 0 & 0 & 0 & 0 \end{array}\right] \begin{Bmatrix} 2.500 \\ -7.684 \\ \hdashline 3.833 \\ 0 \end{Bmatrix} F_P = \begin{Bmatrix} -1.333F_P \\ 0 \\ \hdashline 1.333F_P \\ 0 \end{Bmatrix}$$

$$\overline{\boldsymbol{F}}^{⑨} = \begin{Bmatrix} \overline{F}_{N4}^{⑨} \\ \overline{F}_{Q4}^{⑨} \\ \overline{F}_{N6}^{⑨} \\ \overline{F}_{Q6}^{⑨} \end{Bmatrix} = \boldsymbol{TF}^{⑨} = \left[\begin{array}{cc:cc} 1 & 0 & & \\ 0 & 1 & & \boldsymbol{0} \\ \hdashline & & 1 & 0 \\ \boldsymbol{0} & & 0 & 1 \end{array}\right] \begin{Bmatrix} -1.333F_P \\ 0 \\ \hdashline 1.333F_P \\ 0 \end{Bmatrix} = \begin{Bmatrix} -1.333F_P \\ 0 \\ \hdashline 1.333F_P \\ 0 \end{Bmatrix}$$

又如对单元⑩可得

$$\boldsymbol{F}^{⑩} = \begin{Bmatrix} F_{x5}^{⑩} \\ F_{y5}^{⑩} \\ \hdashline F_{x6}^{⑩} \\ F_{y6}^{⑩} \end{Bmatrix} = \left[\begin{array}{c:c} \boldsymbol{k}_{55}^{⑩} & \boldsymbol{k}_{56}^{⑩} \\ \hdashline \boldsymbol{k}_{65}^{⑩} & \boldsymbol{k}_{66}^{⑩} \end{array}\right] \begin{Bmatrix} u_5 \\ v_5 \\ \hdashline u_6 \\ v_6 \end{Bmatrix} = \left[\begin{array}{cc:cc} \frac{16}{25} & \frac{-12}{25} & \frac{-16}{25} & \frac{12}{25} \\ \frac{-12}{25} & \frac{9}{25} & \frac{12}{25} & \frac{-9}{25} \\ \hdashline \frac{-16}{25} & \frac{12}{25} & \frac{16}{25} & \frac{-12}{25} \\ \frac{12}{25} & \frac{-9}{25} & \frac{-12}{25} & \frac{9}{25} \end{array}\right] \begin{Bmatrix} 1.167 \\ -7.028 \\ \hdashline 3.833 \\ 0 \end{Bmatrix} \frac{4F_P}{5} = \begin{Bmatrix} 1.333F_P \\ -1.000F_P \\ \hdashline -1.333F_P \\ 1.000F_P \end{Bmatrix}$$

$$\overline{\boldsymbol{F}}^{⑩}=\begin{Bmatrix}\overline{F}_{N5}^{⑩}\\ \overline{F}_{Q5}^{⑩}\\ \cdots\\ \overline{F}_{N6}^{⑩}\\ \overline{F}_{Q6}^{⑩}\end{Bmatrix}=\boldsymbol{TF}^{⑩}=\begin{bmatrix}\frac{4}{5} & -\frac{3}{5} & \vdots & \boldsymbol{0} & \\ \frac{3}{5} & \frac{4}{5} & \vdots & & \\ \cdots & \cdots & & \cdots & \cdots\\ & & \vdots & \frac{4}{5} & -\frac{3}{5}\\ & \boldsymbol{0} & \vdots & \frac{3}{5} & \frac{4}{5}\end{bmatrix}\begin{Bmatrix}1.333F_P\\ -1.000F_P\\ \cdots\\ -1.333F_P\\ 1.000F_P\end{Bmatrix}=\begin{Bmatrix}1.667F_P\\ 0\\ \cdots\\ -1.667F_P\\ 0\end{Bmatrix}$$

8.7 几点补充说明

以上着重从原理上介绍了矩阵位移法，实际计算是用电子计算机进行的，而不是用手算，因此还必须就实际计算中的问题做些补充说明。

1. 结点位移分量的编号(单元定位向量)

将单刚子块对号入座即形成总刚，其实这只是为了讨论和书写的简便。实际上每个单刚子块都是 3×3 阶矩阵有 9 个元素(平面桁架单元为 2×2 阶矩阵有 4 个元素)，因此子块对号入座，实际上必须落实到每个元素对号入座。单刚子块的两个下标号码是由单元两端的结点编号确定的，而每个元素的两个下标号码则应由单元两端的结点位移分量的编号确定。因此，我们不仅要对结点进行编号，而且还须对结点位移的每个分量进行编号。例如对图 8.12 所示刚架，可对单元、结点和结点位移分量编号，它们的对应关系见表 8-5。应当指出，结点位移分量的编号，同时也就是结点外力分量的编号，因为两者是一一对应的。

表 8-5 各单元始末端结点及结点位移分量编号

单元	始末端结点号		结点位移分量编号(单元定位向量)					
	i	j	u_i	v_i	φ_i	u_j	v_j	φ_j
①	1	2	1	2	3	4	5	6
②	2	3	4	5	6	7	8	9
③	3	4	7	8	9	10	11	12

有了结点位移分量的编号，单刚中的每个元素便可按其两个下标号码送到总刚中相应的行列位置上去。图 8.12 表示单元②的单刚元素 $k_{86}^{②}$ 的入座位置。一个平面刚架的一般单元有 6 个杆端结点位移分量编号，依靠这 6 个号码，其单刚的 36 个元素才能确定在总刚中的位置，因此这 6 个号码称为单元定位向量，图 8.12 所示单元②的定位向量便是 $[4\quad 5\quad 6\quad 7\quad 8\quad 9]^{T}$。

当刚架的所有结点都是刚结点时，每个结点的位移分量数均为 3，此时通常将结点 i 的 3 个位移分量 u_i、v_i 和 φ_i 依次编号为 $3i-2$，$3i-1$ 和 $3i$。这样，结点编号与其位移分

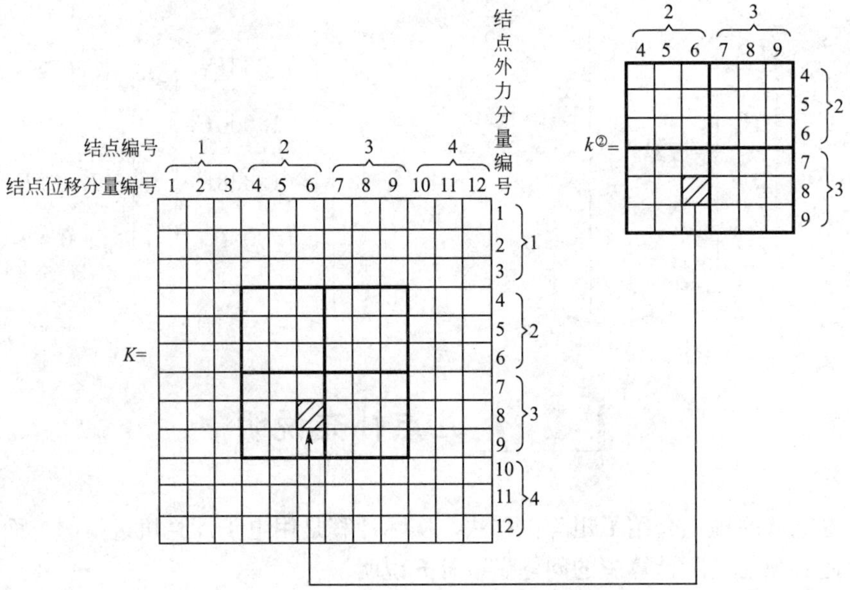

图 8.12　刚架编号

量编号之间便有了简单的对应关系，使得程序编制十分方便。但当刚架上还有铰结点时，情况就要复杂些。

2. 总刚的带宽与存储方式

由前述可知，结构的总刚度矩阵中有不少零元素，对于结点数目很多的大型结构，这一现象尤为明显。这种具有大量零元素的矩阵称为稀疏矩阵。同时，总刚中的非零元素通常集中在主对角线附近的斜带形区域内，称为带状矩阵，如图 8.13 所示。在带状矩阵中，每行(列)从主对角线元素起至该行(列)最外一个非零元素止所包含的元素个数，称为该行(列)的带宽。由总刚的形成规律可以得知：

$$\text{某行(列)带宽}=\text{该行(列)结点位移分量号}-\text{最小相关结点位移分量号}+1 \quad (8-47)$$

所有各行(列)带宽中的最大值，称为矩阵的最大带宽。由上述说明可推知：

$$\text{最大带宽}=\text{相关结点位移分量号的最大差值}+1 \quad (8-48)$$

当平面刚架所有结点均为刚结点，且结点编号与位移分量编号之间具有前述简单对应关系时，又有

$$\text{最大带宽}=(\text{相关结点编号的最大差值}+1)\times 3 \quad (8-49)$$

在电算中，可以将总刚的全部元素都存储起来，这称为满阵存储。但为了节省存储单元，对于对称带状矩阵，可以只存储其下半带(或上半带)在最大带宽内的元素，这称为等带宽存储。显然，最大带宽越大，存储量也越大。因此，对结点编号时，应该力求使相关结点编号的最大差值为最小。例如图 8.14(a)、(b)所示的两种编号方式，显然后者的最大带宽小于前者。

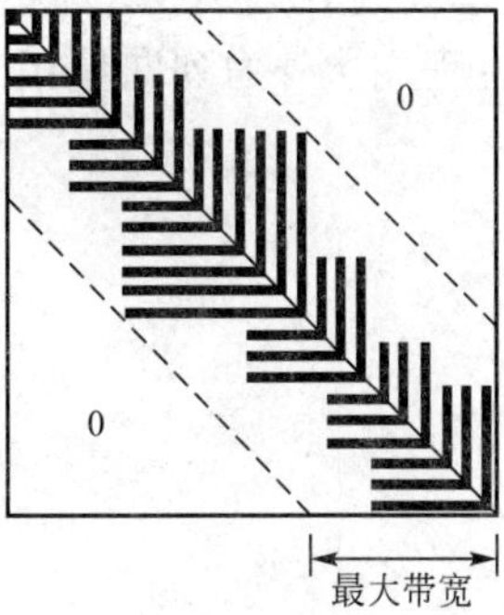

图 8.13　带状矩阵

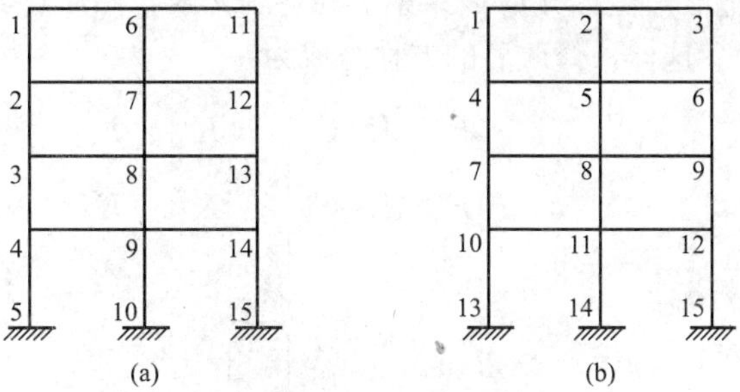

图 8.14　两种编号

为了进一步节省存储量，还可以采用变带宽存储，即对于对称带状矩阵，每行(列)均只存储其下半带(或上半带)在该行(列)带宽内的元素。这时对结点编号应该力求使各行(列)带宽之总和为最小。对于图 8.14 的两种编号方式，仍然是(b)优于(a)。可见对于矩形刚架，应先沿短边(结点数目少的边)方向顺次编号。

3. 关于支承条件的引入

前面所讲引入支承条件修改原始刚度方程的方法，是除去与已知零位移相应的行和列。这样矩阵的阶数虽然降低(对手算是简便些)，但总刚原来的行列编号亦将改变，这对电算是不方便的。因此，实用中常采用“乘大数法”“置大数法”或“划零置一法”来引入支承条件，下面介绍后两种方法。

1) 置大数法

设结构的原始刚度方程(按元素表示的)为

$$\begin{Bmatrix} F_1 \\ F_2 \\ \vdots \\ F_j \\ \vdots \\ F_n \end{Bmatrix} = \begin{bmatrix} K_{11} & K_{12} & \cdots & 0 & \cdots & K_{1n} \\ K_{21} & K_{22} & \cdots & 0 & \cdots & K_{2n} \\ \vdots & \vdots & \vdots & \vdots & \vdots & \vdots \\ 0 & 0 & \cdots & 1 & \cdots & 0 \\ \vdots & \vdots & \vdots & \vdots & \vdots & \vdots \\ K_{n1} & K_{n2} & \cdots & 0 & \cdots & K_{nn} \end{bmatrix} \begin{Bmatrix} \delta_1 \\ \delta_2 \\ \vdots \\ \delta_j \\ \vdots \\ \delta_n \end{Bmatrix} \tag{8-50}$$

设某一结点位移分量 δ_j 等于已知值 C_j(包括 C_j 等于零)，则将总刚中的主元素替换为一个充分大的数 N (例如10^{20}或更大，以不使计算机产生溢出为原则)，同时将外力列向量中的对应分量 F_j 换为 NC_j，这样式(8－50)的第 j 个方程成为

$$NC_j = K_{j1}\cdot\delta_1 + K_{j2}\cdot\delta_2 + \cdots + N\delta_j + \cdots + K_{jn}\cdot\delta_n \tag{8-51}$$

式中，与包含 N 的两项相比，其余各项都充分小，故由上式将足够精确地解出 $\delta_j = C_j$。这样就引入了给定的支承条件，同时保持了原方程组各矩阵的阶数和编号不变。

2) 划零置一法

设 $\delta_j = C_j$(包括 $C_j = 0$)，则将总刚中的主元素 K_{jj} 换为 1，第 j 行和第 j 列的其他元

素均改为 0，同时将外力列向量中的 F_j 改为 C_j，其余分量 F_i 改为 $F_i-K_{ij}C_j$(这实际上就是把已知位移分量 C 乘第 j 列各副元素，然后将其移项至方程左边外力列向量相应的行中去)。这样，修改后的方程组成为

$$\begin{Bmatrix} F_1-K_{1j}C_j \\ F_2-K_{2j}C_j \\ \vdots \\ C_j \\ \vdots \\ F_n-K_{nj}C_j \end{Bmatrix}=\begin{Bmatrix} K_{11} & K_{12} & \cdots & 0 & \cdots & K_{1n} \\ K_{21} & K_{22} & \cdots & 0 & \cdots & K_{2n} \\ \vdots & \vdots & \vdots & \vdots & \vdots & \vdots \\ 0 & 0 & \cdots & 1 & \cdots & 0 \\ \vdots & \vdots & \vdots & \vdots & \vdots & \vdots \\ K_{n1} & K_{n2} & \cdots & 0 & \cdots & K_{nn} \end{Bmatrix} \tag{8-52}$$

其中第 j 个方程为

$$C_j=0\cdot\delta_1+0\cdot\delta_2+\cdots+1\delta_j+\cdots+0\cdot\delta_n$$

即为给定的支承条件 $\delta_j=C_j$，而其余方程并未改变，只是做了移项调整，这是为了保持总刚的对称性。显然，此法不如“置大数法”简便，但这是一个精确方法。

4. 铰接点的处理

当刚架中有铰结点时，处理方法之一是像传统位移法那样，不把铰接端的转角作为基本未知量，当然这就要引用具有铰接端的单元刚度矩阵(见习题 8 - 1)。另一种处理方法是将各铰接端的转角均作为基本未知量求解，这样虽然增加了未知量的数目，但所有杆件都采用前述一般单元的刚度矩阵，因而单元类型统一，程序简单，通用性强。当采取后一种处理方法时，由于在铰结点处，各杆端的转角各不相等，故铰接点处的转角未知量便不止一个，因此在对铰结点位移分量进行编号时，需注意增设铰接点处的角位移编号。

例如图 8.15(a)所示刚架，铰结点处有两个转角未知量。现对各单元的结点位移分量编号，如图 8.15(a)及表 8 - 6(a)所示，注意其中单元①的 2 端转角编号为 6，而单元②的 2 端转角编号为 7。此时结点位移分量编号与结点编号 i 之间已不再具有前面讲的 $3i-2$、$3i-1$、$3i$ 的简单对应关系。如欲仍保持这种关系，则可采取图 8.15(b)及表 8 - 6(b)所示的另一种编号方式，即将增加的转角未知量(这里为单元②的 2 端转角)最后编号。但这样可能使得总刚中某些行(列)的带宽变得很大，因而宜采用变带宽存储。

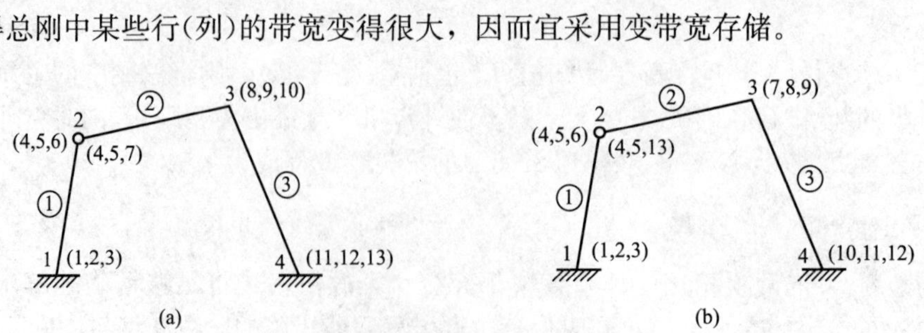

图 8.15 铰结点的处理

表 8-6(a) 编号方式一

单元	始末端结点号		结点位移分量编号(单元定位向量)					
	i	j	u_i	v_i	φ_i	u_j	v_j	φ_j
①	1	2	1	2	3	4	5	6
②	2	3	4	5	7	8	9	10
③	3	4	8	9	10	11	12	13

表 8-6(b) 编号方式二

单元	始末端结点号		结点位移分量编号(单元定位向量)					
	i	j	u_i	v_i	φ_i	u_j	v_j	φ_j
①	1	2	1	2	3	4	5	6
②	2	3	4	5	13	7	8	9
③	3	4	7	8	9	10	11	12

刚架中的铰结点还可以用设立“主从关系”的方法来处理。这就是在铰结点处增设结点的数量，把每个铰接端都作为一个结点，而令它们的线位移相等，角位移则各自独立。例如在上例中，铰结点处有分居于单元①和②的两个结点 2 和 3，如图 8.16 所示，它们各有三个位移分量 u_2、v_2、φ_2 和 u_3、v_3、φ_3，令

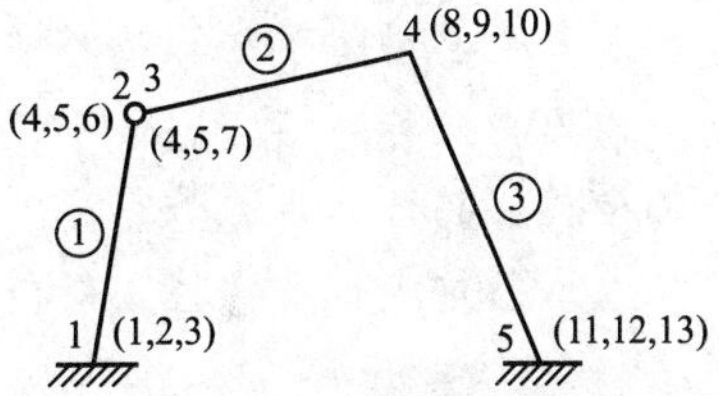

图 8.16 转角未知量编号

$$u_3 = u_2, \quad v_3 = v_2$$

这里 u_2、v_2 称为“主位移”，u_3、v_3 则称为“从位移”。将此主从关系作为数据输入计算机，处理时将使从位移的未知量编号等于对应主位移的编号，于是各独立未知量的编号如图 8.16 括号中所示，它们仍与图 8.15(a)相同。

除铰结点外，主从关系还可以用来处理单元间和结点间的其他各种约束条件，兹不赘述。应该指出，不论用什么方法处理铰结点，相应的计算机程序都比无铰结点时复杂。

5. 先处理支承条件及忽略轴向变形影响

前面介绍的矩阵位移法，是把包括支座在内的全部结点位移分量都先看作是未知量而依次编号，每一单刚的所有元素都对号入座以形成总刚，然后再处理支承条件，这种方法称为后处理法。后处理法的优点是程序简单，适应性广(非杆件结构的有限元法亦广泛采用此法)，但这样形成的总刚阶数较高，占用存储量大。如果先考虑支承条件，则可将已知的结点位移分量编号均用 0 表示，如图 8.17 所示(括号内依次为结点水平、竖向位移和角位移的编号)。单刚中凡与 0 对应的行和列的元素均不送入总刚，这样便可直接形成缩减的总刚，这种方法称为先处理法，其具体计算可参阅相关教材，在此从略。

此外，用矩阵位移法计算刚架时，亦可忽略轴向变形影响。由于不计轴向变形，各结点线位移不再全部独立，因而只对其独立的结点线位移予以编号，凡结点线位移分量相等者编号亦相同，如图 8.18 所示。但当有斜杆等情况时，这样处理并不方便。忽略轴向变

形的另一个方便的办法是采用前面讲的一般方法(即每个结点位移分量均作为独立未知量求解),但将杆件的截面面积 A 输为很大的数(例如比实际面积大100或1000倍),即可得到满意的结果。

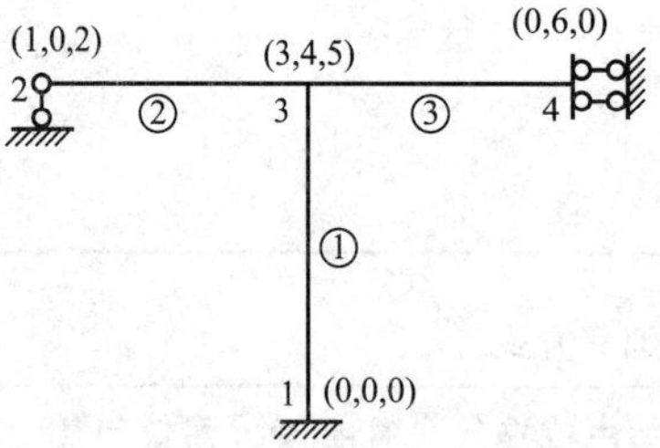

图 8.17　先处理法

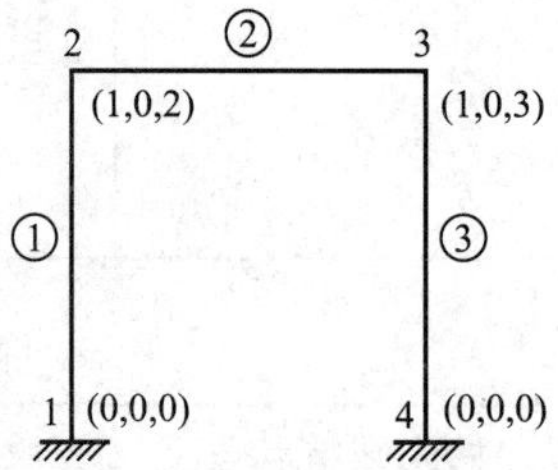

图 8.18　忽略轴向变形

本章小结

本章主要讲述了矩阵位移法求解超静定问题的方法,包括单元刚度矩阵的确定、单元刚度矩阵的坐标转换、整体刚度矩阵的建立、约束条件的处理、结点荷载列阵的建立以及矩阵位移法的计算步骤等。

本章的重点,是掌握用矩阵位移法求解超静定问题。

思考题

8.1　试述矩阵位移法与位移法的异同。

8.2　什么叫做单元刚度矩阵?其每一元素的物理意义是什么?

8.3　结构的总刚度方程的物理意义是什么?总刚度矩阵的形成有何规律?其每一元意的物理意义是什么?

8.4　能否用结构的原始刚度方程求解结点位移?

8.5　什么叫做等效结点荷载?如何求解?“等效”是指什么效果相等?

8.6　能否用矩阵位移法(以及传统位移法)计算静定结构?它与计算超静定结构有何不同?

习　题

8-1　单项选择题

(1) 平面杆件结构用后处理法建立的原始刚度方程组(　　)。

A. 可求得全部结点位移　　　B. 可求得可动结点位移

C. 可求得支座结点位移　　　D. 无法求得结点位移

(2) 单元刚度方程所表示的是(　　)这两组物理量之间的关系。

A. 杆端位移与结点位移　　B. 杆端力与结点荷载

C. 结点荷载与结点位移　　D. 杆端力与杆端位移

(3) 已知某单元定位向量为 $[0\quad 3\quad 5\quad 6\quad 7\quad 8]^T$，则单元刚度系数 k_{36} 应叠加到整体刚度矩阵的(　　)中去。

A. k_{36}　　B. k_{56}　　C. k_{03}　　D. k_{58}

(4) 将单元刚度矩阵分块 $[k]=\begin{bmatrix}[k_{11}] & [k_{12}]\\ [k_{21}] & [k_{22}]\end{bmatrix}$，下列论述错误的是(　　)。

A. $[k_{11}]$ 和 $[k_{22}]$ 是对称矩阵

B. $[k_{12}]$ 和 $[k_{21}]$ 不是对称矩阵

C. $[k_{11}]=[k_{22}]$

D. $[k_{12}]^T=[k_{21}]$

8-2　填空题

(1) 图 8.19 所示连续梁，$l=6$m，$q=10$kN/m，采用先处理法时，等效结点荷载列阵元素中 $F_{P1}=$__________，$F_{P3}=$__________。

(2) 如图 8.20 所示，忽略轴向变形，用先处理法，单元①的定位向量是__________。

(3) 如图 8.21 所示，忽略轴向变形，用先处理法，结构的整体刚度矩阵的阶数是__________。

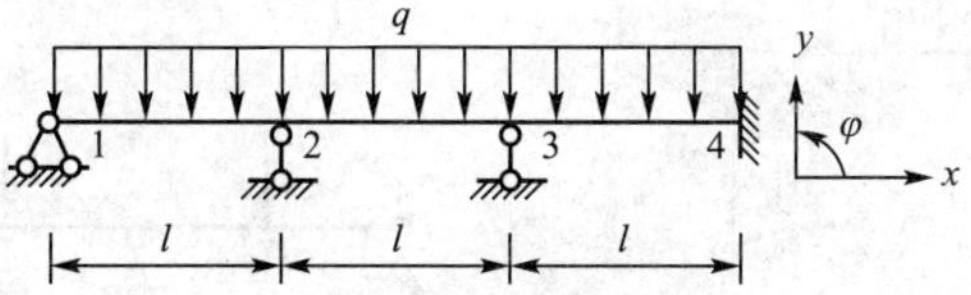

图 8.19　习题 8-2(1)图

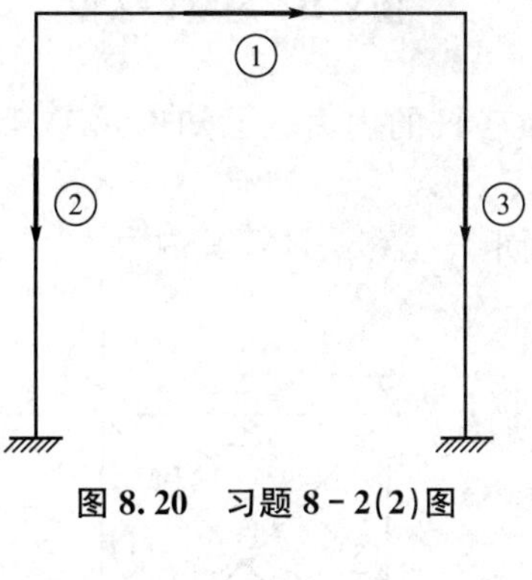

图 8.20　习题 8-2(2)图

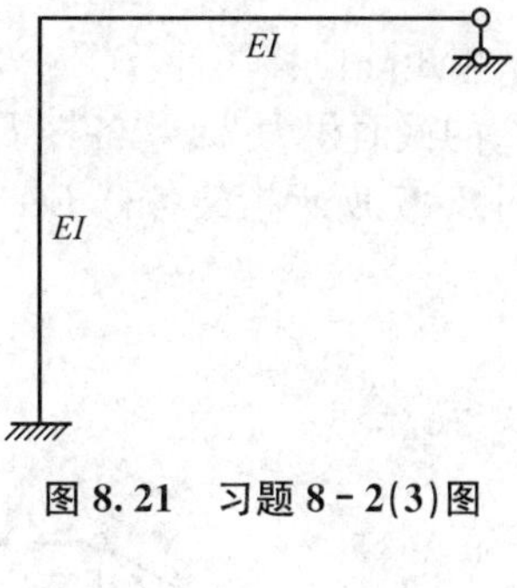

图 8.21　习题 8-2(3)图

8-3　求图 8.22 所示结构各单元的整体刚度矩阵，已知杆长 5m，$A=0.5\text{m}^2$，$I=1/24\text{m}^4$，$E=3\times104$MPa。

8-4　试以子块形式写出图 8.23 所示刚架原始总刚的下列子块：K_{55}、K_{58}、K_{53}、K_{12}。

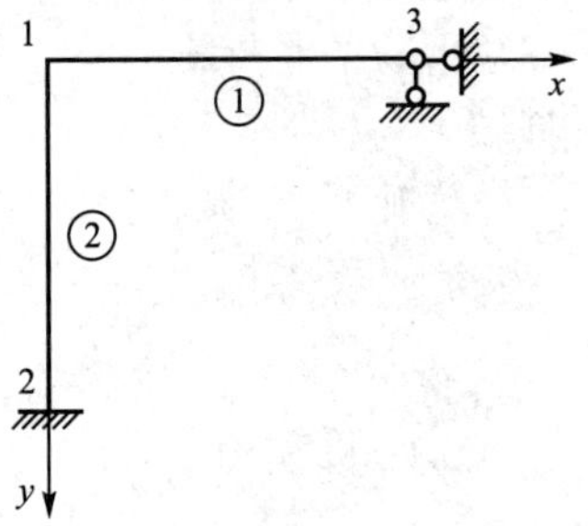

图 8.22 习题 8-3 图

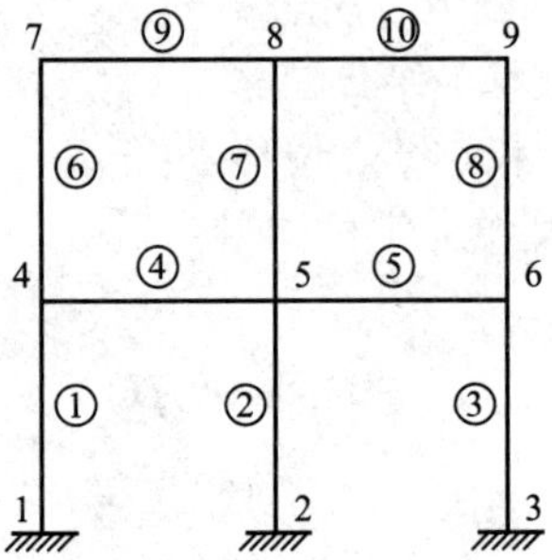

图 8.23 习题 8-4 图

8-5 图 8.24 所示刚架各杆 E、I、A 相同，且 $A=\frac{1000I}{l^2}$，试用矩阵位移法求其内力，并与忽略轴向变形影响的结果(可用力矩分配法)进行比较(提示：为了计算方便，可暂设 $E=I=L=q=1$，待计算出结点线位移、角位移、杆端轴力、弯矩后再分别乘以 $\frac{ql^4}{EI}$、$\frac{ql^3}{EI}$、ql、ql^2 即可)。

8-6 试用矩阵位移法计算图 8.25 所示连续梁的内力。已知 EI 为常数。

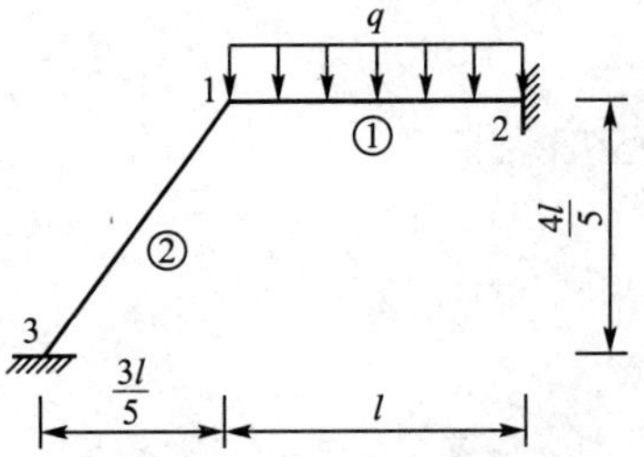

图 8.24 习题 8-5 图

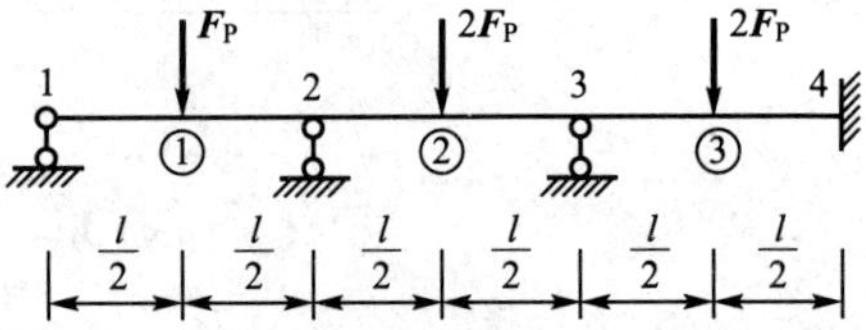

图 8.25 习题 8-6 图

8-7 试用矩阵位移法计算图 8.26 所示桁架各杆的内力。已知单元①、②的截面积为 A，单元③的截面积为 $2A$，各杆 E 相同。

8-8 图 8.27 所示桁架各杆 EA 相同，试用矩阵位移法计算其内力。

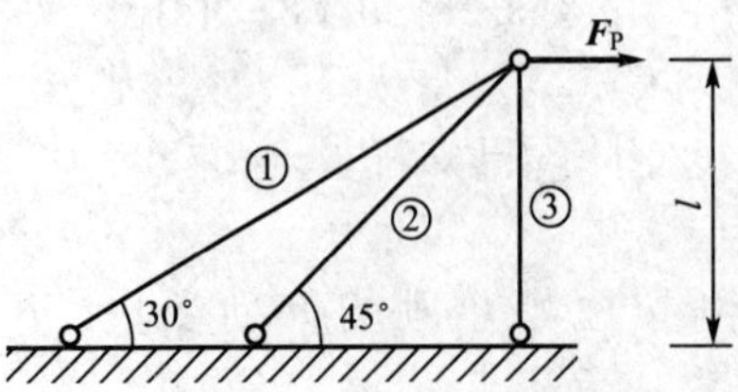

图 8.26 习题 8-7 图

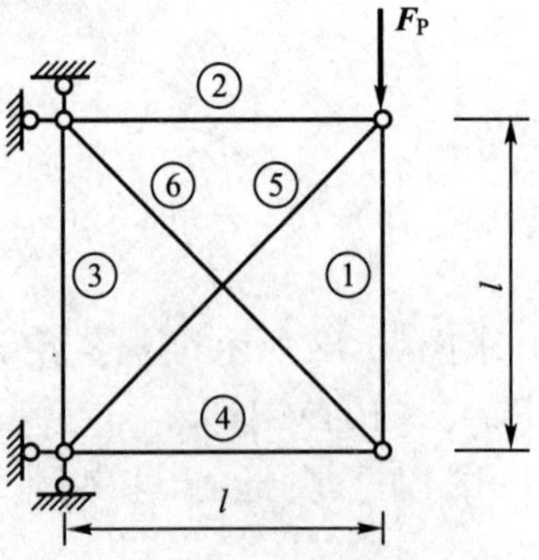

图 8.27 习题 8-8 图

第9章 影响线及其应用

教学目标

主要讲述绘制简支梁支座反力和内力影响线的两种方法：静力法和机动法，以及影响线的应用等。通过本章的学习，应达到以下目标：

(1) 掌握影响线的概念和绘制影响线的基本方法；

(2) 熟练掌握用静力法绘制简支梁支座反力和内力的影响线；

(3) 熟练掌握用机动法绘制简支梁支座反力和内力的影响线；

(4) 了解静力法绘制桁架的影响线；

(5) 掌握影响量的计算和最不利荷载位置的确定；

(6) 了解简支梁的绝对最大荷载和内力包络图。

教学要求

知识要点	能力要求	相关知识
影响线的概念	(1) 掌握影响线的概念； (2) 理解影响线与内力图的区别	影响线
影响线的绘制方法	(1) 掌握静力法、机动法绘制简支梁的影响线； (2) 理解间接荷载作用下影响线的绘制方法； (3) 了解桁架的影响线的绘制方法	(1) 静力法； (2) 影响方程； (3) 机动法； (4) 间接荷载
影响线的应用	(1) 掌握影响线计算影响量； (2) 理解最不利荷载位置的确定方法； (3) 了解简支梁的绝对最大荷载； (4) 了解简支梁的内力包络图的绘制方法	(1) 影响量； (2) 最不利荷载位置； (3) 绝对最大荷载； (4) 内力包络图
标准荷载制及换算荷载	(1) 了解公路和铁路标准荷载制； (2) 了解换算荷载及其换算方法	(1) 标准荷载制； (2) 换算荷载

基本概念

影响线、静力法、机动法、影响量、最不利荷载位置、绝对最大荷载、内力包络图。

引言

在大中型工业厂房中，吊车在运行过程中，吊车梁上的受力是一组移动的荷载，如图 9.1(a)所示，荷载的位置不同，对吊车梁产生的荷载也不同，在吊车运行到什么位置时对结构产生最大、最不利的影响，这个问题直接关系到厂房的结构设计，也直接关系到结构的安全和使用。在工程中，此类的移动荷载很常见，如跨江铁路大桥、公路桥梁［图 9.1(b)］等，都有移动的车辆荷载。如何确定移动荷载对结构产生的影响，这就要利用影响线。所以本章重点介绍影响线的概念及其绘制方法。

(a) (b)

图 9.1 承受移动荷载的结构

9.1 静力法作梁的影响线

若单位移动荷载 $F_P=1$ 沿梁 AB 移动，如图 9.2(a)所示，则图 9.2(b)表示的就是反力 F_{Ay} 随 $F_P=1$ 变化规律的图形，称为 F_{Ay} 的影响线。

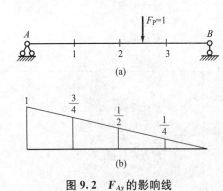

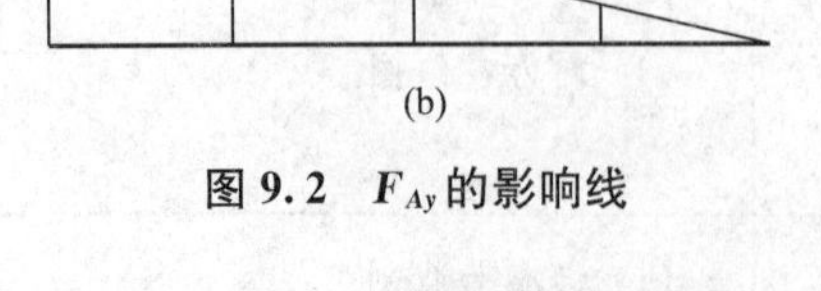

图 9.2 F_{Ay} 的影响线

9.1.1 简支梁的影响线

1. 支座竖向力的影响线

设单位荷载 $F_P=1$ 沿简支梁移动，取梁的左支座端 A 为坐标原点，以 x 表示 $F_P=1$ 至原点 A 的距离，如图 9.3(a)所示，通常规定反力以指向上方为正。由平衡方程 $\sum M_B=0$，有

$$F_{Ay}l-F_P(l-x)=0$$

$$F_{Ay}=F_P\frac{l-x}{l}=\frac{l-x}{l}\quad(0\leqslant x\leqslant l)$$

上式为变量 x 的函数，称为反力 F_{Ay} 的影响线方程。由于它是 x 的一次函数，所以影响线是一条直线，可由两点确定：

(1) 当 $x=0$ 时，$F_{Ay}=1$；

(2) 当 $x=l$ 时，$F_{Ay}=0$。

利用这两点的纵坐标，便可以画出 F_{Ay} 的影响线，如图 9.3(b)所示。同理，可以画出 F_{By} 的影响线，如图 9.3(c)所示。

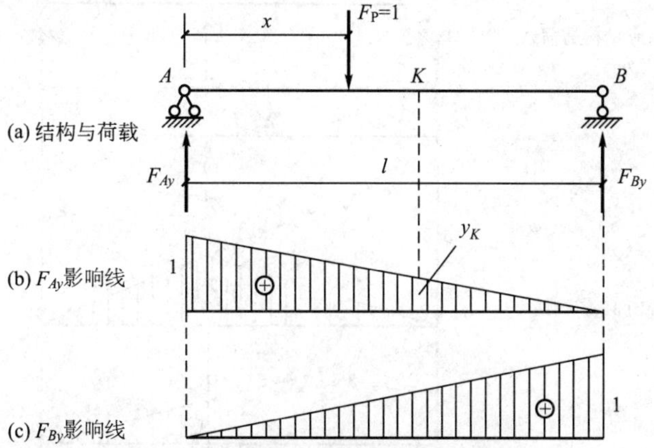

图 9.3　简支梁支座反力的影响线

2. 弯矩影响线

绘制图 9.4(a)所示简支梁截面 C 的弯矩影响线时，仍取 A 为坐标原点，以 x 表示 $F_P=1$ 的位置，由于 $F_P=1$ 沿 AC 段和 CB 段移动时，弯矩 M_C 的变化规律不同，所以，应以 C 作为分段点，分段建立弯矩影响线方程。为了方便计算，当 $F_P=1$ 在 AC 段上移动时，宜选取 CB 段为隔离体，由 $\sum M_C=0$ 得

$$M_C=F_{By}b=\frac{x}{l}b \quad (0\leqslant x\leqslant a)$$

由上式可知，M_C 影响线 AC 段的变化规律与 F_{By} 相同，在 C 截面以左部分为一直线，称为左直线。由上式可知：

(1) 当 $x=0$ 时，$M_C=0$；

(2) 当 $x=a$ 时，$M_C=\frac{ab}{l}$。

当 $F_P=1$ 在 CB 段上移动时，宜选取 AC 段为隔离体，由 $\sum M_C=0$ 得

$$M_C=F_{Ay}a=\frac{l-x}{l}a \quad (0\leqslant x\leqslant l)$$

可见，M_C 影响线在 CB 段的变化规律与 F_{Ay} 相同，在 C 以右部分为一直线，称为右直线。可以看出：

(1) 当 $x=a$ 时，$M_C=\frac{ab}{l}$；

(2) 当 $x=l$ 时，$M_C=0$。

绘制 M_C 影响线，如图 9.4(b)所示。可见，弯矩影响线由左直线和右直线组成为一个三角形，三角形的顶点在截面 C 处，顶点坐标为 $\frac{ab}{l}$。由 F_{By} 影响线乘以常数 b 并取其 AC 段得到左直线，由 F_{Ay} 影响线乘以常数 a 并取其 CB 段得到右直线。

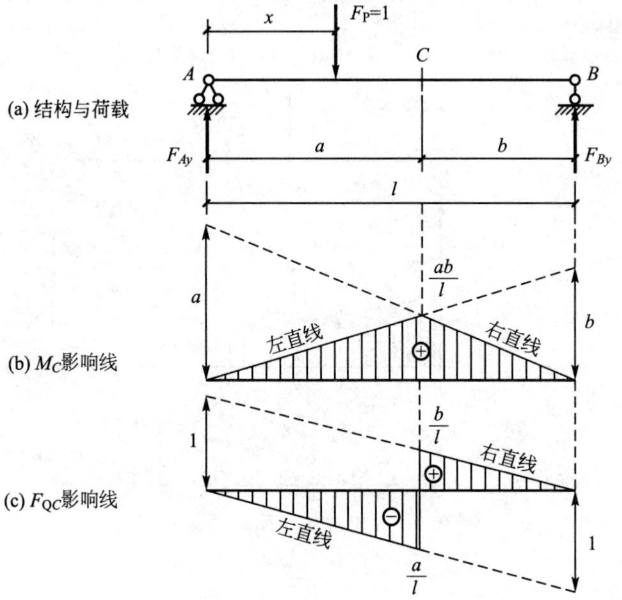

图 9.4　简支梁弯矩和剪力影响线

3. 剪力影响线

绘制简支梁指定截面的剪力影响线，也需分段剪力影响线方程。剪力正负号规定与内力计算中的规定相同。

当 $F_P=1$ 在截面 C 以左的梁上移动($0\leqslant x\leqslant a$)时，取 C 以右部分为隔离体，由投影方程$\sum F_y=0$得

$$F_{QC}=-F_{By}$$

由上式可知，将 F_{By}影响线反号并取其 AC 段，可以得到 F_{QC}影响线的左直线。

绘制 F_{QC}影响线，如图 9.4(c)所示。显然，剪力影响线是由两端相互平行的左、右直线形成，在截面 C 处的竖坐标发生突变，其突变值为 1。

9.1.2　伸臂梁的影响线

1. 支座反力影响线

伸臂梁的反力影响线方程与简支梁的反力影响线方程相同。对图 9.5(a)所示伸臂梁，仍取左支座 A 端为坐标原点，当 $F_P=1$ 沿全梁移动时，可求得反力为

$$\begin{cases} F_{Ay}=\dfrac{l-x}{l} \\ F_{By}=\dfrac{x}{l} \end{cases}\quad(-l_1\leqslant x\leqslant l+l_2)$$

上式适用于全梁，当 $F_P=1$ 位于 A 点以左时，x 取负值。将简支梁的影响线向两个伸臂部分延长，即得伸臂梁的反力影响线，如图 9.5(b)、(c)所示。

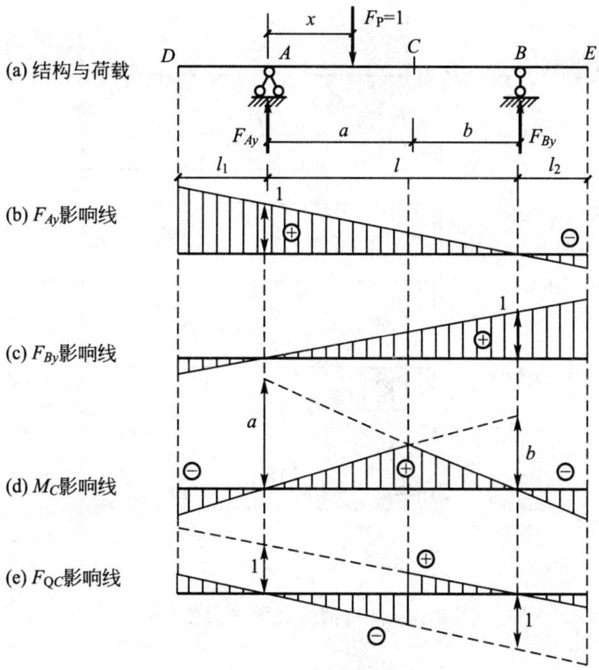

图 9.5 伸臂梁影响线

2. 跨内部分截面内力影响线

跨内任一指定截面的内力影响线方程，都是支座反力的函数，按 $F_P=1$ 的移动范围，以该指定截面为界分段建立。设求 C 截面的弯矩和剪力影响线，则当 $F_P=1$ 在 DC 梁段移动时，取截面 C 以右部分为隔离体，有

$$M_C=F_{By}b,\quad F_{QC}=-F_{By}$$

当 $F_P=1$ 在 CE 梁段移动时，取截面 C 以左部分为隔离体，有

$$M_C=F_{Ay}a,\quad F_{QC}=F_{Ay}$$

按 M_C 和 F_{QC} 在 C 左和 C 右部分的影响线方程，分别绘制 M_C 和 F_{QC} 的影响线，如图 9.5(d)、(e)所示。可见，将简支梁相应截面内力影响线向两伸臂部分延长后，可得到伸臂梁的内力影响线。

3. 伸臂部分截面内力影响线

求伸臂部分截面内力影响线时，为便于计算，应将坐标原点设在该指定截面处。例如求伸臂部分上任一指定截面 K 的内力影响线时，改取 K 为坐标原点，并规定 x 以向左为正。当 $F_P=1$ 在 DK 段移动时，取截面 K 以左为隔离体，有

$$M_K=-x,\quad F_{QK}=-1$$

当 $F_P=1$ 在 KE 段移动时，仍取 K 以左部分为隔离体，则有

$$M_K=0,\quad F_{QK}=0$$

由以上影响线方程，可绘制 M_K 和 F_{QK} 二影响线，分别如图 9.6(b)、(c)所示。

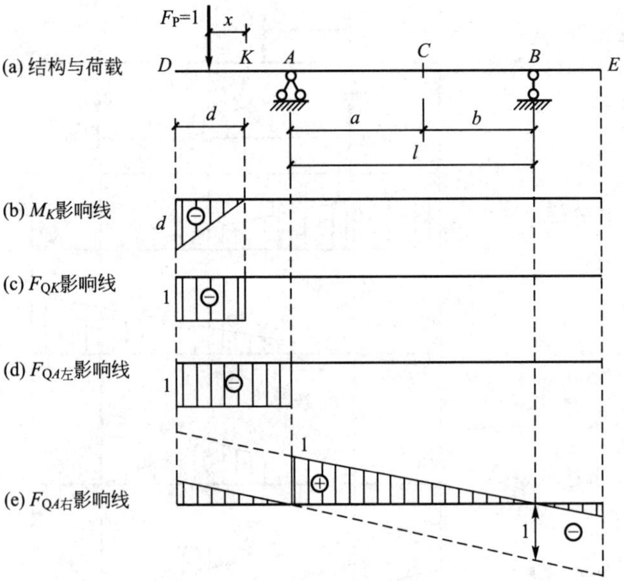

图 9.6　伸臂部分截面内力影响线

4. 支座处截面剪力影响线

支座处的竖向反力是一个集中荷载，在它所作用的截面处，剪力为不定值。因此，该处左、右截面剪力影响线变化规律不相同，应按支座左、右侧截面分别讨论。例如，A 左截面位于伸臂部分，其影响线的变化规律与 F_{QK} 相同，将 F_{QK} 影响线的正号范围从 K 处趋于 A 左截面扩大即得，如图 9.6(d)所示；A 右截面位于跨内，其影响线的变化规律与 F_{QC} 相同，将 F_{QC} 影响线的正号范围从 C 处趋于 A 右截面扩大即得，如图 9.6(e)所示。

9.2 间接荷载作用下的影响线

9.2.1　间接荷载的概念

在桥梁结构中的纵、横梁系统中，作用在纵梁上的荷载通过横梁传递给主梁。对于主梁而言，只在与横梁的接触面受到荷载，所以主梁受到的荷载是间接荷载。

图 9.7(b)所示为一个纵、横梁桥面系统和主梁的计算简图，图中的纵梁相当于桥面板或平台板，如图 9.7(a)所示。在确定主梁的荷载时，一般将纵梁简化为简支梁。将纵梁的反力反向后作用于主梁，主梁只在各横梁处(结点处)受集中力的作用，如图 9.7(c)所示。

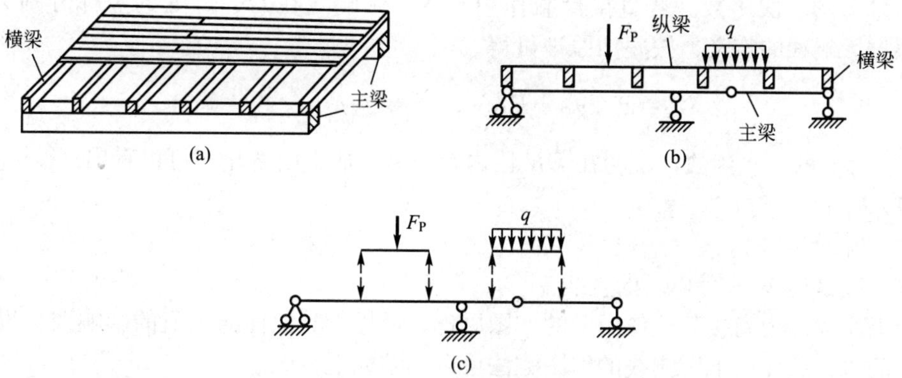

图 9.7 间接荷载作用

9.2.2 作图原理与作图方法

按照影响线的定义，分析图 9.8(a)所示主梁在直接荷载作用下的 M_C 影响线[图 9.8(b)]，可知对应于各结点处的影响线竖标也就是 $F_P=1$ 沿纵梁移动至该位置时的竖标值。因此，在结点处作用间接荷载与直接荷载作用于该处时的影响线竖标完全相同。由移动荷载作用下的简支梁反力变化规律可知，在相邻结点之间，移动荷载 $F_P=1$ 通过各横梁传至主梁的力(间接荷载)即纵梁的反力，应为 x 的一次函数，说明在结点之间的影响线竖标是由两结点竖标相连而成的直线。

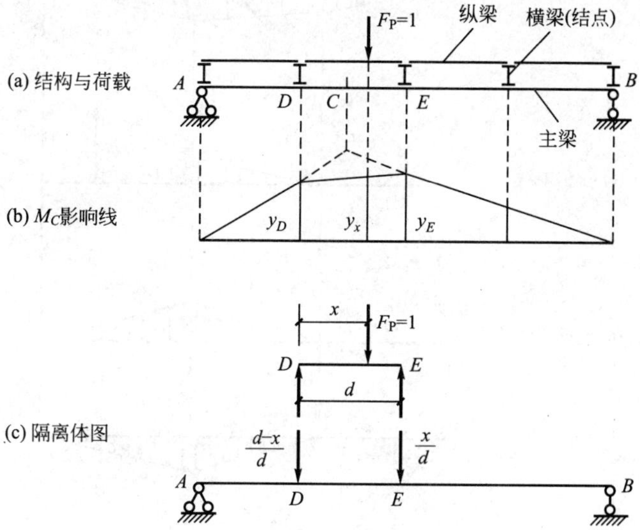

图 9.8 间接荷载作用下的 M_C 影响线

设 $F_P=1$ 在纵梁 DE 上移动，由图 9.8(c)所示的隔离体图，写出主梁在 D、E 处受到的结点荷载 F_{Dy} 和 F_{Ey} 为

$$F_{Dy}=\frac{d-x}{d},\quad F_{Ey}=\frac{x}{d}$$

它们都为 x 的一次函数。若直接荷载作用下 M_C 影响线在 D、E 处的竖标分别为 y_D 和 y_E，根据影响线的定义，按叠加原理可得

$$M_C = F_{Dy}y_D + F_{Ey}y_E = \frac{d-x}{d}y_D + \frac{x}{d}y_E = y_x$$

M_C 为 x 的一次函数，说明在 DE 段内 M_C 随 x 成直线变化。可以看出：

(1) 当 $x=0$ 时，$y_x = y_D$；

(2) 当 $x=d$ 时，$y_x = y_E$。

该直线是连接 y_D 和 y_E 的直线。

以上所述即为间接荷载作用下的作图原理，适用于其他任何量值的影响线。根据作图原理，间接荷载作用下影响线的作图方法可以归结如下：

(1) 作出直接荷载作用下所求量值的影响线并用虚线表示；

(2) 取各结点处的竖标，在每一纵梁范围内将竖标顶点连成直线并以实线表示。

【例 9-1】 试按静力法绘制图 9.9(a)所示主梁的下列量值的影响线：M_A、F_{By}、F_{QC}、M_D。

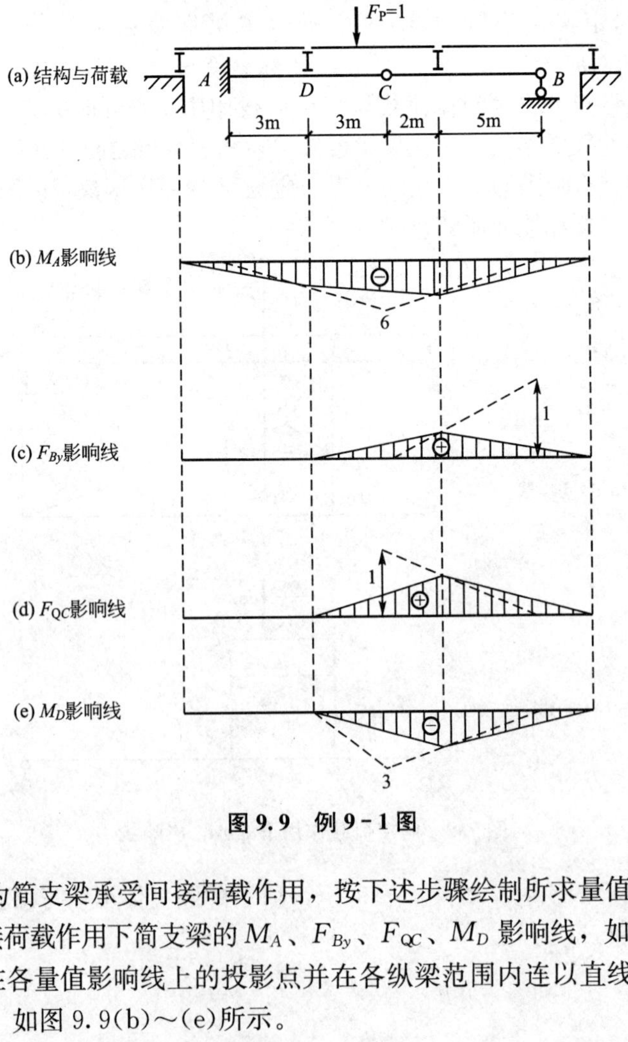

图 9.9 例 9-1 图

【解】 本例为简支梁承受间接荷载作用，按下述步骤绘制所求量值的影响线：

(1) 作出直接荷载作用下简支梁的 M_A、F_{By}、F_{QC}、M_D 影响线，如图 9.9 中虚线所示。

(2) 作横梁在各量值影响线上的投影点并在各纵梁范围内连以直线，即得到间接荷载作用下的影响线，如图 9.9(b)～(e)所示。

9.3 机动法作梁的影响线

9.3.1 机动法作图的原理

机动法的理论依据是刚体虚位移原理，即刚体系在力系作用下处于平衡的必要和充分条件是：在任何微小的虚位移中，力系所做的虚功总和为零。

机动法的要点如下：

(1) 形成机构。解除与所求量值对应的约束并以正向的约束力代替，使结构成为具有一个自由度的机构。

(2) 作位移图。使机构沿量值的正向发生相应的单位虚位移，绘制荷载作用点的位移图。

(3) 作影响线。将位移图反号，得到影响线；根据直线图形的比例关系确定影响线的控制竖标值。

机动法的优点在于不必经过具体计算就能迅速绘出影响线的轮廓，同时亦便于对静力法所作影响线进行校核。

9.3.2 机动法作单跨静定梁的影响线

如图9.10(a)所示，在作简支梁的反力 F_A 的影响线时，由于静定结构不可能发生刚体位移，所以，在应用刚体虚位移原理求 F_{Ay} 时，应首先解除与 F_{Ay} 相应的约束即支座 A 处的链杆，以正向反力 F_{Ay} 代替它的作用，使梁成为如图9.10(b)所示的机构，并处于平衡状态。

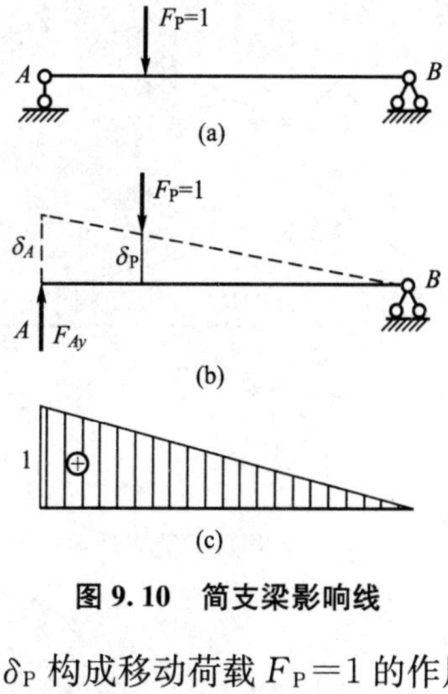

图9.10 简支梁影响线

给机构以微小的虚位移，就是使刚片 AB 绕支座 A 发生任意的微小转动。以 δ_A 和 δ_P 分别表示 F_{Ay} 和 $F_P=1$ 的作用点沿力的作用线方向的虚位移，根据虚位移原理，建立虚功方程如下：

$$F_{Ay}\delta_A+F_P\delta_P=0$$

因 $F_P=1$，由此可得

$$F_{Ay}=-\frac{\delta_P}{\delta_A}$$

式中，δ_P 随移动荷载 $F_P=1$ 的位置不同而发生变化，因而 δ_P 构成移动荷载 $F_P=1$ 的作用点沿其作用方向的竖向虚位移图。δ_A 为反力 F_{Ay} 作用点沿其作用方向的位移，在给定虚位移的情况下，是一个不变的量，所以比值 $\frac{\delta_P}{\delta_A}$ 的变化规律恰好反映了 $F_P=1$ 移动时 F_{Ay} 的变化规律。由于机构只有一个自由度，δ_P 与 δ_A 为线性关系，所以无论 δ_A 取为何值，比值 $\frac{\delta_P}{\delta_A}$ 的变化规律恒定不变。从方便考虑，取 $\delta_A=1$，则有

$$F_{Ay}=-\delta_P$$

上式表明：使 $\delta_A=1$ 的 δ_P 虚位移图就是 F_{Ay} 的影响线，但符号相反。规定 δ_P 与力 F_P 的方向一致为正，即以向下为正。因此，当 δ_P 向下时，F_{Ay} 为负；当 δ_P 向上时，F_{Ay} 为正。这与影响线中规定正值竖标绘于基线上方是一致的。

根据上述机动法原理，容易作出梁内任意截面 C 的弯矩和剪力影响线。例如求图 9.11(a)所示简支梁弯矩 M_C 影响线时，将梁的截面 C 处改为铰结，并以一对正向弯矩 M_C 代替原有约束的作用，然后使 AC 和 BC 两刚片沿 M_C 的正向发生虚位移，如图 9.11(b)所示。根据虚位移原理，可写出虚功方程如下：

$$M_C(\alpha+\beta)+F_P\delta_P=0$$

即

$$M_C=-\frac{\delta_P}{\alpha+\beta}$$

式中，$\alpha+\beta$ 是 AC 和 BC 两刚片的相对转角。若使 $\alpha+\beta=1$，则将竖向虚位移图反号后即得到 M_C 的影响线，如图 9.11(c)所示。

求剪力 F_{QC} 的影响线时，可在梁的截面 C 处解除与 F_{QC} 相应的约束，代之以一对正向的剪力 F_{QC}。使机构沿 F_{QC} 的正方向发生虚位移，如图 9.11(d)所示，可写出虚功方程如下：

$$F_{QC}(CC_1+CC_2)+F_P\delta_P=0$$

即

$$F_{QC}=-\frac{\delta_P}{CC_1+CC_2}$$

式中，CC_1+CC_2 是 C 左截面和 C 右截面的相对竖向线位移。若使 $CC_1+CC_2=1$，则得到的竖向虚位移图反号后就是 F_{QC} 的影响线。

在这里应该注意，由于刚片 AC 和刚片 CB 由两根水平链杆相联，C 左和 C 右截面可以发生相对的竖向错动，而不能发生相对转动和相对轴线运动。所以，在图 9.11(d)所示的位移图中，刚片 AC_1 和 BC_2 相互平行，因此，影响线的左、右直线也相互平行。

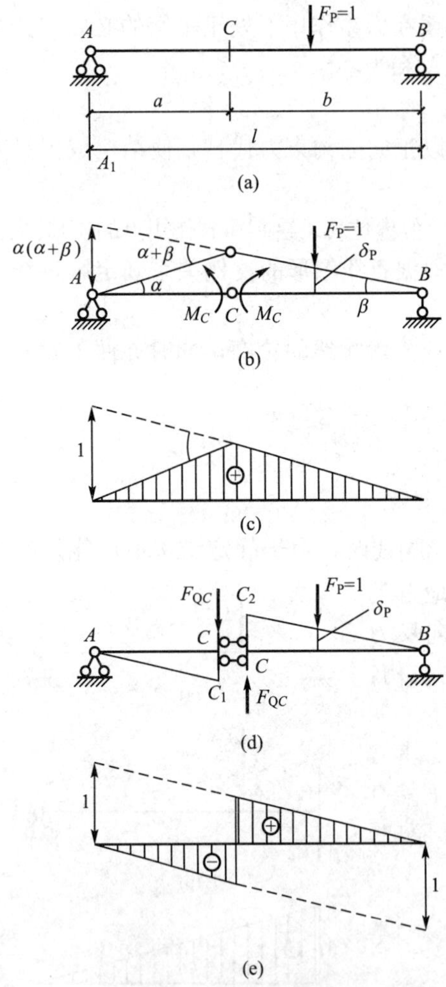

图 9.11　简支梁影响线

9.3.3　机动法作静定多跨梁的影响线

用机动法作静定多跨梁的支座反力和内力的影响线十分简便。原理与步骤均同前，只是应注意撤去约束后虚位移图形的特点。静定多跨梁由基本部分和附属部分组成，撤去约束后给虚位移时，应搞清楚哪些部分可以发生虚位移，哪些部分则不能发生虚位移。属于附属部分的某量，撤去相应的约束后，体系只能在附属部分发生虚位移，基本部分则不能动，因此位移图只限于附属部分；而属于基本部分的某量，撤去相应的约束后，在基本部分和其所制成的附属部分都能发生虚位移，位移图在基本部分和其所支承的附属部分都有。

机动法作静定多跨梁的影响线的步骤可以简述为：首先去掉与所求反力或内力 S 相应的联系，然后使所得体系沿 S 的正向发生单位位移，此时根据每一刚片的位移图应为一段直线，以及在每一竖向支座处竖向位移应为零，便可迅速绘出各部分的位移图，该位移图就是相应量的影响线，例如图 9.12 所示各量值的影响线。读者可自行校核。

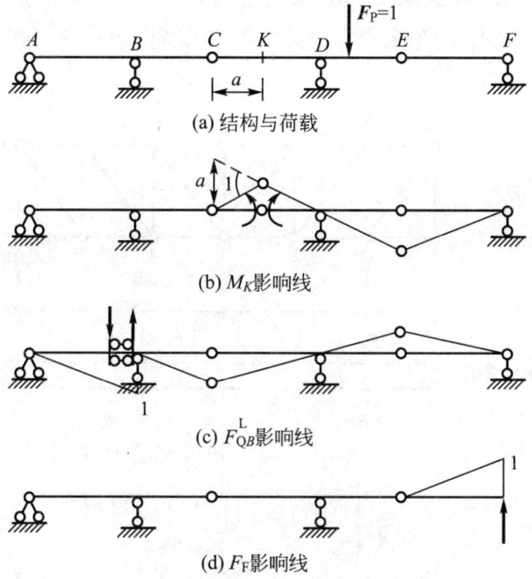

图 9.12 机动法作静定多跨梁的影响线

9.4 静力法作桁架的影响线

1. 基本概念

按静力法建立桁架的影响线方程仍然采用结点法或截面法，运算所遵循的原则与内力计算完全一致。在有些情况下，需联合应用结点法和截面法。由于移动荷载在其作用范围内，量值的变化规律不全相同，所以，应以量值所在的节间为界分段建立内力影响线方程。桁架上的荷载一般是通过纵梁和横梁传递至桁架的结点上，故桁架承受间接荷载(结点荷载)，因此，间接荷载作用下绘制影响线的原理也适用于桁架。

2. 承载方式与影响线

桁架通常有两种承载方式：$F_P=1$ 沿上弦移动(上承)，或是沿下弦移动(下承)。需要注意的是，在这两种情况下，同一杆件的内力影响线有时是不同的。

3. 静力法作影响线

静力法的主要思路如下：

(1) 求支座反力的影响线方程。梁式桁架与简支梁两者的反力影响线方程相同；拱式桁架和主从桁架根据其几何组成特点求反力的影响线方程；悬臂桁架不需要先求反力影响线。

(2) 分段建立内力影响线方程。在 $F_P=1$ 的移动范围内，影响线的变化规律不同，需按量值所在的节间划分为两段，分别建立影响线方程。

(3) 绘制影响线。根据间接荷载的特点，按影响线方程分段画出图形。即每一段的影响线图形是相邻承载结点间影响线竖标的直线部分，分段处则为相邻承载结点影响线顶点的连线。

现通过绘制图 9.13(a)所示简支单伸臂桁架指定杆件的影响线，说明静力法的要点。设 $F_P=1$ 沿上弦移动，试求上弦杆 89、斜杆 38 和竖杆 39 的影响线。

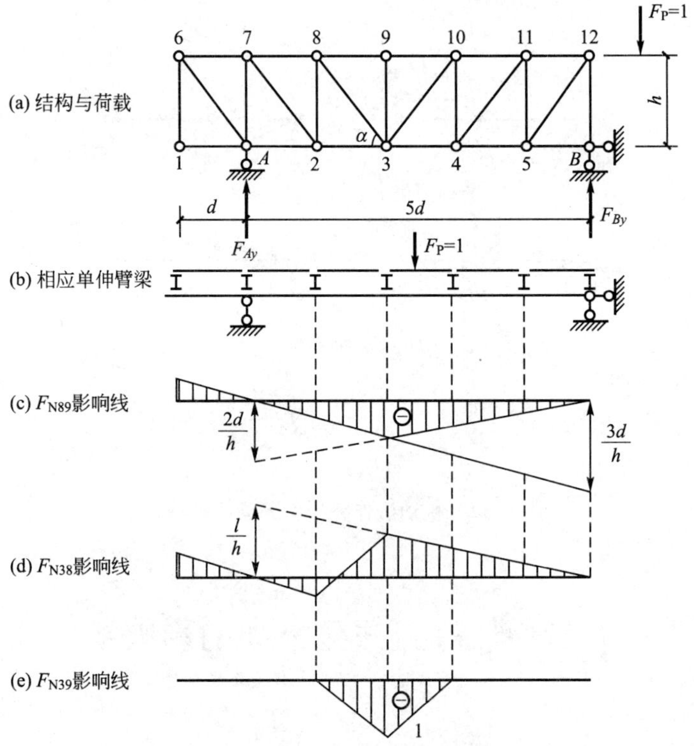

图 9.13 静力法作桁架的影响线

4. 反力影响线

由整体平衡条件，求得 F_{Ay} 和 F_{By} 的影响线与相应伸臂梁相同。影响线方程为

$$F_{Ay}=\frac{5d-x}{5d},\quad F_{By}=\frac{x}{5d}$$

5. 轴力影响线

1) F_{N89} 的影响线

求轴力 F_{N89} 的影响线时，可用截面法按力矩平衡条件建立影响线方程，在 F_{N89} 所在的节间即结点 8 和结点 9 之间作截面Ⅰ—Ⅰ，当 $F_P=1$ 在被截的节间以左，即在结点 6 和结点 8 之间移动时，取截面Ⅰ—Ⅰ以右部分为隔离体，由力矩平衡条件 $\sum M_3=0$ 可得

$$F_{N89}h+F_{By}\times 3d=0$$

解得

$$F_{N89}=-\frac{3d}{h}F_{By}$$

由上式可知，将反力 F_{By} 的影响线乘以常数 $\left(-\frac{3d}{h}\right)$，并取其在结点 6～8 范围内的一段，即得到 F_{N89} 影响线的左直线。

当 $F_P=1$ 在被截的节间以右，即在结点 9 和结点 12 之间移动时，取截面Ⅰ—Ⅰ以左部分为隔离体，由力矩平衡条件 $\sum M_3=0$ 可得

$$F_{N89}h+F_{Ay}\times 2d=0$$

解得

$$F_{N89}=-\frac{2d}{h}F_{Ay}$$

同样，将反力 F_{Ay} 的影响线乘以常数 $\left(-\frac{2d}{h}\right)$，并取其在结点 9～12 范围内的一段，即得到 F_{N89} 影响线的右直线。F_{N89} 的完整影响线如图 9.13(c)所示。

当 $F_P=1$ 在被截的节间内，即结点 8、9 之间移动时，根据间接荷载的性质可知，在该节间内的影响线为直线段，应由结点 8 和结点 9 处的竖标连以直线而得。此时该直线段与左直线重合。

由几何关系可以证明，影响线左、右直线的交点恰在矩心 3 的位置之下，所以，上述左、右直线两方程可以统一表示为

$$F_{N89}=-\frac{M_3^0}{h}$$

式中，M_3^0 是相应单伸臂梁［图 9.13(b)］上对应于矩心 3 处的截面弯矩影响线。

2）F_{N38} 的影响线

求斜杆 F_{N38} 的影响线时，宜先将斜杆内力分解为水平分力和竖向分力。分别考虑 $F_P=1$ 在 F_{N38} 所在节间的左面和右面部分移动，作截面Ⅰ—Ⅰ，先按竖向投影平衡条件建立 F_{N38y} 的影响线方程，然后按比例关系求 F_{N38y} 的影响线方程。

当 $F_P=1$ 在结点 8 和结点 9 的左面移动时，取截面Ⅰ—Ⅰ以右部分为隔离体，由投影方程 $\sum F_y=0$ 可得

$$F_{N38y}=-F_{By}$$

当 $F_P=1$ 在结点 9 和结点 12 之间移动时，取截面Ⅰ—Ⅰ以左部分为隔离体，由投影方程 $\sum F_y=0$ 可得

$$F_{N38y}=F_{Ay}$$

以上 F_{N38y} 的左直线和右直线方程可以合并为一个式子，即

$$F_{N38y}=F_{Q89}^0$$

式中，F_{Q89}^0 为相应简支梁在结点 8～9 节间中任一截面的剪力。

根据 F_{N38y} 的影响线方程，可作出左、右直线，连接 8、9 结点处的竖标顶点，即可得到 F_{N38y} 的影响线。若杆件 38 的长度为 l，则根据力与杆长的比例关系，将 F_{N38y} 的影响线乘以比例系数 $\frac{l}{h}$，即得 F_{N38} 的影响线，如图 9.13(d)所示。

3）F_{N39}影响线

用结点 9 根据结点法求 F_{N39} 的影响线方程比较方便。可分别考虑 $F_P=1$ 作用于结点 9 和 $F_P=1$ 不在结点 9 两种情况，建立影响线方程。当 $F_P=1$ 作用于结点 9 时，由结点 9 的平衡方程 $\sum F_y=0$ 可得

$$F_{N39}=-1$$

当 $F_P=1$ 不在结点 9(在结点 8 以左和结点 10 以右)时，由 $\sum F_y=0$ 可得

$$F_{N39}=0$$

根据影响线在各节间均为直线变化的特征，可绘制 F_{N39} 的影响线，如图 9.13(e)所示。

9.5 影响线的应用

影响线是结构承受移动荷载时的计算工具，利用它可以确定实际移动荷载对于某一量值的最不利荷载位置，求出该量值的最大值(最小值)来作为设计依据。在讨论这个问题之前，应先了解当若干个集中荷载或分布荷载作用于固定位置时，如何利用影响线求出该量值的数值。若干个集中荷载或分布荷载作用于固定位置时，利用影响线求得的量值的大小称为影响量，用 S 表示。

9.5.1 集中荷载的作用

若已知梁上某项内力的 S 影响线如图 9.14 所示，则根据影响线的定义，当一组平行的集中荷载 F_{P1}，F_{P2}，…，F_{Pn} 作用于某个固定位置时，任一竖标 y_1 代表 F_{P1} 作用在该处时 S 的大小。若该处作用的荷载是 F_{P1}，则根据叠加原理，量值 S 应为 $F_{P1}y_1$。同理，若荷载作用点的影响线竖标为 y_1，y_2，…，y_n，该组荷载作用下产生的量值 S 为

$$S=F_{P1}y_1+F_{P2}y_2+\cdots+F_{Pn}y_n=\sum F_{Pi}y_i$$

应用上式时，应注意式中竖标 y_i 的正负号。

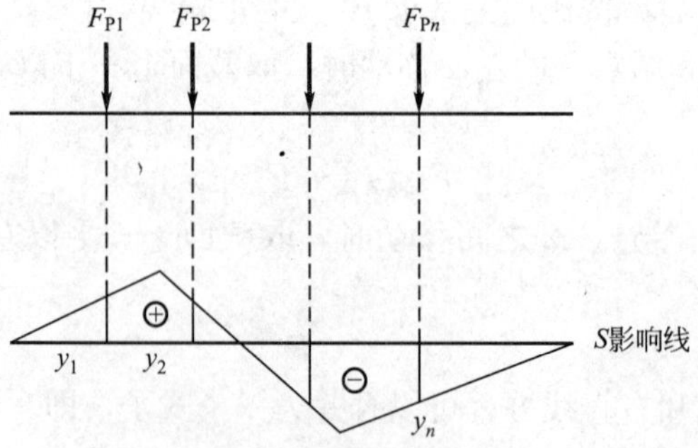

图 9.14　集中荷载作用

当有一组集中荷载作用于影响线的某一直线段时，如图 9.15 所示，也可用它们的合力 F_R 来代替这组荷载计算影响量而不改变计算结果。这个结论可证明如下：

将图 9.15 所示的某直线段延长至与基线交于 O 点，则有

$$S=F_{P1}y_1+F_{P2}y_2+\cdots+F_{Pn}y_n=(F_{P1}x_1+F_{P2}x_2+\cdots+F_{Pn}x_n)\tan\alpha=\tan\alpha\sum F_{Pi}x_i$$

因为$\sum F_{Ri}x_i$为各力对O点之矩的代数和，根据合力矩定理，它应等于合力F_R对O点之矩，即

$$\sum F_{Ri}x_i=F_R\bar{x}$$

则可得

$$S=F_R\bar{x}\tan\alpha=F_R\bar{y}$$

式中，$\bar{y}$为合力F_R对应的影响线竖标。

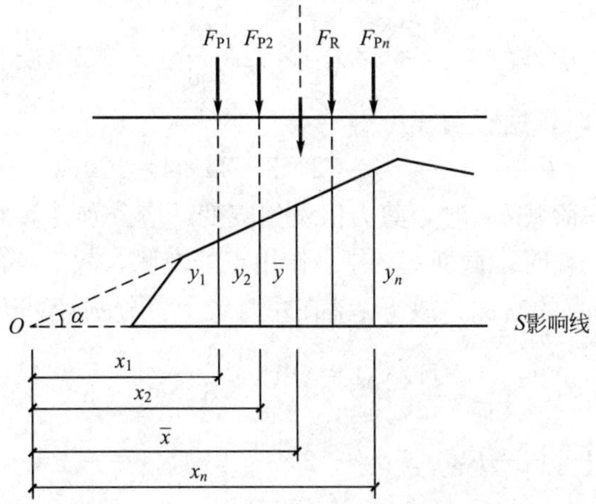

图 9.15 一组集中荷载作用的影响线

9.5.2 分布荷载作用

当长度为一定的分布荷载q_x作用于结构的固定位置时，如图 9.16(a)所示。可将其沿分布长度分为无限多个微段dx，每一微段上的荷载$q_x dx$看作一个集中荷载，影响量按对应的影响线范围ab区段内的下列积分式求得：

$$S=\int_a^b q_x y\,dx$$

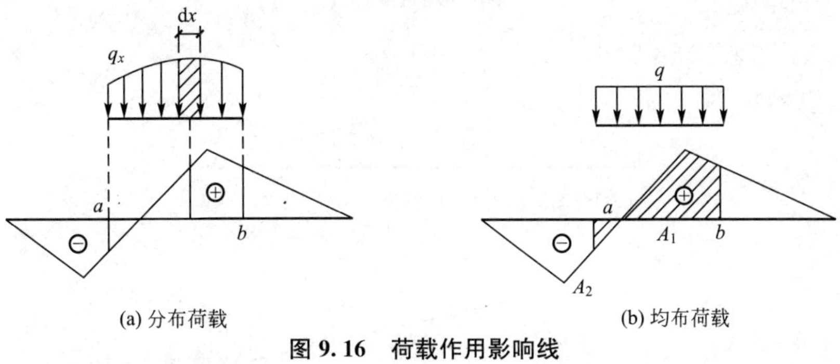

图 9.16 荷载作用影响线

若q_x为均布荷载q，如图 9.16(b)所示，则上式成为

$$S=q\int_a^b y\,dx=qA$$

式中，A 为荷载分布范围内影响线的正、负面积的代数和。例如，在图 9.16 中，A_1 为正号，A_2 为负号。

【例 9-2】 图 9.17(a)所示简支梁受位置固定的均布荷载和集中荷载作用，试利用影响线求截面 C 的弯矩值和剪力值。

【解】 M_C、F_{QC}影响线如图 9.17(b)、(c)所示。

(1) 均布荷载作用时，据影响线可得

$$M_C = qA = 6\times\left(\frac{1}{2}\times 18\times 4\right) = 216(\text{kN}\cdot\text{m})$$

$$F_{QC} = qA = q(A_1 - A_2) = 6\times\left(\frac{1}{2}\times 12\times\frac{2}{3} - \frac{1}{2}\times 6\times\frac{1}{3}\right) = 18(\text{kN})$$

(2) 集中荷载作用时，据影响线可得

$$M_C = F_{P1}y_1 + F_{P2}y_2 = 12\times 2 + 24\times 4 = 120(\text{kN}\cdot\text{m})$$

截面 C 处作用集中荷载 F_{P2} 时，剪力值发生突变，应分别计算 C 左和 C 右截面的剪力值 $F_{QC左}$ 和 $F_{QC右}$。求 $F_{QC左}$ 时，截面 C 在 F_{P2} 作用点的左侧，故 F_{P2} 落在右直线上；求 $F_{QC右}$ 时，截面 C 在 F_{P2} 作用点的右侧，故 F_{P2} 落在左直线上。分别计算 $F_{QC左}$ 和 $F_{QC右}$ 可得

$$F_{QC左} = F_{P1}y_1 + F_{P2}y_{2右} = -12\times\frac{1}{6} + 24\times\frac{2}{3} = 14(\text{kN})$$

$$F_{QC右} = F_{P1}y_1 + F_{P2}y_{2左} = -12\times\frac{1}{6} + 24\times\left(-\frac{1}{3}\right) = -10(\text{kN})$$

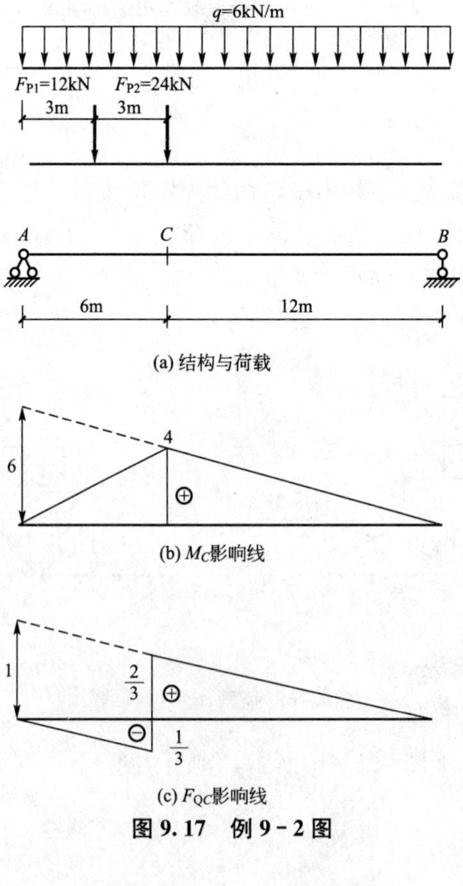

(a) 结构与荷载

(b) M_C影响线

(c) F_{QC}影响线

图 9.17 例 9-2 图

9.6 公路和铁路标准荷载制

9.6.1 公路标准荷载

我国桥涵设计使用的标准荷载有计算荷载和验算荷载两类。计算荷载以汽车车队表示，有主车和重车之分，重车的车辆超过主车的重量。汽车分为汽－10 级、汽－15 级、汽－20 级和汽－超 20 级四类，其纵向排列如图 9.20 所示。车轴之间的距离可任意变更，但不得小于图示距离。在每个车队中，只有一辆重车，主车数量(目)不限。验算荷载有履带－50、挂车－100、挂车－80 和挂车－120 四种。

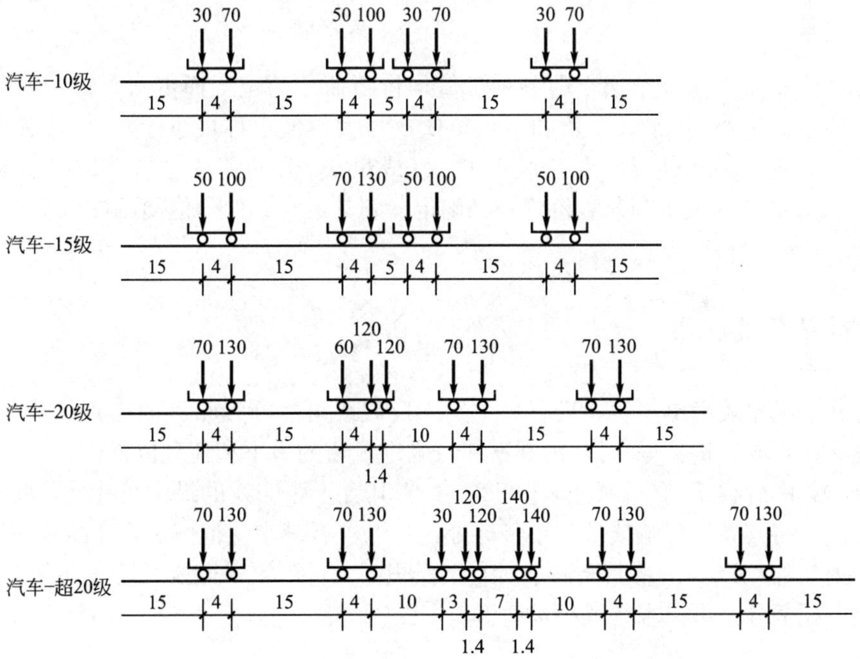

图 9.18 公路标准荷载

(重量单位：kN；长度单位：m)

9.6.2 铁路标准荷载

我国铁路桥涵设计使用的标准荷载，包括了普通活载和特种活载，统称为“中华人民共和国铁路标准活载”，简称“中-活载”，如图 9.19 所示。在普通活载中，前面五个集中荷载代表一台机车的五个轴重，中部一段均布荷载代表其煤水车及与之联挂的另一台机车和煤水车的重量，后面任意长的均布荷载代表车辆的平均重力。特种活载代表个别重型车轴的轴重。设计时，采用普通活载与特种活载中产生较大内力者作为设计标准。虽然特种活载轴重较大，但轴数较少，故仅对短跨梁(约 7m 以下)起到控制设计的作用。

使用标准荷载时应注意：中-活载可由图 9.19 中任意截取，但不能变更轴距；公路车辆或列车可由左端或右端进入桥梁，以产生较大内力的行走方式为准。

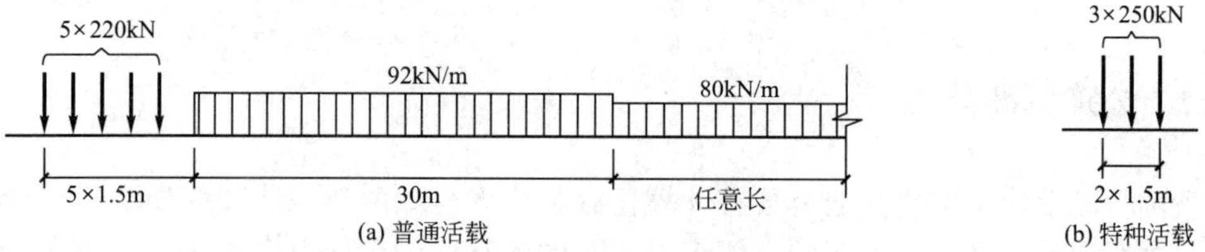

图 9.19 铁路标准荷载

9.7 最不利荷载位置

在移动荷载作用下，结构上的各种量值均将随荷载的位置而变化。设计时必须求出各种量值的最大值(包括最大正值和最大负值，最大负值也称最小值)，以作为设计的依据。为此，必须先确定使某一量值发生最大(或最小)值的荷载位置，即最不利荷载位置。只要所求量值的最不利荷载位置一经确定，则其最大(最小)值便可按 9.5 节所述方法算出。

9.7.1 简单荷载作用

当荷载情况比较简单，例如只有一个集中荷载或可以断续布置的均布荷载(也称可动均布荷载，如人群和货物等)时，由观察即可确定量值的最不利荷载位置。

在单个集中荷载 F_P 的作用下(图 9.20)，将其置于影响线的最大竖标处，就可求得最大量值 S_{max}；将其置于影响线的最小竖标处，则可求得最小量值 S_{min}。在断续布置的均布荷载 q 作用下(图 9.21)，将其布满于所有正面积部分，可以求得最大量值 S_{max}；将其布满于所有负面积部分，可以求得最小量值 S_{min}。

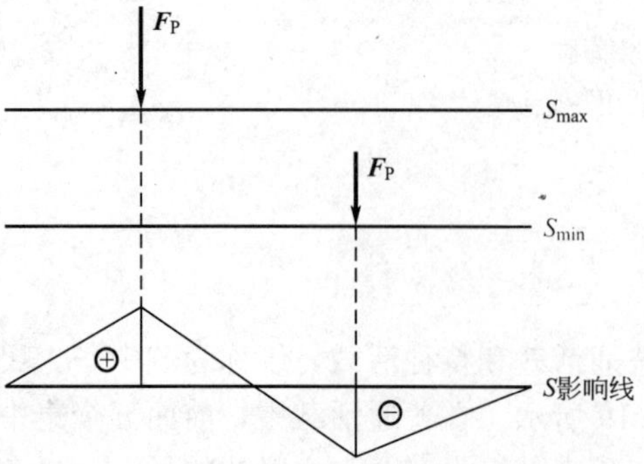

图 9.20 集中荷载作用

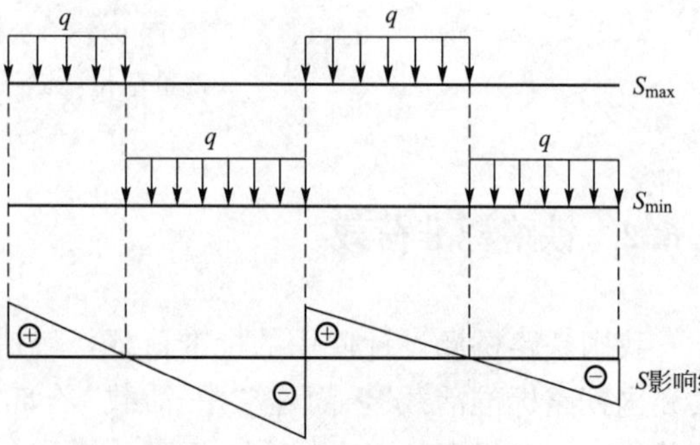

图 9.21 断续均布荷载作用

9.7.2 行列荷载作用

行列荷载是指一系列间距不变的荷载，包括集中荷载和均布荷载，如汽车和中-活载等。这类荷载的荷载数目较多，不能只凭观察确定其最不利荷载位置。分析思路和高等数学中求函数最大值和最小值的方法一样，即先确定量值 S 为极值的条件，找出相应的荷载位置即临界位置后，从中确定最不利荷载位置。

1. 多边形影响线

图 9.22 所示为某量值的影响线和一组荷载作用位置。当量值 S 为极大值时，无论荷载组左移或右移微小距离，S 均将减小；反之，若量值 S 为极小值时，无论荷载组左移或右移微小距离，S 均将增大。通过分析 S 的变化率，可以导出 S 为极值的条件即临界位置判别式。

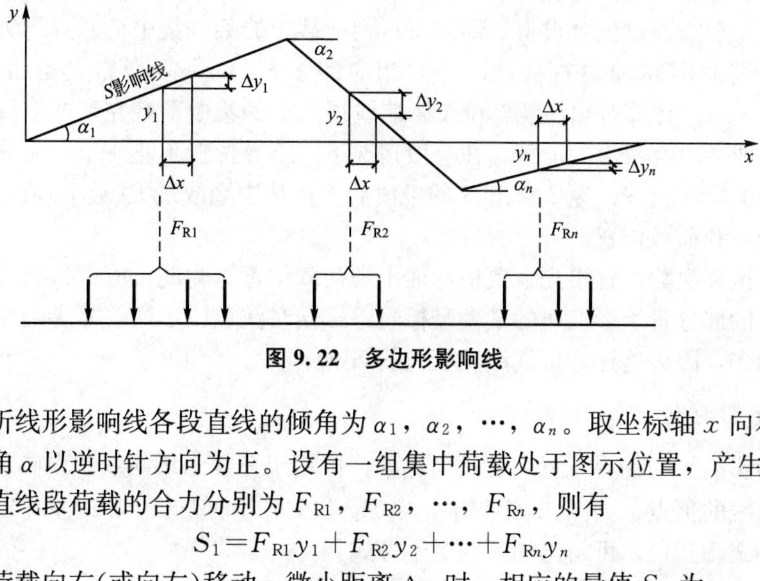

图 9.22 多边形影响线

设图中折线形影响线各段直线的倾角为 α_1，α_2，…，α_n。取坐标轴 x 向右为正，y 向上为正，倾角 α 以逆时针方向为正。设有一组集中荷载处于图示位置，产生的量值以 S_1 表示。若各直线段荷载的合力分别为 F_{R1}，F_{R2}，…，F_{Rn}，则有

$$S_1=F_{R1}y_1+F_{R2}y_2+\cdots+F_{Rn}y_n$$

当这列荷载向右(或向左)移动一微小距离 Δx 时，相应的量值 S_2 为

$$S_2=F_{R1}(y_1+\Delta y_1)+F_{R2}(y_2+\Delta y_2)+\cdots+F_{Rn}(y_n+\Delta y_n)$$

故 S 的增量为

$$\begin{aligned}\Delta S&=S_2-S_1=F_{R1}\Delta y_1+F_{R2}\Delta y_2+\cdots+F_{Rn}\Delta y_n\\&=F_{R1}\Delta x\tan\alpha_1+F_{R2}\Delta x\tan\alpha_2+\cdots+F_{Rn}\Delta x\tan\alpha_n\\&=\Delta x\sum F_{Ri}\tan\alpha_i\end{aligned}$$

将上式写为变化率的形式，可得

$$\frac{\Delta S}{\Delta x}=\sum F_{Ri}\tan\alpha_i$$

当 S 为极大值时，荷载从该位置向左或向右移动微小距离，S 均将减小，即 $\Delta S<0$。由于荷载左移时 $\Delta x<0$，而右移时 $\Delta x>0$，所以，S 为极大时应满足以下条件：

$$\begin{cases}\text{荷载左移}(\Delta x<0)\text{：}\ \sum F_{Ri}\tan\alpha_i>0\\\text{荷载右移}(\Delta x>0)\text{：}\ \sum F_{Ri}\tan\alpha_i<0\end{cases}\tag{9-1}$$

同理，S 为极小值时应满足以下条件：

$$\begin{cases}荷载左移(\Delta x<0)：\quad \sum F_{Ri}\tan\alpha_i<0 \\ 荷载右移(\Delta x>0)：\quad \sum F_{Ri}\tan\alpha_i>0\end{cases} \tag{9-2}$$

式(9－1)和式(9－2)表明，S 为极值的条件是，当荷载组先左移、后右移一微小距离 Δx 时，$\sum F_{Ri}\tan\alpha_i$ 必须变号。当$\sum F_{Ri}\tan\alpha_i$ 由正变负时，S 为极大值；当$\sum F_{Ri}\tan\alpha_i$ 由负变正时，S 为极小值。

分析求和项$\sum F_{Ri}\tan\alpha_i$ 可知，$\tan\alpha_i$ 是影响线各段直线的斜率，它们为常数，不随荷载位置的变化而改变。如果荷载左移和右移微小距离时$\sum F_{Ri}\tan\alpha_i$ 变号，一定是各直线段上合力 F_{Ri} 的数值发生了变化，而这个情况只在某一集中荷载恰好作用在影响线的某一个顶点(转折点)处时，才有可能发生。需要注意的是，集中荷载位于影响线的顶点是$\sum F_{Ri}\tan\alpha_i$ 变号的必要条件，并不是每一个集中荷载位于影响线的顶点时都能使$\sum F_{Ri}\tan\alpha_i$ 变号。位于影响线的顶点上且能使$\sum F_{Ri}\tan\alpha_i$ 变号的集中荷载，称为临界荷载，用 F_{PK} 表示。相应的荷载位置为临界位置，式(9－1)和式(9－2)称为临界位置判别式。

临界位置一般需通过试算求得，即先将行列荷载中的某一集中荷载置于影响线的某一顶点，然后令荷载向左和向右移动，计算相应的$\sum F_{Ri}\tan\alpha_i$，考察其是否满足判别式(9－1)或式(9－2)。计算时须注意，位于影响线顶点上的集中荷载左移或右移时，应作为该影响线左段或右段直线上的荷载。在一般情况下，临界位置不止一个，应分别计算与各临界位置相应的影响量 S，逐个求出 S 的极值后，再从中选取最大(最小)值，其相应的荷载位置就是最不利荷载位置。

为了减少试算次数，宜事先大致估计最不利荷载位置。为此，应将行列荷载中数值较大且较为密集的部分置于影响线的最大竖标附近，同时注意位于同符号影响线范围内的荷载应尽可能地多，因为这样才可能产生较大的 S 值。

2. 三角形影响线

将多边形影响线的临界位置判别式简化后，可用于三角形影响线。设临界荷载 F_{PK} 位于三角形影响线的顶点，如图 9.23 所示，以 F_{Ra} 和 F_{Rb} 分别表示 F_{PK} 以左和以右荷载的合力。根据判别式(9－1)，可写出如下两个不等式：

$$(F_{Ra}+F_{PK})\tan\alpha+F_{Rb}\tan\beta>0$$
$$F_{Ra}\tan\alpha+(F_{PK}+F_{Rb})\tan\beta<0$$

将影响线左、右直线的斜率和 $\tan\alpha=\dfrac{h}{a}$、$\tan\beta=-\dfrac{h}{b}$代入，可得

$$\begin{cases}\dfrac{F_{Ra}+F_{PK}}{a}>\dfrac{F_{Rb}}{b} \\ \dfrac{F_{Ra}}{a}<\dfrac{F_{PK}+F_{Rb}}{b}\end{cases} \tag{9-3}$$

式(9－3)即为三角形影响线的临界位置判别式。对这两个不等式，可形象地理解为：影响线中计入临界荷载 F_{PK} 的一边，“平均荷载”比较大。

对于均布荷载跨过三角形影响线顶点的情况(图 9.24)，可由$\dfrac{dS}{dx}=\sum F_{Ri}\tan\alpha_i=0$ 的条件来确定临界位置。此时有

$$\sum F_{Ri}\tan\alpha_i = F_{Ra}\frac{h}{a} - F_{Rb}\frac{h}{b}$$

从而可得

$$\frac{F_{Ra}}{a} = \frac{F_{Rb}}{b} \tag{9-4}$$

上式为分布长度一定的移动均布荷载跨越三角形影响线顶点时的临界位置判别式，表示顶点左、右段上的“平均荷载”值应相等。

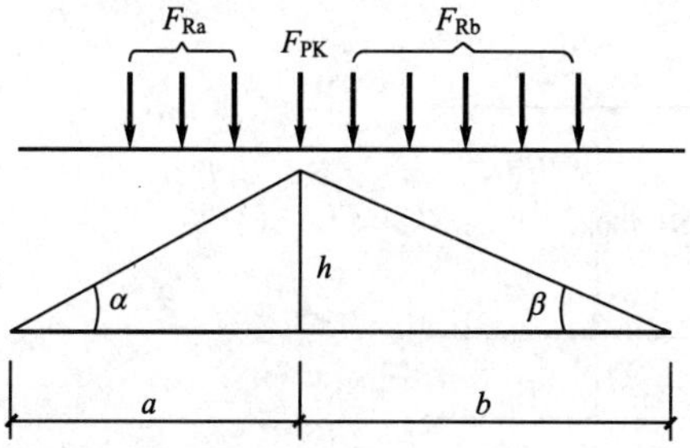

图 9.23　三角形影响线

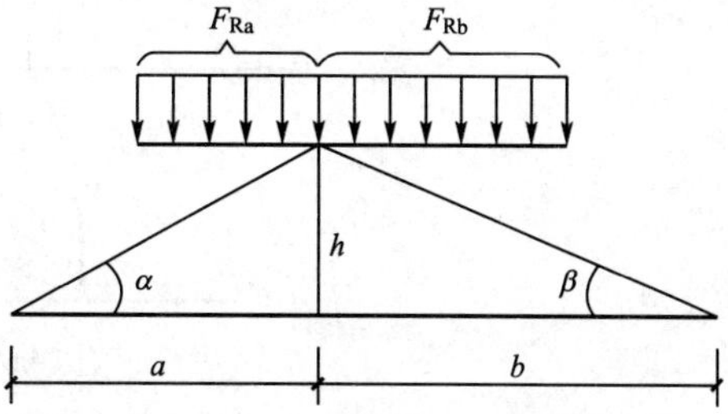

图 9.24　均布荷载跨过三角形影响线顶点

对于直角三角形影响线，上述判别式(9-1)～式(9-4)均不再适用，一般可由直观判定最不利荷载位置。

【例 9-3】 试求图 9.25(a)所示简支梁在汽－5 级荷载作用下截面 C 的最大弯矩。

【解】 (1) 作 M_C 影响线，如图 9.25(b)所示。

(2) 确定临界位置和相应的弯矩值。

① 左行：将加重车置于影响线的最大竖标处，如图 9.25(c)所示。按判别式(9-3)计算得

$$\begin{cases} \dfrac{70+130}{10} > \dfrac{50+100}{15} \\ \dfrac{70}{10} < \dfrac{130+50+100}{15} \end{cases}$$

实际为满足判别式，可知这是一个临界位置。由于重车和主车都位于影响线的顶点处，所以不再需要考虑其他荷载位置。

② 右行：考虑两种情况，如图 9.25(c)所示。

在“右行 1”中，将重车置于影响线的顶点处，按判别式有

$$\begin{cases} \dfrac{100+50+130}{10} > \dfrac{70}{15} \\ \dfrac{100+50}{10} > \dfrac{130+70}{15} \end{cases}$$

实际为不满足判别式，故知这不是临界位置。

在“右行 2”中，在上一位置继续前行，按判别式有

$$\begin{cases} \dfrac{100+50}{10} > \dfrac{130+70}{15} \\ \dfrac{100}{10} < \dfrac{50+130+70}{15} \end{cases}$$

实际为满足判别式，可知这是一个临界位置。

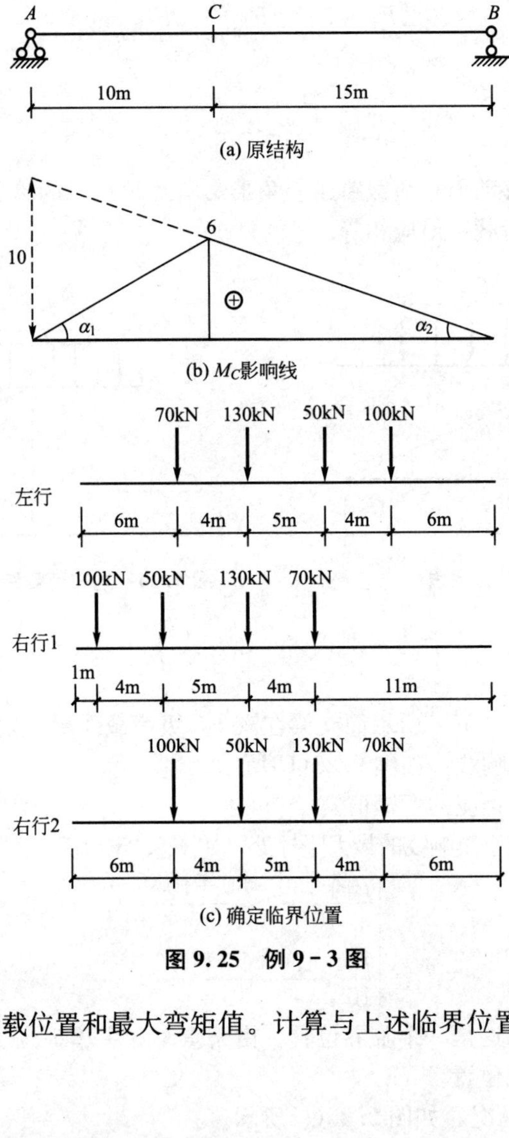

图 9.25　例 9-3 图

(3) 确定最不利荷载位置和最大弯矩值。计算与上述临界位置相应的弯矩值，并从中取大值即为所求。

① 左行：

$$M_C=\sum F_{Pi}y_i=\sum\tan\alpha_i F_{Pi}x_i$$
$$=\frac{15}{25}(70\times6+130\times10)+\frac{10}{25}(50\times10+100\times6)=1472(\text{kN}\cdot\text{m})$$

② 右行：

$$M_C=\sum F_{Pi}y_i=\sum\tan\alpha_i F_{Pi}x_i$$
$$=\frac{15}{25}(100\times6+50\times10)+\frac{10}{25}(130\times10+70\times6)=1348(\text{kN}\cdot\text{m})$$

经比较，得到 C 截面的最大弯矩值为 $M_{C\max}=1472\text{kN}\cdot\text{m}$。

【例 9-4】 试求图 9.26(a)所示两跨简支梁在吊车荷载作用下支座 B 的最大反力。已知 $F_{P1}=F_{P2}=152\text{kN}$，$F_{P3}=F_{P4}=82\text{kN}$。

【解】 (1) 作 F_{By} 影响线，如图 9.26(b)所示。

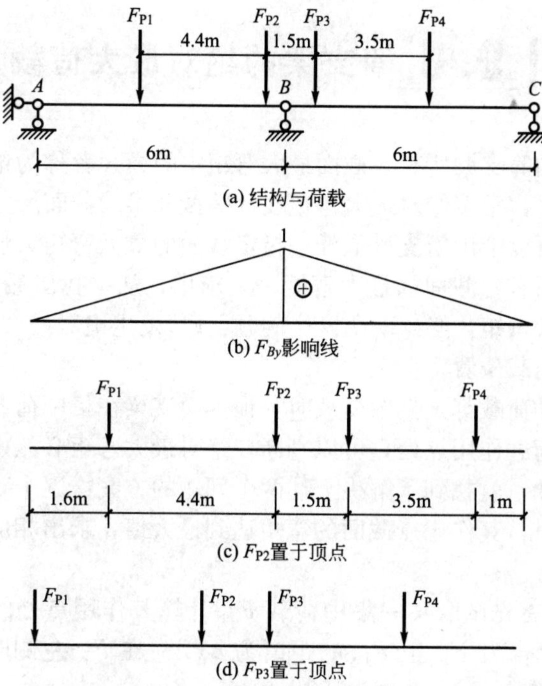

图 9.26 例 9-4 图

(2) 求最大反力 $F_{By\max}$。

将 F_{P2}置于影响线的顶点，如图 9.26(c)所示，按式(9-3)有

$$\begin{cases}\dfrac{152+152}{6}>\dfrac{82+82}{6}\\[2ex]\dfrac{152}{6}<\dfrac{152+82+82}{6}\end{cases}$$

满足判别式，所以 F_{P2}是临界荷载。

将 F_{P3}置于影响线的顶点，如图 9.26(d)所示，按式(9-3)有

$$\begin{cases}\dfrac{152+152+82}{6}>\dfrac{82}{6}\\[2ex]\dfrac{152+152}{6}>\dfrac{82+82}{6}\end{cases}$$

不满足判别式，所以 F_{P3}不是临界荷载。经分析可知，F_{P1}和 F_{P4}不可能是临界荷载，故图 9.26(c)所示即为最不利荷载位置，于是所求最大反力 $F_{By\max}$为

$$\begin{aligned}F_{By\max}&=\sum F_{Pi}y_i=\sum F_{Pi}\tan\alpha_i x_i\\&=\frac{1}{6}(152\times1.6+152\times6)+\frac{1}{6}(82\times4.5+82\times1)\\&=267.7(\text{kN}\cdot\text{m})\end{aligned}$$

9.8 简支梁的绝对最大荷载

由移动荷载引起的简支梁所有各截面最大弯矩中的最大者称为绝对最大弯矩。当简支梁承受移动荷载作用时，常按绝对最大弯矩设计等截面梁的截面尺寸。

利用前述方法，可以求出简支梁上任一指定截面的最大弯矩。但是，由于梁的截面有无限多个，不可能将所有各截面的最大弯矩一一求出，从中找出最大值加以比较，因此，确定简支梁的绝对最大弯矩，必须解决两个问题：(1)发生绝对最大弯矩的截面；(2)该截面发生最大弯矩时的荷载位置。

当梁上作用的移动荷载都是集中荷载时，根据简支梁在集中荷载作用下的弯矩图由直线组成且顶点位置在荷载作用点处，可以判断：绝对最大弯矩必然发生在某一个集中荷载作用处的截面上。据此，就找到了解决上述两个问题的方案：逐个对每一个集中荷载判断该荷载作用于何位置时，其作用点截面的弯矩达到最大值，求出相应的弯矩值并取其中的大者即为所求。

如图 9.27 所示，首先试取某一集中荷载 F_{PK} 计算其作用点处的弯矩值。设 F_{PK} 至 A 支座的距离为 x，梁上合力 F_R 至 F_{PK} 的距离为 a（F_{PK} 在 F_R 左侧时，a 取正值，在右侧时，a 取负值)。由平衡条件 $\sum M_B=0$ 可得

$$F_{Ay}=\frac{F_R}{l}(l-x-a)$$

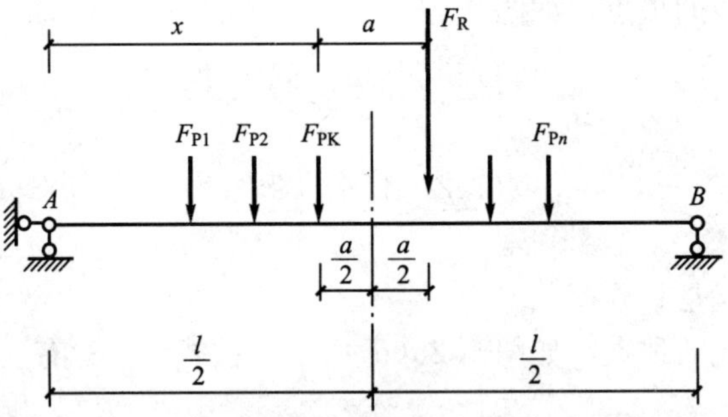

图 9.27 集中荷载作用

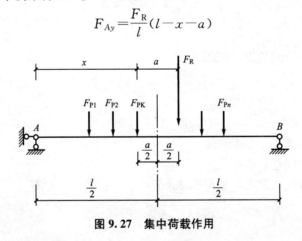

F_{PK} 作用点所在截面的弯矩为

$$M_x=F_{Ay}x-M_K=\frac{F_R}{l}(l-x-a)x-M_K$$

式中，M_K 是 F_{PK} 以左梁上荷载对 F_{PK} 作用点力矩之和，是一个与 x 无关的常数。

当 M_x 为极大值时，根据极值的条件有

$$\frac{dM_x}{dx}=\frac{F_R}{l}(l-2x-a)=0$$

解得

$$x=\frac{l}{2}-\frac{a}{2} \tag{9-5}$$

上式表明，当F_{PK}与合力F_R对称于梁的中点时，F_{PK}之下截面的弯矩达到最大值，其值为

$$M_{max}=\frac{F_R}{l}\left(\frac{l}{2}-\frac{a}{2}\right)^2-M_K \tag{9-6}$$

按式(9－5)和式(9－6)可确定各荷载作用点的最大弯矩，比较后即得绝对最大弯矩。

须注意F_R是梁上实有荷载的合力。若在安排F_R与F_{PK}的位置时，有的荷载离开了梁或另有荷载移至梁上，则应重新计算合力F_R的数值和位置。合力F_R作用线的位置，可用理论力学中已经学过的合力矩定理确定。

上述求解方法是一种精确的解法，但其计算过程仍然比较麻烦。经验表明，在通常情况下，使梁跨中截面产生最大弯矩的临界荷载就是产生绝对最大弯矩的荷载。因此，可按如下步骤求解：

(1) 确定使梁中点截面发生最大弯矩的临界荷载F_{PK}；

(2) 移动荷载组，使F_{PK}与梁上全部荷载的合力F_R对称于梁的中点$\left(x=\frac{l}{2}-\frac{a}{2}\right)$；

(3) 计算该荷载位置时F_{PK}所在截面的弯矩，即为绝对最大弯矩。

与精确计算方法相比，实用解法不需要逐一求出各荷载作用点截面的最大弯矩，简化了计算，而且其计算结果只比跨中截面的最大弯矩稍大一些(约5%以内)，具有足够的可靠性。

【例9－5】 试求图9.28(a)所示简支梁的绝对最大弯矩。已知移动荷载

$$F_{P1}=F_{P2}=F_{P3}=F_{P4}=315\text{kN}$$

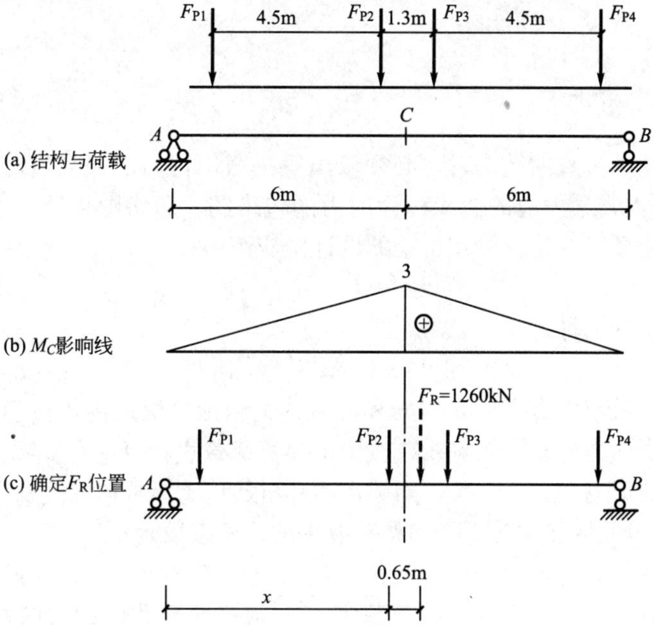

图9.28 例9－5图

【解】 (1) 作跨中截面C的弯矩影响线，如图9.28(b)所示。

(2) 确定临界荷载F_{PK}。根据临界位置判别式可以判断，当F_{P2}和F_{P3}作用于跨中C

时，均为最不利荷载位置。因此，F_{P2}和F_{P3}都可能是产生绝对最大弯矩的临界荷载。由于对称，仅以F_{P2}作为临界荷载来计算绝对最大弯矩。

(3) 设发生绝对最大弯矩时，有四个荷载在梁上，合力F_R为

$$F_R=F_{P1}+F_{P2}+F_{P3}+F_{P4}=1260(\text{kN})$$

F_R至临界荷载F_{P2}的距离a可由合力矩定理求得。对F_{P2}的作用点取矩，则有

$$F_R\times a=1.3\times F_{P3}+5.8\times F_{P4}-4.5\times F_{P1}$$

解得

$$a=0.65(\text{m})$$

将F_R和F_{P2}对称地置于梁的对称轴两侧，如图 9.28(c)所示。临界荷载F_{P2}距左支座A的距离为

$$x=\frac{l}{2}-\frac{a}{2}=5.68(\text{m})$$

则按式(9-6)可得

$$M_{C\max}=\frac{F_R}{l}\left(\frac{l}{2}-\frac{a}{2}\right)^2-M_K$$

$$=\frac{1260}{12}\times5.68^2-315\times4.5=1970.1(\text{kN}\cdot\text{m})$$

9.9 简支梁的内力包络图

9.9.1 包络图的概念

在设计承受移动荷载的结构时，必须求出每一截面内力的最大值(最大正值和最大负值)，连接各截面内力最大值的曲线称为内力的包络图。包络图是结构设计和验算的重要工具，在吊车梁、楼盖的连续梁和桥梁的设计中应用很多。

9.9.2 包络图的绘制

截面的最大和最小内力由恒载内力和活载内力组成。恒载内力按静力平衡条件计算，活载的最大和最小内力可利用影响线或直接由换算荷载表计算。在实际工作中，活载内力须考虑其冲击力的影响(动力作用)，当梁由两片(根)以上组成时，还需考虑荷载的横向分布系数(将空间计算问题转化为平面问题时取用的比例系数)。

设梁所承受的恒载为均布荷载q，某一内力S影响线的正、负面积及总面积分别为$A_{(+)}$、$A_{(-)}$、$\sum A$，活载的换算均布荷载为K，则在恒载和活载共同作用下该内力的最大、最小值的计算式可写为

$$\begin{cases}S_{\max}=S_q+S_{K\max}=q\sum A+\mu\beta KA_{(+)}\\S_{\min}=S_q+S_{K\min}=q\sum A+\mu\beta KA_{(-)}\end{cases}\qquad(9-7)$$

式中：μ为冲击系数；β为横向分布系数。

【例 9-6】 简支吊车梁跨度 $l=12\text{m}$，承受两台吨位相同的吊车荷载如图 9.29(a)所示，冲击系数 $\mu=1.1$，恒载 $q=12\text{kN/m}$。内力包络图如图 9.29(c)、(d)所示。试校核弯矩和剪力包络图中截面 2 的最大内力和最小内力。

【解】 (1) 确定最不利荷载位置：作弯矩 M_2 和剪力 F_{Q2} 的影响线并确定最不利荷载位置(略)，如图 9.29(e)、(f)所示。

(2) 计算恒载弯矩和恒载剪力：

$$M_{2q}=q\sum A=12\times\left(\frac{1}{2}\times12\times2.25\right)=162(\text{kN}\cdot\text{m})$$

$$F_{Q2q}=q\sum A=12\times\left(\frac{1}{2}\times9\times0.75-\frac{1}{2}\times3\times0.25\right)=63(\text{kN}\cdot\text{m})$$

(3) 计算活载弯矩和活载剪力：

$$M_{2P}=\mu\sum F_{Pi}y_i=1.1\times285\times(2.25+1.835+0.685)=1526.75(\text{kN}\cdot\text{m})$$

$$F_{Q2P(+)}=\mu\sum F_{Pi}y_{i(+)}=1.1\times285\times(0.75+0.645+0.228)=508.81(\text{kN})$$

$$F_{Q2P(-)}=\mu\sum F_{Pi}y_{i(-)}=-1.1\times285\times0.25=-78.38(\text{kN})$$

(4) 计算最大内力和最小内力：

$$M_{2\max}=M_{2q}+M_{2P}=162+1526.75=1688.75(\text{kN}\cdot\text{m})$$

$$M_{2\min}=M_{2q}=162(\text{kN}\cdot\text{m})$$

$$F_{Q2\max}=F_{Q2q}+F_{Q2P(+)}=36+508.81=544.81(\text{kN})$$

$$F_{Q2\min}=F_{Q2q}+F_{Q2P(-)}=36-78.38=-42.38(\text{kN})$$

经校核可知，截面 2 的最大内力和最小内力计算正确。

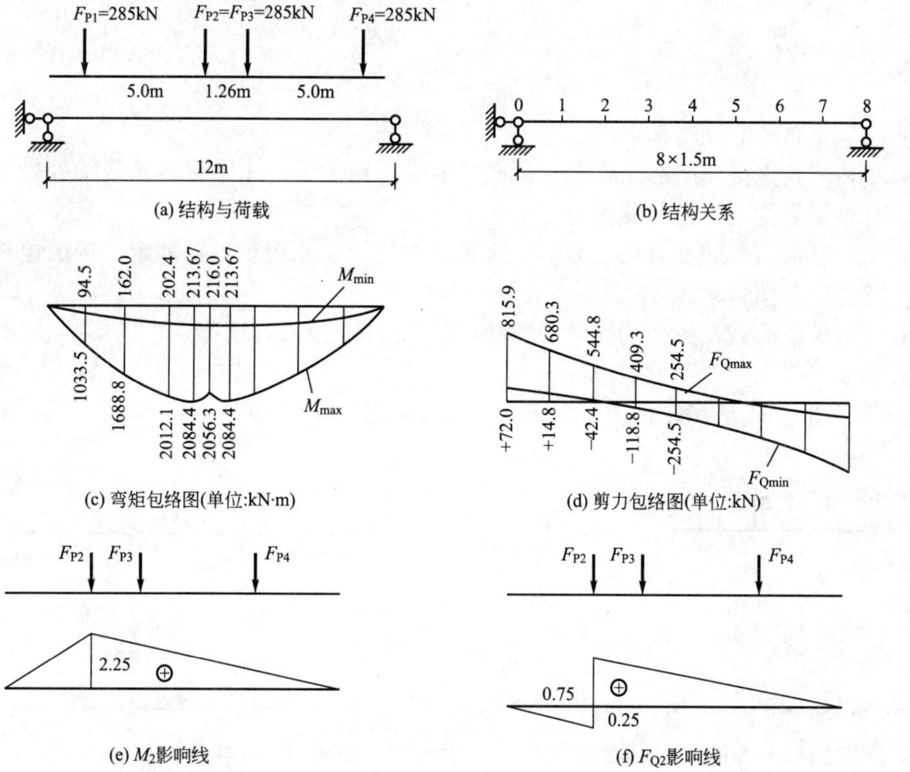

图 9.29 例 9-6 图

本章小结

本章讨论了静定梁和静定桁架的支座反力和内力影响线的做法及其应用，要点包括：内力影响线和内力图的区别；静力法和机动法绘制静定梁、桁架的内力影响线；应用影响线计算影响量，确定最不利荷载位置；简支梁的包络图和绝对最大弯矩。

本章重点是利用静力法和机动法绘制简支梁内力的影响线。

本章中关于公路、铁路的标准荷载制及换算荷载，可作为道桥专业选用的内容。

思考题

9.1　影响线横坐标和纵坐标的物理意义是什么？

9.2　影响线和内力图有什么不同？

9.3　求内力的影响系数方程与求内力有何区别？

9.4　简支梁任一截面剪力影响线左、右两支为什么一定平行？截面处两个突变纵坐标的含义是什么？

9.5　有突变的 F_Q 影响线，能运用临界荷载判别式吗？

习题

9-1　绘制影响线的基本方法有__________和__________。

9-2　荷载直接作用在纵梁上，再通过横梁传到主梁，主梁只在各横梁处受到集中力作用，对主梁来说，这种荷载称为__________或__________。

9-3　静定结构的反力和内力影响线多为__________形状，而静定结构的位移和超静定结构的各种量值，多为__________。

9-4　单位荷载在刚架的横梁上移动，如图 9.30 所示，试作 M_A 的影响线(右侧受拉为正)。

9-5　图 9.31 所示结构的荷载 $F_P=1$ 在 DG 上移动，试作 M_C 和 $F_{QC右}$ 的影响线。

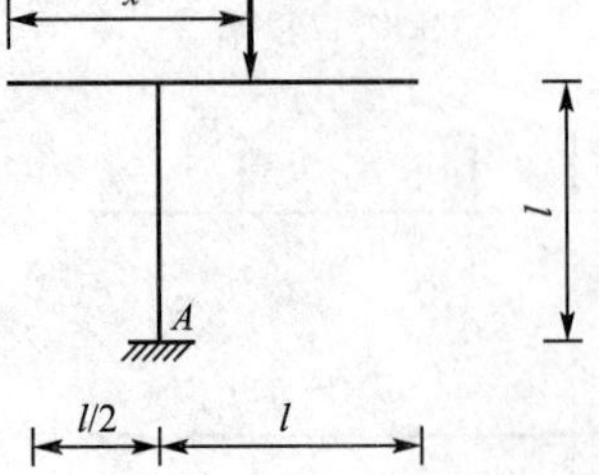

图 9.30　习题 9-4 图

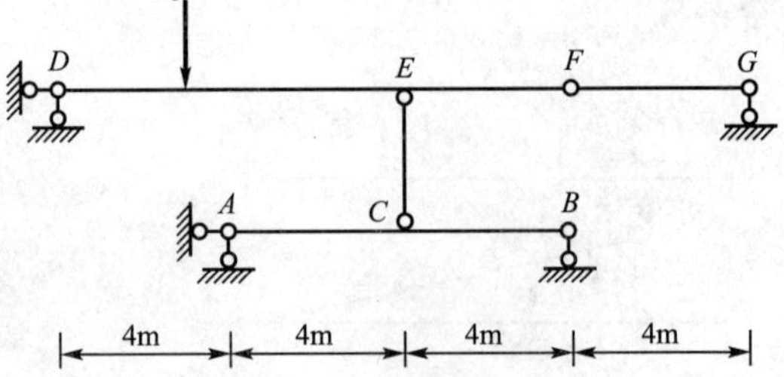

图 9.31　习题 9-5 图

9-6 作图 9.32 所示结构的 M_B 影响线。

9-7 对图 9.33 所示结构：(1)当 $F_P=1$ 在 AB 上移动时，作 M_A 影响线；(2)当 $F_P=1$ 在 BD 上移动时，作 M_A 影响线。

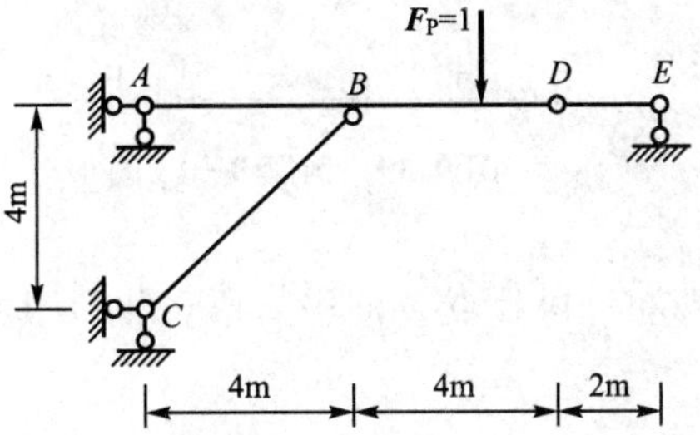

图 9.32 习题 9-6 图

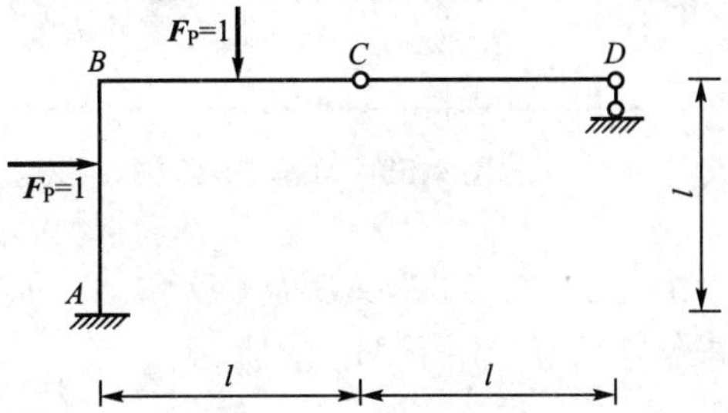

图 9.33 习题 9-7 图

9-8 作图 9.34 所示结构的 M_C、F_{QF} 影响线。设 M_C 以左侧受拉为正。

9-9 单位荷载在桁架上弦移动，如图 9.35 所示，试作 F_{Na} 的影响线。

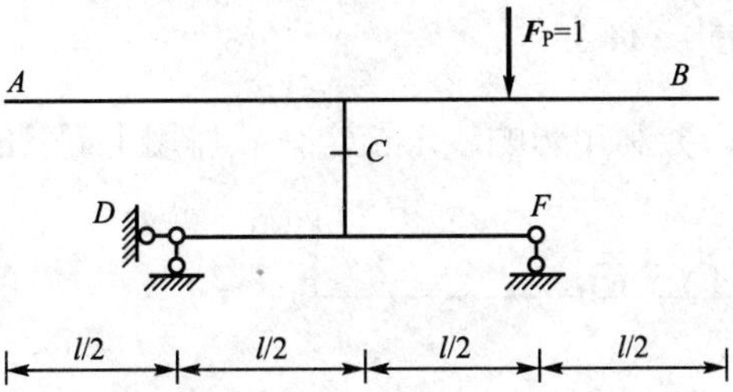

图 9.34 习题 9-8 图

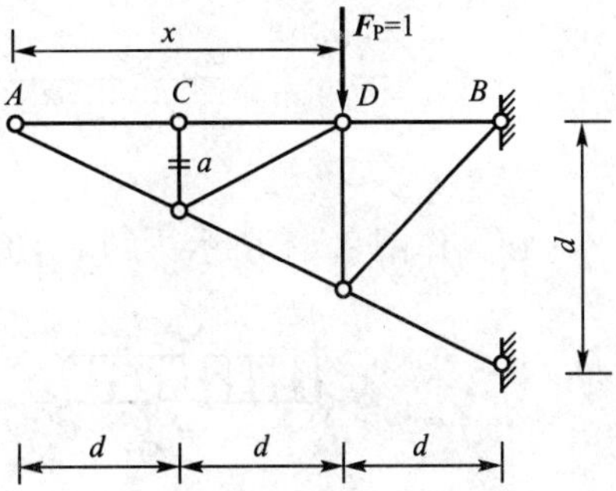

图 9.35 习题 9-9 图

9-10 单位荷载在桁架上弦移动，如图 9.36 所示，试作 F_{Na} 的影响线。

9-11 作图 9.37 所示桁架的 F_{Na} 影响线。

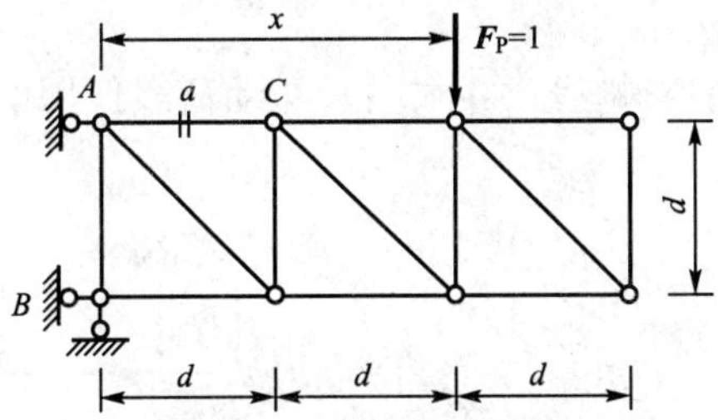

图 9.36 习题 9-10 图

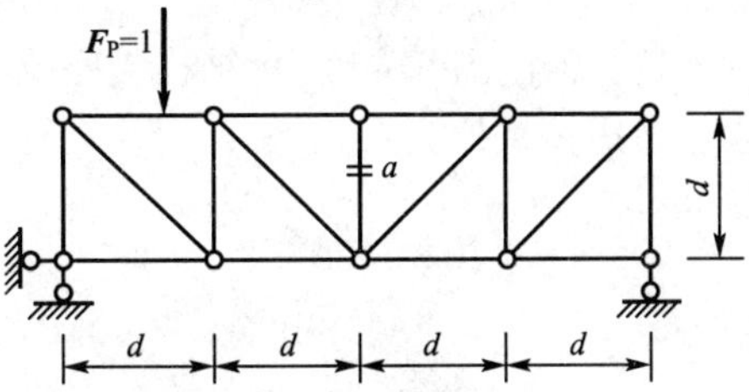

图 9.37 习题 9-11 图

9-12 作图 9.38 所示结构的 $F_{QC右}$ 的影响线。

9-13 作图 9.39 所示梁的 M_A 的影响线，并利用影响线求出给定荷载下的 M_A 值。

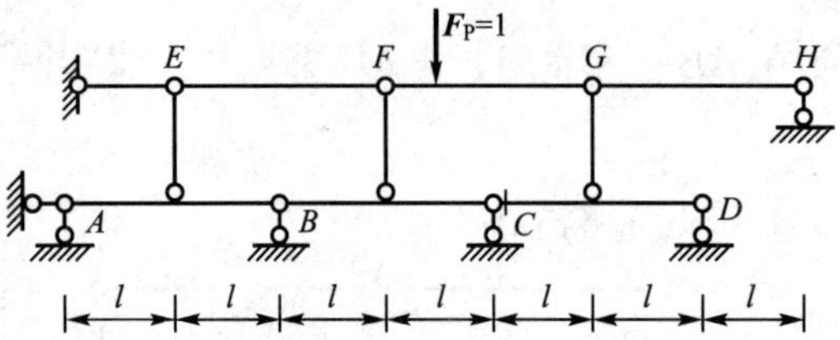

图 9.38　习题 9-12 图

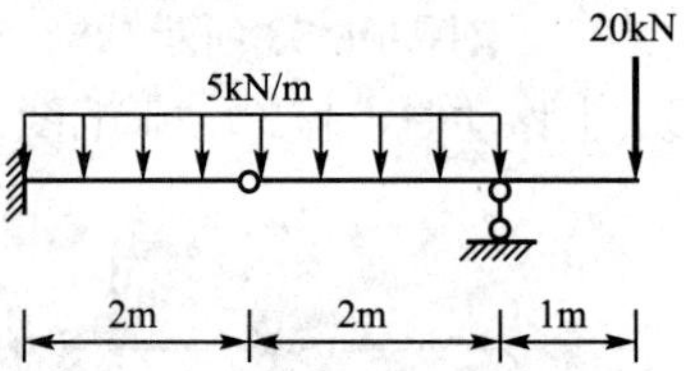

图 9.39　习题 9-13 图

9-14　$F_P=1$ 沿 AB 及 CD 移动，如图 9.40 所示，试作 M_A 的影响线，并利用影响线求给定荷载作用下 M_A 的值。

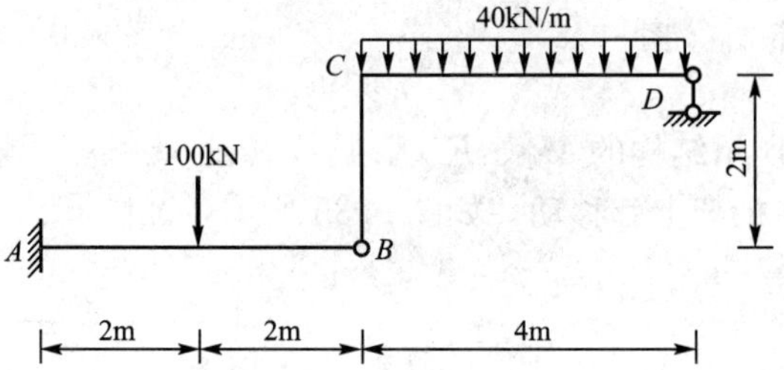

图 9.40　习题 9-14 图

9-15　作图 9.41 所示梁的 F_{QC} 的影响线，并利用影响线求给定荷载作用下 F_{QC} 的值。

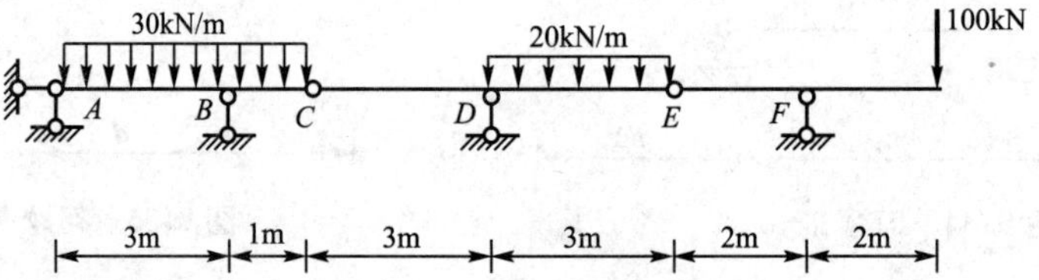

图 9.41　习题 9-15 图

9-16　图 9.42 所示静定梁上有移动荷载组作用，荷载次序不变，试利用影响线求出支座反力 F_{By} 的最大值。

9-17　绘出图 9.43 所示结构支座反力 F_{By} 的影响线，并求图示移动荷载作用下的最大值(要考虑荷载掉头)。

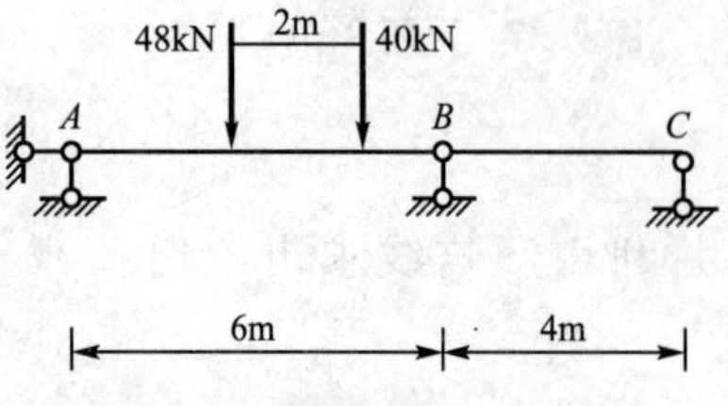

图 9.42　习题 9-16 图

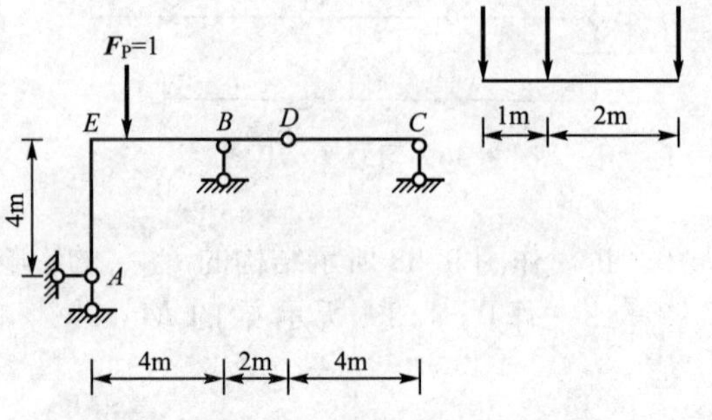

图 9.43　习题 9-17 图

9－18 选择题

图 9.44 中绘制的两量值影响线的形状是(　　)。

A. 图(b)对，图(c)错　　B. 图(b)错，图(c)对

C. 二者皆对　　D. 二者皆错

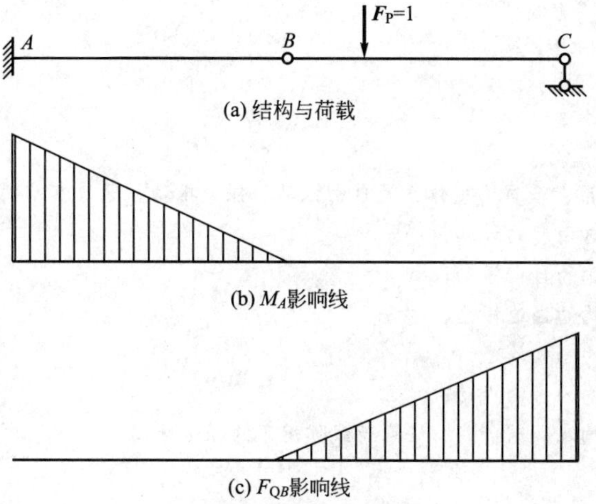

图 9.44　习题 9－18 图

9－19 选择题

图 9.45 中绘制的两量值影响线的形状是(　　)。

A. 图(b)对，图(c)错　　B. 图(b)错，图(c)对

C. 二者皆对　　D. 二者皆错

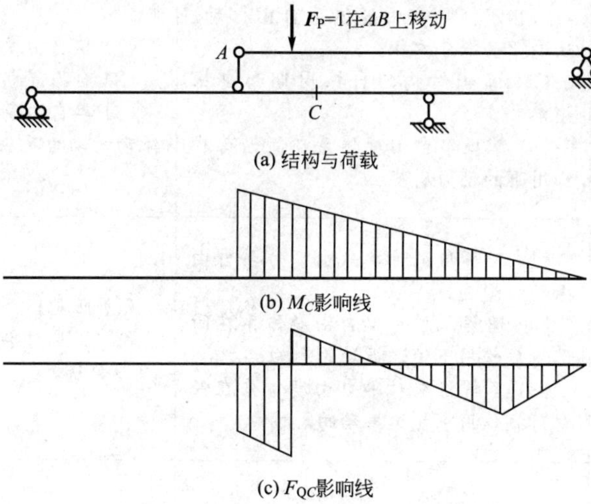

图 9.45　习题 9－19 图

第10章 结构动力学

教学目标

主要讲述单自由度体系、多自由度体系的自由振动和强迫振动。通过本章的学习，应达到以下目标：

(1) 理解结构振动的自由度的计算；

(2) 掌握单自由度结构的自由振动；

(3) 理解单自由度结构的强迫振动；

(4) 理解阻尼对振动的影响；

(5) 理解多自由度结构的自由振动；

(6) 了解多自由度结构在简谐荷载、任意荷载作用下的强迫振动。

教学要求

知识要点	能力要求	相关知识
振动、动力荷载及自由度	(1) 理解动力计算的特点； (2) 了解动力荷载的分类； (3) 掌握结构自由度的确定方法	(1) 动力荷载； (2) 自由度； (3) 动力计算柔度法、刚度法
单自由度结构的振动	(1) 掌握单自由度体系自由振动、强迫振动微分方程； (2) 掌握结构的自振周期和自振频率； (3) 掌握单自由度体系在简谐荷载作用下的动力反应	(1) 单自由度体系振动微分方程； (2) 自振周期、自振频率； (3) 单自由度体系自由振动、强迫振动的动力反应分析
阻尼对振动的影响	(1) 理解阻尼对单自由度体系自由振动的影响； (2) 理解阻尼对单自由度体系在简谐荷载作用下受迫振动的影响； (3) 了解阻尼对单自由度体系在任意荷载作用下受迫振动的影响	(1) 阻尼； (2) 阻尼对单自由度体系自由振动的影响分析
多自由度结构的振动	(1) 理解单多自由度体系自由振动、强迫振动微分方程； (2) 主振型、主振型矩阵； (3) 掌握单自由度体系在简谐荷载作用下的动力反应	(1) 主振型； (2) 主振型的正交性； (3) 振型分解法； (4) 多自由度体系振动分析的刚度法、柔度法

基本概念

自由度、自由振动、强迫振动、阻尼、单自由度、多自由度、频率、柔度法、刚度法。

引言

2008年5月12日14时28分04秒，四川汶川的8级强震猝然袭来，大地颤抖，山河移位，满目疮痍，这是新中国成立以来破坏性最强、波及范围最大的一次地震。此次地震重创约50万平方公里的大地！震区的大部分建筑都坍塌(图10.1)，导致大量的人员伤亡。地震对建筑的作用力是一种偶然的动力荷载，在动力荷载作用下结构产生的荷载效应，是在静力荷载作用下产生的荷载效应的数倍甚至数十倍。所以如何确定建筑结构在动力荷载作用下的效应，是我们在进行建筑设计中必须考虑的问题。

图10.1 汶川地震中损毁的建筑

10.1 概　　述

前面各章讨论的都是结构在静力荷载作用下的计算，现在进一步研究动力荷载对结构的影响。所谓静力荷载，是指施力过程缓慢，不致使结构产生显著的加速度，因而，可以略去惯性力影响的荷载；在静力荷载作用下，结构处于平衡状态，荷载的大小、方向、作用点及由它引起的结构的内力、位移等各种量值都不随时间而变化。反之，若在荷载作用下将使结构产生不容忽视的加速度，则必须考虑惯性力的影响时，则为动力荷载。动力荷载按变化规律，可分为如下几种：

(1) 周期荷载。指随时间按一定周期性规律改变大小的荷载。如按正弦(或余弦)规律改变大小，则称为简谐周期荷载，通常也称为振动荷载。例如具有旋转部件的机器在等速运转时，其偏心质量产生的离心力对结构的影响就是这种荷载。

(2) 冲击荷载。指很快地把全部量值加于结构而作用时间很短即行消失的荷载。例如打桩机的桩锤对桩的冲击、车轮对轨道接头处的撞击等。

(3) 突加荷载。指在一瞬间施加于结构上并继续留在结构上的荷载。例如粮食口袋卸落在仓库地板上时，就是这种荷载。这种荷载包括对结构的突然加载和突然卸载。

(4) 快速移动的荷载。例如高速通过桥梁的列车、汽车等。

(5) 随机荷载。例如风力的脉动作用、波浪对码头的拍击、地震对建筑物的激振等，这种荷载的变化极不规则，在任一时刻的数值无法准确预测，其变化规律不能用确定的函数关系来表达，只能用概率的方法寻求其统计规律。

10.2 结构振动的自由度

图 10.2(a)所示简支梁在跨中固定着一个质量较大的物体 W，如果梁本身的自重较小而可略去，并把重物简化为一个集中质点，则得到图 10.2(b)所示的计算简图。如果不考虑质点 m 的转动和梁轴的伸缩，则质点 m 的位置只要用一个参数 y 就能确定。我们把结构在弹性变形过程中确定全部质点位置所需的独立参数的数目，称为该结构振动的自由度。因此图 10.2 所示的梁在振动中有一个自由度。

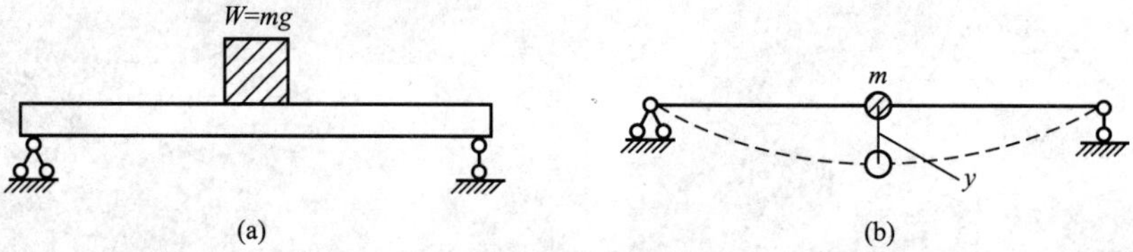

图 10.2　梁的振动

在确定结构振动的自由度时，应注意不能根据结构有几个集中质点就判定它有几个自由度，而应该由确定质点位置所需的独立参数数目来判定。例如图 10.3(a)所示结构，在绝对刚性的杆件上附有三个集中质点，它们的位置只需一个参数即杆件的转角 α 便能确定，故其自由度为 1；又如图 10.3(b)所示简支梁上附有三个集中质量，若梁本身的质量可以略去，又不考虑梁的轴向变形和质点的转动，则其自由度为 3，因为尽管梁的变形曲线可以有无限多种形式，但其上三个质点的位置却只需由挠度 y_1、y_2、y_3 就可确定；又如图 10.3(c)所示刚架虽然只有一个集中质点，但其位置需由水平位移 y_1 和竖向位移 y_2 两个独立参数才能确定，因此自由度为 2。

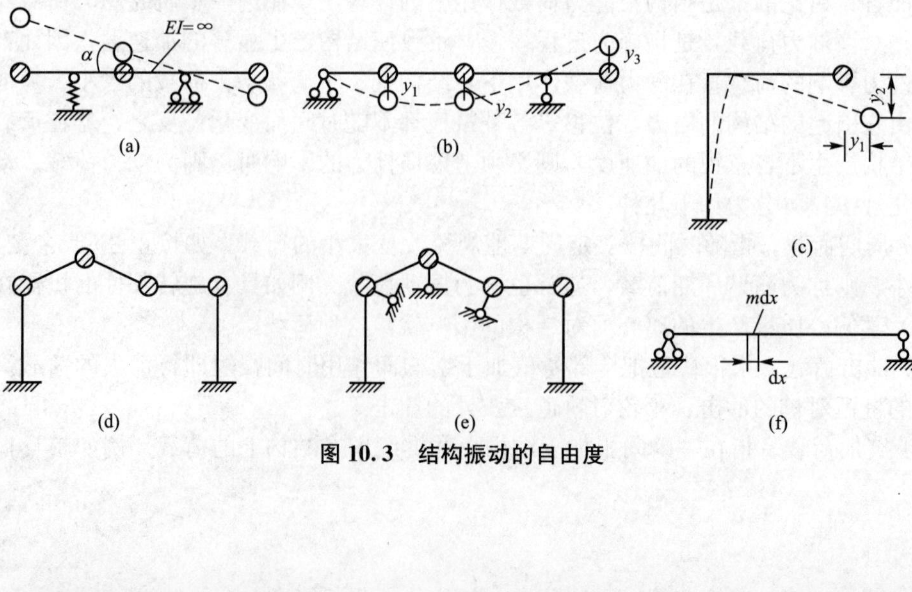

图 10.3　结构振动的自由度

在确定刚架的自由度时，仍引用受弯直杆上任意两点之间的距离保持不变的假定。根据这个假定并加入最少数量的链杆以限制刚架上所有质点的位置，则该刚架的自由度数目即等于所加入链杆的数目。例如图 10.3(d)所示刚架上虽有四个集中质点，但只需加入三根链杆便可限制其全部质点的位置［图 10.3(e)］，故其自由度为 3，可见自由度的数目不完全取决于质点的数目，也与结构是否静定或超静定无关。当然，自由度的数目是随计算要求的精确度不同而有所改变的。如果考虑到质点的转动惯性，则相应地还要增加控制转动的约束，才能确定自由度数。以上是对于具有离散质点的情况而言的。但是，在实际结构中，质量的分布总是比较复杂的，除了有较大的集中质量外，一般还会有连续分布的质量。例如图 10.3(f)所示的梁，其分布质量集度为 m，此时，可看作是无穷多个 $m\mathrm{d}x$ 的集中质量，所以它是无限自由度结构。当然，完全按实际结构进行计算，情况会变得很复杂，因此我们常常针对某些具体问题采用一定的简化措施，把实际结构简化为单个或多个自由度的结构进行计算。例如图 10.4(a)所示机器的块式基础，当机器运转时，若只考虑基础的垂直振动，则可用弹簧表示地基的弹性，用一个集中质量代表基础的质量，即可简化为图示的支承集中质量的弹簧，使结构转化为单自由度结构。又如图 10.4(b)所示的水塔，顶部水池较重，塔身质量较轻，在略去次要因素后，就可简化为图示的直立悬臂梁在顶端支承集中质量的单自由度结构。

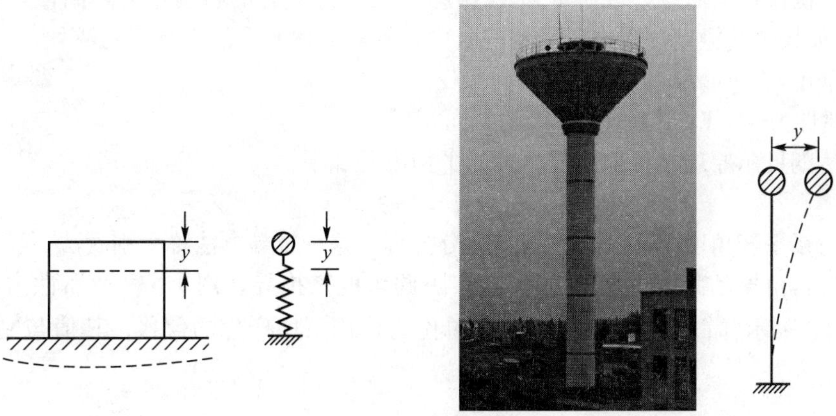

(a) (b)

图 10.4 实际结构的简化

10.3 单自由度结构的自由振动

所谓自由振动，是指结构在振动进程中不受外部干扰力作用的振动。产生自由振动的原因只是由于在初始时刻的干扰。初始的干扰有两种情况，一种是由于结构具有初始位移，另一种则是由于结构具有初始速度；又或者这两种干扰同时存在。

图 10.5(a)所示的悬臂立柱在顶部有一重物，质量为 m，设柱本身的质量比 m 小得多，可以忽略不计。因此，该体系只有一个自由度。

假设由于外界的干扰，质点 m 离开了静止平衡位置，干扰消失后，由于立柱弹性力的影响，质点 m 沿水平方向产生自由振动，在任一时刻 t，质点的水平位移为 $y(t)$。

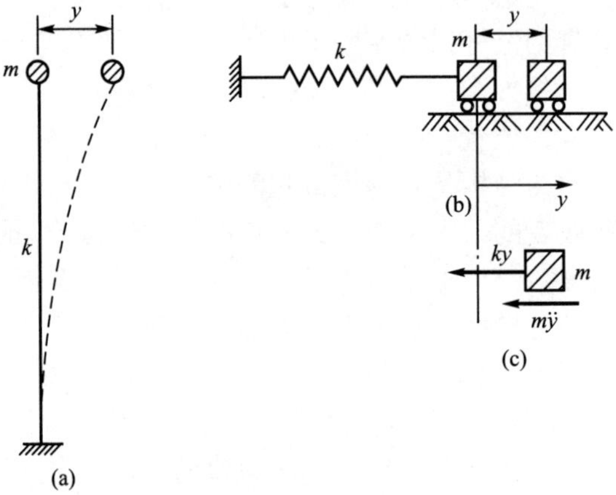

图 10.5　自由振动

把图 10.5(a)中的体系用图 10.5(b)所示的弹簧模型来表示。原来由立柱对质量 m 所提供的弹性力这里改用弹簧来提供。因此，弹簧的刚度系数 k 应使之与立柱的刚度系数(使柱顶产生单位水平位移时在柱顶所需施加的水平力)相等。

以静平衡位置为原点，取质量 m 在振动中位置为 y 时的状态作为隔离体，如图 10.5(c)所示。如果忽略振动过程中所受到的阻力，则隔离体所受的力有下列两种：

(1) 弹性力 $-ky$，与位移 y 的方向相反；

(2) 惯性力 $-m\ddot{y}$，与加速度 $\ddot{y}$ 的方向相反。

根据达朗贝尔原理，可列出隔离体的平衡方程如下：

$$m\ddot{y}+ky=0 \tag{10-1}$$

这就是从力系平衡角度建立的自由振动微分方程。这种推导方法称为刚度法。

另外，自由振动微分方程也可从位移协调角度来推导。用 F_1 表示惯性力，即 $F_1=-m\ddot{y}$；用 δ 表示弹簧的柔度系数，即在单位力作用下所产生的位移，其值与刚度系数 k 互为倒数：

$$\delta=\frac{1}{k} \tag{a}$$

则质量 m 的位移为

$$y=F_1\delta=(-m\ddot{y})\delta \tag{b}$$

上式表明：质量 m 在运动过程中任一时刻的位移等于在当时惯性力作用下的静力位移。

将式(a)代入式(b)，整理后仍得到式(10-1)。这里是从位移协调的角度建立自由振动微分方程的。这种推导方法称为柔度法。

将单自由度体系自由振动微分方程式(10-1)改写为

$$\ddot{y}+\omega^2 y=0 \tag{10-2}$$

式中

$$\omega=\sqrt{\frac{k}{m}} \tag{c}$$

式(10-2)是一个齐次方程，其通解为

$$y(t)=C_1\sin\omega t+C_2\cos\omega t \tag{d}$$

系数 C_1 和 C_2 可由初始条件确定。设在初始 $t=0$ 时刻质点有初始位移 y_0 和初始速度 v_0，即

$$y(0)=y_0, \quad \dot{y}(0)=v_0$$

由此解出：

$$C_1=\frac{v_0}{\omega}, \quad C_2=y_0$$

代入式(d)即得

$$y(t)=y_0\cos\omega t+\frac{v_0}{\omega}\sin\omega t \tag{10-3}$$

由式(10-3)看出，振动是由两部分所组成的：

一部分是单独由初始位移 y_0(没有初始速度)引起的，质点按 $y_0\cos\omega t$ 的规律振动，如图 10.6(a)所示；另一部分是单独由初始速度(没有初始位移)引起的，质点按 $\frac{v_0}{\omega}\sin\omega t$ 的规律振动，如图 10.6(b)所示。式(10-3)还可改写为

$$y(t)=a\sin(\omega t+\alpha) \tag{10-4}$$

其图形如图 10.6(c)所示。式中参数 a 称为振幅，α 称为初始相位角。

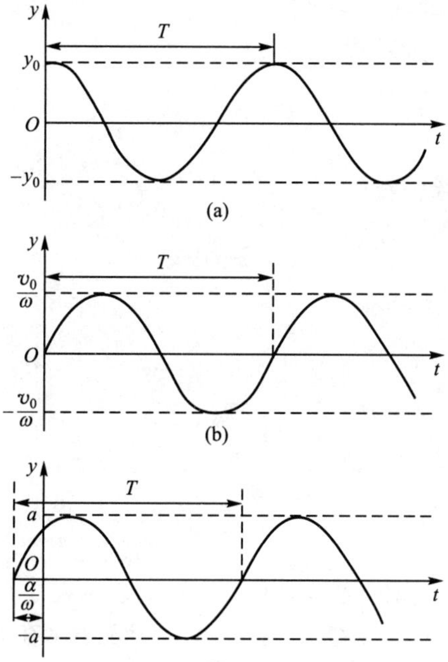

图 10.6 振动曲线

参数 a、α 与参数 y_0、v_0 之间的关系可导出如下：先将式(10-4)的右边展开，得

$$y(t)=a\sin\alpha\cos\omega t+a\cos\alpha\sin\omega t$$

再与式(10-3)比较，即得

$$y_0=a\sin\alpha, \quad \frac{v_0}{\omega}=a\cos\alpha$$

或

$$a=\sqrt{y_0^2+\frac{v_0^2}{\omega^2}},\quad \alpha=\tan^{-1}\frac{y_0\omega}{v_0} \tag{10-5}$$

式(10-4)的右边是一个周期函数，其周期为

$$T=\frac{2\pi}{\omega} \tag{10-6}$$

不难验证，式(10-4)中的位移 $y(t)$ 确实满足周期运动的下列条件：

$$y(t+T)=y(t)$$

这就表明，在自由振动过程中，质点每隔一段时间 T 又回到原来的位置，因此 T 称为结构的自振周期。自振周期的倒数称为频率，记作 f，即

$$f=\frac{1}{T}=\frac{\omega}{2\pi} \tag{10-7}$$

频率 f 表示单位时间内的振动次数，其常用单位为 s^{-1} 或 Hz。

ω 可称为圆频率或角频率(习惯上有时也称为频率)：

$$\omega=2\pi f \tag{10-8}$$

ω 表示在 2π 个单位时间内的振动次数。

下面给出自振周期计算公式的几种形式：

(1) 将式(c)代入式(10-6)，得

$$T=2\pi\sqrt{\frac{m}{k}} \tag{10-9a}$$

(2) 将式 $\frac{1}{k}=\delta$ 代入上式，得

$$T=2\pi\sqrt{m\delta} \tag{10-9b}$$

(3) 将式 $m=\frac{W}{g}$ 代入上式，得

$$T=2\pi\sqrt{\frac{W\delta}{g}} \tag{10-9c}$$

(4) 将式 $W\delta=\Delta_{st}$ 代入上式，得

$$T=2\pi\sqrt{\frac{\Delta_{st}}{g}} \tag{10-9d}$$

以上式中，δ 为沿质点振动方向的结构柔度系数，它表示在质点上沿振动方向施加单位荷载时质点沿振动方向所产生的静位移。因此，$\Delta_{st}=W\delta$ 表示在质点上沿振动方向施加数值为 W 的荷载时，质点沿振动方向所产生的静位移。同样，利用式(10-8)，可得出圆频率的计算公式如下：

$$\omega=\sqrt{\frac{k}{m}}=\frac{1}{\sqrt{m\delta}}=\sqrt{\frac{g}{W\delta}}=\sqrt{\frac{g}{\Delta_{st}}} \tag{10-10}$$

由上面的分析可以看出结构自振周期 T 的以下重要性质：

(1) 自振周期与结构的质量和结构的刚度有关，而且只与这两者有关，与外界的干扰因素无关。干扰力的大小只能影响振幅 a 的大小，而不能影响结构自振周期 T 的大小。

(2) 自振周期与质量的平方根成正比，质量越大，则周期越大(频率 f 越小)；自振周

期与刚度的平方根成反比，刚度越大，则周期越小(频率 f 越大)。要改变结构的自振周期，只有从改变结构的质量或刚度着手。

(3) 自振周期 T 是结构动力性能的一个很重要的数量标志。两个外表相似的结构，如果周期相差很大，则动力性能就相差很大；反之，两个外表看来并不相同的结构，如果其自振周期相近，则在动力荷载作用下其动力性能基本一致，地震中常发现这样的现象。

【例 10-1】 图 10.7 所示三种支承情况的梁，其跨度都为 l，且 EI 都相等，在中点有一集中质量 m。当不考虑梁的自重时，试比较这三者的自振频率。

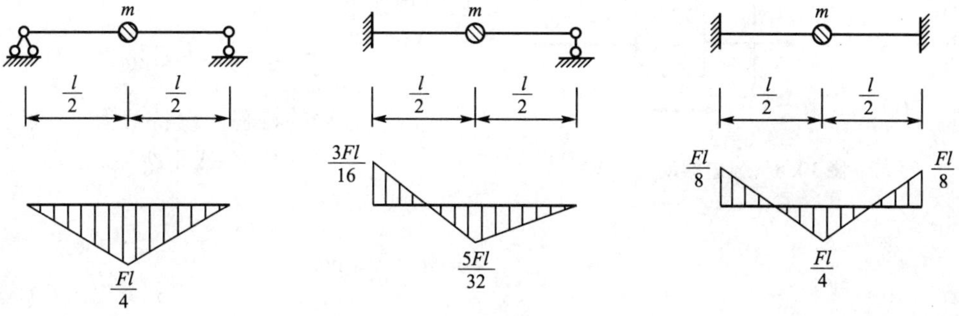

(a) M图1　(b) M图2　(c) M图3

图 10.7　例 10-1 图

【解】 由式(10-10)可知，在计算单自由度结构的自振频率时，可先求出该结构在重力 $F=mg$ 作用下的静力位移。根据位移计算方法，可求出这三种情况相应的静力位移分别为

$$\Delta_1=\frac{Fl^3}{48EI},\quad \Delta_2=\frac{7Fl^3}{768EI},\quad \Delta_3=\frac{Fl^3}{192EI}$$

代入式(10-10)，即可求得三种情况的自振(圆)频率分别为

$$\omega_1=\sqrt{\frac{48EI}{ml^3}},\quad \omega_2=\sqrt{\frac{768EI}{7ml^3}},\quad \omega_3=\sqrt{\frac{192EI}{ml^3}}$$

据此得

$$\omega_1:\omega_2:\omega_3=1:1.51:2$$

此例说明随着结构刚度的加大，其自振频率也相应增高。

10.4 单自由度结构的强迫振动

结构在动荷载作用下的振动，称为强迫振动或受迫振动。图 10.8(a)所示为单自由度体系的振动模型，质量为 m，弹簧刚度系数为 k，承受动荷载 $F_P(t)$。取质量 m 作为隔离体，如图 10.8(b)所示。弹性力 $-ky$、惯性力 $-m\ddot{y}$ 和动荷载 $F_P(t)$ 之间的平衡方程为

$$m\ddot{y}+ky=F_P(t)$$

或写成

$$\ddot{y}+\omega^2 y=\frac{F_P(t)}{m} \tag{10-11}$$

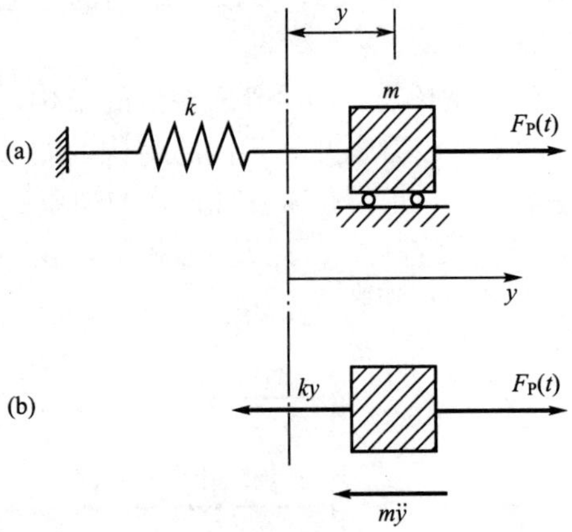

图 10.8　强迫振动

式中，ω 仍为$\sqrt{\dfrac{k}{m}}$。式(10－11)就是单自由度体系强迫振动的微分方程。

设体系承受如下的简谐荷载：

$$F_P(t)=F\sin\theta t \tag{a}$$

式中：θ 为简谐荷载的圆频率；F 为荷载的最大值，称为幅值。将式(a)代入式(10－11)，即得运动方程如下：

$$\ddot{y}+\omega^2 y=\frac{F}{m}\sin\theta t \tag{b}$$

先求该方程的特解。设特解为

$$y(t)=A\sin\theta t \tag{c}$$

将式(c)代入式(b)，得

$$(-\theta^2+\omega^2)A\sin\theta t=\frac{F}{m}\sin\theta t$$

由此得

$$A=\frac{F}{m(\omega^2-\theta^2)}$$

因此特解为

$$y(t)=\frac{F}{m\omega^2\left(1-\dfrac{\theta^2}{\omega^2}\right)}\sin\theta t \tag{d}$$

如令

$$y_{st}=\frac{F}{m\omega^2}=F\delta \tag{e}$$

则 y_{st}可称为最大静位移(即把荷载最大值 F 当作静荷载作用时结构所产生的位移)，而特解(d)可写为

$$y(t)=y_{st}\frac{1}{\left(1-\dfrac{\theta^2}{\omega^2}\right)}\sin\theta t \tag{f}$$

微分方程的齐次解已在上节求出，故得通解如下：

$$y(t)=C_1\sin\omega t+C_2\cos\omega t+y_{st}\frac{1}{\left(1-\dfrac{\theta^2}{\omega^2}\right)}\sin\theta t \tag{g}$$

积分常数 C_1 和 C_2 需由初始条件来求。设在 $t=0$ 时的初始位移和初始速度均为零，则得

$$C_1=-y_{st}\frac{\dfrac{\theta}{\omega}}{1-\dfrac{\theta^2}{\omega^2}},\quad C_2=0$$

代入式(g)即得

$$y(t)=y_{st}\frac{1}{1-\frac{\theta^2}{\omega^2}}\left(\sin\theta t-\frac{\theta}{\omega}\sin\omega t\right) \tag{10-12}$$

由此看出，该振动是由两部分合成的：第一部分按荷载频率 θ 振动，第二部分按自振频率 ω 振动。由于在实际振动过程中存在着阻尼力(参看下节)，因此按自振频率振动的那一部分将会逐渐消失，最后只余下按荷载频率振动的那一部分。通常把振动刚开始两种振动同时存在的阶段称为“过渡阶段”，而把后来只按荷载频率振动的阶段称为“平稳阶段”。由于过渡阶段延续的时间较短，因此在实际问题中平稳阶段的振动较为重要。

对于平稳阶段的振动，任一时刻的位移为

$$y(t)=y_{st}\frac{1}{1-\frac{\theta^2}{\omega^2}}\sin\theta t$$

最大位移(即振幅)为

$$[y(t)]_{max}=y_{st}\frac{1}{1-\frac{\theta^2}{\omega^2}}$$

最大动位移$[y(t)]_{max}$与最大静位移 y_{st}的比值称为动力系数，用 β 表示，即

$$\beta=\frac{[y(t)]_{max}}{y_{st}}=\frac{1}{1-\frac{\theta^2}{\omega^2}} \tag{10-13}$$

由此看出，动力系数 β 是频率比值$\frac{\theta}{\omega}$的函数，函数图形如图 10.9 所示，其中横坐标为$\frac{\theta}{\omega}$，纵坐标为 β 的绝对值(注意，当$\frac{\theta}{\omega}>1$ 时，β 为负值)。

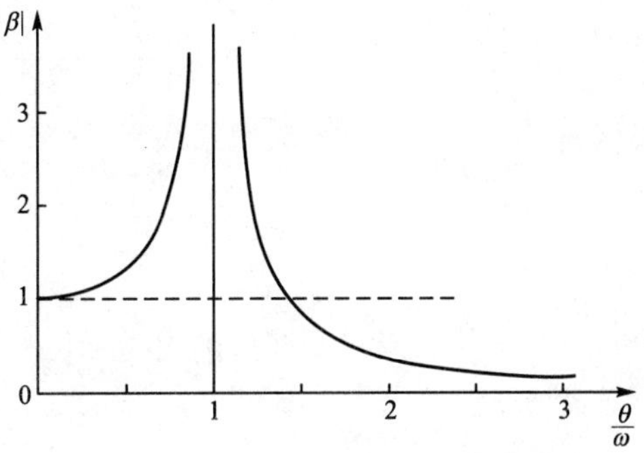

图 10.9 动力系数 β 的函数图形

由图 10.9 可看出如下特性：

(1) 当$\frac{\theta}{\omega}\to 0$ 时，动力系数 $\beta\to 1$。这时简谐荷载的数值虽然随时间变化，但变化得非常慢(与结构的自振周期相比)，因而可当作静荷载处理。

(2) 当 $0<\frac{\theta}{\omega}<1$ 时，动力系数 $\beta>1$，且 β 随$\frac{\theta}{\omega}$的增大而增大。

(3) 当$\frac{\theta}{\omega}\to 1$ 时，$|\beta|\to\infty$，即当荷载频率 θ 接近于结构自振频率 ω 时，振幅会无限增大。这种现象称为“共振”。实际上由于存在阻尼力的影响，共振时也不会出现振幅为无限大的情况，但是共振时的振幅比静位移大很多倍的情况是可能出现的(还需指出，共振现象的形成有一个过程，振幅是由小逐渐变大的，并不是一开始就很大。在简谐振动实验中可以看到这个发展过程)。

(4) 当$\frac{\theta}{\omega}>1$时，β的绝对值随$\frac{\theta}{\omega}$的增大而减小。

以上分析了在简谐荷载作用下结构位移幅度随$\frac{\theta}{\omega}$变化的情况。对于结构内力(例如弯矩)，也存在着类似的情况。

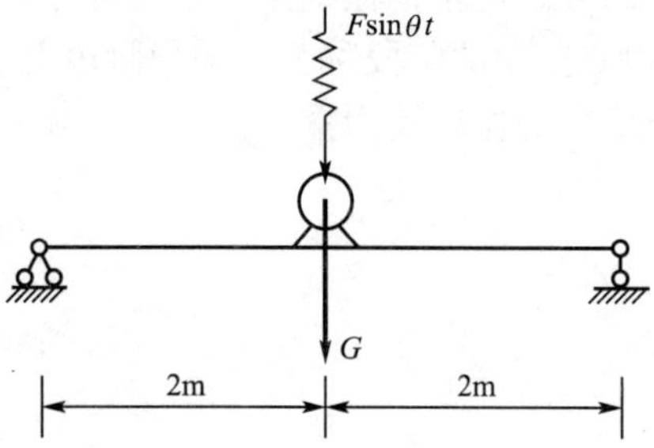

图 10.10　例 10-2 图

【例 10-2】 重量$G=35\text{kN}$的发电机置于简支梁的中点上，如图 10.10 所示，并知梁的惯性矩$I=8.8\times10^{-5}\text{m}^4$，$E=210\text{GPa}$，发电机转动时其离心力的垂直分力为$F\sin\theta t$，且$F=10\text{kN}$。若不考虑阻尼，试求当发电机转速为$n=500\text{r/min}$时梁的最大弯矩和挠度(梁的自重可略去不计)。

【解】 由例 10-1 可知，在发电机的重量作用下，梁中点的最大静力位移为

$$\Delta_{st}=\frac{Gl^3}{48EI}=\frac{35\times10^3\text{N}\times(4\text{m})^3}{48\times210\times10^9(\text{N/m}^2)\times8.8\times10^{-5}\text{m}^4}=2.53\times10^{-3}\text{m}$$

故自振频率为

$$\omega=\sqrt{\frac{g}{\Delta_{st}}}=\sqrt{\frac{9.81\text{m/s}^2}{2.53\times10^{-3}\text{m}}}=62.3\text{s}^{-1}$$

干扰力的频率为

$$\theta=\frac{2\pi n}{60}=\frac{2\times3.14\times500}{60}\text{s}^{-1}=52.3\text{s}^{-1}$$

根据式(10-13)可求得动力系数为

$$\beta=\frac{1}{1-\frac{\theta^2}{\omega^2}}=\frac{1}{1-\left(\frac{52.3\text{s}^{-1}}{62.3\text{s}^{-1}}\right)^2}=3.4$$

故知由此干扰力影响所产生的内力和位移等于静力影响的 3.4 倍。据此求得梁中点的最大弯矩为

$$M_{max}=M^G+\beta M_{st}^F=\frac{35\text{kN}\times4\text{m}}{4}+\frac{3.4\times10\text{kN}\times4\text{m}}{4}=69\text{kN}\cdot\text{m}$$

梁中点最大挠度为

$$y_{max}=\frac{Gl^3}{48EI}+\beta\frac{Fl^3}{48EI}=\frac{(35+3.4\times10)\times10^3\text{N}\times(4\text{m})^3}{48\times210\times10^9(\text{N/m}^2)\times8.8\times10^{-5}\text{m}^4}=4.98\times10^{-3}\text{m}=4.98\text{mm}$$

10.5 阻尼对振动的影响

以上是在忽略阻尼影响的条件下研究体系的振动问题。所得的结果大体上反映实际结构的振动规律，例如结构的自振频率是结构本身一个固有值的结论，在简谐荷载作用下有可能出现共振现象的结论，等等。但是也有一些结果与实际振动情况不尽相符，例如自由振动时振幅永不衰减的结论、共振时振幅可趋于无限大的结论，等等。因此为了进一步了

解结构的振动规律，有必要对阻尼力这个因素加以考虑。

振动中的阻尼力有多种来源，例如振动过程中结构与支承之间的摩擦、材料之间的内摩擦、周围介质的阻力，等等。

阻尼力对质点运动起阻碍作用。从方向上看，它总是与质点的速度方向相反。从数值上看，它与质点速度有如下的关系：

(1) 阻尼力与质点速度成正比，这种阻尼力比较常用，称为黏滞阻尼力；

(2) 阻尼力与质点速度的平方成正比，固体在流体中运动受到的阻力属于这一类；

(3) 阻尼力的大小与质点速度无关，摩擦力属于这一类。

在上述几种阻尼力中，黏滞阻尼力的分析比较简便，其他类型的阻尼力也可化为等效黏滞阻尼力来分析。因此，下面只对黏滞阻尼力的情形加以讨论。

具有阻尼的单自由度体系的振动模型如图 10.11(a)所示，体系的质量为 m，承受动荷载 $F_P(t)$的作用。体系的弹性性质用弹簧表示，弹簧的刚度系数为 k。体系的阻尼性质用阻尼减振器表示，阻尼常数为 c。取质量 m 为隔离体，如图 10.11(b)所示，弹性力$-ky$、阻尼力$-c\dot{y}$、惯性力$-m\ddot{y}$ 和动荷载 $F_P(t)$之间的平衡方程为

$$m\ddot{y}+c\dot{y}+ky=F_P(t) \tag{10-14}$$

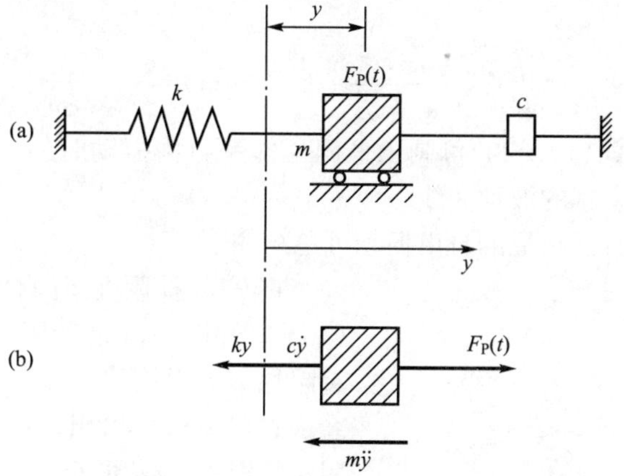

图 10.11　有阻尼的单自由度体系的振动模型

下面分别讨论有阻尼的自由振动和强迫振动。

10.5.1　有阻尼的自由振动

在式(10-14)中令 $F_P(t)$为零，即为自由振动的方程，它可改写为

$$\ddot{y}+2\xi\omega\dot{y}+\omega^2y=0 \tag{10-15}$$

式中

$$\omega=\sqrt{\frac{k}{m}},\quad \xi=\frac{c}{2m\omega} \tag{10-16}$$

设微分方程式(10-15)的解为如下形式：

$$y(t)=Ce^{\lambda t}$$

则 λ 由下列特征方程所确定：

$$\lambda^2+2\xi\omega\lambda+\omega^2=0$$

其解为

$$\lambda=\omega(-\xi\pm\sqrt{\xi^2-1}) \tag{10-17}$$

根据 $\xi<1$、$\xi=1$、$\xi>1$ 三种情况，可得出三种运动形态，现分述如下。

(1) 考虑 $\xi<1$ 的情况(即低阻尼情况)。令

$$\omega_r=\omega\sqrt{1-\xi^2} \tag{10-18}$$

则

$$\lambda=-\xi\omega\pm i\omega_r$$

此时，式(10-15)的解为

$$y(t)=e^{-\xi\omega t}(C_1\cos\omega_r t+C_2\sin\omega_r t)$$

再引入初始条件，即得

$$y(t)=e^{-\xi\omega t}\left(y_0\cos\omega_r t+\frac{v_0+\xi\omega y_0}{\omega_r}\sin\omega_r t\right) \tag{10-19}$$

上式也可写成

$$y(t)=e^{-\xi\omega t}a\sin(\omega_r+\alpha) \tag{10-20}$$

式中

$$a=\sqrt{y_0^2+\frac{(v_0+\xi\omega y_0)^2}{\omega_r^2}},\quad \tan\alpha=\frac{y_0\omega_r}{v_0+\xi\omega y_0}$$

由式(10-19)或式(10-20)可画出低阻尼体系自由振动时的 $y-t$ 曲线，如图 10.12 所示。这是一条逐渐衰减的波动曲线。

根据以上解答，对低阻尼的自由振动可总结如下：

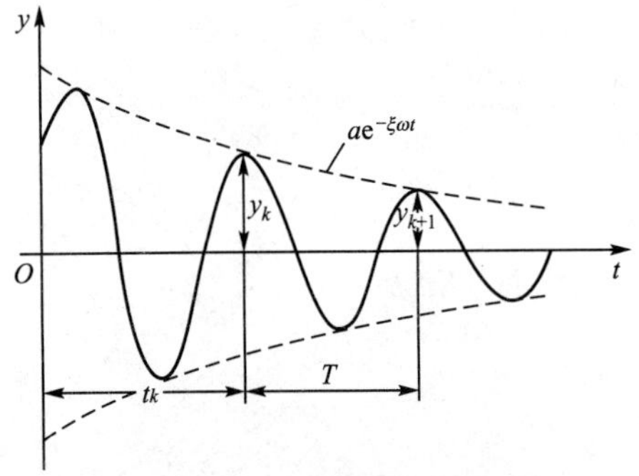

图 10.12 低阻尼体系自由振动曲线

首先，看阻尼对自振频率的影响。在式(10-20)中，ω_r 是低阻尼体系的自振圆频率。有阻尼与无阻尼的自振圆频率 ω_r 和 ω 之间的关系由式(10-18)给出。由此可知，在 $\xi<1$ 的低阻尼情况下，ω_r 恒小于 ω，而且 ω_r 随 ξ 值的增大而减小。此外，在通常情况下，ξ 是一个较小的数。如果 $\xi<0.2$，则 $0.96<\frac{\omega_r}{\omega}<1$，即 ω_r 和 ω 的值很相近。因此，在 $\xi<0.2$ 的情况下，阻尼对自振频率的影响不大，可以忽略。

其次，看阻尼对振幅的影响。在式(10-20)中，振幅为 $ae^{-\xi\omega t}$。由此可看出，由于阻尼的影响，振幅随时间而逐渐衰减。还可看出，经过一个周期 T 后，相邻两个振幅 y_{k+1} 与 y_k 的比值为

$$\frac{y_{k+1}}{y_k}=\frac{e^{-\xi\omega(t_k+T)}}{e^{-\xi\omega t_k}}=e^{-\xi\omega T}$$

可见 ξ 值越大，则衰减速度越快。

由上式可得

$$\ln\frac{y_k}{y_{k+1}}=\xi\omega\frac{2\pi}{\omega_r}$$

因此

$$\xi=\frac{1}{2\pi}\frac{\omega_r}{\omega}\ln\frac{y_k}{y_{k+1}}$$

如果 $\xi<0.2$，则 $\frac{\omega_r}{\omega}\approx1$，从而有

$$\xi\approx\frac{1}{2\pi}\ln\frac{y_k}{y_{k+1}}$$

这里 $\ln\frac{y_k}{y_{k+1}}$ 称为振幅的对数递减率。同样，用 y_k 和 y_{k+n} 表示两个相隔 n 个周期的振幅，可得

$$\xi=\frac{1}{2\pi n}\frac{\omega_r}{\omega}\ln\frac{y_k}{y_{k+n}}$$

当 $\frac{\omega_r}{\omega}\approx1$ 时有

$$\xi\approx\frac{1}{2\pi n}\ln\frac{y_k}{y_{k+n}}$$

(2) 考虑 $\xi=1$ 的情形。此时由式(10-17)可得

$$\lambda=-\omega$$

因此，式(10-15)的解为

$$y=(C_1+C_2t)e^{-\omega t}$$

再引入初始条件得到

$$y=[y_0(1+\omega t)+v_0t]e^{-\omega t}$$

该 $y-t$ 曲线如图 10.13 所示。这条曲线仍然具有衰减性质，但不具有图 10.12 那样的波动性质。

综合以上的讨论可知：当 $\xi<1$ 时，体系在自由反应中是会引起振动的；而当阻尼增大到 $\xi=1$ 时，体系在自由反应中即不再引起振动，这时的阻尼常数称为临界阻尼常数，用 c_r 表示。在式(10-16)中令 $\xi=1$，即知临界阻尼常数为

$$c_r=2m\omega=2\sqrt{mk} \qquad (10-21)$$

由式(10-16)和式(10-21)得

$$\xi=\frac{c}{c_r}$$

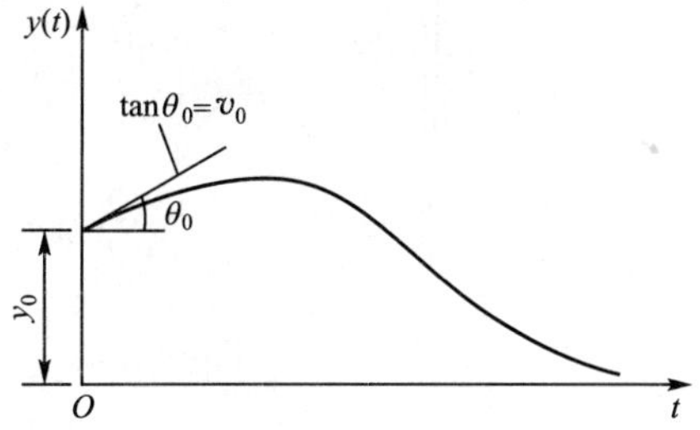

图 10.13　y—t 曲线

参数 ξ 表示阻尼常数 c 与临界阻尼常数 c_r 的比值，称为阻尼比。阻尼比 ξ 是反映阻尼情况的基本参数，它的数值可以通过实测得到。例如，在低阻尼体系中，如果我们测得了两个振幅值 y_k 和 y_{k+n}，则由式(10-20)即可推算出 ξ 值，由式(10-16)可确定阻尼常数。

至于 $\xi>1$ 的情形，体系在自由反应中仍不出现振动现象。由于在实际问题中很少遇到这种情况，故不做进一步讨论。

10.5.2 有阻尼的强迫振动

在式(10－14)中令 $F_P(t)=F\sin\theta t$，即得简谐荷载作用下有阻尼体系的振动微分方程：

$$\ddot{y}+2\xi\omega\dot{y}+\omega^2 y=\frac{F}{m}\sin\theta t \tag{10-22}$$

首先求方程的特解。设特解为

$$y=A\sin\theta t+B\cos\theta t$$

代入式(10－22)，可得

$$\begin{cases} A=\dfrac{F}{m}\dfrac{\omega^2-\theta^2}{(\omega^2-\theta^2)^2+4\xi^2\omega^2\theta^2} \\ B=\dfrac{F}{m}\dfrac{2\xi\omega\theta}{(\omega^2-\theta^2)^2+4\xi^2\omega^2\theta^2} \end{cases}$$

其次，叠加方程的齐次解，即得方程的全解如下：

$$y(t)=\{e^{-\xi\omega t}(C_1\cos\omega_r t+C_2\sin\omega_r t)\}+\{A\sin\theta t+B\cos\theta t\}$$

式中，两个常数 C_1 和 C_2 由初始条件确定。

上式的右边分为两部分(各用大括号标出)，表明体系的振动系由两个具有不同频率(ω_r 和 θ)的振动所组成。由于阻尼作用，频率为 ω_r 的第一部分含有因子 $e^{-\xi\omega t}$，因此将逐渐衰减而最后消失；频率为 θ 的第二部分由于受到荷载的周期影响而不衰减，这部分振动称为平稳振动。由于第一部分衰减消失，因此仅讨论平稳振动。其任一时刻的动力位移可改用下式表示：

$$y(t)=y_0\sin(\theta t+\alpha) \tag{10-23a}$$

式中

$$y_0=y_{st}\left[\left(1-\frac{\theta^2}{\omega^2}\right)^2+4\xi^2\frac{\theta^2}{\omega^2}\right]^{-1/2}$$

$$\alpha=\tan^{-1}\frac{2\xi\left(\dfrac{\theta}{\omega}\right)}{1-\left(\dfrac{\theta}{\omega}\right)^2} \tag{10-23b}$$

式中：y_0 表示振幅；y_{st}表示荷载最大值 F 作用下的静力位移。由此可求得动力系数如下：

$$\beta=\frac{y_0}{y_{st}}=\left[\left(1-\frac{\theta^2}{\omega^2}\right)^2+4\xi\frac{\theta^2}{\omega^2}\right]^{-1/2} \tag{10-24}$$

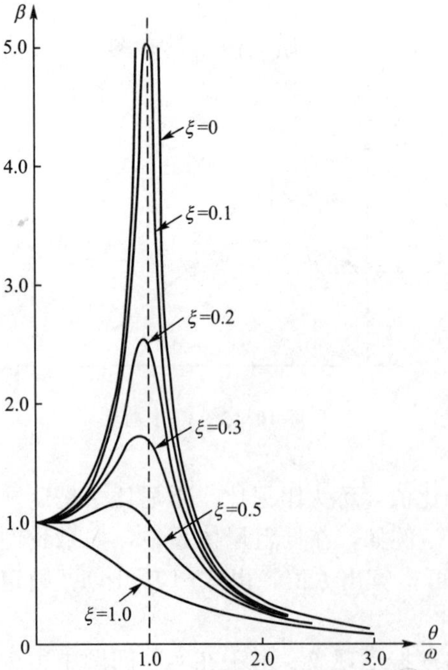

图 10.14 β 与 $\dfrac{\theta}{\omega}$ 之间的关系曲线

上式表明，动力系数 β 不仅与频率比值 $\dfrac{\theta}{\omega}$ 有关，而且与阻尼比 ξ 有关。对于不同的 ξ 值，可画出相应的 β 与 $\dfrac{\theta}{\omega}$ 之间的关系曲线，如图 10.14 所示。

由图 10.14 和以上的讨论，可得出以下结论：

(1) 随着阻尼比 ξ 值的增大(在 $0\leqslant\xi\leqslant1$ 的范围内)，在图 10.14 中相应的曲线渐趋平缓，由险峻的高山下降为平缓的小丘，特别是在 $\frac{\theta}{\omega}=1$ 附近，β 的峰值下降得最为显著。

(2) 在 $\frac{\theta}{\omega}=1$ 的共振情况下，动力系数可由下式求得：

$$\beta\Big|_{\frac{\theta}{\omega}=1}=\frac{1}{2\xi} \tag{10-25}$$

如果忽略阻尼的影响，在式(10-25)中令 $\xi\to0$，则得出无阻尼体系共振时动力系数趋于无穷大的结论。但是如果考虑阻尼的影响，则式(10-25)中的 ξ 不为零，因而得出共振时动力系数总是一个有限值的结论。因此，为了研究共振时的动力反应，阻尼的影响是不容忽略的。

(3) 在阻尼体系中，$\frac{\theta}{\omega}=1$ 共振时的动力系数并不等于最大的动力系数 $\beta_{\max}$，但二者的数值比较接近。利用式(10-24)，求 β 对参数 ξ 的导数，并令导数为零，可求出 β 为峰值时相应的频率比 $\left(\frac{\theta}{\omega}\right)$。对于 $\xi<1$ 的实际结构，可得

$$\left(\frac{\theta}{\omega}\right)=\sqrt{1-2\xi^2}$$

代入式(10-24)，即得

$$\beta_{\max}=\frac{1}{2\xi\sqrt{1-2\xi^2}}$$

由此看出，对于 $\xi\neq0$ 的阻尼体系有

$$\left(\frac{\theta}{\omega}\right)\neq1,\quad \beta_{\max}\neq\beta\Big|_{\frac{\theta}{\omega}=1}$$

但是由于通常情况下的 ξ 值很小，因此可近似地认为

$$\left(\frac{\theta}{\omega}\right)\approx1,\quad \beta_{\max}\approx\beta\Big|_{\frac{\theta}{\omega}=1}$$

(4) 由式(10-23a)可看出，阻尼体系的位移比荷载滞后一个相位角 α，α 值可由式(10-23b)求出。下面是三个典型情况的相位角：

① 当 $\frac{\theta}{\omega}\to0$($\theta$ 远小于 ω)时，$\alpha\to0^\circ$ [$y(t)$ 与 $F_P(t)$ 同步]；

② 当 $\frac{\theta}{\omega}\to1$($\theta\approx\omega$)时，$\alpha\to90^\circ$；

③ 当 $\frac{\theta}{\omega}\to\infty$($\theta$ 远大于 ω)时，$\alpha\to180^\circ$ [$y(t)$ 与 $F_P(t)$ 相反]。

上述三种典型情况的结果，可结合各自的受力特点说明如下：

① 当荷载频率很小(θ 远小于 ω)时，体系振动很慢，因此惯性力和阻尼力都很小，动荷载主要与弹性力平衡。由于弹性力与位移成正比，但方向相反，故荷载与位移基本上是同步的。

② 当荷载频率很大(θ 远大于 ω)时，体系振动很快，因此惯性力很大，弹性力和阻尼力相对来说比较小，动荷载主要与惯性力平衡。由于惯性力与位移是同相位的，因此荷载

与位移的相位角相差180°，即方向彼此相反。

③ 当荷载频率接近自振频率($\theta \approx \omega$)时，$y(t)$与$F_P(t)$相差的相位角接近于90°。因此，当荷载值为最大时，位移和加速度接近于零，因而弹性力和惯性力都接近于零，这时动荷载主要由阻尼力平衡。由此看出在共振情况下，阻尼力起重要作用，它的影响是不容忽略的。

10.6 多自由度结构的自由振动

多自由度体系自由振动的求解的方法有两种：刚度法和柔度法。刚度法通过建立力的平衡方程求解，柔度法通过建立位移协调方程求解，二者各有其适用范围。

10.6.1 刚度法

先讨论两个自由度的体系，然后推广到n个自由度的体系。

1. 两个自由度的体系

图10.15(a)所示为一具有两个集中质量的体系，具有两个自由度。现按刚度法推导无阻尼自由振动的微分方程。

取质量m_1和m_2作隔离体，如图10.15(b)所示。隔离体m_1和m_2所受的力有下列两种：

(1) 惯性力$-m_1\ddot{y}_1$和$-m_2\ddot{y}_2$，分别与加速度$\ddot{y}_1$和$\ddot{y}_2$的方向相反；

(2) 弹性力r_1和r_2，分别与位移y_1和y_2的方向相反。

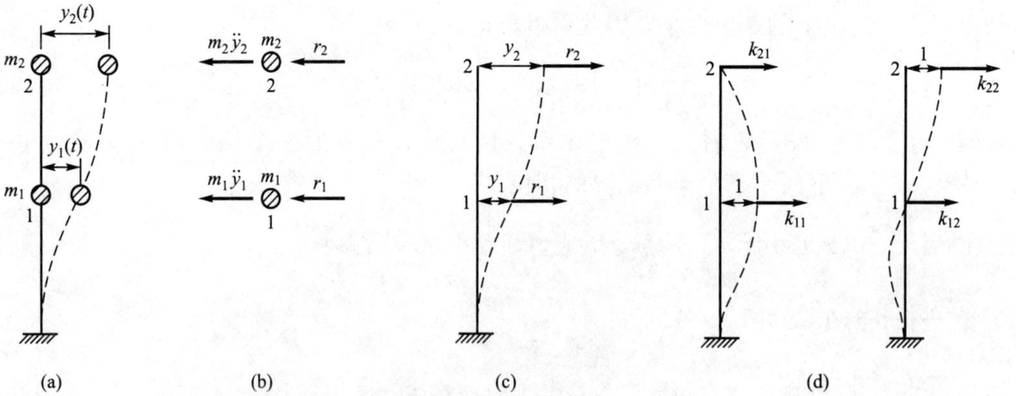

图10.15 两个自由度体系

根据达朗贝尔原理，可列出平衡方程如下：

$$\begin{cases} m_1\ddot{y}_1 + r_1 = 0 \\ m_2\ddot{y}_2 + r_2 = 0 \end{cases} \tag{a}$$

弹性力r_1、r_2是质量m_1、m_2与结构之间的相互作用力。图10.15(b)中的r_1、r_2是质点受到的力，图10.15(c)中的r_1、r_2是结构所受的力，二者的方向彼此相反。在

图 10.15(c)中，结构所受的力 r_1、r_2 与结构的位移 y_1、y_2 之间应满足以下刚度方程：

$$\begin{cases} r_1 = k_{11}y_1 + k_{12}y_2 \\ r_2 = k_{21}y_1 + k_{22}y_2 \end{cases} \tag{b}$$

式中，k_{ij} 为结构的刚度系数［图 10.15(d)］。例如 k_{12} 是使点 2 沿运动方向产生单位位移(点 1 位移保持为零)时在点 1 处需施加的力。

将式(b)代入式(a)，可得

$$\begin{cases} m_1\ddot{y}_1(t) + k_{11}y_1(t) + k_{12}y_2(t) = 0 \\ m_2\ddot{y}_2(t) + k_{21}y_1(t) + k_{22}y_2(t) = 0 \end{cases} \tag{10-26}$$

这就是按刚度法建立的两个自由度无阻尼体系的自由振动微分方程。假设两个质点为简谐振动，即

$$\begin{cases} y_1(t) = Y_1\sin(\omega t + \alpha) \\ y_2(t) = Y_2\sin(\omega t + \alpha) \end{cases} \tag{c}$$

式(c)所表示的运动具有以下特点：

(1) 在振动过程中，两个质点具有相同的频率 ω 和相同的相位角 α，Y_1 和 Y_2 是位移幅值。

(2) 在振动过程中，两个质点的位移在数值上随时间而变化，但二者的比值始终保持不变，即

$$\frac{y_1(t)}{y_2(t)} = \frac{Y_1}{Y_2} = \text{常数}$$

这种结构位移形状保持不变的振动形式，可称为主振型或振型。

将式(c)代入式(10-26)，去除公因子 $\sin(\omega t + \alpha)$后，得

$$\begin{cases} (k_{11} - \omega^2 m_1)Y_1 + k_{12}Y_2 = 0 \\ k_{21}Y_1 + (k_{22} - \omega^2 m_2)Y_2 = 0 \end{cases} \tag{10-27}$$

此式为 Y_1、Y_2 的齐次方程，$Y_1 = Y_2 = 0$ 虽然是方程的解，但它相应于没有发生振动的静止状态。为了要得到 Y_1、Y_2 不全为零的解答，应使其系数行列式为零，即

$$D = \begin{vmatrix} k_{11} - \omega^2 m_1 & k_{12} \\ k_{21} & k_{22} - \omega^2 m_2 \end{vmatrix} = 0 \tag{10-28a}$$

上式称为频率方程或特征方程，用它可以求出频率 ω。

将上式展开得

$$(k_{11} - \omega^2 m_1)(k_{22} - \omega^2 m_2) - k_{12}k_{21} = 0 \tag{10-28b}$$

整理得

$$(\omega^2)^2 - \left(\frac{k_{11}}{m_1} + \frac{k_{22}}{m_2}\right)\omega^2 + \frac{k_{11}k_{22} - k_{12}k_{21}}{m_1 m_2} = 0$$

此式为 ω^2 的二次方程，由此可解出 ω^2 的两个根：

$$\omega^2 = \frac{1}{2}\left(\frac{k_{11}}{m_1} + \frac{k_{22}}{m_2}\right) \pm \sqrt{\left[\frac{1}{2}\left(\frac{k_{11}}{m_1} + \frac{k_{22}}{m_2}\right)\right]^2 - \frac{k_{11}k_{22} - k_{12}k_{21}}{m_1 m_2}} \tag{10-29}$$

可以证明这两个根都是正的。由此可见，具有两个自由度的体系共有两个自振频率。用 ω_1 表示其中最小的圆频率，称为第一圆频率或基本圆频率；另一个圆频率 ω_2 称为第二圆频率。求出自振圆频率 ω_1 和 ω_2 之后，再来确定它们各自相应的振型。

将第一圆频率 ω_1 代入式(10－27)。由于行列式 $D=0$，方程组中的两个方程是线性相关的，实际上只有一个独立方程。由式(10－27)的任一个方程可求出比值 Y_1/Y_2，这个比值所确定的振动形式就是与第一圆频率 ω_1 相对应的振型，称为第一振型或基本振型。例如由式(10－27)的第一式可得

$$\frac{Y_{11}}{Y_{21}}=-\frac{k_{12}}{k_{11}-\omega_1^2 m_1} \tag{10-30a}$$

式中，Y_{11}和Y_{21}分别为第一振型中质点1和2的振幅。

同样，将 ω_2 代入式(10－27)，可以求出 Y_1/Y_2 的另一个值，这个比值所确定的另一个振动形式称为第二振型。例如仍由式(10－27)的第一式可得

$$\frac{Y_{12}}{Y_{22}}=-\frac{k_{12}}{k_{11}-\omega_2^2 m_1} \tag{10-30b}$$

式中，Y_{12}和Y_{22}分别为第二振型中质点1和2的振幅。

上面求出的两个振型分别如图10.16(b)、(c)所示。

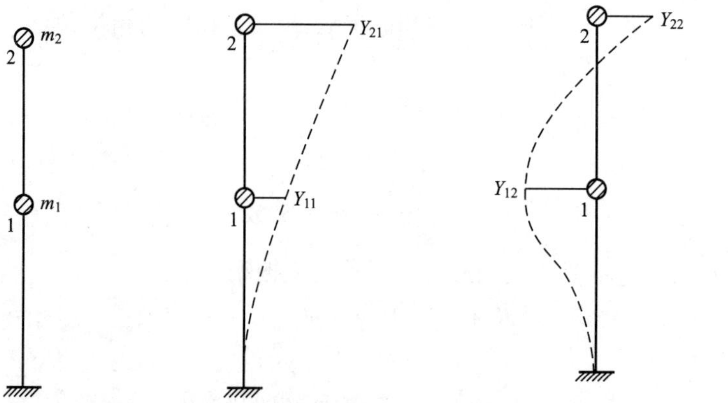

(a) 平衡位置　　(b) 第一主振型(基本频率ω_1)　　(c) 第二主振型(第二频率ω_2)

图10.16　两个自由度振型

多自由度体系如果按某个主振型自由振动时，由于它的振动形式保持不变，因此这个多自由度体系实际上是像一个单自由度体系那样在振动。多自由度体系能够按某个主振型自由振动的条件是：初始位移和初始速度应当与此主振型相对应。

在一般情形下，两个自由度体系的自由振动可看作是两种频率及其主振型的组合振动，即

$$\begin{cases} y_1(t)=A_1Y_{11}\sin(\omega_1 t+\alpha_1)+A_2Y_{12}\sin(\omega_2 t+\alpha_2) \\ y_2(t)=A_1Y_{21}\sin(\omega_1 t+\alpha_1)+A_2Y_{22}\sin(\omega_2 t+\alpha_2) \end{cases} \tag{10-31}$$

这就是微分方程式(10－26)的通解。其中两对待定常数 A_1、α_1 和 A_2、α_2 由初始条件来确定。

从上面的讨论中可归纳出几点：

第一，在多自由度体系自由振动问题中，主要问题是确定体系的全部自振频率及其相应的主振型。

第二，多自由度体系自振频率不止一个，其个数与自由度的个数相等。自振频率可由特征方程求出。

第三，每个自振频率有自己相应的主振型。主振型就是多自由度体系能够像单自由度体系那样振动的形式。

第四，与单自由度体系相同，多自由度体系的自振频率和主振型也是体系本身的固有性质。由式(10－29)可看出，自振频率只与体系本身的刚度系数及其质量的分布情形有关，而与外部荷载无关。

【例 10－3】 图 10.17(a)所示两层刚架，其横梁为无限刚性。设质量集中在楼层上，第一、二层的质量分别为 m_1、m_2。层间侧移刚度分别为 k_1、k_2，即对应层间产生单位相对侧移时所需施加的力，如图 10.17(b)所示。试求刚架水平振动时的自振频率和主振型。

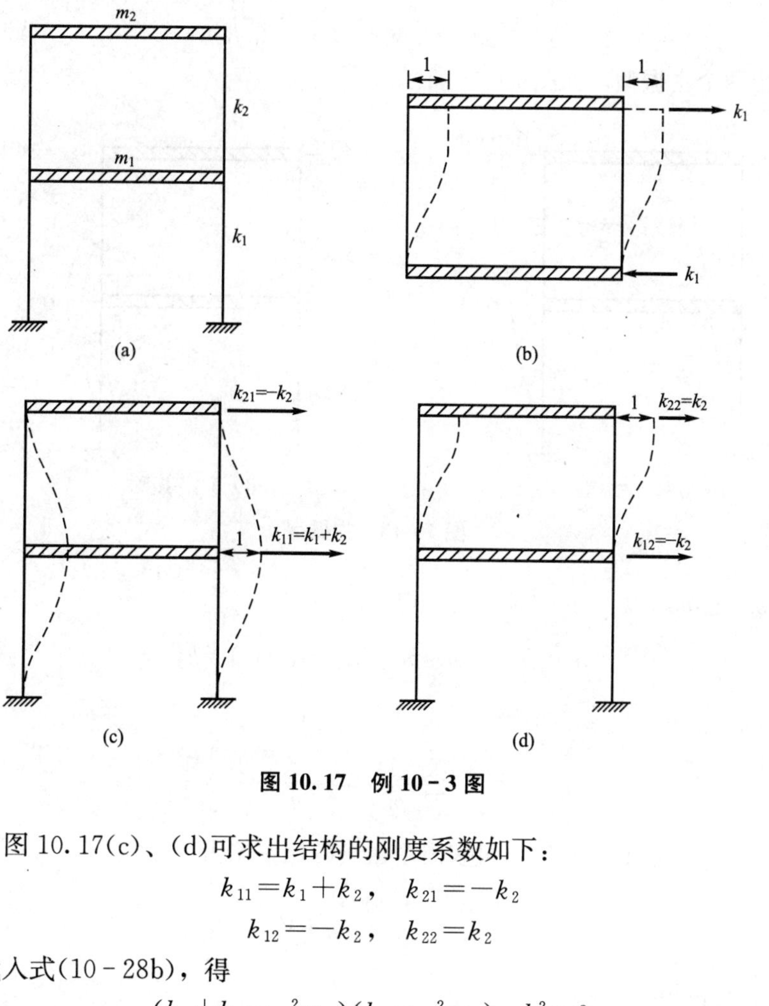

图 10.17 例 10－3 图

【解】 由图 10.17(c)、(d)可求出结构的刚度系数如下：

$$k_{11}=k_1+k_2,\quad k_{21}=-k_2$$

$$k_{12}=-k_2,\quad k_{22}=k_2$$

将刚度系数代入式(10－28b)，得

$$(k_1+k_2-\omega^2 m_1)(k_2-\omega^2 m_2)-k_2^2=0 \tag{a}$$

以下分两种情况讨论：

(1) 当 $m_1=m_2=m$，$k_1=k_2=k$ 时，式(a)变为

$$(2k-\omega^2 m)(k-\omega^2 m)-k^2=0$$

由此求得

$$\omega_1^2=\frac{3-\sqrt{5}}{2}\frac{k}{m}=0.38197\frac{k}{m},\quad \omega_2^2=\frac{3+\sqrt{5}}{2}\frac{k}{m}=0.261803\frac{k}{m}$$

两个频率为

$$\omega_1=0.61803\sqrt{\frac{k}{m}},\quad \omega_2=1.61803\sqrt{\frac{k}{m}}$$

求主振型时，可由式(10-30a、b)求出振幅比值，从而画出振型图。

第一主振型有

$$\frac{Y_{11}}{Y_{21}}=\frac{k}{2k-0.38197k}=\frac{1}{1.618}$$

第二主振型有

$$\frac{Y_{12}}{Y_{22}}=\frac{k}{2k-2.60803k}=-\frac{1}{0.618}$$

由此画出两个主振型，如图 10.18 所示。

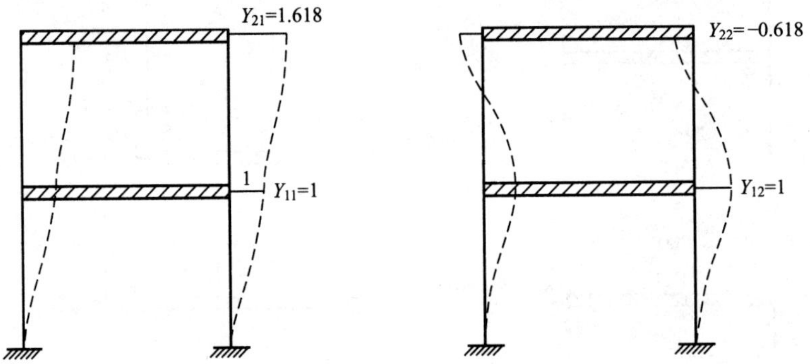

(a) 第一主振型　　(b) 第二主振型

图 10.18　主振型

(2) 当 $m_1=nm_2$，$k_1=nk_2$ 时，式(a)变为

$$[(n+1)k_2-\omega^2 nm_2](k_2-\omega^2 m_2)-k_2^2=0$$

由此求得

$$\omega_{1,2}^1=\frac{1}{2}\left[\left(2+\frac{1}{n}\right)\mp\sqrt{\frac{4}{n}+\frac{1}{n^2}}\right]\frac{k_2}{m_2}$$

代入式(10-30a)和式(10-30b)，可求出主振型的振幅比为

$$\frac{Y_2}{Y_1}=\frac{1}{2}\pm\sqrt{n+\frac{1}{4}} \tag{b}$$

如 $n=90$ 时可得

$$\frac{Y_{21}}{Y_{11}}=\frac{10}{1},\quad \frac{Y_{22}}{Y_{12}}=-\frac{9}{1}$$

由此可见，当上部质量和刚度很小时，顶部位移很大。建筑结构中，这种因顶部质量和刚度突然变小从而在振动中引起巨大反响的现象，有时称为鞭梢效应。地震灾害调查中发现，屋顶的小阁楼、女儿墙等附属结构物破坏严重，就是因为顶部质量和刚度突变，由鞭梢效应所导致的结果。

2. n 个自由度的体系

图 10.19(a)所示为一具有 n 个自由度的体系。按照上面的方法可将无阻尼自由振动的微分方程推导如下。

取各质点作隔离体，如图 10.19(b)所示。质点 m_i 所受的力包括惯性力 $m_i\ddot{y}_i$ 和弹性力 r_i，其平衡方程为

$$m_i\ddot{y}_i+r_i=0 \tag{a}$$

弹性力 r_i 是质点 m_i 与结构之间的相互作用力。图 10.19 (b)中的 r_i 是质点 m_i 所受的力，在图 10.19(c)中的 r_i 是结构所受的力，二者的方向彼此相反，结构所受的力 r_i 与结构的位移 $y_1\sim y_n$ 之间应满足以下刚度方程：

$$r_i=k_{i1}y_1+k_{i2}y_2+\cdots+k_{in}y_n \quad (i=1,\ 2,\ \cdots,\ n) \tag{b}$$

式中，k_{ij} 是结构的刚度系数，即使点 j 产生单位位移(其他各点的位移保持为零)时在点 i 处所需施加的力。

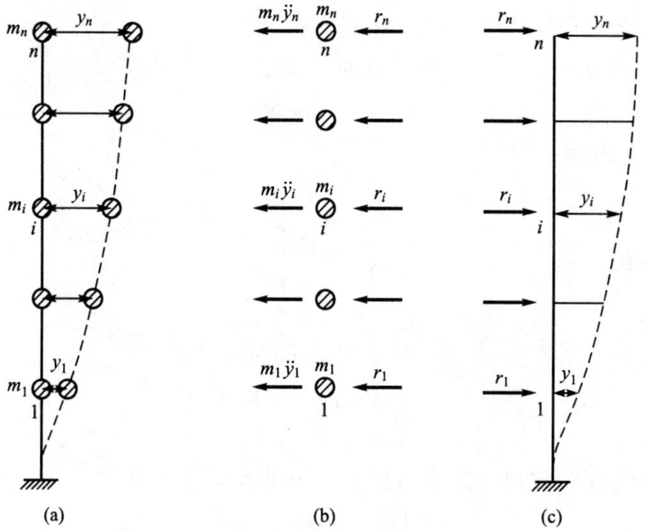

图 10.19 多自由度体系

将式(b)代入式(a)，即得自由振动微分方程组如下：

$$\begin{cases} m_1\ddot{y}_1+k_{11}y_1+k_{12}y_2+\cdots+k_{1n}y_n=0 \\ m_2\ddot{y}_2+k_{21}y_1+k_{22}y_2+\cdots+k_{2n}y_n=0 \\ \vdots \\ m_n\ddot{y}_n+k_{n1}y_1+k_{n2}y_2+\cdots+k_{nn}y_n=0 \end{cases} \tag{10-32a}$$

上式可用矩阵形式表示如下：

$$\begin{pmatrix} m_1 & & & \\ & m_2 & & \\ & & \ddots & \\ & & & m_n \end{pmatrix}\begin{pmatrix} \ddot{y}_1 \\ \ddot{y}_2 \\ \vdots \\ \ddot{y}_n \end{pmatrix}+\begin{pmatrix} k_{11} & k_{12} & \cdots & k_{1n} \\ k_{21} & k_{22} & \cdots & k_{2n} \\ \vdots & \vdots & \ddots & \vdots \\ k_{n1} & k_{n2} & \cdots & k_{nn} \end{pmatrix}\begin{pmatrix} y_1 \\ y_2 \\ \vdots \\ y_n \end{pmatrix}=\begin{pmatrix} 0 \\ 0 \\ \vdots \\ 0 \end{pmatrix}$$

或简写为

$$\boldsymbol{M}\ddot{\boldsymbol{y}}+\boldsymbol{K}\boldsymbol{y}=\boldsymbol{0} \tag{10-32b}$$

式中：$\boldsymbol{y}$ 和 $\ddot{\boldsymbol{y}}$ 分别为位移向量和加速度向量，即

$$\boldsymbol{y}=\begin{pmatrix} y_1 \\ y_2 \\ \vdots \\ y_n \end{pmatrix},\quad \ddot{\boldsymbol{y}}=\begin{pmatrix} \ddot{y}_1 \\ \ddot{y}_2 \\ \vdots \\ \ddot{y}_n \end{pmatrix}$$

$\boldsymbol{M}$ 和 $\boldsymbol{K}$ 分别为质量矩阵和刚度矩阵，即

$$\boldsymbol{M}=\begin{pmatrix} m_1 & & & \\ & m_2 & & \\ & & \ddots & \\ & & & m_n \end{pmatrix},\quad \boldsymbol{K}=\begin{pmatrix} k_{11} & k_{12} & \cdots & k_{1n} \\ k_{21} & k_{22} & \cdots & k_{2n} \\ \vdots & \vdots & \ddots & \vdots \\ k_{n1} & k_{n2} & \cdots & k_{nn} \end{pmatrix}$$

$\boldsymbol{K}$ 是对称方阵；在集中质量的体系中，$\boldsymbol{M}$ 是对角矩阵。

下面求式(10－32b)的解答。设解答为如下形式：

$$\boldsymbol{y}=\boldsymbol{Y}\sin(\omega t+\alpha) \tag{10-32c}$$

式中，$\boldsymbol{Y}$ 为位移幅值向量，即

$$\boldsymbol{Y}=\begin{pmatrix} Y_1 \\ Y_2 \\ \vdots \\ Y_n \end{pmatrix}$$

将式(c)代入式(10－32b)，消去公因子 $\sin(\omega t+\alpha)$即得

$$(\boldsymbol{K}-\omega^2\boldsymbol{M})\boldsymbol{Y}=0 \tag{10-33}$$

上式是位移幅值 $\boldsymbol{Y}$ 的齐次方程。为了得到 $\boldsymbol{Y}$ 的非零解，应使系数行列式为零，即

$$|\boldsymbol{K}-\omega^2\boldsymbol{M}|=0 \tag{10-34a}$$

此式即为多自由度体系的频率方程。其展开形式如下：

$$\begin{vmatrix} k_{11}-\omega^2 m_1 & k_{12} & \cdots & k_{1n} \\ k_{21} & k_{22}-\omega^2 m_2 & \cdots & k_{2n} \\ \vdots & \vdots & & \vdots \\ k_{n1} & k_{n2} & \cdots & k_{nn} \end{vmatrix}=0 \tag{10-34b}$$

将行列式展开，可得到一个关于频率参数 ω^2 的 n 次代数方程(n 为体系自由度数)。求出这个方程的 n 个根 $\omega_1^2 \sim \omega_n^2$，即可得出体系的 n 个自振频率 ω_1，ω_2，…，ω_n。把全部自振频率按照由小到大的顺序排列而成的向量称为频率向量，其中最小的频率称为基本频率或第一频率。

令 $\boldsymbol{Y}^{(i)}$ 表示与频率 ω_i 相应的主振型向量：

$$\boldsymbol{Y}^{(i)\mathrm{T}}=(\boldsymbol{Y}_{1i}\quad \boldsymbol{Y}_{2i}\quad \cdots\quad \boldsymbol{Y}_{ni})$$

将 ω_i 和 $\boldsymbol{Y}^{(i)}$ 代入式(10－33)得

$$(\boldsymbol{K}-\omega_i^2\boldsymbol{M})\boldsymbol{Y}^{(i)}=0 \tag{10-35}$$

令 $i=1, 2, \cdots, n$，可得出 n 个向量方程，由此可求出 n 个主振型向量 $\boldsymbol{Y}^{(1)}$，$\boldsymbol{Y}^{(2)}$，…，$\boldsymbol{Y}^{(n)}$。

式(10-35)每一个向量方程都代表 n 个联立代数方程，以 $\boldsymbol{Y}_{1i}$，$\boldsymbol{Y}_{2i}$，…，$\boldsymbol{Y}_{ni}$ 为未知数。这是一组齐次方程，如果 $\boldsymbol{Y}_{1i}$，$\boldsymbol{Y}_{2i}$，…，$\boldsymbol{Y}_{ni}$ 是方程组的解，则 $C\boldsymbol{Y}_{1i}$，$C\boldsymbol{Y}_{2i}$，…，$C\boldsymbol{Y}_{ni}$ 也是方程组的解(这里 C 是任一常数)。也就是说，由式(10-35)可唯一地确定主振型 $\boldsymbol{Y}^{(i)}$ 的形状，但并不能唯一地确定它的振幅。

为了使主振型 $\boldsymbol{Y}^{(i)}$ 的振幅也具有确定值，需要另外补充条件。这样得到的主振型称为标准化主振型。

进行标准化的做法有多种。一种做法是规定主振型 $\boldsymbol{Y}^{(i)}$ 中的某个元素为某个给定值，如规定第一个元素 $\boldsymbol{Y}_{1i}$ 等于1，或者规定最大元素等于1；另一种做法是规定主振型 $\boldsymbol{Y}^{(i)}$ 满足下式：

$$\boldsymbol{Y}^{(i)\mathrm{T}}\boldsymbol{M}\boldsymbol{Y}^{(i)}=1$$

【例10-4】 试求图10.20(a)所示刚架的自振频率和主振型。设横梁的变形略去不计，第一、二、三层的层间刚度系数分别为 k、$\frac{k}{3}$、$\frac{k}{5}$。刚架的质量都集中在楼板上，第一、二、三层楼板处的质量分别为 $2m$、m、m。

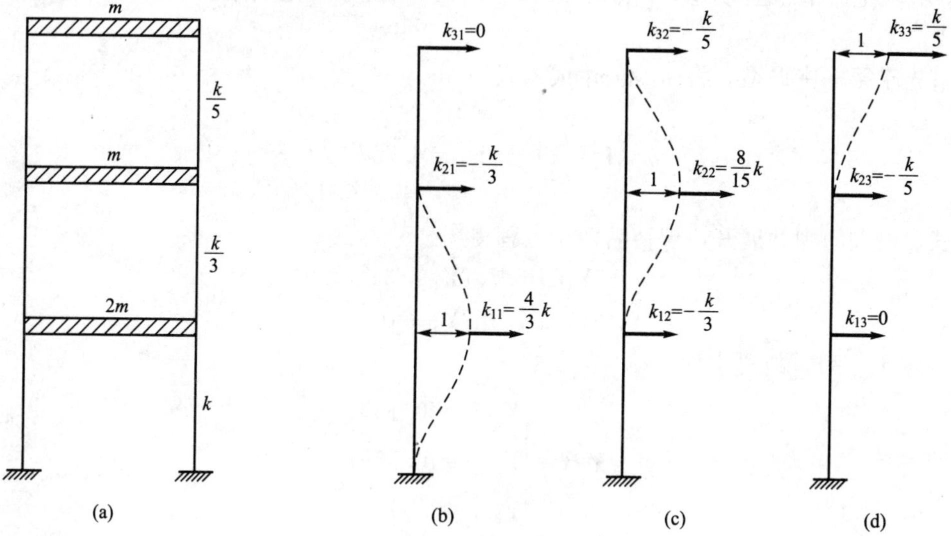

图10.20 例10-4图

【解】 (1) 求自振频率。刚架的刚度系数如图10.20(b)～(d)所示，刚度矩阵和质量矩阵分别为

$$\boldsymbol{K}=\frac{k}{15}\begin{pmatrix}20 & -5 & 0\\ -5 & 8 & -3\\ 0 & -3 & 3\end{pmatrix},\quad \boldsymbol{M}=m\begin{pmatrix}2 & 0 & 0\\ 0 & 1 & 0\\ 0 & 0 & 1\end{pmatrix}$$

因此

$$\boldsymbol{K}-\omega^2\boldsymbol{M}=\frac{k}{15}\begin{pmatrix}20-2\eta & -5 & 0\\ -5 & 8-\eta & -3\\ 0 & -3 & 3-\eta\end{pmatrix} \tag{a}$$

式中

$$\eta=\frac{15m}{k}\omega^2 \tag{b}$$

频率方程为

$$|\boldsymbol{K}-\omega^2\boldsymbol{M}|=0$$

其展开式为

$$\eta^3-42\eta^2+225\eta-225=0 \tag{c}$$

用试算法求得方程的三个根为

$$\eta_1=1.293,\quad \eta_2=6.680,\quad \eta_3=13.027$$

由式(b)求得

$$\omega_1^2=0.0862\,\frac{k}{m},\quad \omega_2^2=0.4453\,\frac{k}{m},\quad \omega_3^2=0.8685\,\frac{k}{m}$$

因此三个自振频率为

$$\omega_1=0.2936\sqrt{\frac{k}{m}},\quad \omega_2=0.6673\sqrt{\frac{k}{m}},\quad \omega_3=0.9319\sqrt{\frac{k}{m}}$$

(2) 求主振型。主振型$\boldsymbol{Y}^{(i)}$由式(10－35)求解。在标准化主振型中，我们规定第三个元素$Y_{3i}=1$。

首先求第一主振型。将ω_1和η_1代入式(a)得

$$\boldsymbol{K}-\omega^2\boldsymbol{M}=\frac{k}{15}\begin{bmatrix}17.414 & -5 & 0\\ -5 & 6.707 & -3\\ 0 & -3 & 1.707\end{bmatrix}$$

代入式(10－35)中并展开，保留后两个方程得

$$\begin{cases}-5Y_{11}+6.707Y_{21}-3Y_{31}=0\\ -3Y_{21}+1.707Y_{31}=0\end{cases} \tag{d}$$

由于规定$Y_{31}=1$，故可求出

$$\boldsymbol{Y}^{(1)}=\begin{bmatrix}Y_{11}\\ Y_{21}\\ Y_{31}\end{bmatrix}=\begin{bmatrix}0.163\\ 0.569\\ 1\end{bmatrix}$$

同理求出第二振型为

$$\boldsymbol{Y}^{(2)}=\begin{bmatrix}Y_{12}\\ Y_{22}\\ Y_{32}\end{bmatrix}=\begin{bmatrix}-0.924\\ -1.227\\ 1\end{bmatrix}$$

第三振型为

$$\boldsymbol{Y}^{(3)}=\begin{bmatrix}Y_{13}\\ Y_{23}\\ Y_{33}\end{bmatrix}=\begin{bmatrix}2.760\\ -3.342\\ 1\end{bmatrix}$$

三个主振型的大致形状如图10.21所示。

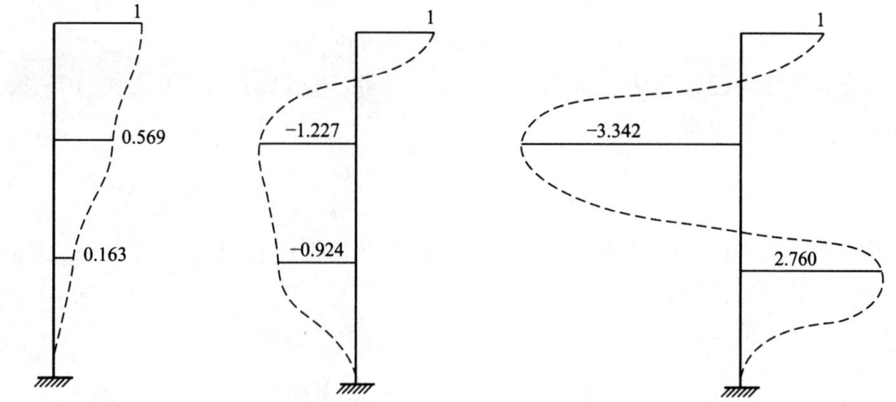

(a) 第一主振型　(b) 第二主振型　(c) 第三主振型

图 10.21　三个主振型

10.6.2　柔度法

按柔度法建立自由振动微分方程时的思路是：在自由振动过程中的任一时刻 t，质量 m_1、m_2 的位移 $y_1(t)$、$y_2(t)$应当等于体系在当时惯性力$-m_1\ddot{y}_1(t)$、$-m_2\ddot{y}_2(t)$作用下所产生的静力位移。仍以图 10.22(a)所示两个自由度的体系为例，可列出方程如下：

$$\begin{cases} y_1(t)=-m_1\ddot{y}_1(t)\delta_{11}-m_2\ddot{y}_2(t)\delta_{12} \\ y_2(t)=-m_1\ddot{y}_1(t)\delta_{21}-m_2\ddot{y}_2(t)\delta_{22} \end{cases} \tag{10-36}$$

式中，δ_{ij}为体系的柔度系数，如图 10.22(b)所示。这个按柔度法建立的方程，可与按刚度法建立的方程式(10－26)加以对照。

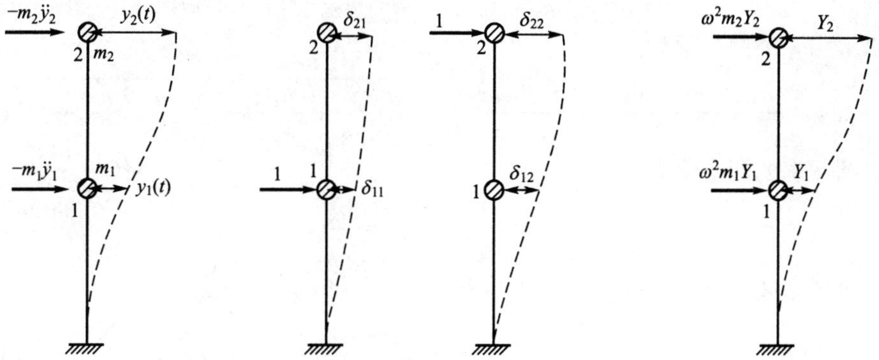

(a)　(b)　(c)

图 10.22　柔度法

设解为如下形式：

$$\begin{cases} y_1(t)=Y_1\sin(\omega t+\alpha) \\ y_2(t)=Y_2\sin(\omega t+\alpha) \end{cases} \tag{a}$$

由式(a)可知两个质点的惯性力为

$$\begin{cases}-m_1\ddot{y}_1(t)=m_1\omega^2Y_1\sin(\omega t+\alpha)\\-m_2\ddot{y}_2(t)=m_2\omega^2Y_2\sin(\omega t+\alpha)\end{cases}\tag{b}$$

因此两个质点惯性力的幅值为 $\omega^2m_1Y_1$、$\omega^2m_2Y_2$，将式(a)和式(b)代入式(10-36)，消去公因子 $\sin(\omega t+\alpha)$后可得

$$\begin{cases}Y_1=(\omega^2m_1Y_1)\delta_{11}+(\omega^2m_2Y_2)\delta_{12}\\Y_2=(\omega^2m_1Y_1)\delta_{21}+(\omega^2m_2Y_2)\delta_{22}\end{cases}\tag{10-37}$$

上式表明，主振型的位移幅值 Y_1、Y_2 就是体系在此主振型惯性力幅值 $\omega^2m_1Y_1$、$\omega^2m_2Y_2$ 作用下所引起的静力位移，如图 10.22(c)所示。

式(10-37)还可写成

$$\begin{cases}\left(\delta_{11}m_1-\dfrac{1}{\omega^2}\right)Y_1+\delta_{12}m_2Y_2=0\\\delta_{21}m_1Y_1+\left(\delta_{22}m_2-\dfrac{1}{\omega^2}\right)Y_2=0\end{cases}\tag{c}$$

为了得到 Y_1、Y_2 不全为零的解，应使系数行列式等于零，即

$$D=\begin{vmatrix}\delta_{11}m_1-\dfrac{1}{\omega^2} & \delta_{12}m_2\\ \delta_{21}m_1 & \delta_{22}m_2-\dfrac{1}{\omega^2}\end{vmatrix}=0$$

这就是用柔度系数表示的频率方程或特征方程，由它可以求出两个频率 ω_1 和 ω_2。

将上式展开得

$$\left(\delta_{11}m_1-\frac{1}{\omega^2}\right)\left(\delta_{22}m_2-\frac{1}{\omega^2}\right)-\delta_{12}m_2\delta_{21}m_1=0$$

设 $\lambda=\dfrac{1}{\omega^2}$，则上式可化为一个关于 λ 的如下二次方程：

$$\lambda^2-(\delta_{11}m_1+\delta_{22}m_2)\lambda+(\delta_{11}\delta_{22}m_1m_2-\delta_{12}\delta_{21}m_1m_2)=0$$

由此可以解出 λ 的两个根为

$$\lambda_{1,2}=\frac{(\delta_{11}m_1+\delta_{22}m_2)\pm\sqrt{(\delta_{11}m_1+\delta_{22}m_2)^2-4(\delta_{11}\delta_{22}-\delta_{12}\delta_{21})m_1m_2}}{2}\tag{10-38}$$

于是求得圆频率的两个值为

$$\omega_1=\frac{1}{\sqrt{\lambda_1}},\quad \omega_2=\frac{1}{\sqrt{\lambda_2}}$$

下面求体系的主振型。将 $\omega=\omega_1$ 代入式(c)，由其中第一式得

$$\frac{Y_{11}}{Y_{21}}=-\frac{\delta_{21}m_2}{\delta_{11}m_1-\dfrac{1}{\omega_1^2}}\tag{10-39a}$$

同样，将 $\omega=\omega_2$ 代入，可求出另一比值为

$$\frac{Y_{12}}{Y_{22}}=-\frac{\delta_{12}m_2}{\delta_{11}m_1-\dfrac{1}{\omega_2^2}}\tag{10-39b}$$

【例 10-5】 试用柔度法计算例 10-4。设第一层的层间柔度系数为 $\delta_1=\delta=\dfrac{1}{k}$，即代

表单位层间力引起的层间位移，第二、三层的层间柔度系数分别为 $\delta_2=\dfrac{3}{k}$，$\delta_3=\dfrac{5}{k}$ [图 10.23(a)]。

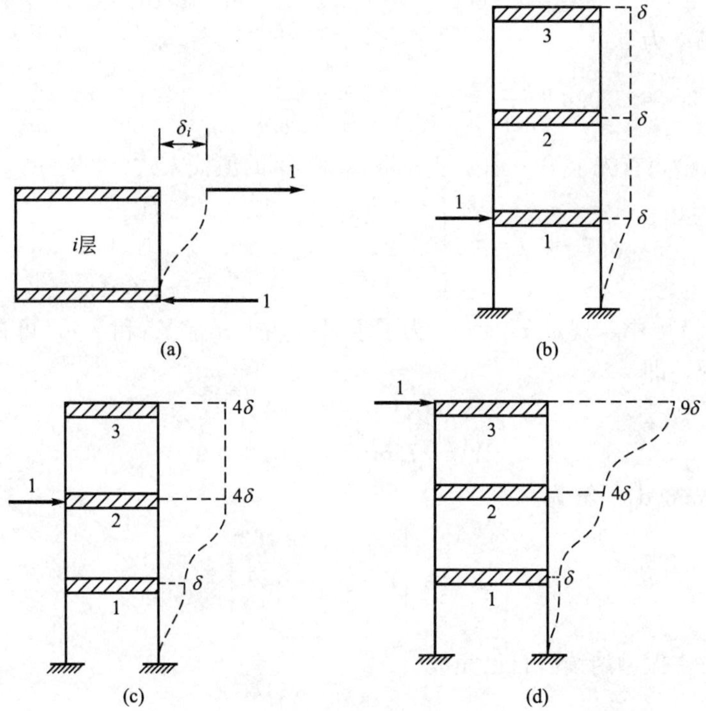

图 10.23　例 10-5 图

【解】 (1) 求自振频率。由层间柔度系数求得刚架的柔度矩阵 [图 10.23(b)～(d)] 为

$$\boldsymbol{\delta}=\delta\begin{pmatrix}1&1&1\\1&4&4\\1&4&9\end{pmatrix}$$

因此

$$\boldsymbol{\delta M}=\delta m\begin{pmatrix}1&1&1\\1&4&4\\1&4&9\end{pmatrix}\begin{pmatrix}2&0&0\\0&1&0\\0&0&1\end{pmatrix}=\delta m\begin{pmatrix}2&1&1\\2&4&4\\2&4&9\end{pmatrix}$$

$$\boldsymbol{\delta M}-\lambda\boldsymbol{I}=\delta m\begin{pmatrix}2-\xi&1&1\\2&4-\xi&4\\2&4&9-\xi\end{pmatrix}\tag{a}$$

式中

$$\xi=\frac{\lambda}{\delta m}=\frac{1}{\delta m\omega^2}\tag{b}$$

频率方程为

$$|\boldsymbol{\delta M}-\lambda\boldsymbol{I}|=\mathbf{0}$$

其展开式为

$$\xi^3-15\xi^2+42\xi-30=0 \tag{c}$$

由式(c)即可导出三个根为

$$\xi_1=11.601,\quad \xi_2=2.246,\quad \xi_1=1.151$$

因此三个自振频率为

$$\omega_1=0.2936\frac{1}{\sqrt{\delta m}},\quad \omega_2=0.6673\frac{1}{\sqrt{\delta m}},\quad \omega_3=0.9319\frac{1}{\sqrt{\delta m}}$$

(2) 求主振型。首先求第一主振型。将 λ_1 和 ξ_1 的值代入式(a)得

$$\boldsymbol{\delta M}-\lambda_1\boldsymbol{I}=\delta m\begin{pmatrix}-9.601 & 1 & 1\\ 2 & -7.601 & 4\\ 2 & 4 & -2.601\end{pmatrix}$$

在标准化主振型 $\boldsymbol{Y}^{(i)}$ 中，规定 $Y_{31}=1$。为了求另外两个元素 Y_{11} 和 Y_{21}，可在式(10-31)中保留前两个方程，即

$$\begin{cases}-9.601Y_{11}+Y_{21}+Y_{31}=0\\ 2Y_{11}-7.601Y_{21}+5Y_{31}=0\end{cases} \tag{d}$$

由于 $Y_{31}=1$，故式(d)的解为

$$\boldsymbol{Y}^{(1)}=\begin{pmatrix}Y_{11}\\ Y_{21}\\ Y_{31}\end{pmatrix}=\begin{pmatrix}0.163\\ 0.59\\ 1\end{pmatrix}$$

第二和第三主振型请读者自己完成。

10.6.3 主振型的正交性

对于同一多自由度体系来说，各个主振型之间存在着正交性，这是多自由度体系的重要动力特性。图 10.24(a)所示为第一主振型，频率为 ω_1，振幅为 Y_{11}、Y_{21}，其值正好等于相应惯性力 $\omega_1^2m_1Y_{11}$、$\omega_1^2m_2Y_{21}$所产生的静位移。

图 10.24(b)所示为第二主振型，频率为 ω_2，振幅为 Y_{12}、Y_{22}，其值正好等于相应惯性力 $\omega_2^2m_1Y_{12}$、$\omega_2^2m_2Y_{22}$所产生的静位移。

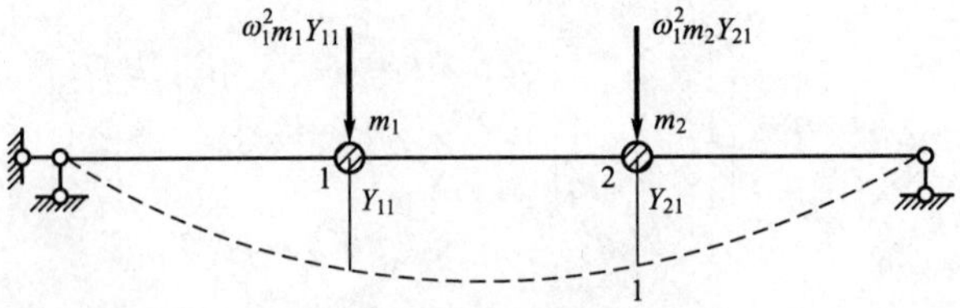

(a) 第一主振型

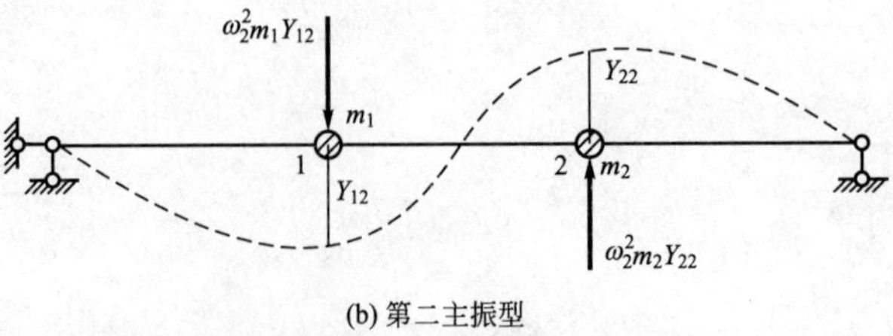

(b) 第二主振型

图 10.24　2 自由度体系主振型

对上述两种静力平衡状态应用功的互等定理，可得

$$(\omega_1^2 m_1 Y_{11})Y_{12}+(\omega_1^2 m_2 Y_{21})Y_{22}=(\omega_2^2 m_1 Y_{12})Y_{11}+(\omega_2^2 m_2 Y_{22})Y_{21}$$

移项后可得

$$(\omega_1^2-\omega_2^2)(m_1 Y_{12}Y_{11}+m_2 Y_{22}Y_{21})=0$$

如果 $\omega_1 \neq \omega_2$，则有

$$m_1 Y_{11}Y_{12}+m_2 Y_{21}Y_{22}=0 \tag{a}$$

上式就说明两个主振型之间存在的第一个正交关系。正交关系的一般情形可表述如下：

设体系具有 n 个自由度。ω_k 和 ω_l 为两个不同的自振频率，相应的两个主振型向量分别为

$$\boldsymbol{Y}^{(k)\mathrm{T}}=(Y_{1k}，Y_{2k}，\cdots，Y_{nk})$$
$$\boldsymbol{Y}^{(l)\mathrm{T}}=(Y_{1l}，Y_{2l}，\cdots，Y_{nl})$$

体系的质量矩阵为

$$\boldsymbol{M}=\begin{pmatrix} m_1 & & & \\ & m_2 & & \\ & & \ddots & \\ & & & m_n \end{pmatrix}$$

则第一个正交关系为

$$\boldsymbol{Y}^{(l)\mathrm{T}}\boldsymbol{M}\boldsymbol{Y}^{(k)}=0 \tag{10-40a}$$

即

$$\sum_{i=1}^{n} m_i Y_{il} Y_{ik}=0$$

上式表明，相对于质量矩阵 $\boldsymbol{M}$ 来说，不同频率相应的主振型是彼此正交的。

如果把第一个正交关系代入式(10－40a)，则可导出第二个正交关系如下：

$$\boldsymbol{Y}^{(l)\mathrm{T}}\boldsymbol{K}\boldsymbol{Y}^{(k)}=0 \tag{10-40b}$$

上式表明，相对于刚度矩阵 $\boldsymbol{K}$ 来说，不同频率相应的主振型也是彼此正交的。

式(10－40)表明体系在振动过程中，某一主振型的惯性力不会在其他主振型上做功，即它的能量不会转移到其他主振型上，也就不会引起其他振型的振动。因此，各个主振型能单独存在而不相互干扰。

【例 10－6】 验算例 10－4 中所求得的主振型是否满足正交关系。

【解】 由例 10－4 得知刚度矩阵和质量矩阵分别为

$$\boldsymbol{K}=\frac{k}{15}\begin{pmatrix} 20 & -5 & 0 \\ -5 & 8 & -3 \\ 0 & -3 & 3 \end{pmatrix}，\quad \boldsymbol{M}=m\begin{pmatrix} 2 & 0 & 0 \\ 0 & 1 & 0 \\ 0 & 0 & 1 \end{pmatrix}$$

三个主振型分别为

$$\boldsymbol{Y}^{(1)}=\begin{pmatrix} 0.163 \\ 0.569 \\ 1 \end{pmatrix}，\quad \boldsymbol{Y}^{(2)}=\begin{pmatrix} -0.924 \\ -1.227 \\ 1 \end{pmatrix}，\quad \boldsymbol{Y}^{(3)}=\begin{pmatrix} 2.760 \\ -3.342 \\ 1 \end{pmatrix}$$

验算正交关系式(10－40a)：

$$
\boldsymbol{Y}^{(1)\mathrm{T}}\boldsymbol{M}\boldsymbol{Y}^{(2)}=(0.163\quad 0.569\quad 1)\begin{pmatrix}2&0&0\\0&1&0\\0&0&1\end{pmatrix}\begin{pmatrix}-0.924\\-1.227\\1\end{pmatrix}m=0.0006\approx 0
$$

同理可得

$$
\boldsymbol{Y}^{(1)\mathrm{T}}\boldsymbol{M}\boldsymbol{Y}^{(3)}=-0.002m\approx 0
$$
$$
\boldsymbol{Y}^{(2)\mathrm{T}}\boldsymbol{M}\boldsymbol{Y}^{(3)}=0.0002m\approx 0
$$

验算正交关系式(10－40b)：

$$
\boldsymbol{Y}^{(1)\mathrm{T}}\boldsymbol{K}\boldsymbol{Y}^{(2)}=(0.163\quad 0.569\quad 1)\frac{k}{15}\begin{pmatrix}20&-5&0\\-5&8&-3\\0&-3&3\end{pmatrix}\begin{pmatrix}-0.924\\-1.227\\1\end{pmatrix}=\frac{k}{15}\times 0.005\approx 0
$$

$$
\boldsymbol{Y}^{(1)\mathrm{T}}\boldsymbol{K}\boldsymbol{Y}^{(3)}=\frac{k}{15}\times(-0.02)\approx 0
$$

$$
\boldsymbol{Y}^{(2)\mathrm{T}}\boldsymbol{K}\boldsymbol{Y}^{(3)}=\frac{k}{15}\times(-0.0002)\approx 0
$$

因此可认为满足正交性。

10.7 多自由度结构在简谐荷载作用下的强迫振动

10.7.1 刚度法

仍以两个自由度的体系为例，如图 10.25 所示，在动力荷载作用下的振动方程为

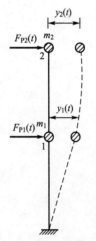

$$
\begin{cases}m_1\ddot{y}_1(t)+k_{11}y_1(t)+k_{12}y_2(t)=F_{P1}(t)\\ m_2\ddot{y}_2(t)+k_{21}y_1(t)+k_{22}y_2(t)=F_{P2}(t)\end{cases}\tag{10-41}
$$

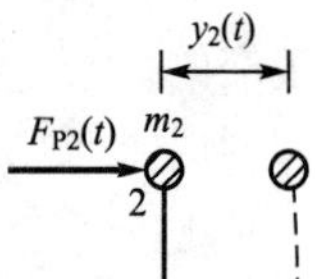

图 10.25　两个自由度体系

与自由振动的方程式(10－26)相比，这里只多了荷载项 $F_{P1}(t)$、$F_{P2}(t)$。

如果荷载为简谐荷载，即

$$
\begin{cases}F_{P1}(t)=F_{P1}\sin\theta t\\ F_{P2}(t)=F_{P2}\sin\theta t\end{cases}\tag{a}
$$

则在平稳振动阶段，各质点也做简谐振动，即

$$
\begin{cases}y_1(t)=Y_1\sin\theta t\\ y_2(t)=Y_2\sin\theta t\end{cases}\tag{b}
$$

将式(a)和式(b)代入式(10－41)，消去公因子 $\sin\theta t$ 后可得

$$
\begin{cases}(k_{11}-\theta^2 m_1)Y_1+k_{12}Y_2=F_{P1}(t)\\ k_{21}Y_1+(k_{22}-\theta^2 m_2)Y_2=F_{P2}(t)\end{cases}
$$

由此可解得位移的幅值为

$$
Y_1=\frac{D_1}{D_0},\quad Y_2=\frac{D_2}{D_0}\tag{10-42}
$$

式中

$$\begin{cases} D_0=\begin{vmatrix} (k_{11}-m_1\theta^2) & k_{12} \\ k_{21} & (k_{22}-m_2\theta^2) \end{vmatrix}=(k_{11}-\theta^2 m_1)(k_{22}-\theta^2 m_2)-k_{12}k_{21} \\ D_1=\begin{vmatrix} F_{P1} & k_{12} \\ F_{P2} & (k_{22}-m_2\theta^2) \end{vmatrix}=(k_{22}-\theta^2 m_2)F_{P1}-k_{12}F_{P2} \\ D_2=\begin{vmatrix} (k_{11}-m_1\theta^2) & F_{P1} \\ k_{21} & F_{P2} \end{vmatrix}=-k_{21}F_{P1}+(k_{11}-\theta^2 m_1)F_{P2} \end{cases} \tag{10-43}$$

将式(10-42)的位移幅值代回式(b)，即得任意时刻 t 的位移。

式(10-43)中的 D_0，与式(10-28a)中的行列式 D 具有相同的形式，只是 D 中的 ω 换成了 D_0 中的 θ。因此，如果荷载频率 θ 与任一个自振频率 ω_1、ω_2 重合，则可得

$$D_0=0$$

当 D_1、D_2 不全为零时，则位移幅值即为无限大，这时即出现共振现象。

【例 10-7】 图 10.26 所示刚架在底层横梁上作用简谐荷载 $F_{P1}(t)=F_P\sin\theta t$，试画出第一、二层横梁的振幅 Y_1、Y_2 与荷载频率 θ 之间的关系曲线。设 $m_1=m_2=m$，$k_1=k_2=k$。

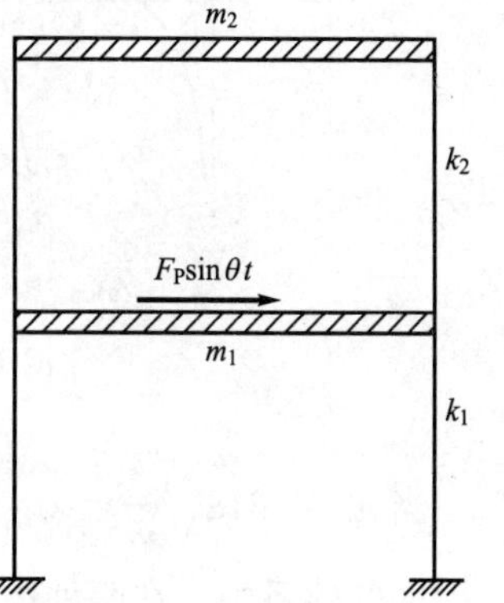

图 10.26 例 10-7 图

【解】 刚度系数为

$$k_{11}=k_1+k_2,\quad k_{12}=k_{21}=-k_2,\quad k_{22}=k_2$$

荷载幅值为 $F_{P1}=F_P$，$F_{P2}=0$，代入式(10-43)和式(10-42)即得

$$\begin{cases} Y_1=\dfrac{(k_2-\theta^2 m_2)F_P}{D_0} \\ Y_2=\dfrac{k_2F_P}{D_0} \end{cases} \tag{a}$$

式中

$$D_0=(k_1+k_2-\theta^2 m_1)(k_2-\theta^2 m_2)-k_2^2 \tag{b}$$

再令 $m_1=m_2=m$，$k_1=k_2=k$，则得

$$\begin{cases} Y_1=\dfrac{(k-\theta^2 m)F_P}{D_0} \\ Y_2=\dfrac{kF_P}{D_0} \end{cases} \tag{c}$$

式中

$$\begin{aligned} D_0&=(2k-\theta^2 m)(k-\theta^2 m)-k^2 \\ &=m^2\theta^4-3km\theta^2+k^2=m^2(\theta^2-\omega_1^2)(\theta^2-\omega_2^2) \end{aligned} \tag{d}$$

其中两个频率 ω_1 和 ω_2 已由例 10-3 中求出：

$$\omega_1^2=\frac{3-\sqrt{5}}{2}\frac{k}{m},\quad \omega_2^2=\frac{3+\sqrt{5}}{2}\frac{k}{m}$$

因此式(c)可写成：

$$\begin{cases} Y_1=\dfrac{F_{\mathrm{P}}}{k}\dfrac{1-\dfrac{m}{k}\theta^2}{\left(1-\dfrac{\theta^2}{\omega_1^2}\right)\left(1-\dfrac{\theta^2}{\omega_2^2}\right)} \\ Y_2=\dfrac{F_{\mathrm{P}}}{k}\dfrac{1}{\left(1-\dfrac{\theta^2}{\omega_1^2}\right)\left(1-\dfrac{\theta^2}{\omega_2^2}\right)} \end{cases} \tag{e}$$

图 10.27 所示为振幅参数 $Y_1\Big/\dfrac{F_{\mathrm{P}}}{k}$、$Y_2\Big/\dfrac{F_{\mathrm{P}}}{k}$与荷载频率参数$\theta\Big/\sqrt{\dfrac{k}{m}}$之间的关系。

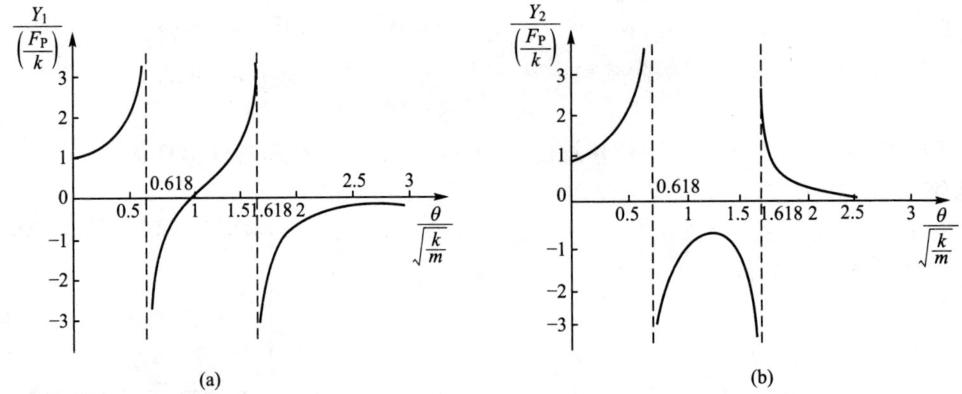

图 10.27　振幅参数与荷载频率参数之间的关系

当$\theta=0.618\sqrt{\dfrac{k}{m}}=\omega_1$和$\theta=1.618\sqrt{\dfrac{k}{m}}=\omega_2$时，$Y_1$和$Y_2$趋于无穷大。可见在两个自由度的体系中，在两种情况下($\theta=\omega_1$和$\theta=\omega_2$)可能出现共振现象。

对于n个自由度的体系(图 10.28)，振动方程为

$$\begin{cases} m_1\ddot{y}_1+k_{11}y_1+k_{12}y_2+\cdots+k_{1n}y_n=F_{\mathrm{P1}}(t) \\ m_2\ddot{y}_2+k_{21}y_1+k_{22}y_2+\cdots+k_{2n}y_n=F_{\mathrm{P2}}(t) \\ \vdots \\ m_n\ddot{y}_n+k_{n1}y_1+k_{n2}y_2+\cdots+k_{nn}y_n=F_{\mathrm{P}n}(t) \end{cases} \tag{10-44a}$$

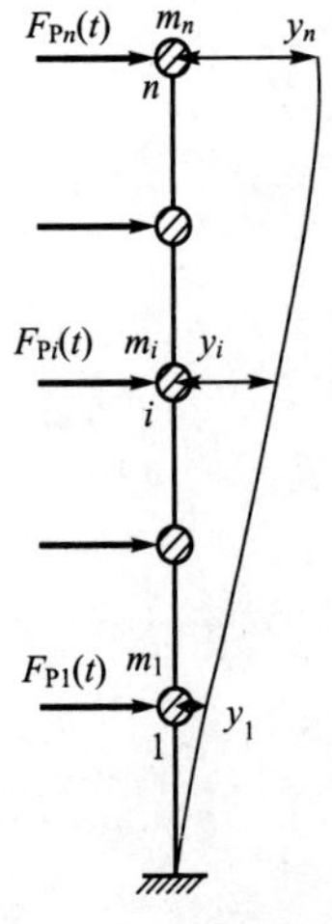

图 10.28　n 个自由度体系

如写成矩阵形式，则为

$$\boldsymbol{M}\ddot{\boldsymbol{y}}+\boldsymbol{K}\boldsymbol{y}=\boldsymbol{F}_{\mathrm{P}}(t) \tag{10-44b}$$

如果荷载为简谐荷载，即

$$\boldsymbol{F}_{\mathrm{P}}(t)=\begin{Bmatrix} F_{\mathrm{P1}} \\ F_{\mathrm{P2}} \\ \vdots \\ F_{\mathrm{P}n} \end{Bmatrix}\sin\theta t=\boldsymbol{F}_{\mathrm{P}}\sin\theta t$$

则在平稳振动阶段，各质点也作简谐振动，即

$$\boldsymbol{y}(t)=\begin{Bmatrix}Y_1\\Y_2\\\vdots\\Y_n\end{Bmatrix}\sin\theta t=\boldsymbol{Y}\sin\theta t$$

代入振动方程，消去公因子 $\sin\theta t$ 后可得

$$(\boldsymbol{K}-\theta^2\boldsymbol{M})\boldsymbol{Y}=\boldsymbol{F}_{\mathrm{P}} \tag{10-45}$$

此式系数矩阵的行列式可用 D_0 表示，即

$$D_0=|\boldsymbol{K}-\theta^2\boldsymbol{M}|$$

如果 $D_0\neq0$，则由式(10-45)可解得振幅 $\boldsymbol{Y}$，即可求得任意时刻 t 各质点的位移。

下面讨论 $D_0=0$ 的情形。由自由振动的频率方程式(10-34)得知，如 $\theta=\omega$，则 $D_0=0$，这时式(10-45)的解 $\boldsymbol{Y}$ 趋于无穷大。由此看出，当荷载频率 θ 与体系的自振频率中的任一个 ω_i 相等时，就可能出现共振现象。对于具有 n 个自由度的体系来说，在 n 种情况下($\theta=\omega_i$，$i=1$，2，…，n)都可能出现共振现象。

10.7.2 柔度法

图 10.29(a)所示两个自由度的体系，受简谐荷载作用，在任一时刻 t，质点 1、2 的位移 y_1 和 y_2，可以由体系在惯性力 $-m_1\ddot{y}_1$、$-m_2\ddot{y}_2$ 和动荷载共同作用下的位移通过叠加写出：

$$\begin{cases}y_1=(-m_1\ddot{y}_1)\delta_{11}+(-m_2\ddot{y}_2)\delta_{12}+\Delta_{1\mathrm{P}}\sin\theta t\\ y_2=(-m_1\ddot{y}_1)\delta_{21}+(-m_2\ddot{y}_2)\delta_{22}+\Delta_{2\mathrm{P}}\sin\theta t\end{cases}$$

式中，$\Delta_{1\mathrm{P}}$、$\Delta_{2\mathrm{P}}$分别为荷载幅值在质点 1、2 产生的静力位移。

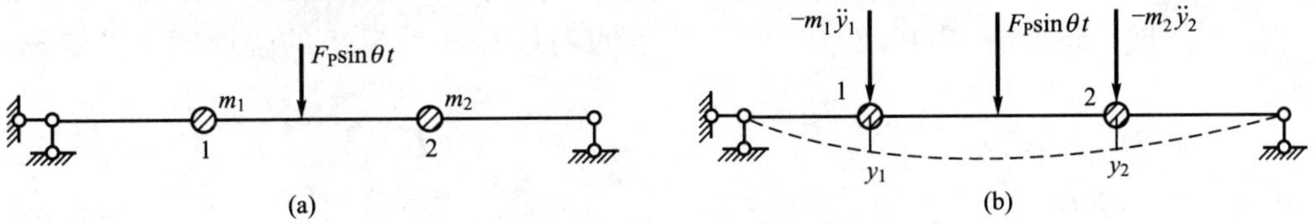

图 10.29 两个自由度体系柔度法

也可以写为

$$\begin{cases}y_1+m_1\ddot{y}_1\delta_{11}+m_2\ddot{y}_2\delta_{12}=\Delta_{1\mathrm{P}}\sin\theta t\\ y_2+m_1\ddot{y}_1\delta_{21}+m_2\ddot{y}_2\delta_{22}=\Delta_{2\mathrm{P}}\sin\theta t\end{cases} \tag{10-46}$$

设其在平稳振动阶段的解为

$$\begin{cases}y_1(t)=Y_1\sin\theta t\\ y_2(t)=Y_2\sin\theta t\end{cases} \tag{a}$$

将式(a)代入式(10-46)，消去公因子 $\sin\theta t$ 后可得

$$\begin{cases}y_1+m_1\ddot{y}_1\delta_{11}+m_2\ddot{y}_2\delta_{12}=\Delta_{1\mathrm{P}}\sin\theta t\\ y_2+m_1\ddot{y}_1\delta_{21}+m_2\ddot{y}_2\delta_{22}=\Delta_{2\mathrm{P}}\sin\theta t\end{cases} \tag{10-47}$$

由此可解得位移的幅值为

$$Y_1=\frac{D_1}{D_0},\quad Y_2=\frac{D_2}{D_0} \tag{10-48}$$

式中

$$\begin{cases} D_0=\begin{vmatrix} (m_1\theta^2\delta_{11}-1) & m_2\theta^2\delta_{12} \\ m_1\theta^2\delta_{21} & (m_2\theta^2\delta_{22}-1) \end{vmatrix} \\ D_1=\begin{vmatrix} -\Delta_{1P} & m_2\theta^2\delta_{12} \\ -\Delta_{2P} & (m_2\theta^2\delta_{22}-1) \end{vmatrix} \\ D_2=\begin{vmatrix} (m_1\theta^2\delta_{11}-1) & (-\Delta_{1P}) \\ m_1\theta^2\delta_{21} & (-\Delta_{2P}) \end{vmatrix} \end{cases} \tag{10-49}$$

式(10-49)中的 D_0 与自由振动中的行列式 D 具有相同的形式，只是 D 中的 ω 换成了 D_0 中的 θ。因此，当荷载频率 θ 与任一个自振频率 ω_1、ω_2 相等时，则 $D_0=0$。当 D_1、D_2 不全为零时，位移幅值将趋于无限大，即出现共振。

在求得位移幅值 Y_1、Y_2 后，可得到各质点的位移和惯性力。

位移为

$$y_1(t)=Y_1\sin\theta t,\quad y_2(t)=Y_2\sin\theta t$$

惯性力为

$$-m_1\ddot{y}_1(t)=m_1\theta^2 Y_1\sin\theta t$$

因为位移、惯性力和动荷载同时到达幅值，动内力也在振幅位置到达幅值。动内力幅值可以在各质点的惯性力幅值及动荷载幅值共同作用下按静力分析方法求得。如任一截面的弯矩幅值可由下式求出：

$$M(t)_{\max}=\overline{M_1}I_1+\overline{M_2}I_2+M_P$$

式中：I_1、I_2 分别为质点 1、2 的惯性力幅值；$\overline{M_1}$、$\overline{M_2}$ 分别为单位惯性力 $I_1=1$、$I_2=1$ 作用时，任一截面的弯矩值；M_P 为动荷载幅值静力作用下同一截面的弯矩值。

【例 10-8】 试绘制图 10.30(a)所示体系的动位移和动弯矩的幅值图。已知 $m_1=m_2=m$，EI 为常数，$\theta=0.6\omega_1$。柔度系数 $\delta_{11}=\delta_{22}=\dfrac{4l^3}{243EI}$，$\delta_{12}=\delta_{21}=\dfrac{7l^3}{486EI}$，基本频率 $\omega_1=5.692\sqrt{\dfrac{EI}{ml^3}}$。

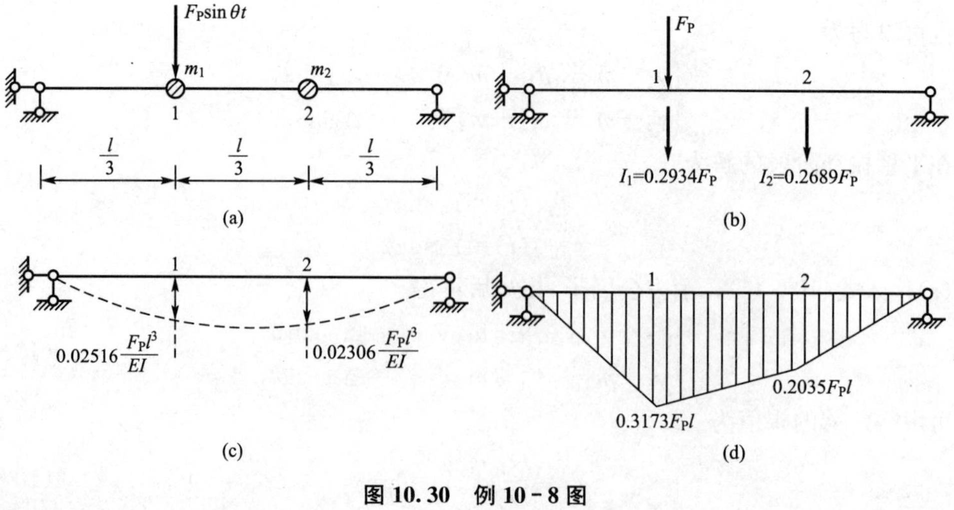

图 10.30 例 10-8 图

【解】 (1) 荷载频率为

$$\theta = 0.6\omega_1 = 3.415\sqrt{\frac{EI}{ml^3}}$$

(2) 作 $\overline{M}_1$、$\overline{M}_2$、M_P 图，图乘得

$$\Delta_{1P} = \frac{4F_P l^3}{243EI}, \quad \Delta_{2P} = \frac{7F_P l^3}{486EI}$$

(3) 计算 D_0、D_1 和 D_2：

$$m_1\theta^2 = m_2\theta^2 = 11.66\frac{EI}{l^3}$$

$$D_0 = \begin{vmatrix} (m_1\theta^2\delta_{11} - 1) & m_2\theta^2\delta_{12} \\ m_1\theta^2\delta_{21} & (m_2\theta^2\delta_{22} - 1) \end{vmatrix} = 0.6247$$

$$D_1 = \begin{vmatrix} -\Delta_{1P} & m_2\theta^2\delta_{12} \\ -\Delta_{2P} & (m_2\theta^2\delta_{22} - 1) \end{vmatrix} = 0.01572\frac{F_P l^3}{EI}$$

$$D_2 = \begin{vmatrix} (m_1\theta^2\delta_{11} - 1) & (-\Delta_{1P}) \\ m_1\theta^2\delta_{21} & (-\Delta_{2P}) \end{vmatrix} = 0.01440\frac{F_P l^3}{EI}$$

(4) 计算位移幅值［图 10.30(c)］：

$$Y_1 = \frac{D_1}{D_0} = \frac{0.01572F_P l^3}{0.6247EI} = 0.02516\frac{F_P l^3}{EI}$$

$$Y_2 = \frac{D_2}{D_0} = \frac{0.01440F_P l^3}{0.6247EI} = 0.02306\frac{F_P l^3}{EI}$$

(5) 计算惯性力幅值：

$$I_1 = m_1\theta^2 Y_1 = 11.66\frac{EI}{l^3} \times 0.02516\frac{F_P l^3}{EI} = 0.2934F_P$$

$$I_1 = m_2\theta^2 Y_2 = 11.66\frac{EI}{l^3} \times 0.02306\frac{F_P l^3}{EI} = 0.2689F_P$$

(6) 计算质点 1、2 的动弯矩幅值：体系所受动荷载及惯性力的幅值，如图 10.30(b)所示。据此可求出反力及弯矩幅值并作图。弯矩幅值如图 10.30(d)所示。

(7) 进一步计算质点 1 的位移、弯矩动力系数：

$$y_{1st} = \Delta_{1P} = \frac{4F_P l^3}{243EI} = 0.01646\frac{F_P l^3}{EI}$$

$$\beta_{y1} = \frac{Y_1}{y_{1st}} = \frac{0.02516\dfrac{F_P l^3}{EI}}{0.01646\dfrac{F_P l^3}{EI}} = 1.529$$

$$M_{1st} = \frac{2F_P l}{9} = 0.2222F_P l$$

$$\beta_{M1} = \frac{M_{1max}}{M_{1st}} = \frac{0.3173F_P l}{0.2222F_P l} = 1.428$$

由此可见，在两个自由度体系中，同一点的位移和弯矩的动力系数是不同的，即没有统一的动力系数，这是与单自由度体系不同的。

10.8 多自由度体系在任意荷载作用下的受迫振动——振型分解法

10.8.1 正则坐标与主振型矩阵

1. 正则坐标

在多自由度体系中，利用10.6.3节的主振型的正交关系，任意一个位移向量 $\boldsymbol{y}$ 都可按主振型展开，写成各主振型的线性组合，即

$$\boldsymbol{y}=\eta_1\boldsymbol{Y}^{(1)}+\eta_2\boldsymbol{Y}^{(2)}+\cdots+\eta_n\boldsymbol{Y}^{(n)}=\sum_{i=1}^{n}\eta_i\boldsymbol{Y}^{(i)} \tag{10-50}$$

式中的待定系数 η_i 可根据主振型正交关系加以确定。

用 $\boldsymbol{Y}^{(j)\mathrm{T}}\boldsymbol{M}$ 乘上式的两边，得

$$\boldsymbol{Y}^{(j)\mathrm{T}}\boldsymbol{M}\boldsymbol{y}=\sum_{i=1}^{n}\eta_i\boldsymbol{Y}^{(j)\mathrm{T}}\boldsymbol{M}\boldsymbol{Y}^{(i)}$$

上式右边为 n 项之和，其中除第 j 项外，其他各项都因主振型的正交性而变为零，因此上式变为

$$\boldsymbol{Y}^{(j)\mathrm{T}}\boldsymbol{M}\boldsymbol{y}=\eta_j\boldsymbol{Y}^{(j)\mathrm{T}}\boldsymbol{M}\boldsymbol{Y}^{(j)}=\eta_jM_j$$

式中

$$M_j=\boldsymbol{Y}^{(j)\mathrm{T}}\boldsymbol{M}\boldsymbol{Y}^{(j)} \tag{10-51}$$

称为第 j 个主振型相应的广义质量。

由上式可求出系数 η_j 为

$$\eta_j=\frac{\boldsymbol{Y}^{(j)\mathrm{T}}\boldsymbol{M}\boldsymbol{y}}{M_j} \tag{10-52}$$

式(10-50)和式(10-52)合称为主振型分解的展开公式。位移 y_1、y_2、…、y_n 代表质点的位移，称为几何坐标；系数 η_1、η_2、…、η_n 通过主振型来表示质点的位移，是一种广义坐标，称为正则坐标。从式(10-52)可以看出，正则坐标 η_i 就是把实际位移 $\boldsymbol{y}$ 按主振型分解时的系数。

2. 主振型矩阵

在具有 n 个自由度的体系中，可将 n 个彼此正交的主振型向量组成一个方阵：

$$\boldsymbol{Y}=\begin{bmatrix}\boldsymbol{Y}^{(1)} & \boldsymbol{Y}^{(2)} & \cdots & \boldsymbol{Y}^{(n)}\end{bmatrix}=\begin{bmatrix}Y_1^{(1)} & Y_1^{(2)} & \cdots & Y_1^{(n)}\\ Y_2^{(1)} & Y_2^{(2)} & \cdots & Y_2^{(n)}\\ \vdots & \vdots & & \vdots\\ Y_n^{(1)} & Y_n^{(2)} & \cdots & Y_n^{(n)}\end{bmatrix}$$

这个方阵称为主振型矩阵，它的转置矩阵为

$$\boldsymbol{Y}^{\mathrm{T}}=\begin{bmatrix}\boldsymbol{Y}^{(1)} & \boldsymbol{Y}^{(2)} & \cdots & \boldsymbol{Y}^{(n)}\end{bmatrix}^{\mathrm{T}}=\begin{bmatrix}Y_1^{(1)} & Y_2^{(1)} & \cdots & Y_n^{(1)}\\ Y_1^{(2)} & Y_2^{(2)} & \cdots & Y_n^{(2)}\\ \vdots & \vdots & & \vdots\\ Y_1^{(n)} & Y_2^{(n)} & \cdots & Y_n^{(n)}\end{bmatrix}$$

根据主振型向量的两个正交关系，可以导出关于主振型矩阵 $\boldsymbol{Y}$ 的两个性质，即 $\boldsymbol{Y}^{\mathrm{T}}\boldsymbol{M}\boldsymbol{Y}$ 和 $\boldsymbol{Y}^{\mathrm{T}}\boldsymbol{K}\boldsymbol{Y}$ 都应是对角矩阵。可验证如下

$$\boldsymbol{Y}^{\mathrm{T}}\boldsymbol{M}\boldsymbol{Y}=\begin{Bmatrix}\boldsymbol{Y}^{(1)\mathrm{T}}\\ \boldsymbol{Y}^{(2)\mathrm{T}}\\ \vdots\\ \boldsymbol{Y}^{(n)\mathrm{T}}\end{Bmatrix}\boldsymbol{M}\left[\boldsymbol{Y}^{(1)}\quad \boldsymbol{Y}^{(2)}\quad \cdots\quad \boldsymbol{Y}^{(n)}\right]=\begin{Bmatrix}\boldsymbol{Y}^{(1)\mathrm{T}}\boldsymbol{M}\\ \boldsymbol{Y}^{(2)\mathrm{T}}\boldsymbol{M}\\ \vdots\\ \boldsymbol{Y}^{(n)\mathrm{T}}\boldsymbol{M}\end{Bmatrix}\left[\boldsymbol{Y}^{(1)}\quad \boldsymbol{Y}^{(2)}\quad \cdots\quad \boldsymbol{Y}^{(n)}\right]$$

$$=\begin{bmatrix}\boldsymbol{Y}^{(1)\mathrm{T}}\boldsymbol{M}\boldsymbol{Y}^{(1)} & \boldsymbol{Y}^{(1)\mathrm{T}}\boldsymbol{M}\boldsymbol{Y}^{(2)} & \cdots & \boldsymbol{Y}^{(1)\mathrm{T}}\boldsymbol{M}\boldsymbol{Y}^{(n)}\\ \boldsymbol{Y}^{(2)\mathrm{T}}\boldsymbol{M}\boldsymbol{Y}^{(1)} & \boldsymbol{Y}^{(2)\mathrm{T}}\boldsymbol{M}\boldsymbol{Y}^{(2)} & \cdots & \boldsymbol{Y}^{(2)\mathrm{T}}\boldsymbol{M}\boldsymbol{Y}^{(n)}\\ \vdots & \vdots & & \vdots\\ \boldsymbol{Y}^{(n)\mathrm{T}}\boldsymbol{M}\boldsymbol{Y}^{(1)} & \boldsymbol{Y}^{(n)\mathrm{T}}\boldsymbol{M}\boldsymbol{Y}^{(2)} & \cdots & \boldsymbol{Y}^{(n)\mathrm{T}}\boldsymbol{M}\boldsymbol{Y}^{(n)}\end{bmatrix}$$

由式(10－51)可知，上式右边矩阵中的对角元素是广义质量 M_1、M_2、…、M_n。又由正交关系式(10－40)可知，所有非对角元素全部为零，因此得知 $\boldsymbol{Y}^{\mathrm{T}}\boldsymbol{M}\boldsymbol{Y}$ 确是对角矩阵：

$$\boldsymbol{Y}^{\mathrm{T}}\boldsymbol{M}\boldsymbol{Y}==\begin{bmatrix}M_1 & 0 & \cdots & 0\\ 0 & M_2 & \cdots & 0\\ \vdots & \vdots & & \vdots\\ 0 & 0 & \cdots & M_n\end{bmatrix}=\boldsymbol{M}^{*} \tag{10-53a}$$

对角矩阵 $\boldsymbol{M}^{*}$ 称为广义质量矩阵。

同样可得

$$\boldsymbol{Y}^{\mathrm{T}}\boldsymbol{K}\boldsymbol{Y}==\begin{bmatrix}K_1 & 0 & \cdots & 0\\ 0 & K_2 & \cdots & 0\\ \vdots & \vdots & & \vdots\\ 0 & 0 & \cdots & K_n\end{bmatrix}=\boldsymbol{K}^{*} \tag{10-53b}$$

式中

$$K_i=\boldsymbol{Y}^{(i)\mathrm{T}}\boldsymbol{K}\boldsymbol{Y}^{(i)} \tag{10-54}$$

称为第 i 个主振型的广义刚度，对角矩阵 $\boldsymbol{K}^{*}$ 称为广义刚度矩阵。

式(10－53)表明主振型矩阵 $\boldsymbol{Y}$ 具有如下性质：当 $\boldsymbol{M}$ 和 $\boldsymbol{K}$ 为非对角矩阵时，如果前乘于 $\boldsymbol{Y}^{\mathrm{T}}$，后乘于 $\boldsymbol{Y}$，则可使它们转变为对角矩阵 $\boldsymbol{M}^{*}$ 和 $\boldsymbol{K}^{*}$。下面我们将利用主振型矩阵 $\boldsymbol{Y}$ 的这一性质，使多自由度体系的耦合振动方程组解耦，变为单个振动方程的简单形式。

10.8.2 振型分解法

在一般荷载作用下，图 10.31 所示的 n 个自由度体系的振动方程为

$$\begin{cases}m_1\ddot{y}_1+k_{11}y_1+k_{12}y_2+\cdots+k_{1n}y_n=F_{\mathrm{P1}}(t)\\ m_2\ddot{y}_2+k_{21}y_1+k_{22}y_2+\cdots+k_{2n}y_n=F_{\mathrm{P2}}(t)\\ \qquad\vdots\\ m_n\ddot{y}_1+k_{n1}y_1+k_{n2}y_2+\cdots+k_{nn}y_n=F_{\mathrm{Pn}}(t)\end{cases} \tag{10-55a}$$

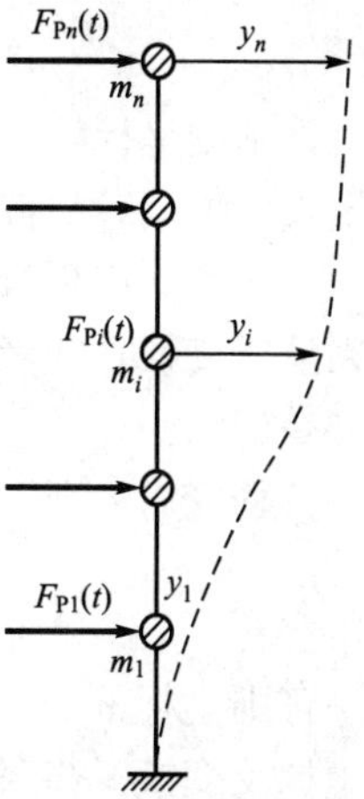

图 10.31 振型分解法

写成矩阵形式为

$$\boldsymbol{M}\ddot{\boldsymbol{y}}+\boldsymbol{K}\boldsymbol{y}=\boldsymbol{F}_{\mathrm{P}}(t) \tag{10-55b}$$

式中：$\boldsymbol{y}$ 和 $\ddot{\boldsymbol{y}}$ 分别为位移向量和加速度向量；$\boldsymbol{M}$ 和 $\boldsymbol{K}$ 分别为质量矩阵和刚度矩阵；$\boldsymbol{F}_{\mathrm{P}}(t)$ 为动荷载向量，即

$$\boldsymbol{F}_{\mathrm{P}}(t)=\begin{Bmatrix} F_{\mathrm{P1}}(t) \\ F_{\mathrm{P2}}(t) \\ \vdots \\ F_{\mathrm{P}n}(t) \end{Bmatrix}$$

在通常情况下，式(10－55b)中的 $\boldsymbol{M}$ 和 $\boldsymbol{K}$ 并不都是对角矩阵，因此方程组是耦合的。当 n 较大时，求解联立方程的工作非常繁重。为了简化计算，可以采用坐标变换的手段使方程组由耦合变为不耦合。解耦的具体做法如下：

首先进行正则坐标变换

$$\boldsymbol{y}=\boldsymbol{Y}\boldsymbol{\eta} \tag{a}$$

式中：$\boldsymbol{y}$ 为几何坐标，代表质点的位移；$\boldsymbol{\eta}$ 为正则坐标，是一种广义的参数。两种坐标之间的转换就是主振型矩阵 $\boldsymbol{Y}$。正则坐标 η_i 就是把位移 y 按主振型分解的参数。

其次，将式(a)代入式(10－55b)，再乘以 $\boldsymbol{Y}^{\mathrm{T}}$ 得

$$\boldsymbol{Y}^{\mathrm{T}}\boldsymbol{M}\boldsymbol{Y}\ddot{\boldsymbol{\eta}}+\boldsymbol{Y}^{\mathrm{T}}\boldsymbol{K}\boldsymbol{Y}\boldsymbol{\eta}=\boldsymbol{Y}^{\mathrm{T}}\boldsymbol{F}_{\mathrm{P}}(t) \tag{b}$$

利用前面定义的广义质量矩阵 $\boldsymbol{M}^*$ 和广义刚度矩阵 $\boldsymbol{K}^*$，再把 $\boldsymbol{F}_{\mathrm{P}}(t)$ 看作广义荷载向量，即

$$\boldsymbol{F}(t)=\boldsymbol{Y}^{\mathrm{T}}\boldsymbol{F}_{\mathrm{P}}(t) \tag{10-56a}$$

该向量中的元素

$$F_i(t)=\boldsymbol{Y}^{(i)\mathrm{T}}\boldsymbol{F}_{\mathrm{P}}(t) \tag{10-56b}$$

称为第 i 个主振型相应的广义荷载，则式(b)可写成

$$\boldsymbol{M}^*\ddot{\boldsymbol{\eta}}+\boldsymbol{K}^*\boldsymbol{\eta}=\boldsymbol{F}(t) \tag{c}$$

由于 $\boldsymbol{M}^*$ 和 $\boldsymbol{K}^*$ 都是对角矩阵，故方程组(c)已成功解耦。其中包含 n 个独立方程如下：

$$M_i\ddot{\eta}_i(t)+K_i\eta_i(t)=F_i(t) \quad (i=1,\ 2,\ \cdots,\ n)$$

上式两边除以 M_i，再考虑到 $\omega_i^2=\dfrac{K_i}{M_i}$，得

$$\ddot{\eta}_i(t)+\omega_i^2\eta_i(t)=\frac{F_i(t)}{M_i} \tag{10-57}$$

这就是正则坐标 $\eta_i(t)$ 的运动方程，与单自由度体系的振动方程完全相似。原来的振动方程组式(10－55)是彼此耦合的 n 个联立方程，现在的运动方程式(10－57)是彼此独立的 n 个一元方程。由耦合变为不耦合，是上述解法的主要优点。这个解法的核心步骤是采用了正则坐标变换，或者说把位移 y 按主振型进行分解，因此这个方法称为主振型分解法或主振型叠加法。

方程式(10－57)，在初始位移和初始速度为零时其解为

$$\eta_i(t)=\frac{1}{M_i\omega_i}\int_0^t F_{\mathrm{P}i}(\tau)\sin\omega_i(t-\tau)\mathrm{d}\tau \tag{10-58}$$

正则坐标 $\eta_i(t)$ 求出后，再回代到式(a)即得到几何坐标 $y(t)$。从式(a)来看，这是进行坐标反变换。将各个主振型分量加以叠加，从而得到质点的总位移。

【例 10－9】 用振型分解法求图 10.32 所示结构在突加荷载 $F_{\mathrm{P2}}(t)$ 作用下的位移和弯

矩，已知 $F_{P2}(t)=\begin{cases}F_{P2} & (t>0)\\ 0 & (t<0)\end{cases}$。

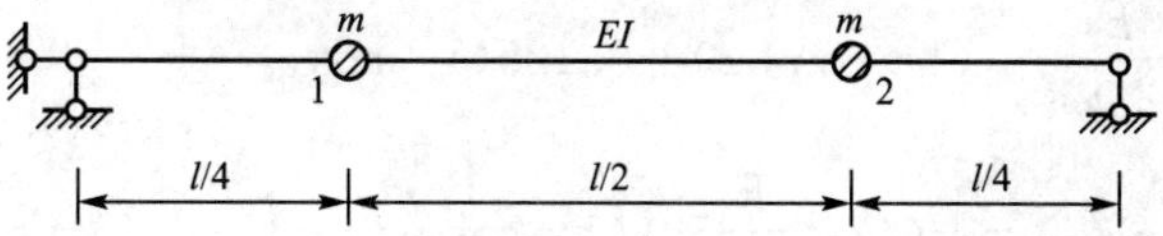

图 10.32 例 10-9 图

【解】 (1) 确定自振频率和主振型。由前面的知识可得两个自振频率为

$$\omega_1=6.928\sqrt{\frac{EI}{ml^3}},\quad \omega_2=19.596\sqrt{\frac{EI}{ml^3}}$$

两个主振型为

$$\boldsymbol{Y}^{(1)}=\begin{pmatrix}1\\1\end{pmatrix},\quad \boldsymbol{Y}^{(2)}=\begin{pmatrix}1\\-1\end{pmatrix}$$

(2) 建立坐标变换关系。主振型矩阵为

$$\boldsymbol{Y}=\begin{pmatrix}1 & 1\\1 & -1\end{pmatrix}$$

正则坐标变换式(a)为

$$\begin{pmatrix}y_1\\y_2\end{pmatrix}=\begin{pmatrix}1 & 1\\1 & -1\end{pmatrix}\begin{pmatrix}\eta_1\\\eta_2\end{pmatrix}$$

(3) 求广义质量。由 $M_i=\boldsymbol{Y}^{(i)\mathrm{T}}\boldsymbol{M}\boldsymbol{Y}^{(i)}$ 得

$$M_1=\{\boldsymbol{Y}\}^{(1)\mathrm{T}}[\boldsymbol{M}]\{\boldsymbol{Y}\}^{(1)}=[1\quad 1]\begin{bmatrix}m & 0\\0 & m\end{bmatrix}\begin{Bmatrix}1\\1\end{Bmatrix}=2m$$

$$M_2=\{\boldsymbol{Y}\}^{(2)\mathrm{T}}[\boldsymbol{M}]\{\boldsymbol{Y}\}^{(2)}=[1\quad -1]\begin{bmatrix}m & 0\\0 & m\end{bmatrix}\begin{Bmatrix}1\\-1\end{Bmatrix}=2m$$

(4) 求广义荷载：

$$\omega_1(t-\tau)F_1=\{\boldsymbol{Y}\}^{(1)\mathrm{T}}\boldsymbol{F}_{\mathrm{P}}(t)=[1\quad 1]\begin{Bmatrix}0\\F_{P2}(t)\end{Bmatrix}=F_{P2}(t)$$

$$F_2=\{\boldsymbol{Y}\}^{(2)\mathrm{T}}\boldsymbol{F}_{\mathrm{P}}(t)=[1\quad -1]\begin{Bmatrix}0\\F_{P2}(t)\end{Bmatrix}=-F_{P2}(t)$$

(5) 求正则坐标：

$$\eta_1(t)=\frac{1}{M_1\omega_1}\int_0^t F_{P2}(\tau)\sin\omega_1(t-\tau)\mathrm{d}\tau=\frac{1}{2m\omega_1}\int_0^t F_{P2}(\tau)\sin\omega_1(t-\tau)\mathrm{d}\tau=\frac{1}{2m\omega_2^2}(1-\cos\omega_1 t)$$

$$\eta_2(t)=-\frac{1}{M_2\omega_2}\int_0^t F_{P2}(\tau)\sin\omega_2(t-\tau)\mathrm{d}\tau=-\frac{F_{P2}}{2m\omega_2^2}(1-\cos\omega_2 t)$$

(6) 求质点位移。根据坐标变换式得

$$y_1(t)=\eta_1(t)+\eta_2(t)=\frac{F_{P2}}{2m\omega_2^2}\left[(1-\cos\omega_1 t)-\left(\frac{\omega_1}{\omega_2}\right)^2(1-\cos\omega_2 t)\right]$$

$$=\frac{F_{P2}}{2m\omega_2^2}\ [(1-\cos\omega_1 t)-0.125(1-\cos\omega_2 t)]$$

$$y_2(t)=\eta_1(t)-\eta_2(t)=\frac{F_{P2}}{2m\omega_1^2}\left[(1-\cos\omega_1 t)+\left(\frac{\omega_1}{\omega_2}\right)^2(1-\cos\omega_2 t)\right]$$

$$=\frac{F_{P2}}{2m\omega_1^2}\ [(1-\cos\omega_1 t)+0.125(1-\cos\omega_2 t)]$$

(7) 求弯矩。两质点的惯性力分别为

$$I_1=-m_1\ddot{y}_1=-\frac{F_{P2}}{2}(\cos\omega_1 t-\cos\omega_2 t)$$

$$I_2=-m_2\ddot{y}_2=-\frac{F_{P2}}{2}(\cos\omega_1 t+\cos\omega_2 t)$$

任意界面的弯矩值可根据下式求解：

$$M(t)=\overline{M}_1 I_1+\overline{M}_2 I_2+M_P$$

由此可求得截面 1 和截面 2 的弯矩如下：

$$M_1(t)=\frac{F_{P2}l}{8}\left[(1-\cos\omega_1 t)-\frac{1}{2}(1-\cos\omega_2 t)\right]$$

$$M_2(t)=\frac{F_{P2}l}{8}\left[(1-\cos\omega_1 t)+\frac{1}{2}(1-\cos\omega_2 t)\right]$$

上面求得的质点位移和截面弯矩的算式中均包括两项，前一项为第一振型分量的影响因子$(1-\cos\omega_1 t)$，后一项为第二振型的影响因子$(1-\cos\omega_2 t)$。可以看出，第二振型分量的影响比第一振型分量的影响要小得多。对位移来说，第一和第二振型分量的最大值之比为 2∶0.25；对弯矩来说，该比值为 2∶1。

由于第一和第二振型分量并不是同时达到最大值，因此求位移或弯矩的最大值时，不能简单地把两分量的最大值相加。

主振型叠加法可以将多自由度体系的动力反应问题变为一系列按主振型分量振动的单自由度体系的动力反应问题。当 n 很大时，价次越高的振型分量的影响越小，通常可只计算前 2 至 3 个低阶振型的影响，即可得到满意的结果。

本 章 小 结

本章前一部分讨论了单自由度体系的振动问题。在自由振动中，强调了自振周期的不同表现形式和它的一些重要性质。在强迫振动中，先讨论简谐荷载，后讨论一般荷载。一般动荷载的影响是按照自由振动、冲量的影响、强迫振动的顺序，主要利用力学概念进行推导，从而可更清楚地了解它们之间的相互关系。同时结合几种重要的动力荷载，讨论了结构的动力反应的一些特点，并与静力荷载进行了比较。

本章后一部分讨论了多自由度体系的振动问题。首先说明了多自由度体系按单自由度振动的可能性，并由此在自由振动中引出了主振型的概念。在强迫振动中，除了简谐荷载外，对一般的动荷载介绍了主振型分解法。

思 考 题

10.1 怎样区别动力荷载与静力荷载，动力计算和静力计算的主要差别有哪些?

10.2 什么叫做结构的振动自由度，如何确定结构的振动自由度?

10.3 何谓自振频率和周期，怎样改变它们?

10.4 阻尼对结构的自振频率和振幅有何影响?

10.5 对于多自由度结构，何时采用柔度法，何时采用刚度法?

10.6 何谓主振型? 何谓主振型的正交性?

习 题

10-1 受迫振动，指的是在__________作用下产生的振动。

10-2 多自由度结构按照任一自振频率进行的简谐振动称为__________，其对应的特定振动形式称为__________。

10-3 求解振动微分方程的方法有__________和__________。

10-4 试求图10.33所示梁的自振周期和圆频率。设梁端有重物 $W=1.23\text{kN}$；梁重不计，$E=21\times10^4\text{MPa}$，$I=78\text{cm}^4$。

10-5 一块形基础，底面积 $A=18\text{m}^2$，重量 $W=2352\text{kN}$，土壤的弹性压力系数为 3000kN/m^3。试求基础竖向振动时的自振频率。

10-6 试求图10.34所示体系的自振频率。

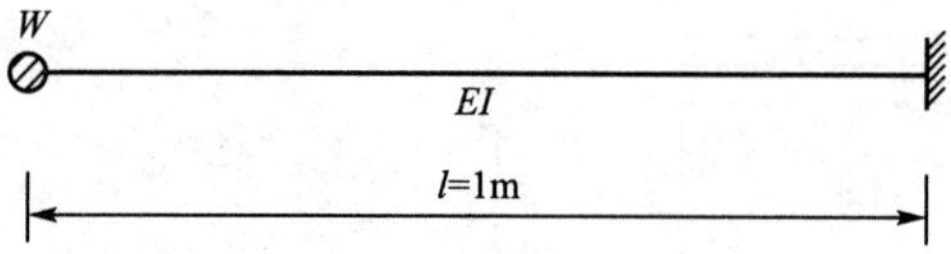

图10.33 习题10-4图

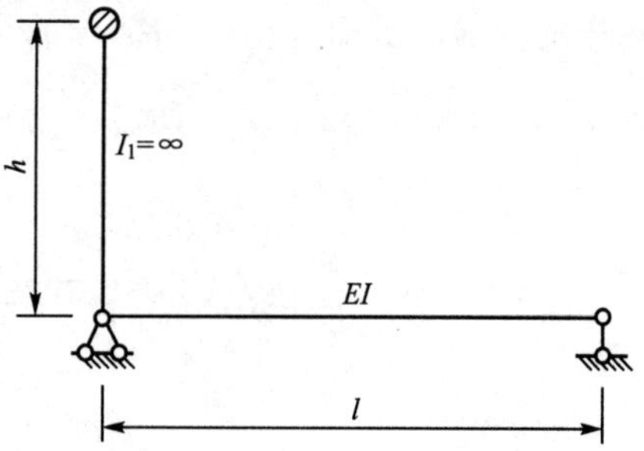

图10.34 习题10-6图

10-7 设图10.35所示竖杆顶端在振动开始时的初位移为0.1cm(被拉到位置 B' 后放松引起振动)，试求顶端 B 的位移振幅、最大速度和加速度。

10-8 试求图10.36所示排架的水平自振周期，柱的重量已简化到顶部，与屋盖重合在一起。

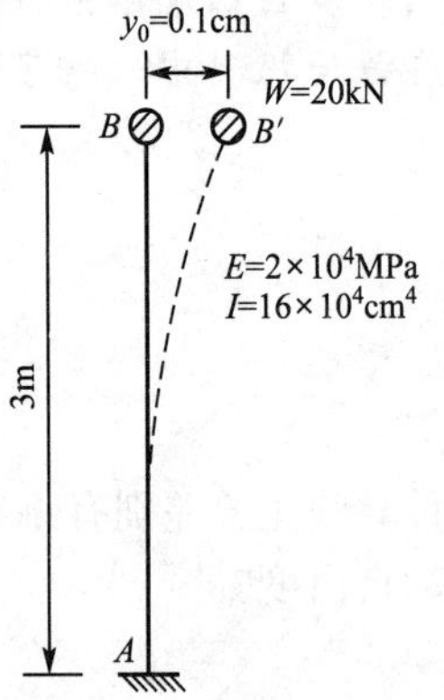

图 10.35 习题 10－7 图

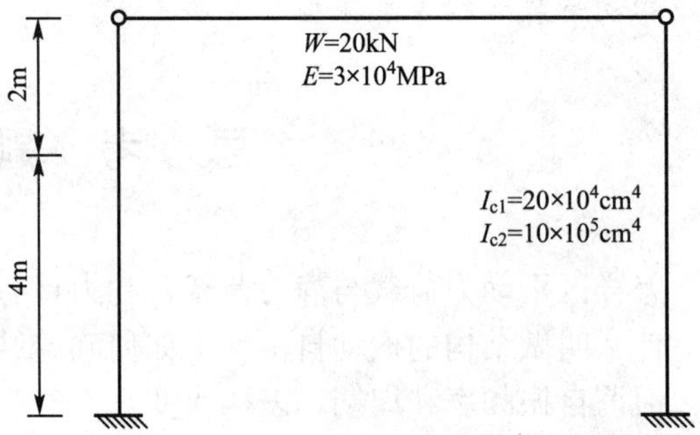

图 10.36 习题 10－8 图

10－9 图 10.37 所示刚架跨中有集中重量 W，刚架自重不计，弹性模量为 E。试求竖向振动时的自振频率。

10－10 试求上题刚架水平振动时的自振周期。

10－11 试求图 10.38 所示梁的最大竖向位移和梁端弯曲幅值。已知 $W=10\text{kN}$，$F_P=2.5\text{kN}$，$E=2\times10^5\text{MPa}$，$I=1130\text{cm}^4$，$\theta=57.6\text{s}^{-1}$，$l=150\text{cm}$。

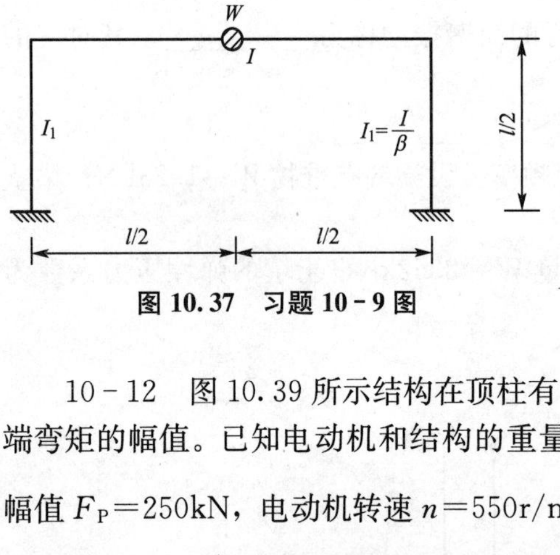

图 10.37 习题 10－9 图

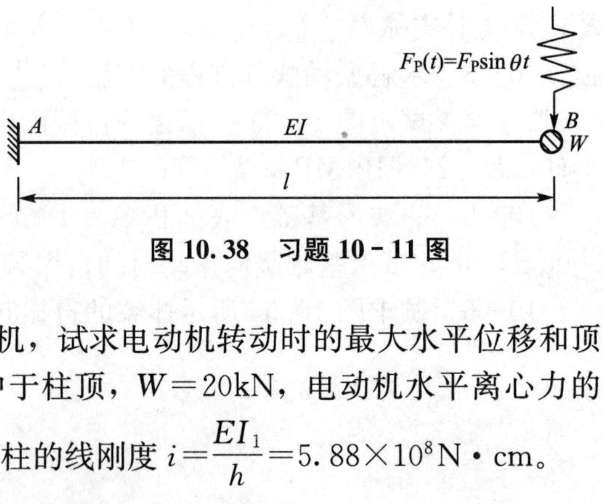

图 10.38 习题 10－11 图

10－12 图 10.39 所示结构在顶柱有电动机，试求电动机转动时的最大水平位移和顶端弯矩的幅值。已知电动机和结构的重量集中于柱顶，$W=20\text{kN}$，电动机水平离心力的幅值 $F_P=250\text{kN}$，电动机转速 $n=550\text{r/min}$，柱的线刚度 $i=\dfrac{EI_1}{h}=5.88\times10^8\text{N}\cdot\text{cm}$。

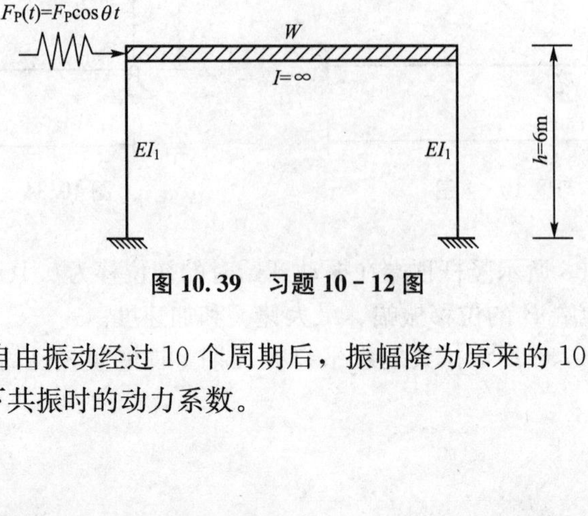

图 10.39 习题 10－12 图

10－13 某结构自由振动经过 10 个周期后，振幅降为原来的 10%。试求结构的阻尼 ξ 和在简谐载荷作用下共振时的动力系数。

10－14　试求图10.40所示体系1点的位移动力系数和O点的弯矩动力系数；它们与动荷载通过质点作用时的动力系数是否相同，不同在何处？

10－15　试求图10.41所示体系中弹簧支座的最大动反力。已知q_0、$\theta(\neq\omega)$、m和弹簧系数k，EI为∞。

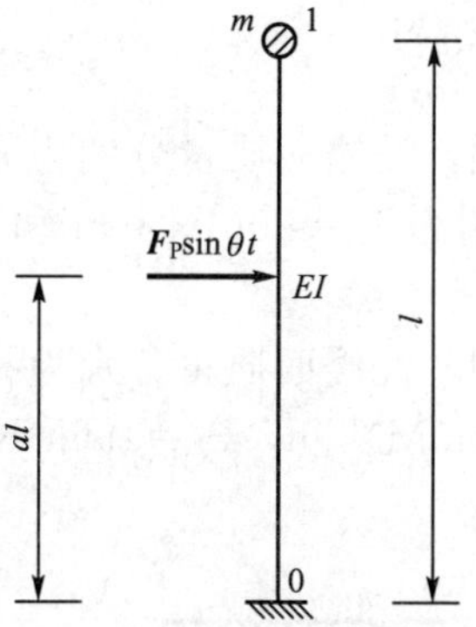

图10.40　习题10－14图

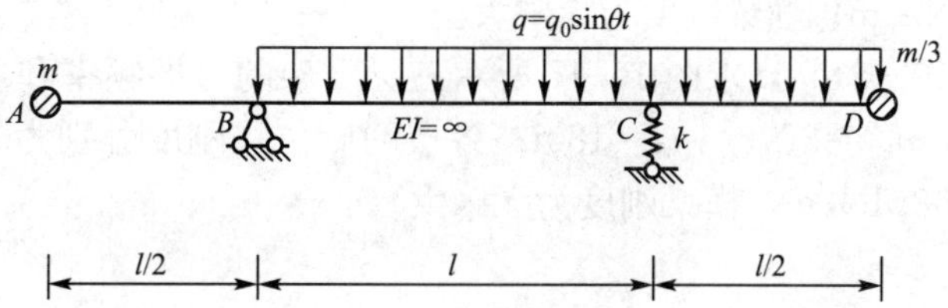

图10.41　习题10－15图

10－16　试求图10.42所示梁的自振频率和主振型。

10－17　试求图10.43所示刚架的自振频率和主振型。

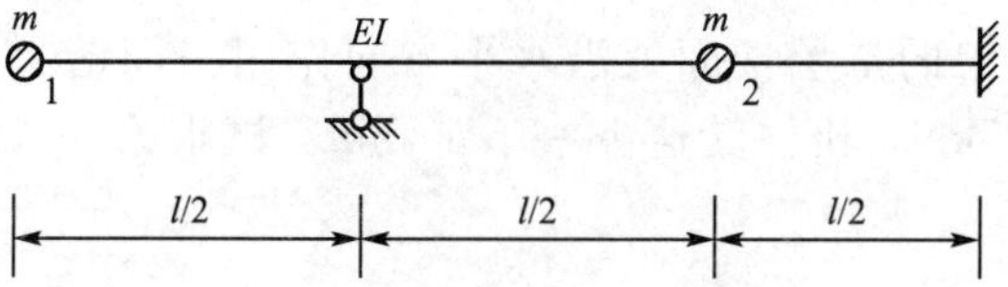

图10.42　习题10－16图

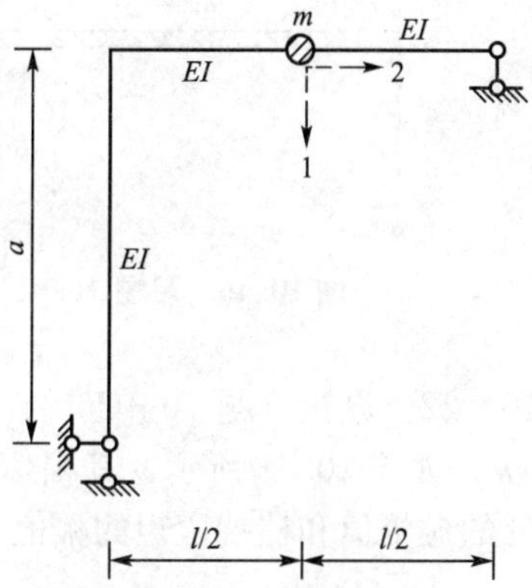

图10.43　习题10－17图

10－18　试求图10.44所示双跨梁的自振频率。已知$l=100$cm，$mg=1000$N，$I=68.82\text{cm}^4$，$E=2\times10^5$MPa。

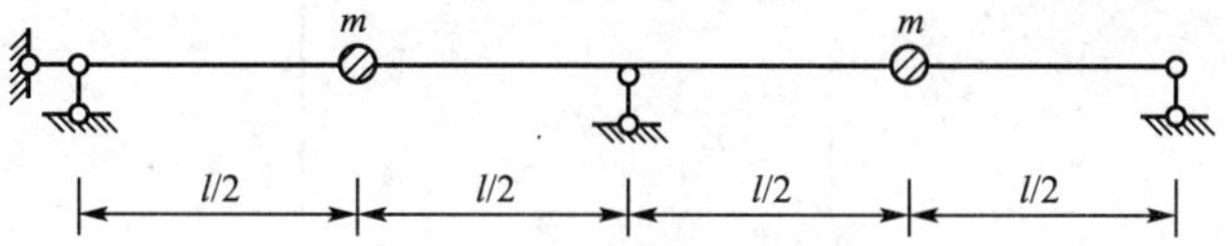

图10.44　习题10－18图

10－19　试求图10.45所示三跨梁的自振频率和主振型。已知$l=100$cm，$mg=1000$N，$I=68.82\text{cm}^4$，$E=2\times10^5$MPa。

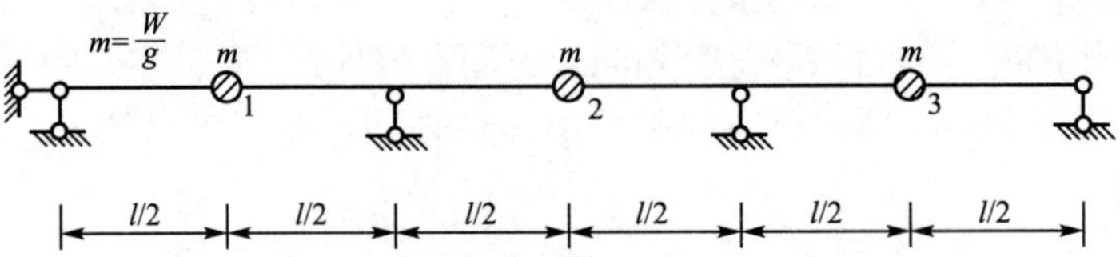

图 10.45　习题 10－19 图

10－20　试求图 10.46 所示两层刚架的自振频率和主振型。设楼面质量分别为 $m_1=120\text{t}$ 和 $m_2=100\text{t}$，柱的质量已集中于楼面；柱的线刚度分别为 $i_1=20\text{MN}\cdot\text{m}$ 和 $i_2=14\text{MN}\cdot\text{m}$；横梁刚度为无限大。

10－21　试求图 10.47 所示三层刚架的自振频率和主振型。设楼面质量分别为 $m_1=270\text{t}$，$m_2=270\text{t}$，$m_3=180\text{t}$；各层的侧位移刚度分别为 $k_1=245\text{MN/m}$，$k_2=196\text{MN/m}$，$k_3=98\text{MN/m}$，横梁刚度为无限大。

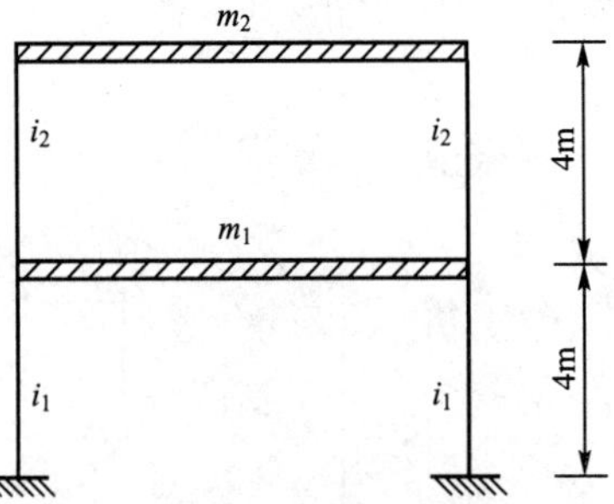

图 10.46　习题 10－20 图

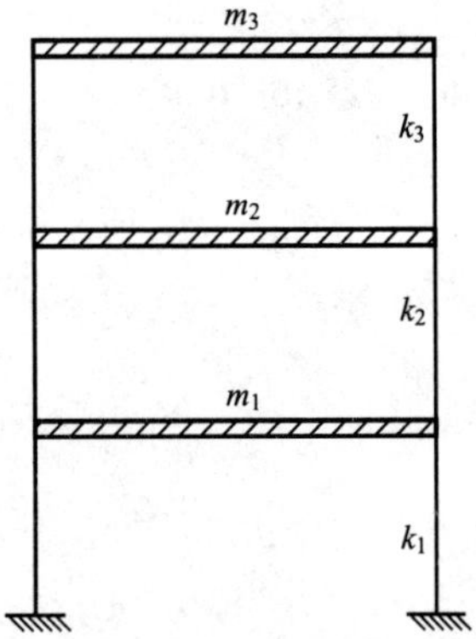

图 10.47　习题 10－21 图

10－22　设在习题 10－20 的两层刚架的二层楼面处沿水平方向作用一简谐干扰力 $F_P\sin\theta t$，如图 10.48 所示，其幅值 $F_P=5\text{kN}$，机器转速 $n=150\text{r/min}$。试求第一、二层楼面处的振幅值和柱端弯矩的幅值。

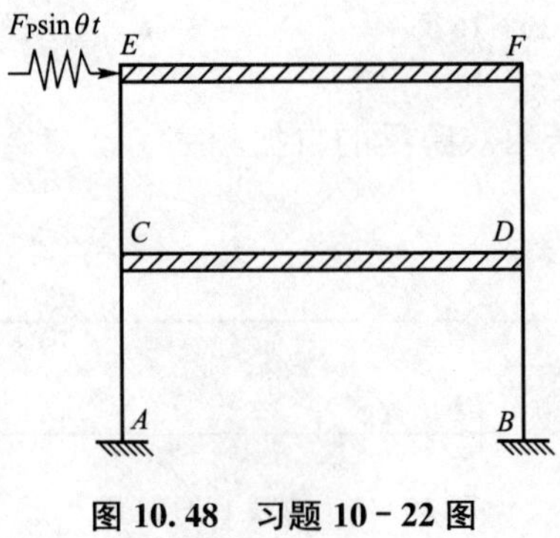

图 10.48　习题 10－22 图

10－23　设在习题 10－21 的三层刚架的第二层作用一水平干扰力 $F_P(t)=20\text{kN}\times\sin\theta t$，每分钟振动 200 次。试求各楼层的振幅值。

10－24 试用振型叠加法重做题10－21。

10－25 试求图10.49所示两端固定梁的前三个自振频率和主振型。

10－26 试求图10.50所示梁的前两个自振频率和主振型。

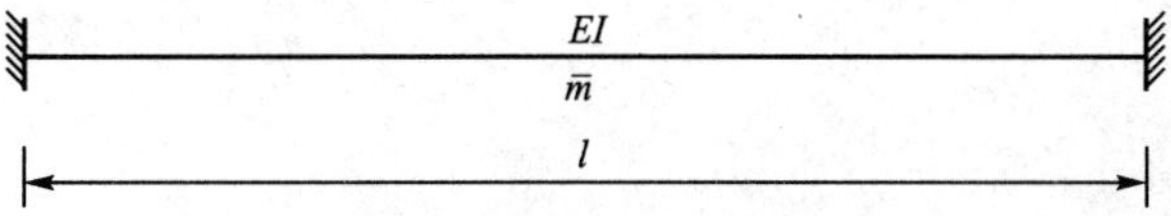

图10.49 习题10－25图

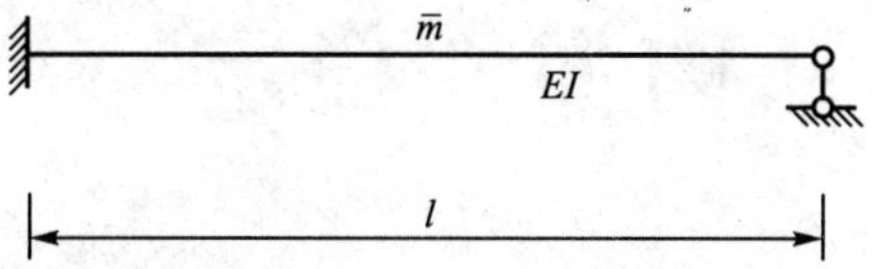

图10.50 习题10－26图

10－27 单自由度体系的其他参数不变，只有刚度增大到原来刚度的两倍，则其周期与原来周期之比为( )。

A. 1/2　　B. $1/\sqrt{2}$　　C. 2　　D. $\sqrt{2}$

10－28 图10.51所示结构不计杆件分布质量，当EI_2增大时，结构自振频率为( )。

A. 不变　　B. 增大

C. 减少　　D. 增大减少取决于EI_2和EI_1的比值

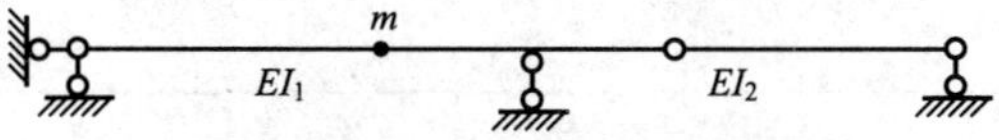

图10.51 习题10－28图

第11章
结构弹性稳定

教学目标

主要讲述结构弹性稳定类型、静力法确定临界荷载、能量法确定临界荷载、变截面杆的弹性稳定、剪力对临界荷载的影响、组合压杆的弹性稳定。通过本章的学习，应达到以下目标：

(1) 掌握弹性稳定的两种主要类型；

(2) 掌握运用静力法确定临界荷载；

(3) 掌握运用能量法确定临界荷载；

(4) 掌握变截面杆的临界荷载确定方法；

(5) 掌握剪力对临界荷载的影响；

(6) 掌握运用组合压杆的弹性稳定。

教学要求

知识要点	能力要求	相关知识
静力法确定临界荷载	(1) 掌握分支点失稳； (2) 掌握极值点失稳； (3) 掌握临界荷载； (4) 理解和掌握稳定方程； (5) 掌握运用静力法确定临界荷载	(1) 第一类稳定性，第二类稳定性； (2) 静力法，能量法； (3) 平衡二重性； (4) 特征方程； (5) 弹性支座
能量法确定临界荷载	(1) 掌握势能驻值定理； (2) 掌握瑞利-里兹法； (3) 掌握运用能量法确定临界荷载	(1) 第一类稳定性，第二类稳定性； (2) 静力法，能量法； (3) 平衡二重性

基本概念

分支点失稳、临界荷载、极值点失稳、能量法、静力法、特征方程。

引言

为了保证结构的安全，除了保证强度和刚度条件外，还需保证稳定性。历史上出过不少因结构失稳而造成破坏的工程事故。随着大跨度及高层建筑日益广泛地采用高强度材料和薄壁结构，稳定问题更加突出，往往成为控制设计的因素。

11.1 概　述

结构的失稳现象可分为两类。第一类失稳现象可用图 11.1(a)所示理想中心受压直杆来说明。当荷载 F_P 较小时，若由于任何外因的干扰(例如微小水平力的作用)而使压杆弯曲，则在取消干扰后，压杆将回到原有直线位置而不能占有其他位置。此时，压杆的直线平衡形式是稳定的。当 F_P 值达到某一特定数值时，若由于干扰使压杆发生微小弯曲，则在取消干扰后，压杆将停留在弯曲位置上［图 11.1(b)］而不能回到原来的直线位置。此时，压杆的直线平衡形式已开始成为不稳定的，出现了平衡形式的分支，即此时压杆既可以具有原来只受轴力的直线平衡形式，也可以具有新的同时受压和受弯的弯曲平衡形式。我们称这种现象为压杆丧失了第一类稳定性问题或称为分值点失稳。此时相应的荷载值称为临界荷载，用 F_{Pcr} 表示，它是使结构原有平衡形式保持稳定的最大荷载，也是使结构产生新的平衡形式的最小荷载。

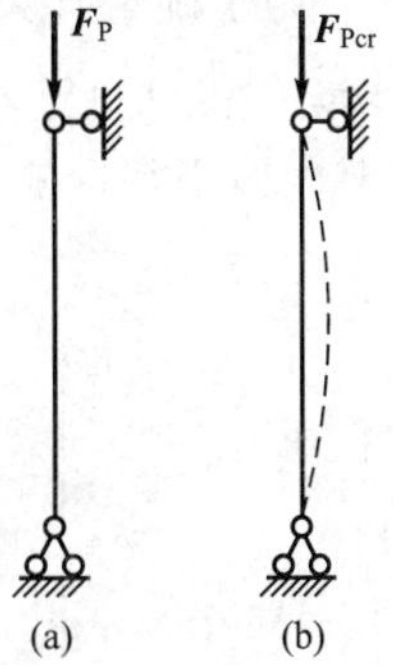

图 11.1　理想中心受压直杆

除中心受压直杆外，丧失第一类稳定性的现象还可以在其他结构中发生。如图 11.2(a)所示承受均布水压力的圆环，当压力达到临界值 q_{cr} 时，原有圆形平衡形式将成为不稳定的，而可能出现新的非圆的平衡形式。又如图 11.2(b)所示承受均布荷载的抛物线拱和图 11.2(c)所示刚架，在荷载达到临界值以前，都处于轴向受压状态；而当荷载达到临界值时，将出现同时具有压缩和弯曲变形的新的平衡形式。再如图 11.2(d)所示工字梁，当荷载达到临界值以前，它仅在其腹板平面内弯曲；当荷载达到临界值时，原有平面弯曲形式不再是稳定的，梁将从腹板平面内偏离出来，发生斜弯曲和扭转。

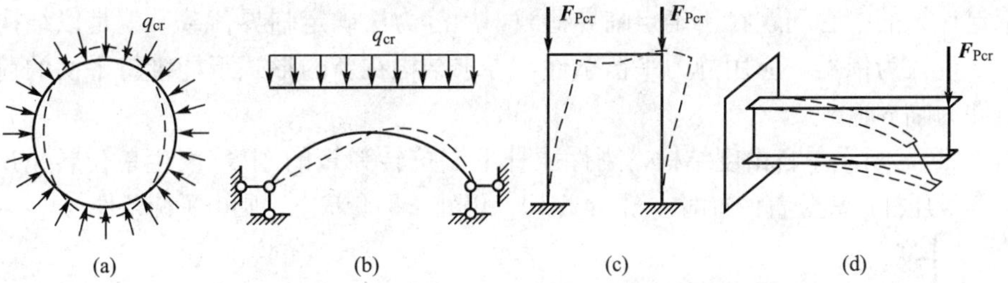

图 11.2　丧失第一类稳定性的其他结构

综上所述，丧失第一类稳定性的特征是：结构的平衡形式即内力和变形状态发生质的突变，原有平衡形式成为不稳定的，同时出现新的有质的区别的平衡形式。

与上述情况不同，结构中还有丧失第二类稳定性的问题。例如图 11.3(a)所示由塑性材料制成的偏心受压直杆，不论 F_P 值如何，杆件一开始就处于同时受压和受弯的状态。当 F_P 达到临界值以前，若不加大荷载，则杆件的挠度亦不会增加。当 F_P 达到临界值 F_{Pcr}(比上述中心受压直杆的临界荷载小)时，即使荷载不增加甚至减小，挠度仍继续增加［图 11.3(a)］。这种现象称为结构丧失了第二类稳定性或称为极值点失稳。可见丧失第二类稳定性的特征是：平衡形式并不发生质变，变形按原有形式迅速增长，以致使结构丧失承载能力。

工程中的结构实际上不可能处于理想的中心受压状态，因此实际上均属第二类稳定性问题。第二类稳定性问题的分析比第一类稳定性问题复杂，有时亦将其化为第一类稳定性问题来处理，而将偏心等影响通过各种系数反映。本章只限于讨论在弹性范围内丧失第一类稳定性的问题。

在稳定计算中，需涉及结构稳定的自由度，如图 11.4(a)所示支承在抗转弹簧上的刚性压杆，为了确定其失稳时所有可能的变形状态，仅需一个独立参数 φ，故此结构只有一个自由度；图 11.4(b)所示结构则需两个独立参数 y_1 和 y_2，因此具有两个自由度；而图 11.4(c)所示弹性压杆，则需无限多个独立参数 y，故具有无限多自由度。

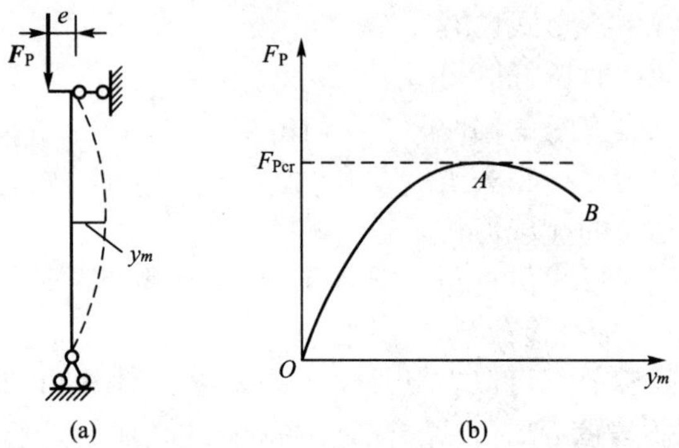

图 11.3 丧失第二类稳定性直杆

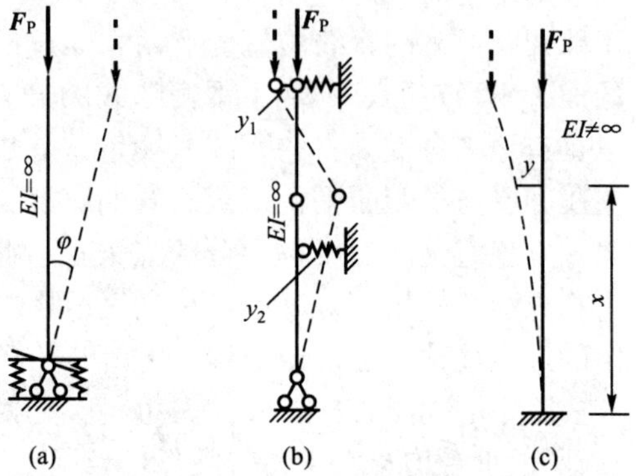

图 11.4 结构稳定的自由度

11.2 用静力法确定临界荷载

稳定计算的中心问题在于确定临界荷载，用静力法确定临界荷载，就是以结构失稳时平衡的二重性为依据，应用静力平衡条件，寻求结构在新的形式下能维持平衡的荷载，其最小值即为临界荷载。

图 11.5(a)所示单自由度结构，刚性压杆下端抗转弹簧的刚度(发生单位转角所需的力矩)为 β。设压杆偏离竖直位置时［图 11.5(b)］仍处于平衡状态，则由平衡条件$\sum M_A=0$可得

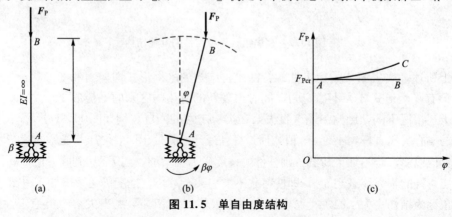

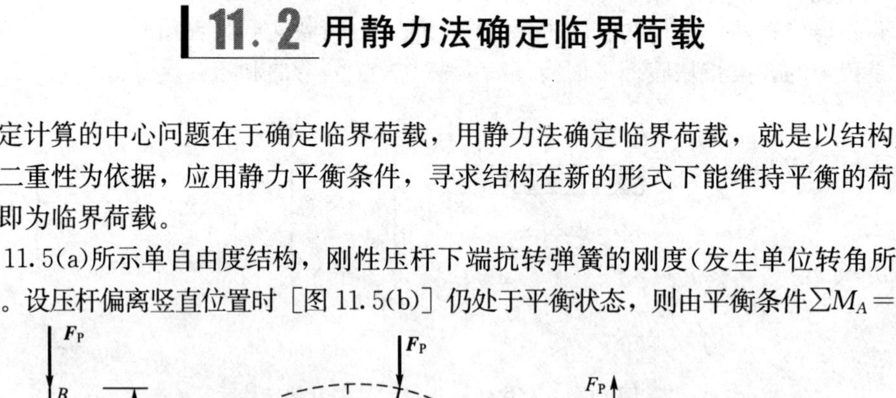

图 11.5 单自由度结构

$$F_P l\sin\varphi - \beta\varphi = 0 \tag{a}$$

当位移很微小时，可以认为 $\sin\varphi=\varphi$，故式(a)可近似写为

$$(F_P l - \beta)\varphi = 0 \tag{b}$$

当 $\varphi=0$ 时上式自然满足，但这是对应于结构原有的平衡形式；对于新的平衡形式，则要求 $\varphi\neq0$，因而 φ 的系数应等于零，即

$$F_P l - \beta = 0 \tag{c}$$

这就是结构不仅在原有形式下而且在新的形式下也能维持平衡的条件。它反映了失稳时平衡形式具有二重性这一特征，故称为稳定方程或特征方程。由式(c)可解出临界荷载为

$$F_{Pcr} = \frac{\beta}{l} \tag{d}$$

应该指出，当 $F_P=F_{Pcr}$时，由式(b)无法确定 F_P 的大小，即无论 F_P 为何数值均可满足平衡方程式(b)，结构此时处于所谓随遇平衡状态［图 11.5(c)中的水平线 AB］。但实际上这是由于采用近似方程式(b)所带来的假象，若采用精确的方程式(a)则有

$$F_P = \frac{\beta\varphi}{l\sin\varphi} \tag{e}$$

当 $\varphi\neq0$ 时，φ 与 F_P 的数值仍是一一对应的［图 11.5(c)中的曲线 AC］。然而，若不涉及失稳后的位移计算而只要求临界荷载的数值，则可采用近似方程求解。

对于具有 n 个自由度的结构，则可对新的平衡形式列出 n 个平衡方程，它们是关于 n 个独立参数的齐次方程。根据这 n 个参数不能全为零(否则对应于原有平衡形式)因而其系数行列式 D 应等于零的条件，便可建立如下稳定方程：

$$D = 0 \tag{11-1}$$

此稳定方程有 n 个根，即有 n 个特征荷载，其中最小者为临界荷载。

【例 11-1】 试求图 11.6 所示结构的临界荷载。已知两抗移弹性支座的刚度(发生单位线位移所需的力)均为 k。

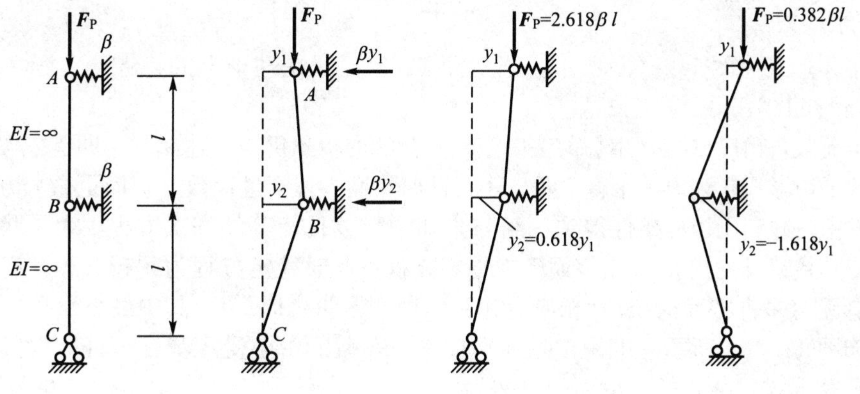

图 11.6 例 11-1 图

【解】 结构具有两个自由度，设失稳时 A、B 点的位移分别为 y_1 和 y_2，如图 11.6(b)所示，又设位移是微小的，因而 AB、BC 在竖直力向的投影长度仍可近似看作是 l。由平衡条件$\sum M_B=0$ 和$\sum M_C=0$ 可得

$$\begin{cases}F_P\ (y_2-y_1)\ +\beta y_1 l=0\\ -F_P y_1+2\beta y_1 l+\beta y_2 l=0\end{cases}$$

即

$$\begin{cases}(\beta l-F_P)\ y_1+F_P y_2=0\\ (2\beta l-F_P)\ y_1+\beta l y_2=0\end{cases}\tag{f}$$

y_1、y_2 不全为零，则应有

$$\begin{vmatrix}\beta l-F_P & F_P\\ 2\beta l-F_P & \beta l\end{vmatrix}=0$$

展开得

$$F_P^2-3\beta l F_P+(\beta l)^2=0$$

解得

$$F_P=\frac{3\pm\sqrt{5}}{2}\beta l=\begin{cases}2.618\beta l\\ 0.382\beta l\end{cases}$$

应取最小者为临界荷载，即 $F_{Pcr}=\dfrac{3-\sqrt{5}}{2}\beta l=0.382\beta l$。

现在进一步讨论失稳的形式。式(f)为 y_1、y_2 的线性齐次方程，故不能求得 y_1、y_2 的确定解，但可以由其中任意一式求得 y_1、y_2 的比值。若将 $F_P=\dfrac{3+\sqrt{5}}{2}\beta l$ 代回式(f)则得

$$\frac{y_2}{y_1}=\frac{1+\sqrt{5}}{3+\sqrt{5}}=0.618$$

相应的位移形式如图 11.6(c)所示。

而将 $F_P=\dfrac{3-\sqrt{5}}{2}\beta l$ 代回式(f)则得

$$\frac{y_2}{y_1}=\frac{1-\sqrt{5}}{3-\sqrt{5}}=-1.618$$

相应的位移形式如图 11.6(d)所示。当然图 11.6(c)只是理论上的存在，实际在此之前结构必先以图 11.6(d)的形式失稳。

对于无限自由度结构，用静力法确定临界荷载的步骤仍与上述相同，即首先假设结构已处于新的平衡形式，列出其平衡方程，不过此时平衡方程不是代数方程而是微分方程；求解此微分方程，并利用边界条件得到一组与未知常数数目相等的齐次方程，为了获得非零解答，应使其系数行列式 D 等于零而建立稳定方程；此时稳定方程为超越方程，有无穷多个根，因有无穷多个特征荷载值(相应有无穷多种变形曲线形式)，其中最小量为临界荷载。

例如图 11.7(a)所示一端固定另一端铰支的等截面中心受压弹性直杆，设其已处于新的曲线平衡形式，则其任一截面的弯矩为

$$M=-F_P y+F_Q(l-x)$$

式中，F_Q 为 k 端支座的反力。挠曲线的近似微分方程为

$$EI\ddot{y}=M=-F_P y+F_Q(l-x)$$

即

$$\ddot{y}+\frac{F_P}{EI}y=\frac{F_Q}{EI}(l-x)$$

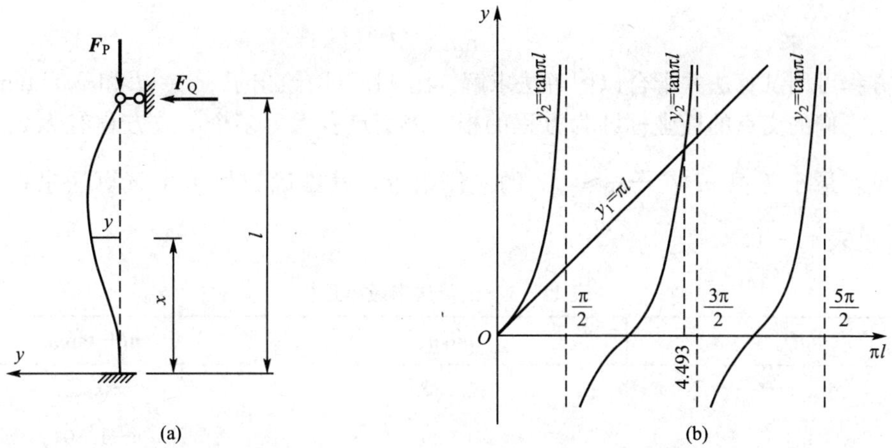

图 11.7　一端固定另一端铰支的弹性直杆

令

$$n^2=\frac{F_P}{EI} \tag{11-2}$$

则有

$$\ddot{y}+n^2y=n^2\frac{F_Q}{F_P}(l-x)$$

此微分方程的通解为

$$y=A\cos nx+B\sin nx+\frac{F_Q}{F_P}(l-p) \tag{g}$$

式中，A、B 为积分常数，$\frac{F_Q}{F_P}$也是未知的。已知边界条件如下：

(1) 当 $x=0$ 时，$y=0$，$\dot{y}=0$；

(2) 当 $x=l$ 时，$y=0$。

将它们分别代入(g)，可得关于 A、B、$\frac{F_Q}{F_P}$的如下齐次方程组：

$$\begin{cases} A+\frac{F_Q}{F_P}l=0 \\ Bn-\frac{F_Q}{F_P}=0 \\ A\cos nl+B\sin nl=0 \end{cases}$$

当 $A=B=\frac{F_Q}{F_P}=0$ 时，上式自然满足，但由式(g)知此时各点的位移 y 均等于零，这对应于原有的直线平衡形式；对于新的弯曲平衡形式则要求 A、B、$\frac{F_Q}{F_P}$不全为零，于是上述方程组的系数行列式应等于零，即稳定方程为

$$\begin{vmatrix} 1 & 0 & l \\ 0 & n & -1 \\ \cos nl & \sin nl & 0 \end{vmatrix}=0$$

展开整理得

$$\tan nl = nl \tag{h}$$

此超越方程可用试算法并配合以图解法求解。图 11.7(b)绘出了 $y_1 = nl$ 和 $y_2 = \tan nl$ 的函数图线，它们的交点的横坐标即为方程的根。因交点有无穷多个，故方程有无穷多个根。由图可见，最小正根 nl 在 $\frac{3}{2}\pi \approx 4.7$ 的左侧附近，其准确数值可由试算法求得为 $nl = 4.493$，见表 11-1。

表 11-1　试算法求最小正根

nl	$\tan nl$	$nl - \tan nl$
4.5	4.637	−0.137
4.4	3.096	+1.304
4.49	4.422	+0.068
4.491	4.443	+0.048
4.492	4.464	+0.028
4.493	4.485	+0.008
4.493	4.506	−0.012

将相关数值代入式(11-2)，即可求得临界荷载为

$$F_{Pcr} = n^2 EI = \left(\frac{4.493}{l}\right)^2 EI = \frac{20.19}{l^2} EI$$

11.3 具有弹性支座压杆的稳定

在工程结构中常遇到具有弹性支座的压杆。例如在一些刚架中，常可将其中某根压杆取出，而以弹性支座代替其余部分对它的约束作用。如图 11.8(a)所示刚架，竖直杆上端铰支，下端不能移动而可转动，但其转动要受到 BC 杆的弹性约束，这可以用一个抗转弹簧来表示，抗转弹簧的刚度 β_1 应由使结构其余部分即梁 BC 的 B 端发生单位转角时所需力矩来设定。由图 11.8(c)可知

$$\beta_1 = \frac{3EI_1}{l_1} \tag{a}$$

图 11.8(b)所示压杆失稳时，设下端转角为 φ_1，则相应的反力矩为 $M_1 = \beta_1 \varphi_1$。设上端支座反力为 F_Q，则由平衡条件 $\sum M_B = 0$ 可得

$$F_Q = \frac{M_1}{l} = \frac{\beta_1 \varphi_1}{l} \tag{b}$$

压杆挠曲线的平衡微分方程为

$$EI\ddot{y} = -F_P y + F_Q(l - x)$$

令 $n^2 = \frac{F_P}{EI}$，并注意到式(b)，则上述微分方程可写为

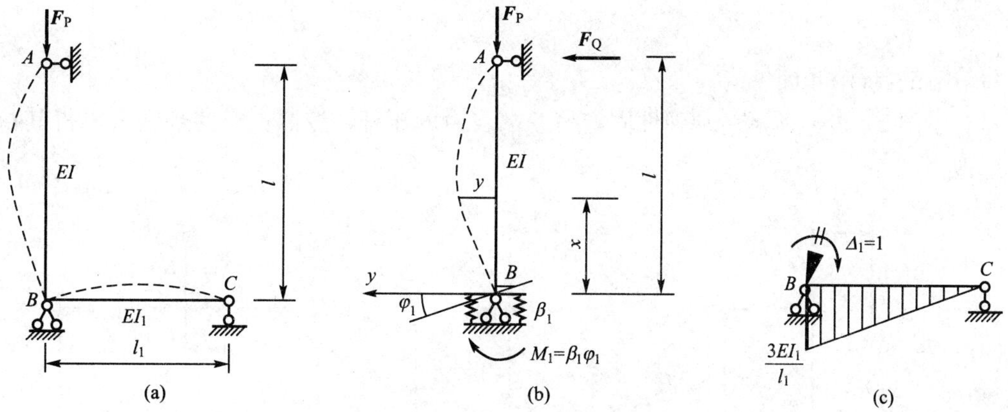

图 11.8　具有弹性支座的压杆

$$\ddot{y}+n^2y=\frac{\beta_1\varphi_1}{EIl}(l-x)$$

上式通解为

$$y=A\cos nx+B\sin nx+\frac{\beta_1\varphi_1}{F_Pl}(l-x)$$

式中有 A、B、φ_1 三个未知数，而边界条件如下：

(1) 当 $x=0$ 时，$y=0$，$\dot{y}=\beta_1$；

(2) 当 $x=l$ 时，$y=0$。

据此可建立如下的齐次方程组：

$$\begin{cases}A+\dfrac{\beta_1}{F_P}\varphi_1=0\\ Bn-\left(\dfrac{\beta_1}{F_Pl}+1\right)\varphi_1=0\\ A\cos nl+B\sin nl=0\end{cases}$$

A、B、φ_1 不能全为零，因而稳定方程为

$$\begin{vmatrix}1 & 0 & \dfrac{\beta_1}{F_P}\\ 0 & n & -\left(\dfrac{\beta_1}{F_Pl}+1\right)\\ \cos nl & \sin nl & 0\end{vmatrix}=0$$

将其展开，并注意到 $F_P=n^2EI$，整理后可得

$$\tan nl=\frac{nl}{1+\dfrac{EI}{\beta_1 l}(nl)^2} \qquad (11-3)$$

当弹簧刚度 β_1 之值给定时，便可由此超越方程解出 nl 的最小正根，从而求得临界荷载 F_{Pcr}。特殊情况之下，当 $\beta_1=0$ 时，式(11-3)变为

$$\sin nl=0$$

这便是两边铰支的情形。而当 $\beta_1=\infty$ 时，便成为一端铰支一端固定的情况，此时式

(11-3)变为

$$\tan nl = nl$$

这与上节的式(h)相同。

对于图 11.9(a)所示一端弹性固定另一端自由的压杆，按照同样的步骤可求得其稳定方程为

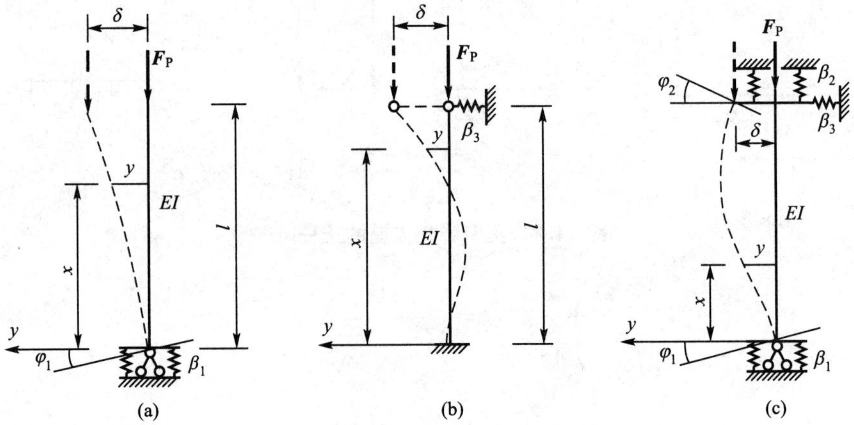

图 11.9　一端固定另一端有抗移弹簧支座的压杆

$$nl\tan nl = nl = \frac{\beta_1 l}{EI} \tag{11-4}$$

而图 11.9(b)所示一端固定另一端有抗移弹簧支座的压杆，其稳定方程为

$$\tan nl = nl - \frac{EI\,(nl)^3}{\beta_3 l^3} \tag{11-5}$$

式中，β_3 为抗移弹簧的刚度。

图 11.9(c)所示压杆两端各有一抗转弹簧，上端并有一抗移弹簧(它们的刚度分别为 β_1、β_2 和 β_3)，按静力法可导出其稳定方程为

$$\begin{vmatrix} 1 & 0 & \left(1-\dfrac{\beta_3 l}{F_P}\right) & \dfrac{\beta_2}{F_P} \\ \cos nl & \sin nl & 0 & \dfrac{\beta_2}{F_P} \\ 0 & n & \left(\dfrac{\beta_3}{F_P}+\dfrac{\beta_3 l}{\beta_1}-\dfrac{F_P}{\beta_1}\right) & -\dfrac{\beta_2}{\beta_1} \\ -nl\sin nl & n\cos nl & \dfrac{\beta_3}{F_P} & 1 \end{vmatrix} = 0 \tag{11-6}$$

实际上这是弹性支压杆的稳定方程的一般情形，其他各种特殊情况的稳定方程均可由此推求而得。例如对于图 11.8(b)所示情形，有 $\beta_2=0$，$\beta_3=0$，式(11-6)便可化简为式(11-3)。又如对于图 11.9(a)、(b)的情形，分别将 $\beta_2=\beta_3=0$ 和 $\beta_2=0$，$\beta_3=\infty$代入式(11-6)，展开整理后即分别得到式(11-4)和式(11-5)。

【例 11-2】 试求图 11.10(a)所示刚架的临界荷载。

【解】 此为对称刚架承受对称荷载，故其失稳形式为正对称的［图 11.10(b)］或反

对称的［图 11.10(c)］，现分别计算如下。

(1) 正对称失稳时，取半个结构计算，如图 11.10(d)所示，立柱为下端铰支上端弹性固定的压杆，与图 11.8(b)的情况相同。而弹性固定端的抗转刚度为

$$\beta_1=2i_1=2\times\frac{2EI}{l}=\frac{4EI}{l}$$

代入式(11-3)，得稳定方程为

$$\tan nl=\frac{nl}{1+\frac{(nl)^2}{4}}$$

用试算法解得其最小正根为 $nl=3.83$，故临界荷载为

$$F_{\mathrm{Pcr}}=n^2EI=\frac{(3.83)^2EI}{l^2}=\frac{14.67EI}{l^2} \tag{a}$$

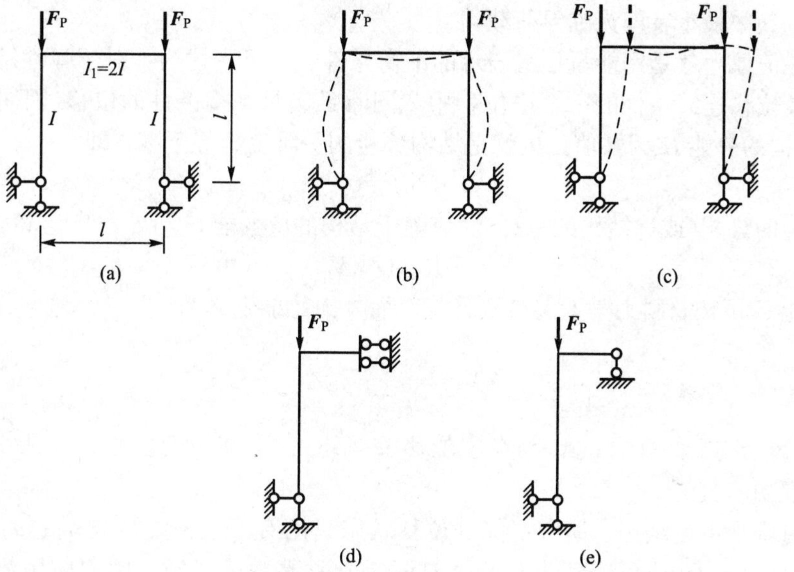

图 11.10 例 11-2 图

(2) 反对称失稳时，亦取半个结构计算，如图 11.10(e)所示，压杆上端为弹性固定，上下两端有相对侧移而无水平反力，故实际上与图 11.9(a)的情况相同。弹性固定端的抗转刚度为

$$\beta_1=6i_1=6\times\frac{2EI}{l}=\frac{12EI}{l}$$

代入式(11-4)，得稳定方程为

$$nl\tan nl=12$$

用试算法求得最小正根为 $nl=1.45$，故临界荷载为

$$F_{\mathrm{Pcr}}=n^2EI=\frac{(1.45)^2EI}{l^2}=\frac{2.10EI}{l^2} \tag{b}$$

比较(a)、(b)两式，可见反对称失稳的 P 值较小，故实际的临界荷载应取式(b)。还应指出，本例实际上在计算之前即可判断出反对称失稳的临界荷载较小。因为正对称

[图 11.10(d)] 时的 F_{Pcr} 值显然应大于两端铰支压杆的临界荷载 $\frac{\pi^2 EI}{l^2}$，而反对称[图 11.10(e)] 时的 F_{Pcr} 值则显然应小于一端固定另一端自由的压杆的临界荷载，故知结构必先以反对称形式失稳。

11.4 用能量法确定临界荷载

用静力法确定临界荷载，情况较复杂时常遇到困难，例如当微分方程具有变系数而不能积分为有限形式，或者边界条件较复杂以致导出的稳定方程为高阶行列式而不易展开和求解等。在这些情况下用能量法就较为简便。用能量法确定临界荷载，就是以结构失稳时平衡的二重性为依据，应用以能量形式表示的平衡条件，寻求结构在新的形式下能维持平衡的荷载，其中最小者即为临界荷载。

势能驻值原理就是用能量形式表示的平衡条件，它可表述为：对于弹性结构，在满足支承条件及位移连续条件的一切虚位移中，同时又满足平衡条件的位移(因而就是真实的位移)使结构的势能 Π 为驻值，也就是结构势能的一阶变分等于零，即

$$\delta\Pi=0 \tag{11-7}$$

式中，结构的势能(或称结构的总势能)应等于结构的应变能 U 与外力势能 V 之和，即

$$\Pi=U+V \tag{11-8}$$

其中应变能 U 可按材料力学有关公式计算，而外力势能定义为

$$V=-\sum_{i=1}^{n}F_{\mathrm{P}i}\Delta_i \tag{11-9}$$

式中：$F_{\mathrm{P}i}$ 为结构上的外力；Δ_i 为在虚位移中与外力 $F_{\mathrm{P}i}$ 相应的位移。可见外力势能等于外力所做虚功的负值。

对于有限自由度结构，所有可能的位移状态只用有限个独立参数 a_1、a_2、…、a_n 即可表示，且结构的势能可表达为只是这有限个独立参数的函数，因而应用势能驻值原理时，只需使用普通的微分计算即可求解。对于单自由度结构，势能 Π 只是参数 a_1 的一元函数，当 a_1 有一任意微小增量 δa_1(称为位移的变分)时，势能的变分为

$$\delta\Pi=\frac{\mathrm{d}\Pi}{\mathrm{d}a_1}\delta a_1$$

当结构处于平衡时，应有 $\delta\Pi=0$，而由于 δa_1 是任意的，故只有当

$$\frac{\mathrm{d}\Pi}{\mathrm{d}a_1}=0 \tag{11-10}$$

时，势能的变分 $\delta\Pi$ 才能等于零，即势能才能为驻值。由式(11-10)即可建立稳定方程以求解临界荷载。对于多自由度结构，势能的变分为

$$\delta\Pi=\frac{\partial\Pi}{\partial a_1}\delta a_1+\frac{\partial\Pi}{\partial a_2}\delta a_2+\cdots+\frac{\partial\Pi}{\partial a_n}\delta a_n$$

由 $\delta\Pi=0$ 及 δa_1、δa_2、…、δa_n 的任意性，就必须有

$$\begin{cases}\dfrac{\partial \Pi}{\partial a_1}=0\\ \dfrac{\partial \Pi}{\partial a_2}=0\\ \vdots\\ \dfrac{\partial \Pi}{\partial a_n}\end{cases} \tag{11-11}$$

由此可获得一组由含 a_1、a_2、…、a_n的齐次线性代数方程，要使 a_1、a_2、…、a_n 不全为零，则此方程组的系数行列式应等于零，据此即可建立稳定方程，从而确定临界荷载。

【例 11-3】 图 11.11(a)所示压杆的 EI 为无穷大，上端水平弹簧的刚度为 β，试确定其临界荷载。

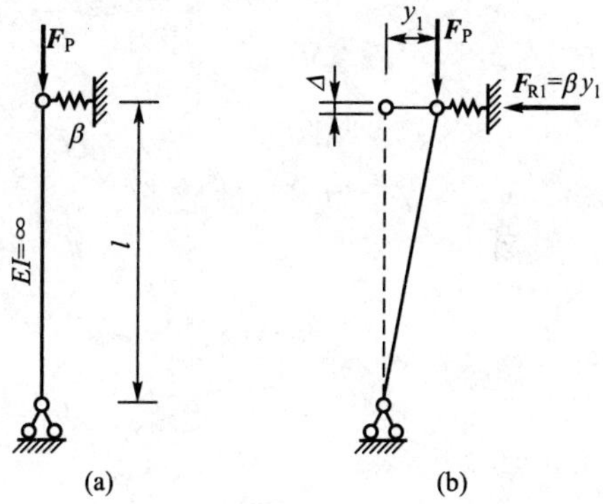

图 11.11 例 11-3 图

【解】 此为单自由度结构，设失稳时发生微小的偏离，如图 11.11(b)所示，其上端的水平位移为 y_1，竖向位移为 Δ，则有

$$\begin{aligned}\Delta &=l-\sqrt{l^2-y_1}=l-l\left(1-\frac{y_1^2}{l^2}\right)^{\frac{1}{2}}\\ &=l-l\left(1-\frac{1}{2}\frac{y_1^2}{l^2}+\cdots\right)\\ &\approx\frac{y_1^2}{2l}\end{aligned}$$

弹簧的应变能为

$$U=\frac{1}{2}(\beta y_1)y_1=\frac{1}{2}\beta y_1^2$$

外力势能为

$$V=-F_P\Delta=-\frac{F_P}{2l}y_1^2$$

于是结构的势能为

$$\Pi=U+V=\frac{1}{2}\beta y_1^2-\frac{F_P}{2l}y_1^2$$

结构偏离后的新位置能维持平衡，根据式(11-10)应有

$$\frac{\mathrm{d}\Pi}{\mathrm{d}y_1}=\frac{\beta l-F_P}{l}y_1=0$$

因为 y_1 不能为零(y_1 为零对应于原有平衡位置)，故必须是

$$\beta l-F_P=0$$

从而求得临界荷载为

$$F_{Pcr}=\beta l$$

【例 11-4】 用能量法求图 11.12(a)所示结构的临界荷载。

【解】 结构具有两个自由度，设失稳时发生图 11.12(b)所示位移，则应变能和外力势能分别为

$$U=\frac{1}{2}\beta y_1^2+\frac{1}{2}\beta y_2^2$$

$$V=-F_P\Delta=-F_P\left[\frac{y_2^2}{2l}+\frac{(y_2-y_1)^2}{2l}\right]$$

结构的势能为

$$\Pi=U+V=\frac{1}{2}\beta y_1^2+\frac{1}{2}\beta y_2^2-F_P\left[\frac{y_2^2}{2l}+\frac{(y_2-y_1)^2}{2l}\right]$$

此时 Π 是两个独立参数 y_1、y_2 的函数，结构处于平衡时，由式(11－11)有其中最小值为临界荷载，即

$$\begin{cases}\dfrac{\partial\Pi}{\partial y_1}=\dfrac{1}{l}[(\beta l-F_P)+F_P y_2]=0\\[2ex]\dfrac{\partial\Pi}{\partial y_2}=\dfrac{1}{l}[F_P y_1+(\beta l-2F_P)y_2]=0\end{cases}$$

而 y_1、y_2 不能全为零，故应有

$$\begin{vmatrix}(\beta l-F_P) & F_P\\ F_P & (\beta-2F_P)\end{vmatrix}=0$$

展开并整理得

$$F_P^2-3\beta lF_P+\beta^2l^2=0$$

解方程得

$$F_P=\frac{3\pm\sqrt{5}}{2}\beta l=\begin{cases}2.618\beta l\\0.382\beta l\end{cases}$$

这与例 11－1 用静力法求得的结果是一样的。

现在来讨论无限自由度结构的情形。例如图 11.13 所示弹性压杆，失稳时发生了弯曲变形，其应变能(略去轴向变形和剪切变形影响)为

$$U=\frac{1}{2}\int_0^l\frac{M^2}{EI}\mathrm{d}x \tag{11-12}$$

将 $M=EI\ddot{y}$ 代入有

$$U=\frac{1}{2}\int_0^l EI\,(\ddot{y})^2\mathrm{d}x \tag{11-13}$$

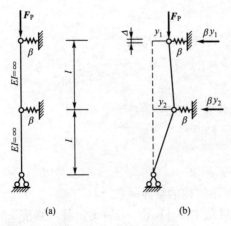

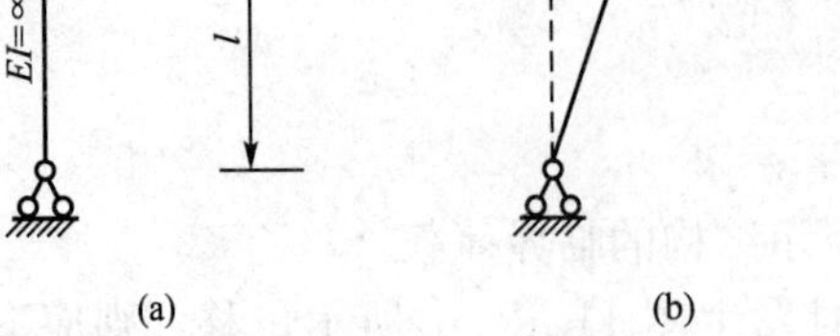

图 11.12　例 11－4 图

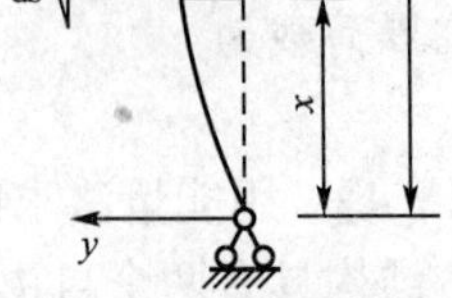

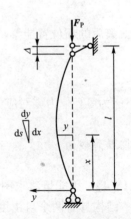

图 11.13　无限自由度弹性压杆

荷载作用点下降的距离 Δ 应等于杆长 l 与挠曲线在原来杆件方向上的投影之差。挠曲线上任一微段 $\mathrm{d}s$ 与其投影 $\mathrm{d}x$ 之差为

$$\begin{aligned}\mathrm{d}s-\mathrm{d}x &=\mathrm{d}x\sqrt{1+(\dot{y})^2}-\mathrm{d}x=\mathrm{d}x\{[1+(\dot{y})^2]^{\frac{1}{2}}-1\}\\ &=\mathrm{d}x\left\{\left[1+\frac{1}{2}(\dot{y})^2+\cdots\right]-1\right\}\approx\frac{1}{2}(\dot{y})^2\mathrm{d}x\end{aligned}$$

在杆的全长 l 内积分得

$$\Delta=\frac{1}{2}\int_0^l(\dot{y})^2\mathrm{d}x \tag{11-14}$$

因而外力势能为

$$V=-F_\mathrm{P}\Delta=-\frac{F_\mathrm{P}}{2}\int_0^l(\dot{y})^2\mathrm{d}x \tag{11-15}$$

于是结构的势能为

$$\Pi=U+V=\frac{1}{2}\int_0^l EI(\ddot{y})^2\mathrm{d}x-\frac{F_\mathrm{P}}{2}\int_0^l(\dot{y})^2\mathrm{d}x \tag{11-16}$$

此时，挠曲线函数 y 是未知的，它可以看作是无限多个独立参数。结构的势能 U 是挠曲线函数 y 的函数，亦即是一个泛函，而 $\delta\Pi=0$ 则是求泛函极值的问题，即变分法问题。因此，对于无限自由度结构，精确地应用势能驻值原理需要用到变分计算，这是比较复杂的，而且只能先得到微分方程，然后再求解，而不是直接求得问题的解。所以，在实用上是将无限自由度近似简化为有限自由度来处理，即瑞利-里兹法。

瑞利-里兹法是假设挠曲线函数 y 为有限个已知函数的线性组合，其一般形式为

$$y=a_1\varphi_1(x)+a_2\varphi_2(x)+\cdots+a_n\varphi_n(x)=\sum_{i=1}^{n}a_i\varphi_i(x) \tag{11-17}$$

式中：$\varphi_i(x)$为满足位移边界条件的已知函数；a_i 为任意参数。这样，结构的所有变形状态便由 n 个独立参数 a_1、a_2、…、a_n 所确定，原无限自由度结构就被简化为只有 n 个自由度，因而可按前面所述有限自由度的情况来确定其临界荷载。这样得到的临界荷载是一个近似解。

如果在式(11-17)中只取一项，即

$$y=a_1\varphi_1(x)$$

便是简化为单自由度来求解。解答的近似程度取决于所假设的挠曲线与真实挠曲线的接近程度。对于假设的挠曲线，要求它至少应满足位移边界条件。为使解答的误差不致过大，通常可取在某一横向荷载作用下的挠曲线作为失稳时的近似挠曲线。

然而，挠曲线函数仅取一项，往往不能较好地接近于真实挠曲线。为了提高解答的准确程度，可取多项计算。一般取 2～3 项就可得到良好的结果。

应当指出，按这种方法所求得的临界荷载近似值，总是比精确解大。这是因为所假设曲线与真实的曲线不相同，故相当于加入了某些约束，从而增大了压杆抵抗失稳的能力。

为了方便应用，表 11-2 列出了几种直杆的挠曲线函数形式。

表 11-2 满足位移边界条件的常用级数

结构与荷载	挠曲线函数
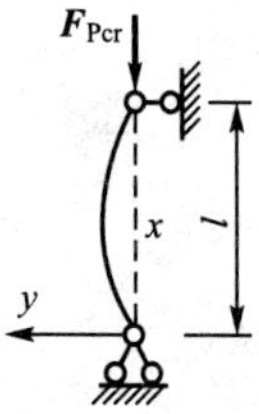	(a) $y=a_1\sin\frac{\pi x}{l}+a_2\sin\frac{2\pi x}{l}+a_3\sin\frac{3\pi x}{l}+\cdots$ (b) $y=a_1x(l-x)+a_2x^2(l-x)+a_3x(l-x)^2+a_4x^2(l-x)^2+\cdots$
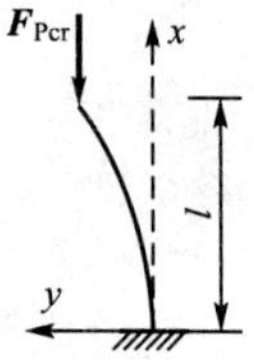	(a) $y=a_1\left(1-\cos\frac{\pi x}{2l}\right)+a_2\left(1-\cos\frac{3\pi x}{2l}\right)+a_3\left(1-\cos\frac{5\pi x}{2l}\right)+\cdots$ (b) $y=a_1\left(x^2-\frac{1}{6l^2}x^4\right)+a_2\left(x^3-\frac{15}{28l^2}x^6\right)+\cdots$
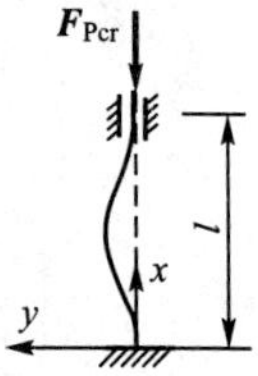	(a) $y=a_1\left(1-\cos\frac{2\pi x}{l}\right)+a_2\left(1-\cos\frac{6\pi x}{l}\right)+a_3\left(1-\cos\frac{10\pi x}{l}\right)+\cdots$ (b) $y=a_1x^2(l-x)^2+a_2x^3(l-x)^3+\cdots$
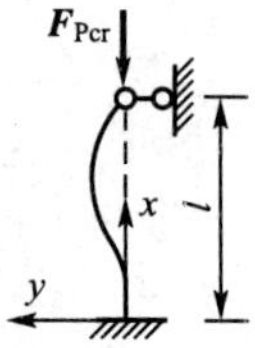	$y=a_1x^2(l-x)+a_2x^3(l-x)+\cdots$

【例 11-5】 试求图 11.14 所示两端铰支等截面压杆的临界荷载。

【解】 假设挠曲线函数只取一项，即简化为单自由度结构来计算。

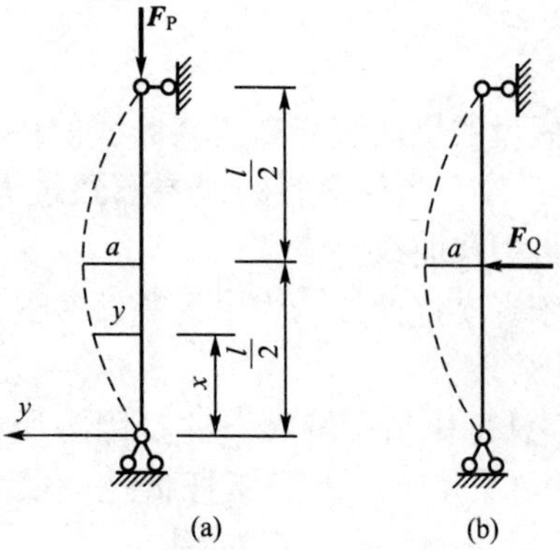

图 11.14 例 11-5 图

(1) 设挠曲线为正弦曲线，即

$$y=a\sin\frac{\pi x}{l}$$

它显然满足压杆两端的位移边界条件。由式(11-13)和式(11-15)可分别求得应变能和外力势能为

$$U=\frac{1}{2}\int_0^l EI(\ddot{y})^2\mathrm{d}x=\frac{EI}{2}\int_0^l\left(-\frac{\pi^2 a}{l^2}\sin\frac{\pi x}{l}\right)^2\mathrm{d}x=\frac{\pi^4 EI}{4l^2}a^2$$

$$V=-\frac{F_P}{2}\int_0^l(\dot{y})^2\mathrm{d}x=-\frac{F_P}{2}\int_0^l\left(\frac{\pi a}{l}\cos\frac{\pi x}{l}\right)^2\mathrm{d}x=-\frac{\pi^2}{4l}F_P a^2$$

因而结构的势能为

$$\Pi=U+V=\left(\frac{\pi^4 EI}{4l^2}-\frac{\pi^2}{4l}F_P\right)a^2$$

根据式(11－10)应该有

$$\frac{\mathrm{d}\Pi}{\mathrm{d}a}=\left(\frac{\pi^4 EI}{2l^2}-\frac{\pi^2}{2l}F_{\mathrm{P}}\right)a=0$$

而 $a\neq 0$，故有

$$\frac{\pi^4 EI}{2l^2}-\frac{\pi^2}{2l}F_{\mathrm{P}}=0$$

解得 $F_{\mathrm{P}}=F_{\mathrm{Pcr}}=\frac{\pi^2 EI}{l^2}$。这与静力法所得的精确解相同，因为所设挠曲线恰好就是真实的挠曲线。

(2) 设挠曲线为抛物线，即

$$y=\frac{4a}{l^2}(lx-x^2)$$

它亦满足位移边界条件，相应的应变能和外力势能分别为

$$U=\frac{1}{2}\int_0^l EI(\ddot{y})^2\mathrm{d}x=\frac{EI}{2}\int_0^l\left(-\frac{8a}{l^2}\right)^2\mathrm{d}x=\frac{32EI}{l^3}a^2$$

$$V=-\frac{F_{\mathrm{P}}}{2}\int_0^l(\dot{y})^2\mathrm{d}x=-\frac{F_{\mathrm{P}}}{2}\int_0^l\left[\frac{4a}{l^2}(l-2x)\right]^2\mathrm{d}x=-\frac{8}{3l}F_{\mathrm{P}}a^2$$

由 $\frac{\mathrm{d}\Pi}{\mathrm{d}a}=0$ 且 $a\neq 0$ 可求得

$$F_{\mathrm{Pcr}}=\frac{12EI}{l^2}$$

可见误差率可达 21.6%。

(3) 以中点受横向荷载 F_{Q}［图 11.14(b)］时的挠曲线

$$y=\frac{F_{\mathrm{Q}}}{EI}\left(\frac{l^2x}{16}-\frac{x^3}{12}\right)=a\left(\frac{3x}{l}-\frac{4x^3}{l^3}\right)\quad\left(0\leqslant x\leqslant\frac{2}{l}\right)$$

作为近似曲线。此时有

$$U=\frac{2}{2}\int_0^{\frac{l}{2}}EI(\ddot{y})^2\mathrm{d}x=EI\int_0^{\frac{l}{2}}\left(-\frac{24x}{l^3}a\right)^2\mathrm{d}x=\frac{24EI}{l^3}a^2$$

$$V=-\frac{F_{\mathrm{P}}}{2}\times 2\int_0^{\frac{l}{2}}(\dot{y})^2\mathrm{d}x=-F_{\mathrm{P}}\int_0^{\frac{l}{2}}\left[a\left(\frac{3}{l}-\frac{12x^2}{l^3}\right)\right]^2\mathrm{d}x=-\frac{12}{5l}Pa^2$$

$$\Pi=\left(\frac{24EI}{l^3}-\frac{12}{5l}F_{\mathrm{P}}\right)a^2$$

由 $\frac{\mathrm{d}\Pi}{\mathrm{d}a}=0$ 且 $a\neq 0$ 可求得

$$F_{\mathrm{Pcr}}=\frac{10EI}{l^2}$$

误差仅为 1.3%，可见选取横向荷载下的挠曲线有着良好的近似性。

【例 11－6】 试求图 11.7(a)所示压杆的临界荷载。

【解】 由表 11－2，取级数的前两项(按两个自由度计算)得

$$y=a_1x^2(l-x)+a_2x^3(l-x)$$

将其求导并代入式(11－16)得

$$\Pi=\frac{EI}{2}\left(4l^2a_1^2+8la_1a_2+\frac{24}{5}l^3a_2^2\right)-\frac{F_P}{2}\left(\frac{2}{15}l^5a_1^2+\frac{2}{10}l^6a_1a_2+\frac{3}{5}l^7a_2^2\right)$$

由式(11-11)得

$$\frac{\partial\Pi}{\partial a_1}=0,\quad \frac{\partial\Pi}{\partial a_2}=0$$

整理得

$$\begin{cases}\left(4EI-\frac{2}{15}l^2F_P\right)a_1+\left(4EIl-\frac{1}{10}l^3F_P\right)a_2=0\\ \left(4EI-\frac{1}{10}l^2F_P\right)a_1+\left(\frac{24}{5}EIl-\frac{3}{35}l^3F_P\right)a_2=0\end{cases}$$

由 a_1、a_2 不全为零可得

$$\begin{vmatrix}4EI-\frac{2}{15}l^2F_P & 4EIl-\frac{1}{10}l^3F_P\\ 4EI-\frac{1}{10}l^2F_P & \frac{24}{5}EIl-\frac{3}{35}l^3F_P\end{vmatrix}=0$$

展开后整理得

$$F_P^2-128\frac{EI}{l^2}F_P+2240\left(\frac{EI}{l^2}\right)^2=0$$

解此方程可得其最小根，即临界荷载为

$$F_{Pcr}=\frac{20.92EI}{l^2}$$

与精确解 $F_{Pcr}=\dfrac{20.19EI}{l^2}$ 比较，大 3.6%。

11.5 变截面压杆的稳定

本节讨论工程中常见的两种变截面压杆，一种是阶形杆，另一种是截面的惯性矩按幂函数连续变化。

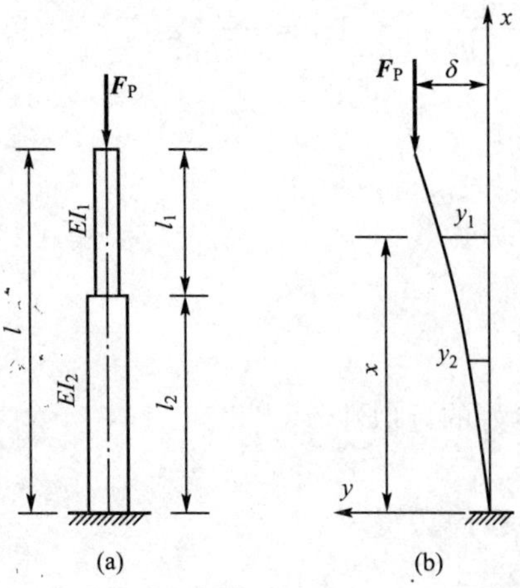

图 11.15 阶形杆

先讨论第一种情形。图 11.15(a)所示阶形直杆，下端固定上端自由，上部刚度为 EI_1，下部为 EI_2。若以 y_1、y_2 分别表示压杆失稳时上、下两部分的挠度，如图 11.15(b)所示，则两部分的平衡方程分别为

$$EI_1\ddot{y}_1=F_P(\delta-y_1)$$
$$EI_2\ddot{y}_2=F_P(\delta-y_2)$$

它们的通解分别为

$$y_1=A_1\cos n_1x+B_1\sin n_1x+\delta$$
$$y_2=A_2\cos n_2x+B_2\sin n_2x+\delta$$

式中：$n_1=\sqrt{\dfrac{F_P}{EI_1}}$；$n_2=\sqrt{\dfrac{F_P}{EI_2}}$。

以上通解中共有 A_1、B_1、A_2、B_2 和 δ 五个未知常数。已知边界条件如下：

(1) 当 $x=0$ 时，$y_2=0$；

(2) 当 $x=0$ 时，$\dot{y}_2=0$；

(3) 当 $x=l$ 时，$y_1=\delta$；

(4) 当 $x=l_2$ 时，$y_1=y_2$；

(5) 当 $x=l_2$ 时，$\dot{y}_1=\dot{y}_2$。

由边界条件(1)、(2)可得 $A_2=-\delta$，$B_2=0$，故 y_2 的表达式可改写为

$$y_2=\delta(1-\cos n_2 x)$$

将上式和前面 y_1 的表达式代入边界条件(3)、(4)、(5)，可得如下齐次方程组

$$\begin{cases}A_1\cos n_1 l+B_1\sin n_1 l=0\\ A_1\cos n_1 l_2+B_1\sin n_1 l_2+\delta\cos n_2 l_2=0\\ A_1 n_1\sin n_1 l_2-B_1 n_1\cos n_1 l_2+\delta n_2\sin n_2 l_2=0\end{cases}$$

从而有

$$\begin{vmatrix}\cos n_1 l & \sin n_1 l & 0\\ \cos n_1 l_2 & \sin n_1 l_2 & \cos n_2 l_2\\ \sin n_1 l_2 & -\cos n_1 l_2 & \dfrac{n_2}{n_1}\sin n_2 l_2\end{vmatrix}=0$$

展开并整理得

$$\tan n_1 l_1\cdot\tan n_2 l_2=\frac{n_2}{n_1} \tag{11-18}$$

上式只有给出比值$\dfrac{I_1}{I_2}$和$\dfrac{l_1}{l_2}$时才能求解。

对于在柱顶承受 F_{P1} 作用且在截面突变处承受 F_{P2} 作用的情形，由类似的推导过程可得稳定的方程为

$$\tan n_1 l_1\cdot\tan n_2 l_2=\frac{n_2}{n_1}\cdot\frac{F_{P1}+F_{P2}}{F_{P1}} \tag{11-19}$$

式中：$n_1=\sqrt{\dfrac{F_{P1}}{EI_1}}$；$n_2=\sqrt{\dfrac{F_{P1}+F_{P2}}{EI_2}}$。

式(11-19)只有当比值$\dfrac{I_1}{I_2}$、$\dfrac{l_1}{l_2}$和$\dfrac{F_{P1}}{F_{P2}}$均给出时才能求解。现在利用式(11-19)来求图 11.16 所示压杆的临界荷载，此时有

$$n_1=\sqrt{\frac{F_{P1}}{EI_1}},\quad n_2=\sqrt{\frac{F_{P1}+F_{P2}}{EI_2}}=\sqrt{\frac{6F_P}{1.5EI_1}}=2n_1$$

$$n_1 l_1=\frac{2}{3}n_1 l,\quad n_2 l_2=\frac{2}{3}n_1 l=n_1 l_1$$

稳定方程式(11-19)成为

$$\tan^2 n_1 l_1=3$$

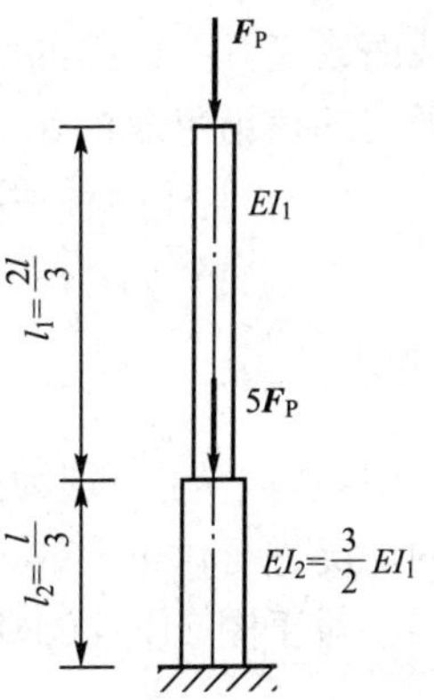

图 11.16 阶形压杆

由此解得最小根为 $n_1 l_1=\frac{3}{\pi}$，从而可得

$$F_{\mathrm{Pcr}}=\pi^2 EI_1=\frac{\pi^2 EI_1}{4l^2}$$

现在来讨论另一种情形，即压杆的截面惯性矩按幂函数变化，如图 11.17(a)所示，其任一截面的惯性矩为

$$I_2=I_1\left(\frac{a+l}{a}\right)^m \tag{11-20}$$

解得

$$a=\frac{l}{e^{\frac{1}{m}\ln\left(\frac{I_2}{I_1}\right)}-1} \tag{11-21}$$

若已知比值$\frac{I_2}{I_1}$及 m，则可由上式确定 a。

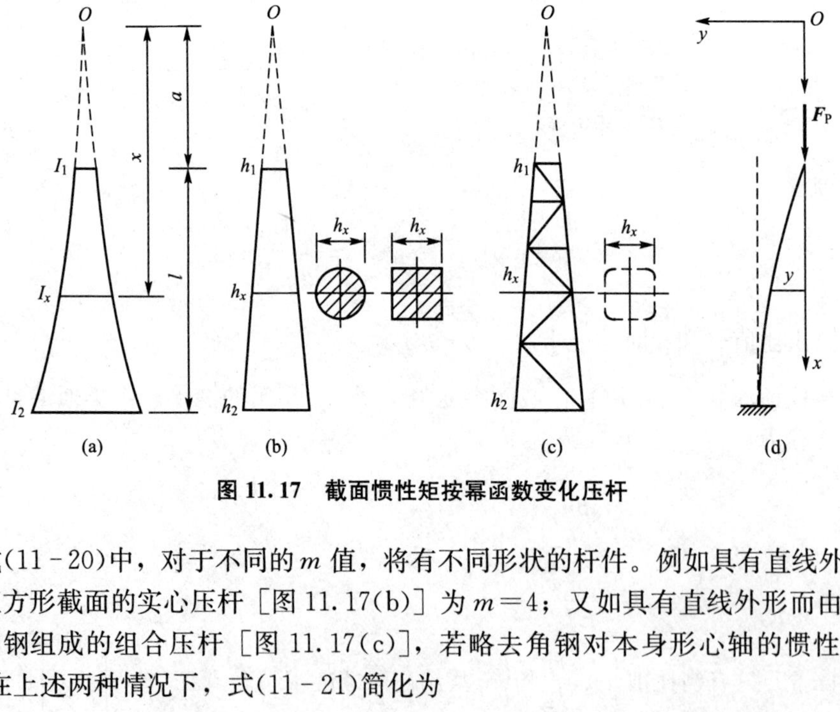

图 11.17　截面惯性矩按幂函数变化压杆

在式(11－20)中，对于不同的 m 值，将有不同形状的杆件。例如具有直线外线的圆形截面或正方形截面的实心压杆［图 11.17(b)］为 $m=4$；又如具有直线外形而由四个截面不变的角钢组成的组合压杆［图 11.17(c)］，若略去角钢对本身形心轴的惯性矩，则其 $m=2$。在上述两种情况下，式(11－21)简化为

$$a=\frac{l}{\frac{h_2}{h_1}-1} \tag{11-22}$$

式中，h_1、h_2 分别为柱顶、柱底截面的高度。下面就 $m=2$ 和 $m=4$ 这两种很有实用价值的情况进行讨论。

对于图 11.17(d)所示下端固定上端自由的压杆，当 $m=2$ 时，微分方程为

$$EI_1\left(\frac{x}{a}\right)^2\ddot{y}=-F_P y$$

或

$$\frac{EI_1}{a^2}x^2\ddot{y}+F_P y=0 \tag{11-23}$$

这是变系数微分方程，令 $t=\ln x$，则可变为以下常系数微分方程：

$$\frac{d^2y}{dt^2}-\frac{dy}{dt}+\frac{F_P a^2}{EI_1}y=0 \tag{11-24}$$

再令 $\beta=\sqrt{\frac{F_P a^2}{EI_1}-\frac{1}{4}}$，则式(11-24)的解可写成

$$y=Ae^{\left(\frac{1}{2}+i\beta\right)t}+Be^{\left(\frac{1}{2}-i\beta\right)t} \tag{11-25}$$

将 $t=\ln x$ 代入上式便可得

$$y=\sqrt{x}\left[A\sin\left(\beta\ln\frac{x}{a}\right)+B\cos\left(\beta\ln\frac{x}{a}\right)\right]$$

边界条件如下：

(1) 当 $x=a$ 时，$y=0$；

(2) 当 $x=a+l$ 时，$\dot{y}=0$。

由条件(1)得 $B=0$，再由条件(2)得如下稳定方程：

$$\tan(2\beta\ln\gamma)=2\beta \tag{11-26}$$

式中

$$\gamma=\sqrt{\frac{a}{a+l}}$$

若 γ 已知，则可由式(11-26)用试算法解出 β 的最小根，进而由式(11-25)求得临界荷载 F_{Pcr}。

当 $m=4$ 时，微分方程为

$$EI_1\left(\frac{x}{a}\right)^4\ddot{y}+F_P y=0 \tag{11-27}$$

令 $\eta^2=\frac{F_P a^4}{EI_1}$，则式(11-27)可写为 (11-28)

$$x^4\ddot{y}+\eta^2 y=0 \tag{11-29}$$

其解为

$$y=x\left(A\cos\frac{\eta}{x}+B\sin\frac{\eta}{x}\right)$$

边界条件如下：

(1) 当 $x=a$ 时，$y=0$；

(2) 当 $x=a+l$ 时，$\dot{y}=0$。

据此可导出稳定方程为

$$\tan\frac{\eta}{a+l}=\frac{\frac{\eta}{a+l}+\tan\frac{\eta}{a}}{1-\frac{\eta}{a+l}\tan\frac{\eta}{a}} \tag{11-30}$$

11.6 剪力对临界荷载的影响

前面确定压杆的临界荷载，只考虑了弯矩对变形的影响。若还要计入剪力对临界荷载的影响，则在确定挠曲线微分方程时，就应同时考虑弯矩和剪力对变形的影响。

设用 y_M 和 y_Q 分别表示由于弯矩和剪力影响所产生的挠度，则两者共同影响所产生的挠度为

$$y=y_M+y_Q$$

对 x 求二阶导数，可得表示曲率的近似公式：

$$\frac{\mathrm{d}^2 y}{\mathrm{d}x^2}=\frac{\mathrm{d}^2 y_M}{\mathrm{d}x^2}+\frac{\mathrm{d}^2 y_Q}{\mathrm{d}x^2} \tag{a}$$

由于弯矩引起的曲率为

$$\frac{\mathrm{d}^2 y_M}{\mathrm{d}x^2}=\frac{M}{EI} \tag{b}$$

为了计算由于剪力引起的附加曲率$\frac{\mathrm{d}^2 y_Q}{\mathrm{d}x^2}$，我们先来求剪力所引起的杆轴切线的附加转角$\frac{\mathrm{d}y_Q}{\mathrm{d}x}$［图 11.18(a)］。由图 11.18(b)可知，这个附加转角在数值上等于剪切角 γ，而

$$\gamma=k\,\frac{F_Q}{GA}$$

式中，k 为切应力沿截面分布不均匀而引起的改正系数。注意到图 11.18(a)的坐标方向及剪力 F_Q 的正向，将有

$$\frac{\mathrm{d}y_Q}{\mathrm{d}x}=-k\,\frac{F_Q}{GA}\frac{\mathrm{d}M}{\mathrm{d}x}$$

从而有

$$\frac{\mathrm{d}^2 y_Q}{\mathrm{d}x^2}=-\frac{k}{GA}\frac{\mathrm{d}^2 M}{\mathrm{d}x^2} \tag{c}$$

将式(b)、(c)代入式(a)，则得到同时考虑弯矩和剪力影响的挠曲线微分方程为

$$\frac{\mathrm{d}^2 y}{\mathrm{d}x^2}=\frac{M}{EI}-\frac{k}{GA}\frac{\mathrm{d}^2 M}{\mathrm{d}x^2} \tag{11-31}$$

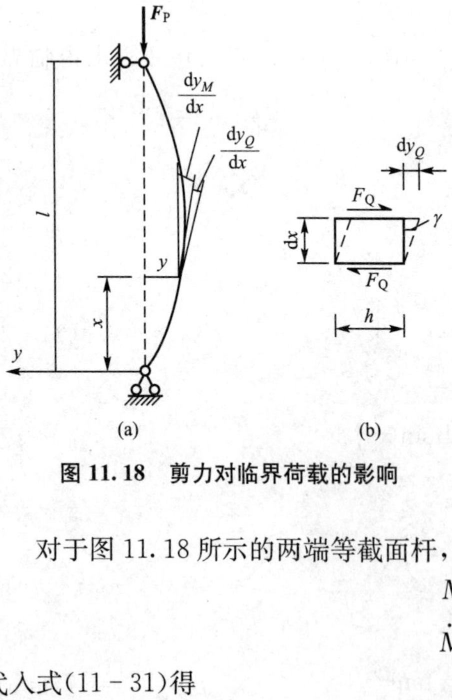

图 11.18 剪力对临界荷载的影响

对于图 11.18 所示的两端等截面杆，有

$$M=-F_P y$$

$$\ddot{M}=-F_P\ddot{y}$$

代入式(11-31)得

$$\ddot{y}=-\frac{F_P y}{EI}+\frac{kF_P}{GA}\ddot{y}$$

或

$$EI\left(1-\frac{kF_P}{GA}\right)\ddot{y}+F_Py=0$$

令

$$m^2=\frac{F_P}{EI\left(1-\frac{kF_P}{GA}\right)} \tag{11-32}$$

则上述微分方程的通解为

$$y=A\cos mx+B\sin mx$$

由边界条件 $x=0$ 时，$y=0$ 和 $x=l$ 时，$y=0$ 可导出稳定方程为

$$\sin ml=0$$

其最小正根为 $ml=\pi$，故可得

$$F_{P\text{cr}}=\frac{1}{1+\frac{k}{GA}\frac{\pi^2 EI}{l^2}}\frac{\pi^2 EI}{l^2}=\alpha F_{Pe} \tag{11-33}$$

式中：$F_{Pe}=\frac{\pi^2 EI}{l^2}$为欧拉临界荷载；$\alpha$ 为修正系数，又可以写为

$$\alpha=\frac{1}{1+\frac{k}{GA}\frac{\pi^2 EI}{l^2}}=\frac{1}{1+\frac{kF_{Pe}}{GA}}=\frac{1}{1+\frac{k\sigma_e}{GA}} \tag{11-34}$$

式中，σ_e 为欧拉临界应力。设压杆材料为三号钢，取 σ_e 为比例极限 $\sigma_P=200\text{Pa}$，剪切弹性模量为 $G=80\text{GPa}$，则有

$$\frac{\sigma_e}{G}=\frac{1}{400}$$

可见在实体杆件中，剪力的影响很小，通常可以略去。

本章小结

本章主要讲述了结构弹性稳定类型、用静力法及能量法确定临界荷载、变截面杆及组合压杆的弹性稳定、剪力对临界荷载的影响等。

本章的重点是用静力法和能量法求解结构的临界荷载，应学会利用失稳时平衡二重性建立稳定方程。

思考题

11.1 第一类失稳和第二类失稳有何异同？

11.2 静力法求临界荷载的原理和步骤，对于单自由度、有限自由度和无限自由度体系有什么不同？

11.3 增大或减小杆端约束的刚度，对于临界荷载的数值有何影响？

11.4 怎样根据各种刚性支承杆的临界荷载值来估计弹性支承压杆的临界荷载值？

11.5 在什么情况下，刚架的稳定问题才宜于简化为一根弹性支承压杆的稳定问题？试就图11.19所示的两种情况进行讨论。对于图11.19(b)的情况，若简化为一根弹性支承杆，在确定弹簧刚度时会遇到什么困难，应怎样解决？

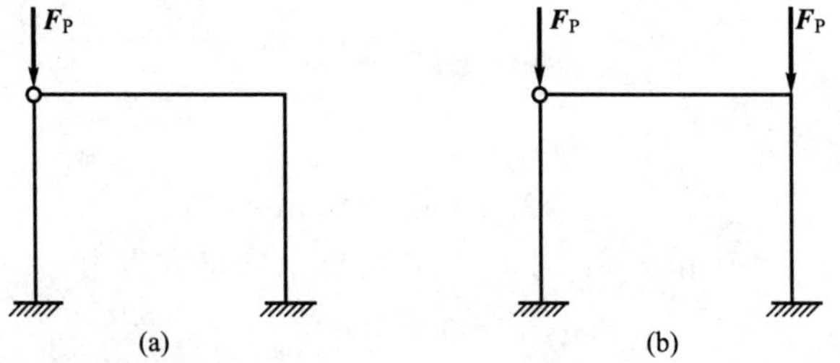

图11.19 刚架的稳定

11.6 试述能量法求临界荷载的原理和步骤。为什么用能量法求得的临界荷载通常都是近似值，而且总是非精确值？

11.7 两铰拱和三铰拱在反对称失稳时的临界荷载值是否相同，为什么？

11.8 在两铰圆拱的临界荷载公式中，当$\alpha=\frac{\pi}{2}$时，$q_{cr}=\frac{3EI}{R^3}$与圆环临界荷载值相同；而当$\alpha=\pi$时反而得到$q_{cr}=0$，这怎么解释？

习　　题

11-1 填空题

(1) 稳定问题的临界荷载是稳定方程的__________。

(2) 结构失稳现象可以分为两类：第一类稳定问题和第二类稳定问题，也就是__________和极值点失稳。

(3) 计算结构失稳的两种主要方法为能量法和静力法，都是利用__________出发，寻求在新的形式下能维持平衡的荷载，从而确定临界荷载。

11-2 单项选择题

(1) 下列哪种情况下的承载力由稳定条件所决定？(　　)

A. 短粗杆受拉　　B. 细长杆受拉

C. 短粗杆受压　　D. 细长杆受压

(2) 无限自由度体系用能量法求出的临界荷载为(　　)。

A. 精确解　　B. 比精确解大

C. 比精确解小　　D. 比精确解可能大也可能小

(3) 无限自由度体系的稳定方程为(　　)。

A. n次代数方程　　B. n次齐次方程组

C. 微分方程　　D. 超越方程

11-3 图11.20所示结构各杆的刚度均为无穷大，β为抗移弹性支座的刚度(发生单位位移所需要的力)，试用静力法确定临界荷载。

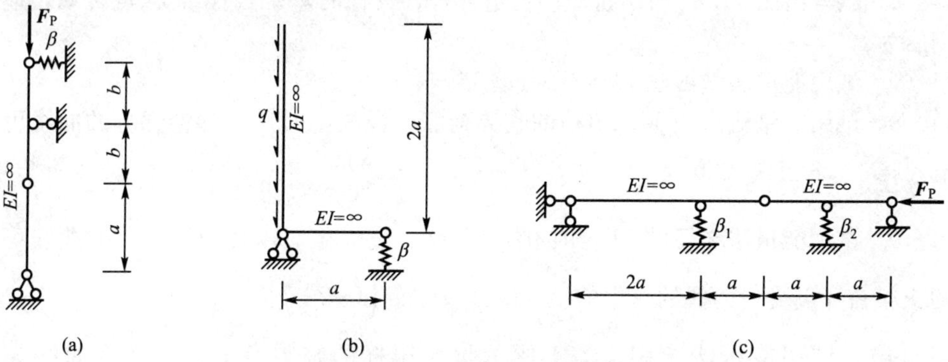

图 11.20 习题 11－3 图

11－4 图 11.21 所示结构各杆 $EI=\infty$，弹性铰的抗转刚度(发生单位相对转角所需要的力矩)为 β，试用静力法确定其临界荷载值。

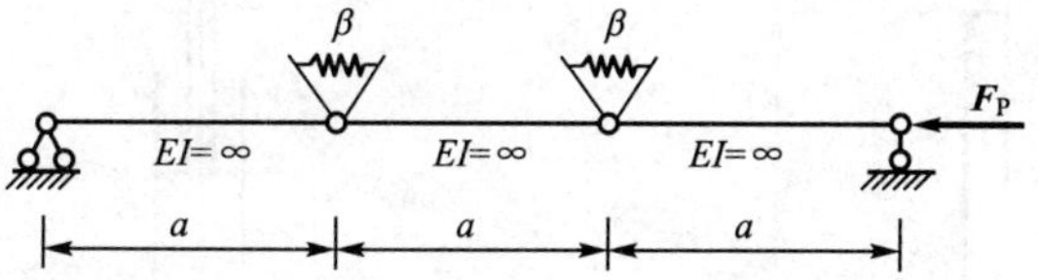

图 11.21 习题 11－4 图

11－5 试用静力法求图 11.22 所示各结构的稳定方程及临界荷载。

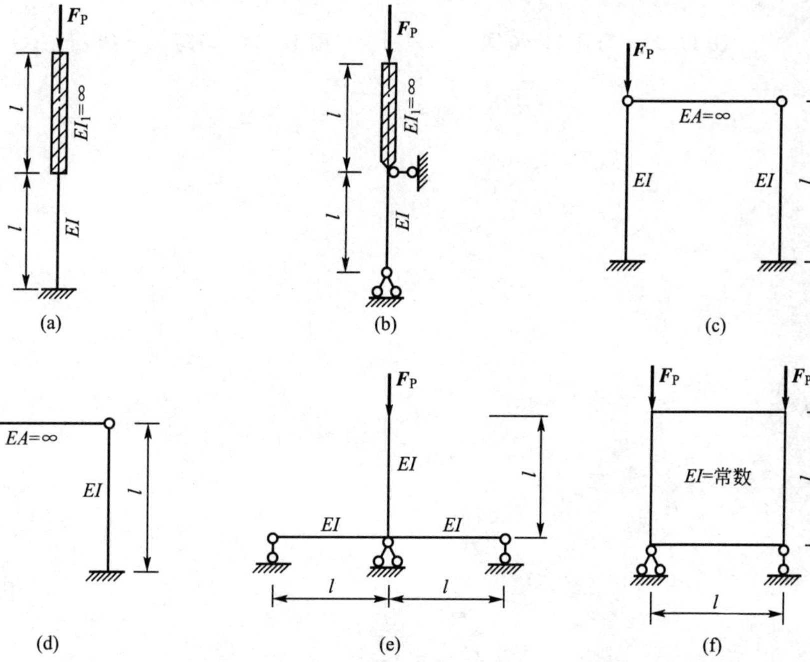

图 11.22 习题 11－5 图

11－6　试写出图 11.23 所示桥墩的稳定方程，失稳时基础当作绕 D 点转动，地基的抗转刚度为 β。

11－7　试用能量法做习题 11－3～习题 11－4。

11－8　试用能量法求图 11.20(c)的临界荷载。设失稳时压杆弹性部分的曲线可近似取为抛物线 $y=\frac{ax^2}{l^2}$。

11－9　试用能量法求习题 11－4 的临界荷载。设失稳时压杆弹性部分的曲线可近似采用简支梁在杆端受一力偶的作用的挠度曲线 $y=ax\left(1-\frac{x^2}{l^2}\right)$。

11－10　试用能量法求图 11.24 所示阶形压杆的临界荷载。设挠度曲线为 $y=a\left(1-\cos\frac{\pi x}{2l}\right)$。

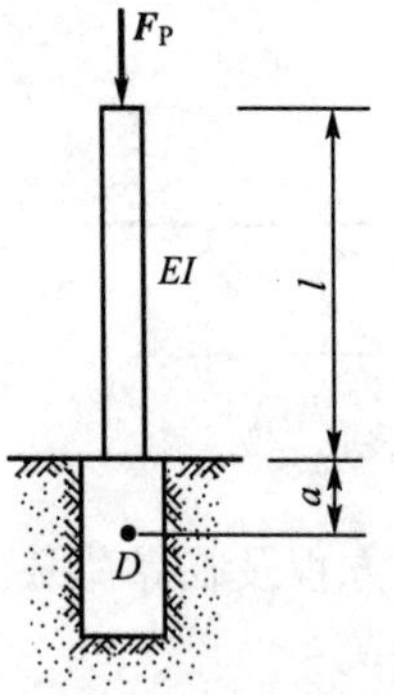

图 11.23　习题 11－6 图

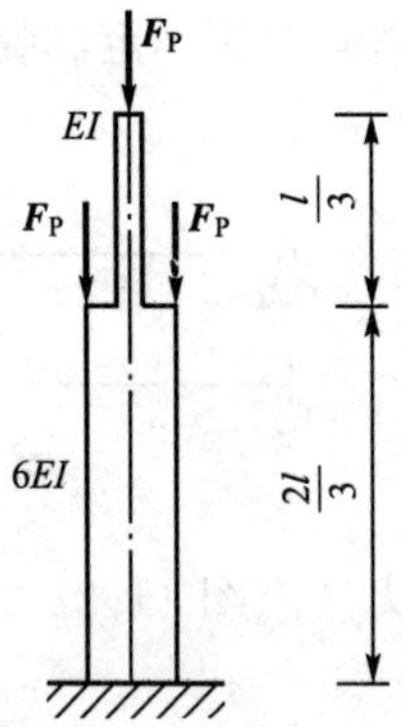

图 11.24　习题 11－10 图

第12章 结构塑性分析及极限荷载

教学目标

本章主要讲述弹塑性结构的极限荷载的概念，运用穷举法和试算法求解单跨梁、连续梁和刚架的极限荷载。通过本章的学习，应达到以下目标：

(1) 了解极限荷载和塑性；

(2) 掌握运用单跨梁极限荷载；

(3) 掌握运用连续梁极限荷载；

(4) 了解刚架极限荷载；

(5) 掌握矩阵位移法计算刚架极限荷载。

教学要求

知识要点	能力要求	相关知识
单跨梁极限荷载	(1) 计算极限弯矩和极限荷载； (2) 掌握塑性铰的概念	(1) 极限状态； (2) 塑性分析； (3) 塑性截面系数
计算极限荷载的方法	(1) 理解比例加载的定理； (2) 掌握试算法和穷举法	(1) 荷载参数； (2) 破坏荷载； (3) 可接受荷载
连续梁极限荷载	掌握运用试算法和穷举法计算连续梁的极限荷载	(1) 极小定理； (2) 极大定理； (3) 唯一性定理
刚架极限荷载	掌握运用试算法和穷举法计算刚架的极限荷载	(1) 唯一性定理； (2) 增量、变刚度法

基本概念

极限荷载、理想弹塑性材料、塑性铰、比例加载、屈服弯矩、极限弯矩、破坏机构、破坏荷载、试算法、穷举法、增量法。

引言

由塑性材料制成的结构，尤其是超静定结构，当某一局部应力达到屈服极限时，结构并不破坏，还能承受更大的荷载而进入塑性阶段继续工作。按极限荷载的方法设计结构将更为经济合理，能较正确地反映结构的强度储备。

12.1 概　述

约自19世纪中叶开始，人们便在结构设计中采用许用应力法计算结构的强度，这种方法是把结构当作理想弹性体来分析，故又称为弹性分析方法。这种方法认为结构的最大应力达到材料的极限应力 σ_u 时结构将会破坏，故其强度条件为

$$\sigma_{max} \leqslant [\sigma] = \frac{\sigma_u}{k} \tag{12-1}$$

式中：σ_{max}为结构的实际最大应力；$[\sigma]$ 为材料的容许应力；σ_u 为材料的极限应力，对于脆性材料为其强度极限 σ_b，对于塑性材料则为其屈服极限 σ_s；k 为安全系数。

容许应力法至今在工程中仍广泛应用。然而，由塑性材料制成的结构，尤其是超静定结构，当某一局部应力达到屈服极限时，结构并不破坏，还能承受更大的荷载而进入塑性阶段继续工作。可见，按容许应力法以个别截面的局部应力来衡量整个结构的承载能力是不够经济合理的，而且用以确定容许应力的安全系数 k 也不能反映整个结构的强度储备。因此后来又建立和发展了按极限荷载计算结构强度的方法。这种方法不是以结构在弹性阶段的最大应力达到极限应力作为结构破坏的标志，而是以结构进入塑性阶段并最后丧失承载能力时的极限状态作为结构破坏的标志，故又称为塑性分析方法。结构在极限状态时所能承受的荷载称为极限荷载，而强度条件表示为

$$F_P \leqslant \frac{F_{Pu}}{K} \tag{12-2}$$

式中：F_P 为结构实际承受的荷载；F_{Pu}为极限荷载；K 为安全系数。

显然，按极限荷载的方法设计结构将更为经济合理，而且安全系数 K 是从整个结构所能承受的荷载来考虑的，故能较正确地反映结构的强度储备。但须指出，按极限荷载计算结构的方法也有局限性，就是它只反映了结构的最后状态，而不能反映结构由弹性阶段到塑性阶段再到极限状态的过程，而且在给定安全系数 K 后，结构在实际荷载作用下处于什么工作状态也无法确定。事实上，结构在设计荷载作用下，大多仍处于弹性阶段，因此弹性分析对于研究结构的实际工作状态及其性能仍是很重要的。所以，在结构设计中，塑性计算与弹性计算是相互补充的。

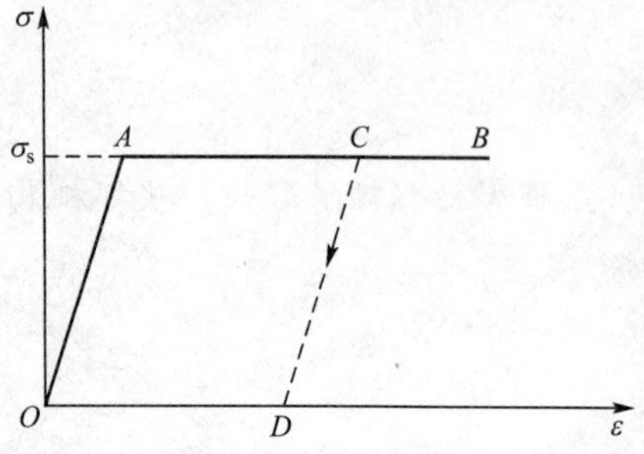

图 12.1　应力—应变图形

在结构的塑性分析中，为了使所建立的理论比较简便实用，有必要对材料的力学性能即应力与应变的关系作某些合理的简化。通常采用图 12.1 所示的应力—应变图形，即认为应力达到屈服极限 σ_s 以前，材料是理想弹性的，应力与应变成正比；当应力达到 σ_s 以后，材料转为理想塑性的，即应力保持不变，应变可以任意增长，如图 12.1 所示。同时认为材料受拉和受压时性能相同。当材料到达

塑性阶段的某点 C 时，如果卸载，则应力应变将沿着与 OA 平行的直线 CD 下降。应力减至零时，有残余应变 OD。也就是说，加载时应力增加，材料是弹塑性的，卸载时应力减小，材料是弹性的。

符合上述应力与应变关系的材料，称为理想弹塑性材料。一般的建筑用钢具有相当长的屈服阶段，在实际的钢结构中，加载后其应变通常不至于超过这一阶段，故采用上述简化图形是适宜的。钢筋混凝土受弯构件，在混凝土受拉区出现裂缝后，拉力完全由钢筋承受，故也可以采用上述简化图形。

需要指出，在结构的塑性分析中，叠加原理不再适用，因此对于各种荷载组合都必须单独进行计算。在本章中，我们只考虑荷载一次加于结构，且各荷载按同一比例增加，即所谓比例加载的情况。

12.2 极限弯矩和塑性铰·破坏机构·静定梁的计算

设梁的横截面有一对称轴，如图 12.2(a)所示，并承受位于对称平面内的竖向荷载作用。当荷载增加时，梁将逐渐由弹性阶段过渡到塑性阶段。实验表明，无论在哪一阶段，都可以认为梁的横截面仍保持为平面。

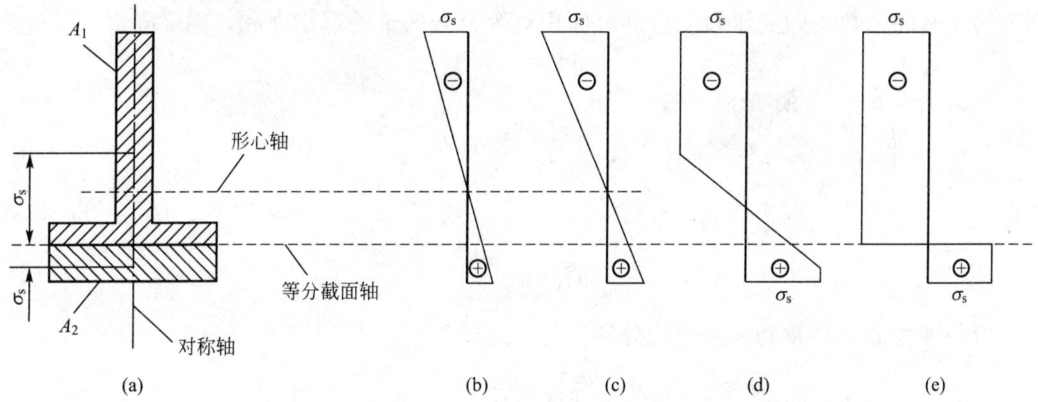

图 12.2　梁的弹塑性工作阶段

当荷载较小时，梁完全处于弹性阶段，截面上的正应力都小于屈服极限 σ_s，并沿截面高度成直线分布，如图 12.2(b)所示。当荷载增加到一定值时，若暂不考虑剪应力影响，则原外边缘处正应力将首先达到屈服极限 σ_s，如图 12.2(c)所示，相应于此时的弯矩称为屈服弯矩，以 M_s 表示，按照弹性阶段的应力计算公式可知

$$M_s = \sigma_s W$$

式中，W 为抗弯截面系数。

当荷载再增加时，该截面上由外向内将有更多的部分相继进入塑性流动阶段，它们的应力都保持 σ_s 的数值，但其余纤维仍处于弹性阶段，如图 12.2(d)所示。随着荷载的继续增加，塑性区域将由外向里逐渐扩展，最后扩展到全部截面，整个截面的应力都达到了屈服极限 σ_s，正应力分布图形成为两个矩形，如图 12.2(e)所示。这时的弯矩达到了该截面所能承受的最大限值，称为该截面的极限弯矩，以 M_u 表示。此后该截面的弯矩不能再增

大，但弯曲变形则可任意增长，这就相当于在该截面处出现了一个铰，称为塑性铰。塑性铰与普通铰有所区别：第一，普通铰不能承受弯矩，而塑性铰则承受着极限弯矩；第二，普通铰可以向两个方向自由转动，即为双向铰，面塑性铰是单向铰，只能沿着弯矩的方向转动，当弯矩减小时，材料则恢复弹性，塑性铰即告消失。

截面的极限弯矩值可根据图 12.2(e)所示的正应力分布图形确定。设两面积分别为 A_1 和 A_2，由于梁受竖向荷载作用时轴力为零，故有

$$\sigma_s A_1 - \sigma_s A_2 = 0$$

因而有

$$A_1 = A_2 = \frac{A}{2}$$

式中，A 为梁截面面积。这表明，此时截面上的受压和受拉部分的面积相等，亦即中性轴为等分截面轴。而截面上两个方向相反、大小相等$\left(均为\sigma_s \cdot \frac{A}{2}\right)$的力则组成为一力偶，形成该截面的极限弯矩 M_u：

$$M_u = \sigma_s A_1 a_1 + \sigma_s A_2 a_2 = \sigma_s (S_1 + S_2)$$

式中：a_1 和 a_2 分别为面积 A_1 和 A_2 的形心到等分截面轴的距离；S_1 和 S_2 为 A_1 和 A_2 对该轴的静矩。若令

$$W_s = S_1 + S_2$$

称为塑性截面系数，即受压和受拉部分面积对等分截面轴的静矩之和，则极限弯矩可表为

$$M_u = \sigma_s W_s$$

当截面为 $b \cdot h$ 的矩形时，有

$$W_s = S_1 + S_2 = 2\,\frac{bh}{2}\,\frac{h}{4} = \frac{bh^2}{4}$$

故可得

$$M_u = \sigma_s \frac{bh^2}{4}$$

而相应的弹性截面系数和屈服弯矩分别为

$$W = \frac{bh^2}{6}, \quad M_s = \frac{bh^2}{6}\sigma_s$$

可见，这两种弯矩的比值为

$$\frac{M_u}{M_s} = 1.5$$

这表明，对于矩形截面梁来说，按塑性计算比按弹性计算可使截面的承载能力提高 50%。

一般来说，比值

$$\alpha = \frac{M_u}{M_s} = \frac{W_s}{W}$$

与截面形状有关，称为截面形状系数，其值为：①矩形 1.5；②圆形 1.70；③薄壁圆环形 1.27～1.4(一般可取 1.3)；④工字形 1.1～1.2(一般可取 1.15)。

以上推导梁的极限弯矩时，我们忽略了剪力的影响。由于剪力的存在，截面的极限弯矩值将会降低，但这种影响一般很小，可以忽略。

当结构出现若干塑性铰而成为几何可变或瞬变体系时，称为破坏机构，此时结构已丧

失了承载能力，即达到了极限状态。

对于静定梁，出现一个塑性铰即成为破坏机构。对于等截面梁，塑性铰必定首先出现在弯矩绝对值最大的截面$|M|_{\max}$处。根据塑性铰处的弯矩值等于极限弯矩M_u和平衡条件，很容易求得静定梁的极限荷载F_{Pu}。

例如图 12.3(a)所示等截面简支梁，跨中截面弯矩最大，该处出现塑性铰时，梁将成为破坏机构[图 12.3(b)，用黑小圆表示塑性铰]，同时该截面弯矩达到极限弯矩M_u。根据平衡条件作出弯矩图[图 12.3(c)]，由

$$\frac{F_{Pu}l}{4}=M_u$$

便可求得极限荷载为

$$F_{Pu}=\frac{4M_u}{l} \tag{12-3}$$

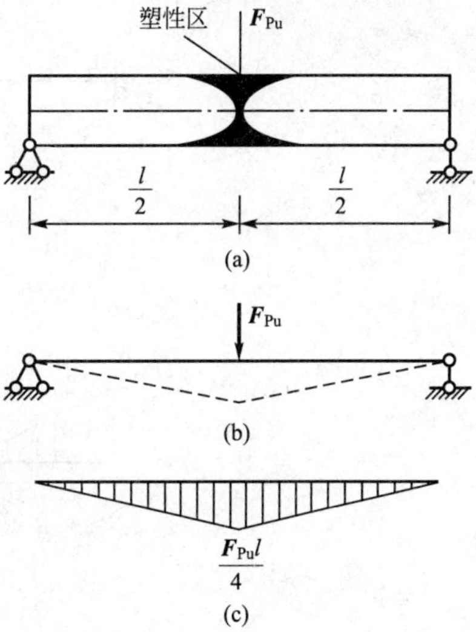

图 12.3　等截面简支梁塑性铰

对于变截面梁，塑性铰则首先出现在所受弯矩M与极限弯矩M_u之比绝对值最大的截面，即$\left|\frac{M}{M_u}\right|_{\max}$处。

12.3 单跨超静定梁的极限荷载

超静定梁由于具有多余联系，当出现一个塑性铰时能承受更大的荷载。只有当相继出现更多的塑性铰而使梁成为几何可变或瞬变体系，亦即成为破坏机构时，才会丧失承载能力。

例如图 12.4(a)所示一端固定一端铰支的等截面梁，在跨中承受集中荷载作用。梁在弹性阶段的弯矩图可按解算超静定的方法求得，如图 12.4(b)所示，A 截面的弯矩最大。当荷载增大到一定值时，A 端弯矩首先达到极限值M_u，并出现塑性铰。此时梁成为在 A 端作用有已知弯矩M_u并在跨中承受荷载F_P的简支梁，因而问题已转化为静定的，其弯矩图根据平衡条件即可求出，如图 12.4(c)所示。但此时梁并未破坏，它仍是几何不变的，承载能力尚未达到极限值。若荷载继续增大，A 端弯矩将保持不变，最后跨中 C 截面的弯矩也达到极限值M_u，从而在该截面处也形成塑性铰。这样，梁就成为几何可变的机构，如图 12.4(e)所示，也就是达到了极限状态。此时的弯矩图按平衡条件可作出，如图 12.4(d)所示。由图可得

$$\frac{F_{Pu}l}{4}-\frac{M_u}{2}=M_u$$

故得

$$F_{Pu}=\frac{6M_u}{l} \tag{12-4}$$

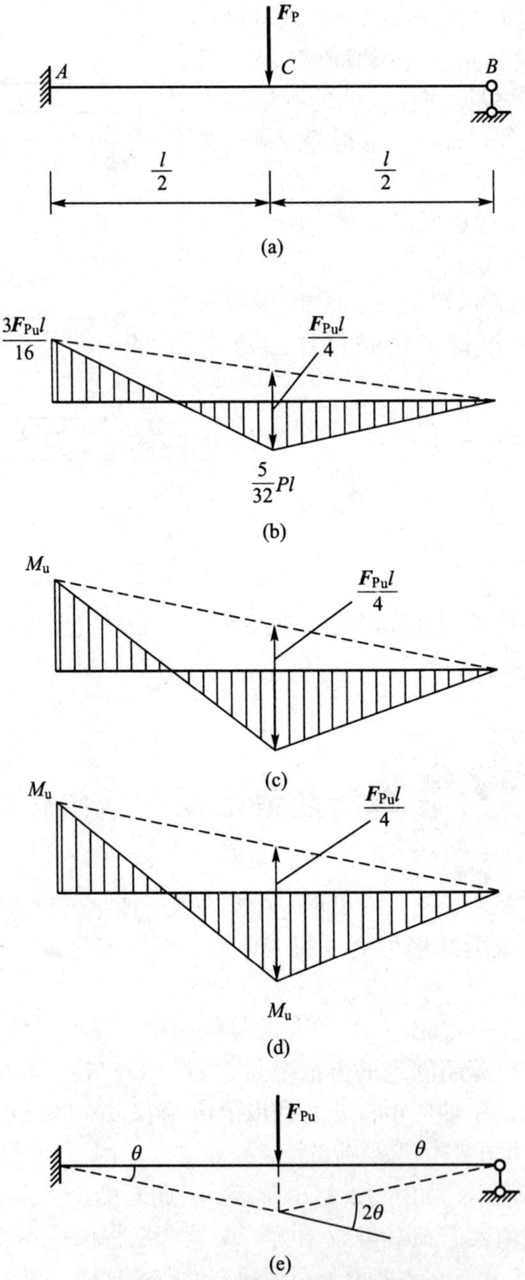

图 12.4　单跨超静定梁极限荷载

由以上讨论可以看出，极限荷载的计算实际上无须考虑弹塑性变形的发展过程，只要确定了结构最后的破坏机构的形式，便可由平衡条件求出极限荷载，此时已成为静定结构。对于超静定梁，只需使破坏机构中各塑性铰处的弯矩都等于极限弯矩，并据此按静力平衡条件作出弯矩图，即可确定极限荷载。这种利用静力平衡条件确定极限荷载的方法，称为静力法。此外，计算极限荷载的问题既然是平衡问题，因此也可以利用虚功原理来求得极限荷载，这就是机动法。例如在图 12.4(e)中，设机构沿荷载正方向产生任意微小的虚位移，由虚功原理 $W=W_i$，即外力虚功等于变形虚功，可得

$$F_{\mathrm{Pu}}\frac{l}{2}\theta=M_{\mathrm{u}}\theta+M_{\mathrm{u}}\times 2\theta$$

这里略去了微小的弹性变形，故在等式右边内力所做的变形虚功中，只有各塑性铰处的极限弯矩在其相对转角上所作的功。由上式同样得到

$$F_{\mathrm{Pu}}=\frac{6M_{\mathrm{u}}}{l}$$

【例 12-1】 试求图 12.5 所示两端固定的等截面梁的极限荷载。

【解】 此梁须出现三个塑性铰才能成为瞬变体系而进入极限状态。由于最大负弯矩发生在两固端 A、B 截面处，而最大正弯矩发生在荷载作用处，故塑性铰必定出现在此三个截面处。用静力法求解时，作出极限状态的弯矩图，如图 12.5(b)所示，由平衡条件有

$$\frac{F_{\mathrm{Pu}}ab}{l}=M_{\mathrm{u}}+M_{\mathrm{u}}$$

解得

$$F_{\mathrm{Pu}}=\frac{2l}{ab}M_{\mathrm{u}}$$

若用动机法求解，先作出机构的虚位移图，如图 12.5(c)所示，有

$$F_{\mathrm{Pu}}a\theta=M_{\mathrm{u}}\theta+M_{\mathrm{u}}\frac{l}{b}\theta+M_{\mathrm{u}}\frac{a}{b}\theta$$

解得

$$F_{\mathrm{Pu}}=\frac{2l}{ab}M_{\mathrm{u}}$$

结果与静定法相同。

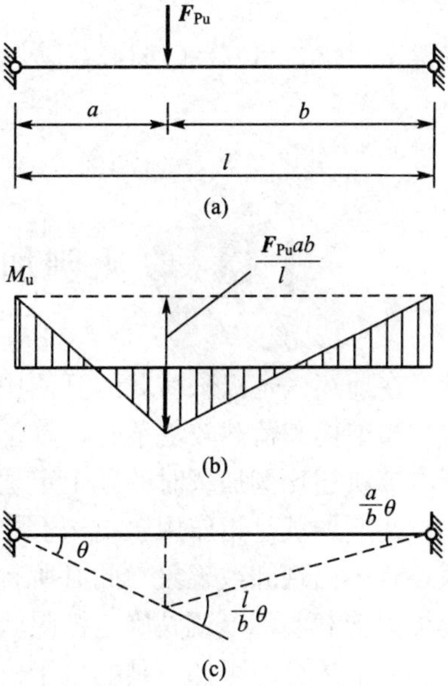

图 12.5 例 12-1 图

【例 12-2】 试求一端固定另一端铰支的等截面梁在均布荷载作用时(图 12.6)的极限荷载 q_{u}。

【解】 此梁出现两个塑性铰即到达极限状态。一个塑性铰在最大负弯矩所在截面，即固定端 A 处；另一塑性铰在最大正弯矩即剪力为零处，此截面位置有待确定，设其至铰支端距离为 x，如图 12.6(b)所示。现用静力法求解，由 $\sum M_A=0$ 可得

$$F_{\mathrm{By}}=\frac{q_{\mathrm{u}}l}{2}-\frac{M_{\mathrm{u}}}{l}$$

再由

$$F_{\mathrm{Q}x}=0,\quad -F_{\mathrm{By}}+q_{\mathrm{u}}x=-\left(\frac{q_{\mathrm{u}}l}{2}-\frac{M_{\mathrm{u}}}{l}\right)+q_{\mathrm{u}}x=0$$

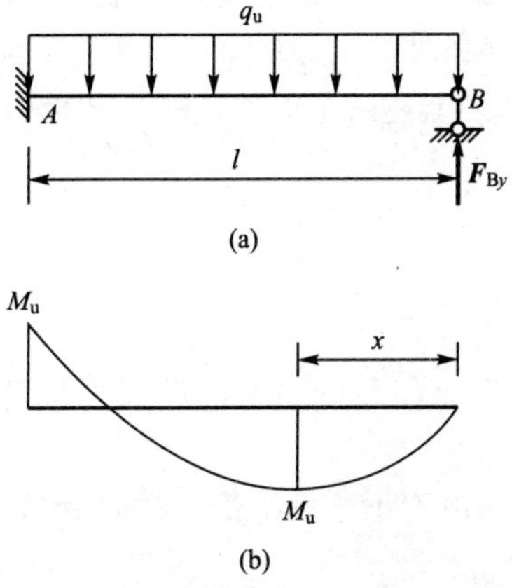

图 12.6 例 12-2 图

可得

$$q_u=\frac{M_u}{l\left(\frac{l}{2}-x\right)} \tag{a}$$

而最大正弯矩之值亦等于M_u，故有

$$\frac{q_u(2x)^2}{8}=M_u$$

将式(a)代入，化简后有

$$x^2+2lx-l^2=0$$

解得$x=(\sqrt{2}-1)l=0.4142l$ [另一根为$-(1+\sqrt{2})l$，舍去]，代入式(a)求得

$$q_u=(6+4\sqrt{2})\frac{M_u}{l^2}=\frac{11.66M_u}{l^2}$$

12.4 比例加载时有关极限荷载的几个定理

在前述确定极限荷载的算例中，结构和荷载都较简单，其破坏机构的形式较容易确定。当结构和荷载较复杂时，真正的破坏机构形式则较难确定，其极限荷载的计算可借助于本节所述比例加载时的几个定理。

比例加载是指作用于结构上的各个荷载增加时，始终保持它们之间原有的固定比例关系，且不出现卸载现象。此时所有荷载都包含一个公共参数F_{Pu}，称为荷载参数，因此确定极限荷载实际上就是确定极限状态时的荷载参数F_{Pu}。

由前述分析可知，结构处于极限状态时，应同时满足下述三个条件。

(1) 机构条件：在极限状态中，结构必须出现足够数目的塑性铰而成为破坏机构(简称机构，即几何可变或瞬变体系)，可沿荷载作正功的方向发生单向运动。

(2) 内力局限条件：在极限状态中，任一截面的弯矩绝对值都不超过其极限弯矩，即$|M|\leqslant|M_u|$。

(3) 平衡条件：在极限状态中，结构的整体或任意局部仍须维持平衡。

为了便于讨论，我们把满足机构条件和平衡条件的荷载(不一定满足内力局限条件)称为可破坏荷载，用p_+表示；而把满足内力局限条件和平衡条件的荷载(不一定满足机构条件)称为可接受荷载，用p_-表示。由于极限状态同时须满足上述三个条件，故可知极限荷载既是可破坏荷载，又是可接受荷载。

比例加载时有关极限荷载的几个定理如下：

(1) 极小定理：极限荷载是所有可破坏荷载中的最小者。

(2) 极大定理：极限荷载是所有可接受荷载中的最大者。

(3) 唯一性定理：极限荷载只有一个确定值。因此，若某荷载既是可破坏荷载又是可接受荷载，则该荷载即为极限荷载。

下面给出以上定理的证明。首先来证明可破坏荷载p_+恒不小于可接受荷载取p_-，即$p_+\geqslant p_-$。

取任一破坏机构，给以单向虚位移δ，由虚功方程有

$$p+\delta=\sum_{i=1}^{n}|M_{ui}|\cdot|\theta_i|$$

式中：n 为塑性铰的数目。因塑性铰是单向铰，极限弯矩 M_{ui} 与相对转角 θ_i 恒同向，总是作正功，故可取二者绝对值相乘。又取任一可接受荷载 p_-，相应的弯矩用 M^- 表示，令结构产生与上述机构相同的虚位移，则有

$$p-\delta=\sum_{i=1}^{n}M_i^-\cdot\theta_i$$

由内力局限条件可知

$$M_i^-\leqslant|M_{ui}|$$

故有

$$\sum_{i=1}^{n}M_i^-\theta_i\leqslant\sum_{i=1}^{n}|M_{ui}|\cdot|\theta_i|$$

从而可知 $p_+\geqslant p_-$。得证。

再来证明上述三个定理：

(1) 极小定理：因 p_u 属于 p_-，故 $p_u\leqslant p_+$。得证。

(2) 极大定理：因 p_u 属于 p_+，故 $p_u>p_-$。得证。

(3) 唯一性定理：设有两个极限荷载 p_{u1} 和 p_{u2}，因 p_{u1} 为 p_+，p_{u2} 为 p_-，故 $p_{u1}\geqslant p_{u2}$；又因 p_{u1} 亦为 p_-，p_{u2} 亦为 p_+，故又有 $p_{u1}\leqslant p_{u2}$；于是必有 $p_{u1}=p_{u2}$。得证。

12.5 计算极限荷载的穷举法和试算法

当结构或荷载情况较复杂，难于确定极限状态的破坏机构形式时，采用下述方法之一来求得极限荷载：

(1) 穷举法(又称机构法或机动法)：列举所有可能的破坏机构，由平衡条件或虚功原理求出相应的荷载，其中最小者即为极限荷载。

(2) 试算法：任选一种破坏机构，由平衡条件或虚功原理求出相应的荷载，并作出其弯矩图，若满足内力局限条件，则该荷载即为极限荷载；若不满足，则另选一机构再行试算，直至满足。

【例 12-3】 试求图 12.7 所示变截面梁的极限荷载。

【解】 此梁出现两个塑性铰即成为破坏机构。除了最大负弯矩和最大正弯矩所在的截面 A、C 以外，截面突变处 D 也可能出现塑性铰。

(1) 用穷举法求解。共有三种可能的破坏机构：

① 机构 1：设 A、D 处出现塑性铰，如图 12.7(b)所示，有

$$F_P\frac{l}{3}\theta=2M_u\times2\theta+M_u\times3\theta$$

解得 $F_P=\dfrac{21M_u}{l}$。

② 机构 2：设 A、C 处出现塑性铰，如图 12.7(c)所示，有

$$F_P\frac{2l}{3}\theta=2M_u\theta+M_u\times3\theta$$

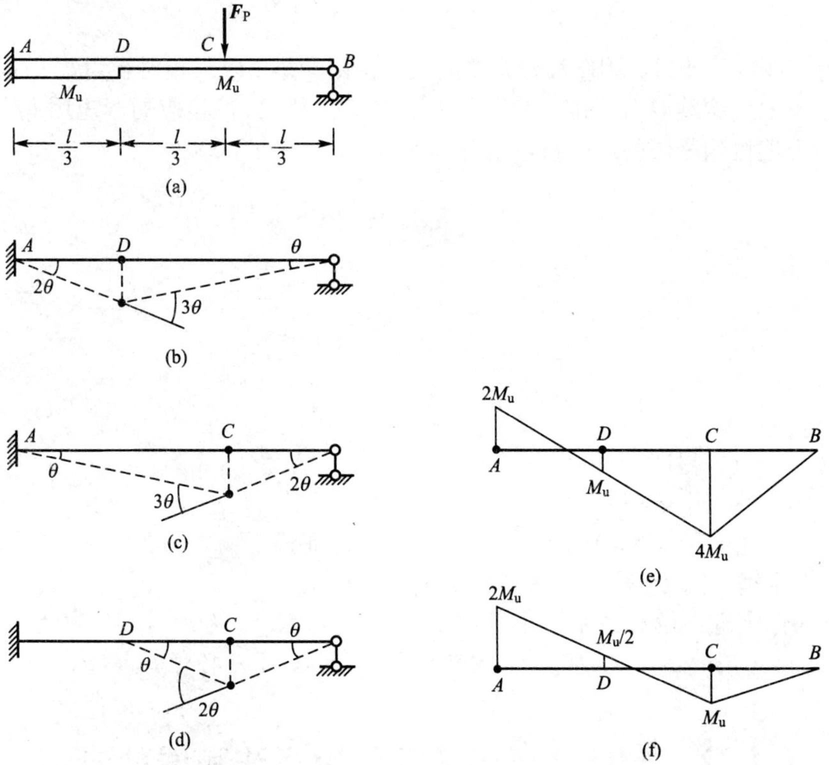

图 12.7　例 12－3 图

解得 $F_P=\dfrac{7.5M_u}{l}$。

③ 机构 3：设 D、C 处出现塑性铰，如图 12.7(d)所示，有

$$F_P\frac{l}{3}\theta=M_u\theta+M_u\times 2\theta$$

解得 $F_P=\dfrac{9M_u}{l}$。

选以上的最小值得 $F_P=\dfrac{7.5M_u}{l}$，即实际的破坏机构是机构 2。

(2) 用试算法求解。

首先选择机构 1［图 12.7(b)］，可求得其相应的荷载为 $F_P=\dfrac{21M_u}{l}$(计算同上)。然后由塑性铰 A 处的弯矩为 $2M_u$(上边受拉)，D(右侧)处弯矩为 M_u(下边受拉)，以及无荷区段弯矩应为直线，铰 B 处弯矩为零，便可绘出其弯矩图，如图 12.7(e)所示。此时截面 C 的弯矩已达 $4M_u$，超过了其极限弯矩 M_u，故此机构不是极限状态。

现另选机构 2 试算［图 12.7(c)］。同理先求得其相应的荷载为 $F_P=\dfrac{7.5M_u}{l}$，然后可作出其弯矩图，如图 12.7(f)所示。由图可见所有截面的弯矩均未超过其极限弯矩值，故此时的荷载为可接受荷载，因而也就是极限荷载，即 $F_{Pu}=\dfrac{7.5M_u}{l}$。

12.6 连续梁的极限荷载

连续梁［图 12.8(a)］可能由于某一跨出现三个塑性铰或铰支端跨出现两个塑性铰而成为破坏机构［图 12.8(b)、(c)、(d)］，也可能由相邻各跨联合形成破坏机构［图 12.8(e)］。可以证明，当各跨分别为等截面梁，所有荷载方向均相同(通常向下)时，只可能出现某一跨单独破坏的机构。因为在这种情况下，各跨的最大负弯矩只可能发生在两端支座截面处，而在各跨联合机构中［图 12.8(e)］至少会有一跨在中部出现负弯矩的塑性铰，因此这是不可能出现的。于是，对于这种连续梁，只需将各跨单独破坏时的荷载分别求出，然后取其中最小者，便是连续梁的极限荷载。

【例 12-4】 试求图 12.9 所示连续梁的极限荷载。已知各跨分别为等截面，其极限弯矩已标于图上。

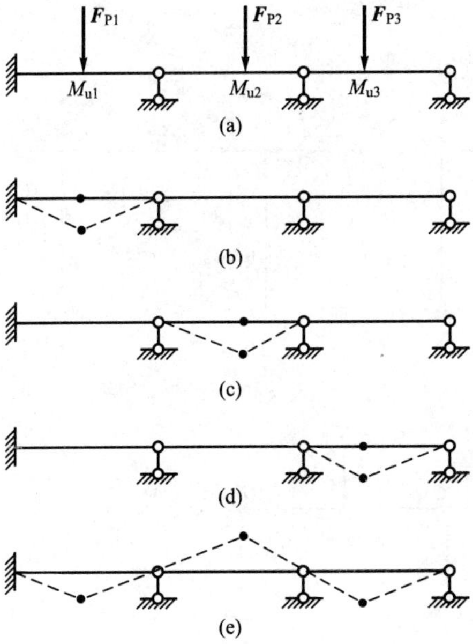

图 12.8 连续梁的极限荷载

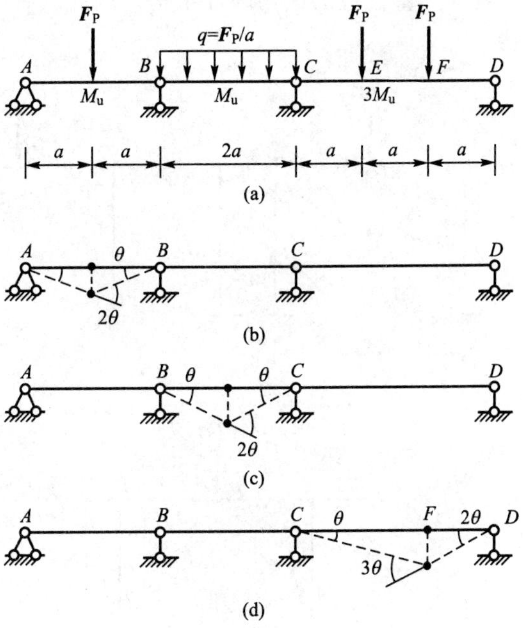

图 12.9 例 12-4 图

【解】 第 1 跨机构［图 12.9(b)］有

$$0.8F_{P}a\theta=M_{u}\times2\theta+M_{u}\theta$$

解得 $F_P=3.75M_u/a$。

第 2 跨机构［图 12.9(c)］：由对称可知，最大正弯矩的塑性铰出现在跨度中点，荷载所作虚功等于其集度乘虚位移的面积，故有

$$\frac{F_P}{a}\cdot\frac{2a}{2}a\theta=M_u\theta+M_u\times2\theta+M_u\theta$$

解得 $F_P=4M_u/a$。

第 3 跨机构［图 12.9(d)］：由弯矩图形状可知最大正弯矩在截面 F 处，故塑性铰出

现在 C、F 两点。注意 C 支座处截面有突变，极限弯矩应取其两侧的较小值。故有

$$F_{\mathrm{P}}a\theta+F_{\mathrm{P}}\times 2a\theta=M_{\mathrm{u}}\theta+3M_{\mathrm{u}}\times 3\theta$$

解得 $F_{\mathrm{P}}=3.33M_{\mathrm{u}}/a$。

比较以上结果，可知第 3 跨首先破坏，极限荷载为 $F_{\mathrm{P}}=3.33M_{\mathrm{u}}/a$。

12.7 刚架的极限荷载

刚架一般同时承受弯矩、剪力和轴力，前已指出，剪力对极限弯矩的影响较小可略去；由于轴力的存在，极限弯矩的数值也将减小，这里亦暂不考虑其影响。

计算刚架的极限荷载时，首先要确定破坏机构可能的形式。例如图 12.10(a)所示刚架，各杆分别为等截面杆，由弯矩图的形状可知，塑性铰只可能在 A、B、C（下侧）、E（下侧）、D 五个截面处出现。但此刚架为三次超静定，故只要出现四个塑性铰或在一直杆上出现三个塑性铰即成为破坏机构。因此，有多种可能的机构形式。用穷举法求解以下各机构。

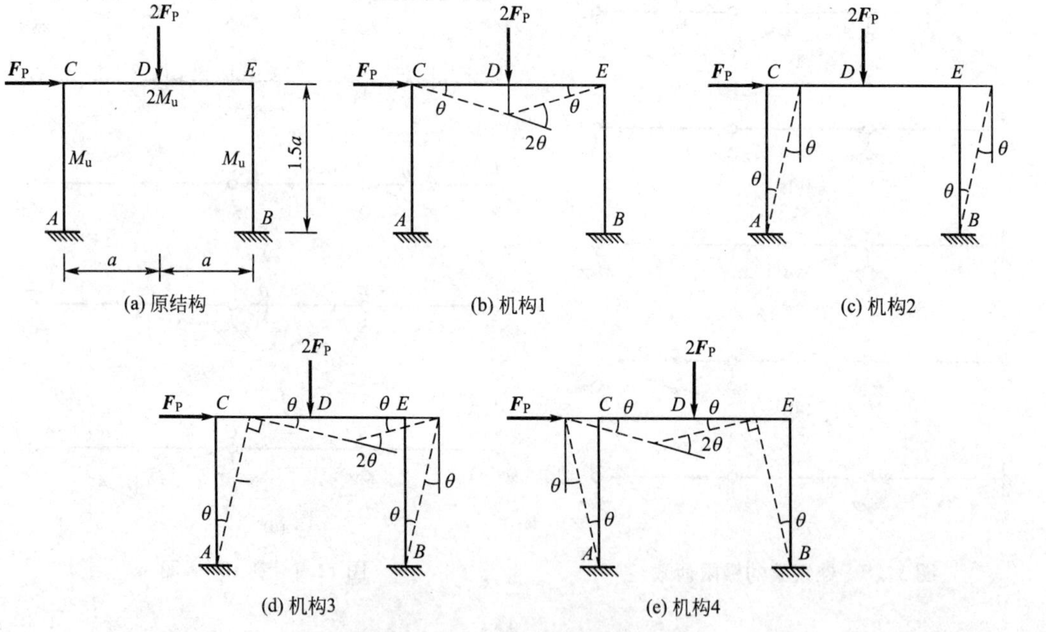

(a) 原结构　(b) 机构1　(c) 机构2

(d) 机构3　(e) 机构4

图 12.10　刚架的极限荷载

(1) 机构 1［图 12.10(b)］：横梁上出现三个塑性铰而成为瞬变体系(其余部分仍几何不变)，故又称“梁机构”。列出虚功方程为

$$2F_{\mathrm{P}}a\theta=M_{\mathrm{u}}\theta+2M_{\mathrm{u}}\times 2\theta+M_{\mathrm{u}}\theta$$

解得 $F_{\mathrm{P}}=3\dfrac{M_{\mathrm{u}}}{a}$。

(2) 机构 2［图 12.10(c)］：四个塑性铰出现在 A、C、E、B 处，各杆仍为直线，整个刚架侧移，故又称“侧移机构”。此时有

$$F_P \times 1.5a\theta = 4M_u\theta$$

解得 $F_P = 2.76\dfrac{M_u}{a}$。

(3) 机构 3 [图 12.10(d)]：塑性铰出现在 A、D、E、B 处，横梁转折，刚架亦侧移，故又称“联合机构”。注意到此时刚结点 C 处两杆夹角仍保持直角，又因位移微小，故 C 和 E 点水平位移相等。据此即可确定虚位移图中的几何关系，从而可得

$$F_P \times 1.5a\theta + 2Pa\theta = M_u\theta + 2M_u \times 2\theta + M_u \times 2\theta + M_u\theta$$

解得 $F_P = 2.29\dfrac{M_u}{a}$。

(4) 机构 4 [图 12.10(e)]：亦称“联合机构”。机构发生虚位移时设右柱向左转动，则 D 点竖直位移向下，使较大的荷载 $2F_P$ 作正功；此时刚架向左侧移，故 C 点之水平荷载 F_P 作负功。于是有

$$2F_Pa\theta - F_P \times 1.5a\theta = M_u\theta + 2M_u \times 2\theta + M_u \times 2\theta + M_u\theta$$

解得 $F_P = 16\dfrac{M_u}{a}$。若所得 F_P 为负值，则只需将虚位移反方向即可。

经分析可知，再无其他可能的机构，因此由上述各 F_P 值中选取最小值得

$$F_{Pu} = 2.29\frac{M_u}{a}$$

实际的破坏机构为机构 3。

下面再用试算法求解。

设首先选择机构 2 [图 12.10(c)]，求出其相应的荷载为 $F_P = 2.67M_u/a$(计算同上)。然后作弯矩图，两柱的 M 图可首先绘出，横梁的 M 图用叠加法绘制，如图 12.11(a)所示，得 D 点处弯矩为

$$M_D = \frac{M_u - M_u}{2} + \frac{2F_P \times 2a}{4} = 2.67M_u > 2M_u$$

可见不满足内力局限条件，荷载是不可承受的。

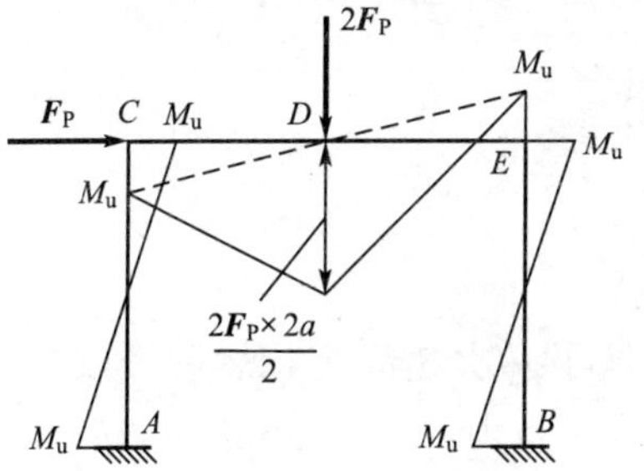

(a) 机构2的M图

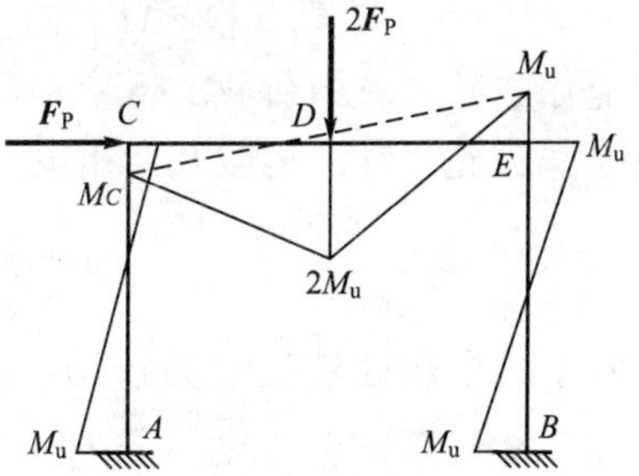

(b) 机构3的M图

图 12.11 叠加法绘制 M 图

再试选机构 3 [图 12.10(d)]，求得相应荷载为 $F_P = 2.29M_u/a$(计算同上)。由各塑性铰处之弯矩等于极限弯矩，可先绘出右柱和横梁右半段的弯矩图，如图 12.11(b)所示。设结点 C 处两杆端弯矩为 M_C(内侧受拉)，由横梁弯矩图的叠加法可得

$$\frac{M_u - M_C}{2} + 2M_u = \frac{2F_P \times 2a}{4} = F_P a = 2.29M_u$$

解得 $M_C = 0.42M_u < M_u$。这样便可绘出全部弯矩图，并可见满足内力局限条件。故此机构即为极限状态，极限荷载为 $F_{Pu} = 2.29\frac{M_u}{a}$ 。

12.8 矩阵位移法求刚架极限荷载的概念

前面介绍的穷举法和试算法，适合于手算，只能求解一些简单的刚架。矩阵位移法适合于电算，故能解决更复杂的求极限荷载的问题。本节介绍的方法称为增量法或变刚度法，其要点是从弹性阶段开始，一步一步计算，每步增加一个塑性铰，而每当出现一个塑性铰，就把该处改为铰结再进行下一步计算；求出下一个塑性铰出现时荷载的增量值，这样直到成为机构，便可求得极限荷载。具体计算步骤如下：

(1) 令荷载参数 $F_P = 1$ 加于结构，用矩阵位移法进行弹性计算，求出相应的内力。其弯矩为$\overline{M_1}$。第一个塑性铰必将出现在 $\left|\frac{M_u}{\overline{M_1}}\right|_{\min}$ 处，当其出现时荷载值为

$$F_{P1} = \left|\frac{M_u}{\overline{M_1}}\right|_{\min}$$

弯矩为 $M_1 = F_{P1}\overline{M_1}$。

以上是第一轮计算。

(2) 将第一个塑性铰处改为铰结，结构降低了一次超静定，这就改变了结构的计算简图，因此应相应地修改总刚。然后令 $F_P = 1$，进行第二轮计算(仍为弹性计算)，求得弯矩为$\overline{M_2}$。第二个塑性铰必将出现在 $\Delta F_{P2} = \left|\frac{M_u - M_1}{\overline{M_2}}\right|_{\min}$ 处，且当其出现时荷载值为

$$\Delta F_{P2} = \left|\frac{M_u - M_1}{\overline{M_2}}\right|_{\min}，弯矩为 \Delta M_2 = \Delta F_{P2}\overline{M_2}。$$

这便是第二轮计算中荷载的增量和弯矩的增量。

第一、第二轮累计，荷载及弯矩值为

$$F_{P2} = F_{P1} + \Delta F_{P2}$$
$$M_2 = M_1 + \Delta M_2$$

(3) 将第二个塑性铰处改为铰结，结构又降低了一次超静定，然后修改总刚。再令 $F_P = 1$ 做第三轮计算，求得$\overline{M_3}$。同理，第三个塑性铰出现时荷载及弯矩值为

$$F_{P3} = \left|\frac{M_u - M_2}{\overline{M_3}}\right|_{\min}$$
$$M_3 = \Delta F_{P3}\overline{M_3}$$

累计荷载及弯矩值为

$$F_{P3} = F_{P2} + \Delta F_{P3}$$

$$M_3 = M_2 + \Delta M_3$$

(4) 如此重复进行下去，……若到第 n 轮，总刚成为奇异矩阵，则结构已成为机构，上一轮的累计荷载值 F_{Pn-1} 即为极限荷载 F_{Pu}。

最后需指出，以上每步都应计算各塑性铰处的相对转角，若发现产生反方向变形，则应恢复为刚结重算。

本章小结

本章主要讲述了利用塑形分析方法计算理想弹塑性材料构件的极限荷载，计算弹塑性材料的屈服弯矩；利用静力法和机动法求单跨梁的极限荷载；利用试算法和穷举法计算单跨梁、连续梁和刚架的极限荷载。

本章的重点，是掌握单跨梁极限荷载、连续梁极限荷载以及刚架极限荷载的计算。

思 考 题

12.1 什么叫做极限状态和极限荷载？什么叫做极限弯矩、塑性铰和破坏机构？

12.2 静定结构出现一个塑性铰时是否一定成为破坏机构，n 次超静定结构是否必须出现 $n+1$ 个塑性铰才能成为破坏机构？

12.3 结构处于极限状态时应满足哪些条件？

12.4 什么叫做可破坏荷载和可接受荷载，它们与极限荷载的关系如何？

习 题

12-1 填空题

(1) 可破坏荷载 F_{P+}、可接受荷载 F_{P-}、极限荷载 F_{Pu} 的大小关系为__________。

(2) 矩形截面和正方形截面的截面形状系数__________。

(3) 砖石结构__________进行塑性分析。

12-2 单项选择题

(1) 对于理想弹塑性材料，当应力达到了后，随着应变增加，应力为(　　)。

A. 减少　　B. 也增加　　C. 不变　　D. 急剧增加

(2) 考虑塑性，下列哪种截面承载力提高得最多？(　　)

A. 矩形　　B. 圆形　　C. 工字形　　D. 薄壁圆环形

(3) 试算法求极限荷载的理论依据是(　　)。

A. 上限定理　　B. 下限定理　　C. 唯一性定理　　D. 基本定理

12-3 已知材料的屈服权限 $\sigma_s=240$MPa，试求下列截面的极限弯矩值：(a)矩形截面 $b=50$mm，$h=100$mm；(b)20a 号工字钢；(c)图 12.12 所示 T 形截面。

12-4 试求图 12.13 所示圆形截面及圆环截面的极限弯矩，设材料的屈服极限为 σ_s。

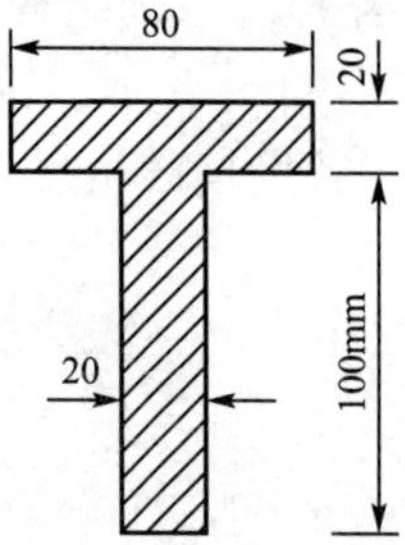

图 12.12　习题 12-3 图

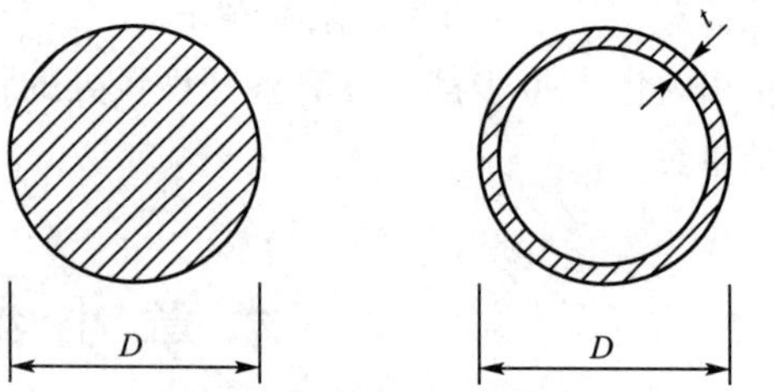

图 12.13　习题 12-4 图

12-5　试求图 12.14 所示等截面梁的极限荷载。已知 $a=2\text{m}$，$M_u=300\text{kN}\cdot\text{m}$。

12-6　试求图 12.15 所示阶梯形变截面梁的极限荷载。

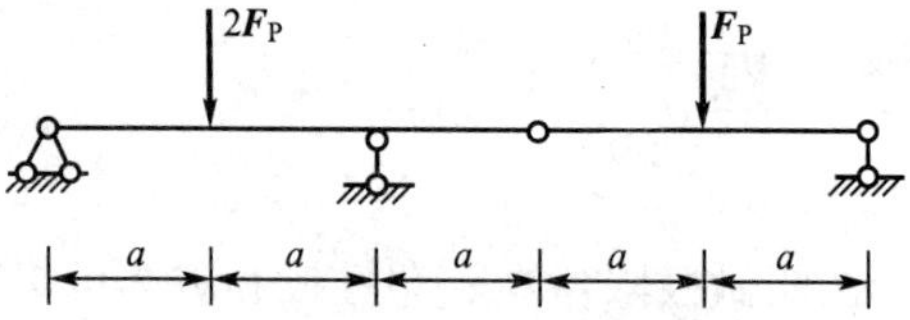

图 12.14　习题 12-5 图

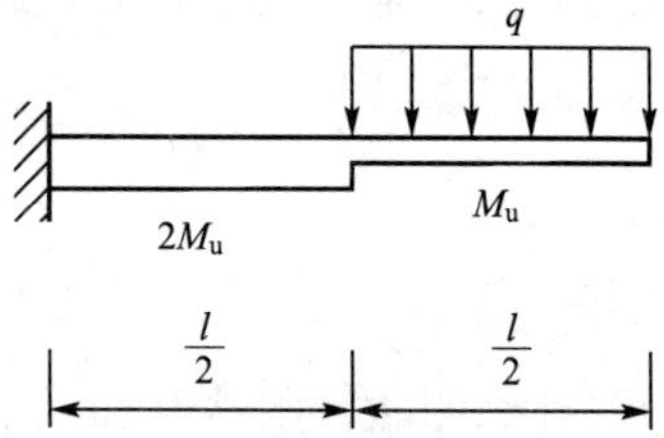

图 12.15　习题 12-6 图

12-7　求图 12.16 所示等截面梁的极限荷载。

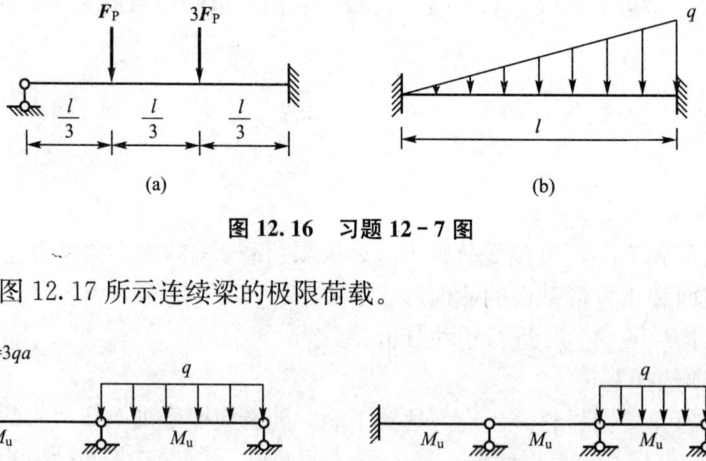

图 12.16　习题 12-7 图

12-8　求图 12.17 所示连续梁的极限荷载。

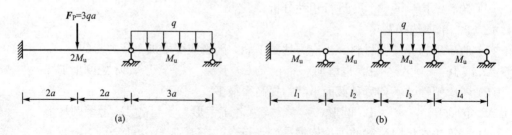

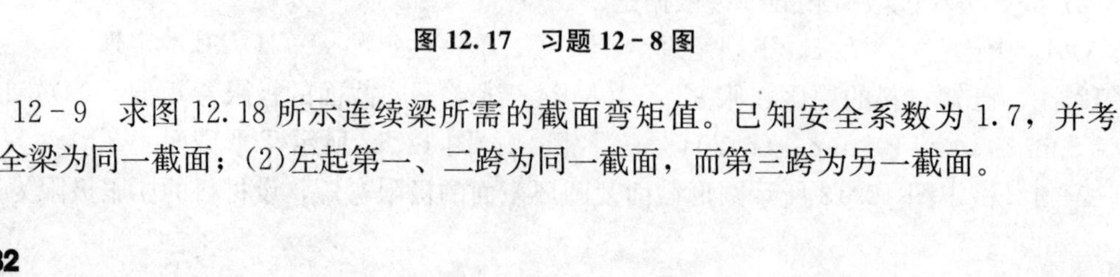

图 12.17　习题 12-8 图

12-9　求图 12.18 所示连续梁所需的截面弯矩值。已知安全系数为 1.7，并考虑：(1)全梁为同一截面；(2)左起第一、二跨为同一截面，而第三跨为另一截面。

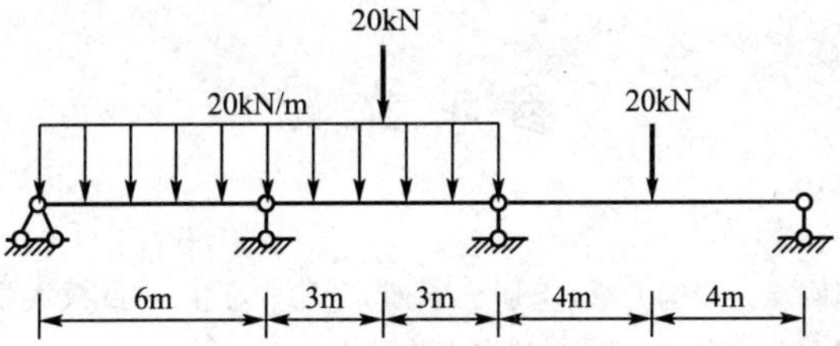

图 12.18　习题 12－9 图

12－10　求图 12.19 所示刚架的极限荷载。

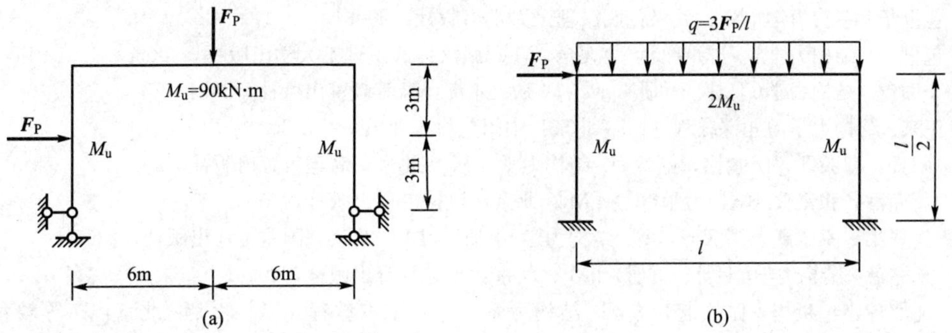

图 12.19　习题 12－10 图

参考文献

[1] 包世华，辛克赞，燕柳斌. 结构力学(上册、下册)［M］. 武汉：武汉大学出版社，2001.
[2] 赵更新. 结构力学［M］. 北京：中国水利水电出版社，2002.
[3] 赵更新. 结构力学［M］. 北京：天津大学出版社，2003.
[4] 刘昭培，张韫美. 结构力学［M］. 天津：天津大学出版社，2003.
[5] 朱伯钦，周竞欧，许哲明. 结构力学［M］. 上海：同济大学出版社，2004.
[6] 包世华. 结构力学［M］. 武汉：武汉理工大学出版社，2003.
[7] 包世华. 结构力学学习指导及解题大全［M］. 武汉：武汉理工大学出版社，2003.
[8] 李廉锟. 结构力学(上册、下册)［M］. 4版. 北京：高等教育出版社，2004.
[9] 王来. 结构力学习题课教程［M］. 北京：中国建材工业出版社，2004.
[10] 阳日，郑荣跃，阮鹏铭，刘寿梅. 结构力学［M］. 北京：高等教育出版社，2005.
[11] 萧允徽，张来仪. 结构力学(Ⅰ)［M］. 北京：机械工业出版社，2006.
[12] 崔恩第，王永跃，周润芳，等. 结构力学(上册)［M］. 北京：国防工业出版社，2006.
[13] 朱慧慈. 结构力学(上册、下册)［M］. 北京：高等教育出版社，2006.
[14] 龙驭球，包世华，匡文起，袁驷. 结构力学Ⅰ、Ⅱ基本教程［M］. 2版. 北京：高等教育出版社，2006.
[15] 杨国义. 结构力学［M］. 北京：中国计算出版社，2007.
[16] 胡兴国，吴莹. 结构力学［M］. 3版. 武汉：武汉理工大学出版社，2007.
[17] 蒋玉川，徐双武，胡耀华. 结构力学［M］. 北京：科学出版社，2008.
[18] 王来. 结构力学［M］. 北京：中国机械工业出版社，2010.
[19] 祁凯. 结构力学［M］. 北京：中国建材工业出版社，2012.

北京大学出版社土木建筑系列教材(已出版)

序号	书名	主编	定价	序号	书名	主编	定价
1	工程项目管理	董良峰 张瑞敏	43.00	50	工程财务管理	张学英	38.00
2	建筑设备(第2版)	刘源全 张国军	46.00	51	土木工程施工	石海均 马哲	40.00
3	土木工程测量(第2版)	陈久强 刘文生	40.00	52	土木工程制图(第2版)	张会平	45.00
4	土木工程材料(第2版)	柯国军	45.00	53	土木工程制图习题集(第2版)	张会平	28.00
5	土木工程计算机绘图	袁果 张渝生	28.00	54	土木工程材料(第2版)	王春阳	50.00
6	工程地质(第2版)	何培玲 张婷	26.00	55	结构抗震设计(第2版)	祝英杰	37.00
7	建设工程监理概论(第3版)	巩天真 张泽平	40.00	56	土木工程专业英语	霍俊芳 姜丽云	35.00
8	工程经济学(第2版)	冯为民 付晓灵	42.00	57	混凝土结构设计原理(第2版)	邵永健	52.00
9	工程项目管理(第2版)	仲景冰 王红兵	45.00	58	土木工程计量与计价	王翠琴 李春燕	35.00
10	工程造价管理	车春鹂 杜春艳	24.00	59	房地产开发与管理	刘薇	38.00
11	工程招标投标管理(第2版)	刘昌明	30.00	60	土力学	高向阳	32.00
12	工程合同管理	方俊 胡向真	23.00	61	建筑表现技法	冯柯	42.00
13	建筑工程施工组织与管理(第2版)	余群舟 宋会莲	31.00	62	工程招投标与合同管理(第2版)	吴芳 冯宁	43.00
14	建设法规(第2版)	肖铭 潘安平	32.00	63	工程施工组织	周国恩	28.00
15	建设项目评估	王华	35.00	64	建筑力学	邹建奇	34.00
16	工程量清单的编制与投标报价	刘富勤 陈德方	25.00	65	土力学学习指导与考题精解	高向阳	26.00
17	土木工程概预算与投标报价(第2版)	刘薇 叶良	37.00	66	建筑概论	钱坤	28.00
18	室内装饰工程预算	陈祖建	30.00	67	岩石力学	高玮	35.00
19	力学与结构	徐吉恩 唐小弟	42.00	68	交通工程学	李杰 王富	39.00
20	理论力学(第2版)	张俊彦 赵荣国	40.00	69	房地产策划	王直民	42.00
21	材料力学	金康宁 谢群丹	27.00	70	中国传统建筑构造	李合群	35.00
22	结构力学简明教程	张系斌	20.00	71	房地产开发	石海均 王宏	34.00
23	流体力学(第2版)	章宝华	25.00	72	室内设计原理	冯柯	28.00
24	弹性力学	薛强	22.00	73	建筑结构优化及应用	朱杰江	30.00
25	工程力学(第2版)	罗迎社 喻小明	39.00	74	高层与大跨建筑结构施工	王绍君	45.00
26	土力学(第2版)	肖仁成 俞晓	25.00	75	工程造价管理	周国恩	42.00
27	基础工程	王协群 章宝华	32.00	76	土建工程制图(第2版)	张黎骅	38.00
28	有限单元法(第2版)	丁科 殷水平	30.00	77	土建工程制图习题集(第2版)	张黎骅	34.00
29	土木工程施工	邓寿昌 李晓目	42.00	78	材料力学	章宝华	36.00
30	房屋建筑学(第2版)	聂洪达 郄恩田	48.00	79	土力学教程(第2版)	孟祥波	34.00
31	混凝土结构设计原理	许成祥 何培玲	28.00	80	土力学	曹卫平	34.00
32	混凝土结构设计	彭刚 蔡江勇	28.00	81	土木工程项目管理	郑文新	41.00
33	钢结构设计原理	石建军 姜袁	32.00	82	工程力学	王明斌 庞永平	37.00
34	结构抗震设计	马成松 苏原	25.00	83	建筑工程造价	郑文新	39.00
35	高层建筑施工	张厚先 陈德方	32.00	84	土力学(中英双语)	郎煜华	38.00
36	高层建筑结构设计	张仲先 王海波	23.00	85	土木建筑 CAD 实用教程	王文达	30.00
37	工程事故分析与工程安全(第2版)	谢征勋 罗章	38.00	86	工程管理概论	郑文新 李献涛	26.00
38	砌体结构(第2版)	何培玲 尹维新	26.00	87	景观设计	陈玲玲	49.00
39	荷载与结构设计方法(第2版)	许成祥 何培玲	30.00	88	色彩景观基础教程	阮正仪	42.00
40	工程结构检测	周详 刘益虹	20.00	89	工程力学	杨云芳	42.00
41	土木工程课程设计指南	许明 孟茁超	25.00	90	工程设计软件应用	孙香红	39.00
42	桥梁工程(第2版)	周先雁 王解军	37.00	91	城市轨道交通工程建设风险与保险	吴宏建 刘宽亮	75.00
43	房屋建筑学(上：民用建筑)	钱坤 王若竹	32.00	92	混凝土结构设计原理	熊丹安	32.00
44	房屋建筑学(下：工业建筑)	钱坤 吴歌	26.00	93	城市详细规划原理与设计方法	姜云	36.00
45	工程管理专业英语	王竹芳	24.00	94	工程经济学	都沁军	42.00
46	建筑结构 CAD 教程	崔钦淑	36.00	95	结构力学	边亚东	42.00
47	建设工程招投标与合同管理实务(第2版)	崔东红	49.00	96	房地产估价	沈良峰	45.00
48	工程地质(第2版)	倪宏革 周建波	30.00	97	土木工程结构试验	叶成杰	39.00
49	工程经济学	张厚钧	36.00	98	土木工程概论	邓友生	34.00

序号	书名	主编	定价	序号	书名	主编	定价
99	工程项目管理	邓铁军　杨亚频	48.00	135	房地产法规	潘安平	45.00
100	误差理论与测量平差基础	胡圣武　肖本林	37.00	136	水泵与水泵站	张　伟　周书葵	35.00
101	房地产估价理论与实务	李　龙	36.00	137	建筑工程施工	叶　良	55.00
102	混凝土结构设计	熊丹安	37.00	138	建筑学导论	裘　鞠　常　悦	32.00
103	钢结构设计原理	胡习兵	30.00	139	工程项目管理	王　华	42.00
104	钢结构设计	胡习兵　张再华	42.00	140	园林工程计量与计价	温日琨　舒美英	45.00
105	土木工程材料	赵志曼	39.00	141	城市与区域规划实用模型	郭志恭	45.00
106	工程项目投资控制	曲　娜　陈顺良	32.00	142	特殊土地基处理	刘起霞	50.00
107	建设项目评估	黄明知　尚华艳	38.00	143	建筑节能概论	余晓平	34.00
108	结构力学实用教程	常伏德	47.00	144	中国文物建筑保护及修复工程学	郭志恭	45.00
109	道路勘测设计	刘文生	43.00	145	建筑电气	李　云	45.00
110	大跨桥梁	王解军　周先雁	30.00	146	建筑美学	邓友生	36.00
111	工程爆破	段宝福	42.00	147	空调工程	战乃岩　王建辉	45.00
112	地基处理	刘起霞	45.00	148	建筑构造	宿晓萍　隋艳娥	36.00
113	水分析化学	宋吉娜	42.00	149	城市与区域认知实习教程	邹　君	30.00
114	基础工程	曹　云	43.00	150	幼儿园建筑设计	龚兆先	37.00
115	建筑结构抗震分析与设计	裴星洙	35.00	151	房屋建筑学	董海荣	47.00
116	建筑工程安全管理与技术	高向阳	40.00	152	园林与环境景观设计	董　智　曾　伟	46.00
117	土木工程施工与管理	李华锋　徐　芸	65.00	153	中外建筑史	吴　薇	36.00
118	土木工程试验	王吉民	34.00	154	建筑构造原理与设计(下册)	梁晓慧　陈玲玲	38.00
119	土质学与土力学	刘红军	36.00	155	建筑结构	苏明会　赵　亮	50.00
120	建筑工程施工组织与概预算	钟吉湘	52.00	156	工程经济与项目管理	都沁军	45.00
121	房地产测量	魏德宏	28.00	157	土力学试验	孟云梅	32.00
122	土力学	贾彩虹	38.00	158	土力学	杨雪强	40.00
123	交通工程基础	王富	24.00	159	建筑美术教程	陈希平	45.00
124	房屋建筑学	宿晓萍　隋艳娥	43.00	160	市政工程计量与计价	赵志曼　张建平	38.00
125	建筑工程计量与计价	张叶田	50.00	161	建设工程合同管理	余群舟	36.00
126	工程力学	杨民献	50.00	162	土木工程基础英语教程	陈平　王凤池	32.00
127	建筑工程管理专业英语	杨云会	36.00	163	土木工程专业毕业设计指导	高向阳	40.00
128	土木工程地质	陈文昭	32.00	164	土木工程 CAD	王玉岚	42.00
129	暖通空调节能运行	余晓平	30.00	165	外国建筑简史	吴　薇	38.00
130	土工试验原理与操作	高向阳	25.00	166	工程量清单的编制与投标报价(第 2 版)	刘富勤　陈友华 宋会莲	34.00
131	理论力学	欧阳辉	48.00	167	土木工程施工	陈泽世　凌平平	58.00
132	土木工程材料习题与学习指导	鄢朝勇	35.00	168	特种结构	孙　克	30.00
133	建筑构造原理与设计(上册)	陈玲玲	34.00	169	结构力学	何春保	45.00
134	城市生态与城市环境保护	梁彦兰　阎　利	36.00	170	建筑抗震与高层结构设计	周锡武　朴福顺	36.00

如您需要更多教学资源如电子课件、电子样章、习题答案等，请登录北京大学出版社第六事业部官网 www.pup6.cn 搜索下载。

如您需要浏览更多专业教材，请扫下面的二维码，关注北京大学出版社第六事业部官方微信（微信号：pup6book），随时查询专业教材、浏览教材目录、内容简介等信息，并可在线申请纸质样书用于教学。

感谢您使用我们的教材，欢迎您随时与我们联系，我们将及时做好全方位的服务。联系方式：010-62750667，donglu2004@163.com，pup_6@163.com，lihu80@163.com，欢迎来电来信。客户服务 QQ 号：1292552107，欢迎随时咨询。